Tipps und Tricks für erfolgreiche Präsentationen

Boris Gebhardt

Tipps und Tricks für erfolgreiche Präsentationen

Ein Leitfaden für starke Auftritte und bleibende Eindrücke

2. Auflage

Springer Vieweg

Boris Gebhardt
Diehl Aviation Laupheim GmbH
Laupheim, Deutschland

ISBN 978-3-662-72375-3 ISBN 978-3-662-72376-0 (eBook)
https://doi.org/10.1007/978-3-662-72376-0

Die Deutsche Nationalbibliothek verzeichnet diese Publikation in der Deutschen Nationalbibliografie; detaillierte bibliografische Daten sind im Internet über https://portal.dnb.de abrufbar.

Planung/Lektorat: Alexander Grün
Springer Vieweg ist ein Imprint der eingetragenen Gesellschaft Springer-Verlag GmbH, DE und ist ein Teil von Springer Nature.
Die Anschrift der Gesellschaft ist: Heidelberger Platz 3, 14197 Berlin, Germany

Vorwort zur 2. Auflage

Stephen King sagt, dass das Gewicht eines Buchs dem Leser nicht nur verrät, wie viel Mühe und Leidenschaft der Autor in sein Werk gesteckt hat; es zeigt auch, wie viel Engagement der Leser braucht, um sich die Inhalte einzuverleiben [1].

Die gedruckte Ausgabe dieses Buchs wiegt ungefähr 1,2 kg. Sie halten also gerade eine geballte Ladung Wissen in der Hand. Als ich die erste Auflage schrieb, war mein Wunsch, dass Sie darin hilfreiche Ideen und Werkzeuge finden, sobald Sie einen Vortrag erstellen, prüfen und halten müssen. Die vielen positiven Rückmeldungen zur ersten Auflage zeigen mir, dass ich mein Ziel erreicht habe. Gleichzeitig gab es von Ihrer Seite Anregungen und Wünsche – daraus ist nun die zweite Auflage entstanden.

Was ist neu? Die meisten Anpassungen fanden unter der Motorhaube statt und dienen vor allem der besseren Lesbarkeit. Aber auch inhaltlich hat sich etwas getan:

1. Im Vortrags-Werkzeugkasten gibt es neue Werkzeuge wie den Golden Circle oder die 22-Kaffee-Regel
2. Ein neues Kapitel widmet sich Online-Meetings, Künstlicher Intelligenz und virtuellen Tools – und der Frage, was diese Anwendungen für Vorträge und Redner bedeuten

Die auffälligste Änderung betrifft den Titel – und das aus gutem Grund: In der vorherigen Ausgabe hieß das Buch schlicht *Geschäftsvorträge.* Viele Leserinnen und Leser haben mir geschrieben, dass sie die Inhalte sowohl im beruflichen als auch im persönlichen Umfeld anwenden – sei es in Schulungen, Workshops oder bei Vereinsversammlungen und privaten Feiern. Kurz gesagt: Für jeden Anlass, bei dem man etwas (oder sich) präsentieren muss.

Dass das Buch auch außerhalb des beruflichen Alltags hilfreich ist, hatte ich beim Schreiben gar nicht im Blick. Deshalb trägt es nun einen neuen Namen: *Tipps & Tricks für erfolgreiche Präsentationen.*

Ganz gleich, ob es Ihr erster oder bereits Ihr fünfzigster Vortrag ist: Machen Sie ihn zu etwas Besonderem, das Ihrem Publikum lange in Erinnerung bleibt. Ich wünsche Ihnen gute Ideen, starke Auftritte – und viel Freude beim Präsentieren!

Boris Gebhardt

Vorwort zur 1. Auflage

In der Kürze liegt die Würze.
Volksweisheit

Dieser schöne alte Spruch gilt in vielen Lebensbereichen. Einfach gesagt, aber schwierig umzusetzen – gerade im Berufsleben und insbesondere bei Geschäftsvorträgen.

Für mich als Geschäftsführer eines großen mittelständischen Unternehmens ist es oft schwer nachzuvollziehen, was ich präsentiert bekomme oder bei Vortragsveranstaltungen erlebe. Einerseits ist es schön zu sehen, wenn ein Vortragender seine Werkzeuge beherrscht. Da geht mir das Herz auf, denn ich fühle mich respektiert und abgeholt. Andererseits gibt es leider auch Fälle, bei denen der Vortragende mit Schriftgröße zehn im Mäusekino-Format 25 Zeilen und unleserliche Grafiken auf eine PowerPoint-Seite quetscht. Die Steigerung ist dann noch, wenn er daran scheitert, den eigenen Text von der Leinwand abzulesen. Natürlich mit dem Rücken zu seinen Zuhörern.

In einer Präsentation geht es doch nicht darum, in der vorgegebenen Zeit die maximale Anzahl an Informationen zu transportieren! Vielmehr soll dem Zuhörer das Wesentliche in einer gut verdaulichen Weise vermittelt werden. Und genau hierin liegt die Kunst.

Nach meiner Erfahrung sind die Gründe dafür sehr breit gestreut. Sie gehen vom Unwissen (gewollt oder ungewollt) des Referenten über die Zielgruppe bis hin zur Entscheidungsunwilligkeit des Vortragenden, sich auf die wesentlichen Botschaften zu beschränken. Oft kommt dabei das Argument, dass man keine Zeit dafür hat, weil man sich ja mit der Erstellung der Folien beschäftigen muss.

Zweifelsohne kann es für den Referenten mühsam sein, wenn er sich überlegen muss, worum es geht und was der Kern des Ganzen ist. Wenn er es aber schafft, mit ein paar Grundregeln seine Botschaften zielgruppengenau auf den Punkt zu bringen, hilft das nicht nur dem Zuhörer, sondern auch ihm selbst. So erhält er viel einfacher und schneller seine gewünschte Reaktion vom Publikum – sei es Zustimmung oder nur die pure Aufmerksamkeit. Am Ende führt dies zu mehr Klarheit und Wohlbefinden auf beiden Seiten, was neben der persönlichen Bereicherung auch den Ablauf im täglichen Berufsleben erleichtert.

Dieses Handbuch ist eine wertvolle Anleitung für jeden Referenten, der sich verbessern möchte. Durch den starken Bezug zur Praxis, kombiniert mit hilfreichem Hintergrundwissen, ist es anders im Vergleich zu klassischen Fachbüchern. Ich bin mir sicher, dass jeder Leser nicht nur an sich selbst Verbesserungen spürt, sondern zukünftig auch mit einem ganz anderen Blick auf die Vorträge seiner Kollegen und Geschäftspartner schauen wird.

Viel Spaß beim Lesen!

Literatur

1. Stephen King (2011): Das Leben und das Schreiben, 4. Auflage. Heyne, S. 165.

Jörg Mäder

Interessenskonflikt Der/die Autor*in hat keine relevanten Interessenskonflikte im Zusammenhang mit dieser Publikation.

Inhaltsverzeichnis

1 Einleitung . . . 1
1.1 Die Vortragsreise . . . 2
1.2 Wie ist das Buch aufgebaut? . . . 4
1.2.1 Botschaft und Inhalt (Kap. 2 bis 5) . . . 4
1.2.2 Die Verpackung: Geschichten und Bilder (Kap. 6 bis 9) . . . 4
1.2.3 Vortrag und Auftritt (Kap. 10 und 11) . . . 5
1.2.4 Die Zukunft der Präsentation (Kap. 12) . . . 5
1.3 Was müssen Sie tun? . . . 5
1.4 Danke . . . 6
Literatur . . . 7

2 Der Weg zum guten Vortrag . . . 9
2.1 Die „Große Idee“ . . . 10
2.2 Die 3 W-Fragen . . . 12
2.2.1 Warum . . . 13
2.2.2 Was . . . 14
2.2.3 Wer . . . 15
2.2.4 Beispiel: Der Piraten-Workshop . . . 16
2.3 Fakten versus Emotionen . . . 17
2.4 Planung und Aufwand . . . 19
2.4.1 Die sieben Planungsschritte . . . 20
2.4.2 Anlass und Aufwand . . . 20
2.4.3 Wie lange soll ein Vortrag dauern? . . . 23
2.4.4 Das High-Concept . . . 24
2.5 Wenn es mal nicht läuft . . . 28
2.6 Zusammenfassung . . . 31
2.7 Checkliste . . . 31
Literatur . . . 32

3 Lernen Sie Ihr Publikum kennen 35
3.1 Verstören Sie Ihr Publikum nicht 36
3.1.1 Wie funktioniert Kommunikation? 36
3.1.2 Sprache ist mehr als Worte 38
3.2 Die Macht der Zuhörer 40
3.3 Segmentieren Sie das Publikum 43
3.4 Aristoteles und Ihre Glaubwürdigkeit 47
3.5 Für Fortgeschrittene: Personas 48
3.6 Die Reise des Publikums 53
3.7 Besondere Teilnehmergruppen 55
3.7.1 Geschäftsführung und Vorstände 55
3.7.2 Die Zwangsbeglückten 56
3.8 Zusammenfassung 58
3.9 Checkliste 59
Literatur 60

4 Thema (nicht) verfehlt – Die richtigen Vortragsinhalte 61
4.1 Die Reise des Referenten 62
4.2 Die Kernaussage 63
4.2.1 Wie komme ich zur Kernaussage? 64
4.2.2 Die Satzschablone 66
4.2.3 Wie viele Kernaussagen verträgt mein Vortrag? 68
4.3 Der Vortragstitel 69
4.3.1 Der „Sag, worum es geht"-Test 69
4.3.2 Wie formuliere ich einen guten (Arbeits-)Titel? 71
4.3.3 Wie gut ist mein Vortragstitel? 72
4.4 Ideen, Recherche und Bewertung 74
4.4.1 Der mentale Zündfunke 75
4.4.2 Recherche und Sammeln 78
4.4.3 Gruppieren und Überschriften erzeugen 79
4.4.4 Prüfen und Bewerten 80
4.5 Der rote Faden und das Board 82
4.5.1 Was ist das Board? 82
4.5.2 Wenn's mal schnell gehen muss: Die Pocket-Rhetorik 84
4.6 Zusammenfassung 87
4.7 Checkliste 87
Literatur 88

5 Die Vortragsstruktur 91
5.1 Struktur hilft beim Verstehen 92
5.1.1 Muster schaffen Erkenntnis 92
5.1.2 Grundmuster eines Vortrags 95
5.1.3 Die Sparkline 98

5.2 Was: Der Vortragsanfang . . . 99
5.2.1 Die Sache mit der Aufmerksamkeit . . . 99
5.2.2 Retten Sie die Katze: Der Save-the-Cat-Moment . . . 100
5.2.3 Machen Sie neugierig: Wissenslücken und Leerstellen . . . 102
5.2.4 Der Ruf zum Abenteuer: Der 1. Wendepunkt . . . 104
5.3 Was soll's: Die Vortragsmitte . . . 106
5.3.1 Die drei Verständnisprinzipien . . . 107
5.3.2 Die Message-Map . . . 109
5.3.3 Wie baue ich meine Argumentation auf? . . . 111
5.3.4 Klar und deutlich: Die MECE-Regel . . . 114
5.3.5 Der Kontrast oder Gegensatz . . . 116
5.3.6 Ein besonderer Augenblick: Der S.T.A.R.-Moment . . . 119
5.3.7 Die Aufforderung zum Handeln: Der 2. Wendepunkt . . . 121
5.4 Was nun: Das Vortragsende . . . 123
5.4.1 Die Belohnung und der Appell . . . 124
5.4.2 Gute Enden, schlechte Enden . . . 126
5.5 Zusammenfassung . . . 128
5.6 Checkliste . . . 129
Literatur . . . 130

6 Geschichten und Geschäftsvorträge . . . 133
6.1 Lagerfeuergeschichten: Was ist Storytelling? . . . 134
6.2 Fakten mit einer Seele . . . 136
6.3 Die Heldenreise . . . 139
6.4 Die Hauptdarsteller . . . 141
6.5 Fundorte für gute Geschichten . . . 145
6.6 Werkzeuge für das Storytelling . . . 149
6.6.1 Die Mini-Story . . . 150
6.6.2 Die Leiter des Erzählers . . . 150
6.6.3 Das PIXAR-Schema . . . 153
6.6.4 Der Golden Circle: Warum tun wir, was wir tun? . . . 156
6.6.5 Vorlagen für Vortragsplots . . . 158
6.7 Trainingsplan für Business-Storyteller . . . 162
6.8 Zusammenfassung . . . 165
6.9 Checkliste . . . 166
Literatur . . . 167

7 Die Macht der Bilder . . . 169
7.1 Die Regeln der Kreativität . . . 170
7.1.1 Aufbrechen und Zusammensetzen . . . 170
7.1.2 Die Geburt einer Idee . . . 172
7.1.3 Werden Sie analog! . . . 173

7.2 Visualisieren bedeutet Verstehen . . . 175
7.3 Die Macht der Skizze . . . 177
7.3.1 Ideen visualisieren . . . 179
7.3.2 Kleine Skizzenschule: Wie zeichne ich...? . . . 181
7.3.3 Ideen anpassen und verändern . . . 189
7.4 Malen mit Worten . . . 193
7.4.1 Sprachbilder . . . 193
7.4.2 Wortwelten . . . 194
7.4.3 Sprechen Sie alle Sinne an! . . . 198
7.5 Inhalte zeigen: Gegenstände und Requisiten . . . 200
7.5.1 Was sind Requisiten? . . . 200
7.5.2 Kopf- und Bauchrequisiten . . . 202
7.5.3 Wie setze ich Requisiten ein? . . . 203
7.6 Das Storyboard . . . 206
7.7 Zusammenfassung . . . 212
7.8 Checkliste . . . 213
Literatur . . . 213

8 Die Geheimnisse guter Folien . . . 217
8.1 Der übliche Weg zur Folienerstellung . . . 218
Wir denken wie Frankenstein . . . 218
8.1.2 Die Firmen-CI . . . 220
8.2 Grundlagen für gute Gestaltung . . . 221
8.2.1 Kontrast . . . 221
8.2.2 Wiederholung und Geschlossenheit . . . 222
8.2.3 Ausrichtung . . . 223
8.2.4 Nähe . . . 226
8.3 Farbe und Hintergrund . . . 228
8.3.1 Die Wirkung von Farben . . . 229
8.3.2 Das erstaunliche Farbrad . . . 231
8.3.3 Farbbeziehungen . . . 232
8.3.4 Hintergrund . . . 235
8.3.5 Farbenblindheit . . . 236
8.4 Schrift und Text . . . 238
8.4.1 Kleine Schriftenlehre . . . 238
8.4.2 Schrift anwenden . . . 239
8.4.3 Das Setzen von Text . . . 243
8.5 Bilder und Grafiken . . . 252
8.5.1 Arten und Verwendung . . . 253
8.5.2 Bildquellen . . . 256

8.5.3 Urheberrecht für Dummies 257
8.5.4 Do It Yourself: Bilder selbst erzeugen 259
8.6 Der Folienaufbau 266
8.6.1 Die Masterfolie 266
8.6.2 Folienarten 268
8.6.3 Animation von Folieninhalten 272
8.6.4 Videos, Hyperlinks und Co 273
8.7 Zusammenfassung 275
8.8 Checkliste 275
Literatur 276

9 Gute Diagramme 279
9.1 In drei Schritten zum guten Diagramm 280
9.2 Was will ich sagen? 282
9.3 Die richtige Darstellung: Nicht-Diagramme 286
9.3.1 Textfolien 286
9.3.2 Tabellen 287
9.3.3 Heatmap 290
9.4 Show me the numbers: Diagramme 292
9.4.1 Kreis- oder Tortendiagramme 294
9.4.2 Gestaltung von Balken- und Säulendiagrammen 297
9.4.3 Säulendiagramme 298
9.4.4 Gestapelte Säulendiagramme 301
9.4.5 Histogramme 302
9.4.6 Wasserfalldiagramme 304
9.4.7 Balkendiagramme 306
9.4.8 Gestapelte Balkendiagramme 308
9.4.9 Liniendiagramme 310
9.4.10 Flächendiagramme 313
9.4.11 Punktediagramme 316
9.4.12 Bilddiagramme 317
9.5 Die häufigsten Fehler 320
9.5.1 3D-Effekte 321
9.5.2 Das Spiel mit den Achsen 322
9.6 Stellen Sie den Kontext her 324
9.6.1 Das richtige Diagramm 325
9.6.2 Die richtige Geschichte 327
9.7 Zusammenfassung 331
9.8 Checkliste 332
Literatur 333

10 Die Geburt Ihres Vortrags 335
10.1 Alles zusammenbauen 336
10.1.1 Fünf goldene Regeln für Vorträge 337
10.1.2 Wie viele Folien? 339
10.1.3 Spicken erlaubt: Vortragsnotizen 342
10.1.4 Handout oder nicht Handout 345
10.2 Müssen es immer Folien sein? 349
10.2.1 Alternativen zu Folien 350
10.2.2 Wie wähle ich das passende Medium aus? 353
10.3 Die Vortrags-Inszenierung 356
10.4 Der Qualitäts-Check: Wie gut ist mein Vortrag? 357
10.4.1 Das Korrekturquartett 359
10.4.2 Logos, Ethos und Pathos 361
10.4.3 Der Probelauf 364
10.5 Zusammenfassung 366
10.6 Checkliste 367
Literatur 368

11 Der Tag der Wahrheit 369
11.1 Die Angst vor Präsentations-Torpedos 370
11.2 Vor dem Vortrag 372
11.2.1 Freunden Sie sich mit dem Vortragsraum an 373
11.2.2 Prüfen Sie die Technik 375
11.2.3 Begrüßen Sie Ihr Lampenfieber 377
11.2.4 Mischen Sie sich unter das Publikum 379
11.3 Während des Vortrags 380
11.3.1 Kleidung 381
11.3.2 Augen und Lächeln 382
11.3.3 Stimme und Sprache 383
11.3.4 Körpersprache 386
11.3.5 Verbindung mit dem Publikum 388
11.3.6 Umgang mit Störungen 389
11.4 Nach dem Vortrag 396
11.4.1 Rückmeldung des Publikums 396
11.4.2 Selbsteinschätzung 398
11.4.3 Besser werden 400
11.5 Zusammenfassung 403
11.6 Checkliste 403
Literatur 404

12 Ausblick: Die Zukunft des Präsentierens . . . 407
12.1 Online-Präsentationen . . . 408
12.1.1 Konzentrieren Sie sich auf das Wesentliche . . . 410
12.1.2 Stellen Sie sich gut dar . . . 410
12.1.3 Setzen Sie mehr Folien ein . . . 411
12.1.4 Erstellen Sie ein elegantes Design . . . 412
12.1.5 Binden Sie die Zuhörer ein . . . 413
12.2 Künstliche Intelligenz . . . 415
12.2.1 Was kann eine KI? . . . 415
12.2.2 Wie funktioniert KI? . . . 416
12.2.3 Gutes Prompting in a nutshell . . . 419
12.2.4 KI-Unterstützung beim Vorbereiten und Präsentieren . . . 422
12.2.5 Die dunkle Seite der KI . . . 432
12.3 Augmented und Virtual Reality . . . 435
12.3.1 Was ist AR, VR und der ganze Rest? . . . 435
12.3.2 Immersion trifft Information: Präsentieren mit AR und VR . . . 437
12.3.3 Praxisbeispiel: Virtuell trifft Realität . . . 440
12.4 Zusammenfassung . . . 442
12.5 Die Zukunft des Präsentierens – mein persönlicher Blick . . . 443
Literatur . . . 444

Stichwortverzeichnis . . . 447

1 Einleitung

Schreib das Buch, das Du selbst lesen möchtest.

Austin Kleon [1]

Liebe Leserin, lieber Leser,

ich gebe es zu: Ich bin ein bisschen aufgeregt – schließlich haben wir gerade ein Blind Date. Wir kennen uns nicht und sind uns vermutlich nie begegnet. Und doch gibt es etwas, das uns verbindet: Geschäftsvorträge. Wäre dieses Thema nicht für uns beide relevant, hätten Sie dieses Buch wohl nie in die Hand genommen – und ich hätte es vermutlich nie geschrieben.

Dabei gibt es viele Bücher über Vorträge. Ich nehme an, dass Sie sich jetzt die Frage stellen: „Warum noch ein weiteres Buch?" Meine Antwort: Ich bin Ingenieur. Von mir wird regelmäßig verlangt, einen Vortrag zu halten. Vor Kunden, Chefs oder Kollegen. Aber ich bin kein Designer, Grafiker oder Texter. Deshalb habe ich nach einem Buch gesucht,

B. Gebhardt, *Tipps und Tricks für erfolgreiche Präsentationen*,
https://doi.org/10.1007/978-3-662-72376-0_1

das mir helfen sollte, einen guten Geschäftsvortrag schnell und unkompliziert zu erstellen. Leider war das nicht so einfach, wie ich gehofft hatte.

Mein größtes Problem? Die vielen Empfehlungen in diesen Büchern ließen sich nur schwer auf *meine* fachlichen Inhalte übertragen. Da ging es um Marktanteile oder schwankende Aktienkurse – anschauliche Beispiele, sicher. Aber was bitte hat das mit meinem Statusreport für meinen Chef zu tun? Oder mit einem Vortrag, in dem der Vorstand über ein Projektbudget entscheiden soll?

Immer wieder war ich unzufrieden – mit dem, was ich präsentierte, und wie ich es tat. Es war weder Fisch noch Fleisch. Mein Chef verstand den Statusbericht nicht, der Vorstand winkte das Budget nicht durch. Kein Wunder: *Meine Vorträge waren weitschweifend, unklar – und, ehrlich gesagt, unglaublich langweilig.*

Egal, ob Sie Manager, Vorstand, Teamleiter oder Angestellter sind – wenn Sie sich in diesem Dilemma wiederfinden, dann hoffe ich, dass ich Ihnen mit Erfahrungen aus der Praxis helfen kann. Und zwar nicht nur mit meinen eigenen: Neben meinem Beruf gebe ich Schulungen und bin Dozent an einer Technischen Hochschule. Deshalb schöpfe ich zusätzlich aus einem reichen Fundus meiner Teilnehmer und Studenten. Die spannendsten Geschichten habe ich in diesem Buch gesammelt und als Beispiele aufbereitet.

Sind Sie dabei? Dann freue ich mich, wenn wir unser Blind Date mit einem guten Gespräch fortsetzen – am besten bei einem Glas Wein und mit offenem Geist für neue Ideen.

1.1 Die Vortragsreise

Es gibt ein schönes Bild für das Halten eines Vortrags: Stellen Sie sich vor, Sie laden Ihr Publikum auf eine gemeinsame Reise ein. Sie holen Ihre Zuhörer dort ab, wo sie gerade stehen – mit ihrem Wissen, ihren Fragen, vielleicht auch mit etwas Skepsis. Und dann führen Sie sie Schritt für Schritt zum Ziel. Als Reiseführer, nicht als Alleinunterhalter. Doch bevor die Reise beginnt, braucht es eines: Die Menschen müssen bereit sein, Sie zu begleiten. Sie müssen glauben, dass sich der Weg mit Ihnen lohnt. Tun sie das nicht, bleiben sie innerlich sitzen – und steigen gar nicht erst ein.

Die spannende Frage lautet also: Wie gewinnen Sie Ihr Publikum für diese Reise? Die einfache Antwort: Mit einem Vortrag, der begeistert. Und der besteht nicht nur aus hübschen Folien, wie das manche Referenten meinen, sondern beinhaltet zusätzlich Klarheit und Erkenntnis.

Ich mag das Bild der gemeinsamen Reise. Für mich steht es nicht nur stellvertretend für die Beziehung zwischen einem Referenten und seinem Publikum, sondern auch zwischen Ihnen und mir. Wenn wir mit unseren Inhalten etwas bewegen wollen, geht das nur als Team. Sie und ich. Redner und Zuhörer.

Ich selbst stelle mir meine Reise gerne als Fahrt mit einem Schiff vor. Aber vielleicht reisen Sie lieber durch den Weltraum oder erkunden ein fremdes, unentdecktes Land? Fliegen Sie mit einem Flugzeug oder einem Ballon – lassen Sie ein wenig Ihre Fantasie

Abb. 1.1 Unsere Reiseroute zu einem guten Vortrag

spielen. Machen Sie einen Campingausflug oder tauchen Sie ab in die Tiefsee. Das Ergebnis ist dasselbe.

Die Karte in Abb. 1.1 zeigt die Route unserer gemeinsamen Reise: Wir starten in unserem Heimathafen *(Aufbruch)* und erreichen am Ende den Zielhafen *(Ankunft)*. Dann kehren wir zum Ausgangspunkt zurück. Unterwegs legen wir an mehreren Häfen an, um wichtige Themen zu besprechen: Den roten Faden, Geschichten, Diagramme – und natürlich Folien.

Wow – das ist eine ganz schöne Menge an Inhalten. Deshalb können Sie – je nachdem, wie erfahren Sie als Referent sind – Ihre Reise auf zwei Arten planen:

Wie bei einer Pauschalreise durchfahren Sie die gesamte Route und legen an jedem Hafen an. Das kostet beim ersten Durchlauf etwas Zeit, aber Sie erstellen einen Vortrag „von der Pike auf". Um jeden Bereich auszuprobieren und zu erfahren, wie alle Teile zusammenspielen, empfehle ich Ihnen, die gesamte Route wenigstens einmal vollständig abzufahren.

Wenn Sie bereits ein alter Hase sind, planen Sie eine Individualreise: Steuern Sie gezielt nur diejenigen Häfen an, die Sie interessieren. In diesem Fall verwenden Sie das Buch als Nachschlagewerk. Hier unterstützt Sie ein umfangreicher Index; damit Sie die Begriffe im Fließtext schneller finden, habe ich sie dort **fett** geschrieben. Und falls Sie nach Personen wie Elon Musk, Steve Jobs oder sogar Edgar Wallace suchen, keine Sorge: Die finden Sie ebenfalls im Index.

1.2 Wie ist das Buch aufgebaut?

Goethes Faust, Romeo und Julia, Harry Potter oder Ben Hur – viele unvergessliche Geschichten besitzen drei Elemente: Eine klare Botschaft, eine packende Handlung und eine spannende Inszenierung. Aber was wäre, wenn wir diese Bestandteile auch in Vorträgen anwenden könnten? Schlagartig wären die meisten von ihnen für das Publikum lebendiger und interessanter. Und der Referent könnte mit seinen Ideen wirklich etwas bei den Zuhörern bewegen.

Nur ein schöner Gedanke? Das geht – auch bei beruflichen Inhalten. Deshalb besitzt das Buch drei Schwerpunkte: Botschaft, Verpackung der Inhalte und Auftritt. In jedem Bereich erfahren Sie, was Sie beachten und was Sie tun müssen. Und welche Rolle Künstliche Intelligenz (KI) oder Virtual Reality dabei spielen können.

1.2.1 Botschaft und Inhalt (Kap. 2 bis 5)

Bevor Sie mit der Vorbereitung Ihres Vortrags starten, lohnt es sich, einige grundlegende Fragen zu klären – das spart Ihnen später viel Arbeit. Im zweiten Kapitel erfahren Sie, welche das sind: Warum halten Sie den Vortrag? Was ist Ihre „Große Idee" und was wollen Sie mit ihr erreichen? Und schließlich: Wer entscheidet darüber? Von den Antworten hängt maßgeblich ab, wie wichtig Ihre Präsentation ist und wie viel Aufwand Sie von Beginn an einplanen sollten.

Mit Ihrem Vortrag möchten Sie als Redner beim Publikum etwas bewirken – etwa einen Kauf oder eine Entscheidung. Deshalb müssen Sie bereits am Anfang Ihrer Reise wissen, wer Ihre Zuhörer sind und was sie wirklich hören wollen. Wie Sie das zu diesem frühen Zeitpunkt herausfinden, erfahren Sie im dritten Kapitel. Auf dieser Grundlage suchen Sie gezielt nach den Inhalten, die Ihre Zuhörer am meisten interessieren. Anschließend strukturieren wir sie so, dass ein erster roter Faden – das Board – entsteht. Darüber sprechen wir im vierten Kapitel.

Im fünften Kapitel entwickeln wir das Board als Fundament Ihrer Präsentation weiter: Sie erfahren, wie Sie einen überzeugenden Anfang gestalten, im Mittelteil stichhaltig argumentieren und das Publikum mit einem klaren Appell am Ende zum Handeln aktivieren. Kurz: Sie wissen, an welcher Stelle des Vortrags Sie Ihre Inhalte am besten platzieren.

1.2.2 Die Verpackung: Geschichten und Bilder (Kap. 6 bis 9)

Mit dem Board haben wir bislang hauptsächlich analytische Inhalte gesammelt und strukturiert. Solche Zahlen-Daten-Fakten-Vorträge empfinden viele Zuhörer als anstrengend und schalten mental ab. Deshalb widmen wir uns im sechsten Kapitel der Macht von Geschichten. Sie sind die perfekte Verpackung für Sachinhalte, weil sie diesen Inhalten

Bedeutung und Sinn verleihen – das Geheimnis, wie Sie Ihre „Große Idee" tief im Gedächtnis der Menschen verankern. Geschichten sind deshalb starke Verbündete in Business-Vorträgen!

Abstrakte Zahlen oder Daten in Geschichten und Bilder zu verwandeln, erfordert Kreativität. Im siebten Kapitel sehen wir uns an, wie Sie Ihren „Ideen-Generator" aktivieren und die Ergebnisse für Ihre Folien vorbereiten. Was eine gut gestaltete Folie ausmacht, behandelt das achte Kapitel: Wir sprechen über Foliendesign, Farbe und Schrift. Diese Grundlagen gelten auch für Diagramme: Im neunten Kapitel erfahren Sie, wie Sie Zahlen und Daten so präsentieren, dass sie Ihr Publikum nicht nur versteht, sondern auch daraus die richtigen Schlüsse zieht.

1.2.3 Vortrag und Auftritt (Kap. 10 und 11)

Jetzt ist der Zeitpunkt gekommen, an dem wir sämtliche Einzelteile – Bilder, Texte und Diagramme – zum ersten Gesamtentwurf zusammensetzen. Doch damit ist die Arbeit noch nicht getan: Sie müssen die Inhalte und den roten Faden erneut prüfen, Ihren Vortrag üben und ihn eventuell anpassen. Darüber sprechen wir im zehnten Kapitel. Denn wie so oft gilt: Das Ganze ist mehr als die Summe seiner Teile.

Und schließlich ist er da, der *Tag der Wahrheit:* Heute halten Sie Ihren Vortrag. Wie Sie sich mit dem Vortragsraum anfreunden, Ihr Lampenfieber minimieren oder mit Störungen durch Teilnehmer umgehen, erfahren Sie im elften Kapitel. Und: Nach dem Vortrag ist vor dem Vortrag! Deshalb gehen wir auch darauf ein, wie Sie Ihre Stärken in der nächsten Präsentation ausspielen und Ihre Schwächen verbessern.

1.2.4 Die Zukunft der Präsentation (Kap. 12)

Panta rhei – alles fließt: Das wussten schon die alten Griechen. Und dieser Wandel macht auch bei Vorträgen nicht halt. Umfeld und Technik entwickeln sich weiter – teilweise in einem atemberaubenden Tempo. Deshalb sehen wir uns im letzten Kapitel an, was wir bei Online-Vorträgen beachten müssen, wie uns KI bei der Vorbereitung unterstützt oder wann es sinnvoll ist, Technologien wie Augmented oder Virtual Reality einzusetzen, um Ihr Storytelling zu veredeln.

1.3 Was müssen Sie tun?

„Nanu – *ich* muss etwas tun? Reicht es nicht, dass ich das Buch gekauft habe?", denken Sie vielleicht. Meine Antwort: Nein, das reicht nicht.

Ursprünglich wollte ich nur die Erkenntnisse und Geschichten meiner Teilnehmer sammeln und sie mit meinen eigenen ergänzen. Diese persönlichen Notizen wollte ich niemals veröffentlichen. Doch dann baten mich einige Studenten, daraus ein kleines Büchlein für die Vorlesung zu erstellen. Ein praktischer Leitfaden, der einfache Regeln enthält, um Probleme schnell zu lösen. Zaubersprüche gegen schlechte Vorträge, wenn Sie so wollen. Und natürlich gegen widerspenstiges Publikum.

Diesen Wunsch kann kein Buch erfüllen. Auch dieses nicht. Denn: *Üben und Ihre eigenen Erfahrungen sammeln müssen Sie selbst.* Daran führt kein Weg vorbei. Manchmal holt man sich als Redner vom Publikum eine blutige Nase – das gehört dazu. Genauso wie Anerkennung und Respekt, sobald Sie einen guten Vortrag gehalten haben.

Dabei kann Sie dieses Buch unterstützen: Ihre persönliche Vortragskompetenz zu entwickeln. Ihre Augen für schlechte Folien und Ihre Sinne für heikle Vortragsmomente zu schärfen. Und Sie zu ermutigen, in Business-Vorträgen manchmal ausgetretene Pfade zu verlassen, wenn Sie Ihre „Große Idee" präsentieren.

Dazu finden Sie in jedem Kapitel Werkzeuge, Praxistipps und kleine Übungen. Sie sollen Ihnen helfen, die Inhalte besser zu verstehen und Ihnen zeigen, *wie* es geht, wenn Sie etwas in Ihren eigenen Vorträgen anwenden möchten. Was für Sie am besten funktioniert, müssen Sie ausprobieren – schließlich schlägt ein Zimmermann keinen Nagel in die Wand, indem er nur darüber liest. Beim Einschlagen *Ihrer* Nägel hilft Ihnen eine kleine Checkliste an jedem Kapitelende. Und falls Sie noch mehr über die Inhalte wissen wollen, finden Sie dort auch die Quellen, die ich verwendet habe.

Nicht umsonst heißt es: *Sehen und Nachmachen ist die Grundlage für Verstehen.* Deshalb sind die besten Beispiele oft die, die Ihnen zeigen, wie Redner tatsächlich bestimmte Techniken eingesetzt haben – und welche Wirkung sie damit bei ihrem Publikum erzielten. Solche Beispiele finden Sie im Buch in Form von Geschichten oder über Links zu Videos im Internet. Und falls ein Link nicht mehr funktioniert, suchen Sie einfach nach dem Namen und dem Titel des Vortrags – in den meisten Fällen werden Sie fündig.

1.4 Danke

Ein Buch zu schreiben, ist der einfache Teil. Denn das ist reine Fleißarbeit des Autors. Ein Buch zu konzipieren, zu prüfen, anzupassen und herzustellen, ist viel herausfordernder. Dabei sind viele andere Menschen beteiligt. Also – Vorhang auf: Ehre, wem Ehre gebührt.

Bereits Dale Carnegie, Autor der Ratgeber-Bestseller *Sorge Dich nicht, lebe* und *Wie man Freunde gewinnt,* sagte, dass er die meisten seiner Ideen von Sokrates, Jesus und anderen geliehen hat – und sie einfach in ein Buch packte [2]. Das gilt auch für mich – ich stehe auf den Schultern von Giganten, deren Erkenntnisse ich auf meine berufliche Praxis übertragen habe. Viele davon werden Sie kennen – sie kommen aus Bereichen wie Design, Rhetorik, Werbung, Neurologie oder Psychologie, um nur einige zu nennen. Deshalb war es mir wichtig, die Quellen akkurat anzugeben, sofern ich sie wusste oder recherchieren konnte. Menschen, die sich mit fremden Federn schmücken, mag keiner.

Beim Springer Vieweg Verlag fand ich bei meinem Lektor, Herrn Dr. Alexander Grün, jederzeit ein offenes Ohr; bei meinen Anliegen stand er mir stets mit Rat und Tat zur Seite. Beides ist nicht selbstverständlich – dieser Dank gebührt Ihnen!

Einen wertvollen Beitrag lieferten die Teilnehmer meiner Schulungen und Vorlesungen. Sie hinterfragten jede Idee, jedes Werkzeug und jede Übung. Nur die Methoden und Hilfsmittel, die ihren eindringlichen Fragen und Tests standhielten, haben es mit dem Prädikat *Praxistauglich* in das Buch geschafft. Danke für Eure ehrliche Rückmeldung, die sich immer als berechtigt herausstellte – auch, wenn es manchmal etwas gedauert hat, bis ich das verstanden habe.

Manchmal sagt ein Bild mehr als tausend Worte. Der Laupheimer Fotokreis e. V., die Firma Hololight und mein Arbeitgeber DIEHL Aviation haben mich in einigen Abschnitten tatkräftig mit hochwertigen Fotos unterstützt, die den Text anschaulicher und klarer gemacht haben. Maximilian, Alexandra, Manuel, Tanja und Guido: Vielen Dank an Euch – Ihr seid super!

Ein besonderer Dank gilt meinen Testlesern Sigrid, Florian sowie Herrn Mäder und Professor Bartel, die das Manuskript mit kritischem Blick und großer Sorgfalt geprüft haben. Eure Expertise hat meinen Worten Tiefe und Präzision verliehen – und deshalb steckt von Eurer Weisheit mehr in diesen Seiten, als Ihr vielleicht ahnt.

Wie ich meiner Familie danken kann, weiß ich nicht. Dieses Buch zu schreiben, war für meine Frau und für meine Kinder eine zusätzliche Belastung. Über Jahre hinweg. Aber sie haben verstanden, dass es ein Herzensprojekt von mir ist, und mir beim Schreiben den nötigen Freiraum eingeräumt. Ihr habt was gut bei mir. Ganz ehrlich.

Und jetzt beginnt der eigentliche Härtetest: Denn ab sofort müssen sämtliche Inhalte vor *Ihnen* bestehen. Deshalb geht das wichtigste *Dankeschön* an Sie, werte Leserin und werter Leser: Für Ihre Bereitschaft, gemeinsam mit mir die Reise in ein unbekanntes Gebiet anzutreten. Egal, ob im Flugzeug, im Campingbus oder im Taucheranzug. Aber ich warne Sie vor: Es wird nicht immer einfach.

Noch zwei abschließende Bemerkungen: Ich stelle mir vor, dass wir während des gesamten Buches unser Gespräch fortsetzen. Deshalb habe ich die direkte Ansprache gewählt. Und immer, wenn ich von einem Referenten oder Redner spreche, meine ich auch Referentinnen und Rednerinnen. Ob ein Vortrag von einer Frau oder einem Mann gehalten wird, ist schlussendlich völlig unerheblich: Schlecht bleibt schlecht und gut bleibt gut.

Literatur

1. Austin Kleon (2013): Alles nur geklaut – 10 Wege zum kreativen Durchbruch, 5. Auflage. Mosaik, S. 50.
2. Carmine Gallo 2017): Talk Like TED – Die 9 Geheimnisse der besten Redner. Redline, S. 66.

Der Weg zum guten Vortrag

2

Wer vorher gründlich organisiert, hat definitiv mehr Spaß am Schreiben.

Blake Snyder [1]

Im Mittelalter waren viele Seeleute abergläubisch. Deshalb vermieden Kapitäne den Kurs durch unbekanntes Gewässer – aus Angst vor Drachen oder Seeungeheuern. Sie befuhren lieber bekannte Seewege, um zu ihrem Ziel zu gelangen. Auch, wenn das bedeutete, dass sie länger unterwegs waren oder vielleicht von Piraten überfallen wurden. Aber diejenigen, die das Wagnis eingingen und fremde Gebiete durchfuhren, erschlossen häufig neue Märkte und entdeckten wertvolle Rohstoffe.

Im heutigen Geschäftsalltag ist das ähnlich: Viele Referenten wählen die sichere Route, weil im Tagesgeschäft für neue Wege keine Zeit ist. Lieber bleiben sie bei der Arbeitsweise, die sie kennen und passen beispielsweise einen vorhandenen Vortrag an. Aber auch hier lauern gefährliche Drachen. Ihre Namen sind schlechte Planung oder falsche Inhalte.

B. Gebhardt, *Tipps und Tricks für erfolgreiche Präsentationen*, https://doi.org/10.1007/978-3-662-72376-0_2

Und häufig gehen sie aus dem Kampf mit dem Referenten als Sieger hervor: Der Vortrag ist langweilig und das Publikum beschleicht das Gefühl, seine Zeit verschwendet zu haben.

Dabei ist das Geheimnis eines guten Vortrags einfach: Der Redner muss wissen, ob die Inhalte, über die er spricht, das Publikum überhaupt interessieren. Und die Zuhörer müssen wissen, was der Referent von ihnen will. Mehr ist es nicht.

Diese zwei Überlegungen sind die Grundlage für jeden guten Vortrag. Deshalb beschäftigen wir uns in diesem Kapitel mit folgenden Fragen:

- Aus welchen Bestandteilen setzt sich ein guter Vortrag zusammen?
- Wie gehe ich bei der Vorbereitung vor und wie kann ich meinen Aufwand abschätzen?
- Welche Drachen lauern auf mich und wie kann ich sie besiegen?

Allerdings verpufft die beste Planung wirkungslos, wenn der Referent nichts zu sagen hat. Deshalb sprechen wir zu Beginn über Botschaften, Geschichten und was beides mit dem Publikum zu tun hat.

2.1 Die „Große Idee"

Der Kern jedes Vortrags ist immer eine Idee: Eine Erkenntnis, die Sie aufgrund Ihres Hobbys gewonnen haben. Eine neue Geschäftsidee. Kurz: Etwas, wofür Ihr Herz brennt und das Sie anderen Menschen mitteilen möchten. Das ist eine ideale Voraussetzung für einen spannenden Vortrag – der Referent spricht über seine Leidenschaft.

Oft passiert das im privaten Bereich – bei Reden vor der Familie, bei Feiern oder im Verein. Wenn ein Dackelzüchter über seinen neuesten Wurf referiert, dann ist der eigentliche Vortrag meistens Nebensache. Der läuft von allein.

Leider passiert das im Berufsalltag selten. Da finden nicht Sie die Idee, sondern die Idee findet Sie. Beispielsweise, wenn Ihr Chef Sie bittet, vor einem Kunden zu sprechen. Weil Sie etwas zu einem Thema sagen sollen, in dem Sie Fachmann oder Fachfrau sind. Oder weil Sie einfach zur falschen Zeit am falschen Ort waren. Kurz: Meistens handelt es sich um ungeliebte Inhalte, die einen nicht interessieren und über die man keine Lust hat zu sprechen. Nur – eine Wahl hat man selten.

Und was passiert? Die meisten Menschen fahren ihren Computer hoch und beginnen, die ersten Folien zu erstellen. Dabei stellen sie sich Fragen wie „Wie viele Folien soll mein Vortrag haben?" oder „Wie viele Aufzählungspunkte dürfen auf meine Folien?" Das sind die falschen Fragen. Weil der Referent mit seiner Vorbereitung beginnt, ohne zu wissen, wohin ihn seine Reise führen soll. Das gleicht einem Kapitän, der den Zielhafen nicht kennt und trotzdem in See sticht.

Wenn **Christoph Kolumbus** von einer „strategischen Planung von Seerouten zur Erschließung ausländischer Märkte mit der Option einer möglichen Gewinnmaximierung durch die Umsetzung teambasierter Innovationen" gesprochen hätte, hätte ihm der spanische König das Geld für seine Flotte wahrscheinlich nicht bewilligt. Stattdessen sagte er einfach, dass er einen neuen und schnelleren Seeweg nach Indien finden wollte, um mehr Handel zu treiben. Wie Kolumbus in heutigen Geschäfts-Meetings präsentieren könnte, zeigt Abb. 2.1.

In vielen Fällen erkennen Sie bereits an den Folien, ob der Vortragende wirklich weiß, was er den Teilnehmern sagen möchte. Dann kommt er auch visuell auf den Punkt. Andernfalls sind seine Folien überladen und mit Inhalten vollgestopft. *Machen Sie den Zuhörern in wenigen Sätzen klar, was auf dem Spiel steht.* Das ist der einzige Grund, warum Sie den Vortrag halten.

Deshalb sind bessere Fragen, die sich ein Referent stellen sollte „Was erwarten meine Teilnehmer von mir?", „Was sollen sie sich merken?" oder „Was sollen sie nach dem Vortrag tun?" Sollen sie etwas kaufen oder eine Entscheidung treffen? Und warum sollen sie das tun? Das sind die Fragen, für die sich Ihre Zuhörer interessieren.

Diese Fragen können Sie nur beantworten, wenn Sie genau wissen, was Sie dem Publikum mitteilen wollen. Das ist Ihre **„Große Idee"**; Sie können sie auch als Leitgedanke, Hauptbotschaft oder Aufhänger bezeichnen. Das kann eine Vision, eine Lösung für ein bestehendes Problem oder ein neues Produkt sein. Mit einer klaren Aussage weiß das Publikum, worum es im Vortrag geht, warum das wichtig ist und wohin die Reise führt. In Abb. 2.2 finden Sie drei Beispiele. Jedes beschreibt den einzigartigen Blickwinkel des Referenten in einem kompletten Satz.

Abb. 2.1. So könnte Kolumbus vor dem spanischen König präsentieren

Keine Große Idee	Das ist eine Große Idee
Neuer Seeweg	Mit neuen Seewegen erschließen wir neue Märkte und sind anderen Handelsnationen im Vorteil. Das bedeutet mehr Handel, weniger Gefahren und größere Gewinne
Digitale Transformation / Digitaler Wandel	Durch neue IT-Technologien verbessern wir unsere bestehenden Prozesse und erschließen neue Geschäftsfelder. Wir erwecken unser Unternehmen aus dem analogen Dornröschenschlaf und machen es fit für die Zukunft
Besseres Projektmanagement	Durch bessere Abläufe und Werkzeuge wird unsere Projektarbeit schneller und zuverlässiger. Das macht unsere Kunden zufriedener und sichert uns neue Aufträge

Abb. 2.2. Beispiele für „Große Ideen"

Leider ist die „Große Idee" anfangs oft nebulös und schwer fassbar – wie bei der Aussage *Digitaler Wandel.* Man hat eine ungefähre Ahnung von ihr, kann sie aber schwer beschreiben. Aber weil sie stark genug sein muss, um das Interesse der Zuhörer zu wecken und den gesamten Vortrag zu tragen, müssen Sie etwas Zeit investieren, um sich über Ihre Hauptbotschaft Gedanken zu machen. Dabei helfen Ihnen die 3 W-Fragen.

2.2 Die 3 W-Fragen

Bevor wir uns über Folien oder Inhalte Gedanken machen können, müssen wir uns über drei wesentliche Punkte klar sein. Erster Punkt: Wir müssen wissen, *warum* wir den Vortrag halten. Menschen sind Sinnsucher – wenn wir den Grund für eine Tätigkeit kennen, entfacht das in uns eine starke Motivation [2]. Also: Warum ist das Thema wichtig – für Sie persönlich und für Ihre Zuhörer?

Zweiter Punkt: *Was* wollen wir mit unserem Vortrag erreichen? Soll das Publikum etwas entscheiden? Oder wollen wir etwas verkaufen? Kurz: Was sollen die Teilnehmer am Ende des Vortrags tun? Sagen Sie deutlich, was Sie von Ihrem Publikum erwarten.

Und schließlich der wichtigste Punkt: Wir müssen wissen, vor wem wir sprechen. *Wer* ist unsere Zielgruppe? Es ist entscheidend, die Interessen unserer Teilnehmer zu kennen und zu verstehen. Und wie sie den Referenten einschätzen. Nur so schaffen wir eine Grundlage, die sicherstellt, dass uns das Publikum zuhört, aktiv wird und handelt.

Die Antworten auf das Warum, Was und Wer – die **3 W-Fragen** – bilden den Rahmen für Ihren Vortrag. Und weil sich bei jedem Vortrag Anlass oder Publikum ändern, ist dieser Rahmen flexibel: Dasselbe Thema müssen Sie vor Ihrem Chef anders präsentieren als vor einem Kunden. Weil beide andere Interessen haben. Deshalb ist es so gefährlich, denselben Vortrag für unterschiedliche Anlässe zu recyceln. Sehen wir uns die 3 W-Fragen genauer an.

2.2.1 Warum

Diese Frage beschäftigt sich damit, warum Sie den Vortrag halten: Sprechen Sie auf einem Projektmeeting oder einem Kongress? In anderen Worten: Hier geht es um den Vortragsanlass. Die Antwort darauf gibt Ihnen einen groben Anhaltspunkt, wie viel Aufwand Sie in die Vorbereitung stecken müssen. Ein Vortrag vor dem Vorstand ist aufwendiger als einer, den Sie vor Kollegen halten. In Abschn. 2.4 – *Planung und Aufwand* kommen wir darauf zurück.

Was im Beruf häufig vorkommt: Ihr Chef bittet Sie, einen Vortrag zu halten. Beispielsweise über die Einführung einer Zeiterfassungssoftware. Und im Gegensatz zu einer eigenen Idee brennt Ihr Herz für dieses **Thema** nicht unbedingt lichterloh. Weil Sie denken, dass Sie dazu nichts sagen können. Weil Sie sich nicht als Fachmann sehen. Oder weil Sie das Thema schlicht uninteressant finden. Das Problem: Wenn Sie selbst davon nicht überzeugt sind, ist es Ihr Publikum auch nicht [3].

► **PRAXISTIPP** Bei ungeliebten Themen gibt es einen einfachen Trick: Fragen Sie sich, was Sie daran *nicht* interessiert. Was genau finden Sie schlecht oder langweilig? Warum ist das so? Und wie könnte man das verbessern?

Solche Fragen sind gute Türöffner, aus denen sich oftmals erste Ideen für den Vortrag ergeben. *Finde das Gute im Schlechten*, sagt der Volksmund. Was fänden Sie wissenswert, wenn Sie sich selbst als Teilnehmer zuhören müssten?

> Auch, wenn das am Anfang so scheint: Wenn ich ehrlich bin, gab es bisher kein Thema, zu dem mir nichts eingefallen ist.
>
> *Ein Schulungsteilnehmer*

Wenn Sie sich mit einem scheinbar ungeliebten Thema beschäftigen müssen, ist Ihr kritischer Verstand alles, was Sie zu diesem Zeitpunkt benötigen. Denn häufig genügt eine neue Sicht auf die Dinge. Und dann merken Sie schnell, dass das Thema tatsächlich nur *scheinbar* ungeliebt ist und interessante Ansätze besitzt, auf denen Sie den Vortrag aufbauen können.

ÜBUNG
Eine ERP-Software (Enterprise Ressource Planning) verwaltet sämtliche Ressourcen eines Unternehmens wie Mitarbeiter oder Finanzen. Ihr Chef bittet Sie, einen Vortrag vorzubereiten, der die Einführung eines neuen ERP-Programms beschreibt und die aktuell verwendete Software ersetzen soll.

Betrachten Sie das Thema aus fünf unterschiedlichen Blickwinkeln. Welche Aspekte fallen Ihnen dazu ein? Nehmen Sie sich einen Augenblick Zeit, bevor Sie sich meine Vorschläge ansehen.

1. Welche Vorteile bietet uns die neue Software? Wie beeinflusst sie das Tagesgeschäft während der Einführung und nach der Inbetriebnahme?
2. Was kommt an Veränderungen auf die Anwender zu und wie wollen wir diese Veränderung begleiten?
3. Warum sollte man die bestehende ERP-Software ersetzen? Was ist an ihr besser und was hat die Anwender schon immer an ihr gestört?
4. Wie beeinflusst die neue ERP-Software die Abläufe und die Organisation des Unternehmens?
5. In welchen Schritten können wir die Einführung planen und was benötigen wir dazu?

Dieser gedankliche **Perspektivenwechsel** löst in Ihrem Kopf weitere Fragen aus, die Sie in Ihrem Vortrag behandeln können. Welche Inhalte stehen im Mittelpunkt und wie lassen sie sich am einfachsten erklären? Auf welche Punkte gibt es noch keine Antwort? Und welche sind strittig? Machen Sie sich bewusst: Sie halten den Vortrag, weil Sie die notwendige Expertise besitzen. Oder weil Ihnen der Chef zutraut, dass Sie etwas Bedeutendes dazu sagen können.

Sobald Ihnen der Grund bewusst ist, warum gerade *Sie* den Vortrag halten, hilft Ihnen das immens, sich mit dem Thema anzufreunden.

2.2.2 Was

Jeder Vortrag hat das **Ziel**, die Teilnehmer zum Handeln zu bewegen. Stellen Sie sich den Moment vor, wenn Sie Ihre Ausführungen beendet haben: *Was soll dann passieren?* Das ist der Grund, warum Sie eine klare Vorstellung davon haben müssen, was die Zuhörer wissen oder tun sollen. Je klarer Sie diesen Moment am Vortragsende vor Ihrem geistigen Auge sehen, desto besser. Gelingt Ihnen das nicht, sollten Sie überlegen, ob Sie überhaupt etwas mitzuteilen haben.

Für die meisten Referenten ist dieser Augenblick unangenehm. Der Grund: Viele Redner denken, dass ihre Teilnehmer mehr Wissen besitzen als sie selbst und deshalb eigenständig entscheiden können, ob und wie sie handeln. *Diese Annahme ist falsch.* Weil Sie derjenige sind, der die Inhalte vorbereitet und sich mit ihnen ausführlich beschäftigt hat. Deshalb sind Sie der Experte, der dem Publikum hilft, ihre Bedeutung zu verstehen. Und ihm sagt, was es als Nächstes konkret tun soll. Und selbst, wenn Sie eine falsche Empfehlung geben, lösen Sie dadurch die richtigen Fragen bei den Teilnehmern aus.

> **PRAXISTIPP** Es gibt Wörter, die auf das Publikum aktivierend wirken. Das sind beispielsweise:
>
> Absichern - aktivieren - aufnehmen - beeinflussen - beenden - beginnen - begleiten - berichten - empfehlen - fördern - glauben - investieren - kreativ werden - lernen - planen - tätig werden - überzeugen - übereinstimmen - unterscheiden - unterstützen - verändern - vereinfachen - vergleichen - wollen - zusammenarbeiten

Viele Referenten empfehlen am Ende ihres Vortrags konkrete Schritte für das weitere Vorgehen. Das ist ein guter Auslöser, um das Publikum zum Handeln zu bewegen, weil die Menschen darauf reagieren können. Wenn Sie das nicht tun, denken die meisten Teilnehmer „Oh, das ist ja interessant" und ihre Gedanken wandern zum nächsten Punkt ihres Tagesablaufs. Wenn Sie aber eine Handlung einfordern, müssen die Teilnehmer entscheiden, ob sie sie ausführen oder nicht.

2.2.3 Wer

Ob er seine Vortragsziele erreicht, entscheidet nicht der Referent. Das ist das Vorrecht des Publikums! Das bedeutet: Je genauer Sie beschreiben können, für wen Sie den Vortrag halten, desto besser können Sie den Teilnehmern die „Große Idee" vermitteln. Deshalb ist es nicht hilfreich, wenn Sie von *internen Stakeholdern* oder *den Mitarbeitern* sprechen. In einem solchen Fall wissen Sie nicht, an wen Sie Ihre Inhalte richten. Ken Haemer, ein ehemaliger Manager der Telefongesellschaft AT&T, sagte einmal treffend:

> Eine Präsentation zu entwerfen, ohne dabei an ein Publikum zu denken, ist wie einen Liebesbrief zu schreiben und ihn an "wen immer es betrifft" zu adressieren.
>
> *Ken Haemer* [4]

Denken Sie daran: Jedes **Publikum** besitzt unterschiedliche Erwartungen an Ihren Vortrag. Es macht einen großen Unterschied, ob Sie dieselben Inhalte vor Ihren Vorgesetzten, einem Kunden oder Ihren Kollegen präsentieren. Denken Sie an Ihre Kinder: Die sprechen mit ihren Freunden über dieselben Inhalte auch anders als mit Ihnen.

Was die Sache schwierig macht: Zu diesem Zeitpunkt Ihrer Vorbereitung haben Sie nur eine ungefähre Vorstellung Ihres Publikums. Wie sollen Sie wissen, wer Ihnen zuhören wird? Und was interessiert diese Menschen? Ein guter Weg ist es, wenn Sie versuchen, sich in Ihre Teilnehmer hineinzuversetzen. Dabei helfen Ihnen die Fragen in Abb. 2.3, um ein Gefühl dafür zu bekommen, wie Ihr zukünftiges Publikum tickt.

Manchmal gibt es wichtige Anlässe wie Konferenzen oder Kunden-Meetings, die über den üblichen Vortrags-Alltag hinausgehen. Oder der Vorstand soll eine wichtige Entscheidung treffen. In diesen Fällen müssen Sie Ihre Teilnehmer noch besser kennenlernen. Im dritten Kapitel – *Lernen Sie Ihr Publikum kennen* erfahren Sie, wie das geht.

Frage	Bedeutung
Wer wird teilnehmen?	Das sagt Ihnen, ob Sie vor Kollegen, Chefs oder Kunden präsentieren. Kennen Sie die Entscheidungsträger?
Was erwartet das Publikum vom Vortrag?	Was beschäftigt die Teilnehmer gerade? Und wie trägt die „Große Idee“ dazu bei, ihre Probleme zu lösen? Deshalb kommen die Menschen zu Ihnen
Wie viel wissen die Zuhörer über das Vortragsthema?	Überlegen Sie, welche Hintergrundinformationen Ihr Publikum benötigt, damit es die „Große Idee“ verstehen kann
Welche Bedenken könnte das Publikum haben?	Damit können Sie ableiten, ob die Teilnehmer die Idee eher ablehnen oder unterstützen. Welche Inhalte bestärken Ihre Idee?

Abb. 2.3. Diese vier Fragen geben dem Referenten ein erstes Gefühl für sein zukünftiges Publikum

2.2.4 Beispiel: Der Piraten-Workshop

Wenden wir die 3 W-Fragen an einem konkreten Beispiel an: Stellen Sie sich vor, Sie sind Projektleiter und wissen aus eigener Erfahrung, wo die Schwachstellen in der Projektarbeit Ihres Unternehmens liegen. Um die Einschätzung der anderen Projektleiter zu erfahren, führen Sie eine Umfrage durch. Anhand der Ergebnisse denken Sie, dass mithilfe dieser Daten die bestehende Projektarbeit verbessert werden kann. Deshalb möchten Sie den Vorstand davon überzeugen, ein Verbesserungsprojekt zu genehmigen.

Damit haben Sie die Frage nach dem *Warum* bereits beantwortet – wenn die bestehenden Schwachstellen beseitigt werden, wird die Projektarbeit für alle Beteiligten einfacher und leichter. Das führt dazu, dass die vereinbarten Liefertermine bei Kunden eingehalten werden. Die Kundenzufriedenheit steigt und das Unternehmen spart Geld, weil keine Vertragsstrafen fällig sind.

Diese Antworten helfen Ihnen, das *Was* zu bestimmen: Sie benötigen eine Entscheidung, damit Sie dieses Projekt durchführen können. Das beinhaltet ein Projektteam, jemanden, der das Projekt finanziert und gegen Widerstände im Unternehmen schützt.

Eine solche Entscheidung können nur bestimmte Personen treffen. Auf diesen Personenkreis – die sogenannte **Zielgruppe** – müssen Sie die Inhalte des Vortrags ausrichten. Das bedeutet, dass Sie die Fragen dieser Personen kennen müssen, um ihnen die Antworten zu liefern, die sie von Ihnen erwarten.

Machen Sie sich bewusst, dass sich Ihr Publikum aus unterschiedlichen Gruppen zusammensetzt, die alle an einem anderen Aspekt Ihrer gewonnenen Daten interessiert sind: Die Projektleiter möchten die neuen Abläufe und Hilfsmittel kennenlernen. Ihre Vorgesetzten wollen wissen, was die neue Arbeitsweise für das Team bedeutet. Und der Vorstand möchte etwas über die Kosten erfahren. Nur wenn Sie die Fragen der relevanten Zielgruppe beantworten, werden Sie diese Personen unterstützen, Ihr Vortragsziel zu erreichen. Oder auch nicht.

In unserem Fall ist die Zielgruppe der Unternehmensvorstand (das *Wer*): Er genehmigt das Projekt und gibt das notwendige Budget frei. Und das Einzige, was er wissen will, ist, wie viel das Projekt kostet und was es an Nutzen bringt. Liefern Sie ihm diese Informationen nicht, wird er nicht entscheiden. Das zeigt, wie wichtig es ist, die Bedürfnisse der Zielgruppe zu kennen und die Vortragsinhalte für sie zu formulieren.

Damit haben wir die 3 W-Fragen beantwortet. Fassen wir kurz zusammen, warum wir den Vortrag halten wollen, auf welche Zielgruppe wir uns konzentrieren und was sie tun soll:

- *Warum*: Mit einem besseren Projektmanagement können die Projektleiter zielgerichteter arbeiten und das Unternehmen spart Geld
- *Wer*: Der Unternehmens-Vorstand
- *Was*: Der Vorstand soll das Projekt genehmigen und das notwendige Budget dafür bereitstellen

Auf dieses Beispiel kommen wir im weiteren Verlauf des Buches immer wieder zurück. Deshalb verrate ich Ihnen an dieser Stelle den Arbeitstitel des Meetings: Der **Piraten-Workshop.** Die Idee: Sämtliche Projektbeteiligte lassen sich auf ein unbekanntes Abenteuer ein, an dessen Ende ein Schatz steht, den das Unternehmen heben kann. Er steht sinnbildlich für die Einsparungen, die durch den verbesserten Umgang mit Projekten entstehen.

Um bei diesem Bild zu bleiben: Die Antworten auf die 3 W-Fragen sind Gold wert, denn sie sparen dem Referenten viel unnötige Arbeit bei der Vorbereitung. Weil sie ihm helfen, das Vortragsziel im Auge zu behalten. Deshalb: Beginnen Sie jede Vorbereitung mit den 3 W-Fragen. Immer!

2.3 Fakten versus Emotionen

Der Vortragsprofi **Jim Endicott** sagt, dass jeder Vortrag drei **Bestandteile** besitzt: Eine klare Botschaft, verständliche Inhalte und einen überzeugenden Auftritt. Darüber muss sich ein Referent Gedanken machen, *bevor* er vor ein Publikum tritt. In anderen Worten: Wie formuliere, verpacke und präsentiere ich meine Idee (siehe Abb. 2.4) [5]? Um jeden Teil müssen Sie sich sorgfältig kümmern: Zuerst um die Botschaft, dann um die Verpackung (beispielsweise in Form von Geschichten) und schließlich um Ihren Auftritt – den eigentlichen Vortrag. Anschließend überlegen Sie, was Sie beim nächsten Vortrag verbessern können. Der Kreislauf beginnt von neuem.

Erinnert Sie das ein wenig an die **3 W-Fragen?** Damit liegen Sie richtig. Das bedeutet: Vom *Warum*, *was* und *wer* haben wir eine ungefähre Ahnung. Jetzt lautet die spannende Frage: *Wie* bringen Sie die „Große Idee" in die Köpfe Ihrer Zuhörer? Der Rhetorik-Trainer Michael Rossié hat auf diese Frage eine einfache Antwort: Ein guter Vortrag muss informieren und unterhalten [6]. Also Fakten und Gefühle.

Abb. 2.4. Die drei Bestandteile eines Vortrags und ihre Reihenfolge bei der Präsentationsvorbereitung

Moment mal – der Referent soll bei einem Business-Vortrag *unterhalten*? Das ist richtig. Warum die meisten Referenten bei dieser Aussage zögern: Sie denken dabei an Spaß und Show, die sie unseriös wirken lässt. Aber: Nirgendwo steht geschrieben, dass ein Vortrag langweilig sein muss. Ganz im Gegenteil: Wie wir im dritten Kapitel *Lernen Sie Ihr Publikum kennen* sehen werden, sind Gefühle ein mächtiges Werkzeug, um Informationen in den Köpfen der Zuhörer zu verankern. Viele Menschen erinnern sich beispielsweise noch an die Hauptversammlung des FC Bayern, als **Uli Hoeneß** der Kragen platzte. Und die meisten von ihnen wissen sogar noch, worüber er sich aufregte: Es waren die Vorwürfe einiger Mitglieder über zu hohe Eintrittspreise [7]. Das war im Jahr 2007.

Aber *unterhalten* bedeutet nicht nur Entertainment: Führen Sie ein Gespräch – eine Unterhaltung – mit Ihren Teilnehmern! Wie mit einem guten Freund. Legen Sie Ihren Standpunkt dar und die Menschen reagieren darauf. Zeigen Sie ihnen, warum Sie aufgeregt, besorgt oder zuversichtlich sind. Seien Sie konkret und anschaulich – indem Sie Beispiele, Erfahrungen oder Geschichten einsetzen. Vorträge, die nur Fakten vermitteln, sind langweilig. In diesem Fall versenden Sie besser einen Bericht und sagen das Meeting ab.

Reine Fakten-Vorträge bergen eine weitere Gefahr: Für unser Gehirn sind abstrakte Inhalte schwer verständlich. Verknüpft sie der Referent mit Erfahrungen und Stories, die aus unserem Umfeld stammen, können wir die Bedeutung von Daten und Zahlen nach*empfinden* und einfacher verstehen. Noch ein guter Grund, warum ein fesselnder Vortrag sowohl faktische als auch emotionale Anteile beinhaltet (siehe Abb. 2.5). Und auf welche Seite Ihr Vortrag tendiert, hängt von Ihrem Publikum ab, zu dem Sie sprechen werden.

Abb. 2.5. Ein interessanter Vortrag besitzt sowohl faktische als auch emotionale Anteile

▶ **PRAXISTIPP** Es gibt eine einfache Regel für die Auswahl von Geschichten in Geschäftsvorträgen: Erzählen Sie das, was Sie als Zuhörer im Vortrag selbst gerne hören würden und interessant finden. Die meisten Teilnehmer denken ebenso.

Um es deutlich zu sagen: Fakten bilden die seriöse Grundlage für jeden Vortrag. Aber erst Geschichten machen sie für die Zuhörer verständlich. Und verleihen den Daten eine Bedeutung. *Ohne dieses Verständnis wird das Publikum nicht handeln.* Denken Sie an die Wettervorhersage: Eine Vielzahl an komplexen Messdaten sind so dargestellt, dass Sie wissen, wie das Wetter in den kommenden Tagen wird und sich darauf einstellen können. Einfach, verständlich und konkret.

2.4 Planung und Aufwand

An Flughäfen oder Bahnhöfen sehe ich häufig Geschäftsreisende, die mit dem Erstellen einer Präsentation beschäftigt sind. Manchmal komme ich mit ihnen ins Gespräch. Oft erzählen sie mir, dass sie gerade an einem Vortrag arbeiten, den sie im Laufe des Tages vor Kunden oder Managern halten sollen. Und wenn ich frage, wann sie mit der Vorbereitung begonnen haben, erhalte ich häufig als Antwort „Gestern Abend“ oder „Heute Morgen“.

Das Schlimme dabei: Nach meinem Eindruck wissen die meisten bereits, dass es mit dem Vortrag nicht klappt. Und die Gründe kennen sie auch: Weil sie mit der Vorbereitung zu spät angefangen haben. Und weil sie die wenige Vorbereitungszeit, die ihnen noch bleibt, nicht strukturiert nutzen. Anstelle darüber nachzudenken, welche Inhalte wichtig sind, klaubt man irgendwelche Daten zusammen, macht aus ihnen bunte Folien und hofft, dass das Ergebnis für die Teilnehmer ausreichend ist. Das ist gefährlich: Häufig ist für einen Kunden die Präsentation das Letzte, was er von einem Unternehmen wahrnimmt, bevor er über einen Kauf nachdenkt. Von *Ihrem* Unternehmen.

Ganz ehrlich: Würden Sie in ein Flugzeug einsteigen, das innerhalb von zwei Monaten entwickelt und gebaut wurde? Die meisten von uns hätten ein mulmiges Gefühl. Aber viele Referenten muten genau das ihrem Publikum zu. Obwohl sie wissen, dass ihre Präsentation noch nicht ausgereift ist.

Sprechen wir über die Vortragsplanung. Und darüber, wie Sie abschätzen können, wie viel Aufwand Sie in die Vorbereitung stecken sollten.

2.4.1 Die sieben Planungsschritte

Die „Große Idee", das Publikum, die Fakten und ihre Verpackung – all diese Punkte haben einen großen Einfluss auf die **Planung** Ihres Vortrags. Deshalb ist es wichtig, dass Sie einen Fahrplan haben, an dem Sie sich orientieren können. Und der flexibel genug ist, falls etwas Unvorhergesehenes passiert. Wie beim Kochen, bei dem Sie sich an das Rezept halten oder mit den Zutaten spielen können.

Wie Sie in Abb. 2.6 sehen, besitzt unser Vortrags-Kochrezept sieben Schritte, die wir in den nachfolgenden Kapiteln genauer beleuchten. Welche Kapitel das sind, zeigen Ihnen die einzelnen Symbole am linken Rand der Tabelle. Und wenn Sie einige Begriffe wie High-Concept oder Kernaussage nicht kennen, ist das nicht schlimm. Auch darüber werden wir sprechen. Noch ein Hinweis: Die Schritte 6 und 7 habe ich in Kap. 11 – *Der Tag der Wahrheit* zusammengefasst.

2.4.2 Anlass und Aufwand

Jeder einzelne Schritt unseres Kochrezepts benötigt Zeit. Deshalb ist es wichtig, sich darüber Gedanken zu machen, wie lange die gesamte Vortragsvorbereitung dauert. Und dafür ein Gefühl zu entwickeln. Ein Klassiker ist der fünfte Schritt, den viele Referenten unterschätzen: Aus Zeitgründen wird der Vortrag nicht kontrolliert und einfach präsentiert. So werden beispielsweise Ihre Kunden zu unfreiwilligen Beta-Testern. Meistens geht das schief.

Dabei ist es einfach: *Je wichtiger der Vortragsanlass, desto mehr Zeit benötigt die Vorbereitung.* Leider setzen das viele Referenten erstaunlich selten um. Zeit ist sicherlich die wertvollste Ressource in unserem Leben. Aber an einer sorgfältigen Vorbereitung führt kein Weg vorbei, wenn Sie einen überzeugenden Vortrag halten wollen. Steve Jobs steckte beispielsweise über hundert Stunden in die Vorbereitung seiner Keynote-Ansprache auf der jährlichen MacWorld-Konferenz, auf der er die neuen Produkte vorstellte [8].

Natürlich werden die wenigsten von uns auf einer ähnlichen Bühne stehen. Aber die Botschaft lautet: *Fangen Sie frühzeitig an!*

Sobald ich weiß, dass ich einen Vortrag halten muss, reserviere ich mir für seine Vorbereitung Zeit in meinem Terminkalender. Dabei verwende ich die Aufwandsskala, die Sie in Abb. 2.7 sehen. Generell gilt: Je weiter sich Ihr Vortrag dem rechten Ende der Skala nähert, desto mehr Zeit müssen Sie einplanen. Aber: Sorgfältig arbeiten müssen Sie bei *jedem* Vortrag!

Was das konkret in Stunden bedeutet, fragen Sie? Als Daumenregel gilt: Eine Minute Vortrag benötigt ungefähr 60 min Vorbereitung [9]. In Abb. 2.8 habe ich meine Erfahrungswerte für die drei häufigsten Business-Vortragsarten aufgelistet: Reportings, Vorträge vor

Abb. 2.6. Das Vortrags-Kochrezept mit seinen sieben Planungsschritten

Vorgesetzten (oder Kollegen) und betriebsinterne Schulungen. Letztere werden häufig bei der Einführung neuer Abläufe oder Software benötigt, die viele Mitarbeiter betreffen. Und ein Beispiel für einen Manager-Vortrag kennen Sie bereits: Den Piraten-Workshop aus Abschn. 2.2.4. Weitere Beispiele, auch zu anderen Vortragsarten, werden wir in den kommenden Kapiteln kennenlernen.

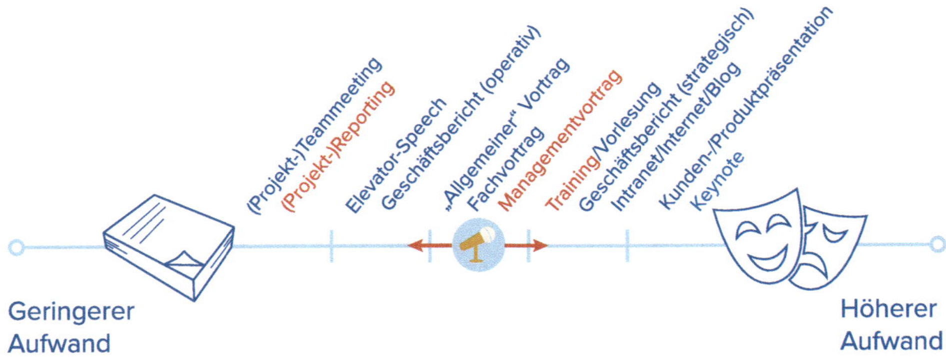

Abb. 2.7. Mit der Aufwandsskala können Sie Ihren ungefähren Vorbereitungsaufwand schnell abschätzen. Auf die Vortragsarten in orangefarbiger Schrift gehen wir im Buch genauer ein

Tätigkeit	Projekt-Reporting	Management-Vortrag	Schulungs-Vortrag
3W-Fragen beantworten und Inhalte sammeln	10 Minuten (Inhalte aus dem Projekt-Controlling)	1 - 4 Stunden	10 Stunden
Publikumsanalyse durchführen	10 Minuten	20 Minuten	20 Minuten
Ideen entwickeln und in eine sinnvolle Reihenfolge bringen (Board)	10 Minuten	1 - 2 Stunden	2 - 3 Stunden
Erste Rückmeldung durch Kollegen	10 Minuten (Abstimmung mit Projektteam)	1 Stunde	2 Stunden
Ideen skizzieren (Storyboard)	Nicht notwendig (Nutzung einer Vorlage)	3 Stunden	3 - 5 Stunden
Folien erstellen oder andere Medien vorbereiten	10 Minuten (Ausfüllen der Vorlage)	5 - 10 Stunden (Inklusive Erstellung der Grafiken)	10 - 30 Stunden (Inklusive Erstellung der Grafiken)
Zweite Rückmeldung durch Kollegen	Nicht notwendig	2 Stunden	3 - 5 Stunden
Vortrag üben	15 Minuten	2 - 4 Stunden	4 - 6 Stunden
Geschätzter Gesamtaufwand	Ungefähr 1 Stunde	15 - 26 Stunden	34 - 61 Stunden

Abb. 2.8. Durchschnittliche Vorbereitungszeiten für die drei häufigsten Vortragsarten im Geschäftsalltag

Viele Vortragende sind überrascht: Die Vorbereitung einer eintägigen Schulung benötigt fast zwei Arbeitswochen? Ja, weil man nur an die Trainingsinhalte denkt und dabei Unterlagen oder Probeläufe vergisst. Und auch ein 40-minütiger Chef-Vortrag mit 20 Folien wie beim Piraten-Workshop kostet zwei bis drei Arbeitstage. Weil die Wahl der passenden Inhalte und ihre Aufbereitung besonders für dieses Publikum aufwendig ist.

Um Zeit zu sparen, verwenden Referenten gerne vorhandene Vorträge, die für einen anderen Anlass erstellt wurden. Wie wir bereits wissen, ist das gefährlich. Aber verboten ist es nicht. Leider kommt es dabei immer wieder vor, dass der Vortragende sein Publikum unterschätzt: Er zeigt den unveränderten Vortrag und hofft, dass es die Zuhörer nicht bemerken. Das ist ein fataler Irrtum, denn genau das passiert. Und kein Business-Publikum der Welt wird Ihnen das verzeihen. Deshalb: Passen Sie vorhandene Vorträge mithilfe der 3 W-Fragen an. Aber: Manchmal dauert das länger als die Erstellung eines neuen.

2.4.3 Wie lange soll ein Vortrag dauern?

Die Antwort auf diese Frage ist einfach: So lange, wie ich benötige, um meine Botschaft zu vermitteln. Und so lange, wie mir das Publikum zuhört. Das klingt fast zu schön, um wahr zu sein: Ist es wirklich so einfach? Und wo ist der Haken?

Der vermeintliche Blankoscheck für lange und ausschweifende Vorträge besitzt seine Tücken. Gerade ein Geschäftspublikum ist besonders anspruchsvoll, weil es erwartet, dass der Redner seine Botschaft schnell auf den Punkt bringt. Kurz, knackig und gezielt. Ein hoher Anspruch an jede Präsentation.

Was viele Vortragende vergessen: Nicht nur sie selbst, sondern auch ihre Zuhörer leisten dabei geistige Schwerstarbeit. Denn unser Gehirn ist nur für einen begrenzten Zeitraum in der Lage, aufmerksam zu sein und gesprochenen Inhalten zu folgen [10].

Vor einigen Jahren veröffentlichten Forscher eine Studie, die besagte, dass die menschliche Aufmerksamkeitsspanne geringer als die eines Goldfisches ist. Ob es tatsächlich weniger als die ermittelten acht Sekunden sind, weiß ich nicht; allerdings tun sich viele Menschen schwer, sich über einen längeren Zeitraum zu konzentrieren. Der Grund liegt in der Reizüberflutung, der wir täglich ausgesetzt sind: Wir müssen ständig entscheiden, was wichtig und was unwichtig ist. Und irgendwann schaltet unser Gehirn ab. In anderen Worten: Aktives und bewusstes Zuhören bei Vorträgen ist für das Publikum ebenfalls anspruchsvoll!

Ein Erwachsener kann sich zwischen 10 und 40 min auf eine Sache konzentrieren [11]. Wie Sie in Abb. 2.9 sehen, ist die **Aufmerksamkeit** in den ersten Minuten am höchsten, bevor sie danach stetig nachlässt. Nach ungefähr 20 min hat sie sich halbiert. Bei Kindern und Jugendlichen passiert das noch schneller.

Der Grund liegt in der Arbeitsweise unseres Gehirns: Es bewertet die eingehenden Informationen, sortiert sie nach ihrer Bedeutung und speichert sie ungefähr zwanzig Minuten im Kurzzeitgedächtnis (KZG). Gelangen sie während dieser Zeit nicht in das Langzeitgedächtnis, vergessen wir sie wieder, um Platz für neue Inhalte zu schaffen.

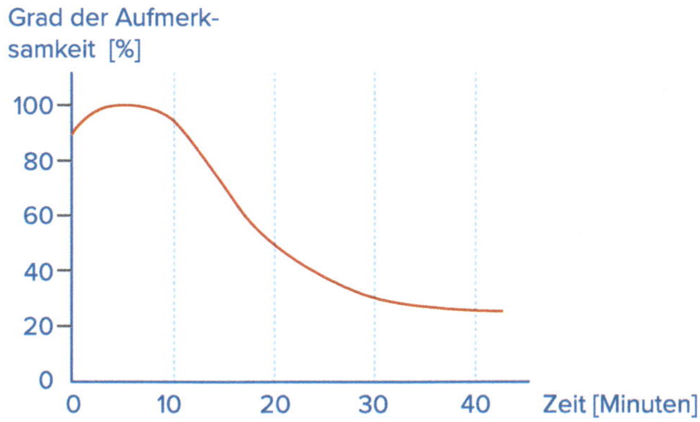

Abb. 2.9. Der typische Aufmerksamkeitsverlauf eines Erwachsenen

Das KZG besitzt nur einen begrenzten Speicherplatz. Mit fortschreitender Vortragsdauer stauen sich die Informationen an und dem Publikum fällt es zunehmend schwerer, sich auf die Inhalte zu konzentrieren [12]. Stellen Sie sich das KZG wie einen Bibliothekar im Kopf vor: Das Sortieren und Bewerten der eingehenden Inhalte sind für ihn eine Menge Arbeit! Hinzu kommt alles, was wir unbewusst wahrnehmen [13]. Dazu gehören beispielsweise das Verhalten des Referenten oder die Gespräche der anderen Teilnehmer. Wissenschaftler sprechen von einem **kognitiven Rückstau** [14].

Der Aufmerksamkeitsverlauf sinkt noch schneller, wenn der Referent mehrere Themen gleichzeitig in einem Vortrag behandelt. Der Bibliothekar ist verwirrt, weil er nicht weiß, auf welche Inhalte er sich fokussieren soll. Und springt wie eine Flipperkugel zwischen ihnen hin und her. Dasselbe geschieht auch in den Köpfen der Zuhörer: Es ist unmöglich, gleichzeitig dem Vortrag zu folgen und mit dem Handy im Internet zu surfen oder E-Mails zu beantworten. **Multitasking** ist ein Gehirn-Mythos [15].

Kurz zusammengefasst: 20 min Vortragsdauer. Auf das Wesentliche reduziert. Wenn Sie – wie in einer Schulung – länger präsentieren müssen, dann beschäftigen Sie spätestens nach dieser Zeitspanne den Bibliothekar auf eine andere Weise: Wechseln Sie vom Beamer auf die Flipchart. Oder lassen Sie das Publikum aktiv etwas tun. Der Gehirnforscher **John Medina** empfiehlt diesen Wechsel sogar alle zehn Minuten [16]. Und sollten Sie weniger als 20 min sprechen, wird Sie deswegen kein Teilnehmer verurteilen.

„Wie bitte – nur 20 min? Aber ich habe so viele wichtige Inhalte, über die ich sprechen muss", höre ich in meinen Schulungen häufig. Ich bin überzeugt: Was Sie in 20 min nicht unterbringen, ist ohnehin zu viel. Solche Inhalte sind in einem **Handout** besser aufgehoben. Eine Haupt-Botschaft. Eine „Große Idee". Mehr braucht es nicht für Ihren Vortrag.

2.4.4 Das High-Concept

Das High-Concept ist ein Begriff aus der Filmbranche. Es beschreibt die wichtigsten Eckpunkte eines Films wie Arbeitstitel, Regisseur oder einen kurzen Abriss der Geschichte. Alle Beteiligten wissen, worum es geht – nicht nur der Regisseur und die Filmcrew, sondern auch diejenigen, die nicht direkt am Filmset sind wie Studiobosse oder Produzenten. Mithilfe des High-Concepts können alle frühzeitig planen und entscheiden. Das verhindert eine Menge unnötiger Arbeit.

Aus diesen Gründen halte ich das **High-Concept** auch bei Vorträgen für wertvoll: Weil es den Referenten zwingt, sich zu einem frühen Zeitpunkt Gedanken über seine Präsentation zu machen. *Bevor* er die ersten Inhalte auswählt oder die ersten Folien erstellt. Und falls Sie den Begriff nicht mögen: Das High-Concept entspricht dem deutschen Wort **Grobkonzept**.

Es gibt zwei gute Nachrichten: Abb. 2.10 zeigt eine Vorlage, die wir nutzen können. Und wie Sie sehen, haben Sie mit den **3 W-Fragen** einen Teil des High-Concepts bereits beantwortet.

Viele Vortragende denken, dass sie mit dem High-Concept ihre Zeit verschwenden. „Die Fragen sind so einfach, dass ich sie nicht aufschreiben muss", sagen sie. „Das habe ich alles im Kopf." Diese Einstellung ist trügerisch. Häufig kommt man bei der Vorbereitung an einen Punkt, an dem man den Zielhafen aus den Augen verliert, ohne dass man das bemerkt. Der Referent arbeitet hart und stellt am Ende fest, dass er sich auf die falschen Inhalte konzentriert hat. „Thema verfehlt", nannte das meine Deutschlehrerin in der Schule. Das ist die Aufgabe des High-Concepts: *Sicherzustellen, dass der Referent seinen Kurs hält.* Deshalb ist es so wertvoll.

Es besitzt noch einen weiteren Vorteil: Wenn Sie Ihr Chef mit der Aufgabe betraut hat, einen Vortrag vorzubereiten, weiß er häufig ebenfalls nicht genau, was er von Ihnen erwartet. Mithilfe des High-Concepts können Sie ihm zeigen, was Sie sich überlegt haben, und ihn fragen, ob das seinen Erwartungen entspricht. So erfahren Sie frühzeitig, ob Sie auf dem richtigen Weg sind. Andernfalls kann er Ihnen *konkret* erklären, welche Punkte ihn stören, was ihm inhaltlich fehlt und womit er zufrieden ist. Das verhindert Frust auf beiden Seiten. Mein Doktorvater sagte immer: „Über ein leeres Blatt Papier lässt sich nicht diskutieren." Da ist was dran.

Das High-Concept ist keine wissenschaftliche Arbeit. Sie sollten nicht mehr als zehn Minuten Zeit benötigen, um es auszufüllen. Machen Sie das bitte schriftlich – denn für viele Menschen ist es einfacher, eine Aussage im Kopf zu formulieren als auf einem Blatt Papier. Brauchen Sie länger als zehn Minuten, ist das ein Zeichen dafür, dass Sie noch nicht genau in Worte fassen können, was Sie sagen wollen.

ÜBUNG

Kehren wir zurück zum Piraten-Workshop aus dem Abschn. 2.2.4. Zur Erinnerung: Sie sind Projektleiter und haben mit einer durchgeführten Umfrage mehrere Schwachstellen in der täglichen Projektarbeit gefunden, die Zeit und Geld kosten sowie die Arbeit für alle Beteiligten schwieriger machen. Ihre Idee: Sie möchten mithilfe eines Projekts diese Schwachstellen beseitigen. Dazu müssen Sie den Vorstand überzeugen, das notwendige Budget zu genehmigen.

High-Concept

Überlegen Sie sich die wichtigsten Eckpunkte Ihres Vortrags. Falls notwendig, aktualisieren Sie Ihre Daten.

VORTRAG (Arbeitstitel)

____

____

WARUM?

Warum halten Sie den Vortrag? Was ist der **Anlass** oder das **Problem**?

WAS?

Was soll das Publikum tun? Welches **Ziel** wollen Sie erreichen?

WER?

Wer ist das **Publikum**? Wie setzt es sich zusammen? Kennen Sie **Namen**?

Beschreiben Sie die „**Große Idee**" in einem Satz. Was ist der **Nutzen** für das Publikum?

ANMERKUNGEN

Was fällt Ihnen noch ein? Was dürfen Sie nicht vergessen?

Abb. 2.10. Das Vorlagenblatt für das High-Concept (Grobkonzept) Ihres Vortrags

Beschreiben Sie mithilfe des High-Concepts die wichtigsten Punkte, die Sie bei der Vorbereitung Ihres Vortrags berücksichtigen müssen. In Abb. 2.11 sehen Sie, wie das High-Concept für diese Präsentation aussehen könnte.

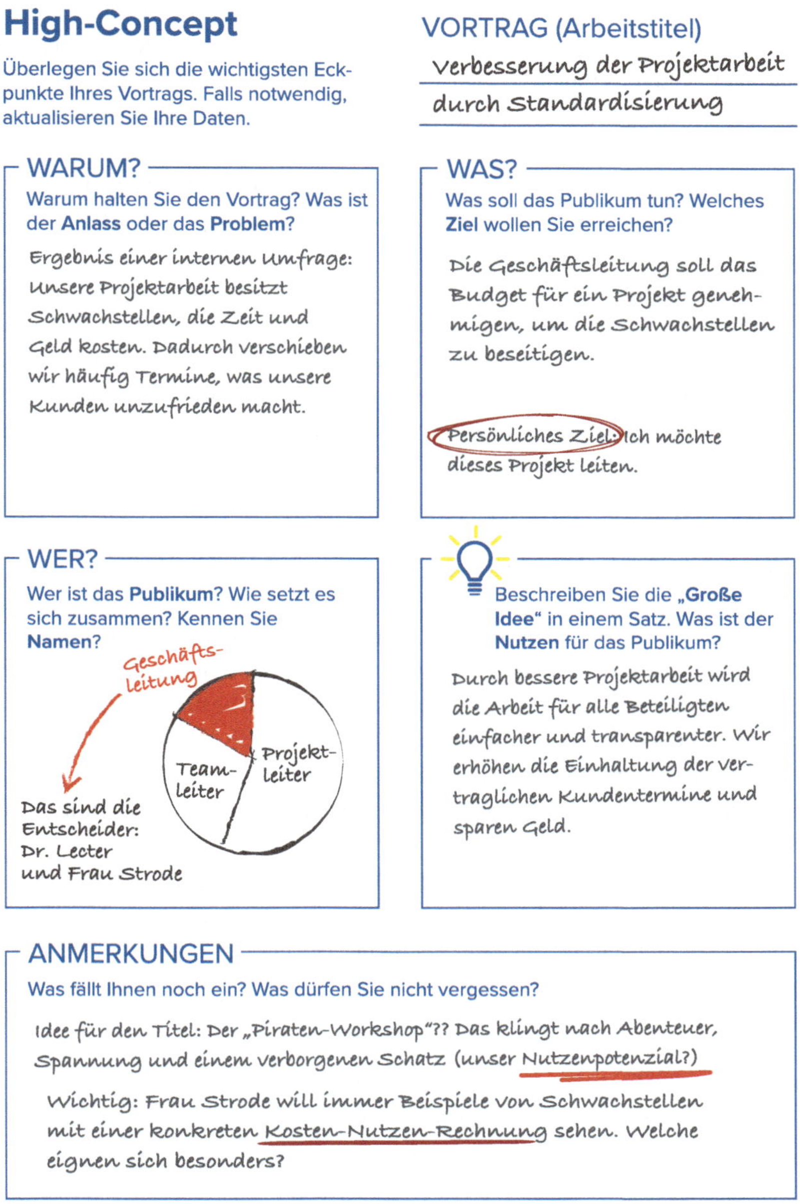

Abb. 2.11. Ein ausgefülltes High-Concept zu einem frühen Vorbereitungszeitpunkt

Was Sie bei meiner Lösung sofort erkennen: Ich bin ein visueller Mensch. Deshalb habe ich im *Wer*-Feld ein Tortendiagramm gezeichnet, das zeigt, wie ich mir die Zusammensetzung des Publikums vorstelle – das sehen wir uns im dritten Kapitel genauer an. Natürlich ist es auch in Ordnung, wenn Sie eine kleine Liste geschrieben haben. Und weil es Ihr persönliches High-Concept ist, gibt es kein richtig oder falsch.

Manchmal stehen Ihnen nicht alle Daten zur Verfügung, um das High-Concept auszufüllen. Vielleicht ist Ihnen zu diesem Zeitpunkt noch unklar, welcher Manager die Entscheidung maßgeblich treffen wird. Tragen Sie den Namen dann ein, sobald Sie ihn wissen. Ebenso ist es normal, dass sich Einträge während Ihrer Vorbereitung ändern. Das passiert häufig beim Arbeitstitel, der oft bis zum finalen Vortrag umformuliert wird. Das High-Concept ist ein lebendes Dokument, das Ihnen hilft, Ihr **Vortragsziel** und Ihr Publikum nicht aus den Augen zu verlieren. In anderen Worten: *Ein gutes High-Concept ist die halbe Miete für einen guten Vortrag.*

Kommen wir nochmals auf die Menschen im Wartebereich des Flughafens zurück, die wir am Anfang des Abschnitts kennengelernt haben. Wenn aufgrund schlechter Planung bis zum Vortragstermin die Zeit knapp wird, dann hilft auch das beste High-Concept nichts. Im Gegenteil: Auf Ihrer Reiseroute sind Sie gerade einem Vortrags-Drachen begegnet. Und haben den Kampf gegen ihn verloren. Deshalb ist es Zeit, diesen Tieren ins Antlitz zu blicken und den Umgang mit ihnen zu lernen.

2.5 Wenn es mal nicht läuft...

Die Vorbereitung eines Geschäftsvortrags ist mehr als das Sammeln von Daten und Fakten. Im Kern ist es die Verpflanzung einer Idee aus Ihrem Kopf in die Köpfe Ihrer Zuhörer. Der Knackpunkt: Sie müssen sich überlegen, wie Sie das am besten tun. Das ist anspruchsvoll, weil es sich dabei um einen **kreativen Prozess** handelt. Und weil kreative Abläufe unberechenbar sind, durchsegeln Sie gerade ein unbekanntes Gebiet auf Ihrer Seekarte. Und hier kann jederzeit und unvermittelt ein Drache auftauchen, der Sie in Ihrer Kreativität lähmt. Und Ihnen wertvolle Zeit raubt.

Solche Drachen kennen wir alle. Was dem Schriftsteller seine Schreibblockade, ist dem Referenten seine **Vortragsblockade:** Egal, wie gut die Arbeit an Ihrem Vortrag an einem Tag gelaufen ist – am nächsten Tag läuft gar nichts. Sie haben keine Ideen. Ihr Kopf ist mit anderen Aufgaben aus dem Tagesgeschäft beschäftigt. Oder Sie haben einfach keine Lust, sich mit der Präsentation zu beschäftigen.

▶ **PRAXISTIPP** Meine Methode in solchen Fällen: Ich sehe mir das an, was ich bereits erstellt habe. Dabei finde ich immer Stellen, die mir nicht mehr gefallen und die ich ändere. Auf diese Weise komme ich wieder in Kontakt mit den Inhalten. Oder den Folien. Häufig ist dann die Lust, mit dem Vortrag weiterzumachen, wieder da.

Die vier häufigsten Drachen, die Ihnen auf Ihrer Reise begegnen und Ihnen das Leben schwer machen können, sehen Sie in den Abb. 2.12 und 2.13. Hier finden Sie auch Vorschläge, wie Sie mit ihnen umgehen.

Analytische Lähmung

Problem: Manchmal gehen Referenten die Planung zu rational an. Der Wunsch nach dem perfekten Ergebnis hält sie davon ab, überhaupt anzufangen oder abzuschließen. Da jede Information für den Vortrag gleich wichtig ist, muss sie sorgsam abgewogen werden. Das führt dazu, dass man irgendwann nicht mehr weiß, was wirklich wichtig ist und wie man vorgehen soll

Lösung: *Zerdenken* Sie das Thema nicht, sondern starten Sie einfach! Bringen Sie etwas aufs Papier. Setzen Sie sich ein Zeitlimit für den ersten Arbeitsentwurf. Einen schlechten Entwurf können Sie verbessern. Solange Ihr Papier leer ist, können Sie das nicht

Ideen sind launenhaft

Problem: In dem Moment, wo wir eine großartige Idee benötigen, haben wir keine. Ideen lassen sich nicht kontrollieren. Wir können zwar nicht wissen, wann wir eine gute Idee haben, aber wir können Voraussetzungen schaffen, um sie auszulösen

Lösung: Tauchen Sie in das Thema ein und erstellen Sie beispielsweise mittels einer Mind-Map eine erste Ideen-Sammlung. Entkrampfen Sie Ihr Denken und lassen Sie Ihren Geist fließen. Tagträumen Sie, gehen Sie spazieren oder treiben Sie Sport. Viele Einsichten gewinnen wir in Momenten, in denen wir nicht aktiv nach ihnen suchen

Abb. 2.12. Diese beiden Blockaden verhindern häufig, dass Referenten in ihrer Planung als auch mit ihren Inhalten auf den Punkt kommen

Die **analytische Lähmung**, **Polanyi's Paradox** und die **Ideenfindung** bekommen Sie mit Geduld, Fleiß und den richtigen Werkzeugen in den Griff. Denn die Auswirkungen dieser drei Blockaden können Sie als Referent sofort erkennen: Habe ich keine Ideen, bleibt mein Blatt Papier leer. Oder meine Folien. Das ist beim Fluch des Wissens anders. Und das macht diesen Drachen so heimtückisch.

Der **Fluch des Wissens** bedeutet, dass wir bei unserem Publikum denselben Wissensstand zu einem Thema annehmen, den wir selbst besitzen. Das ist aber nicht möglich: Weil wir uns intensiv mit den Inhalten beschäftigt haben, besitzen wir einen Wissensvorsprung gegenüber unseren Zuhörern. Und jetzt schlägt der Fluch des Wissens zu: *Sobald wir etwas gelernt haben, können wir uns nicht mehr vorstellen, wie es war, als wir dieses Wissen noch nicht besaßen.* Die Auswirkung spüren Sie erst während des Vortrags: Ihr Publikum versteht nicht mehr, worüber Sie gerade sprechen. Obwohl es Ihnen selbst glasklar ist. Der Werbefachmann Gerriet Danz hat das treffend formuliert: Wissen Sie, was Ihre Zielgruppe weiß [17]?

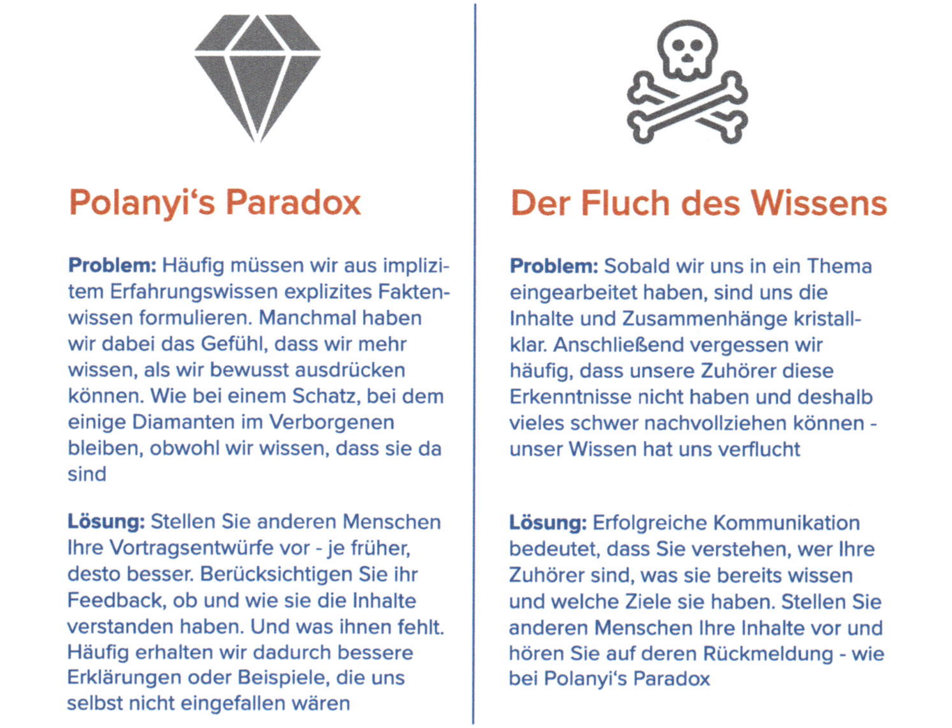

Abb. 2.13. Aufgrund dieser beiden Blockaden gehen Referenten häufig von falschen Wissensvoraussetzungen bei ihrem Publikum aus

Das klingt weit hergeholt, finden Sie? 1990 führte die Psychologin Elizabeth Newton an der Stanford University ein vielbeachtetes Experiment durch [18]. Sie unterteilte Studenten in zwei Gruppen – die Klopfer und die Hörer. Aus einer Liste mit vorgegebenen, populären Liedern wählten die Klopfer einen Song aus und klopften dessen Takt auf eine Tischplatte. Die Hörer mussten erraten, um welches Musikstück es sich handelte.

Das Ergebnis war ernüchternd: Von 120 Liedern wurden drei erkannt; das entspricht einer Quote von 2,5%. Der interessante Teil kommt aber noch: Newton bat die Klopfer *vor* dem Versuch um ihre Einschätzung, wie viele Lieder die Hörer wohl erkennen würden. Und deren Wert lag bei 50%!

Dieses Missverständnis zwischen Hörern und Klopfern findet täglich millionenfach statt: Zwischen Lehrern und Schülern. Zwischen Eltern und Kindern. Zwischen Partnern in einer Beziehung. Zwischen Chefs und Mitarbeitern. Und zwischen Vortragenden und ihren Zuhörern. Sie alle spielen ein Lied, das ihr Gegenüber nicht hören kann. Und wundern sich anschließend, dass sie nicht verstanden werden.

Deshalb: Denken Sie bei der Vorbereitung immer an Ihr Publikum – nur durch Worte oder durch Annahmen gelangt eine Idee aus Ihrem Kopf nicht in die Köpfe Ihrer Zuhörer.

2.6 Zusammenfassung

Wenn es darum geht, in Meetings über geschäftliche Inhalte zu sprechen, geschieht das meist mithilfe einer Präsentation. Leider sind die meisten Vorträge schlecht – sie bestehen hauptsächlich aus Zahlen, Daten und Fakten, die das menschliche Gehirn nur schwer verarbeiten kann. Das führt dazu, dass es vielen Teilnehmern schwerfällt, den Inhalten zu folgen.

Ein Referent muss daher klar vermitteln, über welches Thema – seine „Große Idee" – er sprechen wird und warum es für das Publikum wichtig ist. Das Dilemma: Die meisten Referenten kennen die Erwartungen ihrer Zuhörer nicht. Deshalb präsentieren sie Inhalte, die sie selbst für wichtig halten. Leider sind das oftmals nicht diejenigen, die für die Teilnehmer bedeutsam sind. Zudem weiß mancher Vortragende selbst nicht genau, was er eigentlich sagen will. Um beides zu vermeiden, helfen das Vortrags-Kochrezept und das High-Concept.

Das High-Concept ist das Grobkonzept des Vortrags. Mithilfe der 3 W-Fragen (Warum, Was und Wer) beschreibt es die wichtigsten Eckpunkte wie Anlass, Ziele und Publikum. Das hilft dem Redner, sich darüber klarzuwerden, was er wirklich sagen will. Er bekommt eine erste Ahnung davon, vor welchen Teilnehmern er sprechen wird und was sie interessiert. Auf diese Weise verliert er während der Vorbereitung weder sein Vortragsziel noch sein Publikum aus den Augen. Sobald er das High-Concept erstellt hat, kann er mit der eigentlichen Planung beginnen.

Das Vortrags-Kochrezept umfasst sieben Schritte auf dem Weg zum finalen Vortrag. Es beginnt mit der Recherche der relevanten Inhalte und endet mit dem Halten des Vortrags vor dem Publikum. Dieses schrittweise Vorgehen stellt sicher, dass der Referent keinen wichtigen Punkt vergisst, während er den Vortrag erstellt. Zusätzlich helfen ihm die einzelnen Schritte, den gesamten Zeitaufwand für die Vorbereitung abzuschätzen.

Viele Redner machen sich am Anfang wenig Gedanken über den Anlass oder das Publikum. Aber: Diese Gedanken machen dem Referenten bewusst, was er mit seinem Vortrag erreichen will und was das Publikum dafür wissen muss. So kann er gezielt die passenden Inhalte auswählen und eine stabile Grundlage für den Vortrag schaffen. Was zunächst aussieht, als ob es die Vorbereitung verlangsamt, spart mittelfristig Zeit ein: Weil dadurch der Referent unnötige Arbeit vermeidet.

2.7 Checkliste

In Abb. 2.14 finden Sie die wichtigsten Punkte, die Sie bei der Vortragsplanung berücksichtigen sollten.

Bitte vergessen Sie niemals: Der Erfolg Ihres Vortrags hängt maßgeblich von Ihrem Publikum ab. Denn es sind ausschließlich Ihre Teilnehmer, die entscheiden, ob Sie Ihr Vortragsziel erreichen. Ob Ihre „Große Idee" jemals das Licht der Welt erblicken wird. Denn

Checkliste „Vortragsplanung“	ja	nein
Kenne ich meine **„Große Idee“**?	○	○
3W-Fragen beantwortet?	○	○
High Concept erstellt / angepasst?	○	○
Aufwandsabschätzung		
Vortragsanlass bekannt?	○	○
Dauer der Redezeit bekannt?	○	○
Grobe Abschätzung zur Vorbereitung durchgeführt?	○	○
Puffer für Vortragsdrachen eingeplant?	○	○

Abb. 2.14 Die Checkliste „Vortragsplanung“ unterstützt Sie bei der Vortragsvorbereitung und Aufwandsabschätzung

wenn Sie das Publikum nicht zum Handeln bewegen, wenn Sie es nicht begeistern können, passiert... nichts.

Deshalb werfen wir im nächsten Kapitel einen genaueren Blick auf das unbekannte Wesen namens „Publikum“. Und wie Sie es besser kennenlernen können.

Literatur

1. Blake Snyder (2015): Rette die Katze – Das ultimative Buch über das Drehbuchschreiben. Autorenhaus, S. 122. Seine Aussage gilt auch für die Vorbereitung von Vorträgen
2. Simon Sinek (2014): Frag immer erst: Warum – Wie Top-Firmen und Führungskräfte zum Erfolg inspirieren. Redline, Kapitel 8
3. Marie Lampert und Rolf Wespe (2013): Storytelling für Journalisten, 3. Auflage. UVK, S. 62
4. Gene Zelazny (2009): Das Präsentationsbuch, 3., überarbeitete und erweiterte Auflage. Campus, S. 26
5. Jim Endicott und Scott W. Lee (2001): The Presentation Survival Guide. Distinction Publishing, S. 01 und Kapitel 1
6. Michael Rossié (2021): Rhetorik ist keine Kunst, sondern kein Problem. Vahlen, S. 43f.
7. https://www.watson.de/sport/unvergessen/434921787-fc-bayern-uli-hoeness-legendaerste-wutrede-was-glaubt-ihr-eigentlich (abgerufen am 20.10.2021 um 05.30 Uhr)
8. Carmine Gallo (2010): The Presenttion Secrtes of Steve Jobs. McGraw-Hill, S.180. Mike Evangelist (2006): Behind the Magic Curtain, https://www.theguardian.com/technology/2006/jan/05/newmedia.media1 (abgerufen am 24.10.2021 um 07.34 Uhr)
9. Karl-Christoph Renz (2016): Das 1 × 1 der Präsentation, 2., überarbeitete und aktualisierte Auflage. Springer Gabler, S. 21
10. Manfred Spitzer (2003): Lernen – Gehirnforschung und die Schule des Lebens, korrigierter Nachdruck. Spektrum, S. 141–156
11. John Medina (2014): Brain Rules – Updated and Expanded, 2nd edition. Pear Press, S. 119ff. Frank Edelkraut und Stephan Balzer (2916): Inspiring – Kommunizieren im TED-Stil. Springer, S. 54
12. Frederic Vester (2001): Denken, Lernen, Vergessen – überarbeitete, erweiterte Ausgabe. dtv, S. 61

13. Chris Anderson (2017): TED Talks – die Kunst der öffentlichen Rede, 2. Auflage. Fischer, S. 216f
14. Carmine Gallo (2017): Talk Like TED – Die 9 Geheimnisse der besten Redner. Redline, S. 223
15. Daniel Kahneman (2012): Schnelles Denken, langsames Denken, 12. Auflage. Penguin, S. 36
16. John Medina (2014): Brain Rules – Updated and Expanded, 2nd edition. Pear Press, S. 106
17. Gerriet Danz (2014): Neu präsentieren – Begeistern und überzeugen mit den Erfolgsmethoden der Werbung, 2. aktualisierte Auflage. Campus, S. 24
18. Elizabeth Louise Newton (1990): The Rocky Road from Actions to Intentions. Stanford University, Department of Psychology, o.S.

3 Lernen Sie Ihr Publikum kennen

Es ist möglich, dass Sie sich zu viel vorbereiten. Es ist möglich, dass Sie zu viel üben. Es ist unmöglich, zu viel über sein Publikum zu wissen.

Graham Davies [1]

Was ist die wichtigste Aufgabe eines Referenten? Überraschenderweise ist es nicht das Halten des Vortrags. Sondern seine Zuhörer zum Handeln zu bewegen: Ein Produkt zu kaufen. Eine Entscheidung zu treffen. Oder über eine „Große Idee" nachzudenken. Das Problem: Das Publikum handelt nur, wenn es versteht, was es tun soll. Und warum das wichtig ist.

Szenenwechsel: Ein Klassiker im Kindergarten ist das Spiel „Stille Post". Dabei sitzen mehrere Kinder nebeneinander in einer Reihe. Das erste Kind flüstert seinem Nachbarn einen Satz ins Ohr. Der gibt ihn an das nächste Kind weiter. Das geschieht so lange, bis das letzte Kind der Reihe den Satz laut ausspricht. Meistens besitzt der einen anderen Sinn als

B. Gebhardt, *Tipps und Tricks für erfolgreiche Präsentationen*,
https://doi.org/10.1007/978-3-662-72376-0_3

zu Beginn des Spiels. Zum großen Vergnügen der Kinder ist die ursprüngliche Nachricht verfälscht angekommen oder verloren gegangen.

Auch Erwachsene spielen täglich „Stille Post", ohne es zu wissen: In Gesprächen zwischen Arzt und Patient. Zwischen Chefs und Mitarbeitern. Oder zwischen Referenten und Zuhörern. Und eine verfälschte Botschaft besitzt fatale Folgen: Das Publikum handelt anders, als es der Referent beabsichtigte.

Bei jedem Vortrag bilden der Referent und seine Zuhörer ein untrennbares Team – auch, was die gegenseitige Verständigung angeht. Deshalb beschäftigen wir uns in diesem Kapitel mit folgenden Fragen:

- Woher weiß ich, wer an meinem Vortrag teilnimmt?
- Welche Themenbereiche interessieren mein Publikum besonders?
- Wie reagieren die Zuhörer auf meine Inhalte?

Aber die wichtigste Frage lautet: Wie kann ein Referent sicherstellen, dass sein Publikum auch *versteht*, worüber er spricht? Hier gibt es einige Fallstricke, die den Tod für die „Große Idee" bedeuten können. Sehen wir uns an, welche das sind. Und wie wir sie umgehen können.

3.1 Verstören Sie Ihr Publikum nicht

Der TED-Kurator Chris Anderson hat das Wesen einer Idee treffend beschrieben: Eine Idee ist alles, was die Sichtweise anderer Menschen verändern kann. Damals wollte Christoph Kolumbus einen neuen Seeweg nach Indien finden. Heute ist das beispielsweise ein Produkt, das Sie Ihren Chefs vorstellen. Eine Erfahrung, die Sie den Kollegen mitteilen. Oder ein neuer Vertriebsweg, um Waren zu verkaufen.

Aber wie verpflanze ich diese Idee in die Köpfe des Publikums? Denn Ihre Zuhörer haben die Macht, Ideen sterben oder erblühen zu lassen. Und die nutzen sie auch: Wenn der Manager das Budget ablehnt, um das Produkt zu entwickeln. Oder wenn sich die Kollegen für den neuen Vertriebsweg nicht interessieren.

Deshalb müssen Sie Ihre „Große Idee" gut darstellen. Dafür besitzen wir ein unglaubliches Werkzeug: Die Sprache. Denn die richtige Verständigung zwischen dem Referenten und seinem Publikum beeinflusst maßgeblich, ob es Ihre Idee annimmt oder ablehnt. Deshalb ist es wichtig, dass wir uns ein paar Gedanken über den Austausch von Informationen machen. Und welche Fallen sich darin verstecken.

3.1.1 Wie funktioniert Kommunikation?

Stellen Sie sich folgendes Bild vor: Kolumbus tritt vor den spanischen König und bittet ihn um Geld für seine Schiffsarmada, mit der er einen neuen Seeweg nach Indien finden will.

Während seine Worte im großen Thronsaal verhallen, sieht ihn der König lange an und trifft schließlich die Entscheidung, das finanzielle Wagnis einzugehen.

Ist das nicht erstaunlich? Sie sind gerade fünfhundert Jahre in der Zeit zurückgereist und haben den Augenblick miterlebt, der über Kolumbus‘ Seereise entschieden hat. Zwei Sätze haben in *Ihrem* Kopf ein Bild erzeugt, das es vorher nur in *meinem* Kopf gegeben hat. Natürlich benötigen Sie dazu einige Voraussetzungen: Sie müssen wissen, wer Kolumbus war, was ein König ist und dass solche Audienzen in einem Thronsaal stattfanden.

Was gerade in unseren Köpfen passiert ist, ist vergleichbar mit einer Radioübertragung: Die Sendeanstalt übermittelt ein Signal, das der Hörer empfängt. Und wie gut die Übertragung bei ihm ankommt, hängt von der Stärke und der Klarheit des Signals ab. Das Dilemma: Sobald der Sender sein Signal gesendet hat, ist es anfällig für Störungen, die die Botschaft für den Empfänger beeinflussen [2].

Abb. 3.1 zeigt, dass dieses **Sender-Empfänger-Modell** auch für einen Vortrag gilt: Der Vortragende vermittelt seine Inhalte an sein Publikum. Und das Publikum reagiert darauf, beispielsweise mit Interesse und Fragen. Diesen Austausch auf rein sprachlicher Ebene nennt man **verbale Kommunikation**.

Darum ist es entscheidend, dass die Signale eindeutig und störungsfrei beim Publikum ankommen. Andernfalls besteht das Risiko, dass die Zuhörer etwas falsch verstehen. Das Fatale dabei: Ein Signal kann bereits verzerrt werden, *bevor* es der Referent überhaupt ausgesendet hat – beispielsweise, wenn das Publikum Vorurteile gegenüber dem Referenten oder der „Großen Idee“ hat.

Neben den Vorurteilen gibt es weitere Arten von **Störungen**, die Ihre Botschaft verzerren: Komplizierte Sätze, fehlendes Vertrauen und ein schlechter Eindruck (s. Abb. 3.2). Oder unbekannte Fachbegriffe und eine schlampige Vorbereitung. Über Sprache und Vertrauen sprechen wir gleich, über Eindrücke und Vorbehalte in Kap. 11 – *Der Tag der Wahrheit*.

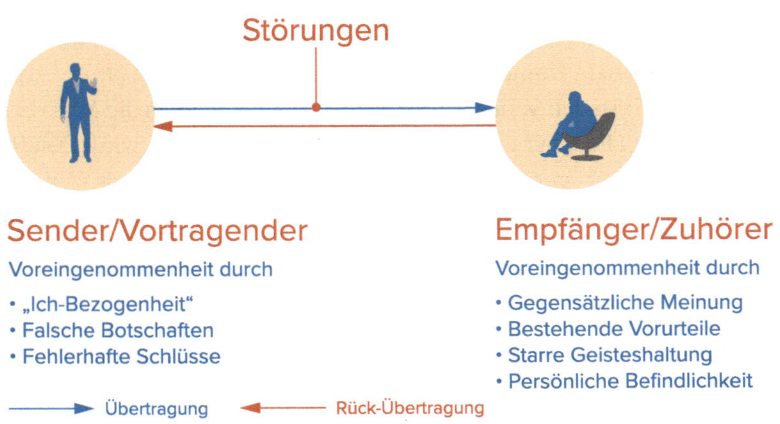

Abb. 3.1 Der Aufbau des Sender-Empfänger-Modells mit Störungen, die ihre Ursachen beim Sender und Empfänger haben

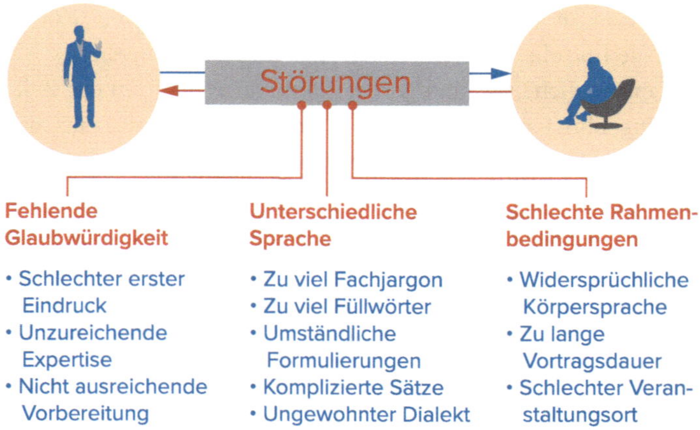

Abb. 3.2 Unterschiedliche Störungen erschweren die Kommunikation zwischen dem Referenten und den Zuhörern

Die gute Nachricht: Durch eine sorgfältige Planung können Sie diese Störungen reduzieren oder ganz vermeiden. Leider gibt es auch eine schlechte Nachricht: Die Übertragung Ihrer Botschaft geschieht nicht nur über Worte, sondern auch über Informationen, die sich *zwischen den Zeilen* verstecken. Und dieser Anteil ist deutlich einflussreicher.

3.1.2 Sprache ist mehr als Worte

Freitagvormittag. Sie erhalten eine E-Mail von Ihrem Chef: „Müssen reden. 14 Uhr in meinem Büro. Gruß". Obwohl seine Botschaft klar und eindeutig ist, machen Sie sich Gedanken: Worüber will Ihr Chef mit Ihnen sprechen? Geht es um ein Lob? Oder ist es Kritik an Ihrer letzten Arbeit? Und warum bittet er Sie in sein Büro, obwohl er nur zehn Meter entfernt von Ihnen mit einem Kollegen spricht?

Sobald **Gestik, Mimik** (beides ist die sogenannte **nonverbale Kommunikation**) oder die **Stimme** (**paraverbale Kommunikation**) fehlen, wissen wir nicht, was der Sprecher tatsächlich meint. Wir stellen Vermutungen an – und damit nehmen die Missverständnisse zu. Weil durch Worte allein nur ein Teil der Nachricht transportiert wird. Den Rest ergänzen Ihre Stimme und Ihr Körper. Wenn Sie nur ein paar Autoteile aus der Werkstatt bekommen, können Sie zu Hause nicht losfahren. Deshalb brauchen wir das Gesamtpaket – bei Botschaften genauso wie bei Autos.

Seit **Paul Watzlawick** wissen wir, dass die Übertragung zwischen Sender und Empfänger nicht nur eine Sach-, sondern auch eine Beziehungsebene besitzt. Das bedeutet: Das Publikum empfängt nicht nur Sachinhalte, sondern auch weitere Signale, die sich in der Körpersprache oder der Stimme des Referenten verstecken. Stimmen die Signale auf beiden Ebenen nicht überein, verwirrt das die Zuhörer.

> Man kann nicht nicht kommunizieren.
>
> *Paul Watzlawick* [3]

Solche Signale senden wir ständig aus, ohne dass uns das bewusst ist. Wenn ein Manager in einem Meeting bemerkt „Ich bin immer wieder erstaunt über Ihre kreativen Lösungen", kann das Lob oder Tadel bedeuten. Erst das Zusammenspiel zwischen verbalen, nonverbalen und paraverbalen Signalen macht deutlich, was der Manager tatsächlich denkt. Ein Trainer, der mit verschränkten Armen und leiser Stimme seine Teilnehmer auffordert, Fragen zu stellen, darf sich nicht wundern, wenn keine kommen.

Für dieses Zusammenspiel zwischen der Sach- und der Beziehungsebene gibt es ein einprägsames Bild: Das **Eisberg-Modell** in Abb. 3.3 Sie sehen sofort, dass sich der Großteil des Eisbergs unterhalb der Wasseroberfläche befindet. Dort befinden sich sämtliche Gefühle, Erfahrungen und Instinkte, die unser Verhalten und unser Handeln unbewusst beeinflussen. Hier entscheidet sich, ob wir etwas kaufen. Oder ob wir den Vortragenden glaubwürdig und sympathisch finden. Erst danach kommt die Sachebene ins Spiel, um unsere getroffene Entscheidung zu rechtfertigen.

Die Marketingspezialistin Daniela Rorig erklärt das an einem einfachen Beispiel:[4] Jörg braucht eine neue Hose. Warum kauft er sich eine teure Marken-Jeans und keine vom Textil-Discounter? Seine rationale Begründung: Die Marken-Jeans hält viel länger als die Billig-Hosen. Ehrlich? Länger als vier Hosen, die er für den gleichen Preis beim Discounter bekommt? Nein – es lässt sich nicht an Produktmerkmalen festmachen, warum er sich für die Marken-Jeans entscheidet. Auch wenn er selbst davon überzeugt ist. Jörg möchte sich attraktiv fühlen. Und gleichzeitig lässig und entspannt, bloß nicht zu elegant. Die Marken-Jeans gibt ihm das Gefühl, das er sich wünscht.

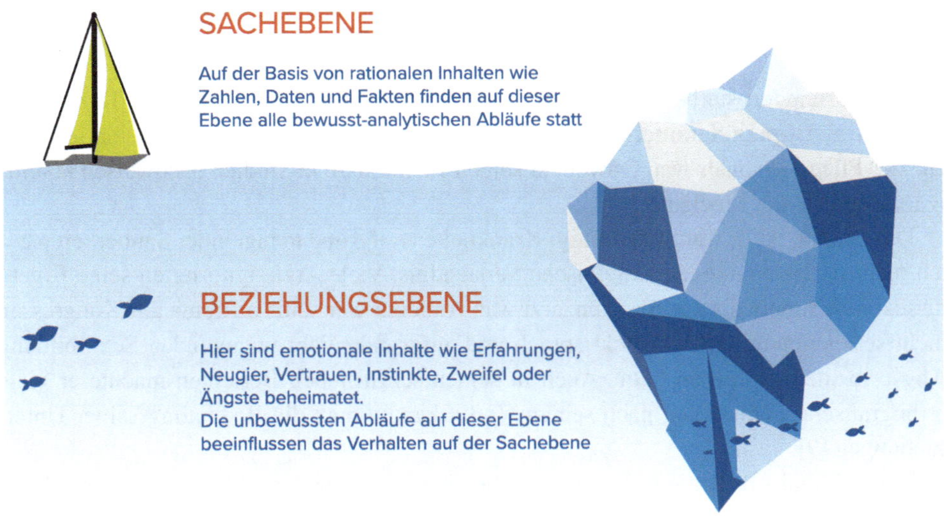

Abb. 3.3 Das Eisberg-Modell mit den beiden Kommunikationsebenen

Genauso gehen wir vor, wenn wir über geschäftliche Inhalte entscheiden. Wie Jörg möchten sich auch Chefs gut fühlen. Wenngleich aus anderen Gründen: Das sind beispielsweise ihr Ansehen, ihr Ruf oder der Eindruck als Macher bei Kunden oder Kollegen. In einer Studie aus dem Jahr 2014 gaben 62 % der befragten Manager an, letztendlich Entscheidungen aufgrund ihrer Erfahrungen zu treffen [5]. Einfach gesagt: Intuition schlägt Logik [6]. Sobald wir eine Entscheidung getroffen haben, suchen wir uns im Nachhinein die passenden Argumente dazu. Das machen wir auch in Vorträgen: Unsere Gefühle sind der Grund, ob wir einen Redner als glaubwürdig einschätzen und ihm vertrauen. Bauch siegt über Kopf.

Leider ist das gleichzeitig auch die dunkle Seite des Unterbewusstseins: Zuhörer, die gegenüber dem Referenten oder seiner „Großen Idee" voreingenommen sind, empfangen gezielt diejenigen Signale, die sie in ihrer Überzeugung bestärken. Andere blenden sie aus [7]. Welche Auswirkungen das haben kann, zeigt der Fall der US-Firma Enron: Anhand von gefälschten Bilanzen täuschten ihre Manager jahrelang Anleger und Behörden mit Gewinnen, die es niemals gab. Zu diesem Zeitpunkt war das Unternehmen bereits finanziell kollabiert [8]. Und als der Skandal aufflog, trieb das tausende von Mitarbeitern und Anlegern in den finanziellen Ruin. Das Ausschalten des Kopfes machte die Menschen blind gegenüber den Risiken. Mit Wirecard hatten wir in Deutschland einen ähnlichen Fall.

Die meisten Redner kennen das Sender-Empfänger-Modell und den Eisberg. Und dennoch wenden die wenigsten Referenten die Modelle gezielt an, um ihre Vorträge zu verbessern. Es reicht doch, wenn ich schöne Folien habe und sie erklären kann, richtig? Der Rest wird schon irgendwie laufen. Falsch. Mit den wertvollen Erkenntnissen beider Modelle können Sie beeinflussen, wie Ihre Signale beim Publikum ankommen. Und wie sie die Zuhörer verstehen. Was das heißt? Das sehen wir uns in den folgenden Abschnitten an.

3.2 Die Macht der Zuhörer

Im 18. Jahrhundert starben viele Mütter nach einer Geburt an Kindbettfieber. Der Wiener Assistenzarzt **Ignaz Semmelweis** erkannte, dass der Hauptgrund die mangelhafte Hygiene des Pflegepersonals war. Obwohl er seine Erkenntnisse in Studien nachweisen konnte, ignorierten sie die Mediziner.

Die Gründe dafür waren vielfältig: Krankheiten aufgrund mangelnder Sauberkeit passten nicht in das damalige medizinische Verständnis. Viele Ärzte ignorierten seine Ergebnisse, da Semmelweis nur Assistenzarzt war. Anderen war sein Auftreten auf Kongressen nicht seriös genug, da er Dialekt sprach und aufgrund seiner mangelnden Schulbildung Angst vor dem Sprechen hatte. Auch in seinen schriftlichen Berichten machte er viele orthografische Fehler. Erst nach seinem Tod erkannte man die Bedeutung seiner Untersuchungen [9].

Moment mal – da hat jemand eine bahnbrechende Idee und die Menschen interessieren sich nicht dafür? Wie kann das sein? Semmelweis machte den Fehler, dass er seine Inhalte zu Ich-bezogen vorstellte: *Seine* Ideen. *Seine* Erkenntnisse. *Seine* Interessen. Alles, was *er* für wichtig hielt. Und er erwartete von den Kollegen, dass sie die Bedeutung seiner Erkenntnisse akzeptierten und entsprechend handelten. Ihre Erfahrungen und Werte berücksichtigte er nicht. Im Gegenteil: Viele renommierte Ärzte hatten das Gefühl, der Assistenzarzt Semmelweis sagte ihnen, was sie zukünftig tun mussten.

Auch in vielen Geschäftsvorträgen gibt es diese **Ich-Bezogenheit des Referenten**. Mit denselben Folgen: Das Publikum steht der „Großen Idee" erst einmal skeptisch gegenüber. Und lehnt sie im schlimmsten Fall ab.

Auch wenn sich je nach Vortragsanlass die Inhalte und das Publikum unterscheiden, bleibt doch eine Sache beständig: Die Menschen kommen, weil sie wissen wollen, was *Sie* für sie tun können. Und nicht umgekehrt. Das, was Ihre Zuhörer wirklich interessiert, ist das *Cui bono* – Wem zum Vorteil? Oder frei übersetzt:

> Was habe ich davon?

Aus Sicht des Publikums ist diese **Nutzen-Frage** die einzige Frage, um die es sich dreht. Das ist die Währung, mit der Sie und Ihre Teilnehmer handeln. Sagen Sie ihnen, wie die „Große Idee" ihren beruflichen Alltag unterstützt. Was konkret besser oder einfacher wird. Und je wertvoller der Nutzen in den Augen der Zuhörer ist, desto höher ist ihr Interesse. Deshalb dürfen Sie niemals vergessen: *Das Publikum entscheidet über Leben und Tod Ihrer Idee.*

Diese Entscheidung können Sie beeinflussen. Wie wir im sechsten Kapitel *Geschichten und Geschäftsvorträge* sehen, haben beide einige Gemeinsamkeiten. Beispielsweise einen **Helden** und einen **Mentor**. Für manche Referenten ist die Versuchung groß, sich selbst in den Mittelpunkt des Vortrags zu stellen. Als strahlender Held, um den sich alles dreht und der alle Schwierigkeiten überwindet, wenn man nur seinen Anordnungen folgt. Mit dieser Auffassung stirbt Ihre Idee. Versprochen. Deshalb: *Vergeben Sie die Heldenrolle besser an Ihre Zuhörer.* Sie sind der weise Ratgeber, der ihnen hilft, die Idee zu verstehen und sie auszuführen.

Stellen Sie sich das Publikum einfach als Harry Potter in den gleichnamigen Geschichten vor. Sie sind Albus Dumbledore, der Leiter der Zauberschule in Hogwarts, der Harry mit Rat und Tat zur Seite steht. Er gibt ihm ein besonderes Geschenk (die Zauberei), lehrt ihn den Umgang mit einem magischen Hilfsmittel (den Zauberstab) und unterstützt ihn im Kampf gegen den dunklen Lord Voldemort. Oder auf Semmelweis übertragen: Kindbettfieber wird durch Bakterien ausgelöst (die Erkenntnis als Geschenk), bessere Hygiene kann das verhindern (Hilfsmittel) und ein Arzt erreicht das durch Desinfektion mit Seife (Unterstützung). Wie die Geschichte zeigt, war Semmelweis kein guter Mentor.

Kurz: Ihre Aufgabe als Referent und Mentor ist es, dem Helden wichtige und nützliche Erkenntnisse zu liefern: Sie müssen ihm das richtige Werkzeug zur Verfügung stellen. Und sie müssen ihn motivieren, wenn er zweifelt oder unsicher ist. Erinnern Sie sich an den Piraten-Workshop aus dem Abschn. 2.2 – *Die 3 W-Fragen*? Die Erkenntnis: Unsere Projekte sind zu teuer, weil sie die Projektleiter entweder gar nicht oder unterschiedlich kalkulieren. Das Werkzeug: Eine digitale Projektmappe, die Tabellen zur Kosten- und Ressourcenplanung enthält. Die Unterstützung: Schulungen für die Projektleiter.

Egal, welche Werkzeuge und Erkenntnisse das sind: *Am Ende Ihres Vortrags sollten die Zuhörer etwas wissen, was sie vorher noch nicht wussten.* Und wie sie diese neuen Erkenntnisse anwenden können.

▶ **PRAXISTIPP** Es gibt einen einfachen Trick, wie Sie von der Ich-Bezogenheit zum Nutzen für das Publikum kommen: Verbinden Sie beide durch den Brückensatz „Das bedeutet für Sie...". Beispiel: Wenn Sie im Vortrag sagen „Wir haben eine neue 24-Stunden Hotline eingerichtet" schlagen Sie mit „Das bedeutet für Sie, dass Sie uns jederzeit erreichen können" die Brücke zu den Zuhörern.

Stellen Sie sich darauf ein: Zu Beginn ist Ihr Publikum oft skeptisch. Trotz Ihrer Rolle als Mentor und der magischen Geschenke, die Sie mitbringen. Doch über die Frage nach dem Nutzen wecken Sie das Interesse der Teilnehmer. Daher gilt: Verlassen Sie sich nicht auf Ihre (Fach-)Sprache, Ihre Werte oder Ihr Wissen. *Verwenden Sie nur die Mittel, die auch dem Publikum zur Verfügung stehen.* Das bedeutet: Beginnen Sie bei der Sprache und den Werten Ihrer Zuhörer. Holen Sie die Menschen dort ab, wo sie mit ihrem Wissen und ihren Erfahrungen stehen. So schaffen Sie die Basis für ein gemeinsames **Verständnis** – und das ist der erste Schritt für Vertrauen.

Viele Referenten glauben, dass ihre **Qualifikation** einen großen Einfluss auf das Vertrauen besitzt. Das ist richtig, aber: Überschätzen Sie deren Wert nicht! Die Teilnehmer erkennen schnell, ob Sie nur ein Fachspezialist oder auch ein Publikums*versteher* sind. Ist das nicht der Fall, nutzt Ihnen die beste Ausbildung nichts. Besser ist es, wenn Sie ihnen klarmachen, dass Sie bereits ähnliche Probleme erfolgreich gelöst haben.

▶ **PRAXSTIPP** Wenn eines meiner Vortragsziele ist, die Leitung eines Projekts zu erhalten, erwähne ich Projekte, auf die ich besonders stolz bin. Und Referenzen von zufriedenen Kunden oder Chefs. Meine Ausbildung als Projektleiter kommt erst am Schluss – falls noch irgendjemand Zweifel an meiner Kompetenz hat. Meistens will das keiner mehr wissen.

Weil Menschen von Natur aus Sinnsucher sind, entsteht immer dann ein tiefes Vertrauen zwischen ihnen, wenn alle Beteiligten den Nutzen und Zweck erkennen, *warum* sie etwas tun. Sobald sie verstehen, warum die „Große Idee" wichtig ist, wird diese Erkenntnis zu einem starken Antrieb für ihr Handeln. Die Frage nach dem Sinn ist der Kern des **Golden Circle** – in Abschn. 6.6.4 gehen wir auf dieses Werkzeug noch genauer ein.

Fassen wir zusammen: In der Abb. 3.4 sehen Sie, welche Gemeinsamkeiten Ihre Zuhörer und Sie haben können. Je größer die Schnittmenge, desto mehr rücken die gemeinsamen Ziele in den Vordergrund und desto eher verblassen die Unterschiede. Machen Sie dem Publikum klar, dass Ihre „Große Idee" wirklich etwas bei ihnen bewirkt.

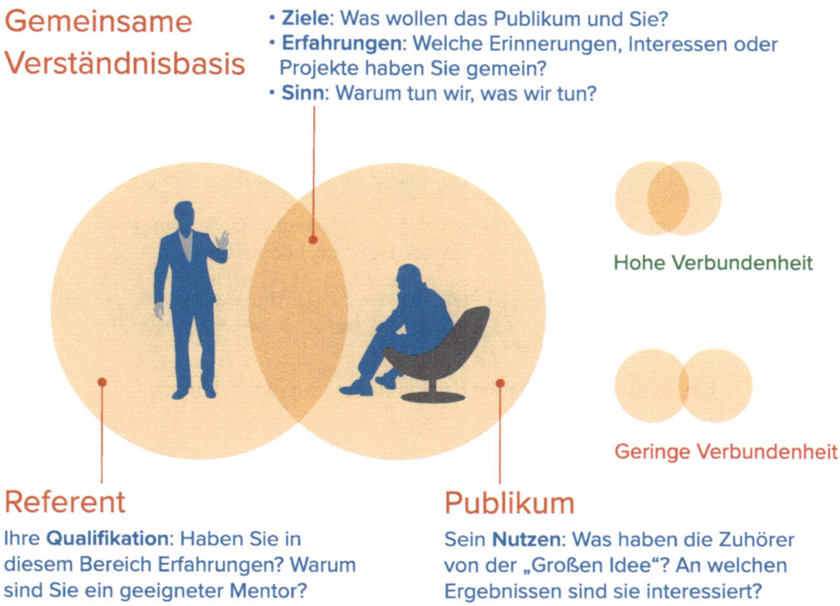

Abb. 3.4 Je mehr Gemeinsamkeiten der Referent und das Publikum besitzen, desto stärker ist die gemeinsame Verständnisbasis

Wenn Menschen einen gemeinsamen Draht zueinander gefunden haben, entsteht automatisch ein Gefühl der **Verbundenheit.** Haben Sie Ihre Hausaufgaben gemacht, wird das Publikum zu einem Freund. Und unter Freunden kann man sich offen, ehrlich und auch kontrovers auf Augenhöhe unterhalten. Das ist das erste Geheimnis eines guten Vortrags: *Führen Sie eine Unterhaltung mit Ihren Zuhörern.* Und das zweite Geheimnis kennen Sie bereits: *Ein packender Vortrag beinhaltet Fakten und Emotionen.* Von Zeit zu Zeit werde ich Sie an beide Geheimnisse erinnern.

Jede Minute, die Sie in die Ermittlung der gemeinsamen Verständnisbasis investieren, ist gut investiert. Denn nur aus dieser Schnittmenge heraus können Sie Ihre Ideen in die Gehirne anderer Menschen säen. Dazu müssen Sie wissen, was die Teilnehmer beschäftigt. Oder was sie nachts nicht schlafen lässt, wie es der Werbefachmann Gerriet Danz formuliert [10]. Sehen wir uns konkret an, wie Sie dabei vorgehen.

3.3 Segmentieren Sie das Publikum

Machen wir ein kleines Experiment. Denken Sie an Ihren nächsten Vortrag: Wer wird daran teilnehmen? Sobald Sie den Vortrag gehalten haben, ist die Antwort einfach. Aber am Anfang der Vorbereitung ist das schwieriger: Woher soll ich jetzt schon wissen, vor wem ich später sprechen werde? Und weil viele unerfahrene Referenten die Antwort nicht genau kennen, schieben sie sie erst einmal beiseite und legen mit den Folien los. Ohne

Segment	Mögliche Kriterien
(Firmen-)Politik	Macht; Hierarchiestufe; Position; Einfluss; Befugnisse; Abteilung; direkter - indirekter Bereich
Demografische Daten	Geschlecht; Alter; Bildung; sozialer und kultureller Hintergrund; ethnische Zugehörigkeit; Herkunft
Psychografische Daten	Persönlichkeit; Charakter; Einstellungen; Werte; Interessen; Hobbies; Lebensstil
Firmendaten	Anzahl der Mitarbeiter; Umsatz; Branche; Anzahl der Standorte; national - international tätig; Märkte

Abb. 3.5 Einige Kriterien, nach denen Sie das Publikum gruppieren können

genau zu wissen, für wen sie den Vortrag machen. Dabei lässt sich das Publikum durch eine **Segmentierung** in fünf Schritten erstaunlich genau bestimmen.

Schritt 1: Ihr Publikum besteht aus einzelnen Menschen
Beginnen wir mit dem Begriff *Publikum.* Viele Referenten sehen vor ihrem geistigen Auge eine Ansammlung von gesichtslosen Köpfen. Das macht es schwer, eine gemeinsame Verbindung aufzubauen. Der Trick: Stellen Sie sich das Publikum als einzelne Individuen vor. In anderen Worten: Geben Sie den Teilnehmern ein Gesicht. Das klappt mit einem kleinen Publikum genauso gut wie mit einem großen. Und die Wirkung ist erstaunlich.

Schritt 2: Unterteilen Sie das Publikum in einzelne Gruppen
In der Regel besteht Ihr Publikum aus einer Vielzahl unterschiedlicher Personen. Im Idealfall sind es Kollegen und Manager aus dem eigenen Unternehmen. Manchmal kennen Sie die Teilnehmer nur oberflächlich. Dazu gehören Kunden oder Lieferanten. Und bei Kongressen kennen Sie einen Großteil des Publikums überhaupt nicht. Was allerdings alle gemeinsam haben: Sie alle sind an Ihrer Botschaft interessiert – wenngleich aus verschiedenen Gründen.

Deshalb unterteilen Sie das Publikum in einzelne Gruppen mit gleichen oder ähnlichen Kriterien. Das können berufliche Merkmale wie Branche, Fachbereich oder Hierarchie sein. Sie können die Teilnehmer auch nach dem Alter, ihren Interessen oder ihren Werten gruppieren. Auf diese Weise erhalten Sie einen ersten Eindruck, aus welchen Gruppen sich Ihr zukünftiges Publikum zusammensetzt.

In Abb. 3.5 sehen Sie weitere Kriterien, nach denen Sie die Zuhörer unterteilen können. Bitte bedenken Sie dabei, dass nicht jedes Merkmal für jedes Publikum sinnvoll ist: Auf einem Kongress ist im Gegensatz zu einem Kundenmeeting die Frage nach den Befugnissen der Teilnehmer zweitrangig. Und manchmal können Sie Kriterien schlicht nicht zuordnen, weil Ihnen die notwendigen Informationen fehlen. Das ist in Ordnung: Es geht nur um den ersten Eindruck und nicht um eine exakte Untersuchung.

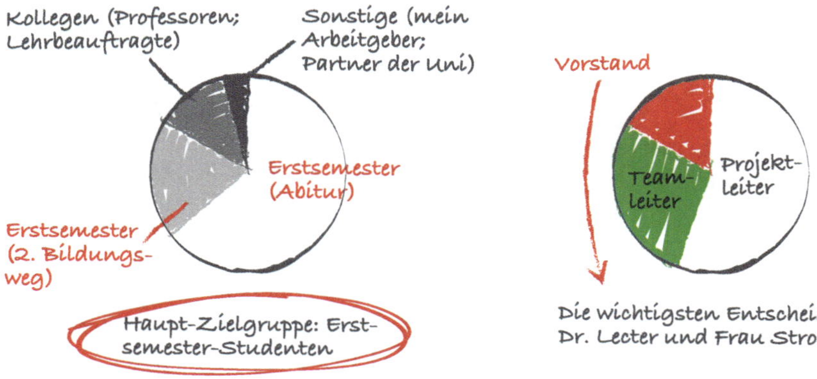

Abb. 3.6 Zwei Beispiele für die Segmentierung – links für eine Vorlesung, rechts für den Piraten-Workshop

Schritt 3: Zeichnen Sie das Publikums-Tortendiagramm
Die Einteilung Ihres Publikums stellen Sie grafisch in Form eines Tortendiagramms dar. Zeichnen Sie einen Kreis auf ein Stück Papier (oder auf Ihr High-Concept) und unterteilen Sie ihn in einzelne Tortenstücke. Dabei steht jedes Stück für eine Teilnehmergruppe, der Sie einen geschätzten Anteil zuweisen. Geben Sie jedem Anteil eine Bezeichnung und ergänzen Sie ihn mit einigen Stichworten.

▶ **PRAXISTIPP** Investieren Sie in die Einteilung des Publikums nicht zu viel Zeit – fünf Minuten und höchstens vier Tortenstücke sind ausreichend. Kleinere Gruppen mit wenig Teilnehmern fassen Sie unter dem fünften Stück *Sonstige* zusammen.

Schritt 4: Bestimmen Sie die wichtigste Gruppe
Jetzt müssen Sie entscheiden, welche Gruppe die wichtigste ist – Ihre **Zielgruppe.** Auf diese Teilnehmer konzentrieren Sie Ihre Vorbereitung. Befreien Sie sich von dem Gedanken, dass Sie mit Ihrem Vortrag *alle* Zuhörer abholen müssen. Das ist ein erstrebenswerter Anspruch, aber bei Business-Vorträgen selten möglich, weil häufig die Interessen der einzelnen Gruppen zu unterschiedlich sind. Deshalb: Konzentrieren Sie sich auf diejenigen Menschen, die bestimmen, ob Sie Ihre Vortragsziele erreichen. Übrigens: Das muss nicht immer die Gruppe sein, die den größten Anteil besitzt.

Verdeutlichen wir das an zwei Beispielen. Auf der linken Seite in Abb. 3.6 sehen Sie die Zusammensetzung einer Vorlesung über Business-Vorträge, die ich für Studenten im ersten Semester an einer Hochschule gehalten habe. Erwartungsgemäß sind sie die Haupt-Zielgruppe mit dem größten Anteil. Zusätzlich rechnete ich mit der Teilnahme von Professoren, die ihr didaktisches Wissen auffrischen wollten. Und einmal nahm auch mein Abteilungsleiter teil, um den Studenten die Bedeutung guter Vorträge aus der Sicht eines Managers zu schildern. Und wie wichtig sie für die Karriere sind.

Abb. 3.7 Eine mögliche Segmentierung für das Vortragsziel „Informieren". Daneben sehen Sie meine zusätzlichen Bemerkungen zu den einzelnen Gruppen

Das Tortendiagramm auf der rechten Seite zeigt die Teilnehmerstruktur des Piraten-Workshops. Weil ich eine Entscheidung benötigte, war die wichtigste Zielgruppe der Vorstand. Noch genauer: Ich wusste, dass ich dafür zwei bestimmte Personen überzeugen musste. Dazu verwendete ich sogenannte **Personas,** die Sie im Abschn. 3.5 – *Für Fortgeschrittene: Personas* kennenlernen.

Übrigens: Falls Sie auf einem Kongress präsentieren, können Sie vorher den Veranstalter bitten, Ihnen ein Teilnehmerprofil zur Verfügung zu stellen.

ÜBUNG

Im zweiten Kapitel hatten wir uns ein Szenario angesehen, in dem es um die Einführung einer ERP-Software ging, mit der die Ressourcen Ihrer Firma gesteuert werden. Zur Erinnerung: Ihr Chef hat Sie gebeten, einen Vortrag vorzubereiten, der die Einführung dieser Software beschreibt und das aktuell verwendete Programm ablösen soll.

Aus welchen Gruppen könnte sich Ihr Publikum zusammensetzen? Zeichnen Sie das Tortendiagramm. Tipp: Überlegen Sie sich zuerst, was Sie mit dem Vortrag erreichen wollen. Davon hängt häufig ab, wer sich Ihren Vortrag anhört.

Bei meinem Lösungsvorschlag in Abb. 3.7 bin ich davon ausgegangen, dass der Referent die Teilnehmer über das geplante Vorgehen zur Einführung informieren und einen Konsens bei ihnen herbeiführen will. Das Tortendiagramm zeigt, dass der größte Anteil auf die Teamleiter entfällt – meine Zielgruppe. Sie wollen wissen, wie viele Mitarbeiter sie zur Verfügung stellen müssen und wie die neue Software die bestehenden Abläufe in ihrem Bereich beeinflusst. Deshalb ist es sinnvoll, den Vortrag auf diese Gruppe auszurichten.

Wenn sich Ihr Vortragsziel von meinem unterscheidet, etwa eine Entscheidung herbeizuführen, sprechen Sie zu einer anderen Zielgruppe. Meistens ändert sich auch die Struktur des gesamten Publikums – in solchen Meetings sind beispielsweise Teamleiter selten anwesend.

Nanu? Sprachen wir nicht von *fünf* Schritten? Das stimmt. Aber weil der fünfte Schritt viel damit zu tun hat, wie Sie das Publikum als Referent und Mentor wahrnimmt, bekommt er im Anschluss seinen eigenen Abschnitt. Sprechen wir über Ihre Glaubwürdigkeit – und wovon sie abhängt.

3.4 Aristoteles und Ihre Glaubwürdigkeit

Wie wir bereits wissen, besitzt ein guter Vortrag sowohl sachliche als auch emotionale Anteile. Nur: Wie müssen wir die beiden Anteile ausbalancieren, damit sie zur Zielgruppe passen? Während Manager meistens Zahlen und Fakten erwarten, wünschen sich Anwender eher praktische Beispiele. Das bedeutet: Der richtige Mix ist entscheidend, um Ihre **Glaubwürdigkeit** zu wahren und gleichzeitig das Publikum zu überzeugen. Aber wie gehen wir dabei vor?

Um sich über das passende Verhältnis beider Anteile klar zu werden und den Grundton des Vortrags zu bestimmen, gibt es ein wertvolles Hilfsmittel: Das **Aristoteles-Dreieck**.

Gemäß **Aristoteles** besitzt eine gute Rede drei Bestandteile: Logos, Ethos und Pathos [11]. **Logos** beinhaltet alle sachlichen Argumente, die die „Große Idee" unterstützen. Also Zahlen, Daten und Fakten. **Pathos** appelliert an die Gefühle der Zuhörer, indem es jedem Teilnehmer die persönliche Bedeutung der Sachinhalte klarmacht. Beide Anteile müssen in einem ausgewogenen Verhältnis stehen, damit der dritte Anteil gesichert ist: **Ethos.** Das ist das Vertrauen, das die Zuhörer einem Redner entgegenbringen und wie glaubwürdig sie ihn einschätzen.

Diese drei Anteile lassen sich in Form eines Dreiecks darstellen (s. Abb. 3.8). Da Sie Ihre wichtigste Zielgruppe kennen, können Sie einschätzen, ob sie eher auf analytische oder emotionale Inhalte anspricht. Anschließend markieren Sie den Schwerpunkt Ihrer Zielgruppe gut sichtbar im Dreieck: Das ist die dunkelblaue Fläche. An ihr orientieren Sie sich nicht nur bei der Auswahl Ihrer **Vortragsinhalte**, sondern auch, wie Sie sie später passend für die Zuhörer „verpacken".

Das Aristoteles-Dreieck ist einfach in seiner Anwendung, besitzt aber eine enorme Bedeutung: Es macht dem Referenten bewusst, welchen Anteil er in seinem Vortrag betonen muss. Und was passiert, wenn er den falschen Schwerpunkt wählt. Oder wie das Publikum reagiert, wenn er es mit seiner Wahl übertreibt.

Das Dreieck ist nicht statisch. Verändern Sie es abhängig von der Situation. Ein gutes Beispiel ist das studentische Publikum, dessen Struktur Sie aus Abb. 3.6 kennen: Weil sich Erstsemester-Studenten erst an den Unterricht einer Hochschule gewöhnen müssen, lege ich bei ihnen den Schwerpunkt mehr auf die emotionale Seite. Bei höheren Semestern erhöhe ich den Anteil an analytischen Inhalten. Das bedeutet: *Passen Sie Ihre Präsentation an die Erwartungen Ihrer Teilnehmer an!* Erhöhen oder verringern Sie die einzelnen Anteile, sodass sie dem Anlass angemessen sind.

Häufig hängt das Erreichen Ihrer Vortragsziele von wenigen Personen ab – wie im Fall des Piraten-Workshops (s. Abb. 3.6). Oder wenn es um viel Geld wie beim Kauf von

Abb. 3.8 Das Aristoteles-Dreieck visualisiert den Grundton des Vortrags – und wie er auf das Publikum wirkt

Flugzeugen oder Unternehmen geht. Bei solchen Fragestellungen besitzt das Aristoteles-Dreieck einen besonderen Stellenwert – als Türöffner zu sogenannten Personas.

3.5 Für Fortgeschrittene: Personas

Das Publikum zu gruppieren, ist hilfreich. Aber Individuen sind weitaus komplexer. Um eine persönliche Verbindung aufzubauen, müssen Sie ihre menschliche Seite ansprechen. Das gilt insbesondere für Teilnehmer wie Chefs oder Kunden, die entscheiden, ob Sie Ihre Vortragsziele erreichen. Um diese Zuhörer besser kennenzulernen und eine Ahnung von ihren Vorlieben oder Abneigungen zu bekommen, nutzen wir imaginäre Stellvertreter – sogenannte Personas.

Personas werden beispielsweise in der Werbung oder Marktforschung eingesetzt, um zu verstehen, welche Käufer die Kampagne oder ein Produkt ansprechen soll. Und auf welche Inhalte sie am stärksten reagieren [12]. Das funktioniert auch bei Vorträgen.

Um eine Geschäfts-Persona zu erstellen, müssen Sie etwas Zeit investieren; deshalb sollten Sie zuerst darüber nachdenken, ob für Ihren Vortrag dieser Aufwand gerechtfertigt ist. Im Gegenzug erhalten Sie ein erstaunlich aussagekräftiges Profil. Dabei hilft Ihnen die

Profilblatt-Vorlage in Abb. 3.9. Die gute Nachricht: Mit der Gruppierung und dem Aristoteles-Dreieck haben Sie bereits gute Vorarbeit geleistet. Jetzt geht es um die Details.

Bevor wir beginnen, möchte ich an dieser Stelle klarstellen: *Es geht nicht darum, Menschen auszuspionieren.* Es geht ausschließlich darum, ihnen gezielt die Inhalte zu liefern, an denen sie interessiert sind. Der Referent bekommt ein Gefühl, mit welchen Teilnehmern er es zu tun hat und wie sie reagieren *könnten*. Das hilft ihm, sich auf mögliche Präsentations-Torpedos vorzubereiten, die das Publikum während seines Vortrags auf ihn abfeuern könnte. Im Kap. 11 – *Der Tag der Wahrheit* sehen wir uns das genauer an.

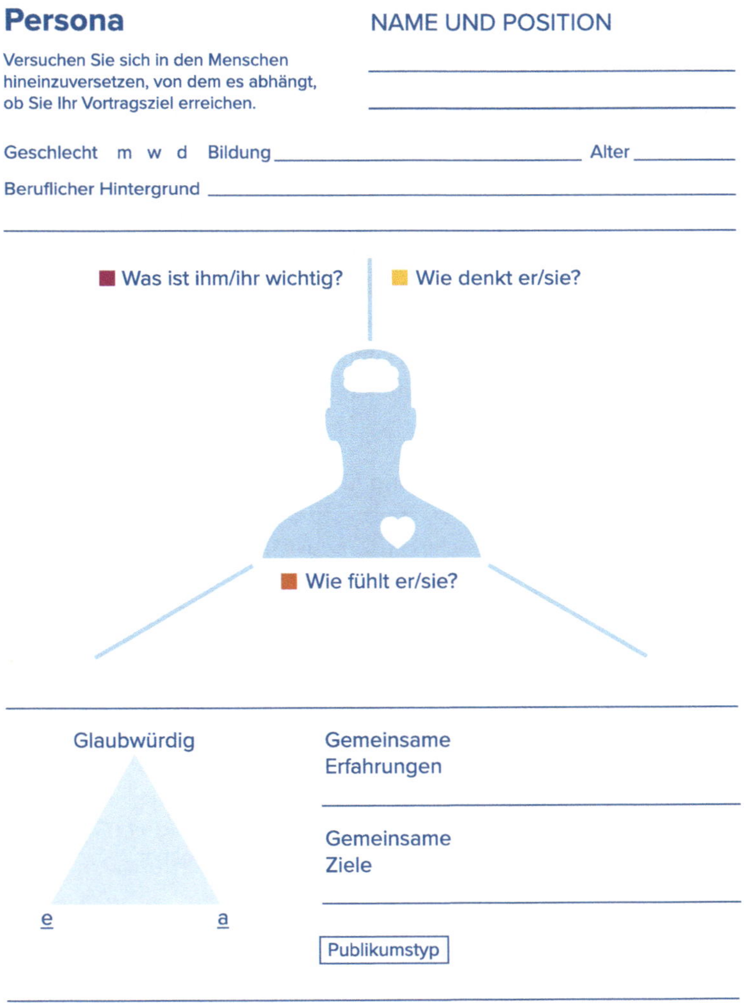

Abb. 3.9 Das Vorlagenblatt für eine Geschäfts-Persona. Die farbigen Quadrate kennzeichnen die Zuordnung zu den Persona-Merkmalen

Der Kopfbereich des Profilblatts ist selbsterklärend: Die meisten Daten kennen Sie bereits aus der Gruppierung Ihres Publikums und dem Aristoteles-Dreieck. Letzteres finden Sie ebenfalls auf dem Blatt – es soll Sie an den Grundton Ihres Vortrags erinnern.

Benötigen Sie weitere Daten, führen Sie eine ergänzende Recherche durch: Bei internen Vorträgen werden Sie häufig im *Firmen-Intranet* oder in *Gesprächen* mit Kollegen oder den Assistenten des Teilnehmers fündig. Manchmal können Sie die Person auch direkt fragen, was sie hören möchte. Bei externen Vorträgen kann eine Suche in *Business-Netzwerken* hilfreich sein. Alternativ können Sie sich bei Ihren *Ansprechpartnern* im Unternehmen des Teilnehmers erkundigen.

Achtung: Manchmal ist es bei einem fremdsprachigen Namen nicht ersichtlich, ob es sich um eine Dame oder einen Herrn handelt. Das müssen Sie wissen! Oft erledigt sich diese Frage von allein, sobald Sie ein Foto Ihres Gegenübers haben; mir hilft es bei der Vorbereitung sehr, wenn ich sehe, mit wem ich es zu tun habe.

Die eigentliche Geschäfts-Persona steht im wahrsten Wortsinn im Zentrum des Profilblatts. Hier geht es darum, den Entscheider besser kennenzulernen, sich in ihn hineinzuversetzen und seine Denkweise auf sachlicher und emotionaler Ebene zu verstehen. Kurz: Seine Sicht auf die (berufliche) Welt nachzuvollziehen. Dabei betrachten wir drei Aspekte: Wie er denkt, wie er fühlt und was ihm wichtig ist.

Ein guter Beginn sind die Kriterien, die Sie bereits bei der Publikumsgruppierung angewendet haben. In Abb. 3.10 finden Sie noch tiefer gehende Fragen, die Ihnen ein Gefühl für Ihr Gegenüber geben sollen. Natürlich können Sie auch die Ergebnisse Ihrer Recherche nutzen. Anschließend ordnen Sie im Profilblatt die Antworten dem jeweiligen Bereich zu.

Persona-Merkmal	Bedeutung für ■ Denken ■ Fühlen ■ Leben
■ Wissen	Welches Wissen zum Thema ist vorhanden? Woher stammt es? Eher Praktiker oder Theoretiker?
■ Motivation	Was wünscht oder erträumt sich der Entscheider? Was treibt ihn an - beruflich und privat? Und was fehlt ihm?
■ Einfluss	Wer oder was beeinflusst sein Verhalten? Welche Erfahrungen haben sein Denken geprägt? Wie trifft er seinen Entscheidungen?
■ Respekt	Was oder wen achtet er? Aus welchem Grund? Und für was wird er selbst respektiert?
■ Werte	Welche Werte sind ihm wichtig - beruflich, privat und kulturell? Wie lebt er diese Werte? Womit verbringt er seine Zeit?
■ Lebensstil	Was kennzeichnet seinen Lebensstil? Was sind seine Hobbies und Interessen? Auf was ist er stolz?

Abb. 3.10 Einige Merkmale, mit denen Sie eine Geschäfts-Persona entwickeln können

Um die Zuordnung zu erleichtern, habe ich jedes Merkmal mit einem Farbcode versehen. Beachten Sie dabei, dass manche Antworten für mehrere Bereiche zutreffen können.

Wichtig: Falls Sie ausländische Teilnehmer haben, berücksichtigen Sie unbedingt deren kulturellen Hintergrund und Werte. Westlichen Zuhörern sind Fakten und Termine wichtig. Bei Teilnehmern aus dem arabischen Raum sind das Familie und Loyalität. Und asiatische Menschen achten darauf, dass bei Verhandlungen niemand sein Gesicht verliert. Deshalb stehen bei ihnen Ehre und Respekt im Mittelpunkt. Wenn Sie entsprechende Werte in Ihren Vortrag einfließen lassen, fühlen sich diese Teilnehmer verstanden und anerkannt.

Im unteren Bereich ziehen Sie das Fazit Ihrer Erkenntnisse. Hier legen Sie die gemeinsame Verständnisgrundlage fest. Dabei hilft mir besonders der Publikumstyp-Begriff. Die Idee, die dahintersteckt: In meiner Freizeit sehe ich mir gerne Wissenschafts- und Literatursendungen an oder gehe auf Konzerte oder ins Theater. Jetzt stelle ich mir die Frage: Zu welchem Publikum gehört der Entscheider? Sieht er sich ebenfalls Quarks&Co oder das Literarische Quartett im Fernsehen an? Treffen wir uns zufällig im Theater oder besucht er einen Science-Slam-Wettbewerb, bei dem Studenten über ihre Forschungen sprechen?

Natürlich ist das eine rein subjektive und spekulative Vorstellung. Aber ich kenne das jeweilige Publikum auf diesen Veranstaltungen. Und das hilft mir enorm bei meiner Einschätzung, was für ein Mensch mein Gegenüber ist. Und was uns beide verbinden könnte.

Noch eine Anmerkung: Wie das High-Concept können Sie das Profilblatt häufig beim ersten Mal nicht vollständig ausfüllen – einfach aus Mangel an Zeit oder an Informationen. Dann ergänzen Sie es schrittweise. Das ausgefüllte Profilblatt für den Piraten-Workshop in Abb. 3.11 habe ich mehrmals geändert – neue Inhalte hinzugefügt und alte gestrichen. Es gilt: Je besser Sie Ihr Gegenüber kennen, desto treffsicherer wird Ihr Vortrag!

Viele Referenten scheuen den Aufwand, um eine Geschäfts-Persona zu erstellen. Deshalb sehen wir uns – erneut am Beispiel des Piraten-Workshops – an, was Ihnen diese Erkenntnisse in der Praxis bringen. Zur Erinnerung: Sie stellen dem Vorstand die Ergebnisse einer Umfrage vor, die Schwachstellen in der internen Projektarbeit identifiziert hat. Ihr Ziel ist es, das Budget für ein Projekt zu erhalten, um diese Mängel zu beseitigen. Gleichzeitig möchten Sie die Projektleitung übernehmen.

Um diese Ziele zu erreichen, wissen Sie, dass Sie die Zustimmung des CEO Dr. Lecter benötigen. Sie müssen ihm erklären, wie hoch die Einsparungen sind und wie sich die neue Projektarbeit auf die Kundenzufriedenheit auswirkt. Und Sie müssen ihm eine einfache, pragmatische Vorgehensweise zeigen, wie Sie das erreichen wollen. Erst, wenn er von Ihrer Idee überzeugt ist, werden sich ihm die restlichen Manager anschließen. Die Kurz-Personas der drei Haupt-Akteure sehen Sie in Abb. 3.12.

Dieses Zusatz-Wissen über die anderen Teilnehmer ist für Ihre Vorbereitung ebenfalls wertvoll: Frau Strode hat einen besonderen Draht zum CEO. Und sie lässt sich nur von Zahlen und Fakten überzeugen. Deshalb müssen Sie diesen Aspekt besonders berücksichtigen. Und arbeiten Sie mit und nicht gegen die Arroganz von Herrn Plissken: Treffen Sie sich mit ihm vor dem Meeting und besprechen Sie einige Punkte Ihrer Inhalte. Auf diese

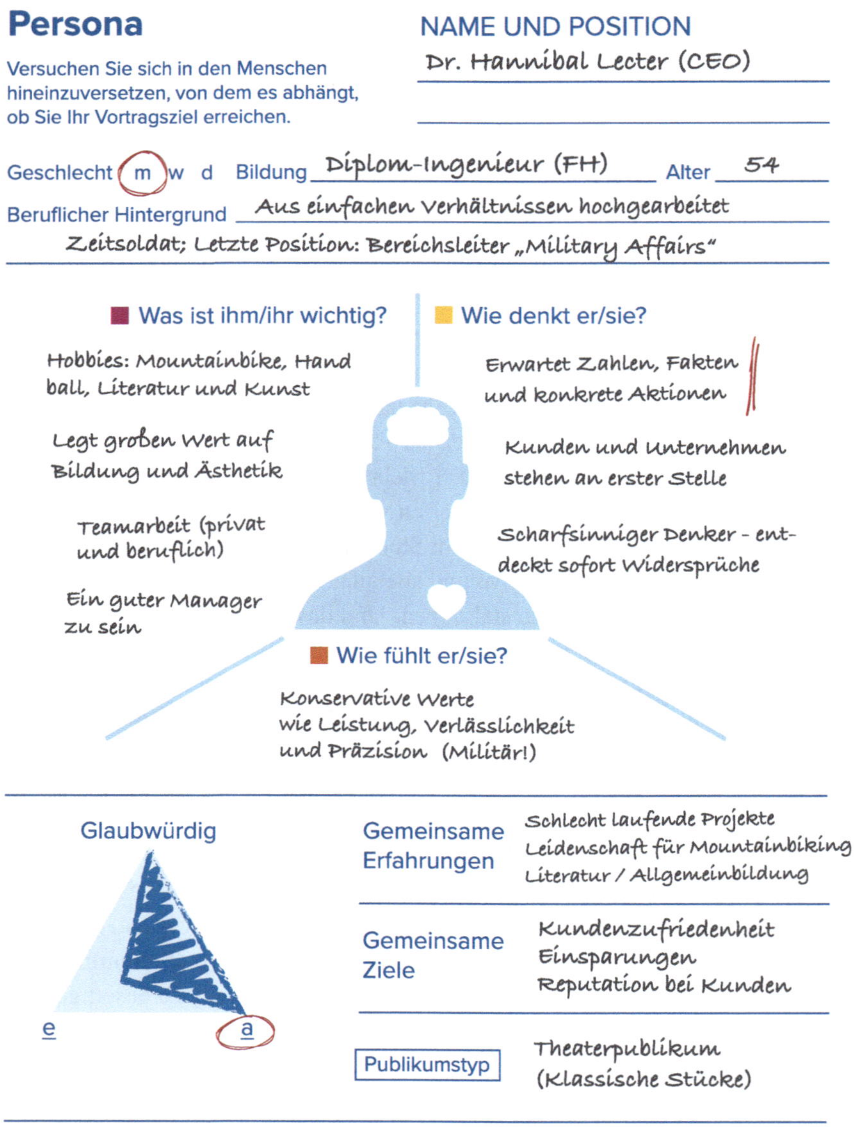

Abb. 3.11 Das ausgefüllte Profilblatt für den Entscheider des Piraten-Workshops

Weise machen Sie ihn zu einem Verbündeten, der Sie während des Vortrags nicht sabotiert. Beide Unterstützer helfen Ihnen, Dr. Lecter von Ihrem Vorhaben zu überzeugen.

Kommen wir abschließend auf unser Bild der Reise zurück, die Sie gemeinsam mit den Zuhörern unternehmen. Sie haben einen guten Weg zu einem spannenden Ziel gefunden und als Reiseleiter erklärt, warum sich die Fahrt dorthin lohnt. Doch während des Vortrags erlebt das Publikum ein Wechselbad der Gefühle – von Begeisterung bis zu Zweifeln. Das liegt nicht nur am Redner, sondern auch in der menschlichen Natur: Sehen wir uns an, was

Geschäftsleitung	Eigenschaften
Dr. Lecter (CEO)	Micro-Manager; konservativ; pragmatisch - erwartet Lösungen; leidenschaftlicher Verfechter, sobald überzeugt; berücksichtigt die Meinung von Frau Strode
L. Strode (Vice-President Finance and Controlling)	Liebling des CEO; analytisch; „Zahlen-hörig"; schwer zu überzeugen; kritisch
S. Plissken (CTO)	Fachlich exzellent; wenig Einfühlungsvermögen; arrogant; sabotiert Projekte; politisch

Abb. 3.12 Die Geschäfts-Personas der Vorstands-Mitglieder im Piraten-Workshop

in uns abläuft, wenn wir neue Ideen kennenlernen, die unserer gewohnten Sichtweise nicht entsprechen.

3.6 Die Reise des Publikums

Wie reagieren wir auf neue Inhalte? Beantworten wir diese Frage anhand eines Beispiels, das wir alle kennen: Wir installieren eine neue App auf unserem Smartphone. Zuerst sind wir neugierig. Wir spielen mit ihr herum, um zu sehen, was sie alles kann. Aber irgendwann wollen wir mit ihr ein Problem lösen: Ein Foto einfärben. Oder die Textformatierung ändern. Und wenn wir die zugehörige Funktion nicht finden, wird es mühselig. Jetzt entscheidet sich, ob wir die App weiter nutzen – eine gute Hilfefunktion ist in diesem Fall Gold wert. Ansonsten schließen wir die App. Oder löschen sie wieder.

Ersetzen Sie in unserem Beispiel den Begriff „App" durch „Große Idee". Genauso ergeht es vielen Teilnehmern, wenn sie das erste Mal in Ihrem Vortrag von ihr hören: Zuerst sind sie neugierig. Und sobald sie sich überlegen, wie sie die Idee gezielt anwenden können, werden sie skeptisch. Weil sie intuitiv wissen, dass sich in ihrem Alltag – ihrer *bekannten Welt* – etwas verändern wird.

Wenn es um neue Ideen geht, sind Menschen vorsichtig – denken Sie an Ignaz Semmelweis. Denn eine Idee bewerten wir zuerst danach, ob sie uns sinnvoll erscheint. Und welche Vorteile sie uns bringt. Erst danach entscheiden wir uns, ihr eine Chance zu geben. Die Voraussetzung: Das Publikum muss erkennen, dass es ein Problem hat, welches es mit Ihrer Idee lösen kann. Manchmal ist das für die Teilnehmer offensichtlich. Und manchmal ist ihnen das noch nicht klar – dann müssen Sie sie darauf hinweisen. Deshalb sind Sie als Mentor so wichtig: Sie sind die menschliche Hilfefunktion für das Publikum.

Diesen kritischen Augenblick nennt die Designerin Nancy Duarte das **Überschreiten der Schwelle** [13]. Denn am Ende Ihrer Präsentation müssen die Zuhörer Farbe bekennen, ob sie Ihre Idee überzeugt hat oder nicht. Ob der Nutzen so groß ist, dass sie sich mit ihr weiter beschäftigen wollen. Kurz: Ob Ihre Idee stirbt oder ob sie lange genug lebt, um etwas bei den Zuhörern zu bewirken. *An dieser Schwelle ist zwar der Vortrag zu Ende,*

Abb. 3.13 Die Reise des Publikums beschreibt die einzelnen Gefühlszustände, wenn Menschen mit neuen Inhalten konfrontiert werden

aber nicht die ***Reise des Publikums.*** Und wie Sie in Abb. 3.13 sehen, hat die für Ihre Teilnehmer gerade erst begonnen.

Das bedeutet: Bis zur Schwelle können Sie mit Ihrem Vortrag das Publikum direkt überzeugen. Weil Sie als Referent vor ihm stehen. Nach dem Vortrag gehen die Teilnehmer in ihre gewohnte (Alltags-)Welt zurück. Und wenn Sie Ihre Idee gut dargestellt haben, wissen die Menschen, was jetzt auf sie zukommt. Dass sie sich auf etwas Neues einlassen, wenn sie sich mit Ihrer Idee beschäftigen. Und das wird ihre bekannte Welt verändern. Dazu müssen sie fremdes Terrain betreten – die *unbekannte Welt* (s. Abb. 3.13 Mitte). Das ist wie in einer Piratengeschichte, in der die Mannschaft einen Schatz finden möchte: Der Weg ist ungewiss und voller Gefahren. Dennoch machen sich die Menschen auf, wohlwissend, dass nicht alle das Abenteuer überstehen werden. Doch die Belohnung, die am Ende in der *neuen Welt*, auf sie wartet, entschädigt sie für alle Strapazen.

Aber: Die Belohnung gibt es nicht umsonst! Das Publikum muss die Vortragsinhalte ausprobieren und seine eigenen Erfahrungen damit machen. Positive wie negative. Das ist wie bei unserem Beispiel mit der App: Manches klappt super. Und manches funktioniert überhaupt nicht so, wie Sie sich das vorgestellt haben. Deshalb ist dieser Reiseabschnitt für das Publikum herausfordernd: Erst durch Versuch, Irrtum und regelmäßiges Üben lernt es, das neu erworbene Wissen anzuwenden. Für manche Teilnehmer ist das ungewohnt: Sie fühlen sich unsicher und allein gelassen.

In solchen Momenten ist die Versuchung groß, aufzugeben und in die sichere, bekannte Welt zurückzukehren. Das ist der einfache, leichte Weg zur dunklen Seite der Macht. Einige Teilnehmer werden diesen Weg wählen. Um das zu verhindern, müssen Sie als Mentor auch diesen Teil der Reise aktiv aus der Ferne begleiten. Mit Ihrem Wissen und Ihren magischen Werkzeugen unterstützen Sie sie bei Problemen und Fragen. Beispielsweise über E-Mail, Telefon oder direkt am Arbeitsplatz. Bringen Sie ihnen bei, wie sie die Werkzeuge in der Praxis einsetzen. Und erinnern Sie sie an die Belohnung, die am Ende des Weges auf sie wartet.

Sobald Ihre Zuhörer die Vortragsinhalte verinnerlicht haben, erkennen sie ihre neuen Fähigkeiten, die sie durch die ständige Übung erlangt haben. In diesem Augenblick überschreitet das Publikum eine *zweite* Schwelle: Es hat gelernt, wie es die Werkzeuge selbstständig in seinem Alltag anwenden kann. Die Welt, aus der die Teilnehmer anfangs aufgebrochen sind, ist ein Stück besser und einfacher geworden. Das ist der Augenblick, ab dem sie keinen Mentor mehr benötigen.

Viele „Große Ideen" hatten mit Zweifeln oder Ablehnung zu kämpfen. Galileo stellte die Sonne in den Mittelpunkt unseres Weltbilds. Einstein relativierte die Realität. Die Reise des Publikums beschreibt nichts anderes, wie Menschen mit neuen Ideen umgehen: Ausprobieren, Scheitern und Weitermachen. Dieser Ablauf ist tief in unserem Unterbewusstsein eingebettet. Und wird immer dann aktiv, wenn wir etwas Neues lernen. Egal, ob es sich um eine Software, sportliches Training oder um die Inhalte eines Vortrags handelt.

3.7 Besondere Teilnehmergruppen

Bei Vorträgen gibt es zwei Gruppen von Teilnehmern, die auch erfahrene Referenten herausfordern. Die erste sind hochrangige Manager, vor denen man sich keinen Fehler erlauben will. Die zweite sind Menschen, die stellvertretend von ihren Chefs geschickt wurden und nicht aus eigenem Interesse anwesend sind. Wie gehe ich mit diesen beiden Gruppen um?

3.7.1 Geschäftsführung und Vorstände

Vorstände und **Manager** besitzen als Teilnehmer eine Besonderheit: Ihre Zeit ist knapp bemessen. Deshalb erwarten sie vom Referenten, dass er sämtliche Inhalte, die sie für eine Entscheidung benötigen, schnell und präzise liefert. Andernfalls werden sie den Redner jederzeit mit Fragen unterbrechen. Egal, ob Sie ihnen die Antworten auf der nächsten Folie geliefert hätten. Verlassen Sie sich nicht darauf, dass die Manager so geduldig sind.

Bei einem solchen Teilnehmerkreis gilt: Tun Sie alles, damit sie schnell und gezielt entscheiden können. Berücksichtigen Sie dabei drei Regeln:

- *Erklären Sie, was gleich passieren wird.* Sagen Sie den Teilnehmern, dass Sie die ersten fünf Minuten präsentieren und die restliche Zeit für die Diskussion eingeplant haben. Sobald sie wissen, dass sie nach fünf Minuten ihre drängendsten Fragen stellen können,

werden sich die meisten Manager gedulden. Und Sie können ohne Unterbrechung die wichtigsten Inhalte vorstellen
- *Kommen Sie auf den Punkt.* Wenn das Meeting dreißig Minuten dauert, dann bereiten Sie Ihren Vortrag für diese Zeitspanne vor. Anschließend kürzen Sie ihn radikal auf fünf Minuten. Das zwingt Sie, sich zu überlegen, welche Inhalte für die Manager *wirklich* bedeutsam sind – wie das Fazit und die wichtigsten Erkenntnisse daraus (das sogenannte **Executive Summary**)
- *Bleiben Sie beim Thema.* Wenn Sie beispielsweise über das neue Produkt eines Konkurrenten informieren, dann schweifen Sie nicht ab. Erklären Sie den Chefs gezielt und konkret, wie Ihre Firma auf diese Situation reagieren wird und welche Maßnahmen Sie empfehlen

Diese drei Punkte sind nicht einfach. Denn vielen Referenten fällt es schwer, ihren Vortrag radikal auf das Wesentliche zu reduzieren. Die gute Nachricht: Mit der **Kernaussage** und der **Pocket-Rhetorik** haben wir zwei mächtige Werkzeuge, die uns dabei helfen. In Kap. 4 – *Die richtigen Vortragsinhalte* lernen Sie beide kennen.

Was Sie vor dieser Gruppe niemals tun dürfen: Sprechen Sie nicht über Probleme und fordern Sie die Manager anschließend auf, eine Lösung dafür zu finden! Mein ehemaliger Professor sagte immer: „Mich interessieren keine Probleme, sondern Lösungen, aus denen ich wählen kann." Die drei Zauberworte, um Manager mit der „Großen Idee" zu erreichen, heißen Ziele, Resultate und Kosten.

Viele Vorträge scheitern hier. Der Redner ist frustriert und fühlt sich von den Chefs nicht verstanden. Und die Manager fragen sich, ob sie es mit unfähigen Mitarbeitern zu tun haben. Solche Problem-Vorträge wirken auf sie wie Jammern. Umgekehrt gilt: Chefs erreichen ihre Mitarbeiter nicht nur durch Ziele. Die Lösung ist einfach, ist aber häufig unangenehm: Sprechen Sie nicht nur über das *Was*, sondern auch über das *Wie*, um Ihre Ziele zu erreichen. Denn manchmal ist der Weg zu einer strahlenden Vision hart und entbehrungsreich. Der Vorteil: Mitarbeiter und Manager beginnen sich gegenseitig besser zu verstehen.

Vor Top-Entscheidern zu sprechen, ist für jeden Vortragenden eine Ehre. Das macht es allerdings nicht weniger unheimlich und herausfordernd. Kurz: Da sich die meisten Redner nicht in diesen Hierarchiestufen bewegen, macht ein Vortrag vor einem solchen Publikum häufig Angst. Da ist es ein kleiner Trost, wenn man weiß, dass viele Manager dieselben Ängste haben, wenn sie vor Kunden, Aktionären oder ihren Mitarbeitern sprechen müssen. Auch Chefs sind nur Menschen.

3.7.2 Die Zwangsbeglückten

Manchmal erwischt man ein unmögliches Publikum. Die Teilnehmer beschäftigen sich mit ihren Laptops, sind unkonzentriert oder unterhalten sich. Oder sie sind auffallend ruhig und scheinen völlig desinteressiert. Ein möglicher Grund: Die Menschen interessieren sich *tatsächlich* nicht für Ihre Inhalte. Sie sind unfreiwillig anwesend, weil sie ihr Chef an seiner Stelle abkommandiert hat. Die Trainerin Claudia Topf nennt sie die *Zwangsbeglückten*, die so schnell wie möglich den Vortrag absitzen wollen [14].

Solche **Muss-Teilnehmer** kommen häufiger vor als man denkt. Das Tückische dabei: Diese Gruppe können Sie in der Vorbereitung nicht berücksichtigen, weil Sie nicht ahnen können, dass die eigentliche Zielgruppe nicht an der Veranstaltung teilnimmt. Und ja: Es ist unfair, dass der Vortragende die Versäumnisse der Chefs in solchen Momenten auffangen muss, weil diese keine Zeit oder Lust haben. Aber er muss darauf reagieren. Zwei häufige Fehler, die unerfahrene Referenten in diesem Augenblick machen, sind:

- Sie machen mit ihrem Vortrag einfach weiter. Allerdings ändert das nichts an der Unruhe im Publikum
- Sie denken, dass der Grund für die Unruhe bei Ihnen liegt: „Ich bin langweilig und das Publikum mag mich nicht."

Vergessen Sie diese Gedanken. Denn meistens stimmt keiner von beiden. Jetzt zahlt es sich aus, wenn Sie sich inhaltlich gut vorbereitet haben. Denn dann können Sie flexibel auf passive oder störende Muss-Teilnehmer reagieren:

- *Stellen Sie die Nutzen-Frage in den Mittelpunkt.* Häufig wissen diese Teilnehmer nicht, welche Vorteile ihnen Ihre Idee bringt, weil es ihnen niemand gesagt hat. Je mehr persönlichen Sinn sie erkennen, desto motivierter hören sie zu
- *Ändern Sie den Grundton Ihres Vortrags.* Besteht das Publikum überwiegend aus Zwangsbeglückten, präsentieren Sie weniger sachliche und mehr emotionale Inhalte
- *Lassen Sie diese Teilnehmer in Ruhe.* Versuchen Sie nicht, diese Zuhörer aktiv in Ihren Vortrag einzubinden, um dadurch künstlich ihre Motivation zu steigern. Meistens geht das nach hinten los: Fühlen sich diese Menschen unter Druck gesetzt, reagieren sie gereizt, aggressiv oder ablehnend

Und wenn alles nichts hilft, sprechen Sie das Problem offen an: „Ich habe den Eindruck, dass Sie meine Inhalte nicht interessieren. Stimmt das?" Ich war bei einigen Vorträgen, bei denen die Teilnehmer nach dieser Frage ihrem Ärger erst einmal Luft machten und anschließend bereit waren, dem Referenten zuzuhören. Natürlich muss man sich das auch trauen. Aber: Diese Souveränität entwickelt sich mit zunehmender Erfahrung. Wie bei den Managern im vorherigen Abschnitt gilt: Auch Muss-Teilnehmer sind nur Menschen!

Spätestens an dieser Stelle fragen mich in meinen Schulungen die Teilnehmer nach den unterschiedlichen **Lerntypen** im Publikum. Dabei geht es um die Frage, auf welchem Weg Menschen neue Inhalte am besten aufnehmen – über das Sehen, Hören, Machen oder Sprechen. Wie berücksichtigt man das in einem Vortrag?

Die beiden Rede-Profis Michael Rossié und Gerriet Danz sagen: Gar nicht [15]. Ihr Argument: Während der Präsentation muss der Referent nicht nur seine Aufregung in den Griff bekommen, sondern sich auch auf Inhalte oder Sprache konzentrieren [16]. Das heißt: Er hat schlicht keine Zeit, sich auch noch über Lerntypen Gedanken zu machen. Außerdem gibt es für sie sowieso keine wissenschaftlichen Beweise, weil Menschen einfach zu verschieden sind. Und das sagt der Neurologe **Henning Beck** [17]. Fakt ist: Jeder von uns weiß, wie er am besten lernen kann – etwa durch konzentriertes Zuhören, Schreiben oder Sprechen. Manche benötigen sogar laute Musik dabei. Nach Beck ist *Verstehen* das Zauberwort für gutes Lernen.

Meine Einschätzung: Die Wahrheit liegt irgendwo dazwischen. Den Herren Danz und Rossié stimme ich zu, dass man die Lerntypen während der Präsentation vergessen sollte. Aber *davor* helfen sie mir bei meinen Überlegungen, wie ich meine Inhalte am anschaulichsten vermitteln kann. Nicht nur mit Folien, sondern beispielsweise mit einem Gegenstand, den das Publikum ausprobieren kann (darüber sprechen wir in Abschn. 7.5 – *Inhalte zeigen: Gegenstände und Requisiten*). Beim Piraten-Workshop konnten die Manager anhand einer einfachen Excel-Tabelle spontan selbst prüfen, welche Auswirkungen ein verschobener Kunden-Liefertermin auf Ressourcen und Kosten im Projekt hatte. Das Ergebnis machte ihnen sofort klar, wie viel Geld sie mit kleinen Änderungen im bestehenden Ablauf einsparen konnten. Und dazu war keine einzige Folie notwendig.

Ein 20-minütiger Vortrag ist schlichtweg zu kurz, damit das Publikum etwas lernt. Es bekommt lediglich einen ersten Eindruck von der „Großen Idee“. Das eigentliche Lernen findet erst nach dem Überschreiten der ersten Schwelle statt.

Anders sieht es aus, wenn Sie eine Schulung geben: In diesem Fall haben Sie ein bis zwei Tage Zeit, dem Publikum etwas beizubringen. Das Ziel ist nicht nur, den Teilnehmern neue Inhalte zu vermitteln, sondern ihnen auch zu zeigen, was sie damit anfangen können. Und wie sie das tun. Ein ausgiebiger Vortrag Deluxe mit persönlicher Betreuung durch den Mentor, wenn Sie so wollen. Da spielen die einzelnen Lerntypen für den Trainer wieder eine Rolle.

Meine Empfehlung: Denken Sie über Lerntypen während der Vorbereitung nach und vergessen Sie sie während des Vortrags. Nach meiner Erfahrung lassen sich alle Menschen im Publikum von einer großartigen Präsentation mitreißen. Oder sind genervt von einer langweiligen Darbietung. Unabhängig von ihrem Lerntyp.

3.8 Zusammenfassung

In jedem Vortrag bilden der Referent und sein Publikum ein untrennbares Team. Dabei besitzen sowohl der Redner als auch die Zuhörer feste Aufgaben: Der Redner muss dem Publikum verdeutlichen, welchen Nutzen seine Idee für jeden Zuhörer besitzt. Und das Publikum entscheidet darüber, ob es die Vortragsinhalte annimmt und in seine Arbeitswelt integriert.

Das passiert aber nur, wenn der Vortragende und seine Teilnehmer auf Augenhöhe miteinander reden. Das Publikum muss sich als gleichwertiger Partner verstanden und respektiert fühlen. Das bedeutet: Jeder Vortrag ist wie ein Gespräch mit guten Freunden – interessant, offen und verständlich. Und wie ein solches Gespräch ist auch der Vortrag keine Einbahnstraße: Der Redner spricht über seine Inhalte und unterstützt sie durch seine Gestik und seine Mimik. Das Publikum reagiert darauf mit Fragen und zeigt durch sein Verhalten, ob es gelangweilt oder interessiert ist.

Deshalb ist es wichtig, dass sich ein Referent frühzeitig Gedanken macht, welche Teilnehmer er in seinem Vortrag erwartet und wie er sie am besten anspricht. Anhand des Anlasses kann er abschätzen, was für ein Publikum anwesend sein wird. Er unterteilt es in einzelne Gruppen und entscheidet, welche davon er von seiner Idee überzeugen muss, um sein Vortragsziel zu erreichen. Das ist seine Zielgruppe. Bei besonderen Anlässen kann sie sogar nur aus einer einzigen Person bestehen.

Durch dieses Vorgehen hat der Redner eine ungefähre Ahnung von den Erwartungen seines Publikums. Das hilft ihm nicht nur, die geeigneten Inhalte auszuwählen, sondern auch den richtigen Grundton – mehr sachlich oder mehr emotional – seines Vortrags festzulegen. Beides muss er konsequent aus Sicht seiner Teilnehmer tun: Warum ist die Idee wichtig für sie? Und was haben sie davon? Das sind die einzigen Fragen, für die sich das Publikum interessiert.

Viele Menschen sind neuen Ideen gegenüber skeptisch, weil sie wissen, dass sich in ihrem vertrauten Alltag etwas verändern wird. Diese Skepsis muss der Vortragende entkräften. Das macht er in der Rolle als begleitender Mentor: Er beschreibt den Teilnehmern, was genau sich mithilfe seiner „Großen Idee" ändert und was das für sie bedeutet. Die Voraussetzung ist, dass ihm das Publikum vertraut. Erst dann sind die Zuhörer bereit, seine Idee auszuprobieren und ihre eigenen Erfahrungen zu machen.

3.9 Checkliste

Die Checkpunkte in Abb. 3.14 helfen Ihnen, Ihr zukünftiges Vortragspublikum kennenzulernen und mit ihm eine starke Verbindung aufzubauen.

Allerdings ist auch die beste Publikumsanalyse wirkungslos, wenn der Referent die beiden wichtigsten Fragen nicht beantworten kann: Was will ich eigentlich sagen? Und warum ist das wichtig für meine Teilnehmer?

Checkliste „Vortragspublikum"	ja	nein
Nutzenfrage für das Publikum klar?	○	○
Publikumsanalyse		
Segmentierung der Zuhörer durchgeführt?	○	○
Zielgruppe des Vortrags bestimmt?	○	○
Tonalität (analytisch versus emotional) festgelegt?	○	○
Falls notwendig: **Persona** erstellt?	○	○
Ist mir als Referent meine **Mentorenrolle** bewusst?	○	○

Abb. 3.14 Die wichtigsten Fragen, um Ihre Zuhörer kennenzulernen und den Vortrag auf sie auszurichten

In diesem Kapitel haben wir uns eingehend damit beschäftigt, die zweite Frage zu beantworten. Im nächsten Kapitel kümmern wir uns um die Antwort auf die erste Frage. Dazu benötigen Sie die Kernaussage, die richtigen Inhalte und einen roten Faden. In anderen Worten: Ihr Vortrag nimmt langsam Gestalt an.

Literatur

1. Graham Davies (2010): The Presentation Coach – Bare Knuckle Brilliance for Every Presenter. Capstone Publishing, S. 25
2. Tomas Bohinc (2014): Kommunikation im Projekt. Gabal, S. 13f.
3. Paul Watzlawick (2016): Menschliche Kommunikation – Formen, Störungen, Paradoxien, 13., unveränderte Auflage. Hogrefe AG, S. 58ff
4. Daniela Rorig (2020): Texten können – Das neue Handbuch für Marketer, Texter und Redakteure. Rheinwerk, S. 31
5. Fortune Knowledge Group in collaboration with gyro (2014): Only Human – The Emotional Logic of Business Decisions. https://www.gyro.com/gyro-thinking/only-human-the-emotional-logic-of-business-decisions/ (abgerufen am 10.01.2020 um 18.14 Uhr)
6. Daniel Kahneman (2012): Schnelles Denken, langsames Denken, 12. Auflage. Penguin, S. 33
7. Daniel Kahneman (2012): Schnelles Denken, langsames Denken, 12. Auflage. Penguin, S. 36
8. Weitere Information erhalten Sie unter folgenden Links: https://www.manager-magazin.de/unternehmen/artikel/a-178836.html (abgerufen am 12.11.2021 um 10.52 Uhr) und https://de.wikipedia.org/wiki/Enron (abgerufen am 12.11.2021 um 12.04 Uhr)
9. Sherwin B. Nuland (2006): Ignaz Semmelweis – Arzt und großer Entdecker. Piper, o.S.
10. Gerriet Danz (2014): Neu präsentieren – Begeistern und überzeugen mit den Erfolgsmethoden der Werbung, 2. aktualisierte Auflage. Campus, S. 40
11. Aristoteles (1999): Rhetorik I. Übersetzt und herausgegeben von Gernot Krapinger. Reclam, o.S.
12. Sabine Kirchmann und Juliane Waack (2021): Personas entwickeln für Marketing, Vertrieb und Kommunikation. Springer Gabler, S. 01-09
13. Nancy Duarte (2012): Resonate oder wie Sie mit packenden Storys und einer fesselnden Inszenierung Ihr Publikum verändern. Wiley-VCH, S. 34
14. Claudia Topf (2010): Präsentations-Torpedos entschärfen. Redline, S. 68
15. Michael Rossié (2021): Rhetorik ist keine Kunst... sondern kein Problem – Einfach eine gute Rede halten. Vahlen, S. 27
16. Gerriet Danz (2014): Neu präsentieren – Begeistern und überzeugen mit den Erfolgsmethoden der Werbung, 2. aktualisierte Auflage. Campus, S. 36
17. Henning Beck (2021): Der Lerntypen-Unsinn. In: managerSeminare, Heft 279 (Juni 2021). ManagerSeminare Verlags GmbH, S.86. Den Artikel finden Sie auch unter folgendem Link: https://www.managerseminare.de/ms_Artikel/Schlauer-lernen-Der-Lerntypen-Unsinn,281733 (abgerufen am 02.12.2021 um 11.55 Uhr)

4 Thema (nicht) verfehlt – Die richtigen Vortragsinhalte

Wir ertrinken in Informationen und dürsten nach Wissen.
John Naisbitt [1]

Wir leben in einer unglaublichen Zeit: Noch nie stand der Menschheit so viel Wissen zur Verfügung wie heute. Und dieses Wissen ist nur einen Mausklick entfernt und jederzeit verfügbar. Allerdings führt dieses Wissens-Eldorado für Referenten zu einem Dilemma: Was ist für meinen Vortrag wichtig und was nicht? Erschwerend kommt hinzu, dass viele Inhalte miteinander verwoben sind und eine Information zur nächsten führt.

Der Forscher Daniel Perrin hat zwei Grundsätze entdeckt, die er angehenden Journalisten empfiehlt: Gehen Sie bei der Suche nach Inhalten strukturiert vor. Und achten Sie bei der Auswahl konsequent auf eine Frage: Warum sollte das den Leser interessieren? [2]

Beide Grundsätze gelten auch für Vorträge. Aber vielen Referenten ist zu diesem Zeitpunkt noch nicht klar, was sie eigentlich sagen wollen. Das entspricht einem Kapitän, der

B. Gebhardt, *Tipps und Tricks für erfolgreiche Präsentationen*,
https://doi.org/10.1007/978-3-662-72376-0_4

nicht weiß, wohin er sein Schiff steuern möchte. Auf dem weiten Meer der Informationen verliert man schnell den Überblick. Und das Ziel aus den Augen.

Die folgenden Kapitelinhalte helfen uns bei der Festlegung unseres Zielhafens und bei der Kursplanung:

- Wie komme ich zur Kernaussage meines Vortrags und wofür benötige ich sie?
- Warum ist der Arbeitstitel meines Vortrags wichtig?
- Wie komme ich zu den richtigen Inhalten?
- Wie erzeuge ich einen ersten „roten Faden" meines Vortrags?

Mit den 3 W-Fragen und dem High-Concept haben wir bereits einen ersten Schritt getan. Jetzt kommt ein kritischer Moment: Die meisten Referenten starten ihren Computer und beginnen damit, die ersten Folien zu erstellen. Doch bevor ein Redner gemeinsam mit seinem Publikum die Vortragsreise antreten kann, muss er sich zuerst auf seine eigene begeben.

4.1 Die Reise des Referenten

Unser beruflicher Alltag ist von Hektik und Zeitmangel geprägt. Häufig hat man das Gefühl, dass der Tag zu kurz ist, um alle Aufgaben zu erledigen. Das kann dazu beitragen, dass wir produktiver werden. Es kann aber auch Stress erzeugen, und wir liefern Ergebnisse, mit denen wir nicht zufrieden sind. Wir klatschen Folien aus früheren Präsentationen aneinander und zeigen sie. Das ergibt vollgestopfte Vorträge und überforderte Zuhörer. Deshalb findet ein echter Austausch zwischen den Teilnehmern in den meisten Meetings nicht statt.

Bei jedem von uns ist viel los – Mails, Termine, Telefonate. Umso wichtiger ist es, innezuhalten und einen Schritt zurückzutreten. Wir benötigen Augenblicke, um unsere Gedanken zu sammeln. Und uns über die wesentlichen Punkte unserer Arbeit klar zu werden. Raus aus dem Hamsterrad. Das Zauberwort heißt Alleinzeit.

Die verstorbene Psychoanalytikerin **Ester Buchholz** war der Meinung, dass die Gesellschaft der Gemeinsamkeit einen zu hohen Stellenwert einräumt. Im Gegensatz zur Einsamkeit, die sie **Alleinzeit** nannte [3]. „Wir benötigen Alleinzeit, damit wir das Leben kreativ angehen können", sagte sie sinngemäß. „Erst dann können wir Probleme verstehen und sie lösen." Sie war davon überzeugt, dass Stille ungezwungene Konzentration fördert, uns die Dinge klarer sehen lässt und auf diese Weise Ideen entstehen.

Viele kreative Köpfe wie Musiker, Künstler und Regisseure, aber auch Unternehmer oder Programmierer, nehmen sich eine Auszeit, damit sie neue Einsichten gewinnen. Auch bei einem Vortrag sollten Sie zunächst das Thema von allen Seiten betrachten. Dabei ist es uninteressant, ob Sie Ingenieur, Mediziner oder Geschäftsmann sind – sobald Sie einen Vortrag vorbereiten, sind Sie ein *Kreativer*. Deshalb benötigen Sie ebenfalls Zeit, um sich über Ihre Ideen und deren Zusammenhänge klar zu werden. Erst später – viel später – sitzen Sie am Computer und beschäftigen sich mit der Gliederung und den Folien.

Für Ihre persönliche Alleinzeit müssen Sie drei Voraussetzungen schaffen:

- *Blocken Sie Zeit in Ihrem Kalender.* Manche Menschen arbeiten besser in kleinen verteilten Blöcken; andere in einem großen Block. Das müssen Sie ausprobieren. Wichtig: Behandeln Sie die Vortrags-Alleinzeit genauso wie jeden anderen Termin!
- *Ziehen Sie sich an einen ruhigen Ort zurück,* an dem Sie nicht gestört werden und nicht erreichbar sind
- *Arbeiten Sie mit Papier, Klebezetteln und Stiften in unterschiedlichen Farben.* Wenn Sie mit einer beweglichen Flipchart arbeiten, können Sie Ihre Ergebnisse an Ihren Arbeitsplatz mitnehmen. Andernfalls fotografieren Sie sie mit dem Smartphone

Viele Vorträge sind nicht deshalb so fruchtlos, weil die Redner nicht klug oder einfallsreich genug sind – sie hatten einfach keine Zeit, um innezuhalten und nachzudenken. Manchmal dauert es eine Weile, bis Sie erkennen, was das Besondere an Ihrer „Großen Idee" ist und wie Sie das dem Publikum mitteilen. Sobald Sie diese Hauptbotschaft – die Kernaussage – erkannt haben, wissen Sie, was Sie sagen wollen. Bleiben Sie ihr während der gesamten Vorbereitung treu.

4.2 Die Kernaussage

Ende der siebziger Jahre klapperte ein Regisseur die Filmstudios in Hollywood mit der Idee für einen Science-Fiction-Film ab. Der Film *Krieg der Sterne* war gerade ein Kassenschlager gewesen, und so waren die Filmstudios an weiteren derartigen Filmen interessiert. Allerdings sind Studiobosse sehr beschäftigt und werden täglich mit Unmengen neuer Filmideen überschwemmt; Regisseure und Drehbuchautoren wissen das. Sie müssen also schnell und präzise auf den Punkt kommen. Unser Regisseur beschrieb seine Filmidee mit *Der weiße Hai im Weltraum* [4]. Der Film wurde produziert, entpuppte sich als Kassenschlager und zog eine Reihe von erfolgreichen Fortsetzungen nach sich.

Vielleicht kennen Sie diese Geschichte. Der Regisseur heißt **Ridley Scott** und der Film *Alien – das unheimliche Wesen aus einer fremden Welt.* Und falls Sie den Film noch nicht gesehen haben, dann empfehle ich Ihnen, das nachzuholen.

Die fünf Worte *Der weiße Hai im Weltraum* beschreiben erstaunlich konkret, um was es in dem 117-minütigen Film (Kinofassung) geht: Eine Bedrohung, gegen die sich Menschen wehren müssen. Die Umgebung ist feindlich und dreckig. Die Geschichte ist spannend und aufregend. Man weiß sofort, um welche Art von Film es sich handelt und hat entsprechende Bilder im Kopf. Eine solche Zusammenfassung wird in Filmkreisen **Pitch** genannt und schildert den Kern einer Handlungsidee.

Was beim Film der Pitch, ist beim Vortrag die **Kernaussage**, die die zentrale **Botschaft** in einem Satz beschreibt. Sie beantwortet die „Was habe ich davon?"-Frage aus dem

Abschn. 3.2 – *Die Macht der Zuhörer.* Und diese Antwort entscheidet, ob sich das Publikum für die **Vortragsinhalte** interessiert.

Das alles hört sich einfach an, wird aber in der Praxis selten umgesetzt. Wie oft haben Sie sich nach einem Business-Vortrag gefragt, was Ihnen der Vortragende eigentlich mitteilen wollte? Machen Sie beim nächsten Vortrag einfach den Test: Kann Ihnen der Referent in einem einfachen Satz die wichtigste Botschaft sagen, die Sie als Teilnehmer im Kopf behalten sollen?

Auftritt der Kernaussage: *Sie verankert Ihre wichtigste Botschaft in den Köpfen der Zuhörer.* Wie bei einem Klettverschluss verhakt sie sich mit dem Wissen und den Erfahrungen Ihres Publikums. Und aufgrund des **Eisberg-Modells** wissen wir bereits, dass auf diese Weise Bilder und Gefühle in den Menschen ausgelöst werden, die sie zum Handeln veranlassen. Wie bei *Ein Junge geht auf eine Zauberschule* [5]. Kommen Sie darauf, welcher Film nach diesem Pitch entstanden ist? Auf dieses **Klettverschluss-Prinzip** kommen wir im Abschn. 5.1 – *Struktur hilft beim Verstehen* zurück.

Eine gute Kernaussage ist also eine praktische Sache. Jetzt sind allerdings zwei wesentliche Fragen offen: Wie viele Kernaussagen hat mein Vortrag? Und wie komme ich zu ihr?

4.2.1 Wie komme ich zur Kernaussage?

Egal, ob Sie einen Film, ein Produkt, eine Idee oder etwas anderes verkaufen wollen: Die **Kernaussage** ist die DNS Ihres Vortrags. Wie bei einem Lebewesen enthält sie den Bauplan, aus dem später die Präsentation entsteht. Aber: Damit Sie die Vortrags-DNS entschlüsseln können, müssen Sie zunächst ihre Bestandteile identifizieren. Dazu müssen Sie wissen, was das Publikum interessiert. Und das ist die Stelle, an der sich die Nutzenfrage der Zuhörer und Ihre „Große Idee" begegnen.

Machen wir an dieser Stelle einen Vortrags-Kassensturz: Im Augenblick haben Sie das **High-Concept** mit den 3 W-Fragen und einer Beschreibung der „Großen Idee". Und Sie haben Ihre **Zielgruppe** und deren Interessen identifiziert. Manchmal ist das ausreichend, um daraus die Kernaussage zu verdichten. In allen anderen Fällen führen Sie drei Schritte zum Ziel, die Sie Abb. 4.1 sehen.

Schritt 1: Beschreiben Sie Ihre „Große Idee"

Nutzen Sie die Beschreibung der „Großen Idee" und die Antworten der 3 W-Fragen aus dem High-Concept. An was soll sich das Publikum unbedingt erinnern? Erstellen Sie eine kurze Stichwortliste.

Schritt 2: Kennen Sie die wichtigsten Fragen und Probleme der Zuhörer

Verwenden Sie dazu die Erkenntnisse aus der Publikumsanalyse. Stellen Sie sich die Frage, was das Publikum nachts nicht schlafen lässt: Dadurch kennen Sie die dringlichsten Probleme oder Fragen Ihrer Teilnehmer.

Schritt 3: Bringen Sie beide Schritte zusammen

Jetzt wird es spannend: Ordnen Sie jedem Stichwort auf Ihrer Liste (Schritt 1) eine Frage oder ein Problem Ihrer Teilnehmer (Schritt 2) zu. Der Trick: Sie suchen diejenigen Stichworte aus Ihrer Liste, die zur Lösung des Problems beitragen. Diese Paare nutzen Sie zur Formulierung Ihrer Kernaussage. Und die übrig gebliebenen Stichworte leisten Ihnen bei der späteren Inhaltsrecherche gute Dienste!

Verdeutlichen wir die drei Schritte anhand von zwei Beispielen (siehe Abb. 4.2). Erstes Beispiel auf der linken Seite: Wie kommen wir zur Kernaussage dieses Buchs? Hier sehen Sie, welche drei Stichworte in der Kernaussage erscheinen sollten: Einfache Regeln,

Abb. 4.1 Vorgehensweise zur Erstellung der Kernaussage – der Vortrags-DNS

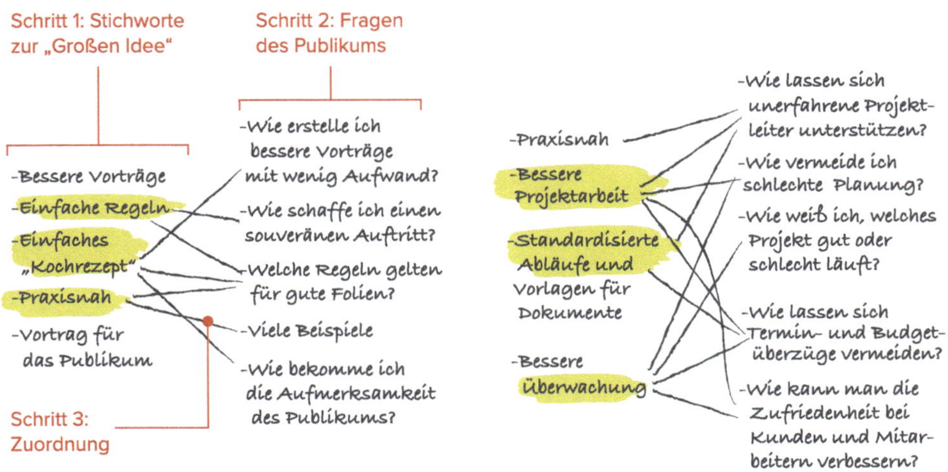

Abb. 4.2 Anwendung der Vorgehensweise – links für das Buch „Geschäftsvorträge“, rechts für den Piraten-Workshop

einfaches Kochrezept und praxisnah. Entspricht das ungefähr dem Nutzen, den Sie sich als Leser von diesem Buch versprechen? Zweites Beispiel auf der rechten Seite: Welche Hauptbotschaft besitzt der Vortrag des Piraten-Workshops? Auch hier sind es drei Stichworte: Bessere Projektarbeit, Standards und Controlling.

Mit ein wenig Übung erstellen Sie an dieser Stelle einen ersten Entwurf Ihrer Kernaussage. Dieser Entwurf lebt; meistens werden Sie während der Vorbereitung des Vortrags noch einige Male an den richtigen Worten feilen. Dazu mehr im nächsten Abschnitt *Die Satzschablone*.

Für jede Kernaussage gilt eine Regel: Halten Sie Ihre Botschaft einfach, klar und verständlich. Das bedeutet:

- *Verwenden Sie höchstens 160 Zeichen (inklusive Leer- und Satzzeichen)* – die maximale Zeichenanzahl einer Handy-SMS. Das ist schwierig, aber machbar: Steve Jobs beschrieb das MacBook Air als „Das dünnste Notebook der Welt“[6]
- *Formulieren Sie einen vollständigen Satz.* Stichworte sind ausschließlich Filmen, der Werbung oder dem Vortragstitel vorbehalten!

Für ungeübte Referenten ist es anfangs etwas schwierig, die Kernaussage zu formulieren. Gut, dass es ein Werkzeug gibt, das Sie dabei unterstützt: Die Satzschablone.

4.2.2 Die Satzschablone

Obwohl Sie mit den drei Schritten wichtige Stichworte identifiziert haben, um die Hauptbotschaft zu beschreiben, fällt manchmal die eigentliche Formulierung schwer. Dabei hilft Ihnen die **Satzschablone,** die Sie in Abb. 4.3 sehen [7].

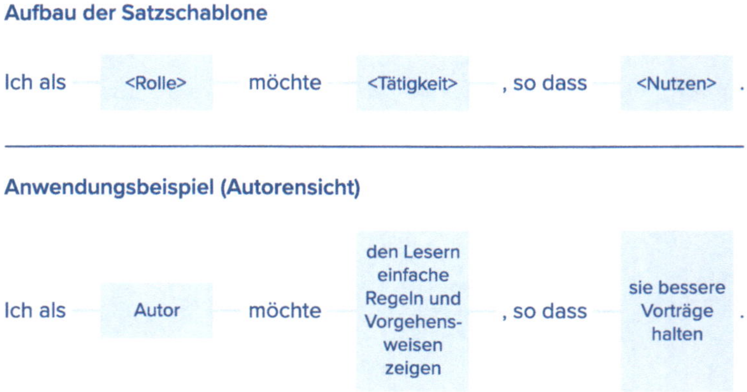

Abb. 4.3 Die Satzschablone ist eine Mustervorlage, die bei der Formulierung der Kernaussage unterstützt

Wenden wir die Schablone an, indem wir die Kernaussage dieses Buches formulieren. Dabei nehmen Sie die Rolle des Lesers, und ich die Rolle des Autors ein. Gemäß Abb. 4.2 waren die identifizierten Stichworte: Einfache Regeln, einfaches Kochrezept und praxisnah. Mit der Satzschablone ergibt sich folgende Aussage (s. Abb. 4.3 unten): Ich als Autor möchte den Lesern einfache Regeln und Vorgehensweisen zeigen, sodass sie bessere Vorträge halten.

Normalerweise sprechen wir nicht in dieser Art, deshalb klingt der Satz sperrig und merkwürdig. Fühlen Sie sich damit nicht wohl, dann können Sie ihn eleganter gestalten. Dazu versetze ich mich in Sie: Wenn ich die Botschaft nicht als Autor, sondern als Leser schreibe, komme ich zur Aussage in Abb. 4.4. Kleine Hilfestellung: Verwenden Sie den Brückensatz „Das bedeutet für Sie, dass...", den wir in Abschn. 3.2 – *Die Macht der Zuhörer* kennengelernt haben. Sobald Sie den Publikumsnutzen in den Mittelpunkt stellen, können sich die Teilnehmer Ihre Botschaft leichter merken.

Und wie lautet nun die Kernaussage dieses Buchs? Sie lautet: *Jeder kann eine gute Präsentation halten, wenn er bei der Planung strukturiert vorgeht und einige Grundregeln berücksichtigt.* Mit Leer- und Satzzeichen sind das insgesamt 125 Zeichen.

▶ **Praxistipp** Verwenden Sie das **KISS-Prinzip:** Keep It Simple and Straightforward. Sagen Sie das, was Sie sagen wollen, einfach und direkt. Damit lässt sich die Kernaussage des Buchs noch weiter reduzieren: *Jeder kann eine gute Präsentation halten, wenn er einige Grundregeln berücksichtigt.*

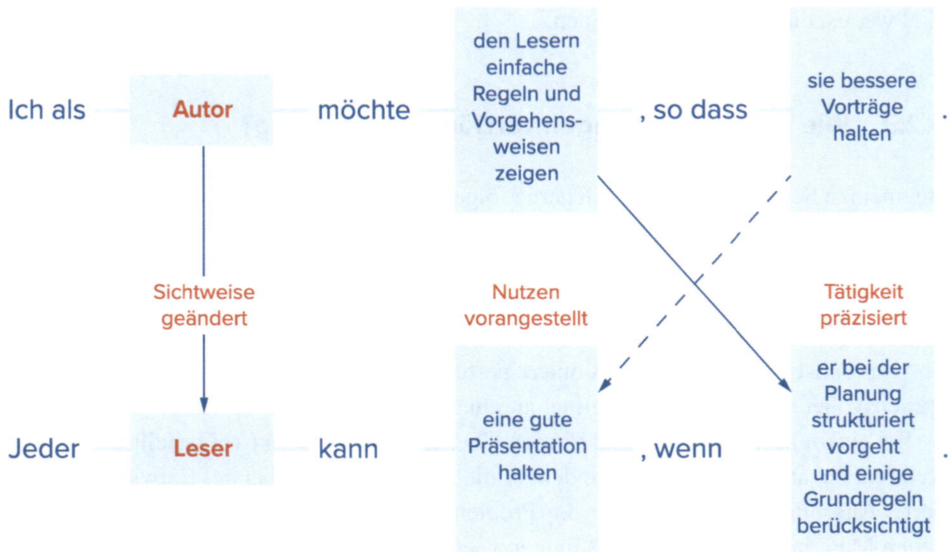

Abb. 4.4 Anwendungsbeispiel für die Satzschablone

Beim KISS-Prinzip geht es nicht darum, möglichst einfache Wörter oder Sätze zu wählen. *Es geht um Eleganz und Priorität, nicht um Verdummung des Publikums.* Deshalb können Sie dieses Prinzip auch an anderen Stellen während der Vortragsvorbereitung anwenden, beispielsweise beim Vereinfachen von Schaubildern und Grafiken (siehe Abschn. 5.3.1 – *Die drei Verständnisprinzipien*).

Übung
Wie könnte die Kernaussage des Piraten-Workshops lauten? Erstellen Sie einen Vorschlag mithilfe der Satzschablone und verfeinern Sie ihn anschließend.

Denken Sie dabei an Ihre Zielgruppe: Der wichtigste Entscheider ist der Vorstands-Boss Dr. Lecter.

Eine Lösung könnte beispielsweise lauten: *Durch den Einsatz von Standards machen wir für alle Beteiligten unsere Projekte verständlicher und erreichen unsere Projektziele termin- und budgetgerecht.* Das sind 155 Zeichen.

Zugegeben: Das klingt nicht ganz so sexy wie *Der weiße Hai im Weltraum*, ist aber für einen Business-Vortrag völlig ausreichend. Aber Vorsicht: Wenn Sie Ihre Botschaft zu sehr vereinfachen, dann kann sich niemand mehr etwas darunter vorstellen. Eine Aussage wie *Standards machen uns erfolgreicher* bedeutet alles und nichts. Deshalb: Vermeiden Sie dieses unscharfe Manager-Geschwafel. Denken Sie daran: Die Kernaussage beantwortet die Frage Ihrer Zuhörer nach dem Nutzen kurz und knackig!

Ein letzter Hinweis: Verwechseln Sie die Kernaussage nicht mit dem Vortragsziel! Die Kernaussage bei der Präsidentenwahl von **Barack Obama** lautete: „Yes We Can!". Sein Ziel war es, die Wahlen zu gewinnen.

4.2.3 Wie viele Kernaussagen verträgt mein Vortrag?

Bei meinen Schulungen mache ich gerne folgende kleine Übung: Ich wähle einen Teilnehmer und werfe ihm nacheinander einige Tennisbälle zu. Den ersten fängt er normalerweise problemlos; beim zweiten, dritten und vierten Ball wird das schon schwieriger.

Jetzt ahnen Sie sicherlich die Antwort: Jeder Vortrag besitzt nur *eine* Kernaussage. Nur eine Hauptbotschaft findet den Weg in die Gehirne Ihrer Zuhörer [8]. Das ist wie bei unserer-Ball-Übung: Einer funktioniert perfekt. Und je mehr dazu kommen, desto anspruchsvoller wird es. Für den Teilnehmer und das Publikum.

Bei einem Meeting sollte dem Firmen-Chef ein neues Produkt vorgestellt werden. Der Referent begann seinen Vortrag, indem er die Schwierigkeiten bei der Entwicklung schilderte. Anschließend beschrieb er die Probleme, die bei der Herstellung aufgrund eines neuen Materials auftraten. Fünf Minuten nach Vortragsbeginn stand der Geschäftsführer auf und sagte dem Vortragenden, wenn er wisse, was er von ihm wolle, dann könne er bei seiner Sekretärin gern einen neuen Termin vereinbaren. Anschließend verließ er den Raum.

Arrogant vom Geschäftsführer? Oder schlecht vorbereitet vom Referenten? Auf jeden Fall eine unangenehme Situation mit verschwendeten Ressourcen für alle Beteiligten. Der Vortragende erzeugte einen Overkill an Botschaften, den niemand verstand.

► **Praxistipp** Meine Kernaussage schreibe ich nicht nur in das High-Concept, sondern auch auf einen Klebezettel, den ich an meinem Arbeitsplatz aufhänge. Während der Vorbereitung bewahrt er mich davor, meinen Zielhafen aus den Augen zu verlieren. Und während des Vortrags klebe ich ihn an eine gut sichtbare Stelle, damit ich jederzeit weiß, was ich wirklich sagen will.

Eine klare Kernaussage können Sie bei Ihrem Publikum mit einem einprägsamen Vortragstitel verstärken. Dieses Duo ist wie eine explosive Rechts-Links-Kombination im Boxsport, die die Zuhörer begeistert und von den Sitzen reißt. Der Ring-Gong ertönt: Kümmern wir uns um den Vortragstitel!

4.3 Der Vortragstitel

In meinem früheren Berufsleben war ich Lektor bei einem namhaften Verlag. Dort plante ich die Veröffentlichung eines Fachbuches mit dem Titel *Management technischer Systeme*. Ich war noch nicht lange im Geschäft, deshalb fand ich ihn unglaublich beeindruckend. Dann fragte mich mein damaliger Chef: „Stellen Sie sich einen Leser vor, der in einer Buchhandlung nur den Titel sieht. Was meinen Sie: Weiß er sofort, um was es geht?" In diesem Augenblick gingen Spiel, Satz und Sieg an meinen Chef. Ich kannte den Buchinhalt nur, weil ich das Manuskript gelesen hatte.

Das war eine wertvolle Lektion für mich: Ein guter Titel ist die halbe Miete – sowohl bei Büchern als auch bei Vorträgen. Am Ende des Abschnitts verrate ich Ihnen, unter welchem Titel wir das Buch später auf den Markt gebracht haben.

4.3.1 Der „Sag, worum es geht"-Test

Manche Teilnehmer schmunzeln, wenn ich ihnen diese Geschichte erzähle. „Das kommt in unserem Unternehmen nicht vor", sagen sie. Vor allem Manager sind dieser Überzeugung. Ist das so? Machen wir ein kleines Experiment: Überlegen Sie sich eine beliebige dreistellige Zahl. Anschließend nutzen Sie den Titelgenerator in Abb. 4.5 und setzen aus den Wörtern in den Spalten Ihren Vortragstitel zusammen. Klingen einige nicht verblüffend vertraut?

Bereits vor zwanzig Jahren beklagte der Consultant Gene Zelazny einfallslose und nichtssagende **Vortragstitel.** Von ihm stammt auch die Vorlage für den Generator [9]. Er zeigt eindrucksvoll, wie austauschbar viele Titel sind. Das ist nicht schlimm, weil das bei Geschäftsvorträgen halt so ist, meinen Sie? Dann kontere ich mit der Antwort: Wenn dem

Spalte 1	Spalte 2	Spalte 3
0. Beurteilung	0. strategischer	0. Effektivität
1. Entwicklung	1. organisatorischer	1. Chancen
2. Stärkung	2. operativer	2. Fähigkeiten
3. Verbesserung	3. prozessualer	3. Prioritäten
4. Anpassung	4. strategischer	4. Ressourcen
5. Suche nach	5. organisatorischer	5. Führung
6. Umsetzung	6. operativer	6. Spitzenleistungen
7. Förderung	7. prozessualer	7. Alternativen
8. Institutionalisierung	8. strategischer	8. Herausforderungen
9. Erneuerung	9. operativer	9. Wettbewerbsfähigkeit

Abb. 4.5 Der Titelgenerator für Geschäftsvorträge

Referenten kein aussagekräftiger Titel einfällt – wie ist dann der Rest des Vortrags? Deshalb gilt: *Ein guter Titel macht das Publikum neugierig und sagt, worum es im Vortrag geht.*

In den seltensten Fällen gelingt Ihnen der perfekte Vortragstitel beim ersten Mal. Deshalb formulieren Sie einen ersten Arbeitstitel, der die Inhalte eingrenzt. Und weil Ihnen im Verlauf der Vorbereitung immer klarer wird, was Sie gegenüber den Zuhörern betonen wollen, ändert er sich. Manchmal sogar mehrmals. Die erste Titelidee dieses Buchs lautete *Speakers Holy Bible*. Dann änderte er sich in *Handbuch der Präsentationstechnik,* bis sich der finale Titel *Tipps & Tricks für erfolgreiche Präsentationen* ergab. Wichtig: Achten Sie darauf, dass sich Titel und Kernaussage nicht widersprechen.

Wie gut Ihr Vortragstitel ist, können Sie mit dem einfachen **„Sag, worum es geht"-Test** überprüfen: Sagen Sie ihn Kollegen, Vorgesetzten oder Freunden und fragen Sie sie anschließend, worum es ihrer Meinung nach in dem Vortrag geht. Wenn sie dabei Schwierigkeiten haben, ist Ihr Titel nicht klar genug, zu lang oder besitzt verwirrende Ausdrücke [10]. Haben Sie keinen Sparringspartner, schlafen Sie eine Nacht drüber und bewerten ihn am nächsten Tag erneut. Ihr Bauchgefühl ist ein guter Ratgeber.

Einen guten Titel zu formulieren ist schwieriger, als viele Redner vermuten. Denn häufig bringt er zwei Dinge schonungslos ans Licht:

- *Habe ich das Thema wirklich verstanden?* Sobald Sie Probleme bei der Formulierung haben, ist das ein Zeichen, dass es noch zu schwammig für Sie ist
- *Haben wir dasselbe Verständnis?* Wenn Sie für Ihren Chef einen Vortrag vorbereiten sollen, kommt es häufig vor, dass er selbst nicht so genau weiß, was er möchte. Mit dem (Arbeits-)Titel zeigen Sie ihm, in welche Richtung Ihr Vortrag geht. So merken Sie schnell, ob Ihr Verständnis mit dem Ihres Auftraggebers übereinstimmt

Besteht Ihr Titel den „Sag, worum es geht“-Test nicht, müssen Sie ihn ändern. Erinnern Sie sich noch an den Vermerk „Thema verfehlt“ aus der Schulzeit? Ein guter Arbeitstitel verhindert, dass Sie den falschen Kurs einschlagen.

4.3.2 Wie formuliere ich einen guten (Arbeits-)Titel?

Was halten Sie von dem Vortragstitel *Chancen und Risiken der digitalen Transformation in der Luftfahrt?* Das klingt nicht wirklich mitreißend und inspirierend. Wie wäre es mit *Die digitale Transformation in der Luftfahrt – und was das alles mit dem Chaos auf Ihrem Schreibtisch zu tun hat?* Jetzt bin ich neugierig.

In Abb. 4.6 sehen Sie einige Ideen, wie man einen interessanten Titel erstellen kann. Natürlich können Sie sich auch von vorhandenen Vortragstiteln anregen lassen und sie für Ihren Zweck anpassen. Auch Zeitungs-Schlagzeilen sind eine gute Inspirationsquelle. Spielen Sie mit den Ideen einfach ein wenig herum und kombinieren Sie sie – wie beim Titelgenerator. Aber im Gegensatz zum Generator sind diese Ergebnisse sicher ansprechender!

Für den Vortragstitel gelten dieselben Regeln wie bei der Kernaussage: Halten Sie ihn eindeutig und innerhalb des 160-Zeichen-Limits. Dabei können Sie – im Gegensatz zur Kernaussage – auch aussagekräftige Stichworte nutzen. Wenn Sie zusätzlich einen erläuternden Untertitel einsetzen, weiß das Publikum sofort, über was Sie sprechen werden.

► **Praxistipp** Wählen Sie einen Titel, mit dem Sie sich wohlfühlen. Aber: Verschrecken Sie Ihre Zuhörer nicht durch besonders kreative Formulierungen! Der beste Vortragstitel ist wertlos, wenn er beim Publikum falsche Erwartungen weckt, es verwirrt und es deshalb Ihre „Große Idee“ nicht ernst nimmt. Und damit letztendlich Sie als Referent.

Noch ein Hinweis aus der Praxis: Ein Titel mit einer Zahl besitzt eine starke Wirkung auf die Teilnehmer. Das hat Vor- und Nachteile: Wenn Sie Zahlen verwenden, erwarten die Zuhörer, dass Sie sie auch erfüllen. Ich nahm an einem Meeting teil, in dem ein Vorstands-Manager nach vier Jahren(!) die Stundeneinsparung von 30% einforderte, die ihm eine Softwarefirma beim Verkauf ihres Programms versprochen hatte. Also: Vorsicht beim Einsatz von Zahlen. Wenn Sie sie allerdings seriös belegen können, sind Zahlen ein machtvoller Erinnerungsanker.

Ein guter Titel hilft den Teilnehmern bei der Entscheidung, wie interessant Ihr Vortrag für sie ist. Auch für den Redner ist das vorteilhaft: Schließlich möchten Sie keine unzufriedenen Zuhörer, die andere Inhalte erwartet haben. Deshalb ist manchmal ein einfacher Titel wie *Statusreport zum Projekt XYZ* völlig ausreichend.

Idee	Titel
Titeln Sie mit einer Zahl	• 3 Voraussetzungen für Ideen • Ein 30% schnellerer Entwicklungsprozess • Quantencomputer erklärt in 10 Minuten
Formulieren Sie eine Frage	• Was will unser Kunde? • Standards - der Schlüssel zum Erfolg? • Wie sieht unsere nächste Produktgeneration aus? • Passen wir zusammen? Probe-Studientage an der Hochschule
Stellen Sie einen Vergleich her	• Der Anzug muss sitzen - Auf dem Weg zur individuellen Flugzeugkabine • Vergessen in der Künstlichen Intelligenz - Der Mensch als Vorbild • Krafttraining für Computerchips - Wie Prozessoren mehr leisten
Bringen Sie (scheinbare) Gegensätze zusammen	• Hilfe - wir sind ausverkauft! • Einmal online und zurück - Führung im Homeoffice • Zukunft muss gut vorbereitet werden • Schneller werden durch Innehalten
Nutzen Sie (angepasste) Redewendungen oder Sprichworte. Alternativ funktionieren auch Film-, Serien- oder Buchtitel	• Der Geist ist willig, aber das WLAN ist schwach - Digitalisierung an Schulen • Gut vernetzt ist halb gewonnen • Bei Anruf Termin!
Verwenden Sie das Wie-Wort	• Wie wir unseren Umsatz um 20% steigern • Wie eine Idee zur Wirklichkeit wird • Wie wir unsere Projektarbeit verbessern
Arbeiten Sie mit Sprach-bildern	• Die Geburt einer Idee • Musterschüler - Wie Algorithmen lernen, Strukturen zu erkennen • Forschung braucht ein Zuhause - Warum die Firmenkultur Innovationen beeinflusst

Abb. 4.6 Einige Möglichkeiten, wie Sie den Vortragstitel formulieren können

4.3.3 Wie gut ist mein Vortragstitel?

Was macht eigentlich einen guten Vortragstitel aus? Ich werde immer wieder gefragt, ob es eine Art Prüf-Checkliste gibt – etwas, womit man weiß, wie der Titel auf das Publikum wirkt. Ein solches Werkzeug gibt es tatsächlich: Das SUCCES-Prinzip. Erdacht haben es die Brüder **Dan** und **Chip Heath,** als sie die Frage untersuchten, woran es liegt, dass sich Menschen an einige Geschichten besser erinnern als an andere [11]. Auch bei der Bewertung eines Vortragstitels leistet es ausgezeichnete Dienste.

Das **SUCCES-Prinzip** besagt, dass ein guter Titel (oder eine gute Story) einfach, unerwartet, konkret, glaubwürdig, emotional und anschaulich formuliert ist. Übersetzt man die Begriffe in die englische Sprache, bilden die Anfangsbuchstaben das Wort SUCCES (s. Abb. 4.7). Je mehr Kriterien der Titel oder die Vortragsinhalte erfüllen, desto leichter kann sich das Publikum daran erinnern. Viele Firmen-Consultants nutzen die sechs Kriterien, um die Qualität ihrer Botschaften gegenüber ihren Kunden zu kontrollieren.

Sehen wir uns die Kriterien im Einzelnen an:

- *Einfach.* Reduzieren Sie den Titel auf das Wesentliche und lassen Sie alles Überflüssige weg
- *Unerwartet.* Menschen erinnern sich an Inhalte, die sie überrascht haben. Wecken Sie Neugier beim Publikum durch eine Aussage, mit der es nicht gerechnet hat und mehr darüber wissen möchte
- *Konkret.* Sagen Sie klar und deutlich, was Sie meinen. Vermeiden Sie Passivsätze und den Konjunktiv
- *Glaubwürdig.* Ihr Titel muss glaubwürdig sein: *In 30 Tagen zur ersten Million* ist das nicht. Versprechen Sie nichts, was Sie nicht halten können und bei den Zuhörern Skepsis hervorruft
- *Emotional.* Menschen sind gefühlsgesteuerte Wesen. Lösen Sie mit dem Titel Gefühle wie Neugier, Spaß oder Bestürzung aus, um Ihr Publikum zum Handeln zu bewegen
- *Geschichten.* Bilder und kleine Geschichten wie Beispiele oder Metaphern verankern sich besonders stark in den Köpfen der Zuhörer. So erinnern sie sich einfacher an die Inhalte

Wenden wir die Kriterien und die Checkliste an einem Beispiel an. In einem Unternehmen war die Quote an fehlerhaft gefertigten Produkten ungewöhnlich hoch. In einem Vortrag sollte der Teamleiter seinem Fertigungsleiter die Ursachen dafür erläutern und passende Lösungen vorstellen. Die beiden Titel, die er sich überlegte, und ihre Bewertung sehen Sie in Abb. 4.8. Dabei besitzt der erste Titel einen klassischen, der zweite Titel einen provokanten Charakter.

Da neben dem Fertigungschef auch seine Mannschaft anwesend war, entschied sich der Vortragende für den zweiten Titel – er war konkreter, einfacher und enthielt einen starken

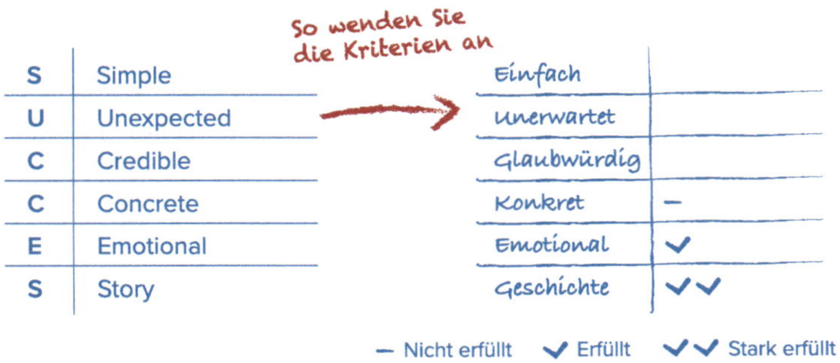

Abb. 4.7 Die SUCCES-Kriterien und ihre Anwendung mit einer einfachen Checkliste

Abb. 4.8 Beispiel für die Anwendung der SUCCES-Checkliste

emotionalen Aufruf: Wir müssen besser werden! Denn jeder Fehler ist einer zu viel und kostet Geld.

Mit den ersten fünf Kriterien kommen die meisten Referenten klar. Aber was ist mit dem letzten – der Geschichte? Wie soll das in einem kurzen Vortragstitel funktionieren? Hier habe ich ebenfalls ein Beispiel: Den Titel des Piraten-Workshops. Er lautete *Jäger des verborgenen Schatzes – Wie wir unsere Projektarbeit verbessern*. Wetten, dass jetzt in Ihrem Kopf ein ganzer Film abläuft?

Mit den SUCCES-Kriterien können Sie den Vortragstitel aus Sicht des Publikums schnell bewerten und wissen, ob Sie noch ein wenig an seiner Formulierung feilen sollten. Wichtig: Die Kriterien sind nur eine Hilfestellung. Verschwenden Sie nicht zu viel wertvolle Vorbereitungszeit, indem Sie den perfekten Titel suchen, der alle Kriterien erfüllt. Zwei oder drei sind für Business-Vorträge völlig ausreichend.

Abschließend bin ich Ihnen noch etwas schuldig – die Auflösung zum tatsächlichen Titel des Manuskripts *Management technischer Systeme,* über das ich zu Beginn des Abschnitts gesprochen hatte. Das Buch kam mit dem Titel *Lexikon der Luftfahrt* [12] auf den Markt. Jetzt wissen Sie sofort, dass es sich um ein Fachbuch handelt, welchen Inhalt es hat und welche Zielgruppe es anspricht.

4.4 Ideen, Recherche und Bewertung

Während Ihrer Alleinzeit haben Sie Ihre Gedanken gesammelt und das Gesamtbild betrachtet. Sie haben die Kernaussage gefunden und einen ersten Arbeitstitel formuliert. Sie wissen, was Sie sagen wollen und an wen sich Ihre Botschaft richtet. Jetzt ist es Zeit, dass Sie sich um die Inhalte kümmern und dem Vortrag eine erste Struktur geben.

Das geschieht in vier Schritten (s. Abb. 4.9): Als erstes notieren Sie alle Ideen, die Ihnen spontan in den Sinn kommen. Anschließend beginnen Sie mit einer Recherche, um Ihre Ideen zu untermauern und zusätzliche Inhalte zu finden. Hier gilt: Je mehr, desto besser. Dann gruppieren Sie sämtliche Inhalte nach ihrer Themenzugehörigkeit. Als letztes

Abb. 4.9 In vier Schritten zum ersten roten Faden – der Arbeitsstruktur des Vortrags

bringen Sie die Gruppen in eine logische Reihenfolge und erzeugen einen ersten roten Faden – das sogenannte Board. Das ist die Grundlage für die spätere Arbeit am Computer.

Dieser Ablauf stellt meine bevorzugte Arbeitsweise dar, die ich in den nächsten Abschnitten genauer beschreibe. Allerdings müssen Sie die Reihenfolge nicht zwingend einhalten: Sie können beispielsweise sofort mit dem Sammeln von Inhalten beginnen. Oder Sie überlegen sich zuerst eine Arbeitsgliederung für Ihren Vortrag und gehen erst danach auf die inhaltliche Suche. Egal, wie Sie vorgehen: Solange Sie keinen Schritt vergessen, gibt es kein Richtig oder Falsch.

4.4.1 Der mentale Zündfunke

Ich bin immer wieder überrascht, dass jetzt die meisten Fachleute, Manager oder Studenten ihren Laptop aufklappen, ein Dutzend Folien mit Überschriften versehen und beginnen, diese mit Stichworten zu füllen. Das ist kein fruchtbarer Ansatz.

Manchmal ist es schwer, den richtigen Startpunkt für ein Thema zu finden. Das gilt vor allem, wenn man darin keine Expertise besitzt. Machen Sie sich bewusst, dass Sie augenblicklich am Beginn Ihrer Vortragsreise stehen und deshalb zu diesem Zeitpunkt nicht alle Inhalte kennen müssen. Überlegen Sie stattdessen, welche Aspekte Sie interessieren könnten. „Wie soll ich das machen?“, werde ich in Schulungen häufig gefragt. „Ich habe doch keine Ahnung von der Materie!“ Ganz einfach: Bringen Sie Ihre Kreativität auf die Sprünge.

Der erste Gedanke ist meistens der richtige.
Mein ehemaliger Erdkunde-Lehrer

Das gilt auch bei Vorträgen. Lassen Sie den Computer geschlossen. Nutzen Sie stattdessen Stift, Papier und Haftnotizen. Oder Flipcharts und Whiteboards, wenn Sie als Gruppe arbeiten. Viele Menschen – mich eingeschlossen – bauen allein dadurch, dass sie einen Stift in der Hand halten, eine stärkere Verbindung zu ihrer rechten, kreativen Hirnhälfte auf. Das erzeugt oft einen spontanen Gedankenfluss bei der Visualisierung und Aufzeichnung von Ideen. Anders gesagt: Mit Papier und Bleistift habe ich mehr Einfälle als mit Tastatur und Maus. So einfach ist das.

Ganz deutlich wurde mir das bei einem Meeting, als ich mit meinem Entwicklungschef die Inhalte für den Vortrag zum Piraten-Workshop besprach. Während unseres Gesprächs zeichnete er seine Gedanken auf ein Flipchart und erläuterte sie mir. Gelegentlich hielt er inne, um an einer Stelle ein Wort oder eine kleine Grafik hinzuzufügen. Am Ende riss er das Blatt ab und sagte „Nehmen Sie es mit.“ Später erstellte ich daraus die Mind-Map in Abb. 4.10.

Mind-Maps sind nur eine von mehreren **Kreativitätstechniken.** In Abb. 4.11 habe ich meine persönlichen Favoriten zusammengestellt, mit denen ich gerne arbeite: Dazu gehören **Brainstorming, Brainwriting** oder der **Flow.** Sie helfen mir, wenn ich bei meiner Vorbereitung mental feststecke. Häufig verwende ich dabei ein Whiteboard – ich schreibe meine Ideen direkt auf die Tafel oder klebe Haftnotizen darauf. Oder ich spreche meine Gedanken laut aus und nehme sie mit meinem Handy auf.

Im Beruf nutzen viele Menschen Brainstorming und Mind-Maps. Der Flow wird eher selten eingesetzt; nicht zuletzt, weil er sich nicht auf Knopfdruck auslösen lässt [13]. Allerdings ist er mächtig: Er erzeugt Verknüpfungen, die unser Gehirn in bewusstem Zustand nicht herstellt. Das passiert manchmal kurz vor dem Einschlafen: Wenn plötzlich eine Idee in Ihrem Verstand auftaucht. Oder wenn Sie sich im Alltag intensiv mit einer

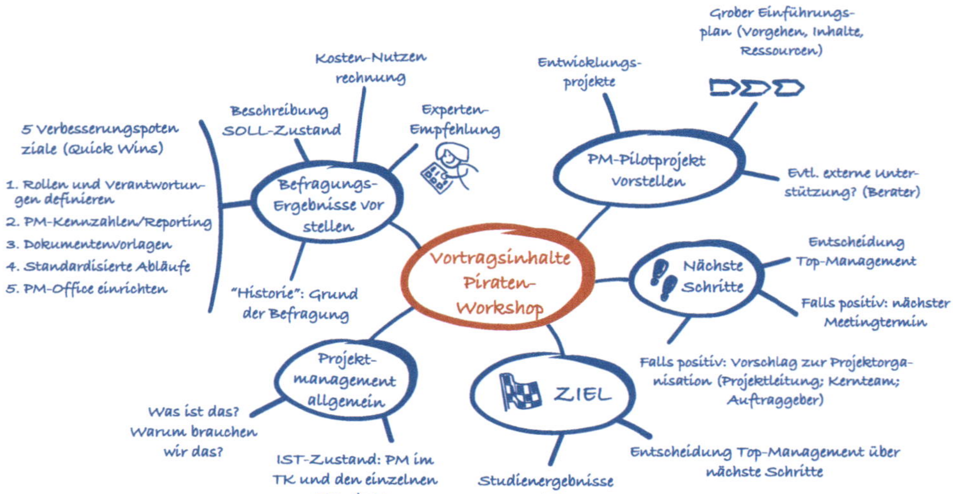

Abb. 4.10 Die Mind-Map mit Ideen für den Piraten-Workshop. Sie war die Grundlage für den späteren Vortrag

Abb. 4.11 Die wichtigsten Kreativitätstechniken, die ich am Anfang der Vortragsvorbereitung verwende

Aufgabe beschäftigen und das gesamte Umfeld mental ausblenden. Läufer kennen diesen Zustand als *Runner's High,* Rennfahrer als *Tunnelblick.*

Vielleicht erscheint Ihnen das Arbeiten mit Stift und Papier wie Zeitverschwendung. Warum soll ich meine Notizen oder Ideen nicht gleich im Computer gestalten, sodass ich mir die Arbeit nicht doppelt machen muss? Ganz einfach: Durch die Software werden Sie ständig aus Ihrem Gedankenfluss herausgerissen – beispielsweise, wenn Sie eine Funktion nicht finden. Oder zwischen den einzelnen Folien hin- und her springen.

Wenn Sie Ihre Ideen und Zusammenhänge auf Papier beschreiben, entwickeln Sie ein erstes Gefühl für die Inhalte und den Aufbau Ihrer Präsentation. Und später fällt es Ihnen viel leichter, Ihre Gedanken mithilfe des Computers zu visualisieren. In Abschn. 7.6 – *Das Storyboard* kommen wir darauf zurück.

4.4.2 Recherche und Sammeln

Der mentale Zündfunke zeigt Ihnen zweierlei: Sie wissen mehr zum Thema, als Sie angenommen haben. Und Sie haben eine erste Ahnung, wie Ihr Vortrag später ablaufen könnte. Beides können Sie nutzen, um mehr zu Ihrem Vortrag in Erfahrung zu bringen. **Recherchieren** Sie so viele Inhalte wie möglich – je mehr, desto besser. In Abb. 4.12 sehen Sie einige Vorschläge, wie Sie dabei vorgehen können. Anschließend ergänzen Sie die gefundenen Inhalte mit Ihren Notizen aus dem ersten Schritt. So erweitern Sie Ihre Wissensbasis für den Vortrag. In anderen Worten: Jetzt werden Sie zum Spezialisten.

Halten Sie sich bei diesem Schritt nicht zurück: Sammeln Sie alle Inhalte, von denen Sie meinen, dass Sie sie verwenden können. Auch verrückte oder ausgefallene Ideen – denn daraus können später praxistaugliche Gedanken entspringen. Das bedeutet: Bewerten Sie Ihre Funde nicht. Aussortiert wird später.

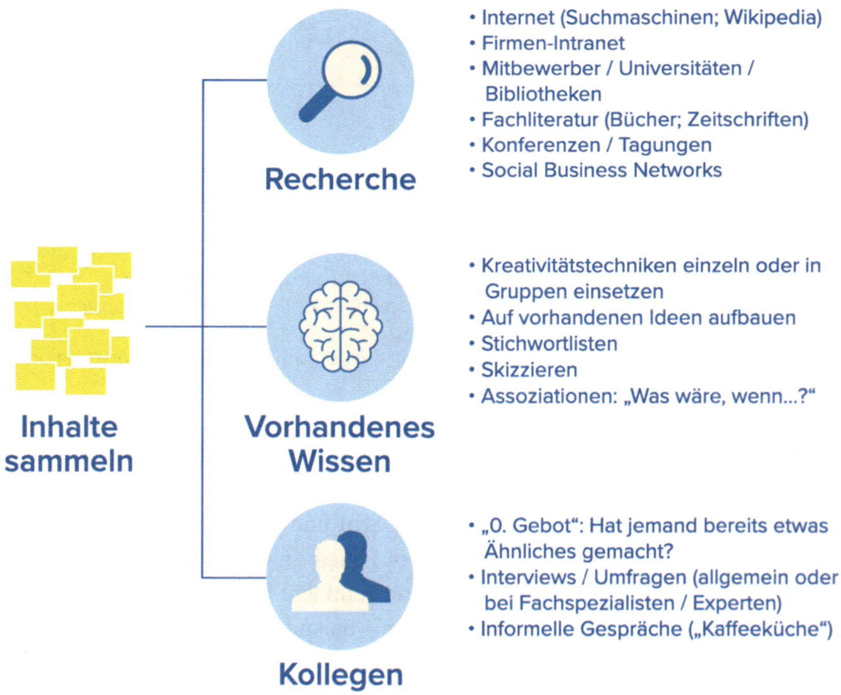

Abb. 4.12 Einige Möglichkeiten für das Sammeln von Vortragsinhalten

Das Sammeln von Inhalten können Sie allein oder zusammen in einer Gruppe durchführen. Im letzten Fall ist es besonders wichtig, die Ideen anderer Teilnehmer nicht zu bewerten. Platzieren Sie jede Idee gleichberechtigt neben den anderen. Und was ich an der Recherche im Team besonders mag: Durch die gegenseitige Dynamik der Teilnehmer entstehen häufig erstaunliche Resultate, auf die ich als Einzelkämpfer nicht gekommen wäre.

Je mehr Sie sich mit einem Thema beschäftigen, desto mehr Ideen erzeugt Ihr Gehirn [14]. Deshalb begleitet Sie die Recherche und das Sammeln von Inhalten während der gesamten Vorbereitung. Allerdings wird ihr Anteil geringer, je mehr der Vortrag Gestalt annimmt.

4.4.3 Gruppieren und Überschriften erzeugen

Als Ergebnis Ihrer Recherche besitzen Sie viele Informationen und Ideen. Jetzt **ordnen** wir sie und bilden Gruppen mit gleichen Inhalten.

Im Prinzip ist das nichts anderes als das Sortieren Ihrer persönlichen Unterlagen. Belege für das Auto kommen auf einen Haufen, Handwerkerrechnungen auf einen anderen. Und so weiter. Anschließend heften Sie die sortierten Inhalte in Ordnern ab und beschriften sie mit *Auto* oder *Haus*.

Genauso gehen Sie beim Gruppieren Ihrer Inhalte vor: Zuerst kleben Sie die Haftnotizen mit ähnlichen Inhalten nebeneinander. Es entstehen automatisch Themenblöcke, die den gleichen Gedanken beinhalten. Jetzt formulieren Sie für jeden Block eine aussagekräftige Überschrift, damit Sie wissen, welchen Inhalt er enthält – wie bei einem Buchkapitel. Und falls Ihnen diese Vorgehensweise bekannt vorkommt: Sie haben sie bereits bei der Gruppierung Ihres Publikums eingesetzt (s. Abschn. 3.3 – *Segmentieren Sie das Publikum!*).

Wenden wir die Vorgehensweise erneut beim Piraten-Workshop an. In Abb. 4.13 sehen Sie die Themenblöcke nach der inhaltlichen Gruppierung. Einer davon beinhaltet sämtliche Umfrageergebnisse der befragten Projektleiter. Seine Überschrift lautet: *Ergebnisse der Projektleiter-Umfrage.* So gehen Sie bei allen Blöcken vor.

Gute Keimzellen für Themenblöcke sind Inhalte, die Ihnen selbst während Ihrer Recherche aufgefallen sind: Auf welchen Haftnotizen stehen die spannenden Ideen, Bilder, Zahlen oder Sätze? Wenn diese Aufhänger auf Sie inspirierend wirken, dann besitzen sie wahrscheinlich dieselbe Wirkung auf Ihre Zuhörer. Lassen Sie die Keimzellen wachsen, indem Sie ihnen weitere passende Inhalte zuordnen.

Selbstverständlich können Sie jederzeit Inhalte umgruppieren und einem anderen Block zuordnen. Und Inhalte, die nirgendwo zu passen scheinen, legen Sie zur Seite und bewerten sie später erneut. Deshalb arbeite ich gerne mit Haftnotizen: Sie lassen sich einfach umsortieren oder entfernen.

Wenn Sie anstelle von Klebezetteln eine Mind-Map verwenden, können Sie deren Zweige nutzen, um die Inhalte zu gruppieren. In diesem Fall schreiben Sie die Überschriften an die Hauptzweige. Oder skizzieren Sie ein kleines Bild. Sehen Sie sich die Mind-Map des Piraten-Workshops in Abb. 4.10 an: Die einzelnen Themenblöcke sind blau eingekreist. Dieser Mix aus Skizzen, Stichworten und Haftnotizen bringt bei mir die besten Ergebnisse.

Besonders viel Spaß macht die Gruppierung, wenn Sie mit einfachen visuellen Vorlagen wie dem Unternehmens-Schiff oder dem Zukunftsbaum arbeiten – vor allem in der Teamarbeit [15]. Und wie Abb. 4.14 zeigt, reicht dafür eine einfache Skizze auf der Flipchart völlig aus, auf die Sie Ihre Haftnotizen kleben. Allerdings setzt das voraus, dass der Referent bereits eine grobe Vorstellung von seinem Vortragsaufbau hat: Beim Unternehmens-Schiff wusste er bereits zu diesem Zeitpunkt, dass er über Risiken und Chancen seiner „Großen Idee" sprechen wollte.

4.4.4 Prüfen und Bewerten

Eigentlich ist es einfach, die notwendigen von den überflüssigen Inhalten zu trennen: Auf alles, was die **Kernaussage** nicht unterstützt, können Sie verzichten. Und wenn Sie neues

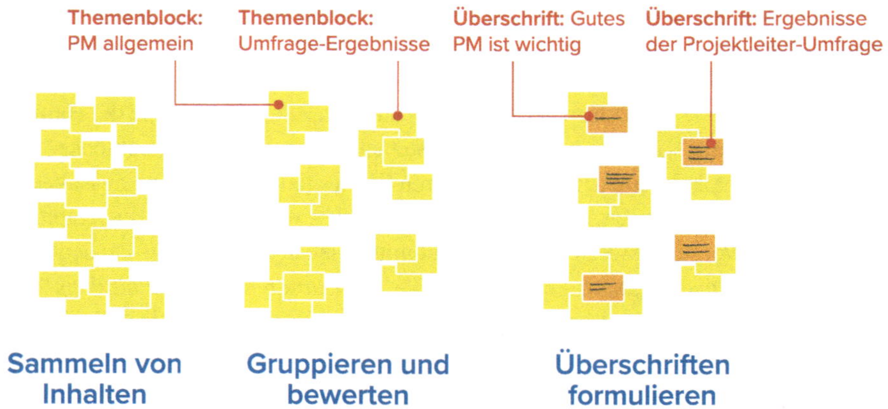

Abb. 4.13 Das Ordnen und Gruppieren von Inhalten am Beispiel des Piraten-Workshops. Die Abkürzung PM steht für Projektmanagement

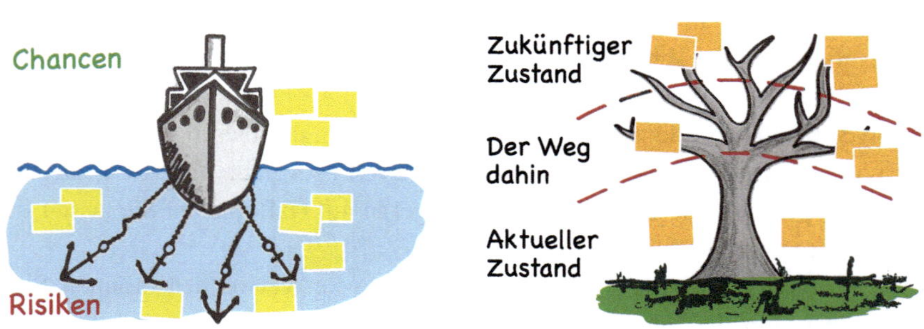

Abb. 4.14 Zwei einfache Vorlagen für das visuelle Sortieren von Inhalten – links das Unternehmens-Schiff, rechts der Zukunftsbaum

Material finden, das Ihre Botschaft noch deutlicher vermittelt, ersetzen Sie damit bereits vorhandene Inhalte. Die Journalisten Marie Lampert und Rolf Wespe packen diese einfache **Bewertungs-Regel** in ein schönes Bild:

> *Eine klar formulierte Aussage (...) lässt sich nutzen wie ein Magnet. Führt man sie über das recherchierte Feld, zieht sie die entscheidenden Späne an und richtet sie aus. Späne oder Rechercheergebnisse, die auf Ihr Kraftfeld nicht reagieren, gehören nicht dazu. Man kann sie weglassen.*
> *(Marie Lampert und Rolf Wespe* [16]*)*

Was sich einfach anhört, ist in der Praxis tückisch. Denn Sie müssen die Bewertung ständig und konsequent machen. Es tut weh, Inhalte zu streichen, die einem ans Herz gewachsen sind. Aber: Tun Sie das nicht, dann bläht sich Ihr Vortrag auf und das Publikum kann die wichtigen von den unwichtigen Inhalten nicht mehr unterscheiden. Mein Trick: Um das zu vermeiden, versuche ich, für jeden neu hinzugekommenen Inhalt einen bestehenden zu streichen. Oder wenigstens zu kürzen. Meistens klappt das ziemlich gut.

► **Praxistipp** Bei der Frage, welche Inhalte im Vortrag bleiben sollen, ist es ein guter Ansatz, sich diese Frage aus Sicht des Publikums zu stellen. Dabei gibt es drei Arten von Inhalten:

- **Muss-Inhalte** unterstützen Sie beim Erreichen des Vortragsziels. Dabei handelt es sich um sämtliche Informationen, die das Publikum wissen muss, um das Thema zu verstehen. Diese Inhalte dürfen Sie nicht streichen
- **Möchte-Inhalte** ergänzen die Muss-Inhalte mit zusätzlichen Details. Dazu gehören beispielsweise technische Daten. Falls Sie genügend Zeit haben, können Sie im Vortrag darauf eingehen
- **Kann-Inhalte** befinden sich im Backup-Teil des Vortrags. Sie beleuchten Aspekte, die Sie im Vortrag nicht direkt ansprechen. Oft sind sie hilfreich, um Teilnehmerfragen zu beantworten

Und dann gibt es noch den Referenten: Bereits bei der Recherche macht sich bemerkbar, ob ihn das Thema interessiert oder nicht. Im letzten Fall recherchieren viele Vortragende schlampig, begnügen sich mit den erstbesten Suchergebnissen und hinterfragen die Qualität ihrer Inhalte nicht. Die Krux: Häufig halten diese Inhalte einem kritischen Publikum nicht stand.

Deshalb ist es wichtig, dass Sie die Inhalte gegenprüfen – ein anderes Wort dafür ist verproben. Das ist wie das Einholen einer zweiten Arztmeinung. Prüfen Sie die Zahlen und Fakten auf ihren Wahrheitsgehalt, indem Sie sie in mehreren unabhängigen Quellen verifizieren [17]. Damit stellen Sie sicher, dass Ihre Daten als starkes Fundament den gesamten Vortragsaufbau tragen. Erscheinen Ihnen bestimmte Inhalte merkwürdig, dann sollten Sie besser auf sie verzichten.

4.5 Der rote Faden und das Board

Das Sammeln und Gruppieren von Inhalten läuft insbesondere am Anfang etwas chaotisch ab, weil man noch nicht genau weiß, was man sucht und was wichtig ist: Was fehlt noch? Und wie passt alles zusammen? Hier kommt das Board ins Spiel: Mit ihm bringen Sie die gefundenen Inhalte in eine erste Reihenfolge. Gleichzeitig ist es ein tolles Hilfsmittel, um den Vortrag aus dem Blickwinkel der Zuhörer zu sehen.

4.5.1 Was ist das Board?

Das **Board** (oder die **Tafel**) ist neben Stift und Papier das wichtigste Arbeitswerkzeug für die Vortragsplanung. Es ist so individuell wie die Menschen, die es verwenden: Stift und Whiteboard, Karten und Kork, Klebezettel an der Wand, auf einem Tisch oder in einem Ringbuch.

Egal, was Sie bevorzugen: Nehmen Sie die Überschriften der Themenblöcke, legen Sie sie aus und bringen Sie sie in eine Reihenfolge, die aus Ihrer Sicht logisch und sinnvoll erscheint (s. Abb. 4.15). Vertrauen Sie dabei auf Ihren gesunden Menschenverstand. Experimentieren Sie ein wenig mit der Anordnung: Sortieren Sie die Klebezettel um, nehmen Sie einen weg oder kleben Sie einen neuen dazu. Es ist erstaunlich, wie eine geänderte Reihenfolge die Kernaussage abschwächt oder verstärkt. Auf diese Weise entsteht der erste **rote Faden** Ihres Vortrags.

► **Praxistipp** Für Business-Vorträge haben sich drei Abläufe für den roten Faden bewährt: Chronologisch, ergebnisorientiert und sequenziell.

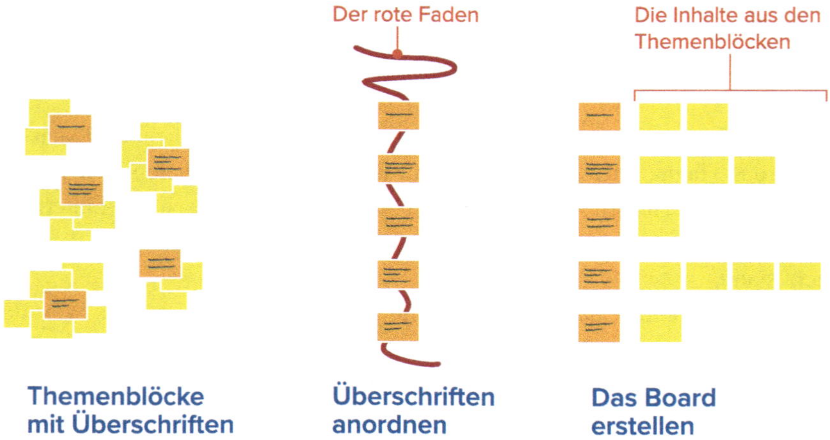

Abb. 4.15 Von den Themenblöcken zum roten Faden und zum Board

- Bei einem **chronologischen Aufbau** ordnen Sie die Inhalte nach ihrer zeitlichen Abfolge – vorwärts oder rückwärts. Nutzen Sie diesen Aufbau, wenn Sie Zuhörer vor sich haben, die Sie noch nicht kennen und die Sie von Ihrer Expertise überzeugen müssen
- **Ergebnisorientierter Aufbau:** Stellen Sie gleich zu Beginn das Problem und seine Lösung vor. Erst dann erläutern Sie die weiteren Inhalte. Diesen Aufbau bevorzugt ein anspruchsvolles Publikum wie Manager, die keine Zeit für lange Erklärungen haben
- Der **sequenzielle Aufbau** strukturiert die Inhalte schrittweise entlang eines vorgegebenen Ablaufs. Das macht ihn besonders geeignet für Prozessbeschreibungen oder Schulungen, in denen Sie neue Erkenntnisse vermitteln müssen

Es ist nicht notwendig, dass Sie den **Aufbau** zum jetzigen Zeitpunkt exakt festlegen. Falls Sie den roten Faden nur für die grobe Sortierung Ihrer Inhalte benötigen, ist das völlig in Ordnung. Überlegen Sie sich den Aufbau später; häufig ergibt er sich automatisch während der Vortragsplanung. Und genauso häufig kann er sich auch ändern.

Sobald Sie Ihren roten Faden haben, dann kleben Sie die restlichen Haftnotizen mit den Inhalten des Themenblocks neben die zugehörige Überschrift. Auf diese Weise entstand das erste Board für den Piraten-Workshop, das Sie in Abb. 4.16 sehen. Und das Board lebt: Nehmen Sie Inhalte weg oder fügen Sie neue hinzu. Seien Sie dabei vorsichtig, denn Ihr Faden ist nicht unbegrenzt belastbar. Bei zu vielen Inhalten reißt er, und die Hauptbotschaft geht verloren.

Mit dem Board sehen Sie das erste Mal einen groben Entwurf Ihres Vortrags in seiner Gesamtheit. Es macht Ihnen deutlich, wo noch Lücken sind, die Sie inhaltlich füllen müssen. Sie sehen die Stellen, an denen Sie und später auch Ihr Publikum gedanklich stolpern und an denen Sie noch arbeiten müssen. Kurz: Sie bekommen ein erstes Gefühl für den Erzählfluss Ihres Vortrags – ob die Inhalte an den richtigen Stellen sind und ob alles zusammenpasst.

Es macht Spaß, mit dem Board zu arbeiten, denn Ihr Unterbewusstsein beschäftigt sich mit den Inhalten auf eine ganz andere Weise als Ihr analytischer Verstand. Häufig entsteht dadurch ein neuer Blick auf den gesamten Vortrag – und mit ihm auch neue Ideen. Das können auch Bilder für eine spätere Visualisierung sein (s. Abb. 4.16); in Abschn. 7.2 – *Visualisieren bedeutet Verstehen* beschäftigen wir uns näher damit.

Und wenn Sie es anderen Menschen zeigen, erhalten Sie eine direkte Rückmeldung, wie der Vortrag auf sie wirkt. Ob sie die Logik im Ablauf erkennen. Oder ob ihnen der Erzählfluss schlüssig und klar ist. Diese Rückmeldung ist ein wertvolles Geschenk: Der Referent weiß, was seine Zuhörer nicht verstanden haben. Was ihnen nicht gefällt. Oder welche Inhalte fehlen.

Fazit: Um Ihren inhaltlichen Ablauf grob zu planen, kommen Sie am Board nicht vorbei. Aber was tun Sie, wenn ein Vorgesetzter Sie bittet, Ihre Inhalte spontan zu präsentieren? Hier müssen Sie sich schnell einen sinnvollen Aufbau überlegen. Das geht am besten mit der Pocket-Rhetorik.

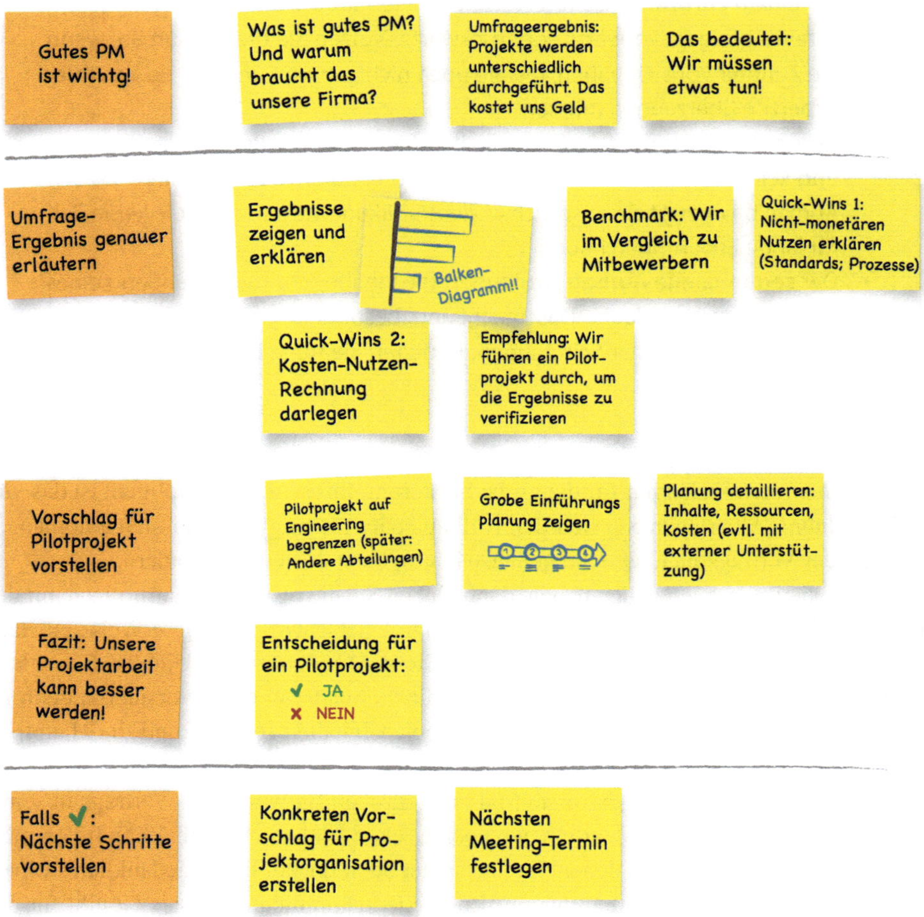

Abb. 4.16 Das Board des Piraten-Workshops in seiner ersten Version. Dabei entsteht automatisch eine Struktur in Anfang, Mitte und Ende. Jede Änderung im Aufbau oder in den Inhalten erzeugt eine weitere Version

4.5.2 Wenn's mal schnell gehen muss: Die Pocket-Rhetorik

Stellen Sie sich folgende Situation vor: Ein einflussreicher Manager und Sie befinden sich zufällig im selben Fahrstuhl. Sie wollen die Gelegenheit nutzen, um ihn für Ihre „Großen Idee" zu interessieren. Die Krux: Dazu haben Sie nur die Dauer der Fahrstuhlfahrt Zeit, also ungefähr 30 Sekunden. Schaffen Sie das?

Dieses Szenario kennen die meisten Redner unter dem Begriff **Fahrstuhltest** oder **Elevator-Pitch.** Mir war dieses Szenario immer zu konstruiert. Aber was ist damit: In einem Meeting wird Ihre Redezeit von 20 auf fünf Minuten gekürzt. Oder Sie haben einen Termin beim Vorstand und warten in seinem Vorzimmer. Seine Bürotür geht auf und er kommt heraus mit den Worten: „Bitte entschuldigen Sie, mir ist etwas dazwischengekommen. Informieren Sie mich, während wir zu meinem Auto gehen." Beides habe ich selbst erlebt.

Können Sie in solchen Momenten Ihre Inhalte schnell auf den Punkt bringen? Und zwar so, dass sie Ihr Gesprächspartner nachvollziehen kann? Für die Fahrstuhlfahrt ist sicherlich eine gute Kernaussage ausreichend, um die Neugier zu wecken und die Details in einem separaten Meeting zu besprechen. Aber: Falls Ihre Redezeit gekürzt wird oder Sie sich auf dem Weg zum Auto befinden, hilft Ihnen die Pocket-Rhetorik (s. Abb. 4.17).

Bei der **Pocket-Rhetorik** steht jeder Finger einer Hand für einen speziellen Inhalt. Der Ablauf vom Daumen zum kleinen Finger gibt die Reihenfolge der Inhalte vor. Dabei helfen Ihnen die Leitfragen für jeden Finger.

► **Praxistipp** Sie können sich die Pocket-Rhetorik mit folgender Eselsbrücke merken: *Im Zusammenhang wichtige Sachinformationen angeben.* Dabei entsprechen die Anfangsbuchstaben der Wörter dem Ablauf IST-Zustand, Ziel, Weg, SOLL-Zustand und Appell.

Ihre Stärke spielt die Pocket-Rhetorik aus, wenn Sie spontan einen oder mehrere Gesprächspartner informieren müssen. Dabei handelt es sich eher um ein direktes Gespräch als um einen Vortrag. In diesem Fall stellen Sie nur das Problem *(IST)* und die Lösung *(Ziel)* dar und verzichten auf alle anderen Details. Haben Sie Ihren Gesprächspartner neugierig gemacht, wird er Sie um ein Treffen bitten. Oder Sie fragen ihn danach. Da können Sie ihm die Details ausführlich erklären.

Das Beispiel in Abb. 4.18 schildert, wie der Redner des Piraten-Workshops während eines gemeinsamen Mittagessens einen Manager informierte, der bei der Veranstaltung abwesend war. Was er sagte, habe ich in blauer Schrift dargestellt. Wie Sie erkennen können, beantworten seine Ausführungen genau die Leitfragen der Pocket-Rhetorik (orange Schrift).

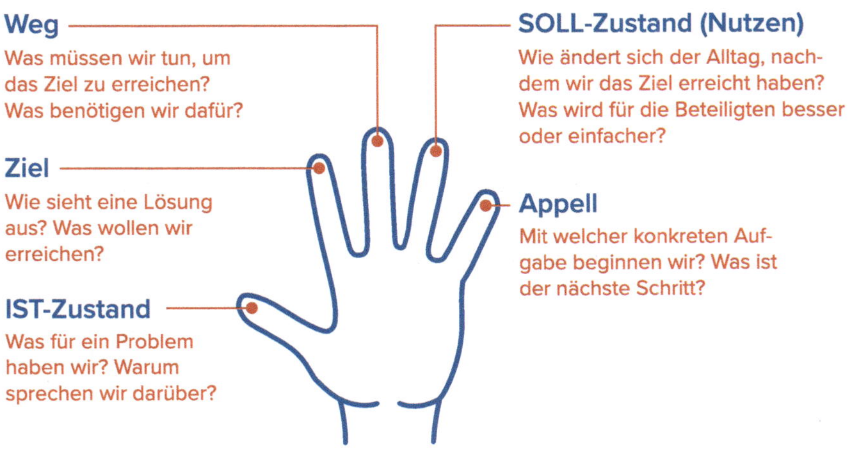

Abb. 4.17 Der Aufbau der Pocket-Rhetorik und ihre Leitfragen

Abb. 4.18 Ein Anwendungsbeispiel der Pocket-Rhetorik

Nach dem Mittagessen lud der Manager sein Gegenüber zu einem weiteren Gesprächstermin ein. Danach sagte er ihm zwei Mitarbeiter für das Pilotprojekt zu.

Dieses Beispiel zeigt noch einen weiteren interessanten Punkt: Wenn Sie eine klare Kernaussage haben – so gut, dass Sie den Fahrstuhltest bestehen – und Ihre Inhalte kennen, können Sie mit der Pocket-Rhetorik Ihre Idee in jeder Situation gut darstellen. Unabhängig davon, ob der Projektor ausfällt oder Ihr Kunde sagt: „Zum Teufel mit den Folien – erklären Sie‘s mir einfach so.“

Leider besitzt die Pocket-Rhetorik einen großen Nachteil: Im Gegensatz zu kurzen Gesprächen trägt sie keinen kompletten Vortrag über 20 oder 30 Minuten. Warum? Wenn Sie den Manager informieren, haben Sie für eine emotionale Verpackung der Inhalte keine Zeit. Hier zählt nur, dass er die nackten Zahlen und Fakten schnell versteht. Macht das ein Referent während seines Vortrags, verliert er das Interesse und die Aufmerksamkeit seiner Zuhörer.

4.6 Zusammenfassung

In der heutigen Zeit werden wir von vielen Inhalten überflutet – auch im beruflichen Alltag, der meist von Zahlen, Daten und Fakten geprägt ist. Deshalb ist es für einen Referenten entscheidend, seine „Große Idee“ klar und deutlich zu vermitteln, damit sie nicht in der Informationsflut untergeht. Die entscheidende Frage lautet: Warum ist seine Idee für die Teilnehmer wichtig?

Der erste Schritt besteht darin, dass der Referent vollständig in das Thema eintaucht. Dies erfordert Zeit, ist aber unerlässlich: Durch bewusstes Innehalten kann er seine Gedanken ordnen und überlegen, welche Inhalte das Publikum wirklich wissen muss, um die Bedeutung seiner Idee zu verstehen. Erst danach beginnt als zweiter Schritt die Recherche für den Vortrag. So verringert er die Gefahr, dass er sich auf die falschen Inhalte konzentriert und sein Vortragsziel aus den Augen verliert.

Um dies zu vermeiden, stehen dem Referenten die Kernaussage und der Vortragstitel zur Verfügung. Beide helfen ihm, die recherchierten Inhalte zu bewerten, zu ordnen und eine erste Struktur des Vortrags zu erstellen – den roten Faden als Basis für das Board.

Mithilfe des Boards sieht der Redner seinen Vortrag zum ersten Mal als Ganzes. Dadurch erkennt er, an welchen Stellen Inhalte fehlen, wo er neue Inhalte platzieren kann oder wo der logische Ablauf noch Schwachstellen aufweist. Das Board ist ein mächtiges Werkzeug, um dem Vortrag eine tragfähige Struktur zu geben und dem Referenten zu verdeutlichen, ob das Publikum die „Große Idee“ versteht. Oder ob er seine Ausführungen überarbeiten muss.

4.7 Checkliste

Die Checkliste in Abb. 4.19 fasst die wichtigsten Schritte zusammen, die Sie während Ihrer inhaltlichen Vortragsplanung durchführen sollten.

Mit dem Board haben Sie Ihre gefundenen Inhalte geordnet und in eine erste Reihenfolge gebracht. Nun können Sie auf dieser Grundlage Ihren Vortrag aufbauen. Dazu müssen Sie die Inhalte in einen formalen Aufbau gießen, der Ihren Zuhörern vertraut ist. Diesen Vortragsaufbau beleuchten wir im nächsten Kapitel.

Checkliste „Vortragsinhalte“	ja	nein
Alleinzeit geplant und durchgeführt?	○	○
Kernaussage		
Klar und einfach formuliert?	○	○
Beantwortet die Nutzenfrage?	○	○
Vortragstitel		
Beschreibt das Thema verständlich?	○	○
Unterstützt die Kernaussage?	○	○
Inhalte		
Entsprechen den Interessen des Publikums?	○	○
Sind gegengeprüft (Quellen)?	○	○
Roter Faden / Board		
Roter Faden erkennbar und verständlich?	○	○
Erste inhaltliche Ideen skizziert?	○	○

Abb. 4.19 Die wichtigsten Schritte, um zu den passenden Vortragsinhalten zu kommen und sie in eine erste Reihenfolge zu bringen

Literatur

1. John Naisbitt (1982): Megatrends – Ten New Directions Transforming Our Lives, 6. Auflage. Central Publications, S. 24.
2. Daniel Perrin (2001): Wie Journalisten schreiben – Ergebnisse angewandter Schreibforschung. UVK, o.S.
3. Ester Schaler Buchholz (2000): The Call of Solitude – Alonetime in A World of Attachment, Reprint. Simon and Schuster, o.S.
4. Veit Etzold (2016): Der weiße Hai im Weltraum, 2. Auflage. Wiley-VCH, S. 113 f.
5. Steve Kloves: Vergangenheit, Gegenwart, Zukunft. In: The British Library (2018): Harry Potter – Eine Geschichte voller Magie. Carlsen, S. 236.
6. Carmine Gallo (2010); – Presentation Secrets of Steve Jobs. McGraw-Hill, S. 40f. Im Kapitel „Create Twitter-Like Headlines“ finden Sie weitere Beispiele wie „1000 Songs in Your Pocket“ (Vorstellung des iPods im Jahr 2001) oder „Apple Reinvents the Phone“ (Einführung des iPhones im Jahr 2007).
7. Malte Foegen und Christian Kaczmareck (2016): Organisation in einer digitalen Welt, 3. Auflage. Wibas, S. 201. Das Prinzip der Satzschablone kommt aus dem agilen Projektmanagement und dem Anforderungsmanagement. Dort heißt sie User Story.
8. Gerriet Danz (2014): Neu präsentieren, 2. aktualisierte Auflage. Campus, S.50. Blake Snyder (2015): Rette die Katze. Autorenhaus, S. 140.
9. Gene Zelazny (2009): Das Präsentationsbuch, 3. überarbeitete und erweiterte Auflage. Campus, S. 57.
10. Blake Synder (2015): Rette die Katze – das ultimative Buch übers Drehbuchschreiben. Autorenhaus, S. 25 ff. Mit diesem Test entschied der Drehbuchautor Blake Snyder, ob er ein

eingereichtes Drehbuch liest. Das ist vergleichbar mit der Situation eines Vortragenden und seinem Publikum, oder?
11. Chip und Dan Heath (2008): Was bleibt – Wie die richtige Story Ihre Werbung unwiderstehlich macht. Hanser, S. 1–26.
12. Nils Klußmann und Armin Malik (2007): Lexikon der Luftfahrt. Springer. Heute bereits in der 4. Auflage (Stand: September 2018).
13. Mihaly Csikszentmihalyi (2018): Flow und Kreativität, 3. Auflage. Klett-Cotta, o.S.
14. Verena Steiner (2013): Exploratives Lernen – aktualisierte und erweiterte Neuausgabe. Pendo, S. 91.
15. Dave Gray, Sunni Brown und James Macanufo (2011): Gamestorming. O'Reilly, S. 259.
16. Marie Lampert u. Rolf Wespe (2013): Storytelling für Journalisten, 3. Auflage. UVK, S. 47.
17. Karl-Christoph Renz (2016): Das 1 × 1 der Präsentation, 2., überarbeitete und aktualisierte Auflage. Springer Gabler, S. 34–42.

Die Vortragsstruktur 5

Es gibt eine alte Faustregel, nach der ein guter Aufsatz drei Fragen beantworten muss: „Was? Was soll's? Was nun?“
Sir Kenneth Robinson [1]

Was haben die Filme Star Wars oder Pretty Woman, die Vorträge des Physik-Nobelpreisträgers Richard Feynman und die Bücher von Stephen King gemeinsam? Alle besitzen gute und interessante Ideen. Aber warum sind dann nicht jeder Film oder jeder Vortrag mit einer guten Idee erfolgreich? Weil häufig ein entscheidender Punkt vergessen wird: Das Publikum muss die Ideen auch *verstehen*. Dabei spielt ein strukturierter Aufbau eine entscheidende Rolle.

Eigentlich ist es einfach: Jeder Vortrag beginnt mit dem Anfang, anschließend folgen der Mittelteil und der Schluss. Warum also sollten wir uns darüber Gedanken machen? Die Antwort: Weil jeder Vortragsteil eine bestimmte Aufgabe hat. Erst, wenn alle Teile wie

B. Gebhardt, *Tipps und Tricks für erfolgreiche Präsentationen*,
https://doi.org/10.1007/978-3-662-72376-0_5

Zahnräder ineinandergreifen, wird ein Vortrag stimmig und erzeugt bei den Zuhörern neue Einsichten. Wie das funktioniert, erfahren Sie in diesem Kapitel:

- Wie kann ich einen Vortrag aufbauen?
- Welche Aufgaben besitzen der Anfang, der Mittelteil und der Schluss?
- Gibt es Werkzeuge, die mich bei den einzelnen Vortragsteilen unterstützen? Und wie wende ich sie an?

Es gibt noch einen weiteren Grund, warum Strukturen (oder Muster) so bedeutsam sind: Unser Gehirn liebt sie! Mit ihrer Hilfe fällt uns das Erinnern, Lernen und Entscheiden leichter. Deshalb beginnen wir mit der Frage, warum unser Gehirn ständig auf der Suche nach ihnen ist.

5.1 Struktur hilft beim Verstehen

Vor über zwanzig Jahren beschrieb der Forscher **Dietrich Dörner** in seinem Buch *Bauplan für eine Seele* die Entwicklung einer selbst lernenden Maschine [2]. Seine Idee: Er versah sie mit einfachen Denkmustern, mit denen sie ständig ihre Umgebung verglich und anpasste. Durch ein *Hell-Dunkel*-Muster lernte sie das Sehen. Durch ein *Weiter-Nicht-Weiter*-Muster erkannte sie Hindernisse und lernte, sich zu orientieren. Viele Haushaltshelfer wie Putzroboter arbeiten nach diesem Vorgehen.

Nach diesem Prinzip arbeitet auch unser Gehirn. Muster helfen uns, dass wir uns und unser Umfeld verstehen.

5.1.1 Muster schaffen Erkenntnis

Wie stellen Sie sich die Arbeitsweise Ihres Gehirns vor? Viele Menschen denken bei dieser Frage an einen riesigen Aktenschrank mit vielen Karteikarten. Oder an eine Bibliothek, in der unser Wissen in Form von Büchern aufgereiht ist. Nach aktuellen neurologischen Erkenntnissen sind diese Vorstellungen falsch. Eine solche Arbeitsweise würde nicht nur viel Speicherplatz benötigen, sondern wäre auch für das Ablegen und Abrufen von Informationen zu aufwendig: Wenn Sie hinter dem Steuer Ihres Autos sitzen und plötzlich ein Ball auf die Straße rollt, haben Sie keine Zeit, die passende Karteikarte zu suchen [3].

Deshalb nutzt unser Gehirn einen genialen Trick: Es sucht in den aufgenommenen Informationen nach **Mustern** – Inhalte, die sich wiederholen. Die gefundenen Muster vergleicht es mit **Mustervorlagen,** die im Gedächtnis in Form von Erfahrungen oder Erlebnissen gespeichert sind. Je höher die Übereinstimmung, desto besser ordnet es die beiden einander zu. Das ist wie bei dem Kinderspielzeug, bei dem verschiedene geometrische Formen wie Würfel oder Pyramiden in die passenden Öffnungen gesteckt werden müssen: Ist die Form mit der Öffnung identisch, dann passt sie durch. Das Prinzip sehen Sie in

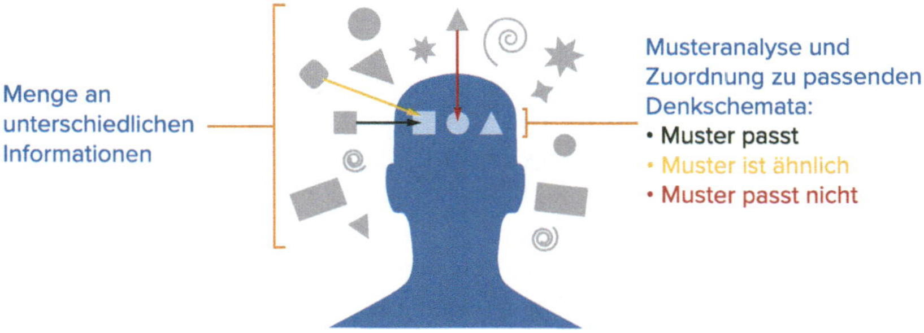

Abb. 5.1 Prinzipielle Darstellung der Musterzuordnung – je ähnlicher das Muster ist, desto besser ordnet es unser Gedächtnis vorhandenen Denkschemata zu

Abb. 5.1. Sie haben es sicher schon erraten: Die Mustervorlagen entsprechen unserem Wissen – sogenannte Denkschemata [4].

Ein **Denkschema** ist eine mentale Vorlage, die uns hilft, neue Informationen im Gedächtnis abzuspeichern und vorherzusagen, was passieren wird. Sobald wir das passende Denkschema gefunden haben, können wir das in ihm verknüpfte Wissen abrufen und schnell eine Entscheidung treffen. Deshalb verlangsamen wir unsere Geschwindigkeit, sobald ein Ball auf die Straße rollt – weil wir damit rechnen, dass im nächsten Moment ein Kind auftaucht.

Aber warum erinnern wir uns an bestimmte Inhalte besser als an andere? Das hat mit der Stärke der Verknüpfung zu tun. Und hier spielen Gefühle die entscheidende Rolle: Je stärker wir Inhalte mit bestimmten Emotionen verbinden, desto einfacher erinnern wir uns an sie. Das heißt: *Wir merken uns nicht nur die reinen Daten, sondern vor allem die Bedeutung, die sie für uns besitzen* [5].

Stellen Sie sich das wie einen **mentalen Klettverschluss** vor: Die aufgenommenen Informationen haben viele kleine Haken. Und unser Gehirn besitzt eine Menge Schlingen. Verfangen sich die Haken in den Schlingen, hält der Klettverschluss zusammen. Das bedeutet: Je mehr Haken eine Information besitzt, desto besser haftet sie in Ihrem Gedächtnis [6]. Das Haus, in dem Sie als Kind gelebt haben, besitzt eine Menge Haken: Geräusche, Gerüche oder Bilder. Die neue Mobilfunknummer besitzt zu Beginn nur einen.

Dieses Klettverschluss-Prinzip bezeichnen Hirnforscher als **assoziative Verknüpfung** oder **Andocken** [7]. Sie können es mit folgender Übung einfach ausprobieren:

Übung

Betrachten Sie die nachfolgenden Buchstaben 15 s lang. Anschließend schreiben Sie sie aus dem Gedächtnis auf einem Stück Papier auf:

J FKCI ANAT OBK ANA SAF KK

Die meisten Menschen erinnern sich an ungefähr zehn Buchstaben. Das ist nicht besonders viel.

Übung

Versuchen Sie dieselbe Übung noch einmal; es gibt nur eine kleine Änderung in der Gruppierung der Buchstaben:

JFK CIA NATO BKA NASA FKK

Vermutlich waren Sie erfolgreicher. Beim ersten Mal haben Sie versucht, sich die Daten zu merken. Beim zweiten Mal *bedeuten* die Buchstaben etwas, und Ihr Gehirn verklettet das entdeckte Muster mit dem zugehörigen Schema. Möglicherweise sahen Sie vor Ihrem inneren Auge ein Bild von Präsident Kennedy oder das NASA-Logo – automatisch hat Ihr Gehirn verknüpftes Wissen abgerufen.

Diese Arbeitsweise besitzt für uns einen weiteren Vorteil: Was passiert, wenn anstelle des Balls ein Dreirad auf die Straße rollt? In diesem Fall überträgt unser Gehirn die Mustervorlage auf die neue Situation und erweitert sie – wir lernen. Dasselbe passiert, wenn ein Muster durchbrochen wird und etwas geschieht, mit dem wir nicht gerechnet haben: Anstelle des erwarteten Kindes folgt auf den Ball eine Herde rennender Kühe. Auch das speichern wir ab und erzählen es später unseren Freunden. Überraschung ist ein starker Klettverschluss.

Aber Moment mal: Wenn unser Gehirn ständig Wissen aufnimmt – ist dann nicht irgendwann die Kapazität erschöpft? Explodiert dann unser Kopf, wie wir das aus schlechten Filmen kennen? Damit dies nicht geschieht, dafür sorgt unser **Gehirn- Bibliothekar,** den Sie im Abschn. 2.4.3 – *Wie lange soll ein Vortrag dauern?* kennengelernt haben. Zur Erinnerung: Seine Aufgabe ist es, die eingehenden Informationen zu bewerten. Dazu prüft er, ob sie Muster enthalten und ob es bereits ein passendes Denkschema dazu gibt. Ist das der Fall, dann lässt er sie ins Langzeitgedächtnis durch.

Leider ist er auch schnell gelangweilt – sind keine Muster vorhanden oder entdeckt er eines, das sich regelmäßig wiederholt, findet er es uninteressant. Das ist beispielsweise bei Verkehrslärm der Fall: Irgendwann blenden wir ihn mental aus. Dummerweise geschieht das auch bei einer monotonen Stimme des Redners oder bei Folien mit zu viel Text. Die Folge: Es gelangen keine neuen Informationen ins Gedächtnis. Und wenn wir ein Denkschema über längere Zeit nicht mehr aktiv verwendet haben, dann löst das Gehirn die Verbindungen auf – sie verdorren wie eine Pflanze, die nicht mehr mit Wasser gegossen wird. In anderen Worten: Wir vergessen [8].

Muster besitzen also einige Vorteile. Wäre es nicht großartig, wenn wir diese Vorteile auch im Geschäftsumfeld nutzen könnten? Das können wir: Hat der Vortrag eine Struktur, die unser Gehirn kennt, erleichtern wir damit das Andocken der „Großen Idee" in den Köpfen unseres Publikums. Und zwar unabhängig vom Vortragsthema. Ein Muster kennen Sie bereits: Die Pocket-Rhetorik aus dem Abschn. 4.5.2 – *Wenn's mal schnell gehen muss,* die Ihnen die wichtigsten Inhalte eines Business-Vortrags verrät. Wir werden gleich zwei weitere Muster kennenlernen, die wir anwenden können und die ausgezeichnet mit den Denkmustern in unseren Köpfen harmonieren.

Abb. 5.2 Aufbau der 3-Akte-Struktur nach Aristoteles

Was sich kompliziert anhört, ist es nicht. Schon in der Antike wollte ein Mensch den Unterschied zwischen einer guten und einer schlechten Rede wissen. Sein Name: Aristoteles. Was er fand: Die 3-Akte-Struktur.

5.1.2 Grundmuster eines Vortrags

Bereits **Aristoteles** beschäftigte sich mit dem Zusammenhang zwischen den Inhalten, dem Aufbau einer Rede und der Wirkung auf das Publikum. Nachdem er berühmte Reden und Theaterstücke seiner Zeit miteinander verglichen hatte, leitete er in seinen Werken *Rhetorik* und *Poetik* Regeln ab, die sowohl für eine gute Rede als auch für ein gutes Theaterstück gelten. Einige wie die **Kernaussage** oder **Logos, Ethos** und **Pathos** kennen wir bereits aus dem vierten Kapitel – *Thema (nicht) verfehlt*. Seine wichtigste Erkenntnis aber betrifft den Aufbau.

Aristoteles war überzeugt, dass sich in einer stimmigen Rede alle inhaltlichen Teile aufeinander beziehen. Wie Puzzle-Teile, die schließlich das Gesamtbild ergeben. Die Kunst: Das Publikum bis zu diesem Zeitpunkt nicht zu verlieren. Wenn ein Redner seine Inhalte verständlich und logisch aufbaut, dann folgen ihm die Zuhörer von sich aus und tauchen in das Thema ein.

Das gelingt am besten mit einer Einteilung in drei Akte (siehe Abb. 5.2). Genauer: **Anfang, Mittelteil** und **Ende.** Mehr als diese **3-Akte-Struktur** braucht es nach Aristoteles nicht, um eine gute Rede zu halten oder ein gutes Theaterstück zu erzählen. Was er meint: Keine langen Vorreden, direkt in die Inhalte einsteigen und sie nachvollziehbar entwickeln. Und dann wieder aussteigen. Eigentlich keine große Sache – fast alle Vorträge sind nach diesem Schema aufgebaut. Zumindest sollten sie das.

Sie fragen sich gerade, welche Inhalte das genau sind? Das sagt uns die **Pocket-Rhetorik:** Problem, Lösung, Nutzen. Der Weg dorthin und der Appell an das Publikum. Und wenn wir diese fünf Bestandteile mit Aristoteles kombinieren, verstehen sich beide

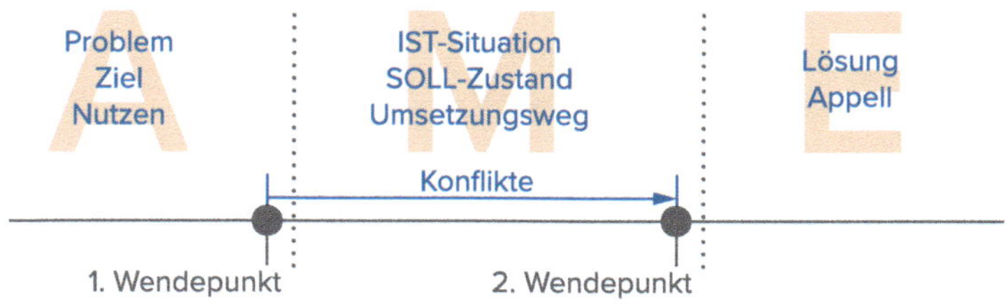

Abb. 5.3 Die Inhalte der Pocket-Rhetorik (blau) und ihre Platzierung in den einzelnen Akten

erstaunlich gut: Das Ergebnis sagt uns, wo wir welchen Inhalt platzieren sollten. Wie das aussieht, sehen Sie in Abb. 5.3.

Allerdings gibt es einen Haken: Die Reden aus der Antike waren zwar für ihre Inhalte, aber nicht für ihre Spannung berühmt. Das erkannte auch Aristoteles. Deshalb verlangte er, dass der Redner für einen Überraschungsmoment sorgen muss: Es muss etwas passieren, womit das Publikum nicht gerechnet hat. Beispielsweise eine neue Erkenntnis, die den Zuhörern noch nicht bewusst war. Diesen Moment nannte er den *Glücksumschwung* und empfahl dafür zwei besondere Stellen: Kurz vor Beginn und am Ende des Mittelteils – die sogenannten **Wendepunkte** (siehe Abb. 5.3). Sie lenken die Vortragsinhalte in eine unerwartete Richtung und decken dadurch häufig Widersprüche in den Erwartungen des Publikums auf.

Was das mit Geschäftsvorträgen zu tun hat? Wendepunkte zeigen dem Publikum, was passiert, wenn bestehende Probleme nicht gelöst werden: Irgendwann kommt es zu einem **Konflikt.** Beispielsweise kaufen Kunden woanders, weil die Produkte nicht mehr dem Zeitgeist entsprechen. Oder Mitarbeiter verlassen das Unternehmen, weil sie unzufrieden sind. Andere Begriffe für den Konflikt sind **Gegensatz** oder **Kontrast.**

Sobald ein Konflikt am Horizont auftaucht, möchte unser Publikum wissen, was kommt. Wie es ihn vermeiden oder lösen kann. Und wie es danach weitergeht. In anderen Worten: Stellen Sie die Frage *Was wäre, wenn...* Das ist Ihr Wendepunkt. Und der Auslöser für die meisten Business-Vorträge.

Die Rhetorik-Trainerin Anita Hermann-Ruess spricht vom **Himmel-und-Hölle-Prinzip** [9]. Sie sagt: *„Beschreiben Sie dem Publikum die dunkelsten Abgründe, wenn es an seiner jetzigen Situation nichts ändert. Malen Sie den Teufel an die Wand. Das ist die Hölle. Anschließend beschreiben Sie in strahlenden Farben die Belohnung, die es am Ende erhalten wird. Zeigen Sie das Paradies, in dem jeder leben möchte. Und sagen Sie ihm, wie es dorthin kommt."*

Nach diesem einfachen Prinzip funktionieren die meisten Werbespots. *Die Hölle:* Ihr Rücken schmerzt und Sie wollen etwas dagegen tun? *Der Himmel:* Ein starker Rücken schützt vor Verletzungen und Schmerzen. *Die Lösung:* Deshalb kommen Sie zum Rücktraining ins Fitness-Studio Topfit. *Was Sie dafür tun müssen:* Vereinbaren Sie sofort Ihren unverbindlichen Probetermin!

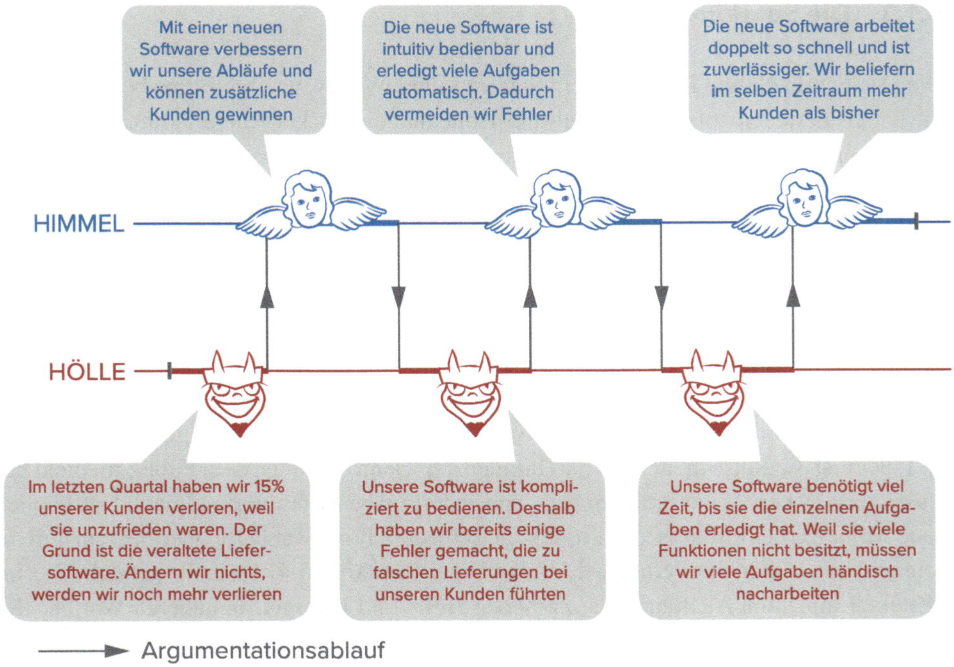

Abb. 5.4 Himmel und Hölle einer veralteten Liefersoftware, die bereits zu Kundenverlusten geführt hat

Wie Sie das Prinzip auf Geschäftsinhalte übertragen, sehen Sie in Abb. 5.4 am Beispiel einer veralteten Liefersoftware, die durch eine neue ersetzt werden soll: Beschreiben Sie am Vortragsanfang das Problem und die Konsequenzen, die sich daraus ergeben. Im Mittelteil detaillieren Sie die Konsequenzen und zeigen, wie sie vermieden werden können. Am Schluss stellen Sie Ihre Lösung vor. Und sagen, was das Publikum konkret dafür tun muss. Das ist wie Engelchen und Teufelchen, die auf Ihren Schultern sitzen und darüber diskutieren, ob Sie sich das kostspielige Handy kaufen sollen. Oder die sündhaft teuren Designer-Stilettos.

Zugegeben: Die Pocket-Rhetorik, Aristoteles und das Himmel-und-Hölle-Prinzip erscheinen auf den ersten Blick unspektakulär. Weil sie uns im Alltag überall begegnen: In Filmen, Büchern, Werbung und sogar in Musikstücken. Den wahren Wert offenbaren sie erst auf den zweiten Blick: Jedes Muster bringt die Vortragsinhalte in eine logische Reihenfolge und macht sie interessant. Und weil sie sich so ähnlich sind, haben Sie letztendlich die freie Auswahl, welches Sie anwenden möchten. Da erscheint der nächste Schritt fast schon zwingend: Was passiert, wenn wir alle drei Muster miteinander kombinieren? Genau das hat Nancy Duarte gemacht.

5.1.3 Die Sparkline

Die Designerin **Nancy Duarte** ist ein Star im Silicon Valley, wo ihre Firma beheimatet ist. Sie hat als Erste Aristoteles, Himmel-und-Hölle und die Pocket-Rhetorik miteinander verschmolzen und damit ein machtvolles Werkzeug geschaffen: Die Sparkline, die den Funken der Erkenntnis beim Publikum entzündet. Dieses Schema ist eine Blaupause für den Aufbau von Vorträgen. In Abb. 5.5 sehen Sie eine vereinfachte Version für die praktische Anwendung.

Der Verlauf der **Sparkline** ist vergleichbar mit der **Publikumsreise** aus Abschn. 3.6: Am Anfang holen Sie die Zuhörer in ihrer vertrauten Welt ab – mit ihrem aktuellen Wissensstand, ihren Werten und Wünschen. Und am Ende wollen Sie sie in eine bessere und schönere Welt führen – mithilfe Ihrer Vision oder Ihres Produkts. Kurz: Die Belohnung, die auf das Publikum wartet, wenn es Ihrer „Großen Idee" folgt.

Leider ist die Reise nicht frei von Turbulenzen. Denn häufig ist dem Publikum nicht bewusst, dass es bereits ein Problem hat – andernfalls gäbe es den Vortrag nicht. Das können neue Mitbewerber mit besseren Produkten, schlechte Prozessabläufe oder begrenzte Ressourcen sein. Oder die veraltete Liefersoftware aus Abb. 5.4. Deshalb pendeln Sie im Mittelteil mit Ihren Ausführungen zwischen Hölle und Himmel. In anderen Worten: Bei diesem Pendeln handelt es sich immer um den Vergleich zwischen dem aktuellen IST- und dem zukünftigen SOLL-Zustand.

Die Aufgabe des Referenten ist es, den Teilnehmern das Problem aufzuzeigen und dafür eine Lösung zu liefern. Selbst bei einem einfachen Reporting mit Zahlen oder Fakten möchten Sie Ihre Zuhörer auf etwas aufmerksam machen oder sie auf eine Veränderung einstimmen. Und die Teilnehmer wollen wissen, warum das so ist und was das für sie bedeutet.

Die Idee, die hinter der Sparkline steckt, ist nicht neu: Sie hilft Ihnen, den Vortrag konsequent aus Sicht des Publikums aufzubauen und die Inhalte den einzelnen Akten zuzuordnen. Was aber vielen Referenten Probleme bereitet, sind die Akte selbst: Was macht einen guten Anfang aus? Wie baue ich den Mittelteil auf? Und wie beende ich den Vortrag am besten? Um die Antworten auf diese Fragen kümmern wir uns in den folgenden Abschnitten.

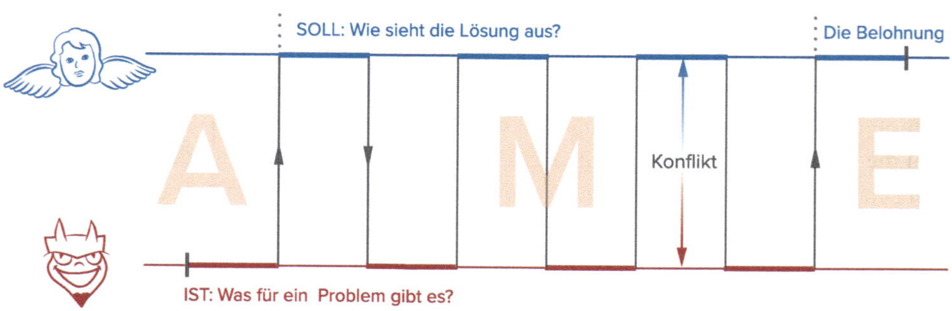

Abb. 5.5 Die Sparkline ist eine generische Blaupause für eine Geschäftspräsentation

5.2 Was: Der Vortragsanfang

Felix Baumgartner war der erste Mensch, der im Jahre 2012 einen Fallschirmsprung aus der Stratosphäre ausführte. Das **Projekt Stratos** benötigte eine Vorbereitungszeit von fünf Jahren und kostete über 50 Mio. EUR. Aber wie erstaunt sind die meisten Menschen, wenn sie erfahren, dass dieses teure High-Tech-Projekt teilweise so chaotisch und ungeplant ablief, dass es mehrmals kurz vor dem Abbruch stand?

> Das Stratos-Projekt beinhaltet von Beginn an alles, was es gibt an Emotionen, Strategien, Lügengeschichten, Gerichtsverhandlungen, Kündigungen, geschäftlichen Desastern.
> *Felix Baumgartner* [10]

Das ist ein starker **Anfang.** Er erzeugt Aufmerksamkeit und packt das Publikum, sodass es mehr wissen will: *Das kenne ich doch auch aus meiner täglichen Projektarbeit. Und das sind keine millionenschweren Projekte. Was war da los?*

Im Englischen bezeichnet man einen guten Vortragsanfang als *powerful opening*. Er kommt schnell auf den Punkt; deshalb macht sein **Umfang** höchstens 20 % der gesamten Vortragszeit aus. Das bedeutet: Bei einem 20-minütigen Vortrag leiten Sie spätestens nach vier Minuten in den Mittelteil über.

Ein kraftvoller Anfang erfüllt drei **Aufgaben:**

- *Die Zuhörer wollen wissen, mit wem sie es zu tun haben.* Welche Expertise und Erfahrungen haben Sie? Sind Sie ein geeigneter Mentor, dem sie sich anvertrauen können? Diese Einschätzung trifft das Publikum innerhalb weniger Sekunden
- *Über welche Inhalte werden Sie sprechen?* Stellen Sie ein Ergebnis vor oder behandeln Sie ein Problem? Machen Sie den Teilnehmern klar, dass es sich für sie lohnt, für die „Große Idee“ Zeit zu opfern
- *Legen Sie die Spielregeln für Ihren Vortrag fest.* Informieren Sie das Publikum über den Ablauf des Vortrags und sagen Sie ihm, ob es Fragen während des Vortrags oder erst danach stellen soll. Klären Sie den Umgang mit Handys, Laptops & Co.

Aber über die wichtigste Aufgabe haben wir noch nicht gesprochen: *Ein kraftvoller Anfang weckt das Interesse Ihrer Zuhörer!* Die meisten Menschen lesen die ersten Absätze in einem Buch und entscheiden dann, ob sie weiterlesen möchten. Dasselbe gilt für den Vortragsanfang! Überzeugen Sie den anspruchsvollen Gehirn-Bibliothekar jedes Zuhörers. Dann öffnet er den Geist für Ihre „Große Idee“.

5.2.1 Die Sache mit der Aufmerksamkeit

Der AI-Act, den die Europäische Union 2024 verabschiedet hat, regelt die Entwicklung und Nutzung von **Künstlicher Intelligenz** (KI), um die Grundrechte der Menschen zu wahren [11]. Denken Sie, dass eine KI, die Behörden beim schnelleren Bearbeiten von Anträgen unterstützt, gefährlicher ist als eine KI, die ein autonomes Waffensystem steuert? Die meisten Menschen würden diese Frage spontan verneinen. Und dennoch stuft der AI-Act die Behörden-KI als Hochrisiko-System ein – während autonome Waffensysteme im Gesetz nicht explizit geregelt sind. Überraschend, nicht wahr?

Sobald Sie etwas sagen, zeigen oder tun, womit das Publikum nicht gerechnet hat, erzeugen Sie Aufmerksamkeit. In anderen Worten: Sie durchbrechen ein vorhandenes Muster. Das kennen Sie aus Ihrem Alltag: Der laufende Fernseher mit seiner Geräuschkulisse. Die Reihenfolge der Bücher in Ihrem Bücherregal. Bewusst fallen uns diese Dinge erst auf, wenn sich etwas verändert: Der Fernseher ist ausgeschaltet. Oder der Partner hat die Bücher umgestellt. Anschließend stellt man sich häufig die Frage nach dem Grund: Warum sind die Bücher umgestellt? Warum ist der Fernseher ausgeschaltet? Wir haben eine Lücke in unserem Denkmuster entdeckt, die wir schließen wollen. An diesen einfachen Beispielen wird deutlich: Überraschung löst Aufmerksamkeit aus, Neugier und Interesse erhält sie.

Das Zitat von Felix Baumgartner verwende ich gern in Schulungen für angehende Projektleiter. Die Teilnehmer sind überrascht, da sie annehmen, ein solches Mammutprojekt sei bis ins kleinste Detail durchgeplant. *Was war da los?* Das ist der Aufhänger, um anschließend über die häufigsten Fallstricke in der Projektarbeit zu sprechen. Ihre Motivation: Neugier und der Wunsch, mehr zu erfahren.

Unser Gehirn kann nicht anders: Sobald es eine offene (Wissens-)Lücke entdeckt, versucht es, sie zu füllen. Nutzen Sie das für ein *powerful opening*. Dabei unterstützen Sie drei Werkzeuge:

- Der Save-the-Cat-Moment
- Die Leerstelle
- Der erste Wendepunkt

Viele Schriftsteller, Komponisten, Werbefachleute und Regisseure verwenden diese Hilfsmittel ebenfalls. Deshalb können Sie sich durch Bücher, Filme, Musik- und Theaterstücke oder Werbung inspirieren lassen. Und wenn Sie am Vortragsende auf den Anfang zurückkommen, schließen Sie den inhaltlichen Kreis Ihres Vortrags und schaffen damit einen unvergesslichen Effekt beim Publikum. Aber Vorsicht: Natürlich müssen Sie das jeweilige Werkzeug weise auswählen und es an Ihr Publikum anpassen. Sonst kann es auch schiefgehen.

5.2.2 Retten Sie die Katze: Der Save-the-Cat-Moment

Erinnern Sie sich an das Beispiel mit der veralteten Liefersoftware aus dem Abschn. 5.1.2 – *Grundmuster eines Vortrags?* So begann ihn der Referent: „Im letzten Quartal haben wir ungefähr 15 % unserer Kunden verloren, weil sie mit unserer Leistung unzufrieden waren.

Abb. 5.6 Unterschiedliche Möglichkeiten, um eine Save-the-Cat-Moment zu erzeugen

Wenn wir nichts unternehmen, werden wir in neun Monaten fast zwei Drittel verloren haben." Das saß bei den anwesenden Managern.

Im Film nennt der Drehbuchautor Blake Snyder einen solchen Beginn den **Save-the-Cat-Moment** oder die Katzenrettungsszene [12]. Er erläutert das Prinzip am Beispiel einer Katze, die auf einem Baum sitzt und aus eigener Kraft nicht mehr herunterkommt. Für das Publikum ist das ein spannender Moment: Wie wird der Held reagieren? Zielstrebig, überfordert oder ignorant? Wie sieht der Plan aus, um die Katze zu retten? All das sagt bereits zu Beginn viel über ihn als Person aus. Er ist uns sofort sympathisch oder suspekt. Diese Einschätzung übertragen wir auf alle seine zukünftigen Handlungen, die wir gutheißen oder ablehnen.

In Geschäftsvorträgen kommt der Save-the-Cat-Moment ebenfalls vor. Sein Zweck: Mit einem Paukenschlag beginnen, der niemanden kalt lässt. Der sofort eine starke **Verbindung zum Publikum** herstellt und es in die Geschichte regelrecht hineinzieht. Ähnlich, wie das innerhalb der ersten Minuten in den James-Bond-Filmen geschieht. Nur eben weniger spektakulär.

Dieser Augenblick ist machtvoll, weil er die mentale Tür in den Köpfen der Teilnehmer weit aufstößt: Jetzt entscheidet sich nicht nur, ob Sie das Publikum als geeigneter Experte akzeptiert, sondern auch, ob es mehr über die „Große Idee" wissen möchte. In anderen Worten: Eine gute Katzenrettung macht es Ihnen einfacher, das Publikum von Beginn an auf Ihre Seite zu ziehen. Wie Sie eine Katze in Business-Vorträgen retten können, zeigt Abb. 5.6.

Daten und **Fakten** aus Studien oder Nachrichten sind eine gute Grundlage, um eine aktuelle Situation deutlich zu beschreiben. Beispielsweise die Feststellung, dass wir innerhalb eines Jahres fast zwei Drittel der Kunden verlieren. Oder eine mögliche Einsparung an Druckerpapier und Toner von mehreren zehntausend Euro pro Jahr, wenn wir auf das papierlose Büro mit digitaler Unterschrift umstellen.

Auch ein **Zitat** wie das von Felix Baumgartner zum Chaos im Stratos-Projekt ist eine kraftvolle Eröffnung. Natürlich klappt das nur dann, wenn die Zuhörer einen Zusammenhang zwischen dem gewählten Zitat und dem Vortragsthema erkennen.

Mit **Bildern** oder **Grafiken** erzeugen Sie eine starke Wirkung. Stellen Sie sich vor, Sie halten eine Schulung zum Umgang mit technischen Anforderungen. Um Ihre Teilnehmer dafür zu sensibilisieren, können Sie mit Bildern von zwei großen Katastrophen in der bemannten Raumfahrt beginnen: Der Explosion des Space-Shuttles *Challenger* [13] und dem Brand in der *Apollo-1*-Steuerkapsel [14]. Anschließend erklären Sie, dass die Ursache dafür in ungenau formulierten Anforderungen lag. Das hatte nicht nur rechtliche Konsequenzen für die Unternehmen, die diese Geräte hergestellt hatten, sondern auch für einige verantwortliche Mitarbeiter. Auf einmal besitzen die Inhalte für die Teilnehmer eine *persönliche* Bedeutung. Dass es sich dabei um historische **Ereignisse** handelt, unterstreicht Ihre Botschaft zusätzlich.

Wann immer es möglich ist: Zeigen Sie Ihre Idee mit **Requisiten!** Beispielsweise bat in einem Meeting der Referent die anwesenden Manager, eine grobe Projektplanung durchzuführen. Dazu stellte er ihnen als Hilfsmittel eine einfache, selbst programmierte Excel-Tabelle zur Verfügung. Obwohl die Manager keine Projektprofis waren, erledigten sie die Aufgabe mit dem Tool problemlos. Der Clou: Die Manager arbeiteten mit den Daten eines Projekts, das aufgrund von Planungsfehlern gescheitert war und dem Unternehmen viel Geld gekostet hatte. Ihnen war sofort klar, dass sie mit diesem einfachen Hilfsmittel das Risiko für zukünftige Projekte reduzieren konnten.

Schildern Sie einen alltäglichen Moment, den Ihre Zuhörer kennen oder sich vorstellen können. Steve Jobs erinnerte sein Publikum bei der Einführung des iPhones daran, dass Apple-Produkte den Alltag vieler Menschen angenehmer gestalten: Als Beispiel nannte er den kleinen und leichten iPod, der den klobigen, tragbaren CD-Player ablöste und das mobile Musikhören einfacher und komfortabler machte [15]. Aufgrund dieser **Erfahrungen** wussten die Zuhörer sofort, was sie vom iPhone erwarten konnten. Dasselbe Vorgehen können Sie anwenden, um den Managern die „Große Idee" schmackhaft zu machen: Welchen Nutzen haben sie davon?

Mit dem passenden **Humor** signalisieren Sie dem Publikum bereits zu Beginn, dass die gemeinsame Reise mit Ihnen Spaß macht. Und: Gemeinsames Lachen verbindet [16]. Deshalb: Setzen Sie Humor wohldosiert ein und vermeiden Sie abgedroschene oder unbeholfene Witze. Ein guter Einstieg sind Geschichten oder **Anekdoten** mit einer amüsanten Pointe, die zum Vortragsthema und zum Publikum passen. Wenn Sie sich damit nicht wohlfühlen, verzichten Sie darauf. Wirkungsloser oder peinlicher Humor ist schlimmer als gar keiner.

5.2.3 Machen Sie neugierig: Wissenslücken und Leerstellen

Theresa ist mit ihrem Mann von der Hochzeitsreise zurück und sitzt mit einem befreundeten Ehepaar beim Essen. Die junge Frau geht ins Bad, schminkt ihr Gesicht und erschießt sich. Mit dieser Szene beginnt der Roman *Mein Herz so weiß* des Schriftstellers **Javier Marías** [17]. Der Leser liest über 300 Seiten, um den Grund dafür zu erfahren.

Wie bringt Marías seine Leser dazu? Die Antwort ist einfach: Er weckt ihre Neugier, indem er Inhalte beschreibt, die sie *nicht* wissen. Im Verlauf der Geschichte liefert Marías den Lesern immer mehr Hinweise, sodass sie den Grund für Theresas Verhalten verstehen. Die **Wissenslücke** in ihren Köpfen wird kleiner und verschwindet schließlich.

Diesen Effekt beschreibt der Wirtschaftswissenschaftler George Loewenstein in seiner Lückentheorie: Sobald unser Gehirn eine Lücke (oder **Leerstelle**) in seinem Denkmuster feststellt, entstehen Neugier und Interesse [18]. Das ist der Grund, warum wir bei zufällig aufgeschnappten Gesprächen im Zug oder im Restaurant nicht weghören können: Etwas in uns möchte die fehlenden Inhalte ergänzen. Eine Leerstelle regt das Publikum zum aktiven Mitdenken an.

Wie wecken Sie Neugierde? Das einfachste Mittel ist eine **Frage.** Allerdings darf sie nicht zu allgemein und ungenau formuliert sein: *Wie führen wir das Unternehmen in eine bessere Zukunft?* Diese Formulierung ist langweilig und nichtssagend. *Wie schaffte es das Designteam, in vier Wochen eine bahnbrechende Produktidee zu entwickeln?* Jetzt sind Ihre Zuhörer wach. Andere Beispiele: *Warum kaufen die Kunden unser neues Produkt nicht? Woher kommen die zusätzlichen Projektkosten von 15 %? Wie schaffen wir es, in den einzelnen Abteilungen das Silodenken aufzubrechen?*

Als die ersten 3D-Drucker auf den Markt kamen, überlegten viele Firmen, dieses Verfahren in ihrer Herstellung zu verwenden – man wollte sogar Häuser oder Flugzeuge drucken! In einem Vortrag, der die (damaligen) Grenzen von 3D-Druck behandelte, stellte der Referent die Frage, was aus Sicht der Umwelt besser sei: Solche Produkte zu drucken oder konventionell herzustellen? Der Großteil der Zuhörer entschied sich für den 3D-Druck. Zu ihrer Überraschung sagte er, dass der Druck nicht nur teurer, sondern auch *schädlicher* für die Umwelt war. Seine Aussage belegte er anschließend mit Zahlen und Fakten [19].

Anstelle einer Frage können Sie Ihrem Publikum auch ein **Rätsel** stellen, das Sie anschließend gemeinsam lösen. Der verstorbene Professor **Hans Rosling** wies in seinen Vorträgen gerne darauf hin, dass Bewertungen, die unser Gehirn durchführt, nicht immer der Realität entsprechen [20]. Eines seiner Rätsel sehen Sie in Abb. 5.7. Sie haben drei Antworten zur Auswahl.

Aber welche Antwort ist die richtige? Mithilfe der Statistik deckt er die fehlerhaften Schlussfolgerungen unseres Gehirns auf, bis schließlich die richtige Antwort übrig bleibt: 2 Mrd. – die Anzahl der Kinder wird im Jahr 2100 dieselbe sein wie heute. Bei einer Umfrage, die Rosling in den USA, Großbritannien, Schweden, Deutschland, Frankreich und Australien durchführte, entschieden sich 89 % der befragten Menschen für die beiden falschen Antworten. Erstaunlich, oder? [21].

Wenn Sie ein Rätsel stellen, bedeutet es natürlich nicht, dass Sie aus dem Vortrag eine Quiz-Show machen. Es ist nur der Auslöser, um anschließend über die Inhalte zu diskutieren. *Führen Sie einen Frage-und-Antwort-Dialog.* Himmel und Hölle. Vor- und Nachteile. IST und SOLL. Schaffen Sie es, dass das Rätsel in den Köpfen des Publikums neue Fragen aufwirft, haben Sie Ihr Ziel erreicht: Legen Sie eine Brotkrumenspur, der das Publikum leicht folgen kann. So binden Sie es aktiv ein und entwickeln bei ihm ein tieferes Verständnis.

Abb. 5.7 Beispiel für ein Rätsel, das der Referent gemeinsam mit seinem Publikum löst

5.2.4 Der Ruf zum Abenteuer: Der 1. Wendepunkt

Bis jetzt haben Sie die bekannte Welt Ihrer Zuhörer beschrieben. Und mit dem Save-the-Cat-Moment gezeigt, dass in dieser Welt eine Gefahr lauert – die Hölle. In anderen Worten: Es gibt ein Problem. Jetzt müssen Sie die inhaltliche Richtung ändern und Ihre „Große Idee" einführen, mit der die Gefahr gebannt werden kann. Sie gewähren einen kurzen Einblick in den Himmel – den Idealzustand, in dem das Problem nicht mehr vorhanden ist.

▶ **Praxistipp** Unerfahrene Referenten verraten an dieser Stelle häufig ihre Lösung und verschießen all ihr Pulver. Aus zwei Gründen sollten Sie das nicht tun: Erstens hat das Publikum keinen Grund mehr, Ihren Ausführungen zuzuhören. Und zweitens können sich skeptische Teilnehmer bis zum Ende des Vortrags ihre Gegenargumente zurechtlegen.

Der **Gegensatz** (oder **Konflikt**) zwischen Himmel und Hölle erzeugt beim Publikum ein Ungleichgewicht. Dieses Spannungsfeld macht die Menschen neugierig. Sie wollen wissen, wie es weitergeht und das Gleichgewicht wiederhergestellt werden kann. Das passiert am **ersten Wendepunkt** (siehe Abb. 5.8). Er ist der Startpunkt der gemeinsamen Vortragsreise des Publikums und Ihnen in die unbekannte Welt. Diesen Moment nennt der Drehbuchautor **Christopher Vogler** den *Ruf zum Abenteuer* **(Call-to-Adventure)** [22].

Das ist vergleichbar mit Weihnachten: Die Tür, hinter der der prachtvolle Baum mit den Geschenken steht, ist einen kleinen Spalt offen. Am Wendepunkt öffnet sich die Tür vollständig, und Sie sehen den Baum in ganzer Pracht. Sie müssen nur noch durch die Tür hindurchgehen. Aber weil der Rest des Raums dunkel ist, wissen Sie nicht, ob Sie auf dem Weg dorthin stolpern könnten.

Wenn der Referent überzeugend war, dann durchschreitet das Publikum in diesem Moment die Tür und folgt dem Mentor in die dunkle, unbekannte Welt. Mit allen Höhen und Tiefen, aber es weiß, dass es alle Hindernisse überwinden wird [23].

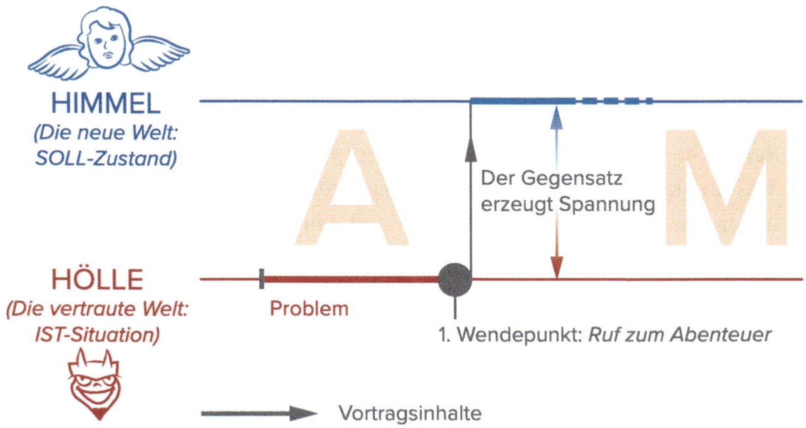

Abb. 5.8 Der Gegensatz zwischen Himmel und Hölle erzeugt Spannung und bringt am ersten Wendepunkt den Vortrag in Bewegung

Sehen wir uns ein konkretes Beispiel an. Um der Geschäftsleitung das drohende Scheitern eines wichtigen Kundenprojekts zu verdeutlichen, begann der Projektleiter seinen Bericht mit folgendem Zitat:

> Im Rückblick bestand das Projekt Stratos zu gefühlten 104 % aus Troubleshooting.
> *Felix Baumgartner* [24]

Da die Manager sicher waren, dass das Projekt bislang planmäßig verlaufen war, reagierten sie überrascht, aufgeregt und verärgert. In diesem Moment wurde ihnen schlagartig die Schieflage des Projekts bewusst. Oder wie es ein Manager formulierte: „Ein Weiter-so ist absolut inakzeptabel.“ Die Folge: Sie beschlossen sofortige Gegenmaßnahmen, um drohende Kosten- und Terminüberschreitungen zu vermeiden. Um den Endtermin einzuhalten, wechselten sie das halbe Projektteam aus und baten die Mitarbeiter, für einen Monat Überstunden zu machen.

Dieses Beispiel zeigt, dass der **Save-the-Cat-Moment** und der erste Wendepunkt ein untrennbares Team bilden. Und dass es wichtig ist, beide einfach und klar zu formulieren. Denn: Erkennen die Zuhörer kein Problem, sehen sie keinen Grund, ihre Komfortzone zu verlassen. Und Ihr Vortrag bleibt wirkungslos. Das ist wie bei *Krieg der Sterne:* Ohne den Tod seiner Stiefeltern hätte sich Luke Skywalker niemals der Rebellion angeschlossen und das böse Imperium besiegt.

Übrigens muss es kein Zitat oder Ähnliches sein: Ein einfacher Satz wie *Wir müssen etwas tun, wenn wir vermeiden wollen, dass unser Projekt Schiffbruch erleidet,* leitet den Wendepunkt genauso wirkungsvoll ein.

Kommt der Wendepunkt nur am Vortragsbeginn vor? Nein. Es gibt ihn an einer weiteren Stelle: Am Ende des Mittelteils. Dort leitet er zur Lösung über, die das Gleichgewicht wiederherstellt (siehe Abschn. 5.3.7 – *Die Aufforderung zum Handeln: Der 2. Wende-*

punkt). Mehr Wendepunkte benötigen Sie nicht: Gerade in Business-Vorträgen verwirren zu viele inhaltliche Richtungswechsel die Teilnehmer. Das ist wie in Filmen, bei denen die Handlung zu viele Haken schlägt.

Ein starker Anfang ist eine großartige Eintrittskarte in die Köpfe Ihres Publikums. Wichtig: Reden Sie nicht um den heißen Brei herum. Vor allem Manager möchten schnell erfahren, warum sie hier sind und was Sie ihnen vorschlagen. Sobald Sie das Publikum geködert haben, zeigen Sie ihm den Himmel und den Weg dorthin. Das geschieht in der Vortragsmitte.

5.3 Was soll's: Die Vortragsmitte

Ein beliebtes Genre unter den Kriminalromanen ist die **Whodunit**-Geschichte. Ein Verbrechen ist geschehen, Täter und Motiv sind unbekannt. Der Begriff steht für *Who has done it,* also: Wer war es? Bei diesen Geschichten besitzen Leser und Ermittler dieselben Anhaltspunkte zur Klärung des Falles. Der kleinste Hinweis kann zu einer bahnbrechenden Erkenntnis führen, die den Täter entlarvt. Typische Whodunit-Vertreter sind Geschichten mit den Detektiven Hercule Poirot oder Sherlock Holmes.

Der Vortragsmittelteil ist mit einer Whodunit-Geschichte vergleichbar. Beide besitzen dieselben Bestandteile: Problem, Ursache und inhaltliche Hinweise. Auch das Ziel ist identisch: *Wer oder was war es? Und warum?* Alles zusammen führt zur Lösung, auf die das Publikum wartet. Im Vortrag wie im Krimi. Das Verbrechen ist aufgeklärt, das Problem ist gelöst.

Aber Vorsicht: Die Schritte des Ermittlers müssen logisch und nachvollziehbar sein. Andernfalls ist die Auflösung des Verbrechens für die meisten Leser unbefriedigend. Das gilt auch für Geschäftsvorträge. Ihr Publikum muss verstehen, warum Ihre Lösung den aktuellen Zustand verbessert und was es dafür tun muss. Aus diesem Grund ist der Mittelteil so bedeutsam. Er besitzt folgende **Aufgaben:**

- *Erklären Sie dem Publikum die Bedeutung der „Großen Idee“.* Arbeiten Sie das Ungleichgewicht, das Sie im Vortragsanfang erzeugt haben, deutlich heraus und untermauern Sie es mit den passenden Argumenten
- *Beschreiben Sie den konkreten Weg,* den alle Teilnehmer gehen müssen, um das Ziel zu erreichen. Dazu gehören die wichtigsten Aufgaben, benötigte Ressourcen einschließlich Kosten, zeitliche Abläufe oder Risiken, die entlang des Wegs lauern
- *Stellen Sie die Lösung vor.* Das ist der Höhepunkt des Mittelteils: Zeigen Sie den Teilnehmern, wie sie das Gleichgewicht mithilfe der „Großen Idee“ wiederherstellen können und erinnern Sie sie daran, warum sich der Aufwand lohnt

Der **Umfang** des Mittelteils beträgt ungefähr 70 % Ihrer Vortragszeit. Bei einem 20-minütigen Vortrag sind das 14 min. Spätestens dann müssen Sie Ihre Ausführungen abgeschlossen und die Lösung vorgestellt haben.

Neben Himmel und Hölle gibt es weitere Werkzeuge, die Sie im Mittelteil unterstützen. Das sind:

- Die Message-Map
- Die logische Kette und die logische Gruppe
- Das Ungleichgewicht (auch Gegensatz oder Kontrast)
- Der S.T.A.R.-Moment
- Der zweite Wendepunkt

Beim Mittelteil müssen Sie einen Grundsatz immer berücksichtigen: Wenn das Publikum Ihre Inhalte nicht versteht, ist der gesamte Vortrag hinfällig. Die gute Nachricht: Um das zu vermeiden, gibt es einfache Regeln. Die schlechte Nachricht: Obwohl sie die meisten Referenten kennen, werden diese Regeln in der Praxis oft vergessen. Weil sie so wichtig sind, beschäftigen wir uns mit ihnen als Erstes.

5.3.1 Die drei Verständnisprinzipien

Bei der Erstellung von Folien und Grafiken gibt es einige Regeln, die Sie bei der Gestaltung unterstützen – sogenannte **Gestaltungsprinzipien** wie Kontrast, Nähe oder Ausrichtung. Wir betrachten sie im achten Kapitel – *Die Geheimnisse guter Folien* genauer, aber so viel an dieser Stelle: Sie helfen bei einem klaren und einfachen visuellen Aufbau, den das Publikum sofort versteht.

Solche Regeln gibt es auch für Inhalte – deshalb nenne ich sie die **Verständnisprinzipien** (s. Abb. 5.9). Sie helfen dem Referenten, beim Aufbau des Mittelteils an seine Zuhörer zu denken und den gesamten Vortrag klarer zu machen. Sehen wir sie uns an.

Bei Geschäftsvorträgen erwartet Ihr Publikum, dass Sie sich auf die wesentlichen Inhalte fokussieren und prägnant argumentieren. Aber wie viele Inhalte sind noch angenehm und ab wann werden es zu viele Informationen? Die Antwort lautet: Drei. Die zugehörige Regel heißt: Die **Macht der Drei** oder auch **Dreier-Regel.**

Beim Schreiben, Sprechen und Merken ist die Zahl Drei für uns befriedigender als jede andere Anzahl an Informationen [25]. Dafür gibt es zwei Gründe: An drei Inhalte können sich Menschen sehr gut erinnern. Deshalb bestehen viele Unternehmensnamen wie IBM, SAP oder ARD aus drei Buchstaben. Sobald Sie weitere Inhalte hinzufügen, lässt das Merkvermögen erheblich nach [26]. Der zweite Grund: Wenn Sie drei Alternativen haben, treffen Sie einfacher eine Entscheidung als bei vier oder fünf. Viele Menschen tun sich bereits bei den Cornflakes im Supermarkt schwer, weil die Auswahl zu groß ist.

Häufig schlägt bei der Vorbereitung des Vortrags der **Fluch des Wissens** (s. Abschn. 2.5 – *Wenn es mal nicht läuft...*) zu, ohne dass ihn die Referenten bemerken: Weil Inhalte oder Fachbegriffe für sie selbst geläufig sind, nehmen sie automatisch an, dass auch das Publikum dieses Wissen besitzt. Das ist eher selten der Fall. Die **KISS-Regel** erinnert daran, dass Sie die Inhalte einfach halten und direkt zum Punkt kommen: *Keep It Simple and*

Abb. 5.9 Die drei Verständnisprinzipien gelten für jeden Vortrag

Straightforward. Vermeiden Sie umständliche Ausführungen, die das Publikum mehr durcheinanderbringen als Klarheit schaffen. In anderen Worten: Wirre Gedanken formulieren lange Sätze. Und Vorträge.

Oft zeigen Referenten in ihren Vorträgen Daten, Grafiken oder andere Inhalte, die schlichtweg überflüssig sind. Deshalb müssen Sie regelmäßig mental einen Schritt zurücktreten und sich überlegen, welche Inhalte für Ihre Botschaft *wirklich* wichtig sind. Diese Regel heißt **Murder Your Darlings** und bedeutet, dass Sie sich von einigen Inhalten trennen müssen.

Mit großer Wahrscheinlichkeit enthält Ihr Board mehr Inhalte und Notizen, als Sie später im Vortrag verwenden können. Auch wenn es schmerzhaft ist, die besten Ideen, die Ihnen ans Herz gewachsen sind, zu streichen: Niemand im Publikum möchte wirklich *alles* hören. Zusätzlich ist ihre Vortragszeit begrenzt, also müssen Sie eine Wahl treffen. Verwerfen Sie alle Teile, die nicht absolut notwendig sind. Und der beste Filter, den Sie dazu zur Verfügung haben, ist Ihre **Kernaussage:** Streichen Sie rigoros jeden Inhalt, der nichts zu ihr beiträgt.

Natürlich steht es Ihnen frei, wann Sie Ihre Lieblinge ermorden. Nach meiner Erfahrung eignen sich dafür drei Stellen während der Vorbereitung besonders gut: Beim Clustern Ihrer gefundenen Inhalte (s. Abschn. 4.4.4 – *Prüfen und Bewerten*), bei der Erstellung des Mittelteils und unbedingt bei der abschließenden Prüfung Ihres Vortrags (s. Abschn. 10.4 – *Der Qualitäts-Check*).

Auch wenn die Verständnisprinzipien einfach sind: Ihre Anwendung erfordert vom Referenten Zeit und Übung. Sie benötigen Mut und eine Menge Versuch und Irrtum. Trauen Sie sich! Machen Sie sich bewusst, dass ein Großteil des Publikums zufrieden ist, wenn es Ihren Ausführungen folgen konnte. Und das hängt nicht von der Anzahl Ihrer Folien, son-

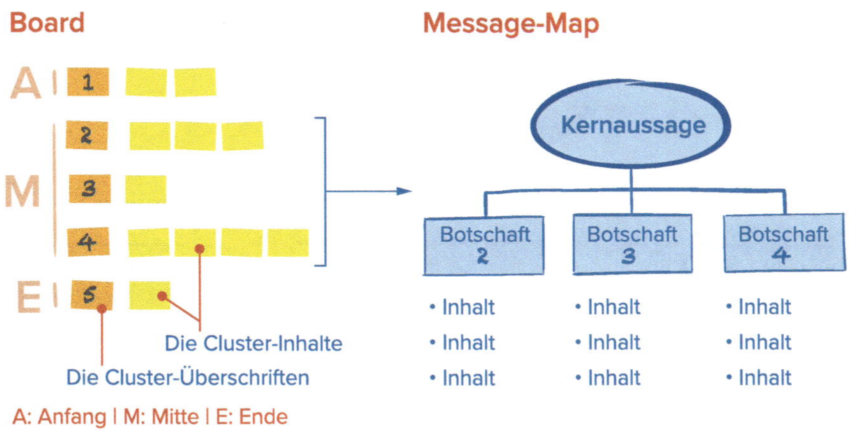

Abb. 5.10 Vom Board zur Message-Map

dern von der Klarheit Ihrer Inhalte ab. Vielleicht hätten es einige Teilnehmer gerne genauer gehabt, aber auch die haben Ihre Botschaft verstanden.

5.3.2 Die Message-Map

Fassen wir an dieser Stelle kurz die bisherigen Vorbereitungsschritte zusammen: Sie haben die Kernaussage und den Vortragstitel formuliert. Sie haben passende Inhalte recherchiert und sie um gemeinsame inhaltliche Kerne – die Cluster – gruppiert. Jeder Cluster besitzt eine Überschrift, die seinen Inhalt in einem kurzen Satz zusammenfasst. Anschließend haben Sie sie in eine sachlogische Reihenfolge gebracht und damit das Board erstellt. Das heißt: Mit dem Board besitzen Sie einen ersten groben Ablauf, der Ihre Inhalte in Anfang, Mittelteil und Ende unterteilt. Jetzt kommt die **Message-Map** ins Spiel.

Die Message-Map ist ein tolles Hilfsmittel, um gezielt die Inhalte des Mittelteils zu strukturieren (s. Abb. 5.10). Sie bricht die Kernaussage in drei Schlüsselbotschaften auf und ordnet jeder Botschaft die passenden Inhalte und Argumente zu. Was Sie dazu brauchen: Papier, Stift und fünf Minuten Zeit.

„Moment mal. Mit dem Board haben wir doch schon eine Struktur. Wozu die Message-Map?“, denken Sie vielleicht. Meine Antwort: Das Board ist ein erster, intuitiver Versuch, *sämtliche* Inhalte zu strukturieren. Aber manchmal ist man mit dem Ergebnis nicht zufrieden. Irgendetwas an der Reihenfolge stimmt nicht, aber man kann es nicht richtig greifen. Hier hilft die Message-Map.

Eine Message-Map erstellen Sie in drei Schritten:

1. *Schreiben Sie die Kernaussage oder das Vortragsthema auf ein Blatt Papier.* Das ist das oberste Element Ihrer Message-Map

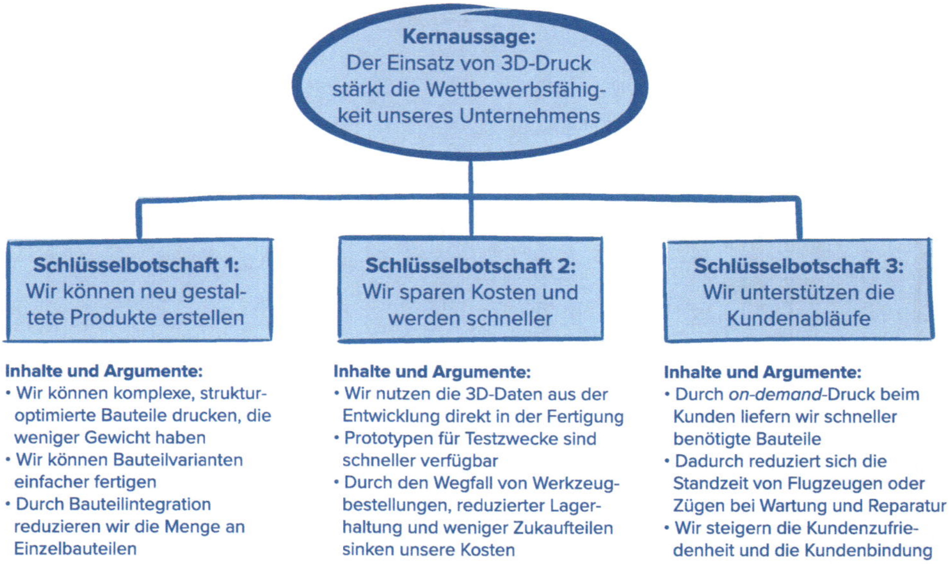

Abb. 5.11 Die Message-Map zum Thema „3D-Druck im Unternehmen"

2. *Unterteilen Sie die Kernaussage in drei Schlüsselbotschaften.* Das sind diejenigen Überschriften der Cluster, die die Kernaussage am stärksten unterstützen. Schreiben Sie sie als Satz unter die Kernaussage
3. *Ordnen Sie jeder Botschaft die passenden Inhalte und Argumente zu.* Beispielsweise die Klebezettel mit Ihren Notizen. Auch Stichworte sind in Ordnung

Sehen wir uns ein Beispiel an. Ein Ingenieur wollte den Vorstand davon überzeugen, das 3D-Druckverfahren im Unternehmen einzuführen. Mit seinem Vorschlag stieß er auf großes Interesse; die anwesenden Manager hofften, auf diese Weise die Produkte günstiger fertigen und schneller liefern zu können. Deshalb konzentrierte sich der Referent in seinem Vortrag vor allem auf die Vorteile für das Unternehmen. Seine Message-Map zeigt Abb. 5.11.

Wichtig: Sämtliche Botschaften und Inhalte des Vortrags müssen stark genug sein, um die Kernaussage an der Spitze der Message-Map zu unterstützen. Ist das nicht der Fall, müssen Sie die betroffene Botschaft ersetzen oder erneut recherchieren. Berücksichtigen Sie die drei Verständnisprinzipien und denken Sie an Ihr Publikum: Was interessiert Ihre Zuhörer am meisten?

Falls Sie bereits den Mittelteil erstellt haben, können Sie seinen Aufbau mit der Message-Map einfach überprüfen. Auf diese Weise erkennen Sie, an welcher Stelle Inhalte falsch platziert sind. Oder sogar fehlen. Seien Sie sicher: Ihr Publikum wird diese Lücken finden. Und Fragen dazu stellen. Die gute Nachricht: Weil Sie das wissen, können Sie entweder die Lücken schließen oder sie offenlassen, um das Publikum aktiv in den Vortrag einzubinden. Beispielsweise wollten die Manager wissen, was die 3D-Druck-Einführung kosten würde. Diese Diskussion führte der Referent nach dem eigentlichen Vortrag. Und weil er mit dieser Frage gerechnet hatte, hatte er sich darauf vorbereitet.

Die Message-Map besitzt einen weiteren wertvollen Vorteil: Wenn sich kurz vor dem Vortrag die Rahmenbedingungen ändern, können Sie den Vortrag einfach anpassen. Wird beispielsweise Ihre Redezeit gekürzt oder der Entscheider verlässt das Meeting früher als geplant, streichen Sie einfach auf der untersten Ebene die unwichtigsten Argumente. Am Aufbau Ihres Mittelteils ändert sich dadurch nichts.

5.3.3 Wie baue ich meine Argumentation auf?

Sobald Sie den Mittelteil strukturiert haben, müssen Sie sich überlegen, wie Sie das Publikum von Ihrer „Großen Idee" überzeugen. Dabei erliegen viele Redner einem gefährlichen Trugschluss: Die **„Große Idee"** spricht nicht für sich selbst! Deshalb müssen Sie sich über eine stichhaltige Argumentation sorgfältig Gedanken machen. Denn Ihre Teilnehmer wollen das *Warum* hinter Ihren Ausführungen verstehen. Andernfalls bleibt Ihre Idee, was sie ist: Eine Idee.

An dieser Stelle eine Warnung: Manche Referenten denken, je mehr Argumente sie bringen, desto überzeugender sind sie. Das ist falsch. Es müssen die *richtigen* Argumente sein. Wie bereits Cicero wusste, kommt es nicht auf die Menge an:

> *Argumente werden gewogen und nicht gezählt.*
> *Cicero* [27]

Welche das sind, hängt vom Vortragsthema ab. Und von Ihren Teilnehmern: Konzentrieren Sie sich auf die Inhalte, die ihnen den größten Nutzen versprechen. Die kennen Sie aus der **Publikumsanalyse** und der **Message-Map.**

Eine logische und stichhaltige **Argumentation** können Sie auf zwei Arten aufbauen: Über die logische Gruppe und die logische Kette. Beide kennen Sie aus Kriminalfilmen: Wenn der Kommissar den Täter ermittelt, indem er das Motiv und den Ablauf der Tat klärt, nutzt er dazu meistens das Prinzip der logischen Gruppe. Mit der logischen Kette beweist der Staatsanwalt, warum der Angeklagte der Täter ist und das Verbrechen begangen hat. Wichtig: Beide müssen wissen, welche Behauptung sie beweisen wollen. Ansonsten wird die Argumentation schwammig, unscharf und brüchig.

Wenden wir die beiden Techniken am Beispiel *Einführung von 3D-Druck* aus dem vorherigen Abschnitt an. Weil Sie bei beiden von oben nach unten vorgehen – von der Kernaussage zu den einzelnen Inhalten – ist die Message-Map eine gute Grundlage, um Ihre Argumentation aufzubauen. Beginnen wir mit der **logischen Gruppe.**

Ziel des Vortrags war, den Managern zu zeigen, dass die Einführung des 3D-Drucks dem Unternehmen deutliche Vorteile bringt. Natürlich wollten sie wissen, welche Vorteile das sind und was die Firma davon hat. In unserem Beispiel sind das mögliche Kosteneinsparungen (linker Zweig in Abb. 5.12). Das führt zur nächsten Frage bei den Teilnehmern:

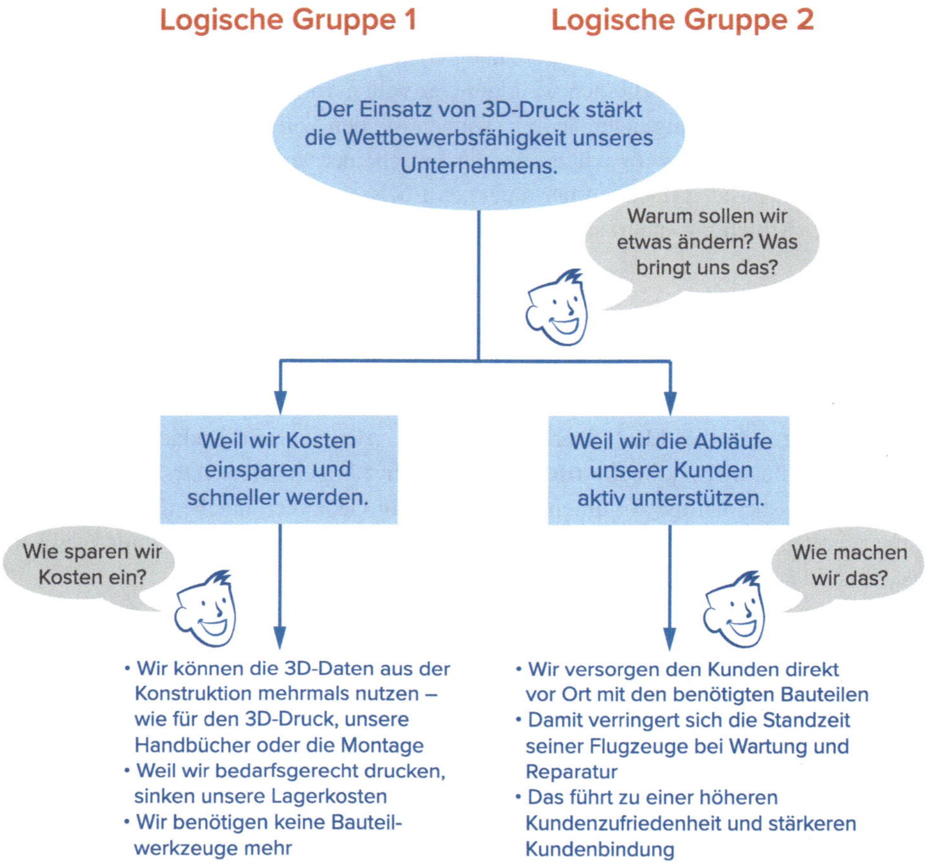

Abb. 5.12 Aufbau und Anwendung der logischen Gruppe. Der linke Zweig zeigt Argumente für Kosteneinsparungen, der rechte Zweig für Kundenunterstützung

Wie und an welchen Stellen sparen wir konkret Kosten ein? Antwort: Durch das Drucken von Bauteilen ersetzen wir einige kostspielige Werkzeuge. Die Argumentation könnte also wie folgt lauten: *Durch das Drucken von Bauteilen benötigen wir keine teuren Werkzeuge mehr, die wir nach ihrem Einsatz zusätzlich einlagern müssen. Diese Einsparung können wir an unsere Kunden weitergeben und stärken auf diese Weise unsere Marktposition.*

An diesem Beispiel erkennen Sie den großen Vorteil der logischen Gruppe: Sie können auf alle Warum-, Wer-, Was- oder Wie-Fragen Ihrer Teilnehmer antworten, beispielsweise: „Was für weitere Vorteile außer Kosteneinsparungen gibt es?"

Allerdings besitzt die logische Gruppe auch Schwächen: Bei zu vielen Details können Sie den roten Faden verlieren oder das Publikum verwirren. Deshalb beschränken Sie sich auf drei bis fünf Gruppen im Vortrag. Und: Diese Technik klappt nur, wenn das Publikum Ihrer Kernaussage zustimmt. Ist das nicht der Fall, lassen sich skeptische Teilnehmer mit dieser Technik nicht überzeugen.

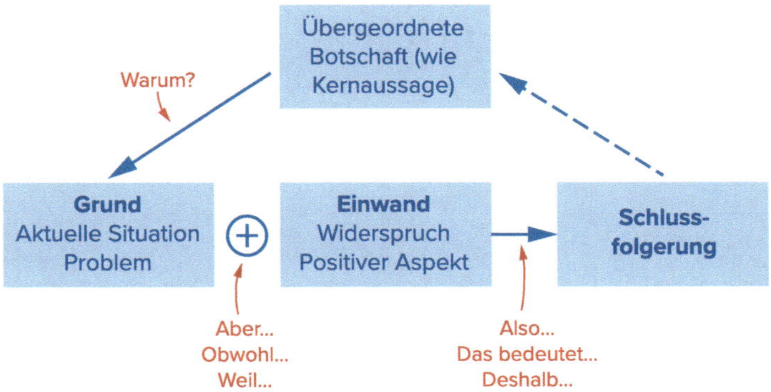

Abb. 5.13 Aufbau der logischen Kette

Aber was mache ich, wenn in meinem Publikum kein Konsens herrscht? Dann bauen Sie die Argumente als **logische Kette** auf.

Wie die logische Gruppe startet auch die logische Kette mit der Kernaussage. Der große Unterschied zwischen beiden ist, dass die Kette ausschließlich die Warum-Frage des Publikums beantwortet. Das bedeutet: Zuerst erklärt der Referent den Grund, warum es wichtig ist, über die Kernaussage zu sprechen. Danach erläutert er mögliche Widersprüche und Einwände – oder verstärkt positive Aspekte. Am Ende zieht er aus beiden Ausführungen die Schlussfolgerung. Normalerweise entspricht sie der anfänglichen Kernaussage – nur etwas detaillierter.

Abb. 5.13 zeigt den beschriebenen Ablauf in Form einer Schablone, bei der die drei Kettenglieder durch Bindewörter verknüpft sind. Auf diese Weise können Sie eine logische Kette einfach erstellen.

Kommen wir erneut zum Vortrag *Einführung von 3D-Druck* zurück: Am Ende des Vortrags genehmigten die Manager eine Versuchsreihe, um die dargestellten Vorteile genauer zu untersuchen. Dazu wollte der Projektleiter konventionell gefertigte und gedruckte Bauteile miteinander vergleichen. Kurz vor Beginn entdeckte er Fehler im Versuchsablauf. Deshalb wollte er eine einwöchige Verschiebung erreichen, um die gefundenen Fehler zu korrigieren. Wie würde eine logische Kette in diesem Fall aussehen?

Abb. 5.14 zeigt, wie der Projektleiter seine Argumentation mithilfe der logischen Kette aufbauen könnte: *Der Versuchsaufbau sollte um eine Woche verschoben werden, da wir Fehler im Versuchsablauf entdeckt haben. Weil diese Fehler das Ergebnis verfälschen, sind keine verlässlichen Aussagen hinsichtlich des Einsatzes von 3D-Druck im Serienbetrieb möglich. Deshalb schlagen wir eine einwöchige Terminverschiebung vor, damit das Team die Fehler beseitigen kann und ein fehlerfreier Versuchsablauf möglich ist.*

Natürlich stellten die Manager bei den einzelnen Kettengliedern zusätzliche Fragen. Sie wollen wissen, um welche Fehler es sich handelt, warum sie das Ergebnis verfälschen und wie sie das Team beseitigt. Diese Fragen beantworten Sie mit einer logischen Gruppe (untere Hälfte in Abb. 5.14). Das bedeutet, dass Sie in der Praxis meistens beide Techniken gleichzeitig anwenden.

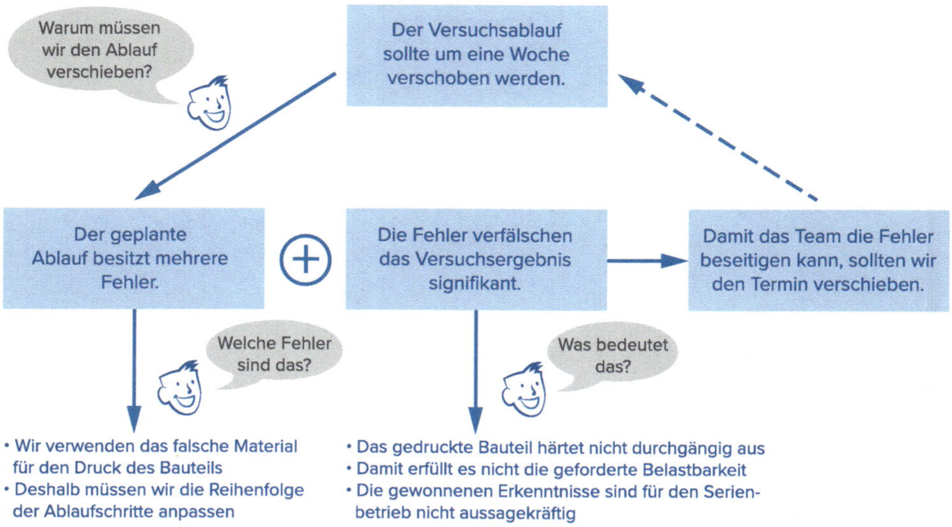

Abb. 5.14 In der Praxis wenden Sie häufig beide Argumentationstechniken gleichzeitig an. Mit jedem Kettenglied ist eine logische Gruppe verknüpft

Das Gute an der logischen Kette: Sie holen die Zuhörer direkt bei ihrem Problem ab und erklären ihnen, warum Ihre „Große Idee" der richtige Weg zum Ziel ist – mit allen Vor- und Nachteilen. Allerdings besitzt die logische Kette ein schwerwiegendes Manko: Sobald ein einziges Argument in der Kette widerlegt wird, bricht die gesamte Argumentation zusammen. In Abb. 5.15 sehen Sie beide Techniken nochmals zusammengefasst.

5.3.4 Klar und deutlich: Die MECE-Regel

Klare und nachvollziehbare Argumente hängen nicht nur von ihrem Aufbau, sondern auch von den gewählten Inhalten ab: Je eindeutiger sie sind, desto einfacher kann sie das Publikum verstehen. Dabei hilft Ihnen die **MECE-Regel,** die von der Expertin **Barbara Minto** stammt.

MECE ist eine Abkürzung für Mutually Exclusive, Collectively Exhaustive und bedeutet im Deutschen etwa *sich gegenseitig ausschließend und insgesamt erschöpfend.* Genauer: Mutually Exclusive heißt, dass sich die Inhalte deutlich unterscheiden und nicht überlappen („Hey – über die Kosten haben wir doch schon gesprochen?"). Mit Collectively Exhaustive stellen Sie sicher, dass Sie nichts vergessen haben. Wenn Sie beispielsweise über Ihre Mitbewerber sprechen, sollten Sie sicherstellen, dass Sie Ihre wichtigsten Konkurrenten berücksichtigt haben. Was sich kompliziert anhört, kennen Sie bereits aus Abschn. 4.4 – *Ideen, Recherche und Bewertung:* Es geht um nichts anderes als das strukturierte Sammeln und Gruppieren gleichartiger Inhalte.

Logische Gruppe

Anwendung: Wenn im Publikum Konsens über die Inhalte herrscht. Der Referent untermauert ein Ergebnis oder möchte eine Aktion auslösen

Prinzip: Die logische Gruppe beantwortet die Wer-, Wie-, Warum- oder Was-Fragen des Publikums

Vorteil: Wird ein Argument entkräftet, besitzt dies keine Auswirkung auf die Schlüsselbotschaften. Das Publikum kann der Argumentation weiterhin folgen

Nachteil: Diese Argumentationstechnik überzeugt kein Publikum, bei dem über die Inhalte kein Konsens herrscht

Logische Kette

Anwendung: Wenn ein Konsens im Publikum erzielt oder eine Maßnahme begründet werden soll. Die Beweisführung steht im Vordergrund

Prinzip: Die logische Kette beantwortet nur die Warum-Frage. Dies geschieht mit dem Grund, dem Einwand und der Schlussfolgerung

Vorteil: Der Zusammenhang zwischen den einzelnen Argumenten ist eindeutig nachvollziehbar. Es wird deutlich, wie der Lösungsweg zum Ziel funktioniert

Nachteil: Widerlegt das Publikum ein einziges Kettenglied, bricht die gesamte Argumentationskette auseinander

Abb. 5.15 Übersicht der Argumentationstechniken – Logische Gruppe versus logische Kette

Betrachten wir erneut die Einführung des 3D-Drucks. Wie Sie in der Message-Map in Abb. 5.11 sehen, spricht der Referent über drei Bereiche: Neue Produkte, Einsparung von Kosten und Kundenabläufe. Inhalte wie Werkzeugkosten oder leichteres Gewicht können Sie sofort dem passenden Bereich zuordnen. Aber was ist mit der Frage, das Produkt erst dann „on-demand" zu drucken, wenn es gebraucht wird? Die Antwort können Sie sowohl den Kosten als auch den Kundenabläufen zuordnen. Eine solche *Doppelzuordnung* ist immer ein Anzeichen dafür, dass Sie die Bereiche oder das Argument eindeutiger formulieren müssen.

Das ist der große Vorteil der MECE-Regel: Sie zwingt Referenten dazu, klar darüber nachzudenken, wie sie dem Publikum ihre Inhalte erklären. Einfach statt kompliziert. Deshalb eignet sich dieses Vorgehen auch ausgezeichnet zur inhaltlichen Vorbereitung von Meetings.

Manchmal begegnet Ihnen in der Literatur das **GÜTE-Siegel** [28]. Dabei stehen die einzelnen Buchstaben für *gleichartig, überschneidungsfrei, treffend* und *erschöpfend.* Sie haben es sicher schon vermutet: Dieselbe Idee wie bei der MECE-Regel. Nur andere Buchstaben.

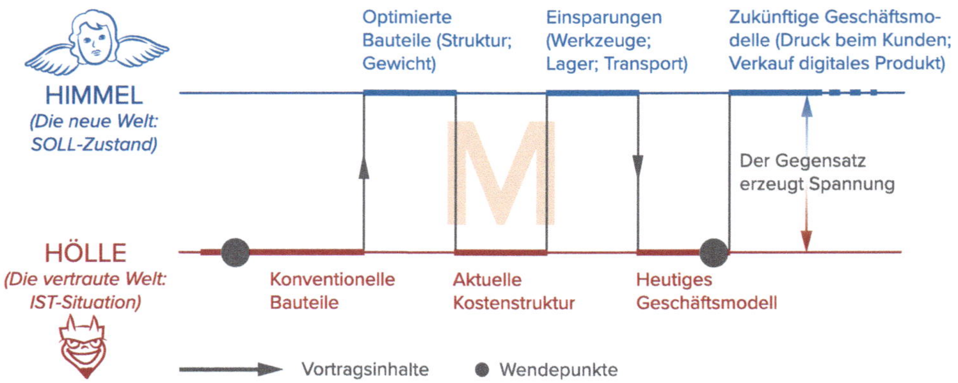

Abb. 5.16 Die eingesetzten Kontraste (Gegensätze) beim Vortrag „Einführung von 3D-Druck"

5.3.5 Der Kontrast oder Gegensatz

Unser Leben besteht aus einer Vielzahl von Kontrasten: Hell und Dunkel. Gut und Böse. Problem und Lösung. Deshalb fühlen wir uns automatisch zu ihnen hingezogen. Für Vorträge bedeutet das: Bekannte Inhalte geben den Zuhörern Sicherheit, aber neue Erkenntnisse sind aufregend. Diese **Gegensätze** erzeugen eine Spannung, die wir uns zunutze machen können. Weil das Publikum wissen will, wie die „Große Idee" das Problem löst.

Jeder **Kontrast** macht das Publikum neugierig: Wie passt etwas zusammen, das sich eigentlich ausschließt? Welcher Konflikt entsteht daraus? Und warum ist das so? Wenn sich das Publikum diese Fragen stellt, zappelt es bereits am Haken. Die Teilnehmer wollen wissen, ob ihre Anschauungen und die des Referenten übereinstimmen. Deshalb ist es wichtig, Kontraste zu identifizieren, anzusprechen und wieder aufzulösen. Das können Sie auf drei Arten tun: Inhaltlich, inszenatorisch oder durch die Einführung eines Gegenspielers.

Um einen **inhaltlichen Kontrast** zu erzeugen, führen Sie den Dreisprung Problem – Ursache – Lösung durch. In anderen Worten: Der Vergleich zwischen IST- und SOLL-Zustand. Himmel und Hölle. In Abb. 5.16 sehen Sie, welche inhaltlichen Gegensätze der Redner bei seinem Vortrag *Einführung von 3D-Druck* betont hat. Am Ende des Mittelteils forderte er die Manager einfach auf, sich den Gewinn der neuen Geschäftsfelder nach einem Jahr vorzustellen. Alternativ hätte er den Kontrast mit *Was wäre, wenn...* einleiten können – ein Satz, mit dem viele Ideen und Träume beginnen.

Viele Referenten befürchten, dass ihre Vortragsinhalte keine Kontraste enthalten. Die gute Nachricht: Sie existieren überall um uns herum – und sind im beruflichen Umfeld der Auslöser für die meisten Geschäftsvorträge. Wählen Sie für ein schnelles Brainstorming ein beliebiges Kontrastpaar aus Abb. 5.17. Anschließend arbeiten Sie die gefundenen Gegensätze in Ihrem Vortrag deutlich heraus. Und wenn Sie das Wort *Kontrast* einfach durch den Begriff *Konflikt* ersetzen, kristallisieren sich die beiden Gegenpole noch deutlicher heraus.

Abb. 5.17 Diese Kontrastpaare beschreiben inhaltliche Konflikte, die im Geschäftsumfeld auftreten

Problem	Lösung
Opfer / Verlust	Belohnung
Held / Produkt / Unternehmen	Schurke / Mitbewerber
Vergangenheit / Gegenwart	Zukunft
Schnelligkeit	Ausdauer
Bedarf	Erfüllung
Ehrgeiz	Bescheidenheit
Perspektivlosigkeit	Vision / Idee
Stillstand	Wachstum
Hindernis / Einschränkung	Freiheit
Budget	Qualität

Manchmal erkennt das Publikum einen Kontrast nicht sofort. Oder kann seine Auswirkungen schlecht einschätzen. In diesem Fall ist es hilfreich, einen **Gegenspieler** oder **Antagonisten** einzuführen, der den Konflikt deutlicher macht. Das kann ein Mensch, aber auch ein konkurrierendes Unternehmen, ein besseres Produkt oder eine schnellere Software sein – wie die veraltete Liefersoftware, die zu einer hohen Unzufriedenheit bei den Kunden führte (s. Abb. 5.4).

Ein prominentes Beispiel für einen solchen Konflikt ist Steve Jobs und die Firma IBM. In den achtziger Jahren beherrschte IBM den weltweiten Markt für Personal Computer. Weil er sie als anwenderunfreundlich und hässlich empfand, hatte Steve Jobs den starken Wunsch, etwas Eleganteres und Einfacheres zu kreieren. Als er 1984 den ersten Macintosh-Computer auf dem Markt brachte, unterstützte er die Einführung durch den **1984-Werbespot,** der den Geist von George Orwells gleichnamigen Roman atmete [29]. War das nicht bereits ein Hinweis auf die Vorherrschaft von IBM – der Spot wurde auch überwiegend in einem blauen Farbschema produziert, der damaligen IBM-Logofarbe.

Da der Gegenspieler ein unverzichtbarer Bestandteil ist, um Inhalte interessant zu gestalten, kommen wir auf ihn im Kap. 6 – *Geschichten und Geschäftsvorträge* zurück.

Auch bei der **Inszenierung** Ihres Vortrags können Sie Kontraste anwenden. Der übliche Ablauf: Der Referent zeigt und kommentiert seine Folien. Ermüdend und unspektakulär für das Publikum. Das bedeutet: Weichen Sie von dieser Vorgehensweise bewusst ab! Beispielsweise, indem Sie Requisiten zeigen. Binden Sie das Publikum mit Flipchart & Co. aktiv ein. Ändern Sie die Sprechgeschwindigkeit. Bewegen Sie sich durch den Raum. Jetzt sind Ihre Zuhörer hellwach. Weitere Beispiele finden Sie in Abb. 5.18 sowie in Abschn. 10.2 – *Müssen es immer Folien sein?* und Abschn. 11.3 – *Während des Vortrags*.

Der Dirigent **Benjamin Zander** besitzt eine ansteckende Leidenschaft für klassische Musik. Viele Menschen, so ist er überzeugt, haben in der heutigen hektischen Zeit verlernt, die Schönheit in diesen Kompositionen zu hören. Deshalb schwindet das Interesse für diese Musik zunehmend; einige Kritiker sagen sogar ihren Tod voraus. Das kann Zan-

Übliche Methode	Alternative Methode
Sie präsentieren nüchterne Zahlen, Daten und Fakten	Sie erzählen Geschichten und Beispiele
Sie sprechen in ernsten, seriösen oder monotonen Tonfall	Sie sprechen mit Humor und echter Begeisterung
Sie verwenden viele Folien und lesen sie ab	Sie reduzieren die Folienanzahl und verwenden alternative Medien wie Requisiten oder Flipcharts
Sie sprechen über das Produkt	Sie zeigen das Produkt
Ihr Publikum bleibt unbeteiligt und passiv. Es findet kein Austausch statt	Sie beziehen Ihr Publikum aktiv in den Vortrag ein, beispielsweise durch Fragen, Spiele, Aufgaben, Schreiben oder Skizzieren
Sie stehen unbeweglich hinter dem Rednerpult	Sie bewegen sich im Vortragsraum und nutzen ihn als Ihre Bühne

Abb. 5.18 Möglichkeiten für die Vortrags-Inszenierung – durch Vortragsstil und Vortragsmethodik

der nicht akzeptieren. In seinen Vorträgen lehrt er das Publikum, diese Eleganz wieder bewusst wahrzunehmen. Bei manchen Menschen, für die Klassik häufig nichts anderes ist als ein Hintergrundgeräusch im Fahrstuhl, ist das ein anspruchsvolles Ziel.

Wie gelingt ihm das? Während seines Vortrags wechselt Benjamin Zander zwischen gesprochenem Text und klassischen Stücken, die er auf einem Flügel spielt. Er erzählt Geschichten vom mühseligen Üben beim Erlernen eines Instruments. Er erklärt einige Grundlagen der Musiktheorie und bringt den Menschen bei, ihre Wirkung in der Musik zu hören. Das Publikum beginnt zu verstehen, was der Komponist mit ihrem Einsatz bezweckt hat. Zander verlässt die Bühne, geht in den Zuschauerraum – und lässt das Publikum sogar singen! [30]

Von Benjamin Zander können wir einiges lernen. Beim *Einführung von 3D-Druck*-Vortrag könnten wir seine Methoden wie folgt anwenden: Sprechen Sie die Teilnehmer direkt an und fragen Sie sie, was sie über den 3D-Druck wissen. Führen Sie auf einer Flipchart eine einfache Beispielrechnung durch, bei der Sie die Kosten zwischen einem konventionell hergestellten und einem gedruckten Bauteil vergleichen. Zeigen Sie ein gedrucktes Bauteil, das vielleicht sogar von einem Mitbewerber stammt. Oder führen Sie eine Live-Demonstration durch – viele Haushalte besitzen mittlerweile einen einfachen 3D-Drucker, den Sie mitbringen könnten.

Mit dem Kontrast besitzen Sie ein mächtiges Instrument, das die Zuhörer motiviert, eine bestehende Situation zum Besseren zu verändern. Deshalb arbeiten Sie in jedem Vortrag den vorhandenen Kontrast deutlich heraus. Aber Vorsicht: Setzen Sie dabei Inszenierungen oder Gegenspieler überlegt ein. Hier gilt: Weniger ist mehr. Das trifft auch für das nächste Werkzeug zu.

Benjamin Zander

Der Dirigent Benjamin Zander vermittelt in seinen Vorträgen die Schönheit und Tiefsinnigkeit klassischer Musik. Dazu spielt er eine Sonate von Chopin. Anschließend fordert er die Zuhörer auf, die Augen zu schließen. Mit den Worten „Denken Sie an jemanden, den Sie sehr geliebt haben und der jetzt nicht mehr bei Ihnen ist", spielt er das Stück ein zweites Mal. Weil sie dieses Mal mit dem Herzen zuhören, verstehen die Menschen intuitiv, was Chopin fühlte, als er die Sonate komponierte

Riccardo Sabatini

Der Wissenschaftler Riccardo Sabatini forscht an der Codierung unserer DNA, um daraus Behandlungen für Krankheiten wie Krebs zu personalisieren.
2016 lud er Dr. Craig Venter, der als erster die menschliche Gensequenz vollständig entschlüsselte, zu sich auf die Bühne ein – zur Überraschung des Publikums nicht als Person, sondern als komplette Genom-Sequenz, gedruckt in 180 Büchern mit über 260.000 Seiten. Jeder Zuhörer verstand sofort, welche ungeheure Menge an Informationen die menschliche DNA beinhaltet

Abb. 5.19 Zwei Beispiele für einen beeindruckenden S.T.A.R.-Moment

5.3.6 Ein besonderer Augenblick: Der S.T.A.R.-Moment

Als der Referent in seinem Vortrag die Aufwände und Chancen des 3D-Drucks erklärt hatte, sagte er abschließend: „Stellen Sie sich die neuen Geschäftsmodelle vor, die in dieser Technik schlummern." In diesem Augenblick stellten sich alle Manager dieselbe Frage: Könnte diese Technik wirklich so lukrativ für uns sein? Dieser Gedanke blieb wochenlang in ihren Köpfen hängen und zog viele weitere Meetings nach sich.

Der Präsentationsprofi **Nancy Duarte** nennt solche Augenblicke den **S.T.A.R.-Moment** [31]. S.T.A.R. ist die Abkürzung für *Something They'll Always Remember* (Frei übersetzt: Etwas, an das man sich erinnert) und beschreibt einen Moment, in dem das Publikum eine besondere Erkenntnis gewinnt – deshalb wird er auch als **Aha-Moment** bezeichnet. Aber egal, wie Sie ihn nennen – dieser Moment verknüpft das Gehirn automatisch mit der „Großen Idee" und verankert sie tief im Gedächtnis. In anderen Worten: Darüber sprechen die Teilnehmer nach dem Vortrag in der Kaffeepause und erzählen ihn weiter. Zwei beeindruckende Beispiele habe ich in Abb. 5.19 beschrieben.

Der S.T.A.R.-Moment ist ein ehrlicher und aufschlussreicher Augenblick im Vortrag, der dazu beiträgt, die „Große Idee" zu *verdeutlichen* und nicht von ihr abzulenken. Deshalb ist es wichtig, dass er zum Publikum passt und nicht künstlich oder aufgesetzt wirkt. Im Geschäftsumfeld ist er häufig leise und unspektakulär. Atemberaubende Augenblicke wie bei **Benjamin Zander** oder **Riccardo Sabatini** [32] kommen eher selten vor.

Und damit Sie den Eindruck billiger Effekthascherei vermeiden: Ein S.T.A.R.-Moment ist im Vortrag völlig ausreichend.

Aber wie erzeugen Sie einen S.T.A.R.-Moment? Die gute Nachricht: Er ist eng mit dem **Save-the-Cat-Moment** verwandt. Deshalb können Sie bei seiner Erstellung genauso wie bei der Katzenrettung vorgehen (s. Abschn. 5.2.2 – *Retten Sie die Katze*). Der Unterschied ist der Zeitpunkt des Auftretens beider Momente im Vortrag: Der Save-the-Cat-Moment weckt das Interesse des Publikums am Vortragsanfang. Den S.T.A.R.-Moment können Sie im Mittelteil an jeder beliebigen Stelle einsetzen – dort, wo er hinpasst. Sowohl im Himmel als auch in der Hölle.

Es gibt fünf Arten von S.T.A.R.-Momenten:

- **Anschauliche Bilder:** Ein Bild sagt wirklich mehr als tausend Worte – und das richtige Bild erzeugt genauso viele Emotionen. Daran erinnert sich das Publikum lange – wie bei Riccardo Sabatini
- **Plastische Geschichten:** Durch Geschichten verpacken Sie Ihre Inhalte auf eine Weise, die sich das Publikum leicht merken kann. Benjamin Zander erzeugt mit der Geschichte von Chopin bei den Zuhörern eine starke Verbindung
- **Wiederkehrende Aussagen:** Klare Botschaften wirken wie Zeitungs-Schlagzeilen und können als Leitspruch für das Publikum dienen. Mit seiner starken und einfachen Botschaft *Yes We Can* gewann Barack Obama die Wahl zum Präsidenten
- **Einprägsame Inszenierungen:** Kleine Darstellungen zeigen die konkrete Anwendung der „Großen Idee". Das können Requisiten, ein Produkt oder eine Szene aus dem Arbeitsalltag sein
- **Aufrüttelnde Inhalte:** Daten und Fakten lügen nicht. Wenn Zahlen und Erkenntnisse nicht den Erwartungen entsprechen, dann beschönigen Sie sie nicht; weisen Sie explizit darauf hin

Über Stories und Inszenierungen unterhalten wir uns in Kap. 6 – *Geschichten und Geschäftsvorträge* und in Abschn. 7.5 – *Inhalte zeigen* noch ausführlich; mit Aussagen und Botschaften haben wir uns bereits in Kap. 4 – *Thema (nicht) verfehlt* beschäftigt. Deshalb möchte ich nachfolgend ein Beispiel zeigen, in dem es um die Punkte *aufrüttelnde Inhalte* und *anschauliche Bilder* geht.

Einem Unternehmen stand ein behördliches Audit kurz bevor. Das beinhaltete auch die Prüfung des Management-Handbuchs. Das ist eine Art „Unternehmens-Betriebsanleitung", in der unter anderem die internen Abläufe beschrieben sind. Im Vorfeld stellte der verantwortliche Projektleiter fest, dass von den untersuchten 132 Dokumenten 108 nicht dem notwendigen Standard entsprachen, veraltet waren oder von den Mitarbeitern falsch angewendet wurden. Die Folge: Mit diesem Ergebnis würde das Unternehmen das Audit nicht bestehen. Die Manager waren bestürzt, da sie bis zu diesem Zeitpunkt von der hohen Güte ihres Handbuchs überzeugt waren.

Wie hat der Projektleiter den S.T.A.R.-Moment erzeugt? Er stellte das Ergebnis auf einer animierten Folie dar, die Sie in Abb. 5.20 oben sehen.

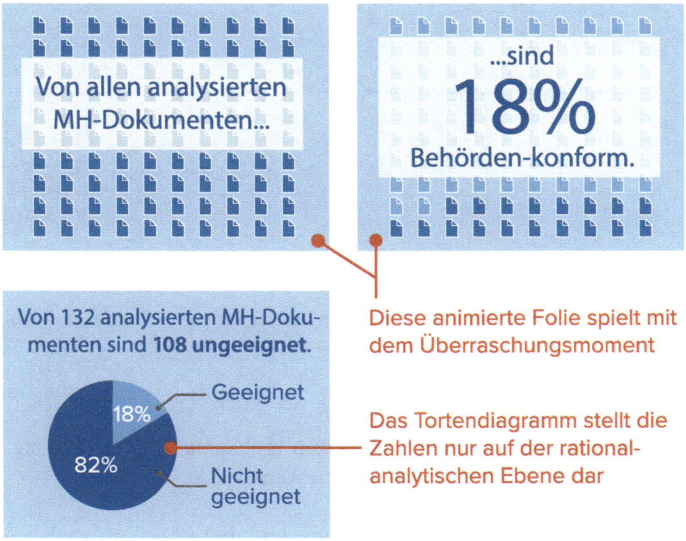

Abb. 5.20 Die obere und die untere Folie beinhalten dieselben Informationen. Aufgrund der Darstellung unterscheiden sie sich in ihrer Wirkung auf das Publikum

In der Folie standen anfangs die 100 Symbole für die Gesamtheit aller untersuchten Dokumente. Anschließend ließ der Projektleiter durch eine **Animation** den fehlerhaften Anteil verblassen; der übrig gebliebene Rest zeigte eindrucksvoll, dass der Anteil an behördenkonformen Dokumenten verschwindend gering war. Und das Erstaunen war bei den Managern umso größer.

Natürlich hätte der Projektleiter auch das übliche Tortendiagramm wählen können (s. Abb. 5.20 unten). Er entschied sich allerdings bewusst dagegen, weil er nicht die analytischen Zahlen, sondern den drastischen Gegensatz zwischen guten und schlechten Dokumenten betonen wollte. Was denken Sie – welche der beiden Darstellungen blieb dem Publikum länger im Gedächtnis?

5.3.7 Die Aufforderung zum Handeln: Der 2. Wendepunkt

Jeder Vortrag beinhaltet einen Vorschlag, den Sie dem Publikum anbieten: Die veraltete Liefersoftware austauschen. 3D-Druck einführen. Ein neues Produkt entwickeln. Oder neue Ressourcen für ein Projekt freigeben.

Weil Sie durch das Pendeln zwischen Hölle und Himmel genügend Hinweise gegeben haben, ahnt das Publikum, wie Ihr Vorschlag – die Lösung – aussieht. Beschreiben Sie sie an dieser Stelle nochmals deutlich, damit allen Teilnehmern bewusst ist, welche Belohnung auf sie wartet, wenn sie die Lösung verwirklichen. Das passiert am **zweiten Wendepunkt.** Abb. 5.21 stellt den Ablauf am Beispiel des Vortrags *Einführung von 3D-Druck* dar.

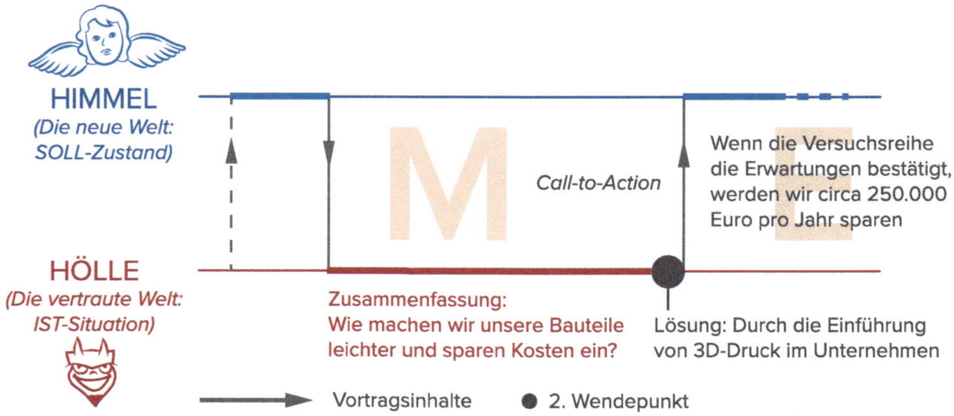

Abb. 5.21 Mit der Zusammenfassung der einzelnen Probleminhalte, der Lösung und der Handlungsaufforderung endet der Mittelteil beim zweiten Wendepunkt

Wichtig: Seien Sie ehrlich und machen Sie dem Publikum unmissverständlich klar, dass der Weg zum Himmel mit Anstrengungen und harter Arbeit verbunden ist. Oder wie es ein Projektmitglied in einem Meeting treffend formuliert hat: *„Den Fortschritt gibt es nicht umsonst. Wir müssen unseren Vorgesetzten auch die Rechnung dafür präsentieren."* Der Weg ist anspruchsvoll, aber am Ende wird er sich für jeden einzelnen Teilnehmer lohnen.

Und jetzt kommt der entscheidende Moment: Wenn Sie das bestehende Ungleichgewicht deutlich gezeigt haben, hat das Publikum den Wunsch, das Gleichgewicht wiederherzustellen. Den Weg zum Himmel haben Sie mit Ihrer Lösung gerade beschrieben; jetzt sind Ihre Teilnehmer am Zug. Ist der Wunsch stark genug, wird sich das Publikum aus seiner Komfortzone begeben und die **erste Schwelle** in die unbekannte Welt **überschreiten.** Weil es versteht, dass sich das Risiko und die Arbeit dafür lohnen. Und weiß, dass Sie es als Mentor auf diesem Weg begleiten.

Lassen Sie Ihre Zuhörer in diesem Moment mit der Lösung nicht allein! Sagen Sie ihnen *konkret,* was sie jetzt tun müssen – andernfalls wird nichts passieren. Das ist der sogenannte **Call-to-Action** – fordern Sie das Publikum zum **Handeln** auf. Aber wie machen Sie das? Indem Sie diejenigen Teilnehmer direkt ansprechen, die Sie und Ihre Idee am besten unterstützen. Das sind mehr, als es auf den ersten Blick scheint.

In jedem Publikum gibt es Menschen, die aufgrund ihrer Position oder Expertise bestimmte Aufgaben besonders gut ausführen können. Deshalb überlegen Sie als erstes, wer diese Teilnehmer sind und was sie für Sie tun können. Anschließend bitten Sie sie, eine konkrete Aufgabe zu erledigen: Beispielsweise soll der Manager über das weitere Vorgehen entscheiden. Oder der Abteilungsleiter soll Mitarbeiter für die Planung und für die eigentliche Arbeit bereitstellen. Aus welchen einzelnen Typen sich Ihr Publikum zusammensetzt und wie Sie sie am besten ansprechen, zeigt Abb. 5.22 [33]. Dabei kann jeder Teilnehmer mehrere Typen gleichzeitig verkörpern – wie Entscheider und Ideengeber.

	Entscheider	Unterstützer	Umsetzer	Ideengeber
WER SIE SIND	Geschäftsführer Kunden Manager	Manager Abteilungsleiter Teamleiter	Mitarbeiter Dienstleister Lieferanten	Alle Beteiligten Berater
WAS SIE FÜR SIE TUN KÖNNEN	Entscheider treffen die grundlegenden Entscheidungen. Sie geben den Startschuss und stellen das Budget bereit	Unterstützer motivieren andere Menschen für Ihre „Große Idee". Und sie stellen operative Ressourcen zur Verfügung	Umsetzer sind Ihre Arbeitsbienen, ohne die nichts geht. Sobald sie verstanden haben, was sie tun müssen, erfüllen sie ihre Aufgaben	Ideengeber betrachten die Idee aus neuen Blickwinkeln und erzeugen so weitere Ideen oder Inhalte
WIE SIE SIE ANSPRECHEN	**Direkt:** *Die Entscheidung, die Sie treffen müssen, ist…*	**Auffordernd:** *Zur Umsetzung brauchen wir diese Ressourcen: …*	**Erklärend:** *Diese Aufgaben tragen zum Erfolg bei, weil …*	**Motivierend:** *Welche Aspekte haben wir noch nicht bedacht?*

Abb. 5.22 Diese vier Teilnehmertypen im Publikum helfen dem Referenten bei der Umsetzung seiner Lösung

Jetzt entscheidet sich, ob das Publikum auf Ihrer Seite steht! Deshalb müssen die Aufgaben klar formuliert und einfach ausführbar sein. Jeder Teilnehmer muss erkennen, dass ihm sein Handeln einen Vorteil bringt oder einem gemeinsamen Ziel dient. Sobald das den Menschen bewusst ist, fällt es ihnen einfacher, ihre Aufgaben anzunehmen. In diesem Augenblick betreten sie die unbekannte Welt.

Der Call-to-Action am Ende des Mittelteils bedeutet nicht, dass Sie den Vortrag mit einer gefühlten *To-Do-Liste* für das Publikum beenden sollen. Das motiviert niemanden. Besser ist es, die Teilnehmer an den Himmel zu erinnern. Und an die Belohnung, die am Ende der Reise auf sie wartet. Das passiert am Vortragsschluss.

5.4 Was nun: Das Vortragsende

Das **Vortragsende** hat es schwer. Nach dem Mittelteil geht vielen Referenten die Puste aus. Sie wollen den Vortrag rasch hinter sich bringen und straucheln kurz vor dem Ziel. So verlieren sie das Publikum auf den letzten Streckenmetern.

Zuhörer erinnern sich an Inhalte, die sie zuletzt gehört haben, lebhafter als an Punkte, die Sie am Anfang oder im Mittelteil angesprochen haben [34]. Mehr noch: Der Kognitionspsychologe **Daniel Kahneman** fand heraus, dass ein schlechtes Ende die Erinnerung an das *gesamte* Ereignis beeinflusst [35]. Das heißt: War das Ende schlecht, war alles schlecht.

Egal, ob es sich um einen Film, ein Buch oder einen Vortrag handelt. Deshalb: Schaffen Sie ein positives Ende, das beschreibt, wie das Problem gelöst ist oder was der Kunde mit dem Produkt anfangen kann.

Das Vortragsende besitzt nur zwei **Aufgaben,** die allerdings umso bedeutsamer sind:

- *Beschreiben Sie dem Publikum, wie seine neue Welt aussieht und was alles besser oder einfacher wird.* Machen Sie den Teilnehmern in einfachen Worten klar, dass die Belohnung am Ende der Reise den Einsatz und die Entbehrungen wert ist
- Ein überzeugtes Publikum brennt darauf, nach dem Vortragsende aktiv zu werden. *Richten Sie einen klaren und direkten Appell an Ihr Publikum:* Was soll es als erstes nach dem Vortragsende tun?

Halten Sie das Ende kurz und knackig. Sein **Umfang** an der gesamten Vortragszeit beträgt ungefähr 10 %. Bei einem 20-minütigen Vortrag sind das zwei Minuten. Viele Referenten denken, dass dies zu wenig Zeit ist. Aber: Sie haben bereits überzeugende Argumente gebracht, die Lösung vorgestellt und den Weg zum Himmel gezeigt. Jetzt müssen Sie nur noch dafür sorgen, dass Ihr Publikum die Schwelle endgültig überschreitet. Dabei unterstützen Sie zwei weitere Hilfsmittel: Die Belohnung und der Appell.

Aber Vorsicht: Wie bei allen anderen Werkzeugen gilt auch hier, sie überlegt und wohldosiert im Geschäftsumfeld einzusetzen. Andernfalls haben manche Teilnehmer das Gefühl, Sie wollten sie mit dem Vortragsende manipulieren.

5.4.1 Die Belohnung und der Appell

Kommen wir zu unserem Gehirn-Bibliothekar aus dem Abschn. 2.4.3 – *Wie lange soll ein Vortrag dauern?* zurück. Bislang ist er aufmerksam Ihren Ausführungen gefolgt; jetzt müssen Sie ihn überzeugen, dass Ihre Vortragsinhalte bedeutsam genug sind, sie im Langzeitgedächtnis zu speichern.

Am besten funktioniert das, wenn Sie ihm die neue, zukünftige Welt beschreiben und nochmals den Nutzen für ihn deutlich erklären. Kurz: An seine **Belohnung** erinnern. Was genau wird besser, schöner oder angenehmer im Vergleich zur heutigen Welt? Sind das bessere Projektergebnisse, mehr Kunden oder kürzere Lieferzeiten? Aus diesem Grund *muss* das Vortragsende auf der Himmel-Ebene *(die neue Welt)* liegen (s. Abb. 5.23). Erst, wenn das Publikum mehr Erkenntnisse besitzt als zu Beginn des Vortrags, ist es offen für die kommende Veränderung. Damit beginnt der nächste Reiseabschnitt – mit Ihnen als begleitender Mentor.

Bei einer starken Belohnung überschreiten die meisten Teilnehmer die Schwelle am Ende des Vortrags voller Tatendrang. Manchmal gibt es auch Teilnehmer, die davor zögern; deshalb unterstützen Sie sie, indem Sie ihnen sagen, welchen konkreten ersten Schritt sie nach dem Vortrag machen sollen. Dieser **Appell** ist ähnlich wie der Call-to-Action – der Unterschied liegt darin, dass Sie jetzt das gesamte Publikum ansprechen. Sein Zweck: Letztmalig allen Anwesenden den Nutzen deutlich machen.

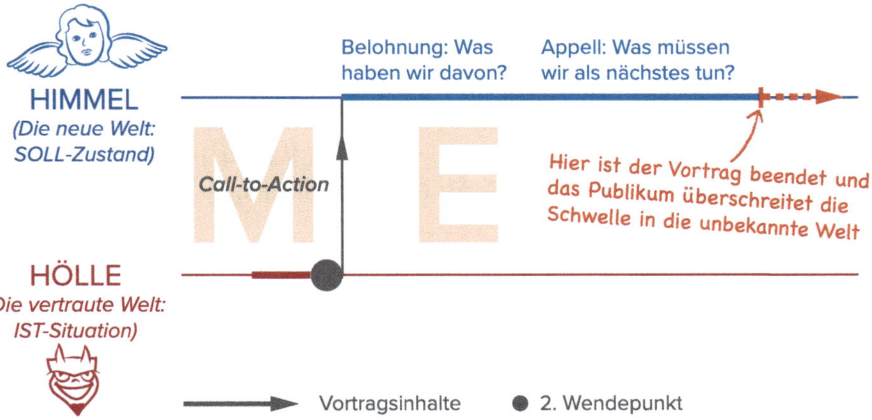

Abb. 5.23 Mit dem Vortragsende beschreiben Sie die Zukunft, die das Publikum erreichen kann

Call-to-Action	Um die 3D-Drucktechnik einzuführen, müssen wir eine Versuchsreihe starten, bei der alle Abteilungen mitarbeiten.
Nutzen / Belohnung	Stellen Sie sich unsere Teams vor, wie sie zukünftig weltweit mit unseren Kunden Hand in Hand arbeiten: Sie drucken die benötigten Bauteile vor direkt vor Ort, zu einem Zeitpunkt, an dem sie tatsächlich eingebaut werden. Oder wir verkaufen auf Lizenzbasis unsere Produkte nicht mehr physisch, sondern digital. Unsere Kosten sinken, unsere Liefertreue steigt und unsere Kundenbindung wird gestärkt. Was für großartige Möglichkeiten sich daraus ergeben!
Persönliche Einschätzung	Nach meiner Einschätzung sind ungefähr 60% unserer Produkte für dieses Verfahren geeignet, so dass sich der Aufwand mittelfristig für uns auszahlt.
Appell	Um diese Zukunft zu erreichen, müssen wir als erstes Erfahrungen mit dieser Technik sammeln. Deshalb wählen wir in einem ersten Schritt diejenigen Bauteile aus, die für den Einstieg besonders geeignet sind. Dazu lade ich Mitarbeiter aller Abteilungen zu einem Folge-Meeting ein, in dem wir die Details besprechen. Ich freue mich auf Ihre Teilnahme!

Abb. 5.24 Das Vortragsende des Vortrags „Einführung von 3D-Druck“

Wenden wir beide Werkzeuge am Ende des Vortrags *Einführung von 3D-Druck* an. Der Referent hat am Schluss des Mittelteils die Lösung vorgestellt und das Publikum zum Handeln aufgefordert. Die anwesenden Manager zeigten sich an dem Verfahren sehr interessiert; jetzt musste der Referent mit ihnen gemeinsam nur noch durch das Ziel laufen. Abb. 5.24 zeigt, wie er sein Ende aufgebaut hat.

An diesem Beispiel sehen Sie, dass Sie das Vortragsende durch Ihre persönliche Einschätzung verstärken können. Denn Ihr Wort hat Gewicht: Schließlich sind Sie der Experte und der weise Mentor. Mit Ihrer Empfehlung räumen Sie letzte Zweifel aus und bestärken die Teilnehmer, sich richtig zu entscheiden. Und falls der Call-to-Action bereits stark genug war, können Sie auf den Appell auch verzichten. Wichtig ist nur, dass die Zuhörer wissen, was Sie von ihnen erwarten. Und was auf sie zukommt.

5.4.2 Gute Enden, schlechte Enden

Wenn wir in meinen Schulungen das Vortragsende besprochen haben, sind viele Teilnehmer überrascht, wie einfach ein guter Schluss ist: *Wie – das funktioniert?* Das tut es tatsächlich. Aber auch hier steckt der Teufel im Detail: Eine unbedachte oder schlechte Formulierung kann beim Publikum ganz anders ankommen als vom Referenten beabsichtigt (s. Abschn. 3.1.2 – *Sprache ist mehr als Worte*). Abb. 5.25 zeigt einige Beispiele aus der Praxis, wie man es nicht machen sollte.

Diese Beispiele habe ich selbst erlebt. Wie gesagt: Das Ende bleibt im Kopf hängen. Natürlich müssen Sie Ihr Publikum zuerst durch das Meer der Informationen in den Zielhafen führen. Aber dort sollte es wenigstens ein kleines Motivations-Feuerwerk erleben. Und keine hohlen Plattitüden hören.

„Und wie mache ich es besser?“, fragen Sie? Sehen wir uns in den folgenden Abschnitten an, wie Sie Ihr Publikum neugierig auf die neue, unbekannte Welt machen und es zum Handeln bestärken.

Was der Referent sagt...	...und wie es das Publikum verstehen *könnte*
...und deshalb besitzt unser Produkt das beste Preis-Leistungsverhältnis.	*Schon wieder? Das sagen die anderen auch alle über ihr Produkt.*
Leider ist meine Zeit um, deshalb komme ich jetzt zum Ende. Ich hoffe, ich konnte Ihnen wenigstens ein Gefühl für unser Problem vermitteln.	*Wie? Sie könnten uns noch mehr erzählen, aber haben sich die Zeit schlecht eingeteilt? Entschuldigen Sie sich nicht, planen Sie lieber besser!*
Haben Sie noch Fragen?	*Will er keinen Applaus oder wenigstens eine zustimmende Reaktion?*
Ich weiß, dass wir mit den Inhalten, die Sie heute kennengelernt haben, unser Unternehmen besser machen und voranbringen werden.	*Schöne Gedanken und schöne Ansprache, aber durch Klischees ändern wir nichts.*
Ich danke Ihnen, dass Sie ein so aufmerksames Publikum waren. Durch Ihre Fragen habe ich viel gelernt.	*Wie peinlich! Ein einfaches „Danke“ hätte auch genügt. Und überhaupt: Sind wir hier, damit Sie etwas lernen oder wir?*

Abb. 5.25 Beispiele für schlechte Vortragsenden

Geben Sie ein Versprechen

Besonders einprägsam ist ein Schluss, bei dem Sie selbst ein Versprechen abgeben. Das machte **Elon Musk** in einer Rede vor seinen Space-X-Mitarbeitern am 2. August 2008: *„Ich für meinen Teil werde niemals aufgeben – niemals.“* Musk galt zu diesem Zeitpunkt nicht als großer Redner. Aber nach zwei glücklosen Raketenstarts mobilisierte er mit diesem Versprechen am Tag des dritten Raketenstarts die Kräfte aller Mitarbeiter, obwohl jeder wusste, dass bei einem weiteren Fehlschlag das Unternehmen vermutlich am Ende war [36].

Solche Worte hinterlassen beim Publikum einen tiefen Eindruck. Aber machen Sie sich bewusst, dass insbesondere Manager geschäftliche Versprechen nicht vergessen und Sie daran zu einem späteren Zeitpunkt messen. Wenn Sie eine Einsparung oder einen Produktabsatz prognostizieren oder wenn Sie einfach sagen: „Ich führe dieses Projekt zum Erfolg“, können Sie sicher sein, dass Sie irgendjemand aus dem Publikum irgendwann danach fragen wird.

Zeichnen Sie das große Bild

Die meisten Vortragenden beleuchten nur einen kleinen Ausschnitt des gesamten Bildes, wenn sie über ein Problem und seine Lösung sprechen. Warum zeigen Sie dem Publikum am Ende nicht die weiteren Ideen, die in Ihrer Arbeit stecken? Sprechen Sie über die nächsten Schritte und die Vision, die Sie haben.

Viele Menschen finden öffentliche Toiletten unhygienisch, beispielsweise in Zügen oder an Raststätten. Die Lösung: Toiletten, die sich selbstständig desinfizieren und reinigen. Eine solche *intelligente* Toilette für Flugzeuge stellte ein Ingenieur auf einem Fachkongress vor. Am Ende seines Vortrags sprach er über seine Vision einer vollständig vernetzten Kabine, bei der die Toilette nur ein Baustein war:

„Stellen Sie vor: Bevor Sie das Flugzeug betreten, hat sich Ihr Sitz bereits auf Ihre Körpergröße eingestellt. Das Display vor Ihnen begrüßt Sie in Ihrer Landessprache. Je nach Tageszeit ändert sich die Beleuchtung – wie in Ihrem Wohnzimmer. Das Unterhaltungsprogramm spielt Ihre bevorzugte Musik oder schlägt Ihnen Ihre Lieblingsfilme vor. Wie zuhause sind an Bord Ihre bevorzugten Getränke vorrätig, die Sie einfach per Sprachbefehl bestellen können. Würde das Ihren Flug nicht zu einem einzigartigen Erlebnis machen?“

Bringen Sie es (nochmals) auf den Punkt

Manche Themen bieten sich an, die Kernaussage am Ende noch einmal klar auf den Punkt zu bringen.

Eine Botschaft wie *Geregelte Abläufe und Werkzeuge helfen uns, unsere Projektergebnisse zu verbessern* ist gut, gerät aber leicht in Vergessenheit. Der Referent wählte eine andere Formulierung, um sie noch deutlicher zu machen: *„Warum ist die Qualität unserer Projektergebnisse nicht genauso gut wie die Qualität unserer Produkte?“* Damit sorgte er nicht nur für ein letztes Aha-Erlebnis bei den Teilnehmern; diese Frage hallte auch lange in ihren Köpfen nach.

Schlagen Sie den Bogen zum Anfang zurück
Wenn Sie am Ende einen Gedanken oder einen Inhalt wiederholen, den Sie am Anfang eingeführt haben, schließen Sie den Kreis und vermitteln ein Gefühl der Geschlossenheit. Das Publikum gewinnt den Eindruck, dass der Vortrag im wahrsten Wortsinn eine runde Sache ist.

Bei einem weiteren Vortrag zum Thema *3D-Druck* begann der Vortragende mit einem Vergleich zwischen dem 3D-Druckverfahren und dem Replikator aus der Science-Fiction-Serie **Raumschiff Enterprise.** Er erklärte, dass in der Serie der Replikator in der Lage ist, jeden gewünschten Gegenstand per Sprachbefehl in kurzer Zeit herzustellen. Gegen Ende des Vortrags rollte er einen Tisch auf die Bühne, auf dem ein 3D-Drucker gerade den Druck eines einfachen Bauteils live beendete – es wurde deutlich, dass sich Fantasie und Wirklichkeit sehr ähnlich waren. Jedem Teilnehmer war klar, dass ein 3D-Drucker im Grunde bereits ein einfacher Replikator ist. Der Redner hielt das gedruckte Bauteil hoch und bemerkte schmunzelnd: *„Es fehlt nur noch die Sprachsteuerung."* Und selbst die gibt es mittlerweile.

5.5 Zusammenfassung

Das menschliche Gehirn denkt in Strukturen. Auf diese Weise kann es schnell und einfach Informationen erfassen, bewerten und sie mit seinen gespeicherten Denkmustern vergleichen. Findet es ein passendes Denkmuster, ergänzt es die fehlenden Inhalte. Auf diese Weise erweitern wir unser Wissen – wir lernen. Das gilt auch für Vorträge: Inhalte, die der Redner strukturiert aufbereitet und in einem logischen Aufbau dem Publikum vermittelt, sind für die Teilnehmer einfacher zu verstehen als zusammenhanglose Daten.

Das wichtigste Muster für den Vortragsaufbau ist die 3-Akte-Struktur. Sie unterteilt den Vortrag in drei Teile – die sogenannten Akte – Anfang, Mittelteil und Ende. Jeder Teil hat eine besondere Aufgabe: Am Anfang erklärt der Referent, über welches Thema er sprechen wird und warum das wichtig für das Publikum ist. Im Mittelteil detailliert er die Inhalte und präsentiert seine „Große Idee". Am Ende zieht er das Fazit und beschreibt die nächsten Schritte. Dieser Aufbau kommt bereits seit Jahrtausenden in Reden und Geschichten vor; deshalb haben wir uns an ihn gewöhnt.

Damit die Zuhörer nach dem Vortrag aktiv werden, muss jeder Einzelne die persönliche Bedeutung des Themas für sich verstehen. Andernfalls sehen die Menschen keinen Grund zum Handeln. Hier kommt ein weiteres Muster ins Spiel: Das Himmel-und-Hölle-Prinzip. Es stellt die aktuelle IST-Situation dem zukünftigen SOLL-Zustand gegenüber und beschreibt die Konsequenzen, wenn das Publikum am heutigen Zustand nichts ändert.

Beide Muster miteinander kombiniert bilden die Blaupause für den Vortragsaufbau: Am Anfang beschreibt der Redner ein Problem, das in der gewohnten Welt des Publikums existiert. Im Mittelteil schildert er die negativen Folgen, die sich ergeben, falls die Teilnehmer nicht handeln (die Hölle). Anschließend erklärt er, wie man das Problem lösen und auf diese Weise die Folgen abwenden kann (der Himmel). Am Ende haben die Teilnehmer verstanden, welchen Nutzen sie davon haben (die Belohnung).

Damit das Publikum handelt, muss es der Redner am Vortragsende aktiv dazu auffordern. Jeder Teilnehmer muss wissen, was er nach dem Vortrag konkret tun soll. Und dass bei Fragen der Referent als Mentor an seiner Seite steht. Erst dann gehen die Menschen den nächsten Schritt und setzen die „Große Idee" in ihrem Alltag um.

5.6 Checkliste

Der Vortragsaufbau ist vergleichbar mit einer Autokarosserie, an der Sie die einzelnen Teile anbringen und verschweißen, bevor es ans Lackieren geht. Welche Punkte Sie beim Schweißen berücksichtigen sollten, zeigt die Liste in Abb. 5.26.

Struktur ist gut, aber sie ist nicht alles. Viele Business-Vorträge folgen der 3-Akte-Struktur oder dem Himmel-und-Hölle-Prinzip. Und dennoch sind uns nur wenige im Gedächtnis geblieben. Es muss also noch weitere Werkzeuge geben, damit aus einem Vortrag ein *erinnerungswürdiger* Vortrag wird. Dabei handelt es sich um das Storytelling und die Visualisierung. Um beide kümmern wir uns in den folgenden Buchkapiteln.

Checkliste „Vortragsaufbau"	ja	nein
Board nach der **3-Akte-Struktur** aufgebaut?	○	○
Verständnisprinzipien angewendet?	○	○
Anfang		
Problem klar beschrieben?	○	○
Hintergrundwissen für das Publikum berücksichtigt?	○	○
Save-the-Cat-Moment vorhanden?	○	○
Mitte		
Himmel- und Hölle-Prinzip angewendet?	○	○
Argumentation verständlich aufgebaut?	○	○
S.T.A.R.-Moment vorhanden?	○	○
Problemlösung deutlich beschrieben?	○	○
Ende		
Kennt das Publikum die Belohnung?	○	○
Nächste Schritte/Appell klar und umsetzbar?	○	○

Abb. 5.26 Die Checkliste für den Vortragsaufbau

Literatur

1. In: Chris Anderson (2017) TED Talks – die Kunst der öffentlichen Rede, 2. Auflage. Fischer, S. 57.
2. Dietrich Dörner (2001): Bauplan für eine Seele. Rowohlt, o.S.
3. Werner T. Fuchs (2017): Crashkurs Storytelling – Grundlagen und Umsetzungen. Haufe. S. 125 ff. Niels Birbaumer und Robert F. Schmidt (1996): Biologische Psychologie, 3. Auflage. S. 572 sowie Kapitel 15–17.
4. Monika Heimann und Michael Schütz (2017): Wie Design wirkt – Psychologische Prinzipien erfolgreicher Gestaltung. Rheinwerk, S. 48.
5. Monika Heimann und Michael Schütz (2017): Wie Design wirkt – Psychologische Prinzipien erfolgreicher Gestaltung. Rheinwerk, S. 23 ff.
6. Alexander M. O. Serrano (2012): Storytelling in der Unternehmenskommunikation. Cornelsen, S. 12.
7. Verena Steiner (2013): Exploratives Lernen – aktualisierte und erweiterte Neuausgabe. Pendo, S. 176 f.
8. Verena Steiner (2013): Exploratives Lernen – aktualisierte und erweiterte Neuausgabe. Pendo, S. 164.
9. Anita Hermann-Ruess (2013): Wirkungsvoll präsentieren – das Buch voller Ideen, 2. Auflage. BusinessVillage, S. 76 ff.
10. Felix Baumgartner (2013): Himmelsstürmer – mein Leben im freien Fall. Malik, Kapitel „Bittere Pillen und eine Entmachtung“ (eBook).
11. Das EU-Gesetz zur künstlichen Intelligenz: https://artificialintelligenceact.eu/de/ (abgerufen am 11.10.2024 um 13.48 Uhr).
12. Blake Snyder (2005): Rette die Katze – das ultimative Buch übers Drehbuchschreiben, 2. Auflage. Autorenhaus, S. 14.
13. https://de.wikipedia.org/wiki/STS-51-L#Das_Challenger-Unglück (abgerufen am 28.07.2018 um 10.34 Uhr).
14. https://de.wikipedia.org/wiki/Apollo_1 (abgerufen am 28.07.2018 um 9.52 Uhr).
15. Carmine Gallo (2011): Überzeugen wie Steve Jobs – das Erfolgsgeheimnis seiner Präsentationen. Ariston, S. 282. Wenn Sie sich die empfehlenswerte Produkteinführung des iPhones ansehen möchten: https://www.youtube.com/watch?v=9hUIxyE2Ns8 (abgerufen am 20.07.2018 um 10.47 Uhr).
16. Die Zusammenhänge erklärt die Lachforscherin Sophie Scott in ihrem empfehlenswerten Vortrag. Sie finden ihn unter https://www.ted.com/talks/sophie_scott_why_we_laugh (abgerufen am 03.02.2019 um 14.34 Uhr).
17. Javier Marías (2012): Mein Herz so weiß, 4. Auflage. Fischer, o.S.
18. George Loewenstein (1994): The Psychology of Curiosity – A Review and Reinterpretation. In: Psychological Bulletin 1994, Vol. 116, No. 1. S. 75–98.
19. VDI Zentrum Ressourceneffizienz (2019): Ökologische und ökonomische Bewertung des Ressourcenaufwands – Additive Fertigungsverfahren in der industriellen Produktion. Die Studie können Sie unter folgendem Link herunterladen: https://www.ressource-deutschland.de/publikationen/studien/ (abgerufen am 13.05.2021 um 16.07 Uhr).
20. Hans Rosling (2018): Factfulnes – wie wir lernen, die Welt so zu sehen, wie sie wirklich ist, 2. Auflage. Ullstein, S. 14.
21. Wenn uns bei einem Thema die persönliche Erfahrung fehlt, neigt unser Gehirn dazu, lineare Zusammenhänge zwischen Daten herzustellen. Deshalb nehmen wir automatisch an, dass die Weltbevölkerung ansteigt, weil immer mehr Kinder geboren werden. In diesem Fall ist die Annahme falsch: In den letzten fünfzig Jahren ging die weltweite Zahl der Geburten sogar *zurück*.

Siehe Hans Rosling (2018): Factfulnes – wie wir lernen, die Welt so zu sehen, wie sie wirklich ist, 2. Auflage. Ullstein, S. 99–113.

22. Christopher Vogler (2007): The Writer's Journey – Mythic Structure for Writers, 3rd edition. Michael Wiese Production, S. 99–105.
23. Mihaly Csikszentmihalyi (2018): Flow und Kreativität – wie Sie Ihre Grenzen überwinden und das Unmögliche schaffen, 3. Auflage. Klett-Cotta, S. 141 f.
24. Felix Baumgartner (2013): Himmelsstürmer – mein Leben im freien Fall. Malik, Kapitel „Auf der Zielgeraden: Der Tag X rückt näher" (eBook).
25. Holm Friebe und Philipp Albers (2013): Was Sie schon immer über 6 wissen wollten – wie Zahlen wirken. Dtv, S. 122–125.
26. Frederic Vester (2001): Die Kunst vernetzt zu denken, 7. durchgelesene und überarbeitete Auflage. DVA, S. 22 ff.
27. Zitat gefunden bei Anita Hermann-Ruess (2013): Wirkungsvoll präsentieren – das Buch voller Ideen, 2. Auflage. BusinessVillage, S. 76.
28. Wolfgang Hackenberg et al. (2014): Key Message – Delivered, 2. Auflage. Haufe-Lexware, S. 130 f.
29. Den Werbespot können Sie sich hier ansehen: https://www.youtube.com/watch?v=R706isyDrqI (abgerufen am 02.10.2019 um 17.10 Uhr). Mehr Informationen zum Spot finden Sie unter https://de.wikipedia.org/wiki/1984_(Werbespot) (abgerufen am 02.10.2019 um 17.29 Uhr).
30. Den Vortrag von Benjamin Zander finden Sie hier: https://www.ted.com/talks/benjamin_zander_the_transformative_power_of_classical_music/up-next?language=de (abgerufen am 23.12.2019 um 16.15 Uhr).
31. Nancy Duarte (2012): HBR Guide to Persuasive Presentations. Harvard Business Review Press, S. 83 ff. Dieser Augenblick besitzt auch andere Namen. Der TED-Kurator Chris Anderson nennt diesen Augenblick die „Offenbarung" für das Publikum (Chris Anderson (2017): TED Talks – Die Kunst der öffentlichen Rede, 2. Auflage. Fischer, S. 116 f.), der Journalist Carmine Gallo den Wow-Moment (Carmine Gallo (2017): Talk Like TED. Redline, S. 166 ff.
32. Den Vortrag von Riccardo Sabatini finden Sie hier: https://www.ted.com/talks/riccardo_sabatini_how_to_read_the_genome_and_build_a_human_being (abgerufen am 05.10.2019 um 17.52 Uhr).
33. In Anlehnung an Nancy Duarte (2012): resonate. Wiley-VCH, S. 42 f.
34. Daniel Gilbert (2008): Ins Glück stolpern – suche Dein Glück nicht, dann findet es Dich von selbst. Goldmann, S. 330.
35. Daniel Kahnemann (2012): Schnelles Denken, langsames Denken, 12. Auflage. Penguin, S. 505 ff.
36. https://www.space.com/25355-elon-musk-60-minutes-interview.html (abgerufen am 14.01.2020 um 11.06 Uhr).

Geschichten und Geschäftsvorträge 6

„Die Katze saß auf der Decke" ist keine Geschichte. „Die Katze saß auf der Hundedecke" sehr wohl.

John le Carré [1]

Der preisgekrönte Dokumentarfilm *Eine unbequeme Wahrheit* aus dem Jahr 2006 zeigte zum ersten Mal in drastischen Bildern die Folgen des globalen Klimawandels. Doch anstatt Statistiken oder Daten zu verwenden, entschieden sich die Macher für einen anderen Weg: Sie erzählten Geschichten von Menschen, Tieren und Orten, die bereits mit den Folgen des Klimawandels zu kämpfen hatten. Damit erzielten sie eine erstaunliche Wirkung beim Publikum: Die Menschen verstanden intuitiv die ungeheuerlichen Konsequenzen, die der Klimawandel mit sich bringen würde. Auf einmal fühlten sich viele Zuschauer persönlich betroffen.

Wenn die richtige Geschichte zum richtigen Zeitpunkt eingesetzt wird, entfaltet sie eine unglaubliche Magie: Sie macht komplexe Inhalte verständlich, bleibt im Gedächtnis

B. Gebhardt, *Tipps und Tricks für erfolgreiche Präsentationen*,
https://doi.org/10.1007/978-3-662-72376-0_6

und inspiriert zum Handeln. Und doch setzen Referenten Storytelling im Geschäftsumfeld nur selten ein – aus Sorge, sie könnten als unseriös gelten.

Der beste Vortrag der Welt ist zwecklos, wenn sich das Publikum nicht für die Inhalte interessiert. Die Zuhörer möchten wissen, wo sie herkommen, was sie bedeuten und was sie damit anfangen können. Erst dann werden sie aufmerksam, neugierig und aktiv. Das ist die Macht guter Geschichten.

In diesem Kapitel beschäftigen wir uns mit den Grundlagen von Storytelling:

- Was bewirken Geschichten?
- Wie setze ich Geschichten in Geschäftsvorträgen ein?
- Woher bekomme ich passende Geschichten?

Aber was ist überhaupt Storytelling? Bei der Antwort helfen uns die Ju/'Hoansi – ein indigener Stamm, der in Afrika lebt.

6.1 Lagerfeuergeschichten: Was ist Storytelling?

Nachdem unsere Vorfahren gelernt hatten, das Feuer zu beherrschen, setzten sie es zu unterschiedlichen Zwecken ein: Sie bereiteten Nahrung zu oder hatten eine wirksame Waffe, um sich gegen wilde Tiere zu wehren. Seine wichtigste Funktion entwickelte sich jedoch eher unbemerkt: Bei vielen Stämmen wurde das Lagerfeuer der soziale und gesellschaftliche Mittelpunkt.

Die Anthropologin **Polly Wiessner** führte 2014 eine Untersuchung beim afrikanischen Stamm der **Ju/'Hoansi** durch, der bislang wenig Kontakt zur Zivilisation hatte [2]. Dabei interessierte sie sich dafür, welche Gespräche die Stammesmitglieder am Lagerfeuer führten und welchen Zweck sie für die Gemeinschaft hatten.

Wiessner fand heraus, dass sich die Ju/'Hoansi durch **Geschichten** gegenseitig ihre Erfahrungen und ihr Wissen mitteilten. Während es tagsüber um Themen wie Landrechte oder Konflikte ging, sprachen sie abends über Erlebnisse, Werte und Normen. War eine Geschichte zu Ende, diskutierten sie die Inhalte oder spannen sie weiter. Sie luden Gäste ein, die neue Geschichten mitbrachten. Dadurch erweiterten die Ju/'Hoansi ihr Wissen mit einem lebendigen Portfolio an Erkenntnissen, die in die bestehenden Werte und Traditionen des Stammes einflossen.

Die Ju/'Hoansi sind keine Ausnahme. Seit Jahrtausenden überliefern viele Kulturen ihr Wissen und ihre Werte durch **Storytelling** – dem Erzählen von Geschichten [3]. Und obwohl sich die Themen unseres modernen Arbeitsalltags kaum von denen unserer Vorfahren unterscheiden, verwenden wir Geschichten heute eher selten. Doch die Evolution lehrt das Gegenteil: Erst Geschichten machen Erfahrungen erlebbar und stiften gegenseitige Erkenntnis, Vertrauen und Zusammenhalt [4]. Durch Storytelling teilen wir unsere Erfahrungen mit anderen.

> Die Runden rund ums Feuer halfen, Bindungen zu pflegen (…) Sie sind Social Media in seiner Urform.
> *Polly Wiessner* [5]

Dabei geht es nicht um „Es war einmal…“-Geschichten oder um belangloses Geschwafel, das wir sofort wieder vergessen. Wie bei den Ju/'Hoansi geht es darum, dass der Referent *gute* Geschichten erzählt, die Einblicke und Erkenntnisse vermitteln, mit denen das Publikum etwas anfangen kann. Weil unser Gehirn seit Jahrtausenden auf diese Art der Informationsaufnahme trainiert ist.

Geschichten besitzen also mehrere Vorteile:

- *Sie strukturieren analytische Inhalte.* Nach Aristoteles besitzen Geschichten einen Anfang, einen Mittelteil und einen Schluss (siehe Kap. 5 – *Der Vortragsaufbau*). Komplexe Ideen oder Zusammenhänge können schwer nachvollziehbar sein, aber diese einfache Struktur versteht jeder Teilnehmer
- *Sie erzeugen Spannung und Aufmerksamkeit.* Das Publikum nimmt aktiv an der Geschichte teil und taucht in sie ein. Im Gehirn entsteht eine **mentale Simulation** des Gehörten, für die man keine Virtual-Reality-Brille benötigt. Und die Zuhörer bleiben aufmerksam, weil sie wissen wollen, wie die Geschichte endet
- *Sie inspirieren das Publikum und veranlassen es zum Handeln.* Es bewertet die gehörten Inhalte und folgert daraus: Wenn das bereits in einem anderen Unternehmen funktioniert hat, warum nicht auch bei uns?

Der Schriftsteller und Drehbuchautor **Edgar von Cossart** hat das prägnant auf den Punkt gebracht:

> Wenn Sie wollen, dass man Ihnen zuhört, dann erzählen Sie Geschichten.
> *Edgar von Cossart* [6]

„Aber ich kann gar keine Geschichten erzählen“, höre ich in vielen Schulungen. Die gute Nachricht: Jeder von uns ist ein geborener Geschichtenerzähler. Wenn Sie am Abend Ihrem Partner von Ihrem Arbeitstag berichten, erzählen Sie eine Geschichte. Und wenn Sie Ihren Kindern erklären, warum ein Stein nach unten fällt, verwenden Sie keine physikalischen Formeln – sondern eine Geschichte. Meistens ist es die von Newton, dem der Apfel auf dem Kopf fiel, als er unter einem Apfelbaum saß.

Und ein weiterer Einwand, den ich oft höre: „Leidet durch Storytelling nicht meine Glaubwürdigkeit als Referent?“ Ganz im Gegenteil: Mit Geschichten beweisen Sie dem Publikum nicht nur, dass Sie das Problem verstanden, sondern dass Sie es bereits erfolgreich gelöst haben. Die passende Story zum richtigen Zeitpunkt hilft dem Projektleiter, sein Team zu motivieren. Dem Verkäufer, Kunden für seine Produkte zu begeistern. Oder dem Bewerber, den Personalchef zu überzeugen.

Die Forscher **Rob Walker** und **Joshua Glenn** haben die Wirkung von Geschichten auf Menschen sogar nachgewiesen. Sie wollten wissen, ob eine ausgedachte Geschichte einem beliebigen Gegenstand eine subjektive Bedeutung verleiht, die seinen objektiven Wert steigert. Dazu kauften sie auf Flohmärkten oder in Second-Hand-Läden unterschiedliche Gegenstände, die jeweils nicht mehr als zwei Dollar kosteten. Nachdem sie jedes Objekt mit einer individuellen, fiktiven Geschichte versehen hatten, versteigerten sie sie auf eBay. So erzielten sie beispielsweise für eine Plastikbanane 76 US$, die sie vorher für 25 Cent erworben hatten. Die Geschichten steigerten die Produktpreise um durchschnittlich 2700 % [7].

Storytelling und Geschichten veredeln einen inhaltlich gut recherchierten Vortrag. Bei der Vorstellung eines neuen Start-Ups erwarten Investoren einen seriösen Businessplan und eine packende Gründerstory – dieses Duo ist auch bei Projekten oder Produkten unschlagbar. Wenn allerdings die Zahlen nicht stimmen, kann auch das beste Storytelling eine schlechte Idee nicht besser machen. Diese Mogelpackung durchschaut das Publikum sofort.

6.2 Fakten mit einer Seele

Business-Storytelling besitzt also einige Vorteile. Aber woher weiß ich, ob eine Geschichte seriös und für meinen Vortrag geeignet ist? Ist sie *interessant* genug? Sehen wir uns das folgende Beispiel an:

Ein Kommissar kommt an den Tatort eines Mordes. Als er sich über die Leiche beugt, berührt ihn ein Mann an der Schulter und sagt zu ihm: „Ich war's“. Der Kommissar verhaftet den Täter.

Eine Geschichte. Aber auch eine gute Geschichte? Immerhin hat sie alle Bestandteile, die nach **Aristoteles** eine Geschichte ausmachen: Sie ist in sich geschlossen, besitzt einen logischen Ablauf und hat einen Anfang, einen Mittelteil und ein Ende. Und dennoch lässt sie uns merkwürdig kalt. Also: Was ist das Geheimnis einer guten Geschichte, der man gerne und aufmerksam zuhört? Die Sozialwissenschaftlerin **Brené Brown** sagt:

> Geschichten sind Fakten mit einer Seele.
> *Brené Brown* [8]

Was sie meint: Eine ansprechende Geschichte beinhaltet mehr als nur strukturierte Tatsachen. Erst, wenn sie uns emotional berührt, finden wir sie interessant und erinnern uns an sie. Eine gute Geschichte hat einen **Spannungsbogen** und steuert konsequent auf einen Höhepunkt zu. Kurz: Sie besitzt eine **Dramaturgie.** Hier kommt die **Dramentheorie** von **Gustav Freytag** ins Spiel. Wie Sie in Abb. 6.1 sehen, ist der Aufbau identisch wie bei **Aristoteles** – mit Anfang, Mitte und Ende. Nur etwas detaillierter.

Die Kurz-Anleitung von Freytag zur Erzeugung einer spannenden Dramaturgie lautet: Stellen Sie echte oder erfundene Charaktere auf eine Bühne und zeigen Sie, was mit ihnen im Laufe einer Zeitspanne geschieht. Jeder Charakter verfolgt entsprechend seiner Motive ein Ziel, das sein Handeln bestimmt. Auf seinem Weg dorthin werden die Hauptcharaktere

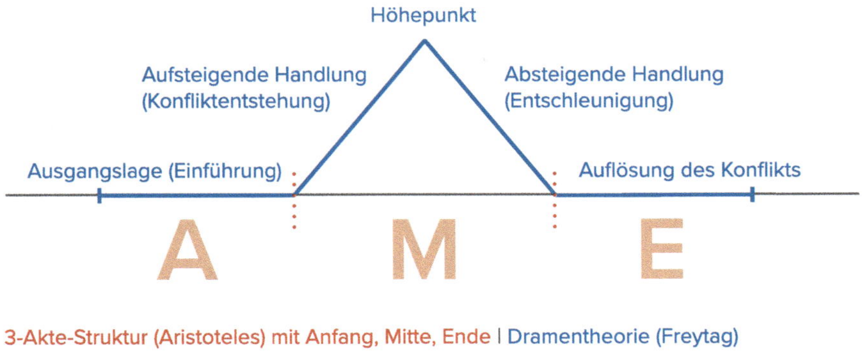

Abb. 6.1 Der Aufbau eines Dramas nach Gustav Freytag

mit Schwierigkeiten und **Konflikten** konfrontiert, denen sie sich stellen müssen. Das ist der Höhepunkt der Geschichte: Erreichen sie ihr Ziel oder scheitern sie auf dem Weg dorthin? Die Auflösung danach ist nur noch Formsache – entweder gibt es ein Happy End oder, was die Dramatiker im 18. Jahrhundert häufig bevorzugten, eine Katastrophe.

Wenn Sie die Mord-Story mit der Kurz-Anleitung vergleichen, wissen Sie, warum uns die Geschichte nicht wirklich berührt: Die Charaktere interessieren uns nicht, weil wir ihre Ziele oder ihre Motive nicht kennen. Es gibt keine Konflikte, denen sie sich stellen müssen, und keinen Höhepunkt. Kurz: *Wir bauen zu ihnen keine persönliche Verbindung auf.* Das bedeutet: Erst die Kombination aus Aristoteles und Spannungsbogen macht aus einer Geschichte eine fesselnde Geschichte. Oder aus einem Vortrag eine erinnerungswürdige Präsentation.

Übung
Überlegen Sie sich anhand der Kurz-Anleitung nach Freytag, wie Sie die Mord-Story interessanter gestalten können. Nehmen Sie sich einen Augenblick Zeit dafür, bevor Sie meine Vorschläge lesen.

Und? Haben Sie ein wenig mit der Mord-Story gespielt? Da es viele Möglichkeiten gibt, können sich Ihre Ideen von meinen unterscheiden:

- Sie können einen Konflikt erzeugen, wenn der Täter der beste Freund des Kommissars ist. Wie wird er reagieren? Wird er den Täter schützen oder ihn verhaften?
- Warum hat der Täter die Tat begangen? Wenn sein Motiv (Handlungsauslöser) beispielsweise der Schutz eines wehrlosen Kindes war, kann das Publikum seine Handlung nachvollziehen

In Abb. 6.2 habe ich den ersten Vorschlag visuell dargestellt. Anhand der Grafik erkennen Sie den Spannungsbogen: Der Kommissar kommt an den Tatort und erkennt, dass sein

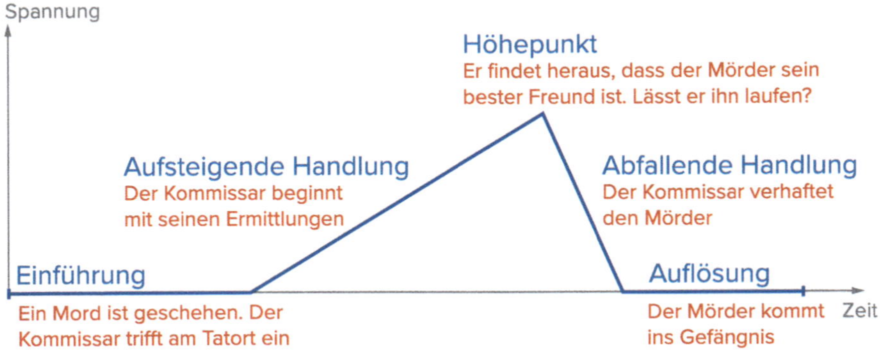

Abb. 6.2 Der Spannungsbogen unserer Mordstory. In vielen Krimis finden der Höhepunkt und die Auflösung erst kurz vor dem Ende der Geschichte statt

bester Freund das Verbrechen begangen hat. Das stürzt ihn in einen tiefen inneren Konflikt – zählt Freundschaft mehr als Unrecht? Schließlich besinnt er sich auf Recht und Gesetz und verhaftet trotz persönlicher Bindung den Täter. Der wird verurteilt und kommt ins Gefängnis. Auch wenn sie klischeehaft ist: Das Publikum bekommt eine zufriedenstellende Auflösung.

Die Dramentheorie hört sich kompliziert an. Stimmt aber nicht. Beispielsweise ist jeder Projekt-**Statusreport** nach diesem Schema aufgebaut: Die aktuelle Situation beschreibt, was seit dem letzten Statusmeeting geschehen ist und wo das Projekt steht. Der Höhepunkt ist die Frage, ob das Projekt planmäßig verläuft oder ob es durch Risiken gefährdet ist. Und schließlich zeigen die nächsten Schritte, was bis zum nächsten Statusmeeting passieren wird. Mehr Drama ist nicht notwendig. Ihr Vortrag muss kein episches Monumentalwerk werden.

► **Praxistipp** Würzen Sie Ihren nächsten Vortrag einfach mit ein wenig Drama, indem Sie folgende Fragen beantworten:

- Wo ist das Problem? Und warum ist es noch nicht gelöst?
- Wem schadet es, wenn nichts passiert? Und was gewinnen wir, wenn wir es lösen?
- Was spricht gegen eine empfohlene Handlung? Was denkt die eine, was denkt die andere Seite?

Das bedeutet: Ein guter Geschäftsvortrag ist wie eine aufregende Geschichte, die Sie dem Publikum erzählen. Wie beim Einwerben von Startkapital vor Investoren für ein Start-Up-Unternehmen: Firmenidee und Businessplan. Ein wenig Drama und Fakten. Aristoteles und Brené Brown zusammen.

Leider ist nicht jeder Mensch ein begnadeter Erzähler. Da trifft es sich gut, dass es eine einfache Blaupause für Geschichten gibt, die Menschen bereits seit Jahrtausenden verwenden. Nutzen wir sie für unsere Vorträge.

6.3 Die Heldenreise

Ein Mann beschließt, einen Tag zu schweigen. Er hat festgestellt, dass er sich in Gesprächen nicht mehr auf seinen Gesprächspartner konzentriert. Vielmehr sind seine Gedanken bereits bei dem, was er als Nächstes sagen möchte. Und häufig hat er nichts wirklich Bedeutsames mitzuteilen. Deshalb möchte er schweigen, um den Menschen bewusst zuzuhören und von ihnen zu lernen. Diese Erfahrung beeindruckt ihn so sehr, dass er auch am nächsten Tag schweigt. Und am Tag darauf. Nach einigen Wochen erkennen seine Freunde und seine Familie, dass er es mit dem Schweigen ernst meint – es ist keine schrullige Idee, wie alle zunächst geglaubt haben.

Im Laufe der Zeit beginnt der Mann, nicht nur den Menschen in seiner Nähe zuzuhören, sondern auch denen in anderen Städten, fremden Kulturen und der Natur, die ihn umgibt. Um die Umwelt nicht zu belasten, tritt er seine Reise zu Fuß an. Mit seinem Banjo verdient er sich als Straßenmusiker etwas Geld. Insgesamt verbringt er 22 Jahre damit, viele Länder zu durchqueren. Während dieser Zeit hält er Vorlesungen und promoviert. Die US-Regierung beruft ihn als Spezialisten für Ölverschmutzung – alles ohne ein Wort. Er wird bekannt als der **Planetwalker.** Eines Tages entscheidet er sich, den Teilnehmern einer Umweltkonferenz seine Erfahrungen und Eindrücke mitzuteilen. Er beendet sein Schweigen – nach 17 Jahren.

Die Geschichte ist wahr. Der Mann heißt **John Francis** und hat ein Buch über seine Reise geschrieben [9]. Es gibt auch einen Film über ihn.

Viele Menschen sind von John Francis beeindruckt. Er begibt sich auf eine ungewisse Reise, getrieben von Neugier und dem Wunsch, etwas zu verändern. Auf dieser Reise stellt er sich unbekannten Herausforderungen, scheitert zunächst und meistert sie schließlich. „Es war schwer, den Studenten ohne Worte etwas zu erklären", erinnert er sich. „Aber letztendlich haben wir uns durch genaues Beobachten und mit Händen und Füßen verständigt."

Warum fesselt uns die Geschichte von John Francis so sehr? Warum ist er für viele Menschen ein Vorbild? Die Antwort darauf liefert der Forscher Joseph Campbell.

Joseph Campbell veröffentlichte 1949 das Buch *Der Heros in tausend Gestalten* [10]. In diesem Buch vergleicht er Mythen, Sagen und Religionen unterschiedlicher Völker und Kulturen. Seine Erkenntnis war eine kleine Sensation mit dem unscheinbaren Namen **Heldenreise:** Sie beschreibt den Weg eines Helden durch schwierige Situationen, die er meistert, um am Ende als gereifte Person zu seinem Ausgangspunkt zurückzukehren. In Abb. 6.3 sehen Sie die vereinfachte Darstellung der Heldenreise nach Dan Harmon [11].

Die Heldenreise klingt nach Konstruktion und schwierigem Aufbau. Das stimmt aber nicht: Letztendlich geht es in ihr um Aufbruch und Ankunft. Campbell fand heraus, dass dieses Erzählmuster eines von vielen ist, das als sogenannter Urplot im Unterbewusstsein von Menschen gespeichert ist. **Urplots** beschreiben grundlegendes menschliches Verhalten und behandeln elementare Themen wie Gut und Böse, Liebe und Hass oder Festhalten

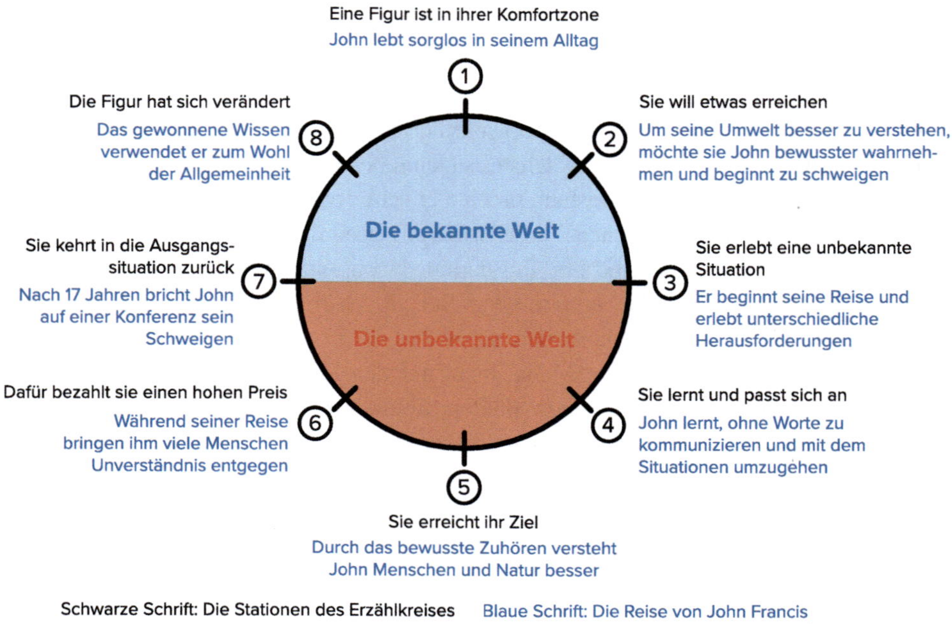

Abb. 6.3 Der Ablauf der Heldenreise und seine Anwendung auf die Geschichten von John Francis

und Loslassen [12]. Deshalb werden Geschichten, die nach diesen Urplots aufgebaut sind, weltweit in jeder Kultur verstanden.

Man findet solche zeitlosen Erzählmuster nicht nur bei John Francis, sondern auch in vielen anderen bekannten Stories wie **Harry Potter, Herr der Ringe,** der Bibel, der Artus-Sage oder bei Odysseus – allesamt Geschichten, die sich in das Gedächtnis der Menschen eingebrannt haben.

Viele Referenten tun sich mit der Heldenreise schwer, weil ihnen die Bedeutung nicht klar ist. Deshalb streichen wir aus dem Begriff einfach das Wort *Held*. Übrig bleibt, was passiert, wenn sich ein Mensch neuen Aufgaben stellt. Wie bei John Francis kennt jeder von uns die Abfolge von Konfrontation, Scheitern, Überwinden und Weitermachen. Das emotionale Pendeln zwischen Himmel und Hölle, wie wir es im Abschn. 5.3.5 – *Der Kontrast* genannt haben. Weil wir es täglich erleben: Bei Projekten, beim Ausprobieren einer neuen Handy-App oder im Umgang mit anderen Menschen. Auf diese Weise *lernen* wir und entwickeln uns weiter. Held und Publikum sind Seelenverwandte. Deshalb ist dieses Erzählmuster so machtvoll.

Beweis gefällig? Den liefert Abb. 6.4: Trennen Sie den Erzählkreis an der ersten Station auf und rollen Sie ihn gedanklich ab. Das Ergebnis kennen wir bereits: Es ist die **Publikumsreise** aus dem Abschn. 3.6, mit allen Höhen und Tiefen wie Verzweiflung, Aufgabe und Neuanfang. Deshalb verstehen Teilnehmer Vorträge, die nach dem Muster der Heldenreise aufgebaut sind, intuitiv.

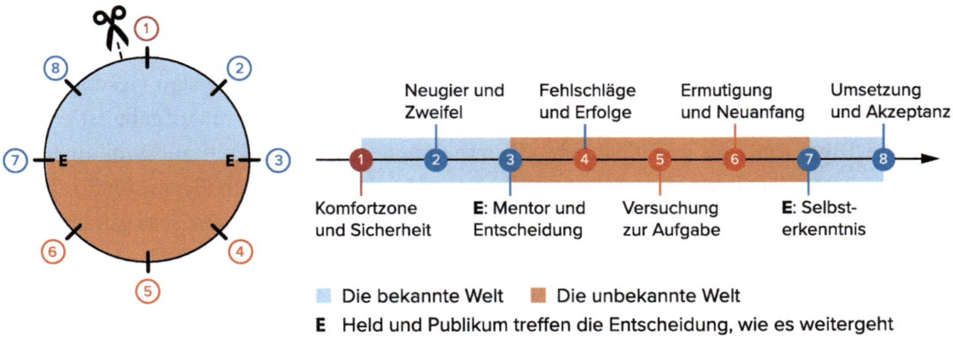

Abb. 6.4 Die Heldenreise und die Reise des Publikums sind identisch

In vielen Bereichen ist die Heldenreise längst angekommen: In der Werbung, in Schulungen und in der therapeutischen Medizin. Der Airbnb-Chef **Brian Chesky**, dessen Unternehmen weltweit private Unterkünfte vermittelt, hat daraus sogar ein neues Geschäftsfeld namens *Trips* entwickelt: Reisende können neben der Unterkunft auch individuelle Erlebnisse bei Gastfamilien buchen, was ihren Aufenthalt zu einer persönlichen Erlebnisreise unter Freunden macht [13].

Und wenn ich die Heldenreise in meinem Vortrag anwenden möchte – muss sie immer *genau* nach dem Campbell-Muster ablaufen? Nein – in Geschäftsvorträgen tut sie das fast nie. Aber gerade in ihrer Variation liegt der Reiz – das sehen wir uns in Abschn. 6.6.5 – *Vorlagen für Vortragsplots* genauer an. Allerdings benötigen Sie immer drei Bestandteile: Einen Helden, ein Ziel und eine Reise, auf die Sie ihn schicken. Die Reise haben wir besprochen. Kümmern wir uns um den Helden.

6.4 Die Hauptdarsteller

Auf seiner Reise ist der Held nicht allein. Er trifft auf andere Akteure wie Helfer oder Gegenspieler. Einige unterstützen ihn dabei, sein Ziel zu erreichen. Andere versuchen dies zu verhindern, weil sie eigene Ziele verfolgen. Da wir mit jedem Charakter automatisch bestimmte Eigenschaften verbinden und von ihm bestimmte Handlungen erwarten, ergeben sich unerwartete Wendungen und spannende Konflikte ganz von selbst. Ein Bösewicht ist böse, ein Held edel und stark.

Der Schweizer Psychiater **Carl Gustav Jung** bezeichnet diese Charaktere als **Archetypen.** Sie verkörpern grundlegende Eigenschaften und Handlungsweisen menschlicher **Urbilder,** die – ähnlich wie ein Urplot – tief im Unterbewusstsein gespeichert sind. Weil wir mit diesen Urbildern gemachte Erfahrungen, Gefühle und Vorstellungen verbinden, beeinflussen Archetypen unsere Entscheidungen und unser Handeln. Mit ihrer Hilfe verschaffen wir uns beispielsweise einen ersten Eindruck von anderen Menschen. Und weil wir uns selbst ebenfalls mit bestimmten Archetypen identifizieren, finden wir in den meisten Geschichten eine Figur, mit der wir mitfiebern können. Weil sie unserem eigenen Wesen ähnelt.

Obwohl es viele verschiedene Archetypen gibt, reichen für die meisten Geschäftsvorträge drei aus: Der Held, der Gegenspieler und der Helfer [14]. Ihre Aufgabe ist es, bestimmte Eigenschaften von Personen, Unternehmen oder Produkten zu symbolisieren. Das bedeutet: *Ein Held muss nicht zwingend ein Mensch sein* – auch Gegenstände, Tiere, Teams oder personifizierte Werte können eine Heldenrolle übernehmen. Das gilt auch für andere Archetypen.

Natürlich können Sie auch mehr Akteure einsetzen, aber es gilt: Je einfacher, desto besser. Ein Großteil Ihrer Zuhörer wird sich in der Rolle als Held, Gegenspieler oder Helfer wiederfinden. Deshalb sehen wir uns die drei genauer an.

Der Held

Der **Held** strebt danach, seine Gemeinschaft zu beschützen. Sein Antrieb sind Werte und Ideale, für die er einsteht; sein Ziel, die Welt zu verändern. Egal, wer sich ihm entgegenstellt oder welchen Preis er am Ende dafür zahlen muss. Er steht im Mittelpunkt der Geschichte, da er sämtliche Schwierigkeiten lösen muss und den Ausgang der Reise bestimmt.

Ihr Held muss weder ein muskelbepackter Mann noch Wonder Woman sein. Im Geschäftsumfeld ist er häufig unspektakulär: Der Chef, der eine mutige Entscheidung getroffen und die Firma vor Schaden bewahrt hat. Eine offene Unternehmenskultur, die Mitarbeitern Raum für eigene Ideen gibt. Oder Unternehmer wie **Richard Branson,** der einem unbekannten Musiker namens **Mike Oldfield** eine Chance gab. Ein Charakterprofil des Helden sehen Sie in Abb. 6.5.

An einem Punkt sollten Sie jedoch vorsichtig sein: Manchmal scheitert der Held auf seiner Reise. Das neue Produkt verkauft sich nicht, ein Risiko wird unterschätzt – eigentlich ist das gut, denn schließlich können wir daraus etwas lernen, nicht wahr? Aber Vorsicht: Kein Manager möchte sehen, dass der *eigen*e Held an einer Aufgabe scheitert. Bei einem Mitbewerber mag das akzeptiert werden, doch in der eigenen Firma ist Fingerspitzengefühl gefragt.

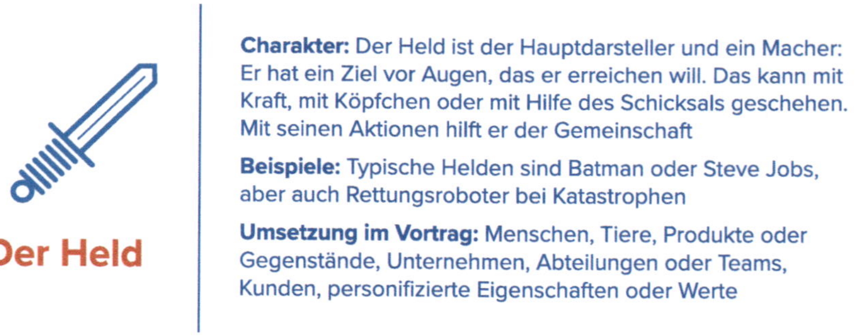

Abb. 6.5 Kennzeichen des Helden

In einem solchen Fall können Sie einen neutralen Stellvertreter ins Spiel bringen. Beispielsweise die Firma Kodak, die vom Markt verschwand, weil sie keine Digitalkameras anbot und lieber bei klassischen Fotoapparaten blieb. Ein guter Ersatzheld für unterschätzte Trends, schlechte Entscheidungen, verpasste Chancen und die Folgen, die sich daraus ergeben.

Der Gegenspieler oder Bösewicht

Der **Gegenspieler** oder **Bösewicht** hat ebenfalls Ziele, die er erreichen will. Sie stimmen häufig nicht mit denen des Helden überein. Dadurch entstehen zwangsläufig Konflikte. Am Anfang seiner Karriere führte Steve Jobs einen erbitterten Rechtsstreit gegen Bill Gates, dem er Produktdiebstahl vorwarf. Superman kämpft gegen Lex Luthor und hat Probleme mit Kryptonit. Bei Unternehmen sind das Mitbewerber, veraltete Arbeitsweisen oder Gegner von Projekten. Auch unerwartete Ereignisse können Konflikte verursachen: Denken Sie an Änderungen im Budget oder in der Terminplanung.

Das Auftauchen eines Gegenspielers ist spannend für das Publikum, weil auf einmal der Ausgang der Reise ungewiss wird. Wie wird sich der Held entscheiden? Und welche Folgen hat diese Entscheidung? Das sind Fragen, für die sich auch Manager brennend interessieren. Gegenspieler und Konflikte machen die Beweggründe einer Entscheidung für das Publikum noch nachvollziehbarer. Den Steckbrief des Bösewichts finden Sie in Abb. 6.6.

Der Helfer oder Unterstützer

Alle Helden und Gegenspieler haben **Helfer,** die sie beim Erreichen ihrer Ziele unterstützen. Sie führen die Anweisungen ihrer Herren aus, bringen ihnen neue Fähigkeiten bei und halten alles von ihnen fern, was ihnen schaden könnte. Und: Helfer lassen den Helden noch strahlender und den Schurken noch böser erscheinen – denken Sie an James Bond und seine Gegner. Weitere Kennzeichen eines Helfers zeigt Abb. 6.7.

Yoda lehrte Luke Skywalker den Umgang mit der Macht. Sigmund Freud förderte C.G. Jung – der mit den Archetypen. In Unternehmen sind es Teams, Mentoren oder Graue Eminenzen, die im Hintergrund ihre Fäden ziehen und den Helden oder den Gegenspieler

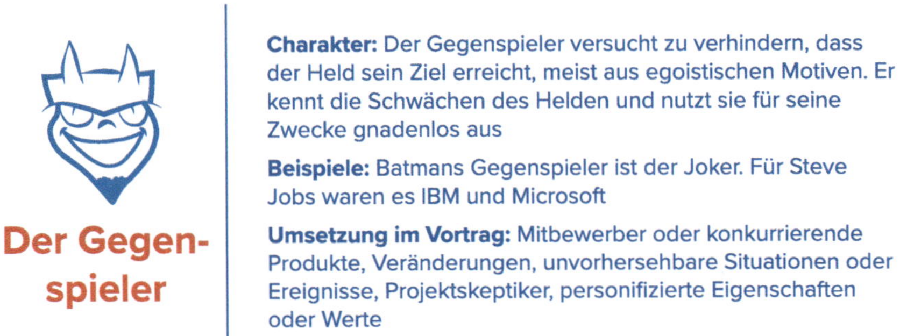

Abb. 6.6 Kennzeichen des Gegenspielers

Der Helfer

Charakter: Sowohl der Held als auch der Gegenspieler haben Helfer, die sie beim Erreichen ihrer Ziele unterstützen. Dazu vermitteln sie ihnen neue Fähigkeiten und Erkenntnisse oder helfen ihnen, auf dem richtigen Weg zu bleiben

Beispiele: Batmans Helfer ist Robin. Warren Buffet unterstützte Bill Gates. Steve Jobs war der Mentor für Mark Zuckerberg

Umsetzung im Vortrag: Teammitglieder und Kollegen, Vorgesetzte, Software und andere Werkzeuge, Kunden, Lieferanten, Projekt-Befürworter, Standards, Regeln und Werte

Abb. 6.7 Kennzeichen des Helfers

unterstützen. Manchmal begleiten auch Kunden mit ihrem Fachwissen die Entwicklung eines Produkts. Und Dokumente wie der Projekt-Leitfaden aus dem Piraten-Workshop sind gute Helfer, wenn es darum geht, jemanden zu überzeugen, dass die Projekte im Unternehmen strukturiert und termingerecht abgewickelt werden.

Sind Helden & Co. noch zeitgemäß? Vor allem in Business-Vorträgen? Aber ja! Denn sie erfüllen einen wichtigen Zweck: Sie durchlaufen stellvertretend für das Publikum die (Helden-)Reise mit all ihren Höhen und Tiefen [15]. Und das bringt jeden Zuhörer emotional in Verbindung mit den Inhalten [16]. Ein Beispiel ist Francisco. Er ist der Held des Vortrags, mit dem der Airbnb-Chef **Brian Chesky** das neue Geschäftsfeld *Trips* vorstellte [17].

Francisco ist ein junger Architekt, der in Santiago de Chile lebt. Aufgrund seiner Homosexualität wird er in seiner Heimat abgelehnt. Er fühlt sich als Mensch zweiter Klasse. Um dieser Situation zu entfliehen, mietet er in San Francisco über Airbnb ein Zimmer. Seine Hoffnung: Dort so zu leben, wie er ist. In den ersten Tagen sieht er sich Sehenswürdigkeiten an. Am Abend jedoch ist er allein und fühlt sich verloren. Dann findet er vor seiner Tür ein leeres Skizzenbuch, das ihm Eliza, eine Mitarbeiterin von Airbnb, hingelegt hat. Es beinhaltet eine Notiz, dass er dieses Buch mit seinen zukünftigen Erlebnissen füllen soll.

Zusätzlich findet Francisco in dem Buch eine Einladung von Eliza – „für sein erstes Erlebnis", wie sie schreibt. Mit einer Mischung aus Unsicherheit und Neugier geht er zu dem Treffen, und Eliza stellt ihm eine Gastfamilie und ihre Freunde vor. Sie unternehmen viel und feiern. Francisco lernt andere Homosexuelle kennen und wird von ihnen vorbehaltslos in ihre Gemeinschaft aufgenommen. Er hat das Gefühl, endlich angekommen zu sein – frei und sorglos. Seine Suche nach Akzeptanz und seiner Art zu leben hat ein Ende. „Diese Reise", sagt er am Schluss, „hat meine persönliche Sichtweise verändert."

Genial, oder? Mit Francisco zeigt Brian Chesky den Nutzen des neuen Geschäftsfelds auf und macht ihn für alle Zuhörer erlebbar. Sein Ziel ist es, jedem Reisenden ein individuelles und einzigartiges Erlebnis zu bieten. Die Gegner: Bekannte Gefühle wie die Einsamkeit im Hotelzimmer. Oder die Verlorenheit in einer neuen Umgebung. Weil Airbnb das weiß, schickt es mit Eliza und der Gastfamilie starke Helfer ins Rennen, die Francisco

Abb. 6.8 Die Archetypen in Franciscos Airbnb-Heldenreise

dabei unterstützen, letztendlich sein Ziel zu erreichen. Und seine Suche zu beenden. Abb. 6.8 zeigt das Zusammenspiel aller Charaktere.

Es ist also sinnvoll, Archetypen in Geschichten und Vorträgen einzusetzen. Wenn wir das tun, hört man uns zu. Auch in Geschäftsvorträgen: Ersetzen Sie John Francis oder Francisco einfach durch einen Projektleiter oder durch eine neue Produktidee und schicken Sie sie auf die Reise. Manchmal entwickelt sich eine Geschichte daraus. Oder Sie passen bestehende Geschichten inhaltlich an.

Aber Moment mal: Woher bekomme ich gute Geschichten für meinen Vortrag? Und wann ist eine Geschichte überhaupt eine *gute* Geschichte? Das erfahren Sie im nächsten Abschnitt.

6.5 Fundorte für gute Geschichten

Machen wir ein kleines Gedankenspiel: Sie sind bei Freunden zu einer Party eingeladen. Nachdem Sie die Party verlassen haben – könnten Sie die Einrichtung der Räume beschreiben?

Ernest Hemingway empfahl angehenden Schriftstellern, dass ein guter Autor jederzeit in der Lage sein sollte, nach dem Aufenthalt in einem Raum die bestehende Einrichtung, die Farbe der Wände und sogar die Art der Fenstervorhänge detailliert zu beschreiben [18]. Was er meint: Erst durch genaues Beobachten erkennt man, ob und welche Geschichte hinter scheinbar banalen Ereignissen steckt.

Abb. 6.9 Wie kommen wir an gute Geschichten für unseren Vortrag?

Deshalb lernen angehende Journalisten, in **Szenen** zu denken und zu schreiben. Kleine Mini-Stories, wenn Sie so wollen. Das sind scheinbar banale Ereignisse, hinter denen eine größere, interessante Geschichte steckt – eine sogenannte **Rahmenstory,** die alle Einzel-Szenen in eine logische Reihenfolge bringt: Die Mutter, die ihrem Sohn das Fahrradfahren beibringt und dabei ihre Erfahrung weitergibt. Oder der Kollege, der in seiner Freizeit Hilfskonvois nach Nepal organisiert, um dort den Kindern Kleidung und Spielzeug zu bringen. Auf diese Weise schlagen Reporter die Brücke zu ihrem Publikum. Und erfolgreiche Referenten machen das genauso – denken Sie an Francisco.

Diese Beispiele zeigen, dass spannende Geschichten ständig um uns herum passieren. Leider machen wir uns selten die Mühe, sie zu suchen. Wir übersehen sie leicht, weil unsere Sinne stumpf geworden sind. Die gute Nachricht: Sie können sie mit geringem Aufwand wieder schärfen und entdecken auf diese Weise viele ungeschliffene Diamanten (s. Abb. 6.9). Das sind ein paar von meinen:

1. Die Geschichte von John Francis habe ich aus dem Radio erfahren und anschließend recherchiert. Und im Fernsehen sah ich in einer Dokumentation einen Ausschnitt aus dem Vortrag von Brian Chesky

2. Die Idee zum Piraten-Workshop hatte ich, als ich auf ein Foto mit alten Münzen, einer Vorderladerpistole und einem Fernrohr stieß, die auf Schiffsplanken lagen
3. Die Probleme im Projekt Stratos las ich in der Biografie *Himmelsstürmer* von Felix Baumgartner [19]

Aber: Die besten Geschichten sind die, die Sie *selbst erlebt* haben. Leider sind **persönliche Geschichten** aus zwei Gründen in Geschäftsvorträgen selten: Erstens scheuen sich die meisten Menschen, Persönliches von sich preiszugeben. Es ist ihnen peinlich oder sie befürchten, dass sie sich dadurch verletzlich machen und schwach wirken. Zweitens denken viele Referenten, dass sie nichts wirklich Interessantes zu berichten haben. Das stimmt nicht! Sie haben einzigartige berufliche und private Erfahrungen, die niemand sonst auf der Welt besitzt. Ihre Erkenntnisse sind für andere Menschen oft anregend.

Wenn Sie dem Publikum erzählen, wie Sie zunächst an einem Problem gescheitert sind und es anschließend doch gelöst haben, ist das authentisch. In einem Verkaufsgespräch beschreiben Sie, wie Ihr Produkt einem Kunden geholfen hat, den Umsatz zu steigern. Oder wie Sie Ihr Team motiviert haben: Mit demselben Trick, mit dem Sie Ihre Kinder dazu brachten, doch die Hausaufgaben zu machen. Das ist der Grund, warum persönliche Geschichten eine besonders starke **Verbindung** zu Ihrem Publikum herstellen. Weil jeder weiß: *Das kenne ich auch.*

In Abb. 6.10 habe ich einige **Fundorte** aufgelistet, die ich zu meinen persönlichen Favoriten zähle. Hier finde ich Geschichten oder lasse mich inspirieren. Natürlich können Sie die Aufzählung nach Ihren eigenen Vorlieben ergänzen und nur bestimmte Inhalte anwenden. Und Sie müssen auch nicht jede Idee im Vortrag verwenden.

▶ **Praxistipp** Geschichten verhalten sich ähnlich wie Ideen – wenn wir sie benötigen, sind sie oftmals nicht verfügbar. Deshalb: Legen Sie sich eine Vorratskammer an Geschichten an.

Ich habe immer ein kleines Notizbuch dabei, in das ich spontan Ideen skizziere oder Erlebnisse in wenigen Zeilen schreibe. Bei einer guten Geschichte genügen mir wenige Stichworte, damit ich mich wieder an sie erinnere. Und denken Sie daran, die Quelle zu notieren, damit Sie im Vortrag darauf verweisen können.

Wenn Sie die Fundorte regelmäßig durchsuchen und sich eine **Vorratskammer** anlegen, haben Sie nach einiger Zeit eine Menge Geschichten, aus denen Sie auswählen können. Aber wie erkennen Sie, dass es auch wirklich *gute* Geschichten sind, bei denen Ihr Publikum aufmerksam zuhört?

Bei dieser Frage hilft Ihnen ein alter Bekannter: Das **SUCCES-Prinzip** aus dem Abschn. 4.3.3 – *Wie gut ist mein Vortragstitel?* Wenn wir das Prinzip auf Geschichten anwenden, dann besagt es, dass eine gute Story einfach, unerwartet, konkret, glaubwürdig, emotional und anschaulich ist. Je mehr Kriterien Ihre Geschichte erfüllt, desto leichter erinnern sich die Menschen daran.

Fundort	Ideeninspiration für Geschichten
Eigener Lebenslauf	Private oder berufliche Momente, die Sie besonders geprägt haben wie Erfolge oder Misserfolge • Auf welche Abschlüsse, Fähigkeiten oder Projekte sind Sie besonders stolz? Warum? • Auf welche sind Sie nicht stolz? Was würden Sie heute anders machen? • Welche Ereignisse aus Ihrer Jugend-, Schul- oder Studienzeit erzählen Sie in Ihrem Freundeskreis?
Momente, die Sie zum ersten Mal erlebt haben	Alles, was wir das erste Mal ausprobiert oder erlebt haben, hinterlässt besonders starke Eindrücke wie • Das erste selbst verdiente Geld in der Ausbildung oder im Ferienjob • Der erste Urlaub ohne Eltern • Das erste eigene Auto • Der erste große Erfolg oder die erste große Niederlage (Schule; Beziehung; Investition)
Alltag	Szenen, die Sie gehört oder gesehen haben • Was haben Sie heute auf dem Arbeitsweg erlebt? • Wenn Sie Ihrem Partner drei Erlebnisse erzählen müssten, die in der letzten Woche passiert sind: Welche wären das?
Medien (Bücher, Radio, Film und Fernsehen, Internet)	Ereignisse, Handlungen oder (fiktive) Charaktere, die Ihnen in Erinnerung geblieben sind • Wer oder was hat Sie durch seine Worte oder Taten beeindruckt? Denken Sie auch an Tiere oder Dinge • Welche Szene aus Ihrem Lieblingsfilm/-buch oder Ihrer Lieblingsserie unterstützt Ihre Vortragsbotschaft?
Zitate	Texte, Gedichte oder Worte, an die Sie sich erinnern (Denken Sie an die Quellenangabe!) • Was hat eine berühmte Persönlichkeit gesagt, das Ihnen besonders gut gefällt? Warum ist das so? • Was haben Ihre Kinder oder Kollegen Witziges oder Weises gesagt?
Bilder und Grafiken	Bilder und Grafiken können Erinnerungen an verborgene Erlebnisse auslösen. Dasselbe gilt für Musikstücke, die eine persönliche Bedeutung besitzen

Abb. 6.10 Fundorte und Ideenauslöser für Geschichten

In Abb. 6.11 habe ich mithilfe der SUCCES-Kriterien den ersten Entwurf der Mord-Story aus Abschn. 6.2 – *Fakten mit einer Seele* und die Geschichte von John Francis miteinander verglichen. Die beiden Tabellen verraten Ihnen ziemlich gut, wie jede Story auf ein Publikum wirkt – je mehr Haken, desto besser. Aber es gibt eine noch einfachere Regel: *Wenn Sie eine Geschichte interessant finden, ist dies bei Ihren Zuhörern wahrscheinlich*

Abb. 6.11 Die SUCCES-Kriterien und ihre Anwendung auf Geschichten

auch der Fall. Berührt Sie ein Ereignis und bleibt es in Ihrem Kopf hängen, passiert das bei Ihrem Publikum ebenfalls.

6.6 Werkzeuge für das Storytelling

Gute Geschichten sind wie Zauberei. Und wie in jedem Zauber wohnt in ihnen etwas Magisches inne: Sie versetzen das Publikum in Erstaunen. Geschichten hauchen einer abstrakten Idee durch Bilder und Sprache Leben ein, sodass sie das Publikum besser verstehen und diskutieren kann.

Die Grundlage sind **Szenen:** Das sind kleine Geschichten innerhalb der Präsentation. Wenn wir diese Mini-Stories wie bei einem Puzzle richtig zusammensetzen, verpacken wir den gesamten Vortrag in eine einzige, große Geschichte – den sogenannten **Vortragsplot** oder die **Rahmenstory** [20]. Umgekehrt geht das auch: Dann unterstützen die Mini-Stories den Vortragsplot und machen ihn dadurch klarer.

In den folgenden Abschnitten lernen wir Werkzeuge kennen, die Ihnen helfen, Geschichten in Geschäftsvorträgen einzusetzen:

1. *Mini-Stories* nutzen Sie gezielt für einzelne Vortragsinhalte
2. *Die Leiter des Erzählers* zeigt Ihnen, wie Sie abstrakte und konkrete Inhalte miteinander verbinden
3. *Das PIXAR-Schema* ist eine Blaupause, die Sie beim Entwurf der Rahmenstory für den gesamten Vortrag unterstützt
4. Mit dem *Golden Circle* können Sie abschätzen, ob Ihre Rahmenstory die Zuhörer inspiriert, weil sie den Sinn dahinter verstanden haben
5. Die Rahmenstory variieren Sie mithilfe von drei *Vortragsplot-Vorlagen*

Mini-Stories und die Leiter des Erzählens können Sie in jedem Vortrag anwenden. Die anderen Werkzeuge nutzen Sie, wenn es der Vortragsanlass rechtfertigt. Lassen Sie uns an die Arbeit gehen!

6.6.1 Die Mini-Story

Stellen Sie sich vor, Sie erklären einem Kind die Relativitätstheorie. Wie machen Sie das? Verwenden Sie die Einstein-Formel? Oder erklären Sie sie anhand von Einsteins Traum, in dem er auf einem Lichtstrahl reitet und sich fragt, was dabei passiert? Dieser bildhafte Vergleich ist bereits eine **Mini-Story.**

Mini-Stories nutzen Sie häufig in Ihrem Alltag. Beispielsweise, wenn Sie Ihrem Partner abends von Ihrem Arbeitstag erzählen und dabei ein Beispiel verwenden oder einen Vergleich ziehen. Auch in dieses Buch habe ich viele Mini-Stories eingeflochten. Warum sollten wir sie nicht auch in Business-Vorträgen einsetzen?

Erfahrene Referenten nutzen die Macht von Mini-Stories in ihren Vorträgen. Als er das MacBook Air vorstellte, beschrieb es **Steve Jobs** als „das dünnste Notebook der Welt" und zog es vor den Augen des erstaunten Publikums aus einem handelsüblichen Hauspostumschlag hervor [21]. Der britische Unternehmer **Richard Branson,** Chef der Virgin-Gruppe, sieht seine Entscheidungen häufig als Beginn einer Abenteuerreise, von der er nicht weiß, wohin sie ihn führen wird [22]. Und **John F. Kennedy** versicherte der Berliner Bevölkerung seine Solidarität und die aller Amerikaner mit dem Satz „Ich bin ein Berliner". Seine Botschaft: Ich bin einer von Euch und ich lasse Euch nicht im Stich. Alles Mini-Stories, die Menschen inspirieren und motivieren.

Für Geschäftsvorträge reichen sechs Mini-Story-Typen aus (s. Abb. 6.12): **Beispiele, Metaphern, Vergleiche, Anekdoten, Zitate** und **Sprachbilder** [23].

Natürlich können Sie auch andere Stilmittel verwenden, aber mit diesen sechs kommen Sie schon ziemlich weit. Und wenn sich einige Ausdrücke keinem bestimmten Typ zuordnen lassen? Das ist nicht schlimm. Wichtiger ist, dass Sie sich Gedanken darüber machen, an welcher Stelle des Vortrags die Mini-Story ihre Inhalte am besten unterstützt.

Mini-Stories helfen, dass das Publikum Ihre Botschaft schnell versteht. Bei einem Reporting erklären Sie anhand eines konkreten Beispiels, warum ein Projekt ein Ziel nicht erreicht hat. Und welche Maßnahmen Sie eingeleitet haben, um das Ziel doch noch zu erreichen. Oder setzen Sie ein Zitat als **Save-the-Cat-Moment** am Vortragsanfang ein. Das bedeutet: Mini-Stories können Sie jederzeit im Vortrag verwenden. Und vergessen Sie nicht, die Mini-Story in Stichpunkten auf Ihrem **Board** zu notieren.

6.6.2 Die Leiter des Erzählers

Beginnen wir diesen Abschnitt mit einer kleinen Übung. Lassen Sie sich einen Augenblick Zeit.

Mini-Story	Beschreibung	Beispiel
Beispiel	Beispiele veranschaulichen einen Inhalt oder eine Aussage. Dazu gehören Erklärungen, Erläuterungen oder Beweise	• *Erfolgsstories* von Unternehmen oder Personen als Beweis für Umsetzungen • *Die Schlacht von Waterloo* als Beispiel für das Scheitern • *Der Funke der Erkenntnis* für eine überraschende Einsicht
Metapher	Sie umschreibt den ursprünglichen durch einen anderen Inhalt, der deutlicher oder anschaulicher ist. Meist kommt der neue Inhalt aus einem anderen Themengebiet	• Die Mitarbeiter als Motor des Unternehmens • Der verborgene Schatz als Verbesserungspotenzial
Vergleich	Mit dem Vergleich stellen Sie zwei ähnliche Inhalte zur Verdeutlichung gegenüber. Dadurch betonen Sie Unterschiede oder Gemeinsamkeiten. Typische Schlüsselworte sind *wie* oder *als*.	• Der neue Computer besitzt ein Drittel mehr Leistung als sein Vorgängermodell und kostet nur halb so viel • Der neue Prozess ist doppelt so schnell als der alte • Mächtig wie Cäsar
Anekdote / Zitat	Die Anekdote beschreibt eine kuriose, ungewöhnliche oder seltsame Begebenheit, meist im Leben einer bekannten Person. Die komprimierte Form einer Anekdote ist das Zitat. Es gibt die Einstellung oder Ansicht einer Person wieder, aus der sich häufig eine Anekdote oder ein Beispiel ableiten lässt	• Auguste Kekulé sah im Traum eine Schlange, die sich in den Schwanz biss. Dieses Bild brachte ihn auf die chemische Struktur des Benzolrings • „Mit Laptop und Lederhose“: So beschrieb Roman Herzog die Entwicklung Bayerns vom Agrarstaat zum Hightech-Land • „Entweder Du landest im Gefängnis oder Du wirst Millionär“: Die Einschätzung des Schuldirektors am letzten Schultag von Richard Branson
Sprachbild	Mit Bildern oder bildhafter Sprache lösen Sie das Kopfkino aus, das die Fantasie anregt (mentale Simulation)	• 1000 Songs in der Hosentasche • Die ganze Welt in der Cloud • Ein Füllhorn an Möglichkeiten

Abb. 6.12 Die wichtigsten Mini-Story-Typen für Geschäftsvorträge

Übung

Schließen Sie die Augen und denken Sie an die Begriffe „Bett, See, Berge“, bevor Sie weiterlesen.

Schließen Sie die Augen erneut und denken Sie an die Begriffe „Synergie, Management, Shareholder-Value“. Was ist passiert?

Abb. 6.13 Anwendung der Leiter des Erzählers am Beispiel „Digitalisierung im Unternehmen“

Bei Begriffen wie *Bett, See* oder *Berge* erzeugt das Gehirn automatisch Bilder vor Ihrem geistigen Auge und setzt sie zu einem bekannten Ablauf zusammen. Dabei greift es unter anderem auf Erinnerungen und Eindrücke aus Ihrem letzten Urlaub zurück. Dagegen passiert bei den anderen Ausdrücken nichts. Weil unser Gehirn keine Anknüpfungspunkte findet, vergessen wir diese unkonkreten Begriffe sofort wieder. Die Frage lautet also: Wie können wir abstrakte Business-Inhalte mit bildhaften Worten vermitteln? Dabei hilft die Leiter des Erzählers [24].

Die **Leiter des Erzählers** unterstützt Sie, die konkreten und abstrakten Inhalte in Ihrer Präsentation zu ordnen. Die abstrakten Begriffe befinden sich oben auf der Leiter, während die konkreten Inhalte auf den unteren Sprossen sind. Das heißt: Je weiter Sie die Leiter hinuntersteigen, desto bildhafter und verständlicher werden die Begriffe. In der Mitte befinden sich Inhalte, die die Verbindung zwischen beiden herstellen. Das sind häufig nichtsinnliche, analytische Zahlen, Daten und Fakten. Die Leiter des Erzählers ist in Abb. 6.13 dargestellt.

Wenden wir die Leiter am Beispiel *Digitalisierung in Unternehmen* an. Auf den unteren Sprossen befinden sich die konkreten Inhalte: Leere Papierkörbe aufgrund weniger Ausdrucke. Arbeiter reparieren Maschinen mit der Hilfe von **Augmented-Reality**-Brillen. Bei diesem Einstieg kann das Publikum leicht folgen. Jetzt steigt der Referent zu den mittleren Sprossen auf, wo er beispielsweise über die technischen Voraussetzungen spricht. Schließlich beschreibt er auf den obersten Sprossen die Vision eines digitalisierten Unternehmens und die Bedeutung für alle Mitarbeiter.

Viele Referenten machen es sich einfach und steigen direkt ganz oben auf der Leiter ein. Sie sprechen über Inhalte wie die *Sicherung der Zukunftsfähigkeit* oder als *Bestandteil der Firmenstrategie*. Dieser Einstieg ist für viele Zuhörer zu hoch. Stellen Sie sich vor, die unteren Leitersprossen sind nicht vorhanden: In diesem Fall zwingt der Vortragende sein Publikum, einen Klimmzug zum Thema auszuführen. Viele Teilnehmer verzichten auf diesen Kraftakt und wenden sich ab.

Steve Jobs führte 2001 den iPod mit den Worten *1000 Songs in der Hosentasche* ein. „Mit dem iPod", sagte er, „sind die Zeiten vorbei, in denen die Menschen unhandliche Musik-Abspielgeräte wie tragbare CD-Player oder Radios bei ihren Freizeitaktivitäten mitnehmen müssen. Er ist so kompakt, leicht und unauffällig, dass er in einer Hosentasche Platz findet." Bei diesen Worten zog er ein Gerät aus seiner Jeans und zeigte es dem Publikum. Anschließend beschrieb er, wie einfach man Musik auf den iPod laden konnte und erklärte, dass die meisten Menschen ungefähr 1000 Songs zu Hause besaßen. „Ist das nicht cool?", fragte er. „Zum ersten Mal passt Ihre gesamte Musikbibliothek in Ihre Hosentasche." [25] Am Ende wies er auf die Philosophie von Apple hin, intuitiv anwendbare Produkte für die Menschen zu bauen – indem er den Teilnehmern live demonstrierte, wie einfach sich das Gerät bedienen ließ.

Man kann Steve Jobs bildlich dabei zusehen, wie leichtfüßig er auf der Leiter tänzelt. Mit der Frage *Was bedeutet das?* steigt er sie hinauf, mit der Antwort *Ich zeige Ihnen ein Beispiel* hinunter. Er beschreibt den iPod mit dem 1000-Song-Vergleich auf den mittleren Sprossen und holt dann alle Zuhörer ab, indem er ihnen den Alltagsnutzen erklärt. Anschließend bewegt er sich mit den technischen Details nach oben, bevor er kurz auf die Unternehmensphilosophie eingeht. Danach demonstriert er den Umgang mit dem Gerät. Steve Jobs hat deutlich gemacht, wovon er spricht. Und sein Publikum war bereit, ihm zu folgen.

In der Vortragspraxis sind die Leiter des Erzählers und **Mini-Stories** ein untrennbares Paar. Die Leiter sagt uns, *welche* Inhalte noch nicht verständlich sind. Mini-Stories sagen uns, *wie* wir diese Inhalte verständlich machen können. Sie schlagen die Brücke zum vorhandenen Wissen des Publikums und lösen dadurch den Funken der Erkenntnis aus – den **Aha**- oder **S.T.A.R.-Moment.** Anschließend prüft unser Gehirn, wie es die neuen Erkenntnisse im Alltag verwenden kann. Herzlichen Glückwunsch: Ihre „Große Idee" ist in den Köpfen der Teilnehmer angekommen.

6.6.3 Das PIXAR-Schema

Manchmal gibt es Vortragsanlässe, bei denen Mini-Stories oder die Leiter des Erzählers nicht ausreichen. Weil der Vortrag *selbst* eine Geschichte sein muss: Investoren erwarten eine überzeugende Gründerstory. Bei der Kundenakquise oder einer Verkaufspräsentation gewinnt das Unternehmen, das bei gleichen Angeboten die bessere Geschichte hat. Kurz: In solchen Augenblicken macht die passende **Rahmenstory** den Unterschied zwischen einem guten und einem herausragenden Vortrag.

Abb. 6.14 Aufbau des PIXAR-Schemas (Text) und Anwendung im Geschäftsvortrag (blaue Formen)

Solche Vorträge bringen viel für die Reputation, sind aber bei manchen Referenten auch unbeliebt – denn schließlich ist man kein Schriftsteller. „Wo bekomme ich eine Geschichte her, die genau für diesen Anlass passt?", fragen sie. Antwort: Entweder aus Ihrer **Geschichten-Vorratskammer.** Oder Sie überlegen sich eine passende Story, die Sie selbst erlebt haben. Dafür gibt es ein Schema, nach dem viele Geschichten aufgebaut sind – ein einfacher Lückentext, den Sie in Abb. 6.14 sehen.

Ursprünglich entstammt das Schema dem Improvisationstheater. Heute nutzen es Unternehmen wie das Filmstudio PIXAR, um ein Gefühl für Geschichten zu bekommen [26]. Aus diesem Grund wird es auch manchmal **PIXAR-Schema** genannt. PIXAR-Filme wie *Findet Nemo, Toy Story* oder *Oben* halten sich sehr nahe an diesen Ablauf.

Das Schema funktioniert nicht nur bei Filmen, sondern auch bei Geschäftsvorträgen – Sie müssen den Lückentext einfach mit Ihren Inhalten ergänzen (die blauen Formen in Abb. 6.14). Wenden wir es konkret an einem Beispiel an: Zwei Unternehmen überlegen sich, gemeinsam ein neues Produkt zu entwickeln.

Übung

Auf einer Luftfahrtmesse treffen sich der Entwicklungsleiter eines Zulieferers und der Verkaufschef einer Airline. Während des Gesprächs stellen sie fest, dass der Zulieferer an einem Produkt arbeitet, nach dem der Verkaufschef für die First Class seiner Flugzeuge bereits seit längerem sucht. Beide beschließen, das Produkt gemeinsam zu entwickeln, zu testen und letztendlich in den Flugzeugen der Airline einzubauen.

Wie könnte eine Geschichte lauten, die nach dem PIXAR-Schema aufgebaut ist? Stellen Sie sich vor, dass Sie den Vortrag auf einer Veranstaltung halten, bei der das fertige Produkt dem Airline-Geschäftsführer übergeben wird.

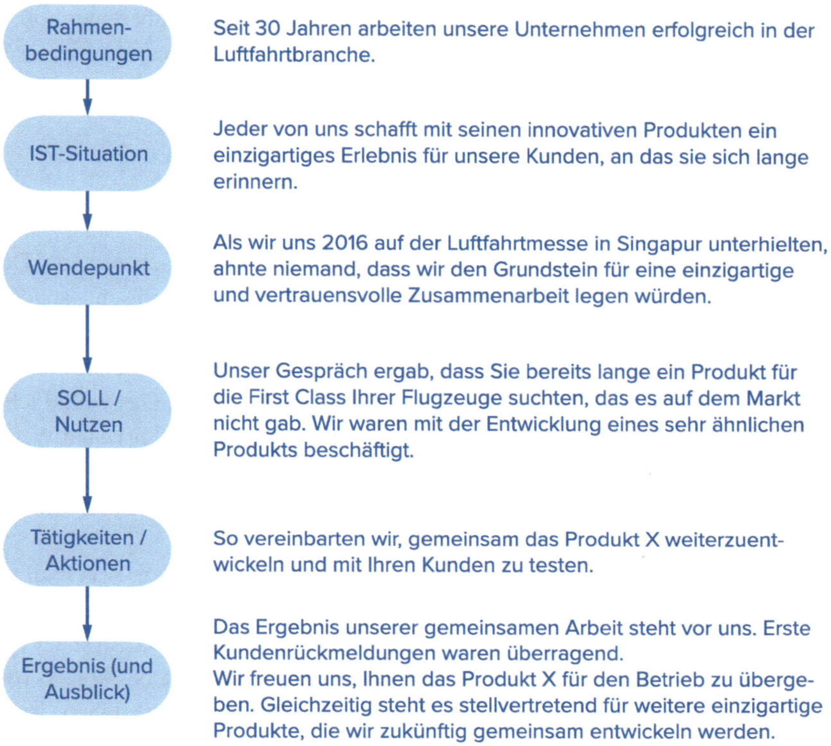

Abb. 6.15 Vortragsgeschichte des Entwicklungsleiters bei der Produktübergabe

Das ist die Story, die sich der Entwicklungsleiter mithilfe des Schemas überlegt hat: *Es waren* einmal zwei Unternehmen aus der Luftfahrtbranche. *Jeden Tag* arbeiteten sie hart, um die Kunden mit ihren Produkten noch zufriedener zu machen. *Eines Tages* sprach der Verkaufschef der Airline mit dem Entwicklungsleiter des Zulieferers auf der Luftfahrtmesse in Singapur über ein Produkt, das er schon lange vergeblich suchte. Sie stellten fest, dass der Zulieferer bereits an einem ähnlichen Produkt arbeitete. *Deshalb* beschlossen sie, das Produkt gemeinsam weiterzuentwickeln. *Bis* sie *schließlich* ihr Ziel erreicht hatten und heute der Airline ein Produkt übergeben, das bei Kundentests überragend bewertet wurde.

Natürlich war das nur ein erster Entwurf – auf diese Weise sprechen wir normalerweise nicht. Das fertige Ergebnis lesen Sie in Abb. 6.15: Der Inhalt ist nahezu gleichgeblieben, nur die Formulierung ist jetzt etwas eleganter. Und wenn Ihnen die Geschichte zu langweilig erscheint, können Sie sie spannender machen, indem Sie Mini-Stories & Co. einbauen: Erzählen Sie einfach, wie das Team bei brütender Hitze im Büro einen Geistesblitz hatte und so ein Problem lösen konnte, über das es seit Wochen intensiv nachdachte.

Es macht Spaß, in diesem einfachen Schema zu erzählen. Das ist wie *Malen nach Zahlen* – nur mit Inhalten anstelle von Farben. Natürlich kommt nicht sofort die perfekte Rahmenstory für unseren Vortrag heraus, aber Sie erhalten eine erstaunlich gute Grundlage, die Sie am **Board** oder mithilfe von Vortragsplots weiter veredeln können. Aber bevor wir das tun, müssen wir einen Moment innehalten und uns überlegen, ob wir die passende Geschichte für unser Publikum erzählen, sodass es gebannt unseren Worten lauscht und sich für unsere Botschaft interessiert. Dabei hilft uns der Golden Circle.

6.6.4 Der Golden Circle: Warum tun wir, was wir tun?

Sigrid ist Assistentin der Geschäftsleitung – ein sicherer und angesehener Job. Doch als wir uns zufällig trafen, erzählte sie mir, dass sie gekündigt hatte. Überrascht sah ich sie an, und wir setzten uns spontan in ein Café. Dort erzählte sie mir, dass sie seit zwei Jahren nebenberuflich eine Coaching-Ausbildung absolviert hatte. Diese hatte sie mittlerweile abgeschlossen und war nun dabei, eine eigene Praxis aufzubauen. „Das wollte ich schon immer tun – anderen Menschen helfen, ihren eigenen beruflichen und privaten Weg zu finden", sagte sie. „Mich macht das glücklich und zufrieden – auch wenn es als Selbstständige mehr von mir fordert." Am Ende des Gesprächs dachte ich: Diesen Mut hätte ich auch gerne. Und das nicht zum ersten Mal.

Sigrids Geschichte zeigt, wie wichtig es ist, nicht nur zu erzählen, was man tut oder wie man es tut, sondern vor allem, warum man etwas tut. Dieses *Warum* erklärt den tieferen Sinn hinter Entscheidungen oder Handlungen und ist der zentrale Aspekt des Golden Circle, den der Business-Coach Simon Sinek entwickelt hat (s. Abb. 6.16) [27]. Denn: Menschen sind von Natur aus Sinnsucher [28]. Sobald sie verstehen, warum jemand etwas tut, entsteht eine tiefe **Verbundenheit** zwischen allen Beteiligten (s. Abschn. 3.2 – *Die Macht der Zuhörer*). Das macht den Golden Circle zu einem großartigen Werkzeug für das Storytelling – obwohl er vor allem im Umfeld der Unternehmensführung zuhause ist.

Der **Golden Circle** stellt drei zentrale Fragen nach dem *Warum-Wie-Was:*

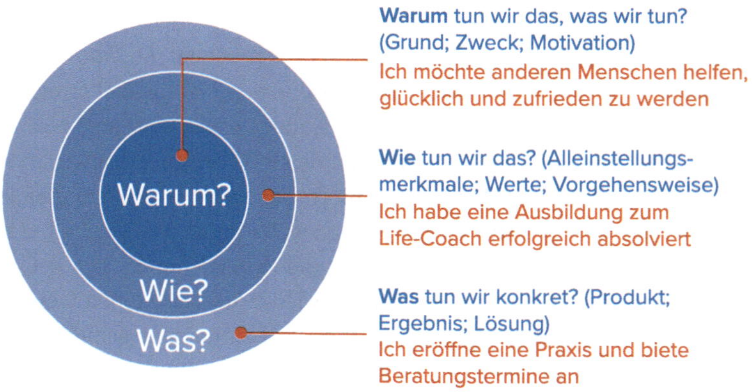

Abb. 6.16 Der Golden Circle mit den drei zentralen Fragen und den Antworten von Sigrid (in oranger Schrift)

1. *Warum* tun wir das, was wir tun – was ist der tiefere Sinn oder unsere Motivation?
2. *Wie* tun wir das – wie gehen wir vor, um unser *Warum?* umzusetzen und unsere Ziele zu erreichen?
3. *Was* tun wir konkret – welche Ergebnisse erwarten wir oder was ist unser Produkt?

Die beiden letzten Fragen lassen sich oft einfach beantworten; bei der Frage nach dem *Warum?* ist das schon schwieriger, weil sie die emotionale Brücke zu unseren Zuhörern schlägt. Das *Warum-Wie-Was* von Sigrid habe ich beispielhaft in der Abb. 6.16 eingetragen.

▶ **Praxistipp** Die Antwort auf die Frage nach dem *Warum?* ist häufig schwierig zu finden. Fragen Sie besser nach dem *Wozu?* oder *Zu welchem Zweck?* Das macht die Antwort deutlich einfacher.

Sinek stellte fest, dass erfolgreiche Menschen oder Unternehmen sich genau dieses Aspekts bewusst sind. Das bedeutet aber nicht, dass die Warum-Frage die wichtigste im Golden Circle ist. Nur wenn alle drei Fragen zusammenspielen, wirkt das Ergebnis auf Menschen überzeugend.

Ist es wichtig, in welcher Reihenfolge ich die Fragen beantworte? Ja, das ist es. Denn: Je nachdem, ob man mit dem *Warum* oder dem *Was* anfängt, ändert sich die Botschaft der Geschichte. „Leider", sagt Sinek, „beginnen die meisten Menschen mit der Frage nach dem Was – von außen nach innen." [29] Das ist völlig in Ordnung, birgt aber eine Gefahr: Wenn sich das, was Sie sagen, nicht mit den Erwartungen des Publikums deckt, ist das gegenseitige Verständnis massiv gestört. Überlegen Sie, welche Botschaft Sie vermitteln müssen – und ob es die ist, die Ihre Zuhörer nachempfinden können.

Machen wir das am Beispiel des Zulieferers und der Airline aus dem vorherigen Abschnitt deutlich, die gemeinsam ein Produkt für die erste Klasse eines Flugzeugs entwickeln. Zur Erinnerung: Das fertige Produkt X wird dem Vorstand der Airline vorgestellt. In Abb. 6.17 sehen Sie, wie sich das *Warum?* ändert, wenn ich die Reihenfolge ändere. Besonders fatal: Dabei hat sich der Kern des Golden Circle vom Kundenutzen zum Nutzen für das Unternehmen verschoben.

Ein überzeugendes *Warum* inspiriert Menschen und regt ihre Fantasie an. Es beeinflusst Entscheidungen und macht Unternehmen einzigartig. Es vermittelt Mitarbeitern und Kunden ein gutes Gefühl der Zusammenarbeit. Kurz: Es macht uns klar, warum wir jeden Morgen zur Arbeit gehen. Und manchmal weist es sogar den richtigen Weg. Wie bei Sigrid.

▶ **Praxistipp** Achten Sie darauf, dass Ihr *Warum* eine wirklich überzeugende Antwort liefert – die Gefahr ist groß, dass man sich in nichtssagenden Floskeln wie „Wir wollen die Welt besser machen" verliert. Das inspiriert niemanden.

Starke Antworten liefern beispielsweise Adidas („Durch Sport können wir das Leben von Menschen verändern") oder die Virgin-Gruppe von Richard Branson („Jeden Sektor, in dem wir tätig sind, umzuwälzen und neu zu erfinden") [30].

Abb. 6.17 Zwei unterschiedliche Warum-Botschaften, die sich aus dem Golden Circle ergeben

Übrigens: Der Golden Circle hilft nicht nur dabei, den tieferen Sinn zu verstehen. Er ist auch ein vorzüglicher Test, wenn Sie bereits eine Geschichte für Ihren Vortrag haben: Dann können Sie die drei Fragen leicht beantworten. Wenn das nicht der Fall ist, sollten Sie überlegen, welcher Aspekt in Ihrer Vortrags-Rahmenstory noch fehlt.

Das passende *Warum-Wie-Was* des Golden Circle beinhaltet oft schon eine starke Geschichte. Und die können Sie für Ihr Publikum noch stärker machen – durch die Wahl des richtigen Vortragsplots. Das sehen wir uns im nächsten Abschnitt an.

6.6.5 Vorlagen für Vortragsplots

Der amerikanische Schriftsteller **Kurt Vonnegut** gilt als Meister des Erzählens. In einem Vortrag erklärt er, wie packende Geschichten funktionieren – mit einfachen Strukturen [31].

Eine Struktur nennt er *Mann in einem Loch:* Jemand gerät in Schwierigkeiten und überwindet sie. Eine andere heißt *Junge kriegt Mädchen,* was aber nicht nur mit einer Romanze zu tun hat. Die Geschichte fängt mit einem Durchschnittsmenschen an und endet damit, dass ihm etwas Gutes widerfährt. Dazwischen verliert diese Person ihr Glück beinahe und erlangt es wieder zurück, damit die Geschichte positiv endet. „Die Menschen kennen und lieben das", sagt Vonnegut. „Lassen Sie mich von einem Mädchen erzählen. Seine Mutter ist gestorben und der Vater hat erneut geheiratet. Eine gemeine und hässliche Frau mit zwei bösen Töchtern. Und da gibt es diese Party am Abend im Schloss... Sie haben davon gehört." Das Publikum schmunzelt, als es die Geschichte von Aschenputtel erkennt.

Abb. 6.18 Die drei wichtigsten Vortragsplots für Geschäftsvorträge

Was Kurt Vonnegut beschreibt, sind Vorlagen für unterschiedliche Erzählmuster. Und die sind den Inhalten in unseren Geschäftsvorträgen erstaunlich ähnlich: Häufig geht es darum, ein Problem zu lösen. Oder die Zusammenarbeit auf eine einfache, kreative Weise zu verbessern. Deshalb entleihen wir uns bei Vonnegut drei Erzählmuster für unsere Business-Vorträge. Diese drei **Vortragsplots** zur Veredelung unserer Rahmenstory sehen Sie in Abb. 6.18.

Die meisten von uns kennen Geschichten, die nach einem der drei Plots aufgebaut sind. Aber: Wie wende ich die Vorlagen an? Gehen Sie in zwei Schritten vor:

1. Wählen Sie den Plot, der zu Ihrem Vortragsthema passt. Sind Sie sich unsicher, überlegen Sie, was Sie vermitteln wollen und was der Kern Ihres Vortrags ist. Hier hilft Ihnen das **High-Concept** und der **Golden Circle** weiter
2. Anschließend reihen Sie entlang des Plotverlaufs die einzelnen inhaltlichen **Szenen** aneinander. Dabei sind drei Fragen hilfreich: *Was passiert? Was passiert danach? Und wie passt das zusammen?*

Auf diese Weise kommen Sie bei allen drei Vortragsplots zu einem klaren Erzählfluss. Denn jeder Plot beginnt mit einem Problem und endet mit einer Lösung. Nur der Weg dazwischen ist unterschiedlich. Erzählen Sie einfach, was Sie erlebt oder herausgefunden haben. Und stellen Sie anschließend Ihre Empfehlung vor.

Die drei Erzählmuster sind kein starres Regelwerk. Betrachten Sie sie eher als Anregung für Ihren Vortrag, die Sie anpassen und kombinieren können. Denn die interessantesten Geschichten besitzen Anteile mehrerer Plots – wie bei John Francis oder Francisco. Sehen wir uns einige Beispiele genauer an, die mit Unternehmens-, Produkt-, Projekt- und Teamgeschichten zu tun haben.

Der herausfordernde Plot

Beim **herausfordernden Plot** handelt es sich um die klassische *Besiege das Monster*-Geschichte, wobei das Monster ein Sinnbild für Hindernisse, Risiken oder Gefahren ist. Eine Person oder ein Unternehmen steht vor einem scheinbar aussichtslosen Problem und meistert es letztendlich, häufig mit großer Willensstärke und unter persönlichen Verlusten. Die Botschaft lautet, dass der Held alles schaffen kann, solange er an sich glaubt und konsequent handelt.

Einige Beispiele für diesen Plot: Nachdem im Jahr 1915 das Schiff des britischen Polarforschers Ernest Shackleton im Treibeis der Antarktis gesunken war, schaffte er es, seine gesamte Besatzung zu retten, ohne dabei ein einziges Mitglied zu verlieren. Apple war mehrmals am Rande des Konkurses, bevor es zu einem der wertvollsten Unternehmen der Welt wurde. Und Elon Musk wurde in der Autobranche anfangs belächelt, bevor er mit seinen Fahrzeugen bewies, dass er ein ernsthafter Konkurrent ist. Abb. 6.19 zeigt den Aufbau des herausfordernden Plots.

Die Geschichten von Apple oder Shackleton sind zweifelsfrei spektakulär. Deshalb nehmen wir ein Beispiel aus dem Arbeitsumfeld: Einen Konstrukteur, der ein Produkt entwickelt. Dabei gibt es eine Menge Konflikte: Er muss es richtig berechnen, damit es technisch sicher ist. Er muss die Herstellungskosten im Blick haben, damit es bezahlbar bleibt. Und häufig widersprechen sich die Anforderungen zwischen dem, was machbar ist und dem, was der Kunde möchte. Kurz: Er muss den bestmöglichen Kompromiss zwischen Produkt, Unternehmen und Markt finden. Wie gesagt: Die meisten Helden im Geschäftsumfeld sind häufig unspektakulär.

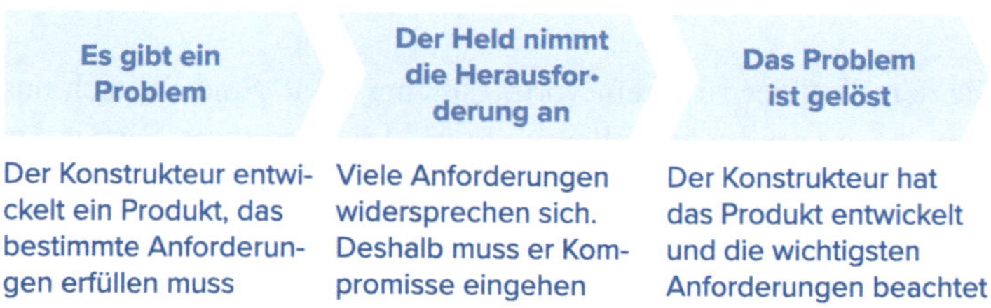

Abb. 6.19 Aufbau und Anwendung des herausfordernden Plots

Der verbindende Plot

Im **verbindenden Plot** geht es um Personen, die zunächst nichts miteinander zu tun haben. Aufgrund von äußeren Umständen müssen sie sich einem Abenteuer stellen, das sie nur zusammen bestehen können. Dazu müssen sie zuerst auf der Grundlage gemeinsamer Interessen Vertrauen aufbauen und ein Team werden. Dieses Erzählmuster sagt viel über gelebte Werte wie Toleranz oder Kompromissbereitschaft aus.

Bevor Luke Skywalker das finstere Imperium besiegen konnte, mussten Han Solo, Prinzessin Leia und er ihre Differenzen überwinden. Felix Baumgartner besiegte mithilfe eines Therapeuten seine Panikattacken, die ihn überkamen, sobald er seinen Raumanzug anzog [32]. Oder denken Sie an die Zusammenarbeit zwischen der Bodenstation und den Astronauten bei der *Houston, wir haben ein Problem*-Apollo-13-Mission, die aufgrund eines technischen Defekts abgebrochen werden musste. Sie überwand im wahrsten Sinne des Wortes Grenzen, indem sie die Crew sicher aus dem Weltraum auf die Erde zurückbrachte. Den Ablauf des Musters sehen Sie in Abb. 6.20.

Ein erlebtes Beispiel: Ein Unternehmen möchte sein regionales soziales Engagement in der Öffentlichkeit stärker betonen. Die Idee: Ein gemeinsames Projekt mit der örtlichen Grundschule. Eine Klassenlehrerin sagt zu, weil sie auf diese Weise Werte wie Gemeinschaft, Teamwork und Toleranz vermitteln möchte. Die Schüler entscheiden sich, an einem Landes-Wettbewerb zur regionalen Geschichte teilzunehmen. Sie erstellen ein multimediales Dokument mit Interviews, Fotos, Filmen sowie eine zugehörige Internetseite. Damit gewinnen sie den Wettbewerb. Schule und Firma erscheinen in der regionalen Presse. Übrigens handelte es sich dabei um Schüler einer dritten Klasse – Reporter lieben solche Geschichten!

Der kreative Plot

Der **kreative Plot** ist ein *MacGyver-Plot*. Eine Person löst mit einer neuen Idee oder auf eine ungewöhnliche Weise ein Problem oder erzielt einen entscheidenden Durchbruch.

Ein herabfallender Apfel inspirierte Isaac Newton zur Theorie der Schwerkraft. Einstein überlegte, was passiert, wenn er auf einem Lichtstrahl reiten würde, und ersann die Relativitätstheorie. Carl Benz kombinierte die Kutsche mit der Dampfmaschine und erfand das Automobil. Wie dieses Erzählmuster aufgebaut ist, zeigt Abb. 6.21.

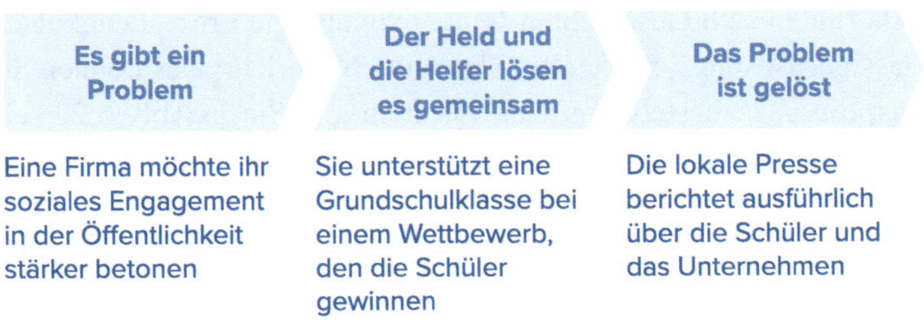

Abb. 6.20 Die Anwendung des verbindenden Plots

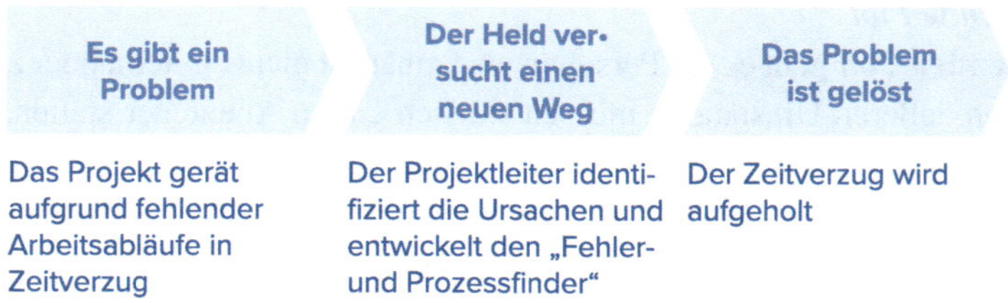

Abb. 6.21 Aufbau und Anwendung des kreativen Plots

Ein Beispiel aus der Praxis: In einem Kundenprojekt wurden mehrmals kritische Termine nicht eingehalten. Der Grund: Es gab keine geregelten Arbeitsweisen; teilweise waren sie überhaupt nicht festgelegt. Die Folge: Viele zeitkritische Fehler. Daraufhin visualisierte der Projektleiter die wichtigsten Abläufe in Form einer Straßenkarte. Zusammen mit seinem Team besprach er in wöchentlichen Lessons-Learned-Meetings die Fehler inklusive aller Maßnahmen, wie sie künftig vermieden werden sollten. Danach ergänzte er das Straßennetz mit den neuen Erkenntnissen. So entstand ein visuelles Nachschlagewerk für das Team: Der Fehler- und Prozessfinder.

Sobald Sie auf einer Tagung oder vor Kunden sprechen, dann ist es den Aufwand wert, sich über den passenden Plot Gedanken zu machen und den Vortrag in eine Geschichte zu kleiden. Und je öfter Sie das tun, desto einfacher geht Ihnen das Storytelling von der Hand. Dazu finden Sie im nächsten Abschnitt einen Trainingsplan, der Sie dabei unterstützt, diese Kompetenz zu entwickeln und zu stärken.

6.7 Trainingsplan für Business-Storyteller

Vortragsplots, Mini-Stories & Co. sind Werkzeuge, die jeden Vortrag für das Publikum deutlich interessanter machen. Und obwohl viele Referenten die Vorteile erkennen, ist der Gedanke, Geschichten zu erzählen, merkwürdig und unheimlich. „Als Teilnehmer höre ich Geschichten gerne zu“, sagen sie. „Aber in meinen eigenen Vorträgen kann ich mir das schwer vorstellen.“

Das Problem: Die meisten Business-Vorträge beinhalten überwiegend Zahlen, Daten und Fakten. Da fühlen sich Geschichten *fremdartig* an. Die Frage lautet also: Wie werde ich ein erstklassiger Business-Storyteller? Die gute Nachricht: Das können Sie trainieren. Der **Trainingsplan** dazu besteht aus vier Schritten, die Sie in Abb. 6.22 sehen: Finden, Verinnerlichen, Anpassen und Üben.

Schritt 1: Finden Sie die Geschichte

Die Grundlage für Ihr Training ist immer, dass Sie eine Geschichte haben, die es wert ist, erzählt zu werden und zu Ihren Inhalten passt. Deshalb ist der erste Schritt, dass Sie Ihre Sinne für das Entdecken von Geschichten schärfen.

Abb. 6.22 Trainingsplan für Business-Storyteller

> **Übung**
> Führen Sie die „Hemingway-Übung" aus Abschn. 6.5 – *Fundorte für gute Geschichten* in Ihrem Alltag durch. Anschließend notieren Sie sich Stichworte und formulieren die gefundene Story später aus. Speichern Sie sie in Ihrer Geschichten-Vorratskammer. Das ist ein ausgezeichnetes Training für Ihre Beobachtungsgabe.

Alternativ können Sie auch nachsehen, ob sich bereits geeignete Stories in Ihrer Vorratskammer befinden. Oder Sie erstellen eine neue Geschichte mithilfe des PIXAR-Schemas. Und um zu prüfen, wie gut Ihre Geschichte ist, nutzen Sie das **SUCCES-Prinzip.** Das finden Sie ebenfalls in Abschn. 6.5.

Schritt 2: Verinnerlichen Sie die Story
Sobald Sie sich für eine Geschichte entschieden haben, üben Sie sie für sich allein. Erzählen Sie sie mit Ihren eigenen Worten – am besten laut und vor Ihrem Spiegelbild. Wenn Sie sich dabei bewegen wollen, ist das in Ordnung – Bewegung stimuliert unser Denken.

▶ **Praxistipp** Wenn Sie nicht (mehr) zu Ihrem Spiegelbild sprechen möchten: Hunde, Goldfische und Co. sind ebenfalls gute Zuhörer!

Wiederholen Sie das Erzählen mehrmals, um die Geschichte immer tiefer in Ihrer Gedankenwelt zu verankern und den Ablauf mit Ihrem gespeicherten Wissen zu verknüpfen. Mit jeder Wiederholung wird die Geschichte vertrauter, und die Worte fließen immer leichter.

Schritt 3: Passen Sie die Geschichte an

Manchmal passiert es, dass Sie (oder auch Ihre Zuhörer, siehe Schritt 4) etwas beim Erzählen der Geschichte stört. Vielleicht passt eine Formulierung nicht, der Erzählfluss wird unterbrochen oder Sie wissen nicht mehr, wie es weitergeht. Das sind häufig Hinweise darauf, dass etwas zwischen der Geschichte und den Inhalten nicht richtig zusammenpasst.

In solchen Fällen ist es hilfreich, mit den einzelnen Bestandteilen der Erzählung zu spielen und sie anzupassen. Schon eine andere Kulisse, neue Hauptdarsteller oder ein veränderter Vortragsplot hauchen derselben Story neues Leben ein. Sie können die Geschichte mit aktuellen Themen verknüpfen oder sie aus unterschiedlichen Blickwinkeln erzählen. Sie sind der Story-Architekt: Erstellen Sie eine Variante, die zu Ihrem Vortrag passt und mit der Sie sich wohlfühlen. Dabei helfen Ihnen der Golden Circle, die Vortragsplots oder die **Osborn-Checkliste,** die Sie in Abschn. 7.3.3 – *Ideen anpassen und verändern* finden.

> **Praxistipp** Geschichten aus Ihrem persönlichen Erfahrungsschatz sind am einfachsten zu erzählen und anzupassen.

Schritt 4: Üben Sie vor anderen

Sobald Sie sich mit Ihrer Geschichte wohlfühlen, erzählen Sie sie vor einem richtigen Publikum. Bleiben Sie zunächst auf vertrautem Terrain: Stellen Sie sie Ihrem Partner oder Ihren Kindern vor und bitten Sie um ihre ehrliche Rückmeldung. Was haben sie verstanden, was nicht? Konnten sie dem roten Faden folgen? Wenn Ihre Story diese Feuertaufe bestanden hat, dann ist es Zeit, sie mit Ihren Freunden oder Kollegen zu teilen. Und um ihre Einschätzung zu bitten.

Hören Sie aufmerksam zu, wenn Ihre Zuhörer Anmerkungen haben. Wiederholen Sie den dritten Schritt und arbeiten Sie die Hinweise in Ihre Story ein. Anschließend wiederholen Sie Ihren Auftritt vor dem Publikum. Dadurch machen Sie Ihre Geschichte nicht nur besser, sondern bekommen noch eine hübsche Zugabe: Mit zunehmender Übung wird Ihr Auftreten sicherer. Wenn Sie vor der Familie und vor Kollegen eine gute Figur gemacht haben, klappt das auch vor dem Chef!

Bonus: Die 22-Kaffee-Regel

Wie starte ich mein Training am einfachsten? Die Grundidee dazu habe ich mir beim Storytelling-Spezialisten Thomas Pyczak entliehen, der sich die 100-Kaffee-Regel ausgedacht hat. Sie besagt, dass Sie mit 100 verschiedenen Personen einen Kaffee trinken, ihnen dabei Ihre Geschichte erzählen und zuhören, wie sie darauf reagieren [33].

Wow – 100 Tassen Kaffee klingen nach einer ganz schönen Menge! Deshalb habe ich die Regel etwas vereinfacht. Meine **22-Kaffee-Regel** sieht wie folgt aus:

1. Trinken Sie jeweils fünf Tassen Kaffee, während Sie die ersten beiden Schritte durchführen
2. Wenn das Grundgerüst Ihrer Story steht, feilen Sie im dritten Schritt an den Details. Da dieser Schritt etwas mehr Zeit benötigt, erhöhen wir die Tassenanzahl auf sechs

3. Im letzten Schritt stellen Sie Ihre Geschichte drei Personen vor. Das ergibt nochmals sechs Tassen – drei für Sie und drei für Ihr Gegenüber

Im Idealfall kommen Sie so auf insgesamt 22 Tassen Kaffee.

Die 22-Tassen-Kaffee-Regel ist keine starre Vorgabe, sondern nur ein Vorschlag. Passen Sie sie einfach an Ihre Vorlieben an: Anstelle von Kaffee können Sie auch Tee oder Wasser trinken. Oder in einem Schritt ein paar Tassen mehr oder weniger zu sich nehmen – alles ist erlaubt, solange Sie mit dem Ergebnis zufrieden sind. Wichtig ist nur, dass Sie alle vier Schritte durchführen.

Mit dem Trainingsplan und der 22-Kaffee-Regel gewinnen Sie nicht nur Sicherheit im Umgang mit Storytelling – Sie bekommen auch ein Gefühl für die passenden Geschichten und ihren gezielten Einsatz in Ihren Vorträgen. Auf diese Weise steigern Sie nicht nur Ihre **Erzählkompetenz,** sondern entwickeln ganz nebenbei auch Ihren eigenen und unverwechselbaren Vortragsstil.

6.8 Zusammenfassung

Seit Jahrtausenden nutzen Menschen Geschichten, um Erfahrungen und Erlebnisse auszutauschen. Geschichten sind besonders wirkungsvoll, weil sie Wissen auf eine einfache und einprägsame Art vermitteln. Auch in unserem heutigen Alltag – sei es beruflich oder privat – erzählen wir ständig von dem, was wir erlebt oder worüber wir uns geärgert haben. Menschen sind von Natur aus Geschichtenerzähler.

Deshalb sind Geschichten ein mächtiges Werkzeug, wenn es darum geht, Inhalte zu vermitteln und Erkenntnisse zu teilen. Das gilt auch für Vorträge. Dennoch zögern viele Referenten, Storytelling im beruflichen Kontext zu verwenden. Sie sind sich unsicher, wie sie Geschichten sinnvoll in ihren Vortrag integrieren können oder befürchten, dass die Zuhörer sie als unseriös wahrnehmen.

Geschichten besitzen einen großen Vorteil: Sie folgen bestimmten Erzählmustern, die zeitlos und deshalb tief im kollektiven menschlichen Unterbewusstsein verankert sind. Geschichten, die nach diesen Mustern aufgebaut sind, werden von jedem Menschen aus jeder Kultur sofort intuitiv verstanden. Und diese Muster sind heutigen Abläufen im geschäftlichen Umfeld sehr ähnlich.

Das bekannteste Erzählmuster ist die Heldenreise: Ein Held bricht auf, besteht schwierige Aufgaben und kehrt am Ende als gereifter Mensch zurück. Dieses Muster ist besonders bedeutsam, weil es zeigt, wie wir lernen: Durch Ausprobieren, Scheitern und erneutes Versuchen. Da jeder Mensch diese Erfahrungen im Alltag macht, kann das Publikum Geschichten, die nach der Heldenreise aufgebaut sind, sofort gedanklich verstehen und nachvollziehen.

Die Hauptaufgabe des Helden besteht darin, stellvertretend für die Zuhörer die Reise anzutreten und für sie zu handeln. Aus diesem Grund muss der Held nicht unbedingt ein Mensch sein – auch ein Produkt, eine Firma oder eine Idee kann diese Rolle übernehmen.

Wichtig ist, dass der Held ein Problem löst, mit dem die Zuhörer konfrontiert sind. Auf diese Weise entsteht eine emotionale Brücke zwischen dem Publikum und den Vortragsinhalten.

Um diese Brücke zu schlagen, muss ein guter Storyteller folgende Fähigkeiten besitzen: Er muss interessante Geschichten in seinem Alltag erkennen. Er muss die richtige Geschichte auswählen, die sowohl zum Publikum als auch zu den Vortragsinhalten passt. Und er muss sie an der richtigen Stelle der Präsentation platzieren und souverän vortragen.

Gute Geschichten finden sich überall: In Büchern, in Filmen oder im eigenen Erfahrungsschatz. Leider nehmen sie viele Referenten nicht mehr wahr, weil ihre Sinne in der täglichen Flut an Informationen abgestumpft sind. Mithilfe eines Trainingsplans kann man sie wieder schärfen. Er besitzt vier Schritte: Die Geschichte finden, verinnerlichen, anpassen und üben. Mit diesem Training entwickelt jeder Referent seinen eigenen, individuellen Vortragsstil.

6.9 Checkliste

Bevor Sie Geschichten in Geschäftsvorträgen verwenden, müssen Sie Ihre Aussage und Ihr Publikum kennen. Erst dann können Sie entscheiden, ob eine Geschichte geeignet ist, um Ihre Inhalte spannender und verständlicher zu machen. Dabei hilft Ihnen die Checkliste in Abb. 6.23.

Interessante Geschichten erzeugen in unseren Köpfen Bilder und lassen uns tief in das Geschehen eintauchen. Deshalb hängen Storytelling und Visualisierung eng miteinander zusammen. Aber wie bringen wir die Bilder aus unserem Kopf in die Köpfe des Publikums? Um diese Frage dreht sich das nächste Kapitel.

Checkliste „Storytelling“	ja	nein
Geschichten-**Vorratskammer** angelegt?	○	○
Passende **Mini-Stories** ausgewählt und den Inhalten auf dem Board zugeordnet?	○	○
Problem und Konflikt deutlich herausgestellt?	○	○
Leiter des Erzählers angewendet: Balance zwischen konkreten und abstrakten Inhalten vorhanden?	○	○
Held, Bösewicht und **Helfer** bestimmt?	○	○
Rahmenstory (falls erforderlich)		
Story mit dem PIXAR-Schema formuliert?	○	○
Golden Circle beantwortet (Warum-Wie-Was)?	○	○
Passenden Vortragsplot gewählt?	○	○
22-Kaffee-Regel durchgeführt?	○	○

Abb. 6.23 Diese Schritte unterstützen Sie beim Einsatz von Geschichten in Ihren Vorträgen

Literatur

1. Austin Kleon (2016): Show Your Work. Mosaik, S. 103.
2. Polly W. Wiessner (2014): Embers of society – Firelight talks among the Ju/'Hoansi bushmen. In: PNAS (Vol. 111, no. 39), page 14027–14035. http://www.pnas.org/content/111/39/14027.full.pdf (abgerufen am 10.10.2017).
3. Alexander M. O. Serrano (2012): Storytelling in der Unternehmenskommunikation. Cornelsen, S. 18.
4. Harry Gatterer und Verena Muntschick (2017): Storytelling – Die Geschichte des Problems (https://www.zukunftsinstitut.de/artikel/innovation-und-neugier/storytelling-die-geschichte-des-problems/; abgerufen am 29.02.2020 um 13.17 Uhr).
5. Polly W. Wiessner (2014): Embers of society – Firelight talks among the Ju/'Hoansi bushmen. In: PNAS (Vol. 111, no. 39), page 14027–14035. http://www.pnas.org/content/111/39/14027.full.pdf (abgerufen am 10.10.2017).
6. Edgar von Cossart (2015): Story Tells, Story Sells – Wie dramatische Geschichten funktionieren, 2. Auflage. CreateSpace Independent Publishing Platform, S. 14.
7. Jason Grote et al. (2012): Significant Objects. Fantagraphics Books, o.S. Oder im Internet: www.signidicantobjects.com (abgerufen am 12.02.2020 um 20.34 Uhr).
8. Brenė Brown (2010): Die Macht der Verletzlichkeit. Sie sehen den Vortrag unter folgendem Link: https://www.ted.com/talks/brene_brown_the_power_of_vulnerability (abgerufen am 17.03.2020 um 22.10 Uhr).
9. John Francis (2008): Planetwalker – 22 Years of Walking, 17 Years of Silence. National Geographic. Wenn Sie John Francis kennenlernen wollen, hier finden Sie einen Vortrag über seinen Planetwalk: https://www.ted.com/talks/john_francis_walks_the_earth (abgerufen am 02.01.2029 um 11.25 Uhr).
10. John Campbell (2011): Der Heros in tausend Gestalten, 5. Auflage. Insel.
11. Brian Raftery (2011): How Dan Harmon Drives Himself Crazy Making Community. In: WIRED (22.09.2011), https://www.wired.com/2011/09/mf_harmon/ (abgerufen am 25.12.2018 um 11.23 Uhr).
12. Wernet T. Fuchs (2017): Crahskurs Storytelling – Grundlagen und Umsetzungen. Haufe, S. 111 f. Ronald B. Tobias (2016): 20 Masterplots – Die Basis des Storybuilding in Roman und Film. Autorenhaus, S. 18 ff.
13. Pia Kleine Wieskamp (2019): Visual Storytelling im Business – mit Bildern auf den Punkt kommen. Hanser, S. 243 ff.
14. Die beiden Psychologinnen Mark und Pearson identifizieren insgesamt 12 unterschiedliche Archetypen. Margaret Mark und Carol S. Pearson (2001): The Hero and The Outlaw – Building Extraordinary Brands Through the Power of Archetypes. McGraw-Hill, o.S. Weitere Informationen zu Archetypen finden Sie beispielsweise bei Thomas Pyczak (2023): Tell Me- Wie Sie mit Storytelling überzeugen, 4., aktualisierte und erweiterte Auflage. Rheinwerk, S. 139–144 oder Pia Kleine Wieskamp (2019): Visual Storytelling im Business – mit Bildern auf den Punkt kommen. Hanser, S. 236–243.
15. Blake Snyder (2005): Rette die Katze – das ultimative Buch übers Drehbuchschreiben, 2. Auflage. Autorenhaus, S. 63.
16. Marie Lampert u. Rolf Wespe (2021): Storytelling für Journalisten, 5. Auflage. Herbert von Halem, S. 82 f.
17. Den ganzen Vortrag von Brian Chesky finden Sie hier: https://www.youtube.com/watch?v=efNyRmTLbjQ&feature=youtu.be (abgerufen am 26.03.2020 um 08.01 Uhr).
18. Ernst Hemingway (1997): Monolog, an den Maestro gerichtet – ein Brief aus hoher See. In: 49 Depeschen, 11. Auflage. Rororo, o.S.

19. Felix Baumgartner (2013): Himmelsstürmer – mein Leben im freien Fall (eBook). Malik, o.S.
20. Hans Peter Roentgen (2008): Vier Seiten für ein Halleluja – ein Schreibratgeber der etwas anderen Art. Sieben-Verlag, Abschnitt „Lexikon der Fachbegriffe“ (eBook).
21. Carmine Gallo (2010): The Presentation Secrets of Steve Jobs. McGraw-Hill, S. 151. Die Präsentation finden Sie hier: https://www.youtube.com/watch?v=bMmI_bzdAas (abgerufen am 13.03.2020 um 19.10 Uhr).
22. Richard Branson (2018): Losing My Virgenity – die Autobiografie. FinanzBuch Verlag, S. 199.
23. Das Zitat von Richard Branson entstammt aus: Richard Branson (2018): Losing My Virgenity – die Autobiografie. FinanzBuch Verlag, S. 54. Das Zitat von Roman Herzog entstammt aus: https://www.historisches-lexikon-bayerns.de/Lexikon/Laptop_und_Lederhose (abgerufen am 26.04.2021 um 06.56 Uhr).
24. Roy Peter Clark (2008): Die 50 Werkzeuge für gutes Schreiben – Handbuch für Autoren, Journalisten und Texter. Autorenhaus, S. 153ff. Der Begriff „Leiter des Erzählers“ stammt von Marie Lambert und Rolf Wespe (2013): Storytelling für Journalisten, 3. überarbeitete Auflage. UVK, S. 18.
25. Carmine Gallo (2010): The Presentation Secrets of Steve Jobs. McGraw-Hill, S. 78. Die Präsentation finden Sie hier: https://www.youtube.com/watch?v=Mc_FiHTITHE (abgerufen am 11.03.2020 um 13.30 Uhr).
26. Das Schema ist eine von 22 Regeln, die PIXAR zur Entwicklung guter Geschichten formuliert hat. Austin Kleon (2016): Show Your Work! Mosaik, S. 106 f. Frank Edelkraut und Stephan Balzer (2016): Inspiring! Kommunizieren im TED-Stil. Springer Gabler, S. 74 ff. Im Internet finden Sie diese Regeln unter http://www.bjerg.de/pixar-regeln.pdf (abgerufen am 05.04.2020 um 10.22 Uhr).
27. Simon Sinek (2014). Frag immer erst: Warum – Wie Top-Firmen und Führungskräfte zum Erfolg inspirieren. Redline, Kap. 3.
28. Marie Lampert u. Rolf Wespe (2021): Storytelling für Journalisten, 5. Auflage. Herbert von Halem, S. 144 f.
29. Simon Sinek (2014). Frag immer erst: Warum – Wie Top-Firmen und Führungskräfte zum Erfolg inspirieren. Redline, S. 68. Stephanie Selmer (2022): Change Storys – Storytelling in Veränderungsprozessen. Haufe, S. 66 f.
30. Beschreibung auf der Adidas-Homepage unter https://www.adidas-group.com/de/nachhaltigkeit/fokus-auf-nachhaltigkeit/unsere-ziele (abgerufen am 14.12.2024 um 08.17 Uhr). Das Zitat von Richard Branson über den Zweck von Virgin habe ich gefunden unter https://www.brainyquote.com/citation/quotes/richard_branson_371279 (abgerufen am 14.12.2024 um 11.23 Uhr).
31. https://www.youtube.com/watch?v=j9Qsiu8qqvA (abgerufen am 30.03.2020 um 09.42 Uhr).
32. Felix Baumgartner (2013): Himmelsstürmer – mein Leben im freien Fall (eBook). Kapitel „Therapie in Lancaster und Zwangspause für Stratos“. Malik, o.S.
33. Thomas Pyczak (2023): Tell Me- Wie Sie mit Storytelling überzeugen, 4., aktualisierte und erweiterte Auflage. Rheinwerk, S. 183 f.

Die Macht der Bilder 7

Vor dem Verstand sitzt das Auge.
Werner T. Fuchs [1]

Auf der Zugfahrt zwischen Manchester und London döst eine Lehrerin vor sich hin. Auf einmal erscheint vor ihrem inneren Auge ein hagerer Junge mit Brille und dunklen Haaren. Sie fühlt eine besondere Verbindung zu diesem Jungen – den Grund dafür kennt sie nicht. Zwei Jahre später sitzt die mittlerweile arbeitslose Lehrerin in einem Café und skizziert sein Aussehen, seine Herkunft, seine Freunde und wichtige Ereignisse seines Lebens auf einer Serviette. Der Junge heißt Harry Potter und machte seine geistige Mutter Joanne K. Rowling steinreich. Aus einer Idee und einfachen Strichen erschuf sie ein weltweites Phänomen [2].

Skizzen und Bilder helfen nicht nur Schriftstellern, sich über ihre Geschichte klar zu werden. Bei Vorträgen unterstützen sie den Referenten, seine Inhalte zu durchdenken

B. Gebhardt, *Tipps und Tricks für erfolgreiche Präsentationen*,
https://doi.org/10.1007/978-3-662-72376-0_7

und zu ordnen. Sie helfen dem Publikum, Zusammenhänge zu erkennen und neue Erkenntnisse zu gewinnen. Kurz: Durch Visualisierung strukturieren und verstehen wir Inhalte.

Viele Vorträge bestehen aus abstrakten Text- und Zahlenwüsten. Dabei sind Bilder mächtige Werkzeuge: Denn im Gegensatz zum Lesen oder Sprechen müssen wir nicht lernen, die Botschaft eines Bildes zu verstehen. Das können wir von Geburt an. In diesem Kapitel sprechen wir über die Macht der Bilder:

- Was ist Visualisierung?
- Müssen es immer Fotos oder Grafiken sein?
- Was ist ein Storyboard und wofür brauche ich es?

Was sich einfach anhört, entpuppt sich im Geschäftsalltag als schwierig. Denn viele Inhalte sind eher flüchtig und abstrakt als konkret und verständlich. Deshalb geht es beim Visualisieren um eine einzige Frage: Wie kann ich meinen Zuhörern *zeigen,* was ich ihnen sagen will? Das ist einfacher, als man denkt: Sie benötigen nur ein wenig Kreativität.

7.1 Die Regeln der Kreativität

Frage ich meine Schulungsteilnehmer, was sie unter Kreativität verstehen, setzen viele den Begriff mit Fantasie gleich. Einige denken an spontane Geistesblitze, aus denen bahnbrechende Ideen wie bei Einstein oder Newton entstehen. Oder an besondere Fähigkeiten im Malen, Dichten oder Komponieren. Wie bei da Vinci, Goethe oder Beethoven. Kein Wunder, dass sich im direkten Vergleich die meisten Menschen nicht für besonders kreativ halten.

Das Überraschende: Kreativität folgt festen Regeln, die jeder von uns anwenden kann und die zu erstaunlichen Ergebnissen führen können.

7.1.1 Aufbrechen und Zusammensetzen

Es gab Zeiten, in denen wir genauso kreativ wie Goethe oder da Vinci waren. Als Kinder haben wir darauf losgemalt und die spannendsten Fantasiewelten erschaffen. Wir haben uns nicht mit anderen verglichen, sondern einfach gespielt. Das *Machen* war uns wichtiger als das Ergebnis. Leider haben viele Menschen im Lauf der Zeit verlernt, ihre Kreativität im Alltag einzusetzen. Aber: Wenn wir neue Ideen entwickeln wollen, ist sie ein unverzichtbarer Helfer.

Da Vinci, Goethe oder Picasso zeigen, dass es unterschiedliche Arten von **Kreativität** gibt. Deshalb lässt sich der Begriff nicht einheitlich beschreiben. Allerdings gibt es eine

Gemeinsamkeit: Kreativität erzeugt auf der Grundlage bekannter Ideen oder Informationen etwas Neues, das es in dieser Form noch nicht gab [3]. In anderen Worten: Man ist bereits kreativ, wenn man vorhandene Dinge auf eine noch nicht dagewesene Art kombiniert [4].

Anfang 2001 stellten die Ingenieure von Toshiba **Jon Rubinstein,** dem Leiter der Ingenieurabteilung bei Apple, ein winziges Festplattenlaufwerk vor. „Sie hatten es zwar entwickelt, wussten aber nicht, was sie damit anfangen sollten", erinnert er sich [5]. Damals wollte Apple einen ultraleichten tragbaren Musikplayer auf den Markt bringen – das Problem war jedoch, dass die verfügbaren Festplatten zu groß und zu schwer waren. Rubinstein verbaute das Toshiba-Laufwerk als wichtigste Komponente in einem Gerät, dass sich zu einem Verkaufsschlager entwickeln sollte: Den ersten iPod.

Das heißt: Es ist deutlich praktischer, aus bekannten Inhalten etwas Neues zu kombinieren als auf einen spontanen Geistesblitz zu warten. Und weil das der Arbeitsweise unseres Gehirns entspricht, wendet es unser Verstand auch in anderen Bereichen an: Beispielsweise nutzte **Picasso** einfache geometrische Strukturen und setzte sie in seinen Bildern neu zusammen. Abb. 7.1 zeigt das Bild eines Menschen, das ich nach diesem Prinzip angefertigt habe.

Aufbrechen und Zusammensetzen – dieses Prinzip hilft uns auch, unsere Vortragsinhalte in Bilder zu übersetzen. Das ist Ihnen vielleicht bereits beim Arbeiten mit dem **Board** passiert (siehe Abschn. 4.5.1 – *Was ist das Board?*): Während Sie die Vortragsinhalte auf den Klebezetteln aufschrieben und sie anordneten, entstanden scheinbar aus dem Nichts weitere Ideen oder Bilder in Ihrem Kopf, die Sie schnell notiert oder skizziert haben. Aber was passiert in einem solchen Augenblick in unserem Gehirn? Und kann man dieses kreative Kribbeln im Kopf gezielt auslösen?

Abb. 7.1 Ein „unbekannter" Picasso, erzeugt durch die Anordnung von einfachen geometrischen Figuren

7.1.2 Die Geburt einer Idee

Unser Gehirn ist eine Ideenmaschine. Es versucht ständig, sämtliche verfügbaren Informationen mit bekannten Erfahrungen zu verknüpfen. Dabei unterscheidet es nicht, ob es sich um Zahlen, Fakten, Ideen oder Bilder handelt. Es puzzelt – bewusst und unbewusst – mit ihnen herum, fügt sie zusammen, trennt sie wieder auf und setzt sie auf eine andere Weise erneut zusammen. Dies geschieht so lange, bis sich die gefundene Kombination sinnvoll anfühlt: Eine Idee ist geboren.

Auch wenn es auf den ersten Blick nicht so erscheint: Unser Gehirn geht bei der Ideenfindung strukturiert vor. Was sich chaotisch anhört, hat System. 1926 beschrieb der Psychologe **Graham Wallas** den **Kreativitätsprozess** [6]. Er besteht aus vier Phasen, in denen eine Idee reift und entsteht (s. Abb. 7.2).

Die vier Phasen durchlief auch **Joanne Rowling.** Die Idee zu Harry Potter hatte sie scheinbar spontan, als sie während der Zugfahrt ihre Gedanken treiben ließ *(Inkubation).* In diesem Moment wusste sie instinktiv, dass sich mit Harry alle Puzzleteile zusammenfügten *(Illumination).* Zuvor hatte sie bereits viele Jahre Geschichten geschrieben, die von Magie und Zauberei handelten *(Vorbereitung).* Nachdem sie die Figur in ihr Manuskript integriert hatte, arbeitete sie die Geschichte aus *(Ausarbeitung).* Dabei verwendete sie viele Ideen aus ihren früheren Erzählungen.

Aber Vorsicht: Der Kreativitätsprozess liefert keine Ideen auf Knopfdruck! Oft muss eine Idee im Unterbewusstsein reifen, bis sie wie bei J.K. Rowling ans Tageslicht kommt. Manchmal bekommt man neue Einfälle, wenn man die Perspektive oder den Arbeitsort wechselt. Oder wir zwingen unseren Verstand, viele unterschiedliche Ideen zu erzeugen: **Hemingway** schrieb für seinen Roman *In einem anderen Land* 47 verschiedene Fassungen des tragischen Endes, bis er zufrieden war. **Beethoven** komponierte sieben Abwandlungen von *God Save the King*.

Besonders einfallsreich war der britische Schriftsteller **Edgar Wallace,** der in 30 Jahren über 120 Kriminalromane schrieb und das **Plot Wheel** erfand: Wenn er nicht mehr weiterwusste, drehte er an einer Art Glücksrad, auf dem Begriffe wie *Klatsch, Feindlicher Hund* oder *Erpresser* standen [7]. Die Idee dahinter: Gedankliche Verkrampfungen im Ge-

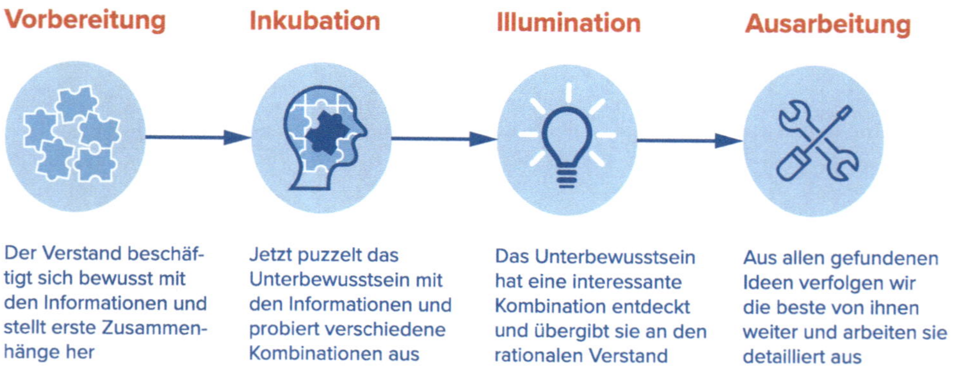

Abb. 7.2 Die vier Phasen des kreativen Ablaufs

hirn lösen. Das Plot Wheel wirft den Verstand in eine neue Situation: Was passiert, wenn auf einmal ein feindlicher Hund auftauchen würde? Wie ginge es dann weiter? Selbst wenn diese Situation völlig absurd ist – sie lockert die Kreativität und nimmt das innere Blockade-Gefühl, bei dem nichts mehr geht und alles falsch erscheint.

Das bedeutet: Kreativität hat weniger mit Talent zu tun, als wir vermuten. Das Bild des abgehobenen Genies im Drogenrausch und mit ausschweifendem Liebesleben gilt schon lange nicht mehr. Viele gute Ideen entstehen durch Fleiß, Ausprobieren und Beharrlichkeit. Leider nehmen wir uns im hektischen Geschäftsalltag selten die Zeit dazu. Unser Gehirn arbeitet wirtschaftlich, und deshalb neigt es dazu, uns als Erstes die naheliegenden Antworten zu geben. Wir verwenden die erste Lösung und vertun damit die Chance auf bessere Ideen.

Unser Verstand liefert die besten und originellsten Einfälle, wenn er den ausgetretenen Pfad des geringsten Widerstands verlässt. Und dann entscheiden wir uns für die beste Idee und verwerfen alle anderen wieder. Erschaffung und Zerstörung – auch das gehört zur Kreativität.

7.1.3 Werden Sie analog!

Bei manchen Menschen sprudeln bereits Ideen, sobald sie über Inhalte sprechen oder über Themen nachdenken. Andere klappen ihren Laptop auf, starten ihre Vortragssoftware und wundern sich, warum der kreative Funke ausbleibt. Wenn Sie sich eher zur letzten Gruppe zählen, dann gibt es eine einfache Lösung, unseren inneren Ideengenerator auf Trab zu bringen: Arbeiten Sie **analog!** Die besten Einfälle haben Sie, indem Sie den Computer *nicht* verwenden. Stifte und Papier reichen völlig aus!

> Wo unsere Ideen herkommen, wissen wir nicht. Wir wissen nur, dass sie nicht von unseren Laptops kommen.
> *John Cleese* [8]

Warum ein so scheinbar technikfeindlicher Ansatz? Dafür gibt es zwei Gründe: Erstens waren PowerPoint & Co. niemals als Zeichen- oder Ideenwerkzeug gedacht. Zweitens ist die Löschtaste nur einen Fingertipp entfernt. Wir benutzen sie häufig zu schnell und zu oft, bevor sich eine Idee richtig entfalten konnte.

Sehen Sie sich Menschen vor ihren Laptops an: Meistens sind sie still, unbeweglich und konzentriert. Kein Wunder, dass wir keine Einfälle haben – Computer nehmen uns das Gefühl, etwas zu erschaffen. Dagegen regen aktive Tätigkeiten wie Schreiben, Skizzieren oder Basteln unseren Gedankenfluss an. In solchen Augenblicken kreieren Sie eine Idee mit Ihren Händen. Es gibt Workshops für Manager, in denen mit LEGO-Bausteinen gearbeitet wird, um Probleme zu lösen. Die Mitglieder der Tanz- und Musikgruppe **OKGo** sind überzeugt, dass die Ideen *zu ihnen* kommen, sobald sie einfach etwas ausprobieren, von dem sie nicht wissen, wohin es sie führt. Beispielsweise beim schwerelosen Tanzen während eines Parabelflugs [9].

> **Praxistipp** Zeichnen, Basteln oder Schreiben versetzt den Verstand in einen kreativen Arbeitsmodus. Diese Stimmung können Sie auch anders erreichen:
>
> - *Wechseln Sie den Ort.* Setzen Sie sich in einen leeren Besprechungsraum oder in ein Café. Dadurch fühlt sich die Ideenfindung weniger wie Arbeit an und versetzt Sie in eine andere Gedankenwelt
> - *Bauen Sie regelmäßige, kleine Pausen ein,* in denen Sie sich bewusst mit etwas anderem beschäftigen. In dieser Zeit wird Ihr Unterbewusstsein aktiv. Nutzen Sie beispielsweise die **Pomodoro-Technik:** Nach 25 min Arbeit machen Sie eine fünfminütige Pause
> - *Lernen Sie etwas Neues.* Sich mit neuen Dingen zu beschäftigen, lüftet unseren Kopf durch. Lassen Sie sich durch den Besuch einer Ausstellung oder beim Stöbern in einer Buchhandlung inspirieren. Dadurch ist Platz für neue Inhalte und neue Verknüpfungen
> - *Nehmen Sie sich Zeit.* Unter Druck entstehen zwar Diamanten, aber häufig keine guten Ideen. Sich bewusst für kreative Tätigkeiten Zeit zu nehmen, entkrampft den Verstand und hilft, der eigenen Arbeit mehr Wert beizumessen
>
> Und natürlich können Sie auch Kreativitätstechniken wie den Flow oder Assoziationen einsetzen, die Sie bereits aus dem Abschn. 4.4.1 – *Der mentale Zündfunke* kennen.

Diese Tipps klingen vielleicht ein wenig esoterisch, sind aber kein Geheimnis. Wir alle kennen sie, wenden sie aber selten an. Dabei sind sie mächtige Verbündete: Sie helfen Ihnen, möglichst viele Ideen zu entwickeln. Skizzieren Sie sie einfach auf ein Stück Papier, eine Flipchart oder einen Klebezettel Ihres Boards.

> **Praxistipp** Ideen halten sich an keinen Zeitplan – sie kommen spontan und unerwartet. Deshalb trage ich stets ein kleines Notizbuch bei mir. In ihm halte ich meine Gedanken und Bilder als Skizze oder als Stichworte fest, sodass sie mir nicht verloren gehen. Entdecke ich eine gute Geschichte, nutze ich das Büchlein gleichzeitig als Storytelling-Vorratskammer (s. Abschn. 6.5 – *Fundorte für gute Geschichten*).

Fassen wir an dieser Stelle kurz zusammen: Auslöser für Ideen sind Kreativität, Fleiß und Beharrlichkeit. Das klappt besonders gut, wenn wir zunächst analog arbeiten und erst dann den Computer verwenden, wenn wir unsere Ideen ausarbeiten wollen.

So weit, so gut. Aber: Unsichtbare Ideen sichtbar werden zu lassen, sodass sie für die Menschen außerhalb unseres Kopfes greifbar werden, ist schwer. Das gilt auch für Zahlen oder andere abstrakte Inhalte. Jetzt ist der Zeitpunkt gekommen, dass wir uns konkret damit beschäftigen, wie aus der Idee ein Bild wird.

7.2 Visualisieren bedeutet Verstehen

Unser Gehirn denkt in Bildern – das ist evolutionär bedingt. Wenn unsere Vorfahren auf der Jagd waren und sich die Blätter im Gebüsch bewegten, mussten sie eine schnelle Entscheidung treffen: Verbarg sich darin ein gefährlicher Säbelzahntiger oder nicht? Sich auf dieser Grundlage für Flucht oder Angriff zu entscheiden, war für das Überleben deutlich besser als langwierige Überlegungen anzustellen. Auch wenn es manchmal die falsche Entscheidung war und nur ein Windhauch die Blätter bewegt hatte. Deshalb wendet unser Verstand bildhaftes Denken noch heute an – in der Werbung, im Verkauf und in Vorträgen.

Übung
Zeichnen Sie einen Kreis oder ein Dreieck auf ein Stück Papier und lassen Sie die Form auf sich wirken. Welche Bilder kommen Ihnen dabei in den Sinn? In Abb. 7.3 sehen Sie einige Möglichkeiten. Welche Bilder sehen Sie noch? Zeichnen Sie sie daneben [10].

Sie können diese Übung auch mit einem Quadrat, einem Rechteck oder anderen Figuren durchführen.

Aufbrechen und Zusammensetzen – dieses Prinzip finden Sie auch bei Bildern: Zuerst reduziert unser Gehirn einen Gegenstand auf einfache Formen und ergänzt sie später mit vorhandenem Wissen. Eine Münze ist rund, deshalb sehen Sie sie als Kreis. Wie wir in Abschn. 7.3.2 – *Kleine Skizzenschule: Wie zeichne ich…?* sehen, hilft uns das auch beim Skizzieren: Unser Gehirn setzt Gegenstände wie ein Flugzeug oder ein Schiff aus einfachen Formen zusammen, die wir schnell zeichnen können. Wie beim Malstil von Picasso.

Viele Menschen denken bei **Visualisierung** zuerst an Bilder oder Zeichnungen. Das ist nicht falsch, denn durch Kritzeln und Malen machen Sie Ihre Gedanken sichtbar. Aber Visualisierung ist mehr als das: Es bedeutet, abstrakte und unscharfe Inhalte wie Ideen, Daten oder Zahlen bildhaft darzustellen [11]. Sie hilft, Inhalte fühl- und erfahrbar zu machen, die sich schwer erklären lassen. Und das muss nicht immer in Form von Zeichnungen sein.

Für die Darstellung Ihrer Ideen verwenden Sie sogenannte **Visuals.** In Abb. 7.4 sehen Sie, welche Arten es gibt. Mit ihrer Hilfe können wir anderen Menschen unsere Ideen zei-

Abb. 7.3 Einfache Formen als Auslöser für (visuelle) Ideen

Abb. 7.4 Das Visualisierungsrad mit den wichtigsten Visuals. Ihre Grundlage ist das Skizzieren

gen. Allerdings bedeutet Visualisierung mehr, als nur die eigenen Gedanken sichtbar zu machen: Visualisierung heißt auch, Informationen schnell auf der Grundlage von Bildern aufzunehmen und zu interpretieren. Und sie anschließend in Ruhe zu durchdenken und zu bewerten. Wie bei unseren Vorfahren auf der Jagd. Der Forscher **Daniel Kahneman** nennt das *schnelles* und *langsames Denken* [12].

Unser Gehirn kombiniert häufig beide Denkweisen. Erinnern Sie sich an Ihr letztes Telefonat oder an Ihr letztes Meeting: Haben Sie sich Notizen gemacht? Viele Menschen kritzeln spontan kleine Symbole oder Bilder dazu und kennzeichnen wichtige Begriffe durch Umkreisen oder mit Farbe. Anschließend verbinden sie zusammengehörende Inhalte mit Strichen oder Pfeilen. Aufschreiben und Kritzeln ist schnelles, die Erstellung von Zusammenhängen langsames Denken.

Allerdings besitzt Visualisierung auch eine dunkle Seite. Ein gutes Visual erklärt die Inhalte, unterstützt Ihre „Große Idee“ und berührt das Publikum. „Aber genau das wollen wir doch“, sagen viele Schulungsteilnehmer. „Wo liegt das Problem?“ Ganz einfach: Das falsche Visual hat fatale Folgen.

> Jede Visualisierung gibt die Denkstruktur des Erstellers wieder.
> *Anita Hermann-Ruess* [13]

Oft verwenden Redner die Arbeitsskizze, die sie zu Beginn der Ideenfindung erstellt haben. Sie übertragen sie auf eine Folie, machen sie hübsch und zeigen sie im Vortrag. Aber Vorsicht – hier lauert eine Falle, die wir bereits in Abschn. 3.2 – *Die Macht der Zuhörer* kennengelernt haben: Die **Ich-Bezogenheit des Referenten.** Die Arbeitsskizze zeigt die Inhalte aus Sicht des Redners. Und die kann ein Außenstehender schwer nachvollziehen. Machen Sie einen einfachen Test und zeigen Sie einem Kollegen Ihren Mitschrieb des letzten Meetings: Versteht er Ihre Notizen und Skizzen? Meistens nicht.

Das bedeutet: Auch wenn Ihnen Ihre Visuals selbst glasklar sind, muss das für Ihr Publikum noch lange nicht gelten. Deshalb müssen Sie sich überlegen, wie Sie Ihre Inhalte *passend für die Zuhörer* visualisieren. In anderen Worten: Der Anzug muss sitzen. Dabei ist der Anspruch hoch: Das Visual muss die Botschaft widerspiegeln, einfach aufgebaut und für das Publikum leicht verständlich sein.

Ihnen sind Ihre Botschaften immer klar und Sie wissen immer, was Sie Ihrem Publikum sagen wollen? Ausgezeichnet! Es gibt eine einfache und schnelle Möglichkeit, wie Sie das überprüfen können: Skizzieren Sie sie!

7.3 Die Macht der Skizze

Der amerikanische Designer und Architekt **William McDonough** setzt in seinen Entwürfen unter anderem auf den konsequenten Einsatz vollständig recycelbarer Rohstoffe. Um seine Philosophie zu verdeutlichen, zeichnet er in seinen Vorträgen gerne live vor dem Publikum, weil er auf diese Weise seine Gedanken mit ihm teilen kann. Dazu verwendet er ein Grafik-Tablet, von dem aus er seine Skizzen direkt auf die Leinwand projiziert. Auf diese Weise macht er den Vortrag zu einer persönlichen Angelegenheit zwischen ihm und dem Publikum. Die Menschen verstehen die Botschaft, die in seinen Produkten steckt [14].

An dieser Stelle sind viele meiner Schulungsteilnehmer skeptisch, weil sie sich nicht vorstellen können, wie sie Skizzen in *ihrem* beruflichen Alltag einsetzen können. Meine Antwort darauf: Das klappt sogar erstaunlich gut!

In Abb. 7.5 sehen Sie eine Skizze, mit der ich zukünftigen Projektleitern die Abläufe bei der Finanzierung von Großprojekten erkläre. Der Held meiner Geschichte ist Max, der ein Haus bauen möchte und dafür Geld benötigt. Anhand dieser Story erstellte ich anfangs die Skizze zum persönlichen Gebrauch: Sie half mir, die Bedeutung der einzelnen Schritte zu verstehen und den Ablauf zu verinnerlichen. Das funktionierte so gut, dass ich die Skizze als Plakat ausplottete und in der Schulung verwendete. Die Teilnehmer begriffen die Inhalte sofort – ohne zusätzliche Folien.

Skizzen helfen uns, das große Ganze zu erkennen. Sie bringen Ordnung in unser Denken. Und sie zeigen uns, ob wir das Thema wirklich verstanden haben: Erst dann können wir eine Skizze mit ein paar einfachen Strichen erstellen. Andernfalls wissen wir nicht, wie wir die Inhalte zeichnen sollen oder sind mit dem Ergebnis nicht zufrieden. Eine chaotische oder verworrene Skizze ist immer ein Zeichen dafür, dass der Referent das Thema mental noch nicht richtig erfasst hat. Es gibt also gute Gründe für das schnelle Kritzeln!

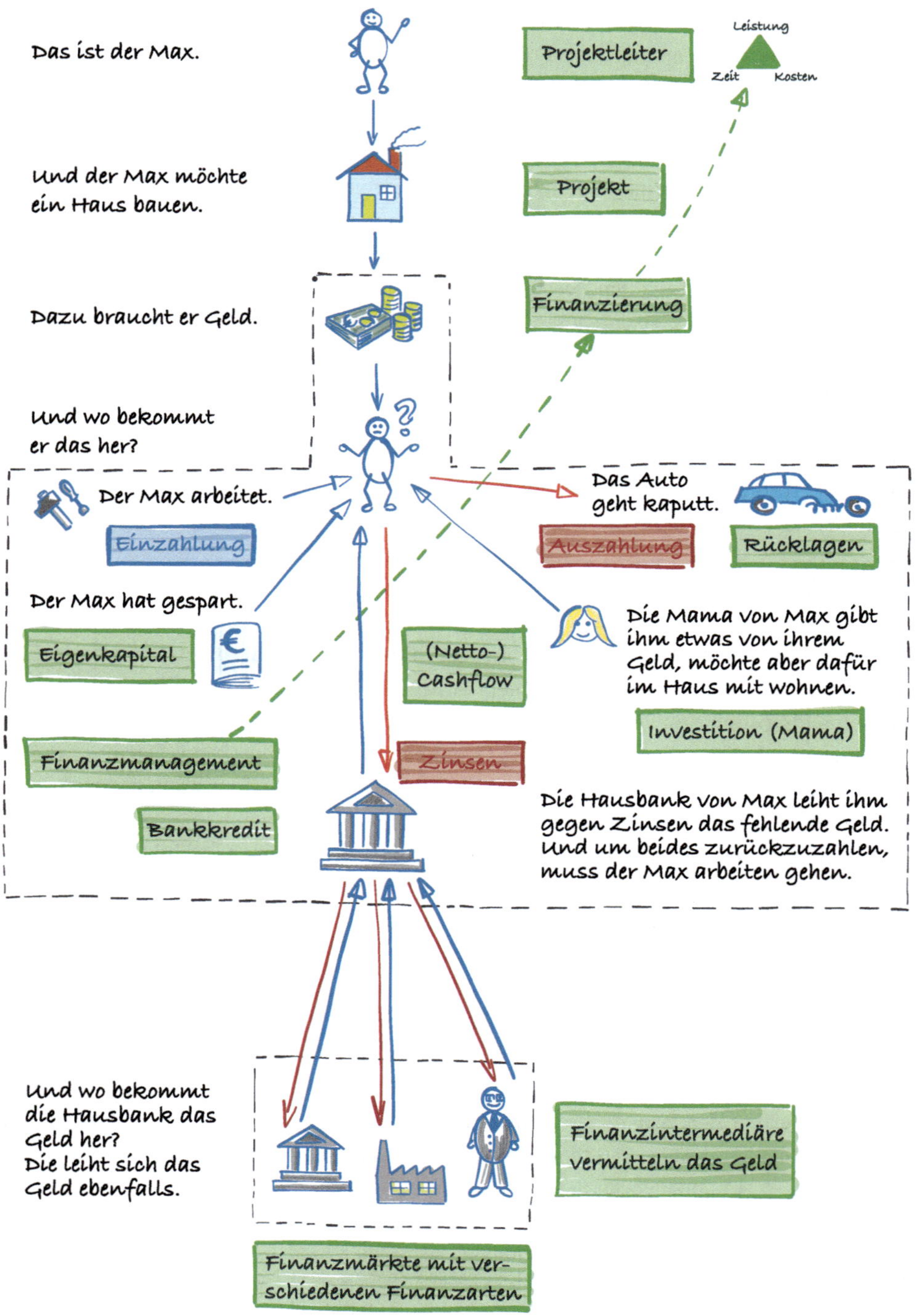

Abb. 7.5 Wie funktioniert die Finanzierung von Großprojekten?

Ihre wahre Kraft entfalten Skizzen, wenn kein WLAN verfügbar ist, um die Inhalte aus der Cloud zu laden, oder wenn der Beamer ausfällt, während Sie präsentieren. In solchen Fällen können Sie Ihren Vortrag immer noch halten: Sie zeichnen einfach Ihre Skizzen live auf eine Flipchart und erklären sie dem Publikum. Wie William McDonough.

Leider nutzen viele Referenten dieses mächtige Werkzeug nicht, um die Qualität ihrer Vorträge zu verbessern. Warum? Weil ihnen ihr innerer Kritiker einredet, dass sie gar nicht zeichnen können. Und das stimmt einfach nicht! Deshalb beschäftigen wir uns in den nächsten Abschnitten konkret mit dem Skizzieren. Aber bevor wir das tun, lassen Sie uns an dieser Stelle klarstellen: *Es geht nicht darum, Kunstwerke zu erschaffen.* Wenn Sie nicht wollen, bekommt niemand Ihre Zeichnungen je zu Gesicht.

7.3.1 Ideen visualisieren

Ein weißes Blatt Papier kann einen einschüchtern, wenn man keine Ideen hat. Das passiert häufig bei abstrakten Begriffen wie Strategie, Vision oder Change-Management. Solche Inhalte sind für die meisten Menschen so unscharf und flüchtig, dass man sich schwer etwas darunter vorstellen kann. Wie soll man dazu ein passendes Bild finden?

Um abstrakte Inhalte bildhaft darzustellen, können Sie den **Visualisierungs-Dreisprung** einsetzen (s. Abb. 7.6). Dabei gehen Sie in drei Schritten vor: Identifizieren Sie die Schlüsselwörter, gehen Sie auf Bildersuche und lassen Sie sich durch die gefundenen Ergebnisse inspirieren.

Schritt 1: Identifizieren Sie die Schlüsselworte
Machen Sie sich klar, was Ihr Visual aussagen muss. Das bedeutet, dass Sie den wesentlichen Kern Ihrer Idee freilegen müssen. Dabei helfen Ihnen folgende Fragen:

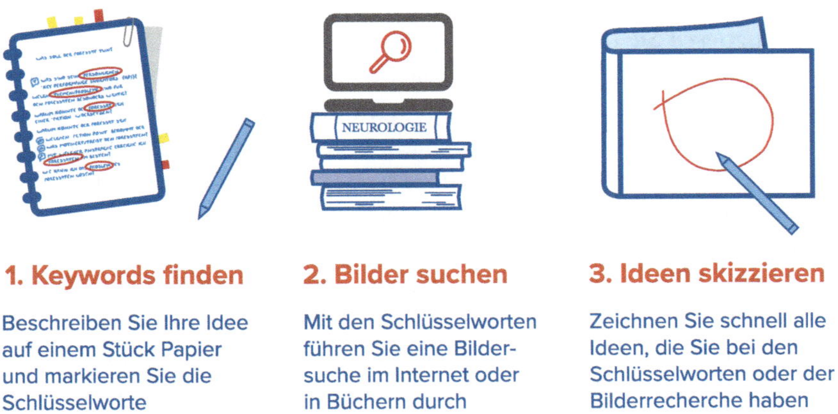

Abb. 7.6 In drei Schritten vom abstrakten Begriff zur Bildidee

1. *Um was geht es?* Beschreiben Sie die Idee oder den Begriff in vollständigen Sätzen und in Ihren eigenen Worten. Vermeiden Sie Stichworte, weil diese immer einen Interpretationsspielraum zulassen
2. *Warum ist das wichtig?* Jetzt müssen Sie sich entscheiden, ob und warum der Inhalt für das Verständnis Ihres Vortrags wirklich entscheidend ist. Haben Sie darauf keine überzeugende Antwort, verzichten Sie besser auf ihn
3. *Was muss das Publikum daran unbedingt verstehen?* Diese Antwort bildet den eigentlichen Kern: Das Visual, das Sie später auswählen, muss genau diese Frage beantworten

Auch hier regt **analoges Arbeiten** Ihren Gedankenfluss an: Schreiben Sie die Antworten auf ein Stück Papier und markieren Sie die wichtigen Schlüsselbegriffe. Zwischen drei und fünf Begriffe sind in der Regel ausreichend. Viele Menschen sehen klarer, wenn sie sich auf diese Weise mit ihren Inhalten und der Botschaft des Visuals beschäftigen. Und wenn Sie bereits jetzt erste Ideen haben, machen Sie direkt weiter mit dem dritten Schritt und holen den zweiten später nach, um noch mehr Ideen zu erzeugen.

Schritt 2: Finden Sie passende Bilder

Führen Sie mit den Schlüsselwörtern eine Bildersuche im Internet durch. Nutzen Sie Suchmaschinen, KI-Tools oder gehen Sie auf die Webseiten von kommerziellen Stock-Anbietern. Alternativ können Sie sich von Bildern oder Grafiken aus Fachliteratur und -zeitschriften inspirieren lassen. Und schließlich leistet Ihnen Ihr Skizzen- und Story-Notizbuch aus dem Abschn. 6.5 – *Fundorte für gute Geschichten* gute Dienste.

Falls Sie mit den Suchergebnissen nicht zufrieden oder neugierig auf andere Vorschläge sind, versuchen Sie die Suchanfrage in einer anderen Sprache. Und falls immer noch nicht das Passende dabei ist: Vertrauen Sie auf Ihr Bauchgefühl und erzwingen Sie nichts. Setzen Sie an dieser Stelle Ihres Boards einen Platzhalter ein, den Sie später mit einem passenden Visual füllen. Lassen Sie Ihr Unterbewusstsein arbeiten.

Schritt 3: Skizzieren Sie Ihre Inspiration

Häufig sind die Suchergebnisse aus dem zweiten Schritt nicht die ideale Lösung. Das macht nichts. Denn ihre Aufgabe ist es, Sie zu inspirieren. Zeichnen Sie mit schnellen, einfachen Strichen die Gedanken, die diese Bilder bei Ihnen auslösen, und ergänzen Sie sie gegebenenfalls mit kurzen Erläuterungen. Maximal eine Minute pro Skizze ist völlig ausreichend.

Wichtig: Malen Sie die gefundenen Bilder nicht einfach ab, sondern passen Sie sie für Ihre Zwecke an. Oft erzeugen Sie dadurch weitere Ideen. Und denken Sie daran: Vielleicht stellt ein anderes Visual Ihre Idee noch stärker dar. Aber in jedem Fall gilt: Alles, was Sie später in Ihrem Vortrag zeigen, muss aus dem Erfahrungsbereich Ihrer Zuhörer stammen.

Sehen wir uns ein Beispiel aus einer Schulung an: Die Teilnehmer hatten die Aufgabe, den Begriff „Visualisierung" grafisch darzustellen. Ihr Ergebnis sollte zwei Aussagen vermitteln: Ein Referent kann nicht nur mit Bildern, sondern auch mit anderen Hilfsmitteln dem Publikum seine Ideen zeigen. Und: Die Grundlage für jede Visualisierung ist immer eine Skizze.

In Abb. 7.7 sehen Sie, wie ein Teilnehmer die Aufgabe gelöst hat. Die Werkzeuge fasste er in Form eines Rades zusammen, das eine schiefe Ebene herabrollt. Seine Botschaft:

Abb. 7.7 Bildhafte Umsetzung des Begriffs „Visualisierung"

Skizzen treiben die visuelle Kreativität an, an deren Ende die Wahl des passenden Visuals steht. Die spätere grafische Ausarbeitung kennen Sie aus Abb. 7.4.

Genug der Worte – jetzt wird es Zeit für die Praxis. Denken Sie an unsere Abmachung: Sagen Sie nicht, dass Sie nicht zeichnen können! Alles, was Sie brauchen, ist bereits in Ihnen. Die meisten Menschen sind nur ein bisschen aus der Übung.

7.3.2 Kleine Skizzenschule: Wie zeichne ich…?

Eine Skizze sollte rasch und locker auf ein Stück Papier hingeworfen werden – eigentlich nur gekritzelt. Skizzen dienen als Nagelprobe für Ihre Idee; wenn sie zu kompliziert oder zeitraubend ist, lehnt sie das Publikum schnell ab.

Die wichtigsten Elemente, die in fast jeder Skizze vorkommen, sind Gegenstände und Menschen. Wenn wir sie in Beziehung setzen, erzeugen wir ein Bild – oder eine **Szene,** wie ein Regisseur sagen würde. Um die Zusammenhänge zwischen den Elementen zu verdeutlichen, verwenden wir Pfeile, Symbole oder Stichworte – so, wie wir das bei unseren Notizen während eines Meetings machen.

Gegenstände, Menschen und Szenen zu skizzieren ist keine Hexerei. Probieren Sie die nachfolgenden Hinweise einfach aus – viel Spaß dabei!

Wie skizziere ich Gegenstände?

Es gibt zwei Arten von **Gegenständen,** die wir in Skizzen verwenden: Abstrakte und konkrete.

Abstrakte Gegenstände nutzen Sie immer dann, wenn Sie Konzepte, Abläufe oder Strukturen darstellen. Auch Diagramme wie Säulen- oder Liniendiagramme gehören zu dieser Art. Im Gegensatz dazu zeigen konkrete Gegenstände Dinge, die wir aus unserem Alltag kennen: Ein Schiff, ein Flugzeug oder eine Hand. In Abb. 7.8 sehen Sie einige Beispiele für beide Arten.

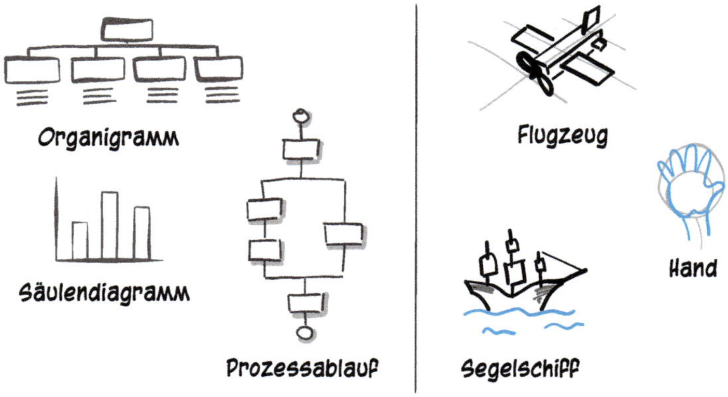

Abb. 7.8 Einige abstrakte und konkrete Gegenstände, dargestellt als schnelle Skizzen

Abb. 7.9 Einfache geometrische Formen sind die Grundlage für jeden skizzierten Gegenstand

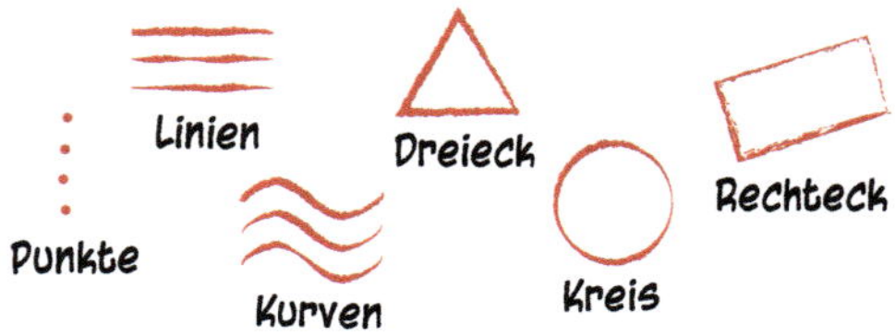

Obwohl sie nur aus ein paar hingekritzelten Strichen bestehen, erkennen Sie sofort, was die Skizzen darstellen – ein Flugzeug ist anhand seiner Flügel und seines Propellers als Flugzeug erkennbar. Und das Schiff fährt auf dem Wasser und besitzt Segel. Das ist das Geheimnis einer guten Skizze: Es reicht aus, das skizzierte Objekt auf seine wesentlichen Merkmale zu reduzieren und nicht alle Details zu zeigen.

Sowohl konkrete als auch abstrakte Gegenstände bestehen aus einfachen geometrischen Formen wie Rechtecke, Kreise oder Striche (s. Abb. 7.9). Bei einem Diagramm erkennen wir sie sofort; bei einem Auto oder einem Schiff ist das etwas kniffliger, weil wir das Bild in unserem Verstand erst in seine geometrischen Bestandteile zerlegen müssen. Denken Sie an die Übung mit dem Bischofshut und dem Mond: Das Prinzip ist dasselbe, nur wenden wir es jetzt umgekehrt an.

Das gedankliche Zerlegen ist anfangs ungewohnt, aber es hilft uns, auch anspruchsvolle Gegenstände darzustellen: Das Schiff in Abb. 7.10 zerlegen wir in einen Verbund aus Strichen, Vierecken und Dreiecken. Dann zeichnen wir die Konturen nach und fügen ein paar Details wie Schatten und Wasser hinzu. Oder auch Farben, wenn Sie möchten.

„Und wie zerlege ich meinen Gegenstand am geschicktesten?“, werde ich oft gefragt. Einfache Antwort: Es gibt keine feste Regel. Manchmal hat man den groben Aufbau bereits im Kopf – wie bei unserem Schiff. Manchmal ergibt er sich erst während des Skizzierens. Manchmal muss man die Skizze am Ende anpassen – dann radieren Sie die betroffene Stelle einfach aus. Und keine Angst: Mit etwas Übung merken Sie beim Skizzieren

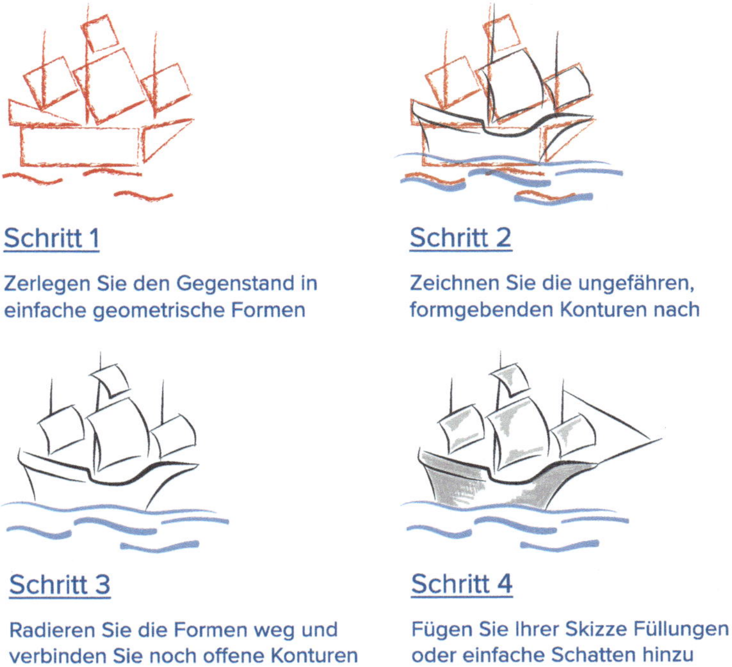

Abb. 7.10 Aus einfachen Linien, Vierecken und Dreiecken entsteht die Skizze eines Schiffs

gar nicht mehr, wie Ihr Verstand die Gegenstände auseinandernimmt und wieder zusammensetzt. Das geht ganz von alleine.

Wie skizziere ich Menschen?

Viele Menschen sind unsicher, wenn es um das **Zeichnen von Menschen** oder einzelnen Körperteilen geht. Dabei funktioniert es auf dieselbe Weise wie beim Skizzieren von Gegenständen: Sie fangen mit einer einfachen Form an und ergänzen sie schrittweise. In Abb. 7.11 sehen Sie zwei Wege, wie Sie dabei vorgehen können. Auch hier gilt: Mit ein paar einfachen Details am Schluss peppen Sie Ihre Skizze auf.

Wenn Sie sich beim Skizzieren von Menschen sicher fühlen, können Sie anfangen, mit Ihren Ergebnissen etwas zu spielen. Sternen- und Ellipsenmenschen sind nur zwei mögliche Darstellungsformen; weitere Beispiele sehen Sie in Abb. 7.12. Ihre Wahl hängt davon ab, ob Sie Ihre Skizzen weiterverwenden möchten – wie auf einer Folie oder in einem Handout. In einem solchen Fall sehen beispielsweise Kastenmenschen sehr elegant aus.

Möchten Sie Hände oder andere anatomische Details skizzieren, setzen Sie sie ebenfalls aus den geometrischen Grundformen zusammen (s. Abb. 7.13) [15]. Probieren Sie es aus – mit ein wenig Übung gelingen Ihnen beeindruckende Ergebnisse.

Abb. 7.11 In wenigen Schritten zu eindrucksvollen Skizzen von Menschen

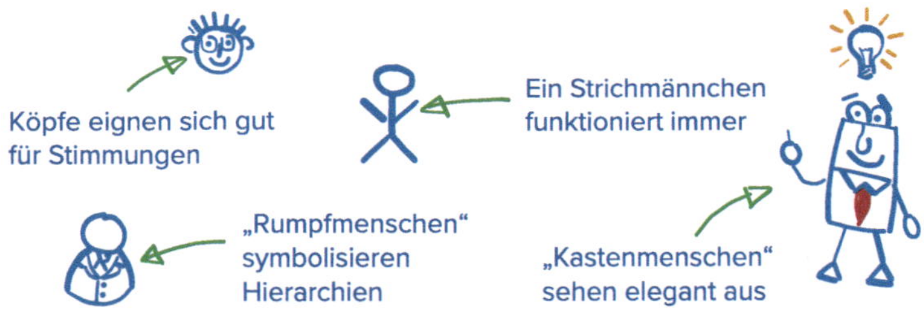

Abb. 7.12 Weitere Möglichkeiten für das Skizzieren von Menschen

Das Zeichnen von Gegenständen und Menschen gehört in die bildhafte Kategorie. Es gibt aber noch eine andere Kategorie, die unseren Geschäftsalltag bestimmt: Die Darstellung von Konzepten.

Wie skizziere ich Konzepte?

Manchmal gibt es Momente, in denen Sie Inhalte präsentieren müssen, die noch nicht ganz ausgereift sind. Oder die Sie selbst noch nicht konsequent durchdacht haben. Beispielsweise möchte ein Geschäftsführer wissen, wie Sie neue Produkte entwickeln. Ein Kunde möchte den aktuellen Stand der Zusammenarbeit mit Ihrem Unternehmen erfahren. Oder Sie müssen Ihrem Team eine Entscheidung mitteilen, die den weiteren Projektverlauf beeinflusst.

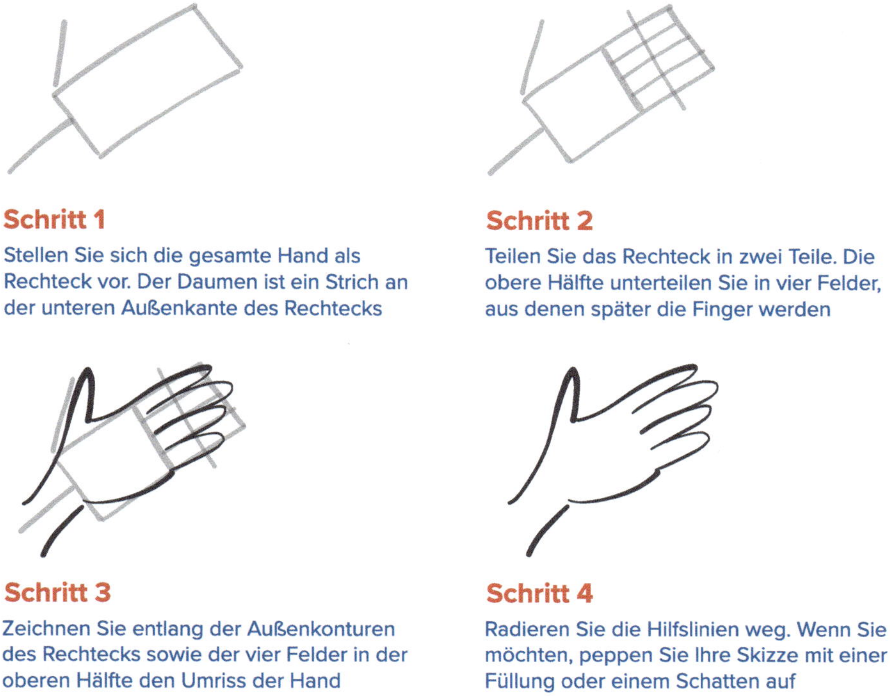

Abb. 7.13 Vorgehen beim Skizzieren einer Hand

Abb. 7.14 Die wichtigsten Gruppen bei der Darstellung von konzeptionellen Ideen

Solche Inhalte beschreiben eher Konzepte als konkrete Maßnahmen. Aber auch in solchen Fällen ist es wichtig, den Zuhörern die Zusammenhänge so zu erklären, dass sie nicht lange darüber nachdenken müssen.

Die meisten **Konzepte** können Sie mit einfachen geometrischen Formen wie Pfeilen, Kreisen oder Rechtecken darstellen (linke Seite in Abb. 7.14). Bei diesen Darstellungen handelt es sich um Ideen, die häufig noch unscharf sind und sich weiter entwickeln müssen. Ihnen gegenüber stehen bildhafte Darstellungen, die Sie verwenden, sobald die Inhalte konkreter und anschaulicher sind (rechte Seite in Abb. 7.14) [16].

Auf den folgenden Seiten sehen Sie einige Beispiele, die Ihnen als Denkanstöße dienen sollen (Abb. 7.15 und 7.16). Dabei gilt: Keine der gezeigten Darstellungen ist richtig oder falsch. Wie passend jede Grafik ist, hängt davon ab, was Sie damit aussagen wollen. Und das entscheiden allein Sie. Spielen Sie ein wenig mit den Bildern – vereinfachen Sie sie, fügen Sie Inhalte hinzu oder verändern Sie sie auf andere Weise. Verwenden Sie dazu die

Fluss

Flüsse zeigen einen gerichteten Ablauf zwischen grafischen Elementen. Denken Sie an Daten- oder Informationsflüsse.
Lineare Flüsse besitzen einen festen Anfangs- und Endpunkt - im Gegensatz zu **geschlossenen Flüssen**.
Flüsse können sich **auffächern** oder **zusammenlaufen**

Struktur

Strukturen geben den Inhalten Ordnung und Hierarchie - wie bei Organisationsstrukturen oder dem Aufbau eines Produkts.
Matrizen besitzen einen tabellarischen Aufbau und vergleichen verschiedene Inhalte.
Baumstrukturen zeigen, wie sich Inhalte verzweigen.
Schichten visualisieren Inhalte, die aufeinander aufbauen oder besitzen eine Filterfunktion

Cluster

Cluster fassen gleiche Inhalte zusammen. Das können beispielsweise gleiche Warengruppen wie Autos oder Bekleidung sein.
Überlappungen zeigen die gemeinsame Schnittmenge.
Verbindungen verknüpfen Gruppen, die miteinander verwandt sind oder sich ergänzen.
Und **Einschlüsse** kennzeichnen Gruppen mit gleichen Merkmalen

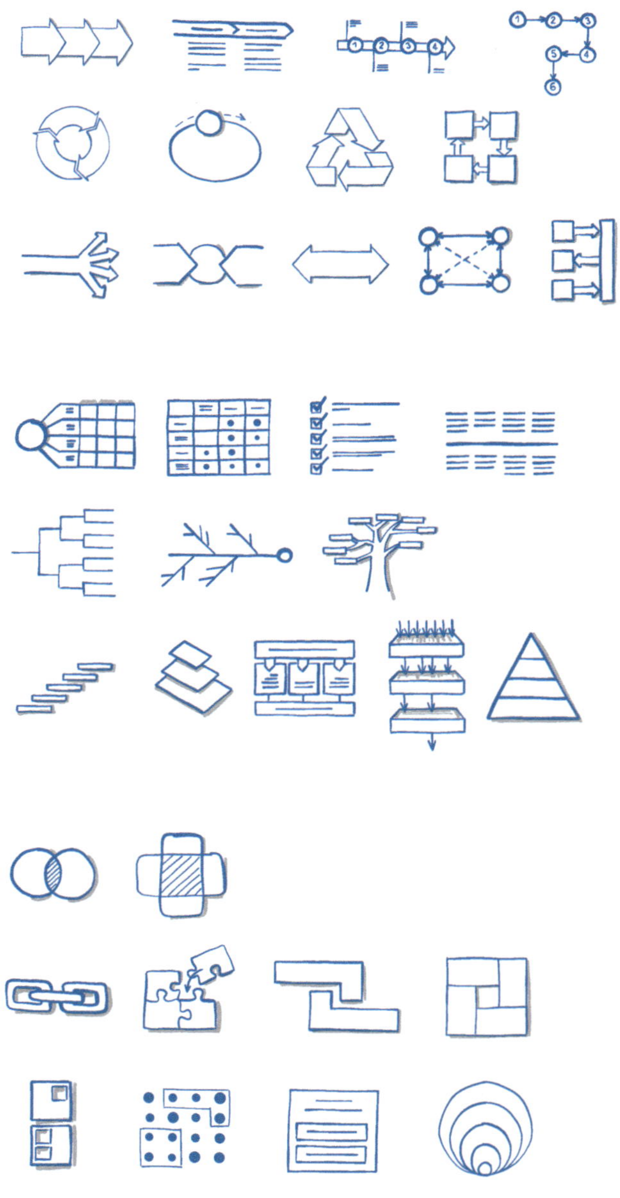

Abb. 7.15 Einige Beispiele, um Inhalte durch Flüsse, Strukturen oder Cluster zu zeigen

Abb. 7.16 Unterschiedliche Anwendungsbeispiele für Strahlen und die bildhafte Darstellung von Inhalten

Osborn-Checkliste, die Sie in Abschn. 7.3.3 – *Ideen anpassen und verändern* finden. Und vielleicht wird die Aussage Ihrer Skizze mit ein paar Stichworten noch deutlicher.

Die gute Nachricht: Viele Referenten kennen diese Darstellungen und verwenden sie in ihren Vorträgen. Die schlechte Nachricht: Sie machen sich wenig Gedanken darüber, ob es die richtige Grafik für ihre Aussage ist. „Es wird schon funktionieren! “, denken sie. Aber beim falschen Bild ist das leider nicht der Fall.

Besonders tückisch: Aus Zeitmangel nutzen viele Referenten sogenannte **SmartArts** oder **ClipArts.** Das sind einfache grafische Vorlagen, die Sie in Ihrer Software finden. Aber weil sie eben viele Referenten verwenden, erkennt das Publikum sofort, dass es sich dabei um Vorlagen „von der Stange“ handelt.

Damit wir uns nicht missverstehen: Diese Vorlagen an sich sind weder gut noch schlecht. Wenn Sie Ihr Team schnell informieren müssen, sind sie eine gute Wahl. Aber wollen Sie einen Kunden gewinnen oder den Vorstand überzeugen, dann sollten Sie ein wenig mehr Zeit in die Grafiken stecken. Auch hier gilt: Aufwand contra Nutzen! Unter bestimmten Bedingungen sind SmartArts oder ClipArts eine zeitsparende Alternative. Aber eben nicht immer. Schließlich wollen Sie das exquisite Fünf-Sterne-Menü im Restaurant auch nicht auf gewöhnlichen Tellern serviert bekommen.

Wie skizziere ich Szenen?

Die Antwort auf diese Frage scheint einfach zu sein: Ich erzeuge eine **Szene,** indem ich Menschen und Gegenstände auf ein Blatt Papier zeichne. Tatsächlich ist es so einfach, allerdings lauert hier eine Falle: Bilder besitzen eine eigene Sprache! Je nach Positionierung der einzelnen Elemente erzählt die Szene, die Sie auf Ihrer Skizze dargestellt haben, eine eigene Geschichte. Und die muss mit Ihrer Botschaft übereinstimmen, die Sie als Referent vermitteln wollen. Andernfalls verwirren Sie Ihre Zuhörer – denken Sie an die Störungen in der Kommunikation, über die wir in Abschn. 3.1 – *Verstören Sie Ihr Publikum nicht* gesprochen haben. Die treten auch bei Bildern auf.

Wie Abb. 7.17 zeigt, sagt die Platzierung von Menschen viel über ihre Beziehung zueinander aus. Deshalb arrangieren Film- und Theater-Regisseure die Positionen der Schauspieler sehr sorgfältig, um die Aussagekraft der einzelnen Szenen zu unterstützen. Aus diesem Grund stehen in klassischen Westernfilmen beim Showdown der Held und der Schurke immer an den Bildrändern. Achten Sie einmal beim nächsten Theater- oder Kinobesuch darauf.

Dieselben Regeln gelten auch für Gegenstände (s. Abb. 7.18): Je nach Position ändert sich ihre Wirkung auf das Publikum. Es ist also wichtig, an welcher Stelle Ihrer Skizze oder Folie Sie diejenigen Inhalte platzieren, die Sie besonders hervorheben möchten.

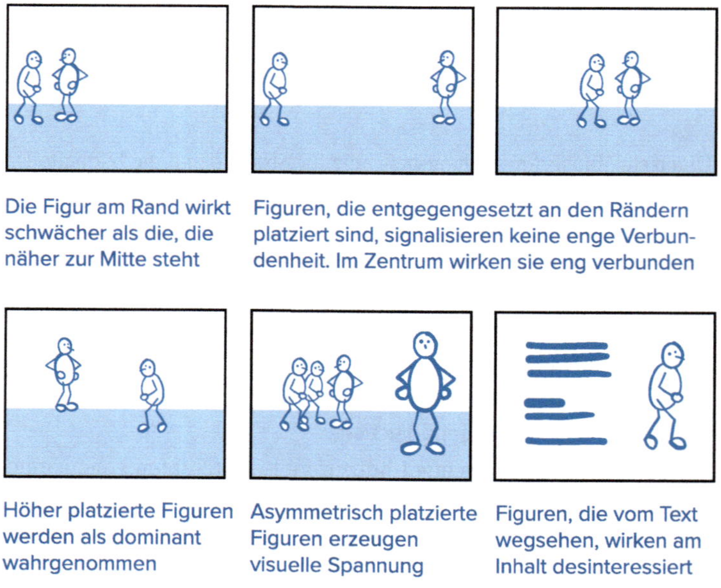

Abb. 7.17 Jede Szene erzählt durch die Platzierung der beteiligten Menschen ihre eigene Geschichte (inspiriert von Robert E. Horn: Visual Language [17])

Abb. 7.18 Auch die Platzierung von Gegenständen vermittelt eine Botschaft

Abb. 7.19 Je nach Größenverhältnis des Stuhls ändert sich die Aussage des Bildes

Ähnliches gilt auch für unterschiedliche Größenverhältnisse, wie Abb. 7.19 zeigt: Mit ihnen erzeugen Sie nicht nur ein räumliches Gefühl beim Betrachter, sondern beeinflussen auch die Aussage des Bildes. Den großen Stuhl muss die Person erst unter großen Anstrengungen erklimmen, bevor sie sich daraufsetzen kann. Die Belohnung ist ein Gefühl der Erhabenheit und des Überblicks: Man muss zu ihr aufschauen. Das Gegenteil vermittelt der kleine Stuhl: Setzt man sich auf ihn, sehen alle anderen auf einen herab – und man kommt sich klein und schwach vor. Wenn Sie Kinder haben, denken Sie an die Elternabende in der Grundschule oder im Kindergarten, als Sie auf diesen kleinen Stühlen saßen.

Übrigens: Positionierung und Größe sind **Gestaltungsprinzipien,** die für alle Visuals gelten – also auch für Diagramme und Schrift. Mit ihnen befassen wir uns im Kap. 8 – *Die Geheimnisse guter Folien.*

7.3.3 Ideen anpassen und verändern

Wenn Sie eine Skizze gezeichnet haben, mit der Sie zufrieden sind, ist das ein befriedigendes Gefühl. Aber Vorsicht: Hüten Sie sich vor der Versuchung, diesen ersten Entwurf zu verwenden! Zwingen Sie sich, weitere Einfälle zu scribbeln. Spielen Sie mit den Inhalten, zeichnen Sie neu und radieren Sie aus, bis Sie in den Skizzen Ihre Gedanken und die Zusammenhänge klar erkennen können.

Eine gute Anzahl sind drei bis fünf Alternativen. Das benötigt nicht viel Zeit – eine Minute pro Skizze reicht aus. Das größere Problem ist: Woher nehme ich weitere Ideen? *Das* ist der Zeitfresser! Dabei gibt es eine einfache Lösung: Sie verwenden einfach eine bereits vorhandene Idee und entwickeln sie weiter. Egal, ob es sich dabei um einen eigenen oder fremden Einfall handelt.

Der Werbefachmann **Alex Osborn** hat in den fünfziger Jahren eine Liste mit Fragen erstellt, mit denen Sie jeden Inhalt variieren können. Das Prinzip: Durch eine gezielte Umstrukturierung des Inhalts werden weitere Gedanken oder Einfälle erzeugt. Mit dieser Technik können wir nicht nur Ideen und Skizzen, sondern auch Geschichten so verändern, dass sie zu einem Original von uns selbst werden.

Bei der **Osborn-Checkliste** handelt es sich um eine Liste von Verben, die im Kopf gezielte Assoziationen auslösen (s. Abb. 7.20). Wenn beispielsweise der kleine Pudel durch Vergrößerung auf einmal zum Elefanten wird, ergibt sich daraus nicht nur ein anderes Bild, sondern vielleicht auch eine bessere Story. Natürlich können Sie die Liste beliebig ergänzen.

Wenn Sie die Liste durchgehen, werden Sie zuweilen das Gefühl haben, dass nicht alle Begriffe für alle Visuals gleich gut geeignet sind. Das ist in Ordnung – manchmal müssen Sie ein wenig „um die Ecke" denken und auch unkonventionelle Ideen zulassen.

Was tun Sie?	Fragen, die dahinterstecken
Verwenden	Kann ich den Inhalt in einem anderen bildlichen oder textlichen Zusammenhang verwenden?
Anpassen	Was ist so ähnlich? Was habe ich schon mal gesehen? Auf welche anderen Ideen bezieht sich mein Inhalt?
Verändern	Welche Bestandteile wie Inhalt, Form, Farbe oder Darstellung lassen sich abwandeln? Kann ich die Reihenfolge oder Position ändern? Wie wirkt es sich aus, wenn ich die Perspektive wechsele?
Vergrößern	Was kann ich hinzufügen, verdoppeln oder vervielfältigen? Kann ich die Inhalte größer, höher oder breiter machen?
Verkleinern	Welche Bestandteile kann ich reduzieren oder ganz weglassen? Was kann ich verkleinern, aufspalten, abspalten oder kürzen?
Umformen oder Ersetzen	Kann ich den Hintergrund oder den Kontext meiner Idee austauschen? Kann ich andere Formen, Schriften oder Farben einsetzen?
Umkehren oder ins Gegenteil verkehren	Wie mache ich meine Inhalte möglichst unverständlich? Was passiert, wenn ich inhaltlich genau das Gegenteil umsetze?
Kombinieren	Welche Inhalte oder Ideen kann ich kombinieren? Wie sieht die Kombination mit scheinbar unpassenden Inhalten aus?

Abb. 7.20 Die Osborn-Checkliste für die spielerische Weiterentwicklung von Ideen, Bildern und Geschichten

Wahrscheinlich stellen Sie sich unbewusst diese oder ähnliche Fragen ohnehin. Wenn Sie sie bewusst abarbeiten, erhöhen Sie Ihre Trefferquote und lenken Ihren Denkprozess in eine andere Richtung. Versuchen Sie es einfach – es macht Spaß und Sie werden überrascht sein, welche Alternativen sich ergeben. In den Abb. 7.21 und 7.22 sehen Sie einige Beispiele. Es handelt sich um Ideen zum Visualisierungs-Begriff (s. Abschn. 7.2 – *Visualisieren bedeutet Verstehen*), die mit Hilfe der Osborn-Checkliste entstanden.

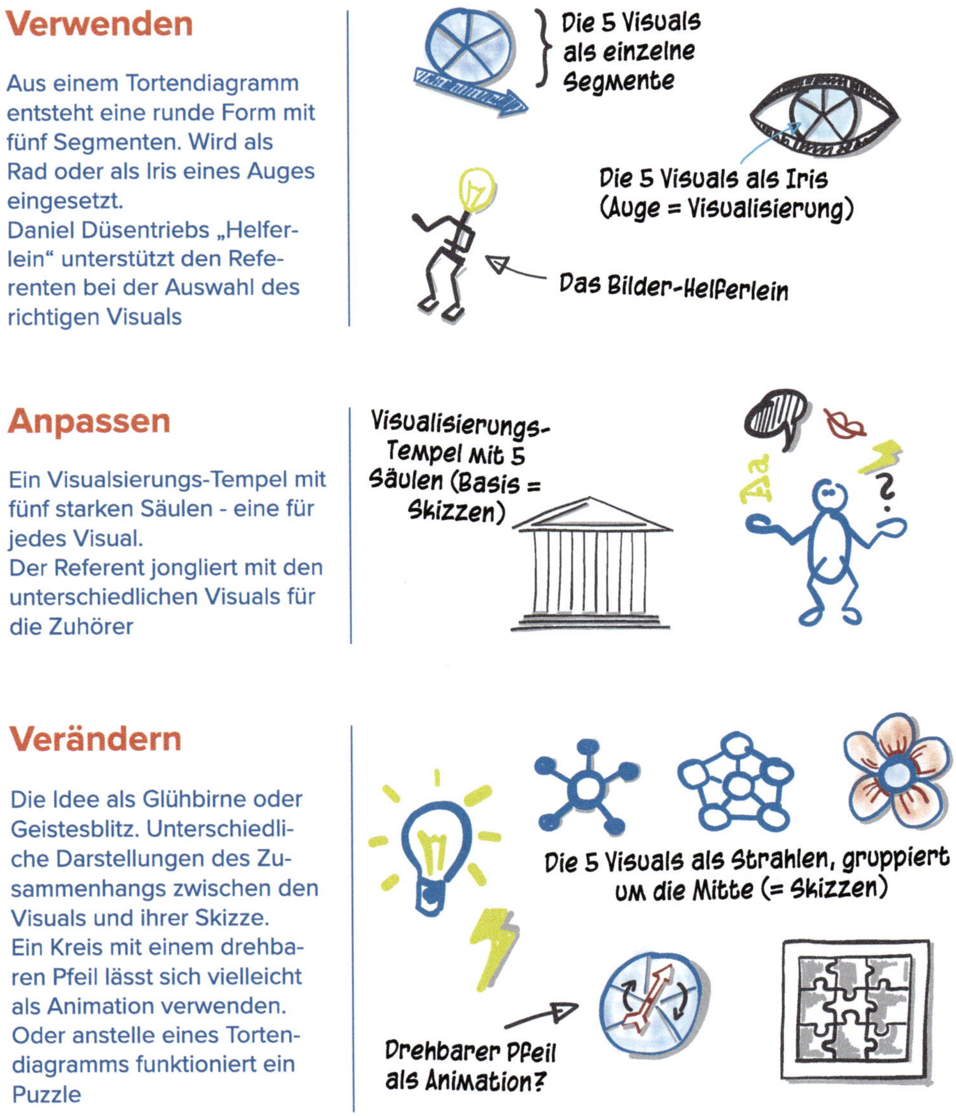

Abb. 7.21 Einige Ideen, um den Begriff „Visualisierung" mithilfe der Osborn-Checkliste grafisch darzustellen

Vergrößern

Die vergrößerte Iris als Segment-Diagramm. Oder die einzelnen Visuals als Wimpern. Multiplizieren: Jedes Gehirn steht für eine Idee. Die beste Idee besitzt eine andere Farbe als der Rest

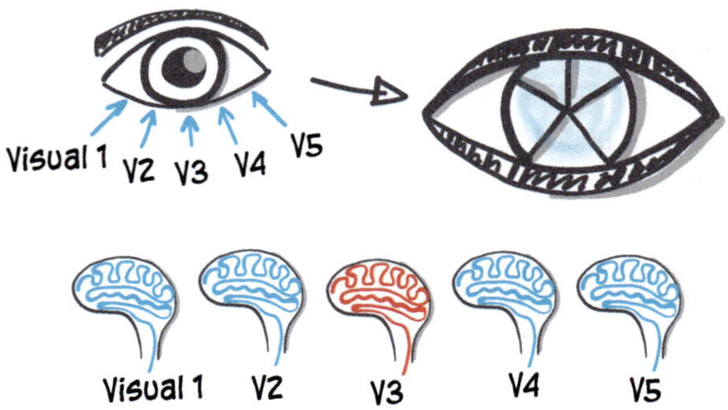

Umformen oder Ersetzen

Aus der Berglandschaft mit dem Skizzen-Vorland entsteht ein Seeweg entlang der fünf Visualisierungs-Inseln

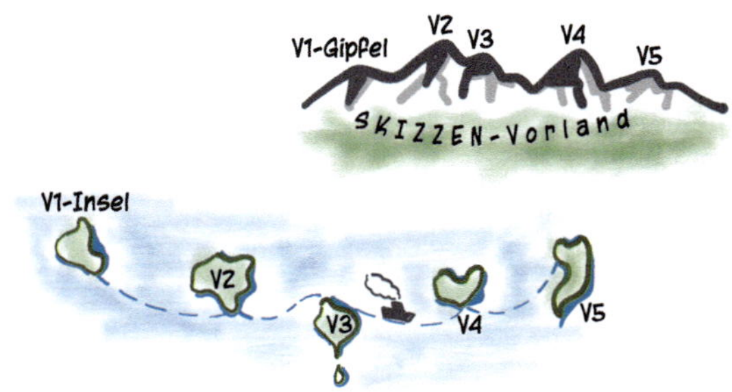

Kombinieren

Eine Mauer, die zwischen dem Menschen und der Idee steht, symbolisiert eine Blockade. Die Glühbirne und die Skizze ergeben zusammen ein neues, unbekanntes Ergebnis

Abb. 7.22 Weitere Ideen zum Visualisierungsbegriff

Die Osborn-Checkliste eignet sich nicht nur für Bilder und Geschichten, sondern auch für alle anderen Visuals. Das können Sie sich schwer vorstellen? Vergrößern wir beispielsweise einen Gegenstand: Es gibt Ausstellungen, in denen die Besucher durch ein überlebensgroßes nachgebautes Herz gehen, um sich dieses Organ von innen anzusehen. Arbeiten Sie als Arzt, können Sie das mit Ihren Patienten mittels Virtual-Reality-Brillen ebenfalls tun.

Oder Sie verändern die Umgebung Ihres Vortrags und gehen mit Ihren Zuhörern beispielsweise in eine Fertigungshalle – direkt an den Ort, an dem das Problem auftritt, über das Sie sprechen. Ersetzen Sie die virtuelle einfach durch die reale Wirklichkeit!

7.4 Malen mit Worten

Unser Gehirn besitzt eine wunderbare Eigenschaft: Durch seine Vorstellungskraft erzeugt es Bilder im Kopf, die wir nur noch aufs Papier bringen müssen. Aber Moment mal – wer sagt, dass diese Bilder immer *gezeichnet* werden müssen? Es gibt eine Alternative: Das Malen mit Worten, durch die der Referent die Bilder im Kopf seines Publikums entstehen lässt. Er löst das **Kopfkino** bei seinen Zuhörern aus. Und wie wir aus Kap. 6 – *Geschichten und Geschäftsvorträge* wissen, hat das mehrere Vorteile:

- Die Zuhörer nehmen Sprachbilder leichter auf und speichern sie ab – wie bei den Mini-Stories
- Durch die **mentale Simulation** bleibt das Publikum während des Vortrags nicht passiv
- Sprachbilder sind mächtige Erinnerungs-Anker wie Fotos oder Grafiken, weil sie das Gehirn auf dieselbe Weise mit vorhandenen Erfahrungen verknüpft

Sie sehen: Manchmal ist das Wort tatsächlich mächtiger als das Schwert. Einige Referenten schaffen es, bei ihren Vorträgen vollständig auf Beamer, Laptop oder Flipchart zu verzichten. Der Designer Garr Reynolds spricht bei diesem Vortragsstil vom *Naked Presenter* – das Vortragen ohne irgendwelche Hilfsmittel [18]. Natürlich ist das die Königsklasse. Aber der Einsatz von bildhafter **Sprache** macht viele Vorträge interessanter und spannender – egal, ob mit oder ohne Folien. Der Finanz-Max, den Sie im Abschn. 7.3 – *Die Macht der Skizze* kennengelernt haben, geht in diese Vortragsrichtung.

7.4.1 Sprachbilder

Die Erstellung eines **Sprachbilds** ist einfach. Nehmen Sie zwei Begriffe aus unterschiedlichen Themenbereichen und verbinden Sie sie zu einem neuen Wort oder Ausdruck: Der Hafen der Ehe, das Luftschiff oder der IT-Papst. Natürlich gilt: Würde man ihre Bedeutung wörtlich nehmen, wären sie falsch. Der Hafen der Ehe besitzt keine Kaimauern oder der IT-Papst ist nicht der Chef einer Kirche, obwohl seine Worte trotzdem heilig sein könnten. Mit Themenbereichen, sogenannten *Wortwelten,* beschäftigen wir uns im nächsten Abschnitt.

Sprachbilder besitzen einen großen Vorteil: Wir sehen die Vortragsinhalte durch eine neue Brille und ändern unsere Wahrnehmung. Man entdeckt einen neuen Weg, komplexe Inhalte spielerisch zu vermitteln oder abstrakte Inhalte konkret zu beschreiben. In anderen Worten: Sprachbilder sind die Autobahn in den Verstand unseres Publikums. In Abb. 7.23 finden Sie einige Beispiele.

Mit Sprachbildern in Vorträgen zu arbeiten, macht Spaß. Aber Vorsicht: Hier lauern zwei Fallen! Erstens: Nicht jede Wort-Neuschöpfung macht Sinn. Wenn die rechte Hand des Generals über den Kasernenhof geht, dann sind hoffentlich sämtliche Gliedmaßen noch am richtigen Platz und der General hat nur seinen Adjutanten geschickt.

Abstrakter Inhalt	Sprachbild
Neue Ideen entdecken	• Goldnuggets im Gedankenfluss finden • Nach Wissens-Diamanten schürfen
Das erfolgreichste Produkt	• Das Brot- und Buttergeschäft • Das Zugpferd unserer Firma
Der Controller für das finanzielle Budget	• Der Finanzpapst • Der Finanz-Guru
Tätigkeiten machen, zu denen man keine Lust hat	• Den inneren Schweinehund überwinden • Den Knoten im Kopf lösen
Das Arbeitspensum erhöhen	• Wie eine Rakete durchstarten • Mehr PS auf die Straße bringen
Die Strategie eines geschlossenen Produktkreislaufs	• Produkte von der Wiege bis zur Bahre • Ein zweites Leben schenken

Abb. 7.23 Beispiele für abstrakte Aussagen und zugehörige Sprachbilder

Zweitens: Die Zuhörer müssen den Kontext des Sprachbildes kennen. Der Kriminalbiologe **Mark Benecke** ließ sich die Worte *Hold Fast* auf seine Fingerknöchel tätowieren. Diese Redewendung kommt aus der Seefahrt und besagt, dass bei stürmischem Wetter die Matrosen bei den Schiffstauen fester zupacken müssen, damit sie ihnen nicht durch die Hände rutschen. Das Tattoo erinnert Benecke daran, in stürmischen Momenten seines Lebens durchzuhalten und nicht aufzugeben [19]. Zwei starke Worte, die eine kraftvolle Wirkung besitzen – aber erst, wenn das Publikum die dazugehörige Geschichte kennt.

7.4.2 Wortwelten

Wenn Sie Sprachbilder verwenden, die sich alle einem Themenbereich zuordnen lassen, dann verwenden Sie automatisch Begriffe aus einer **Wortwelt.** Wortwelten sind so ähnlich wie eine Mottoparty, aus der Sie sich alle Sprachbilder holen. Sobald das Publikum diese Welt betreten hat, verknüpft es mit ihr alle Inhalte, die es hört. Dabei muss die Welt nicht unbedingt etwas mit Ihrem Vortragsthema zu tun haben: Für dieses Buch habe ich beispielsweise die Welt *See und Meer* verwendet (s. Abb. 7.24). Solange sich das Publikum in Ihrer gewählten Welt auskennt, ist alles in Ordnung.

Im Idealfall führen Sie die Wortwelt bereits im Vortragstitel ein. Dann wissen die Zuhörer von Beginn an, in welcher Welt sie sich bewegen. Wählen Sie beispielsweise die Seefahrt, dann schwingt ein Hauch Abenteuer und Pioniergeist mit. Wählen Sie eine medizinische Welt, vermitteln Sie Fürsorge und Kompetenz. Später weben Sie in Ihren Vortrag

Abb. 7.24 Einige Sprachbilder und Begriffe aus der Wortwelt „See und Meer“

weitere Ausdrücke aus dieser Welt ein. Und wenn Sie am Vortragsende wieder Bezug zum Anfang oder zum Titel nehmen, dann schließen Sie den Kreis.

Beispielsweise ging es in dem Vortrag *Neue Schlankheitstipps für Computerchips* darum, wie diese Bauteile noch kleiner gefertigt werden konnten. Der Referent beschrieb das in Form eines Kochrezepts mit den benötigten Zutaten und den zeitlichen Ablauf der Arbeitsschritte. Am Ende zeigte er das Ergebnis der Diät an einem abgespeckten, schlanken Prototyp. Da sich viele Menschen bewusst ernähren, verstand das Publikum sofort den Kern seiner Idee – neue Materialien und kleinere Bauweise.

Je riesiger Ihre gewählte Wortwelt ist, desto größer ist der Pool an Begriffen, aus denen Sie schöpfen können. Die Wortwelt *See und Meer* haben Sie bereits kennengelernt; weitere Anregungen für Wortwelten und Sprachbilder finden Sie in den Abb. 7.25 und 7.26 [20].

Abb. 7.25 Einige Ideen aus den Bereichen des Hausbaus, des Verkehrs und der Medizin

Genug der Theorie – jetzt wird es Zeit, dass wir die Wortwelten an einem Beispiel anwenden.

Übung

In einem Unternehmen stellt der Geschäftsführer seiner Belegschaft eine neue Abteilung vor:

„Im letzten Jahr war die Situation für unser Unternehmen nicht immer einfach. Die Verkaufszahlen unserer bisherigen Produkte sind stark eingebrochen. Wie sich die Zahlen zukünftig entwickeln werden, hängt hauptsächlich von der Entwicklung neuer Produkte ab. Deshalb haben wir uns entschlossen, eine neue Abteilung ins Leben zu rufen, die sich um Produkte kümmert, die unsere Mitbewerber nicht haben und die einzigartig auf dem Markt sind."

Formulieren Sie den Text um und verwenden Sie dabei die Wortwelt „See und Meer".

Kochen und Ernährung

- Ein (Erfolgs-)Rezept entwickeln
- Zutaten zusammenstellen
- Das Essen abschmecken
- Ein abwechslungsreiches Menü
- Vorspeise - Hauptgang - Nachtisch
- Der ausgezeichnete Sterne-Koch
- Etwas schmeckt dem Publikum
- Mit Wasser kochen
- Ins Fettnäpfchen treten
- Das Tafelsilber verkaufen

Tiere und Natur

- Die Katze aus dem Sack lassen
- Das Pferd von hinten aufzäumen
- Einen Bärendienst erweisen
- Katz und Maus spielen
- Den Stier bei den Hörnern packen
- Mit den Wölfen heulen
- Ein (zartes) Pflänzchen / Bäumchen pflanzen
- Das Feld beackern
- Die Ruhe vor dem Sturm
- Einschlagen wie ein Blitz

Zahlen und Mathematik

- Der Zahltag für etwas / jemand
- Die Rechnung präsentieren
- Das Einmaleins eines Themas
- Pi mal Daumen
- Die Wurzel allen Übels
- Das Rad neu erfinden
- Lehrgeld zahlen
- Die unbekannte Variable
- Eins und Eins zusammenzählen
- Der gemeinsame Nenner

Abb. 7.26 Einige Ideen aus den Bereichen Kochen, Natur und Mathematik

Eine Lösung könnte beispielsweise lauten: „Unser Unternehmen hat bereits viele Stürme überstanden. Im Augenblick ist die See aufgewühlt, aber gemeinsam werden wir wieder in ruhigeres Fahrwasser steuern. Vor uns liegen viele Abenteuer und Untiefen – die größte davon ist, die schlechten Verkaufszahlen der letzten Monate wieder zu steigern. Dazu haben wir unsere Mannschaft durch eine neue Abteilung erweitert."

Übung
Und wie würde derselbe Text lauten, wenn Sie die Wortwelt „Sport" wählen? Das ist ein wenig anspruchsvoller, weil Sie sich eigene Sprachbilder überlegen müssen. Dazu gehören beispielsweise „an einem Wettkampf teilnehmen", „den Startschuss geben" oder „ins Ziel kommen".

Mit sportlichen Sprachbildern könnte sich die Vorstellung so anhören: „Bis jetzt haben wir uns immer gut geschlagen. Aber im letzten Jahr haben uns andere Mitbewerber auf dem Markt überrundet. Allerdings warten noch viele Wettkämpfe auf uns, in denen wir unsere alte Position zurückgewinnen können – durch herausragende Produkte, die unsere neue Innovationsabteilung entwickeln wird. Schön, dass Sie zum Team gehören!" Und auf einmal klingt die ungewisse Situation spannend und herausfordernd für alle Beteiligten.

Deshalb setze ich Wortwelten nicht nur in Vorträgen, sondern auch in Meetings oder in Schulungen ein. Ich mag an ihnen, dass sie bei vielen Menschen ein Ideenfeuerwerk zünden, sobald man die Welt betreten hat. Gerade, wenn Sie über abstrakte oder trockene Themen sprechen, lockern diese Bildwelten Ihre Ausführungen ungemein auf und beseitigen mentale Blockaden. Und wenn Sie durch eine geschickte Wortwahl alle Sinne einbeziehen, vergrößern Sie diesen Effekt noch.

7.4.3 Sprechen Sie alle Sinne an!

Unser Verstand hilft uns beim Verstehen: Er verarbeitet Eindrücke und weist ihnen eine Bedeutung zu. Aber bevor das geschieht, nehmen Sie alles mit Ihren Sinnesorganen wahr: Sie fühlen die Struktur eines Materials oder hören ein Geräusch. Sie sehen, schmecken und riechen. Das bedeutet: Je mehr Sinne angesprochen werden, desto schneller nehmen wir Informationen auf [21]. Dabei erfassen wir Inhalte nicht nur mit dem Kopf, sondern auch mit dem Bauch (s. Abschn. 3.1.2 – *Sprache ist mehr als Worte*). Warum also nicht versuchen, im Vortrag alle Sinne anzusprechen?

Unser Gehirn besitzt eine erstaunliche Fähigkeit: Wir müssen Dinge nicht selbst erleben, um sie nachvollziehen zu können [22]. Niemand muss in eine Zitrone beißen, um den sauren Geschmack zu empfinden. Da ist die Vorstellung im Kopf völlig ausreichend. Mehr noch: Sie lässt uns sogar körperlich reagieren, indem sie den Speichelfluss anregt. Wir kennen diese Fähigkeit bereits als **mentale Simulation.**

Mit Sprachbildern machen wir für die Zuhörer unsere Inhalte erleb- und fühlbar. Diesen Effekt erzielen Sie, indem Sie Wörter verwenden, mit denen Sie normalerweise Sinneserfahrungen beschreiben. Den Trick dazu kennen Sie bereits: Verwenden Sie diese Worte in einem anderen Kontext und erschaffen Sie neue Sprachbilder. In Abb. 7.27 sehen Sie einige Beispiele.

Sobald Sie sprachlich nicht nur den Seh- und Hörsinn ansprechen, versprühen Ihre Ausführungen auf einmal das pralle Leben: Ihre Zuhörer und Sie fühlen, riechen oder schmecken etwas anstatt nur zu denken. Ihr **Kopfkino** ist aktiv, weil das Gehirn alle Sinneseindrücke simuliert und vorhandenen Erfahrungen zuordnet.

▶ **Praxistipp** Mit einer ausgewählten Sprache hinterlässt jeder Redner einen eleganten Eindruck bei seinen Zuhörern. Allerdings benötigen Sie beim Einsatz von Wortwelten, Sprachbildern und sinnlichen Begriffen etwas Fingerspitzengefühl. Ansonsten klingt jeder Vortrag schnell gekünstelt und unnatürlich. Die folgenden Regeln helfen Ihnen im Umgang mit ihnen.

Sinn	Reizwörter	Beispiele
Sehen	**Verben:** Glänzen, funkeln, erblicken, einbrennen, vernebeln, sich abheben **Adjektive:** Tiefschwarz, dunkel, hell, eintönig, schillernd	• Die glänzende Idee • Die dunkle Vergangenheit • Die blaue Stunde • Eine schillernde Persönlichkeit
Hören	**Verben:** Schreien, flüstern, säuseln, trompeten **Adjektive:** Laut, leise, harmonisch, schrill	• Der Schrei nach Vergeltung • Das harmonische Teamwork • Der leise Auftritt • Das eintönige Vorgehen
Riechen	**Verben:** Schnuppern, stinken **Adjektive:** Duftend, erdig, schal, staubig, schweißig, blumig, abgestanden	• Am Erfolg schnuppern • Zum Himmel stinken • Der abgestandene Mief vergangener Jahrzehnte
Fühlen	**Verben:** Streicheln, brennen, hauchen, wehen, ekeln **Adjektive:** Sanft, pudrig, rau, geschmeidig, weich, rostig	• Der Hauch der Erkenntnis • Für eine Sache brennen • Ein geschmeidiger Ablauf
Schmecken	**Verben:** Versüßen, versalzen **Adjektive:** Bitter, scharf, fruchtig, fade	• Den Tag versüßen • Wie eine salzige Meeresbrise • Eine bittere Erfahrung • Ein fader Beigeschmack

Abb. 7.27 Beispiele für sinnliche Wörter und ihre Anwendung

- *Wählen Sie stimmige Sprachbilder.* Das heißt: Das Bild sollte widerspruchsfrei sein, ansonsten erzeugen Sie Bildfehler im Kopfkino. Beispiel: Ein Kapitän, der sein Schiff durch unwegsame See steuert, sollte den Dingen nicht gern auf den Grund gehen
- *Bleiben Sie in einer Welt!* Mischen Sie niemals Sprachbilder aus unterschiedlichen Welten: Wenn Sie ein „Leinen los zum Raketenstart in die Seele unseres Kerngeschäfts" verkünden, dann verwirren Sie das Publikum. Und was hat die Seele damit zu tun?
- *Setzen Sie Sprachbilder sparsam ein.* Zu viele Sprachbilder lenken das Publikum von Ihrer eigentlichen Vortragsbotschaft ab. Und um die geht es schließlich
- *Lassen Sie etwas zeitlichen Abstand zwischen den einzelnen Sprachbildern.* So führen Sie das Publikum zu Ihren Vortragsinhalten zurück. Einige Sätze oder Folien reichen aus. Generell gilt: Weniger ist auch bei Sprachbildern mehr!
- Und am wichtigsten: *Setzen Sie Sprachbilder nicht mit aller Gewalt ein.* Fühlen Sie sich unwohl, dann verzichten Sie auf sie

Wichtig: Wenn Sie Folien zeigen, haben *Sprach*bilder in den Folientexten nichts zu suchen. Das sagt zwar schon der Name... und doch passiert es immer wieder.

Bislang haben Sie die Erlebbarkeit Ihrer Vortragsinhalte für das Publikum durch Skizzen oder Sprache erzeugt. Dieses Erlebnis können Sie noch steigern: Setzen Sie in Ihrem Vortrag echte Gegenstände ein, die das Publikum wirklich fühlen, riechen oder schmecken – im wahrsten Wortsinn be*greifen* – kann. Darüber sprechen wir im folgenden Abschnitt.

7.5 Inhalte zeigen: Gegenstände und Requisiten

Der Regisseur **J.J. Abrams,** Schöpfer der Fernsehserie *Lost,* sprach 2007 auf der TED-Konferenz über die Macht der Vorstellung und Fantasie. Er tat das anhand einer geschlossenen Rätselbox, die er von seinem Großvater bekommen und nie geöffnet hatte. Natürlich verließ er die Bühne, ohne sie zu öffnen – und das Publikum fragte sich, welche Geheimnisse in ihr wohl schlummerten [23]. Anhand einer einfachen Schachtel brachte J.J. Abrams die Menschen dazu, das zu tun, über das er gerade gesprochen hatte.

Funktioniert das auch in gewöhnlichen Geschäftsvorträgen? Oder sind das billige, unseriöse Gauklertricks? Die Antwort ist einfach: Wenn ein Bild mehr sagt als tausend Worte, sagen Requisiten mehr als ein ganzes Wörterbuch.

7.5.1 Was sind Requisiten?

Der Begriff **Requisit** kommt aus der Film- und Theatersprache. Dabei handelt es sich um einen Gegenstand, der zum Verständnis der Handlung beiträgt [24]. Er bewirkt, dass das

Publikum dem Inhalt einer Geschichte einfacher folgen kann. Wenn Luke Skywalker das Lichtschwert seines Vaters erhält, verstehen wir, warum er ein Jedi werden will. Auch in Vorträgen erschafft ein Referent, der ein Requisit clever einsetzt, einen erhellenden Moment der Erkenntnis in den Köpfen des Publikums. Ohne dass er viel erklären muss. Deshalb sollten Sie sich überlegen, ob durch den Einsatz eines passenden Requisits Ihre Botschaft noch klarer wird. Aber Vorsicht: Natürlich muss der Gegenstand auch Ihre Aussage unterstützen [25]. Sonst geht es schief.

Requisiten besitzen eine große Wirkung. Sie wecken unsere Neugier und unseren Spieltrieb. Wir wollen sie anfassen, erkunden und ausprobieren. Mehr noch: Während wir das tun, beginnen wir uns vorzustellen, was man damit noch alles anfangen kann – und unsere Gedanken gehen automatisch auf Wanderschaft. Das bedeutet: Wenn Sie vertraute Dinge in einen neuen inhaltlichen Zusammenhang setzen, erledigen die Gehirne Ihrer Zuhörer den Rest. Einige Beispiele habe ich in Abb. 7.28 beschrieben.

Wohnungsschlüssel

Für Ingenieure ist es wichtig, die genaue Aufgabe eines Produktes zu kennen, um ein kostspieliges *Over-Engineering* zu vermeiden.
Um die Studenten für dieses Problem zu sensibilisieren, zeigte ein Professor während der Vorlesung seinen Wohnungsschlüssel und fragte: „Was ist die Hauptaufgabe dieses Schlüssels?" Die Antwort schien einfach: Das Öffnen eines Schlosses. Tatsächlich ist es das Übertragen von Informationen an das Schloss.
Die Studenten erkannten, dass es für diese Aufgabe auch andere Lösungen gab - wie einen Fingerabdrucksensor oder eine Handy-App

Aktenordner

In vielen Unternehmen gibt es ein Ideenmanagement für Mitarbeiter, das beim Einsparen von Kosten helfen soll.
Bei einem Vortrag zeigte der Referent den Geschäftsführern einen dicken Aktenordner und sagte: „Dieser Ordner enthält alle eingereichten Verbesserungsvorschläge des letzten Jahres. Und jetzt sehen wir uns an, wie viele davon umgesetzt wurden." Er stellte den Ordner in einen Rollcontainer, in dem sich acht weitere Aktenordner befanden und bemerkte: „Diese Vorschläge warten alle noch auf ihre Bewertung."

Kaffeetasse

Bei Produkten, die mit Mobilität zu tun haben, ist es wichtig, dass sie ein geringes Gewicht besitzen. Der „Partikelschaum" ist ein leichtes Material, das allerdings bei moderaten Temperaturen seine Form verliert.
Um das zu demonstrieren, zeigte der Referent dem Publikum ein Stück Partikelschaum. Dann stellte er seine Kaffeetasse, gefüllt mit warmen Kaffee, darauf und begann seinen Vortrag. Als er beim Thema „Formstabilität" angekommen war, lenkte er die Aufmerksamkeit zurück auf das anfangs gezeigte Stück. Das Publikum sah deutlich, dass die Kaffeetasse eingesunken war

Abb. 7.28 Einige Fallbeispiele für den Einsatz von Requisiten

An den Beispielen erkennen Sie, dass es sich bei Vortrags-Requisiten häufig um ganz gewöhnliche Dinge handelt – wie die Schachtel bei J.J. Abrams. Oder ein einfacher Umschlag für Hauspost, wie er in vielen Unternehmen für Dokumente oder Akten verwendet wird: Aus einem solchen Umschlag entnahm **Steve Jobs** während seiner Keynote 2008 das neue MacBook Air. Jeder im Publikum wusste sofort: Die Zeit der klobigen und schweren Laptops war vorbei [26].

7.5.2 Kopf- und Bauchrequisiten

Generell gibt es zwei Arten von Requisiten. Ich nenne sie die Kopf- und die Bauch-Requisiten (s. Abb. 7.29). Sie unterscheiden sich in ihrer Wirkung: Möchte der Referent einen **Aha-Moment** erzeugen oder seine Aussagen untermauern? Ersteres überrascht, letzteres überzeugt das Publikum. Mit anderen Worten: Bauchrequisiten sprechen die emotionale, Kopfrequisiten die analytische Ebene der Zuhörer an. Und weil beide bei der Vermittlung Ihrer „Großen Idee“ wichtig sind, besitzen beide ihre Berechtigung. Im Idealfall ergänzen sich Kopf- und Bauchrequisiten.

Ein **Bauchrequisit** setzen Sie ein, um einen dramatischen Effekt zu erzielen. Dazu gehören beispielsweise die Aktenordner mit den ungenutzten Mitarbeiter-Ideen oder der Hauspostumschlag, den Steve Jobs einsetzte. Ihre Anwendung ist einfach: Der Referent nutzt sie in dem Augenblick, in dem sie im Vortrag gebraucht werden. Das setzt allerdings ein gutes Timing voraus.

Beim richtigen Einsatz von Bauchrequisiten ist die Belohnung groß: Mit ihnen erschaffen Sie einen magischen Moment des Erstaunens und der Erkenntnis bei den Teilnehmern (s. Abschn. 5.3.6 – *Ein besonderer Augenblick: Der S.T.A.R.-Moment*). An solche Vorträge wird sich ein Publikum lange erinnern, weil Sie eine emotionale Bindung hergestellt haben.

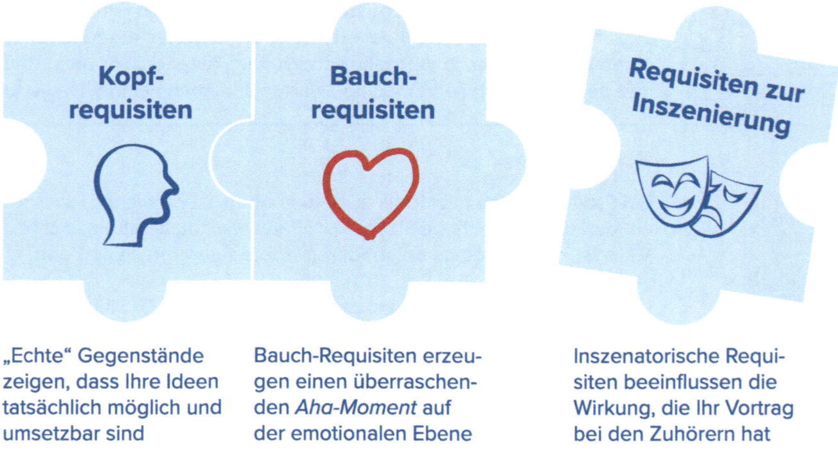

Abb. 7.29 Die wichtigsten Arten von Vortrags-Requisiten

Leider verwenden Referenten Bauchrequisiten in Geschäftsvorträgen selten. Sie befürchten, dass die Seriosität ihres Vortrags darunter leiden könnte. Es bleibt ein Risiko, dass der Effekt nicht die gewünschte Wirkung erzielt. Und die Suche nach dem passenden Requisit kann schnell aufwendig werden. Deshalb muss nicht jeder Vortrag einen emotionalen Knalleffekt besitzen – denken Sie an die Frage nach Aufwand und Nutzen.

Kopfrequisiten sind sind Gegenstände, die die analytischen Inhalte Ihres Vortrags *real* machen. Das sind beispielsweise Fahrzeug-Prototypen, die Automobilhersteller auf Messen enthüllen, um damit einen Ausblick auf zukünftige Entwicklungen zu geben. Auch Produkt-Modelle aus Holz oder Styropor gehören in diese Kategorie. Kopfrequisiten zeigen, was bereits möglich ist und wo die Reise hingehen wird.

Neben Messeauftritten begegnen Ihnen Kopfrequisiten häufig in Vorträgen, bei denen Kunden, Manager oder Investoren die wichtigste Zielgruppe sind. Kurz: Immer, wenn Sie den Zuhörern etwas verkaufen oder sie von etwas überzeugen wollen. Egal, ob es sich dabei um eine abstrakte Idee, ein reales Produkt oder eine Handy-App handelt. Das beweist, dass Ihre „Große Idee“ umsetzbar und anwendbar ist. Deshalb setzen Referenten bevorzugt Kopfrequisiten in ihren Vorträgen ein, weil sie sich mit ihnen deutlich wohler fühlen.

Kopf- und Bauchrequisiten sind bereits einzeln zwei starke Werkzeuge – zusammen bilden sie ein unschlagbares Duo. Aber wenn beide so mächtig sind: Warum begegnen sie uns so selten im Geschäftsalltag? Das hat unterschiedliche Gründe: Manchmal haben Referenten damit schlechte Erfahrungen gemacht. Oder sie sind sich nicht sicher, wie man Requisiten im Vortrag überhaupt einsetzt.

Aber der häufigste Grund ist ganz simpel: Nach einem Vortrag, in dem es um den GPS-Einsatz in der Landwirtschaft ging, fragte ich den Redner nach der technischen Umsetzung. Er erklärte mir, dass es – vergleichbar mit einem Navigationsgerät im Auto – bereits ein ähnliches Gerät für Traktoren gäbe. Auf meine Frage, warum er es nicht gezeigt habe, sagte er: „Daran habe ich nicht gedacht. Ich wollte nur Folien zeigen“. Manchmal denken Referenten einfach nicht daran.

„Und was ist mit der dritten Requisitenart?“, fragen Sie? Ich habe sie nicht vergessen. Weil Requisiten aus dem Theater kommen, sind sie eng mit der **Inszenierung** einer Aufführung verknüpft. Das gilt auch für Vorträge. Deshalb verwundert es nicht, dass es **inszenatorische Requisiten** gibt. Dazu gehören beispielsweise Rednerpulte, Handouts für das Publikum oder der Einsatz von Musik. Da bei ihnen nicht die Visualisierung, sondern die Inszenierung im Mittelpunkt steht, sprechen wir über diese Art von Requisiten in Kap. 11 – *Der Tag der Wahrheit.*

7.5.3 Wie setze ich Requisiten ein?

Die Königsklasse für Geschäftsvorträge ist der Vortrags-Pitch vor einem Investor – egal, ob es sich dabei um einen externen Investor oder den Unternehmensvorstand handelt. Der Terminplan dieser Menschen ist eng getaktet – deshalb möchten sie schnell Ihre „Große

Idee" begreifen und verstehen, warum sie Ihnen dafür Kapital geben sollen. Eine gute Vorgehensweise für den Referenten ist die **Pocket-Rhetorik**, die wir im Abschn. 4.5.2 – *Wenn's mal schnell gehen muss* besprochen haben.

Der Unternehmer **Jerry Kaplan** gilt als einer der Väter des *Mobile Computing*. Als er im Büro der Investorengesellschaft Kleiner Perkins Caufield & Byers stand, war er gerade 29 Jahre alt. „Ich hatte gedacht, das sei ein formloses Treffen, bei dem wir uns kennenlernen wollten", erinnert er sich. „Außer einem leeren Schreibblock und einer braunen Aktenmappe hatte ich nichts dabei." Als er auf seinen Termin wartete, sah er im Besprechungszimmer einen anderen Kandidaten, der den anwesenden Investoren beeindruckend aufbereitete Zahlen und Diagramme zeigte. Kaplan hatte keinen Businessplan, keine finanziellen Hochrechnungen und keinen Prototypen dabei. Das ließ nichts Gutes ahnen.

Als er an der Reihe war, stellte er seine Idee eines kleinen, tragbaren Computers vor. Mit ihm sollten Berufstätige an jedem Ort arbeiten, über das Mobilfunknetz Nachrichten empfangen und versenden können. Und er sollte die Handschrift seines Benutzers erkennen. Kaplan erläuterte die technischen Voraussetzungen, die es teilweise noch gar nicht gab. Er erinnert sich weiter: „Die Zuhörer waren angespannt, und ich dachte, ich hätte es vermasselt. Weil ich nichts mehr zu verlieren hatte, beschloss ich, es mit ein bisschen Schauspielerei zu versuchen."

Zu den Investoren gewandt, sagte er: „Wahrscheinlich ist Ihnen gar nicht aufgefallen, dass ich die Zukunft des Computers bereits hier habe." Er warf seine braune Aktenmappe in die Luft, die mit einem lauten Knall in der Mitte des Konferenztischs landete. „Gentlemen, das ist das Modell der nächsten Computerrevolution." Die Zuhörer schwiegen verblüfft und Kaplan rechnete mit einem Rauswurf. Dann berührte ein Partner der Firma vorsichtig die Mappe und stellte die erste Frage: „Wie viele Informationen könnte man darauf speichern?" Ein anderer Partner antwortete, dass dies keine Rolle spiele, weil die Speicherchips jedes Jahr kleiner und billiger würden. Von diesem Augenblick sagte Kaplan kaum noch etwas, weil die Investoren seine Idee immer weiter ausgestalteten. Einige Tage später erhielt Kaplan die Nachricht, dass Kleiner-Perkins in seine Idee 1,5 Mio. US$ investieren würde [27].

Ganz ehrlich: Jerry Kaplan hatte spontan alles auf eine Karte gesetzt und gewonnen. Aber das Beispiel zeigt eindrucksvoll, dass ein Gegenstand und seine Anwendung, auch wenn sie nur angedeutet ist, Gedankenflüsse bei den Teilnehmern auslösen. In einem solchen Augenblick versagen Folien. Deshalb: Wann immer es möglich und sinnvoll ist, veredeln Sie Ihren Vortrag mit einer kleinen Vorführung. Wenn Sie einen Prototypen Ihrer Idee haben, zeigen Sie ihn.

> Wenn ein Bild mehr wert ist als 1.000 Worte, ist ein Prototyp mehr wert als 10.000 Folien.
> *Guy Kawasaki* [28]

Eine **Produktdemonstration** können Sie auf drei Arten durchführen:

- *Der Referent zeigt den Gegenstand.* Dazu bieten sich beispielsweise Modelle oder Prototypen an. Vorteil: Ein echter Gegenstand unterstützt die Ausführungen besser als jedes Foto oder jede Zeichnung. Nachteil: Das Publikum bleibt passiv und kann sich höchstens nach dem Vortrag mit dem Requisit beschäftigen. Häufig besitzen Prototypen wenig oder keine Funktionen, sodass die Teilnehmer nichts ausprobieren können. Es sind reine „Seh-Gegenstände"
- *Der Referent führt das Requisit live vor.* Vorteil: Das Publikum sieht sofort, ob seine Erwartungen erfüllt werden. Und an welchen Stellen es Abstriche zum jetzigen Zeitpunkt machen muss. Nachteil: Für eine Vorführung muss es einen funktionstüchtigen Prototyp geben. Das bedeutet: Das Publikum muss dem Requisit und dem Referenten vertrauen. Deshalb können die Zuhörer nie sicher sein, ob seitens des Referenten getrickst wird, damit das Produkt gut aussieht
- *Das Publikum kann das Objekt selbst ausprobieren.* Vorteil: Die Zuhörer verwenden das Produkt selbst und machen damit eigene Erfahrungen. Sie verstehen intuitiv, wie sich die Nutzung des Gegenstands anfühlt – und nehmen so die Rolle des Kunden oder Mitarbeiters ein. Beispiele sind lebensgroße, begehbare Modelle (sogenannte *Mock-Ups*) oder Softwareprogramme. Nachteilig ist, dass diese Form am meisten Vorbereitungs- und Vortragszeit benötigt

Aber was kennzeichnet eine gute Vorführung? Der Investor **Guy Kawasaki** muss hunderten von Firmen lauschen, die ihre Produkte anpreisen. Er meint, dass die meisten Pitches schlecht sind – weil sie zu viel abgedroschene Inhalte wie „Wir müssen nur die Ersten auf dem Markt sein" enthalten und zu wenig den Anwendernutzen in den Mittelpunkt stellen. Er ist überzeugt, dass gute Referenten ihre Inhalte nicht nur erklären, sondern mit einer kleinen Vorführung erlebbar machen sollten. Eine gute Produktvorführung besitzt nach Kawasaki folgende Merkmale [29]:

- *Kurz:* Die Vorführung darf den Vortrag nicht ausbremsen, sodass das Interesse des Publikums schwindet. Berücksichtigen Sie die Aufmerksamkeitsspanne der Zuhörer!
- *Einfach:* Das Publikum muss sofort verstehen, um was es in der Vorführung geht und welche Aussage sie unterstützt. Beschränken Sie sich auf höchstens zwei Botschaften. Geben Sie den Zuhörern etwas Zeit, um das Gesehene zu verarbeiten. Warten Sie 15 s, bevor Sie weitermachen
- *Einzigartig:* Zeigen Sie nur ein oder zwei Eigenschaften des Produkts. Konzentrieren Sie sich dabei auf die einzigartigen Killer-Funktionen. Vergessen Sie nicht: Bei allem, was Sie zusätzlich zeigen, wird jemand im Publikum denken „Na und?"
- *Signifikant:* Die Teilnehmer müssen erkennen, welches Problem das Produkt löst und welchen Nutzen sie davon haben. Häufig kommen sie von allein darauf; andernfalls stellen Sie ihn deutlich heraus

Der Pitch mit der Aktentasche erfüllt alle Kriterien – auch wenn die Ausführung überraschend und ungeplant war. Sollten Sie in eine ähnliche Situation kommen, dann gehen Sie nach den folgenden drei Stichworten vor: *Erkläre. Zeige. Erfreue.* Denn diese drei Worte machen den Kern einer guten Demonstration aus.

► **Praxistipp** Wenn Sie in Ihrem Vortrag Gegenstände einsetzen möchten, helfen Ihnen folgende Überlegungen:

- *Berücksichtigen Sie den Einsatz von Requisiten bereits bei der Vortragsplanung.* Sie benötigen Zeit, um darüber nachzudenken, welchen Gegenstand Sie verwenden und wie Sie ihn in den Vortrag einbinden wollen
- *Üben Sie den Einsatz von Requisiten unter Vortragsbedingungen.* Wenn Sie die Zuhörer durch Ausprobieren aktiv einbinden wollen: Planen Sie dafür die dreifache Zeit ein, die Sie für Ihr eigenes Üben benötigt haben
- *Seien Sie mit dem Einsatz von Requisiten sparsam.* Für die meisten Vorträge gilt: Ein Kopf- und/oder Bauchrequisit ist völlig ausreichend. Andernfalls entsteht bei den Zuhörern der Eindruck billiger Effekthascherei, der von den eigentlichen Inhalten ablenkt
- *Haben Sie Spaß, wenn Sie Gegenstände einsetzen!* Und stehen Sie dazu. Wenn Sie sich unsicher oder Ihnen mögliche Folgen peinlich sind, dann merkt das Ihr Publikum. Und dann geht's wirklich schief

Aber die wichtigste Regel beim Einsatz von Gegenständen lautet: Jedes Requisit muss Sie als Referent unterstützen und darf *niemals* von Ihrer eigentlichen Botschaft ablenken. Bei einem Investorenpitch für eine rein pflanzliche Alternative zu Kuhmilch brachten die Unternehmensgründer eine echte Kuh mit. Leider interessierten sich die Investoren mehr für das Tier als für die Unternehmensidee.

Skizzen, Sprachbilder oder Requisiten helfen uns bei der Visualisierung unserer textlichen Vortragsinhalte. Noch ist es nicht wichtig, unsere Ergebnisse mithilfe von Bildern oder Schrift für den Vortrag „hübsch" zu machen; darum kümmern wir uns im achten Kapitel – *Die Geheimnisse guter Folien*. Jetzt ist es wichtig, dass wir unseren Vortrag das erste Mal in seiner Gesamtheit sehen. Sind Sie bereit, einen Comic Ihres Vortrags zu erstellen?

7.6 Das Storyboard

In den letzten Kapiteln haben wir viel über Vortragsaufbau, Geschichtenerzählen und Visualisierung gesprochen. Auch wenn es scheint, dass wir unseren Zielhafen aus den Augen verloren haben: Wir kommen ihm immer näher. Also nehmen wir wieder Fahrt auf und orientieren uns, an welchem Punkt unserer Reise wir stehen:

- Sie haben die *Kernaussage* und den *Titel Ihres Vortrags* formuliert. Und durch die Rückmeldung Ihrer Kollegen oder Ihres Vorgesetzten wissen Sie, dass Sie über etwas wirklich Gutes sprechen werden
- Mit dem *Board* haben Sie Ihre Informationen geordnet und sich mithilfe der 3-Akte-Struktur einen ersten roten Vortragsfaden überlegt
- Sie haben einen Helden und seinen Gegenspieler entwickelt und den Konflikt zwischen beiden in Form einer interessanten *Geschichte* herausgearbeitet
- Sie haben erste *Ideen skizziert* und sich Gedanken über passende Folien, Sprachbilder oder Requisiten gemacht

Nun ist es an der Zeit, alles zusammenzuführen: Wie ein Regisseur kombinieren Sie die sachlogischen Inhalte mit den dramatischen Elementen zu einem großen Ablauf, dem das Publikum gebannt folgt. Das ist die Aufgabe des **Storyboards**: Es schlägt die Brücke zwischen Ihren inneren Bildern und dem externen Verstehen der Zuhörer [30]. Für mich ist das der spannendste Moment der gesamten Vorbereitung.

Das Storyboard kommt aus dem Filmbusiness. Seine Aufgabe ist es, die Abfolge der einzelnen Filmszenen wie in einem Comic darzustellen. So bekommen die Schauspieler oder der Kameramann einen ersten Eindruck, wie sich der Regisseur die Szenen im späteren Film vorstellt. Das Storyboard hilft, dass alle Beteiligten das gleiche Verständnis von den Inhalten haben.

> Alle möglichen Inszenierungsprobleme werden vor Drehbeginn mit Hilfe von Zeichnungen gelöst, um Unannehmlichkeiten und Enttäuschungen zu vermeiden.
> *Sir Alfred Hitchcock* [31]

Der Regisseur **Alfred Hitchcock** war bekannt für den Einsatz von Storyboards. So ließ er die Schlüsselszenen seiner Filme häufig zeichnen, bevor er sie filmte. Oftmals entsprachen die Bilder im Storyboard exakt den späteren Bildern im Film. Das bekannteste Beispiel ist der berühmte Mord unter der Dusche in seinem Film *Psycho:* Obwohl die Szene im Film gerade einmal 45 Sekunden dauert, besitzt sie 78 Kameraeinstellungen und 52 Schnitte [32]. Ohne den genau festgelegten Ablauf im Storyboard wäre das Filmen dieser aufwendigen Szene nicht möglich gewesen [33].

Dieselbe Bedeutung besitzt das Storyboard auch bei der Vorbereitung eines Vortrags: Es visualisiert die Inhalte und ihren Ablauf. Doch obwohl seine Anwendung so wertvoll ist, verwenden es viele Referenten nicht – meistens aus Unkenntnis oder Zeitmangel.

Wie beim Film bietet es dem Referenten die Gelegenheit, den Vortrag zu *sehen*, bevor er eine einzige Folie am Computer erstellt hat – und zwar nicht nur aus seiner Sicht, sondern auch aus Sicht des Publikums. Es zeigt die aktuellen Schwächen und Stärken Ihres Vortrags: Sie erkennen sofort, wo sich zu viel Text befindet. Ob die **Kontraste** stark genug sind. Ob Sie das passende **Visual** gewählt haben. Oder ob der **S.T.A.R.-Moment** richtig platziert ist.

Das Storyboard erstellen Sie in drei Schritten (s. Abb. 7.30). Wichtig: Diese Schritte laufen in der Praxis nicht sequenziell ab! Das bedeutet: **Board** und Storyboard gehen naht-

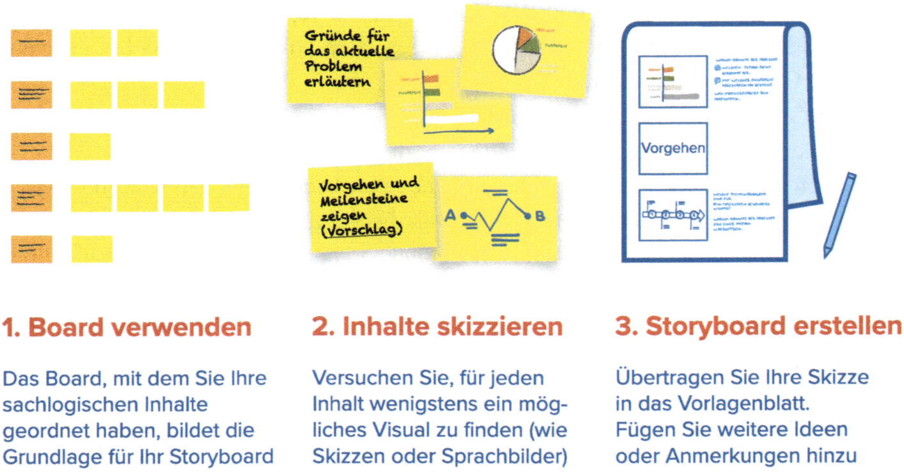

Abb. 7.30 Die drei Schritte zur Erstellung Ihres Vortrags-Storyboards

los ineinander über. Wenn Sie eine Idee für ein Visual haben, dann skizzieren Sie sie oder schreiben sie auf – egal, in welchem Vorbereitungsschritt Sie sich gerade befinden.

Schritt 1: Das Board verwenden

Die Grundlage Ihres Storyboards haben Sie bereits mit dem Board, Ihrem roten Vortragsfaden, erstellt (s. Abschn. 4.5.1 – *Was ist das Board?*).

Schritt 2: Die Inhalte skizzieren

In diesem Schritt verpacken Sie die Inhalte des Boards mit Bildern. Überlegen Sie sich zu jedem Inhalt ein passendes Visual und skizzieren Sie das Ergebnis – denken Sie dabei auch an Sprachbilder oder Gegenstände. Beginnen Sie mit den Inhalten, bei denen Ihnen sofort ein Visual einfällt. Bei allen anderen nutzen Sie **Kreativitätstechniken.** Und wenn Sie kein passendes Bild finden, dann notieren Sie ein paar Stichworte und übergeben die Aufgabe an Ihr Unterbewusstsein (s. Abschn. 7.1 – *Die Regeln der Kreativität*). Natürlich ist es auch völlig in Ordnung, wenn Sie den Inhalt als Text belassen – nicht jeder Inhalt benötigt ein spektakuläres Visual.

Arbeiten Sie in diesem Schritt mit Haftnotizen, einem Blatt Papier oder einem Notizbuch.

Schritt 3: Das Storyboard erstellen

Ordnen Sie die skizzierten Ideen den Inhalten auf dem Board zu. Auf diese Weise entwickeln Sie Ihr ursprüngliches Board zum Storyboard weiter. Im weiteren Verlauf ergänzen Sie es mit zusätzlichen Anmerkungen, Ideen und Hinweisen. Denken Sie daran: Nutzen Sie nicht Ihre erste Idee, sondern diejenige, die Ihre Botschaft am stärksten vermittelt.

Am schnellsten ist es, wenn Sie an einer Wand arbeiten und Ihr Board mit Ihren Klebezetteln erweitern (s. Abb. 4.16). Oder Sie verwenden wie in Abb. 7.31 ein einfaches Vor-

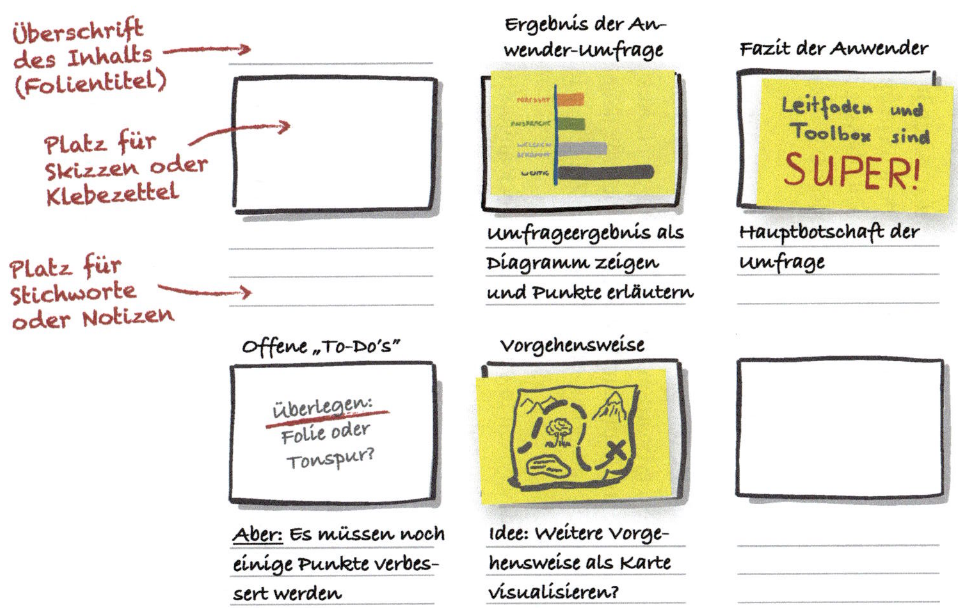

Abb. 7.31 Ein erster Storyboardentwurf für das Folgeprojekt des Piraten-Workshops, bei dem ich ein Vorlagenblatt und Haftnotizen verwendet habe

lagenblatt: Zeichnen Sie auf einem leeren Blatt Papier mehrere Rahmen ein. Dabei können Sie im Hoch- oder Querformat arbeiten. Lassen Sie unter oder neben den Rahmen Platz für Bemerkungen. Anschließend skizzieren Sie direkt auf das Blatt oder kleben Ihre Haftnotizen ein. Über jedem Rahmen steht eine Überschrift, mit der Sie – ähnlich wie bei einem Folientitel – den Inhalt des Bildes oder des Textes beschreiben. Auf diese Weise entsteht im Lauf der Zeit Ihr kompletter Vortrags-Comic.

Wenn ich mit dem Vorlagenblatt arbeite, sieht es mit der Zeit immer chaotischer aus. Ich streiche Textblöcke durch, die mir nicht mehr gefallen und notiere neue Ideen. Oder ich ändere die Reihenfolge von Skizzen und verbinde den zugehörigen Text mit Pfeilen. Weil mich am Schluss dieses visuelle Chaos stört, erstelle ich ein finales Storyboard – sozusagen eine *Reinzeichnung,* mit der ich den Vortrag später besser ausarbeiten kann. Ein weiterer Vorteil der Reinzeichnung ist, dass ich während der Erstellung die inhaltlichen Zusammenhänge erneut logisch durchdenke.

Kommen wir nochmals auf den Piraten-Workshop aus dem Abschn. 2.2.4 – *Der Piraten-Workshop* zurück. Nachdem der Vorstand das Folgeprojekt bewilligt hatte, machte sich das Team daran, die Abläufe bei der Projektarbeit zu verbessern und geeignete Hilfsmittel zu entwickeln. Das Storyboard in Abb. 7.32 zeigt einen Ausschnitt der Ergebnispräsentation des Folgeprojekts. In diesem Vortrag stellte ich die neuen Abläufe vor, zeigte die entwickelten Hilfsmittel und erläuterte anhand von Zahlen, wie beides die tägliche Projektarbeit schneller machte.

Das gezeigte Storyboard habe ich in einem Collegeblock angefertigt. Das ist ein preiswerter Ersatz für einen Computer und meine bevorzugte Art zu arbeiten.

Ich kenne Kollegen, die auf die Reinzeichnung verzichten und ihr Storyboard sofort auf dem Laptop erstellen. Das geht auch. Zwar benötigt diese Vorgehensweise am meisten Zeit, aber das Ergebnis sieht am professionellsten aus. Ich persönlich mag dieses Vorgehen nicht, weil sich für mich eine Korrektur auf dem Computer nicht so intuitiv wie auf dem Papier anfühlt und mich das aus meinem Arbeitsfluss reißt.

Die Reinzeichnung hilft mir auch, wenn ich mir Gedanken über meine späteren Vortragsfolien mache. Abb. 7.33 zeigt, wie sich aus der Storyboardskizze eine Folie entwickelt hat, die ich im späteren Vortrag verwendet habe.

Der große Vorteil des Storyboards ist seine Flexibilität. Ändern Sie die Reihenfolge der Klebezettel und prüfen Sie, ob dadurch Ihre Botschaft noch deutlicher wirkt. Zeigen Sie es Kollegen und fragen Sie sie, ob sie den roten Faden in Ihrem Vortrag erkennen. Vielleicht können Sie einen Inhalt einprägsamer darstellen, wenn Sie anstelle einer Folie beispielsweise eine Flipchart einsetzen. Oder Ihre Kollegen weisen Sie auf ein Requisit hin, an das Sie nicht gedacht hatten. Machen Sie sich einfach eine Notiz und arbeiten es später ein.

Ihr Storyboard besitzt noch zwei weitere Pluspunkte: Erstens haben Sie eine ausgezeichnete Vorlage, wenn Sie im nächsten Schritt die Vortragsfolien erstellen. Und zweitens haben Sie eine wertvolle Sicherung, falls vor oder während des Vortrags die Technik ausfällt: Sie zeichnen einfach die wichtigsten Bilder aus Ihrem Storyboard auf eine Flipchart! Das sind alles gute Gründe, warum Referenten mit dem Storyboard arbeiten sollten. Auch wenn es etwas Zeit kostet.

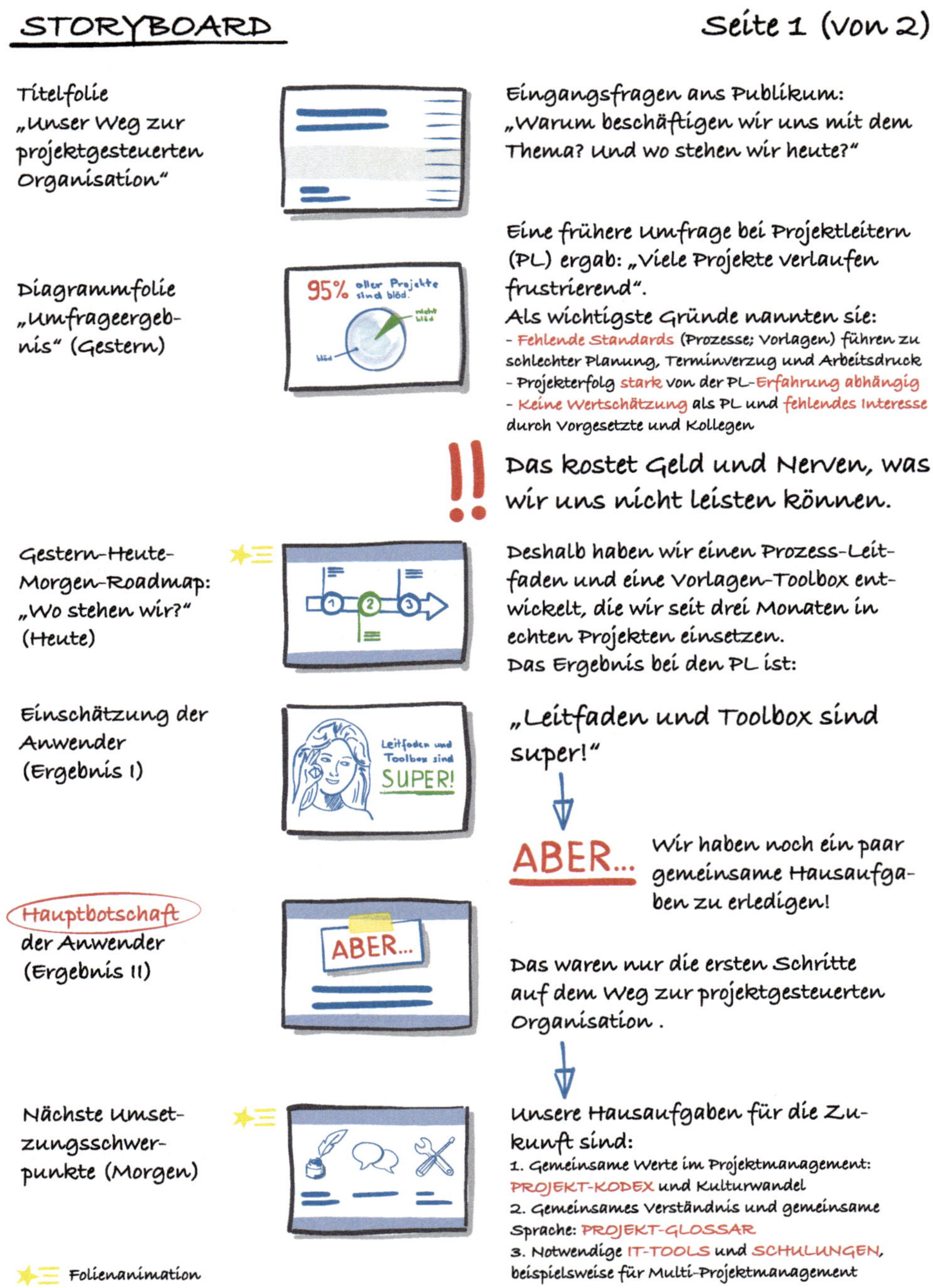

Abb. 7.32 Ausschnitt aus dem Storyboard zum Vortrag „Umsetzung des Verbesserungspotenzials in der Projektarbeit“, den ich nach dem Piraten-Workshop vor dem Vorstand hielt

Abb. 7.33 Von der Idee über das Storyboard zur Vortragsfolie

Übrigens: Ein gutes Storyboard ist mehr als nur ein einfacher Vortrags-Comic. Als bei einem Verkaufsmeeting der Kunde das Storyboard des Referenten sah, wollte er dieses anstelle eines Handouts haben. Der Referent meinte scherzhaft, dass er ihm das Storyboard bei einem erfolgreichen Vertragsabschluss gerne überreichen würde. Tatsächlich erhielt es der Kunde einige Tage später.

Wie schon Forrest Gump wusste: „Man weiß nie, was man kriegt“. Oder was passiert.

7.7 Zusammenfassung

Visualisierungen spielen eine entscheidende Rolle, wenn ein Redner seine Botschaften einfach vermitteln möchte. Mit ihrer Hilfe kann er seine sachlogischen Inhalte gehirngerecht aufbereiten, sodass sich das Publikum diese einfacher merken kann. Dabei kann er neben Bildern und Grafiken auch Gegenstände oder Sprache einsetzen – die sogenannten Visuals.

Um das richtige Visual zu wählen, muss der Referent die Botschaft jedes Inhalts auf seinem Board verinnerlicht haben. Das kann er einfach prüfen, indem er für jeden Inhalt eine Skizze erstellt. Fällt ihm das schwer, muss er darüber nachdenken, ob er auf den betreffenden Punkt verzichten kann. Anstelle einer bildhaften Skizze kann er auch eine einfache Notiz schreiben, wie er den Inhalt an dieser Stelle des Vortrags visualisieren möchte – beispielsweise mit einem Sprachbild.

Nachdem der Referent die Skizze erzeugt hat, ordnet er sie dem zugehörigen analytischen Inhalt auf dem Board zu – er kombiniert seine sachlogische Botschaft mit Bildern, Geschichten oder Diagrammen. Auf diese Weise legt er fest, wie er seine Inhalte auf der emotionalen Ebene an das Publikum vermitteln möchte. So entwickelt er das Board zu einem „Vortrags-Comic“ weiter – dem Storyboard. Das Storyboard ist der erste visuelle und textliche Rohentwurf des späteren Vortrags.

Mithilfe des Storyboards betrachtet der Referent den kompletten Vortrag das erste Mal aus Sicht des Publikums. Auf diese Weise erkennt er Schwachstellen, die ihm beim Board nicht aufgefallen sind: Er sieht, welche Stellen zu textlastig sind, ob Inhalte fehlen und

Checkliste „Storyboard"	ja	nein
Zeit für **Ideenfindung** eingeplant?	○	○
Falls notwendig: **Kreativitätstechniken** angewendet?	○	○
Visuals		
Mehrere Ideen pro Inhalt skizziert?	○	○
Alternative Visuals geprüft?	○	○
Storyboard		
Skizzen den Inhalten (aus dem Board) zugeordnet?	○	○
Vortragsaufbau aus Publikumssicht bewertet?	○	○

Abb. 7.34 Diese Punkte unterstützen Sie bei der visuellen Ideenfindung und bei der Entwicklung Ihres Storyboards

welche noch zu kompliziert für die Teilnehmer sind. Oder auf welche Inhalte er verzichten kann. Mithilfe des Storyboards kann er später seine Folien ausarbeiten und den Einsatz der weiteren Visuals planen.

Skizzen besitzen noch einen weiteren Vorteil: Durch das schnelle Kritzeln aktiviert das Gehirn seinen kreativen Arbeitsmodus. Auf diese Weise entstehen weitere Ideen zur Visualisierung von Inhalten. Aus den gefundenen Lösungen kann der Referent die beste auswählen, in sein Storyboard aufnehmen und später zum finalen Visual ausarbeiten.

7.8 Checkliste

Ihren Vortrags-Comic in Form des Storyboards zu erstellen, macht Spaß. Allerdings ist es für manche Menschen herausfordernd, die passenden Skizzen zu ihren Ideen zu erzeugen. Die Checkliste in Abb. 7.34 unterstützt Sie dabei.

Und denken Sie an die wichtigste Regel: Die besten Ideen kommen beim analogen Arbeiten mit Stift und Papier (oder Klebezetteln…)!

Mit dem Storyboard haben Sie den ersten Rohentwurf Ihres Vortrags erzeugt – inhaltlich und visuell. Jetzt müssen Sie es zu einer ansprechenden Präsentation für Ihr Publikum weiterentwickeln. In anderen Worten: Jetzt geht es an das Feintuning.

Literatur

1. Werner T. Fuchs (2018): Crashkurs Storytelling – Grundlagen und Umsetzung, 2. Auflage. Haufe, S. 208.
2. Die Skizzen und die Entstehungsgeschichte zu Harry Potter finden Sie in: British Library (Hrsg.; 2018): Harry Potter – eine Geschichte voller Magie. Carlsen.
3. Steven Johnson (2013): Wo gute Ideen herkommen – Eine kurze Geschichte der Innovation. Scoventa, o.S.

4. Gary Wolf (1996): Steve Jobs – The Next Insanely Great Thing. WIRED-Magazine https://www.wired.com/1996/02/jobs-2/ (abgerufen am 21.05.2020 um 20.19 Uhr).
5. Leander Kahney (2013): Jony Ive – Das Apple-Design-Genie. Plassen, S. 211.
6. Graham Wallas (2014): The Art of Thought. Solis Press, o.S.
7. Thomas Pyczak (2017): Tell Me – Wie Sie mit Storytelling überzeugen. Rheinwerk, S. 115.
8. Austin Kleon (2013): Alles nur geklaut – 10 Wege zum kreativen Durchbruch, 5. Auflage. Mosaik, S. 60.
9. Den bemerkenswerten Vortrag finden Sie unter folgendem Link: https://www.ted.com/talks/ok_go_how_to_find_a_wonderful_idea (abgerufen am 25.07.2020 um 18.25 Uhr).
10. Die Übung ist inspiriert von Austin Kleon (2016): Show Your Work – 10 Wege, auf sich aufmerksam zu machen. Mosaik, S. 102.
11. Josef W. Seifert (2014): Visualisieren, Präsentieren, Moderieren, 34. Auflage. Gabal, S. 11. Martina Nohl (2013): Workshop Typografie & Printdesign, 3., überarbeitete und aktualisierte Auflage. dpunkt, S. 186.
12. Daniel Kahneman (2012): Schnelles Denken, langsames Denken, 12. Auflage. Penguin, S. 31 ff.
13. Anita Hermann-Ruess (2013): Wirkungsvoll präsentieren – das Buch voller Ideen, 2. Auflage. BusinessVillage, S. 290.
14. William McDonough und Michael Braungart (2014): Cradle-to-Cradle – einfach intelligent produzieren, 6. Auflage. Piper, o.S. Einen Vortrag von ihm finden Sie unter folgendem Link: https://www.ted.com/talks/william_mcdonough_cradle_to_cradle_design/up-next (abgerufen am 02.07.2020 um 20,19 Uhr).
15. Dieses und weitere Beispiele finden Sie in: Sandra Schulze (2018): Auf dem Tablet erklärt – Wie Sie Ihre guten Ideen einfach und digital visualisieren. dpunkt, S. 234.
16. Nancy Duarte (2011): Slide:ology oder die Kunst, brillante Präsentationen zu entwickeln, 3. korrigierter Nachdruck. O'Reilly, S. 45.
17. Robert E. Horn (1998): Visual Language. MacroVU Press, S. 144.
18. Garr Reynolds (2011): The Naked Presenter – Wirkungsvoll präsentieren mit oder ohne Folien. Addison-Wesley, o.S.
19. Mark Benecke (2019): Mein Leben nach dem Tod – wie alles begann. Bastei Lübbe, S. 178.
20. Empfehlenswerte Bücher zum Thema „Wortwelten und Sprachbilder" sind beispielsweise Daniela Rorig (2020): Texten können – das neue Handbuch für Marketer, Texter und Redakteure. Rheinwerk, S. 171 ff. Stefan Gottschling (2010): Das Lexikon der Wortwelten, 3., überarbeitete und erweiterte Auflage. SGV, o.S.
21. Pia Kleine Wieskamp (2019): Visual Storytelling im Business – Mit Bildern auf den Punkt kommen. Hanser, S. 32 ff.
22. Carmine Gallo (2017): Talk Like TED – Die 9 Geheimnisse der besten Redner. Redline, S. 89.
23. Siehe https://www.ted.com/talks/j_j_abrams_the_mystery_box (abgerufen am 20.09.2020 um 14.51 Uhr).
24. Siehe https://www.duden.de/rechtschreibung/Requisit (abgerufen am 12.09.2020 um 11.45 Uhr).
25. Axel Gundlach (2013): Wirkungsvolle Live-Kommunikation. Springer Gabler, S. 140.
26. Carmine Gallo (2010): The Presentation Secrets of Steve Jobs. McGraw-Hill, S. 151.
27. Jerry Kaplan (1996): Start-Up – A Silicon Valley Adventure. Penguin Books, S. 23–27.
28. Guy Kawasaki (2015): The Art of The Start 2.0 – The Time-Tested, Battle-Hardened Guide for Anyone Starting Anything. Penguin, S. 142.
29. Guy Kawasaki (1990): The MacIntosh Way. Scott; Foresman and Company, S. 149 f.

30. Fionnuala Halligan (2015): The Art of Movie Storyboards. Ilex Press, Kapitel „Introduction“ (eBook). In diesem Buch finden Sie auch das Storyboard zur erwähnten Duschszene im Film *Psycho* und weitere Beispiele für Film-Storyboards.
31. Francois Truffaut (2003): Mr. Hitchcock, wie haben Sie das gemacht, 4.Auflage. Heyne, S. 253.
32. Stephen Rebello (2013): Hitchcock und die Geschichte von Psycho, 2. Auflage. Heyne, S. 211.
33. Der verantwortliche Storyboardkünstler Saul Bass spricht in diesem kurzen Interview über das Storyboarding der Duschszene in Psycho und die Reaktion von Alfred Hitchcock: https://www.youtube.com/watch?list=RDCMUCtPx9e7WNFtvtHaAU6WqXlA&v=8q5kL_-76wE&feature=emb_rel_end (abgerufen am 28.09.2020 um 11.34 Uhr).

Die Geheimnisse guter Folien

8

Das wichtigste Werkzeug im Arsenal des Referenten ist eine intime Kenntnis dessen, was eine gut gestaltete Folie ausmacht.
Nancy Duarte [1]

Häufig packen Referenten alles, was sie für wichtig halten, auf ihre Folien und machen sie damit schwer und träge. Das überfordert die Zuhörer – denn jeder Textblock und jede Grafik erhöht die mentale Belastung. Besonders tückisch: Das betrifft nicht nur Bilder, sondern auch Farben und Schriften!

Um einen Ballon oder ein Schiff leichter und wendiger zu machen, wirft der Kapitän unnötigen Ballast über Bord. Das gilt auch für Folien: Je weniger grafischen Ballast sie enthalten, desto einfacher sind sie zu verstehen.

Die Lösung ist gutes Foliendesign. Das bedeutet: Eine Folie soll nicht nur schön aussehen, sondern die Inhalte einfach und deutlich vermitteln. Deshalb muss ein Referent zwei Dinge weise abwägen: Welche Inhalte er zeigt und wie er sie anordnet. Eigentlich ist es

B. Gebhardt, *Tipps und Tricks für erfolgreiche Präsentationen*,
https://doi.org/10.1007/978-3-662-72376-0_8

ganz einfach: Schlechte Folien verwirren, gute Folien erhellen das Publikum. Das gilt auch für die Darstellung auf Flipcharts, Whiteboards und Co.

Die gute Nachricht: Es gibt einfache Regeln für gute Gestaltung, die wir in diesem Kapitel kennenlernen. Dabei behandeln wir folgende Fragen:

- Was sind die Grundprinzipien guter Gestaltung?
- Was muss ich bei Fotos und Grafiken beachten?
- Wie kann ich alle Elemente zu guten Vortragsfolien zusammenbauen?

Weil jeder Mensch ein angeborenes Empfinden für Harmonie besitzt, erkennt das Publikum sofort, wenn die einzelnen Bestandteile und der gesamte Vortrag nicht miteinander in Einklang sind. Das wirkt wie ein Frankenstein-Monstrum, dessen Teile nicht richtig zusammenpassen. Ob es ein harmonischer oder ein zusammengeflickter Vortrag wird, entscheidet sich häufig, sobald der Redner seine ersten Folien erstellt.

8.1 Der übliche Weg zur Folienerstellung

8.1.1 Wir denken wie Frankenstein

Und? Fragen Sie sich, wann Sie nach den ganzen Skizzen und Klebezetteln endlich die Folien am Computer erstellen dürfen? Jetzt ist der Moment gekommen. Also: Öffnen Sie den Laptop, übertragen Sie die Inhalte des Storyboards auf die leeren Folien und machen Sie sie mit Farben und Schriften hübsch. So oder ähnlich gehen viele Referenten vor – sie platzieren ihre Inhalte intuitiv und schieben sie anschließend hin und her, bis sie mit dem Aussehen zufrieden sind. Dann kommen noch ein paar Animationen dazu und fertig ist der Vortrag. Das ist keine große Sache, stimmt's?

Stimmt nicht. Denn so erschafft man ein Monster aus Teilen, die nicht miteinander harmonieren – ich nenne das den **Frankenstein-Effekt**. Betrachten Sie die Folie in Abb. 8.1.

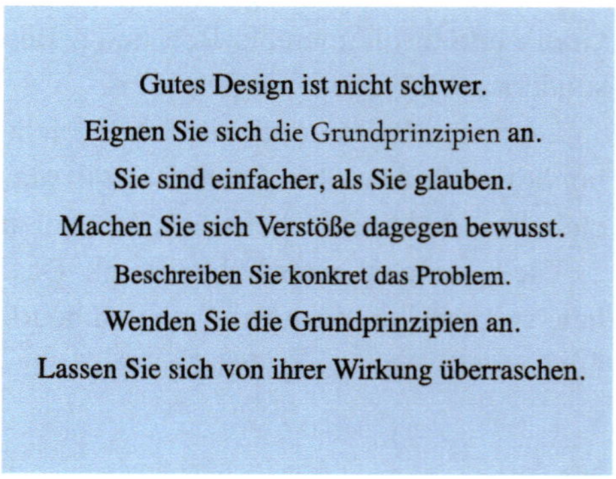

Abb. 8.1 Die Schriftelemente auf dieser Folie besitzen eine widersprüchliche Beziehung

Was ist passiert, als Sie beim Ausdruck *die Grundprinzipien* ankamen? Haben Sie sich gefragt, warum er eine andere Schriftart besitzt? Und haben Sie vielleicht bei der dritten Zeile von unten gestutzt – weil die Schrift in dieser Zeile einen Punkt kleiner als der Rest des Textes formatiert ist? Falls Ihnen das nicht aufgefallen ist: Spätestens, wenn Sie den Text auf eine Leinwand projizieren, sehen Sie den Größenunterschied deutlich.

Während Ihres Vortrags stellt sich das Publikum dieselben Fragen und versucht, den Grund für die Unterschiede herauszufinden: Will der Referent auf etwas Bestimmtes hinweisen? Oder ist das vielleicht ein Fehler im Design, den der Redner übersehen hat? Das Fatale dabei: Solange die Zuhörer über solche Fragen nachdenken, beschäftigen sie sich nicht mit der „Großen Idee".

An diesem Beispiel erkennen Sie, dass die einzelnen Elemente auf der Folie eine **Beziehung** miteinander eingehen. In Abb. 8.1 handelt es sich um eine *widersprüchliche Beziehung*. Sie entsteht, sobald sich die Elemente zu ähnlich sind. Weil das zu Verwirrung führen kann, sollten Sie ähnliche Elemente vermeiden. Diesen Effekt kennt jeder, der im Supermarkt vor dem vier Meter breiten Cornflakes-Regal stand und nicht wusste, welche Marke er wählen sollte.

Je deutlicher der Unterschied, desto klarer das Layout. Das sehen wir uns im nächsten Beispiel an: Vergleichen Sie die beiden Textfolien in Abb. 8.2. Was fällt Ihnen dabei auf? Die Widersprüche zwischen den Schriftelementen aus dem vorherigen Beispiel habe ich korrigiert.

Obwohl auf beiden Folien die Texte identisch sind, finden die meisten Menschen die rechte Folie ansprechender. Der einzige Unterschied zwischen ihnen ist die Anwendung einiger Gestaltungsprinzipien wie Kontrast oder Nähe. Das führt zu einer *konträren Beziehung,* in der sich Schriftelemente und Text deutlich unterscheiden. Ein solches Layout ist spannend und erzeugt Aufmerksamkeit.

In der linken Folie verwendete der Referent nur eine Schrift. Das ist machbar und bedeutet nicht, dass die Folie schlecht ist; viele Geschäftsvorträge sind so gestaltet. Indem Sie nur die Größe oder den Schriftstil ändern, erzeugen Sie eine in sich geschlossene,

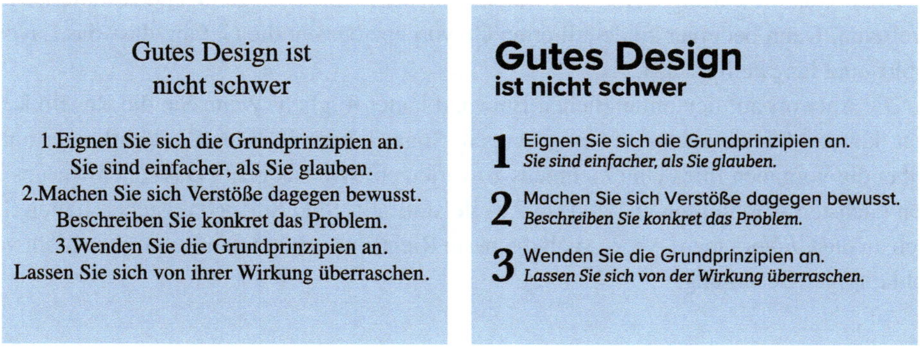

Abb. 8.2 Die Elemente der linken Folie besitzen eine gleichartige Beziehung. In der rechten Folie sind einige Gestaltungsprinzipien umgesetzt, die eine konträre Beziehung bewirken

gleichartige Beziehung. Aber in einer Tageszeitung oder Illustrierten wäre ein solches Layout eintönig, langweilig und schwer lesbar.

Sie sehen: Kleine Änderungen im **Layout** besitzen eine große Wirkung auf das Publikum. In anderen Worten: *Ein schlampiges Folienlayout verschlechtert die Qualität Ihrer „Großen Idee" dramatisch.* Macht sich ein Referent darüber keine Gedanken, ist das vergleichbar mit einem Läufer, der kurz vor dem Ziel über seine Füße stolpert und den sicher geglaubten Sieg verschenkt. Oder mit dem Frankenstein-Monster, das aufgrund seines zusammengeflickten Aussehens den Menschen Angst macht.

Die Aufgabe eines guten Layouts ist einfach: Bereits das Betrachten der einzelnen Elemente wie Überschriften, Textblöcke oder Bilder als Ganzes soll für das Publikum angenehm sein. Aber wie schaffe ich das? Das Geheimnis: Es gibt eine Art Regelwerk für gute Gestaltung. Diese Regeln lernen wir im nächsten Abschnitt kennen. Sie gelten für den Aufbau von Diagrammen oder Grafiken ebenso wie für Folien oder den gesamten Vortrag. Deshalb ist das Wissen um die Gestaltungsprinzipien so machtvoll.

Allerdings muss ich Sie warnen: Wenn Sie diese Regeln verinnerlicht haben, wird Ihnen schlechtes Design überall auffallen. Das ist wie Ihr Lieblingslied, das Sie nicht mehr aus dem Kopf bekommen. Aber das muss ja nichts Schlechtes sein, oder?

8.1.2 Die Firmen-CI

„Und was ist mit unseren unternehmenseigenen **Corporate Identity** (CI)-Vorgaben? Da darf ich andere Regeln gar nicht anwenden." Das höre ich häufig in meinen Trainings. Und der Einwand ist berechtigt. Schließlich gibt die CI-Richtlinie den gesamten visuellen Auftritt des Unternehmens verbindlich vor. Sie beschreibt, was erlaubt ist und was nicht, angefangen von den Farben, den Schriften oder dem Aussehen von Grafiken oder Diagrammen. Dazu gehören auch Vorlagen für Dokumente, Vorträge oder für Print- und andere Medien [2]. Und deshalb machen sich viele Vortragende keine Gedanken mehr über eine ansprechende Gestaltung.

Aber: Was wie ein enges Korsett wirkt, lässt in der Praxis noch genügend gestalterischen Freiraum. Denn bei einer zu detaillierten CI-Vorgabe besteht die Gefahr, dass das Layout leblos und langweilig wirkt.

Die Antwort auf den anfänglichen Einwand lautet folglich: Wenn Sie die Regeln kennen, können Sie sie auch ein wenig beugen. Sogar innerhalb Ihrer CI-Richtlinien, ohne dabei die Vorgaben Ihres Unternehmens zu verletzen. Wie das geht? Das sehen wir uns in den nächsten Abschnitten an. Und im Zweifelsfall gilt: Sind Sie sich unsicher, halten Sie sich an die CI-Vorgaben! Aber: Auch die beste Richtlinie schützt den Referenten nicht vor schlampiger Gestaltung.

8.2 Grundlagen für gute Gestaltung

Jedes Design, das unser Interesse erregt, macht Spaß. Das gilt für alle visuellen Medien wie Bilder, Diagramme, Flipcharts oder Handouts. Weil Menschen Augentiere sind. Wenn wir herausfinden wollen, was unsere Folien besser macht und welche Elemente unsere Botschaft stören, helfen uns **Gestaltungsprinzipien.** Das Erstaunliche: Es sind überraschend wenige Regeln, die Sie in jedem gut gestalteten Layout wiederfinden – Kontrast, Wiederholung, Ausrichtung und Nähe. Dazu kommt noch der Einsatz von Farbe.

Auch wenn wir uns jedes Prinzip einzeln ansehen: Beachten Sie bitte, dass alle miteinander verwoben sind. Nur selten werden Sie sie einzeln anwenden. Und obwohl es noch viel mehr von ihnen gibt, reichen diejenigen, die Sie gleich kennenlernen, für ein gutes Foliendesign aus [3].

8.2.1 Kontrast

Kontraste sind einfach zu erzeugen und besitzen eine große Wirkung. Ihr Publikum versteht sofort, auf welche Stelle es seine Aufmerksamkeit richten soll. Ein klarer, starker Kontrast veranlasst Menschen häufig, einen Text oder ein Bild überhaupt erst zu betrachten. Wie in Geschichten erzeugen gut eingesetzte Kontraste eine (visuelle) Spannung und machen dadurch den wichtigsten Punkt auf Ihrer Folie sofort erkennbar.

Ein Kontrast entsteht, sobald Sie ein Element gegenüber den anderen Elementen verändern, beispielsweise über die Form oder die Farbe (s. Abb. 8.3). In Texten können Sie Wörter farbig hervorheben oder Kursivschrift einsetzen. In anderen Worten: Wir erkennen eine Abweichung zwischen den Elementen, und das bannt unsere Aufmerksamkeit. Das unterschiedliche Element wird automatisch als wichtiger wahrgenommen.

Aber Vorsicht: Wenn Sie zu viele Kontraste gleichzeitig einsetzen, kann das Publikum den wichtigsten Punkt nicht mehr erkennen. Der Designer **Colin Ware** erklärt das mit einer einfachen Analogie: Für einen Beobachter ist es einfach, in einem Schwarm voller Tauben einen Adler zu entdecken. Wenn aber die Vielfalt der Vögel zunimmt, wird es immer schwerer, den Adler zu unterscheiden [4].

Ein weiterer Fehler ist, dass viele Referenten Kontraste ungewollt einsetzen. Jeder Unterschied teilt den Zuhörern etwas mit, sei es auf bewusster oder unbewusster Ebene. Unser Gehirn erkennt und bewertet jeden noch so geringen Unterschied und weist ihm eine Bedeutung wie Wichtigkeit oder Dringlichkeit zu. Kurz: Wenn Sie Kontraste verwenden, setzen Sie sie überlegt ein.

Abb. 8.3 Kontraste können Sie auf unterschiedliche Weise erzeugen

8.2.2 Wiederholung und Geschlossenheit

Das Prinzip der **Wiederholung** besagt, dass gleiche Elemente mit gleicher Bedeutung auf jeder Folie an derselben Stelle platziert werden. Das ist das visuelle Pendant zum gesprochenen Wort, bei dem der Referent während des Vortrags die wichtigsten Inhalte mehrmals wiederholt. In beiden Fällen prägen sie sich einfacher und besser in die Köpfe des Publikums ein.

Wiederholungen erzeugen Sie durch gleiche Schrift, Farben oder Formen (s. Abb. 8.4). Durch den Einsatz gleicher Elemente führen Sie das Auge des Betrachters durch den Aufbau Ihres Layouts. So können Sie beispielsweise mithilfe von Aufzählungszeichen Ihre Inhalte einfach strukturieren. Oder einen langen Text durch Blöcke oder Linien in übersichtliche Abschnitte gliedern. Dadurch kann sich der Betrachter schnell orientieren.

Ein weiterer Effekt, der eng mit Wiederholung und **Mustervorlagen** verknüpft ist, spielt sich in unserem Gehirn automatisch ab: Wenn einzelne Elemente zu einer Form passen, die wir bereits kennen, füllen wir die dazwischen liegenden Lücken spontan auf. Wir sehen eine geschlossene Form, weil das im Gegensatz zu den einzelnen Elementen für uns einfacher verständlich ist. Das ist das Prinzip der **Geschlossenheit.**

In Abb. 8.5 erkennen Sie den Effekt: Unsere Augen ergänzen die Lücken und wir sehen die Formen in ihrer Gesamtheit als Kreis oder Dreieck. Erst danach nimmt unser Gehirn die einzelnen Bestandteile und ihre Abstände bewusst wahr.

Beide Prinzipien können wir nutzen, um unser Layout von überflüssigem grafischem Ballast zu befreien: Der Rahmen und der farbige Hintergrund sind für die Aussage der Kurve in Abb. 8.6 nicht notwendig. Die rechte Grafik wirkt sauber und aufgeräumt.

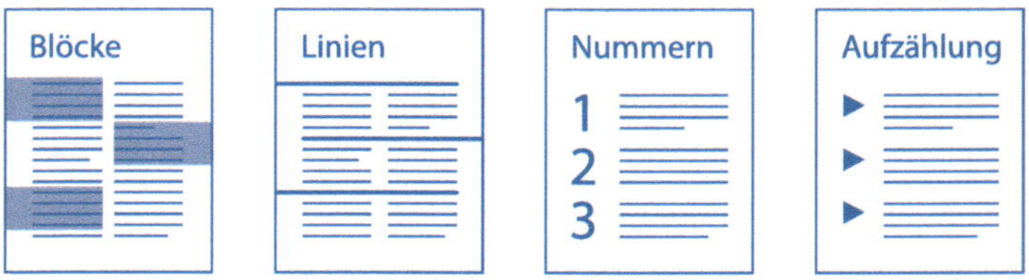

Abb. 8.4 Beispiele für Wiederholung durch Formen, Linien, Schrift und Zeichen

Abb. 8.5 Bei teilweise oder gar nicht sichtbaren Formen ergänzt unser Gehirn die fehlenden Teile (Prinzip der Geschlossenheit)

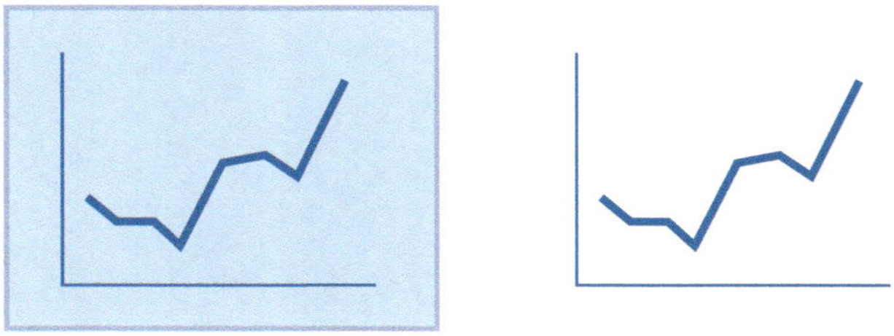

Abb. 8.6 Das Diagramm ist auch ohne Hintergrund und Rahmen vollständig

8.2.3 Ausrichtung

Mithilfe des **Ausrichtungsprinzips** findet sich das Publikum schnell auf einer Folie zurecht und erfasst die Bedeutung der Inhalte auf einen Blick. Obwohl es sich um ein einfaches Prinzip handelt, wird es in der Praxis oft nachlässig eingesetzt. Am häufigsten wird es bei Texten angewendet; allerdings ist es auch für ein gutes Gesamt-Layout unverzichtbar.

Wenn wir einen **Text** schreiben, richten wir ihn häufig linksbündig aus. Das passiert automatisch, weil in den meisten Computerprogrammen eine unsichtbare Linie voreingestellt ist, an der das erste Wort in jeder Zeile bündig beginnt. Allerdings werden in Zeitschriften oder auf Webseiten auch andere Ausrichtungen eingesetzt. Wie Sie in Abb. 8.7 sehen, besitzt jede Ausrichtung ihren eigenen Charakter.

Bei Textausrichtungen gibt es zwei Empfehlungen, mit denen Sie nichts falsch machen: Verwenden Sie nur eine Ausrichtung und bleiben Sie dabei. Entweder sind alle Textelemente linksbündig, rechtsbündig oder zentriert ausgerichtet. Und: Setzen Sie auf Folien keinen Blocksatz ein. Auf einer großen Leinwand wirkt er wuchtig und erschlägt das Publikum.

Eine durchdachte Ausrichtung unterstützt nicht nur den Text-, sondern auch den gesamten **Folienaufbau:** Indem Sie zwischen jedem Element klare Linien und visuelle Bezüge schaffen, wirkt ihre Anordnung nicht mehr zufällig, sondern überlegt. Vergleichen Sie die beiden Folien in Abb. 8.8: Während die linke Folie etwas unaufgeräumt wirkt, macht die mittlere Folie einen deutlich übersichtlicheren Eindruck. Anhand der orangefarbenen Linien sehen Sie, wie die Elemente an unsichtbaren Kanten anderer Objekte linksbündig beziehungsweise nach oben und unten ausgerichtet sind.

Ein weiterer Vorteil: In einem solchen Layout erkennt das Publikum sofort, welche Inhalte wichtig sind. In Abb. 8.8 scheint der eingezogene Text unter dem Begriff *Strömung* in der mittleren Folie weniger wichtig zu sein als die restlichen Elemente. In einem solchen Fall sollten Sie prüfen, ob Sie solche Inhalte auf der Folie weglassen können.

Um Ausrichtung zu erzeugen, gibt es zwei Möglichkeiten: Hilfslinien und Raster.

In Abb. 8.8 sehen Sie in der rechten Folie, wie Sie waagrechte oder senkrechte **Hilfslinien** zur Ausrichtung der Elemente unterstützen. Normalerweise sind diese Linien unsichtbar. Eine Funktion, mit der Sie Hilfslinien bei Bedarf ein- und ausblenden können, besitzt jede Vortrags-Software. Allerdings können Sie sie auch bewusst als sichtbares grafisches Element in Ihrem Layout verwenden (wie in Abb. 8.4).

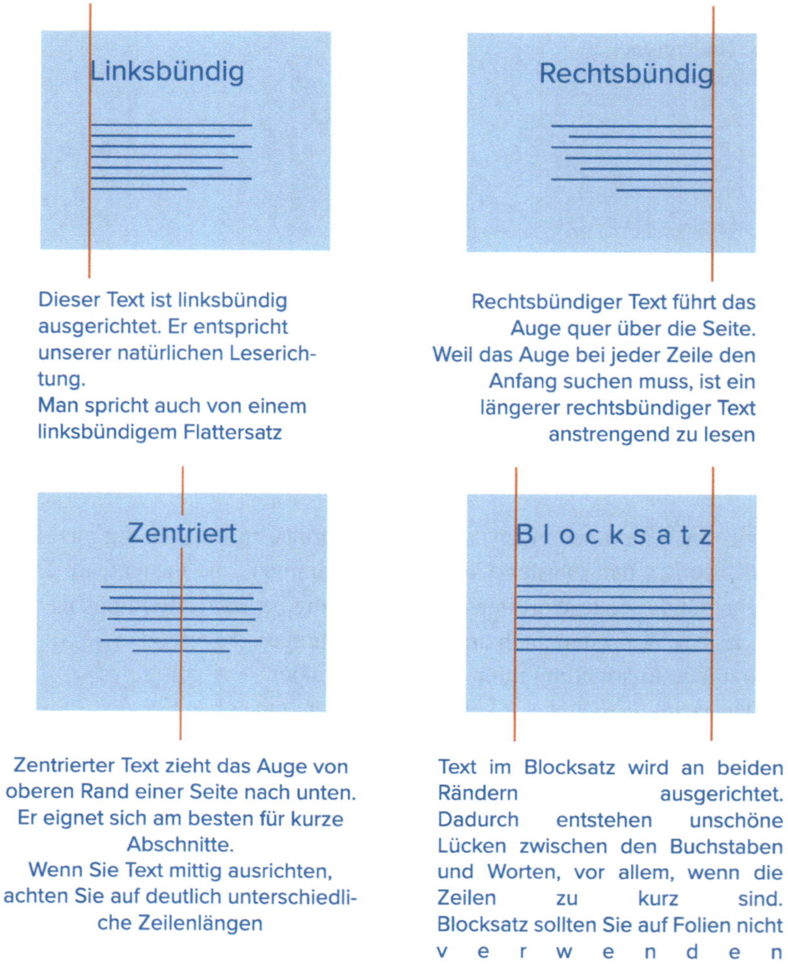

Abb. 8.7 Die vier Möglichkeiten, Text auszurichten

Abb. 8.8 Das Ausrichtungsprinzip strukturiert die Anordnung der Elemente. In der rechten Folie sehen Sie die unsichtbaren Kanten, an denen Sie die Elemente ausrichten (Hilfslinien)

Bei mehreren Folien leisten Ihnen **Raster** gute Dienste. Ein Raster stellt sicher, dass Sie auf jeder Folie Grafiken, Bilder oder Texte an derselben Stelle platzieren. Damit kann das Publikum vorausahnen, wo es auf der nächsten Folie welche Inhalte vorfinden wird. In anderen Worten: Ein Raster bildet die grobe Grundlage für das Layout, das Sie – mit Ausnahme der Titel- und Endfolie – im gesamten Vortrag verwenden. Deshalb beinhaltet die **CI-Richtlinie** häufig ein Raster, an das Sie sich halten müssen.

Abb. 8.9 zeigt die Anwendung eines Rasters, das aus drei Spalten und drei Zeilen besteht – ein sogenanntes 3 × 3-Raster. Sie erkennen, dass nicht alle Zellen des Rasters gefüllt sind; einige sind es nur teilweise, andere sind komplett leer. Mit diesen **Leerräumen** lockern Sie das Layout auf und geben Ihren Augen Luft zum Atmen.

Raster und Leerräume sind einfache Werkzeuge, die eine große visuelle Wirkung besitzen. Wie wir mit ihnen in der Praxis arbeiten, sehen wir uns später genauer an. Wenn Sie neugierig sind: Es handelt sich um den Abschn. 8.5.4 – *Do It Yourself: Bilder selbst erzeugen.*

Das Ausrichtungsprinzip bewirkt aber noch mehr: Ein klarer Aufbau beeinflusst entscheidend den **Lesefluss** des Publikums. Normalerweise erfassen unsere Augen zuerst das gesamte Layout. Anschließend ordnen wir die Inhalte nach ihrer Bedeutung. Dabei folgt unser Blick einem Z-förmigen Verlauf: In der westlichen Welt wandert er in der Zeile von links nach rechts, bevor wir am Zeilenende in die nächste Zeile springen (s. Abb. 8.10 oben). Eine gute Ausrichtung führt das Auge von Element zu Element und gibt ihm die Reihenfolge vor, in der es die Inhalte aufnehmen soll.

Natürlich kann man den *Links-nach-rechts*-Ablauf auch durchbrechen, um einen besonderen Effekt zu erzielen. Dazu müssen Sie den Startpunkt und die Leserichtung deutlich zeigen – ein Beispiel sehen Sie in Abb. 8.10 unten. Das Gestaltungsprinzip, das hier angewendet wurde, ist das Kontrastprinzip – genauer: Das Spiel mit der Größe.

Allerdings: Bei grafischen Elementen kann ein unbedachter Einsatz der Gestaltungsprinzipien auch schiefgehen! Wenn dem Publikum nicht klar ist, wie es eine Infografik

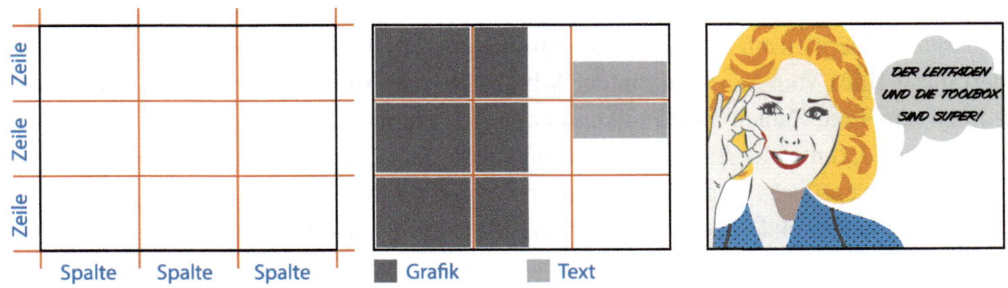

Raster erstellen

Zum Ausrichten des Layouts verwendet der Referent ein Raster mit drei Spalten und drei Zeilen (3 x 3-Raster)

Komposition

Mit Hilfe des Rasters weist der Referent Bild- und Textelementen ihren Platz auf der Fläche zu

Finale Folie

Abschließend füllt der Referent die einzelnen Zellen des Rasters mit der richtigen Grafik und dem formulierten Text

Abb. 8.9 Ein einfaches Raster hilft bei der Platzierung von Elementen

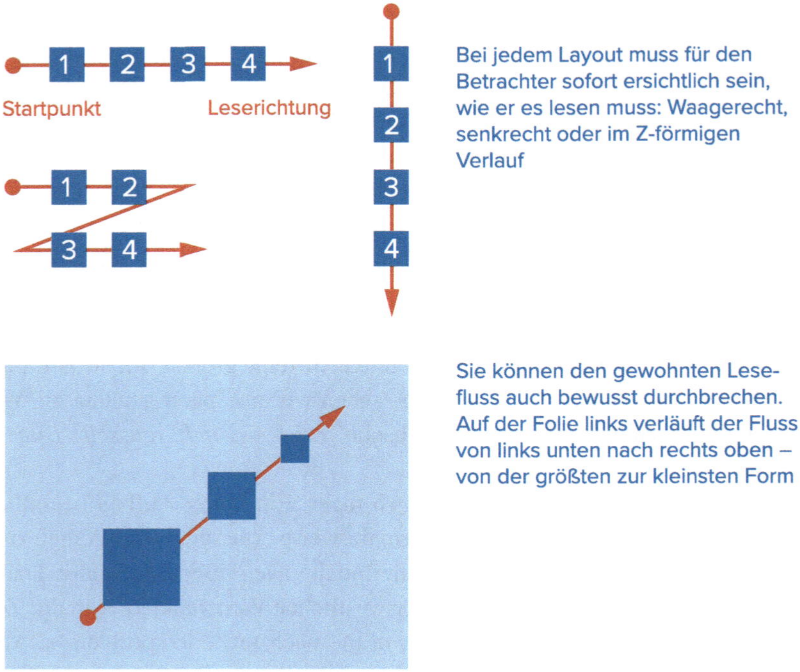

Abb. 8.10 Die Gestaltungsprinzipien und der Lesefluss hängen eng miteinander zusammen. Hier: Ausrichtung (oben) und Kontrastprinzip (unten)

oder ein Diagramm lesen soll, dann springt der Blick unruhig zwischen den Elementen hin und her. Das ist ein untrügliches Zeichen für einen wirren Aufbau. Deshalb sollten Sie alles vermeiden, was den natürlichen Lesefluss Ihrer Betrachter stört.

Ein gutes und ein schlechtes Beispiel sehen Sie in Abb. 8.11: Die obere Grafik zeigt den Aufbau eines Kohlekraftwerks. Bei dieser Grafik sind der Startpunkt und die Leserichtung sofort deutlich. Die untere Grafik zeigt, wie groß die jeweilige Menge produzierter erneuerbarer Energien auf dem deutschen Strommarkt 2019 war [5]. In der Darstellung wandert unser Blick vom Startpunkt in der Mitte nach links zum Stecker-Symbol und wieder zurück, um Text, Zahlen und Grafiken in einen Zusammenhang zu bringen. Danach geht es mit den darunter liegenden Inhalten entgegen dem Uhrzeigersinn bis zur Windkraft weiter. Der Lesefluss entspricht einem sternförmigen Muster, bei dem die Augen von der Mitte nach außen und wieder zurück in die Mitte springen. Eine schöne Grafik, aber anstrengend zu lesen.

8.2.4 Nähe

Wir neigen dazu, Elemente, die nahe beieinander liegen, als Einheit wahrzunehmen. Auf diese Weise erzeugen wir Ordnung und Struktur. In Abb. 8.12 erkennen Sie sofort, dass es

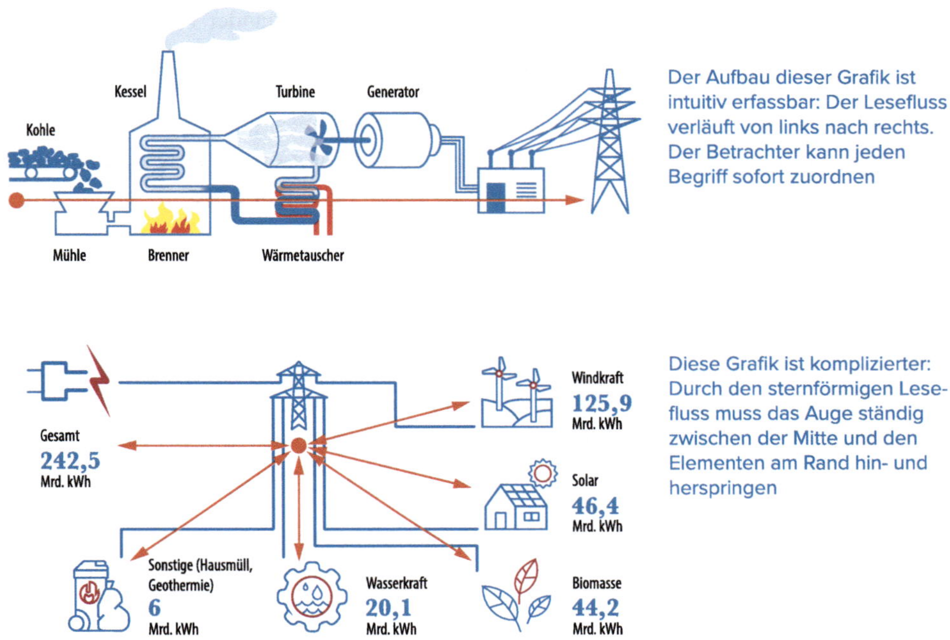

Abb. 8.11 Zwei Grafiken mit leicht und schwer erfassbarem Lesefluss (orange Pfeile)

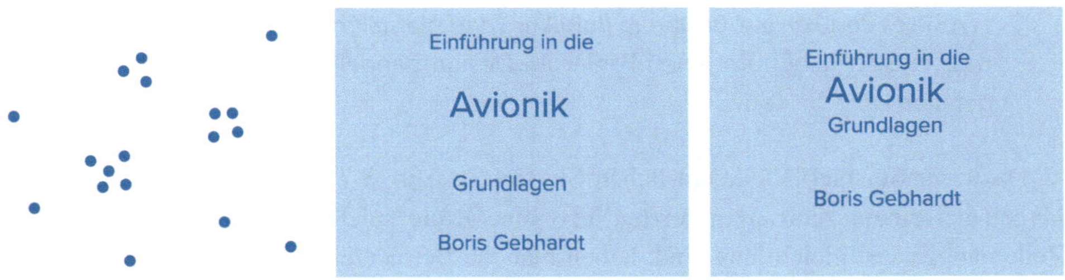

Abb. 8.12 Nähe hilft unserem Gehirn, zusammengehörende Elemente auf einen Blick zu erfassen

in der links dargestellten Punktemenge drei Gruppen gibt. Mit dem **Prinzip der Nähe** kann der Betrachter Inhalte auf einen Blick einander zuordnen.

Das Prinzip der Nähe funktioniert auch bei Text: In Büchern oder Zeitschriften erkennen Sie sofort, welche Textzeilen einen Absatz bilden, wo der nächste Abschnitt beginnt und welche Überschrift zu beiden gehört. Betrachten Sie die Folie in der Mitte von Abb. 8.12: Aufgrund des großen Abstands scheinen die vier Elemente für sich allein zu stehen und nichts miteinander zu tun zu haben. Durch eine einfache Gruppierung reduzieren wir die vier Elemente auf zwei: Den Vortragstitel und den Namen des Referenten. Diesen Zusammenhang verstünde ein Betrachter auch, wenn es sich um eine fremde Sprache handeln würde.

Gut eingesetzte Nähe verbindet sogar Bilder und Text wie bei einer Abbildung und ihrer Bildlegende. Beispiele finden Sie überall in diesem Buch.

Die Prinzipien der Ausrichtung und der Nähe sind eng miteinander verwoben. Deshalb besitzen sie einen Effekt, der Referenten ganz schön in Schwierigkeiten bringen kann: Wenn Sie Elemente auf einer Fläche platzieren, entsteht zwischen ihnen automatisch eine Beziehung, die das Publikum unbewusst wahrnimmt und interpretiert. Regisseure nutzen diesen Effekt, indem sie die Schauspieler in der Kulisse gezielt platzieren und dadurch eine Botschaft an die Zuschauer senden; wir sprachen bereits in Abschn. 7.3.2 – *Kleine Skizzenschule* darüber.

Das Erstaunliche: Es ist völlig unabhängig, ob es sich dabei um *konkrete* Inhalte wie Schauspieler oder Requisiten handelt. Menschen reagieren auch bei abstrakten Gegenständen, wie der Psychologe **Fritz Heider** und seine Studentin **Marianne Simmel** bereits 1944 in einem Experiment nachgewiesen haben: Sie zeigten den Probanden einen kurzen Film, dessen Hauptdarsteller geometrische Figuren wie Dreiecke oder Kreise waren. Anschließend fragten sie, was die Testpersonen gesehen hatten. Die meisten erzählten ihnen eine Geschichte von Eifersucht und Rivalität. Nur ein einziger sagte, er habe geometrische Figuren gesehen [6].

Deshalb: Arrangieren Sie Ihre Inhalte sorgfältig auf der Fläche Ihrer Folie. Durch eine überlegte Wahl senden Sie eine starke und eindeutige Botschaft an das Publikum. Wie ein Regisseur mit seinen Akteuren.

> ▶ **Praxistipp** Wenn Sie mit Gestaltungsprinzipien arbeiten, dann *seien Sie nicht zimperlich!* Das bedeutet: Wenn Sie sich für ein Prinzip entschieden haben, setzen Sie es deutlich ein. Bei Ihrem Publikum darf niemals der Eindruck entstehen, dass es sich dabei um einen Fehler im Design handelt, der Ihnen nicht aufgefallen ist.

Dazu ein Beispiel: Vielleicht haben Sie sich in Abb. 8.7 gefragt, warum die Zeilenlängen bei einem zentriert gesetzten Text eine Rolle spielen. Die Antwort: Wenn die Zeilenlängen fast gleich lang sind, haben manche Betrachter das Gefühl, es könnte sich um einen schlampig ausgerichteten Blocksatz handeln. Vermeiden Sie solche falschen Eindrücke in Ihrem Layout!

Nähe, Ausrichtung, Wiederholung und Kontrast bilden den Kern jeder guten Gestaltung. Wenn Sie diese Prinzipien konsequent berücksichtigen, werden Ihre Folien klarer und eleganter. Bevor wir sie auch bei Schriften, Diagrammen und Bildern anwenden, werfen wir einen genaueren Blick auf ein weiteres Gestaltungselement, um das Sie nicht herumkommen: Wir sprechen über Farben und ihre Wirkung.

8.3 Farbe und Hintergrund

Unsere Augen sehen ein Farbspektrum zwischen ungefähr 400 und 800 Nanometern. Dabei setzen sie jede Farbe aus den drei Anteilen Rot, Grün und Blau zusammen. Diese RGB-Anteile lassen sich für jede Farbe eindeutig durch Zahlen beschreiben. Aber: Farben sind mehr als nur physikalische Größen. Der RGB-Wert allein gibt keine Auskunft darüber, wie Farben auf Menschen wirken: Harmonisch, unangenehm oder anregend. Das bedeutet: Farben besitzen einen weiteren Anteil, der direkt unser Befinden beeinflusst und den unser rationaler Verstand schwer fassen kann. Weil wir uns erneut auf dem Gebiet der Emotionen befinden, weit weg von der analytischen Physik.

8.3.1 Die Wirkung von Farben

Farben sprechen ohne Worte. Dabei haben sie zwei Aufgaben: Zum einen besitzen sie eine Signalwirkung – beispielsweise helfen sie uns bei der Orientierung im Straßenverkehr. Zum anderen erzeugen sie in uns Emotionen, wie das in der Werbung genutzt wird. Kurz: Farben bestimmen die Art und Weise, wie ein Betrachter die Inhalte wahrnimmt. Deshalb ist es sinnvoll, dass sich auch Referenten Gedanken über die Bedeutung der gewählten Farben und ihre Wirkung auf das Publikum machen [7].

Grundsätzlich lassen sich Farben in drei Gruppen einteilen: Kühle, warme und neutrale Farben (s. Abb. 8.13).

- *Kühle Farben* wie Blau oder Violett wirken beruhigend – viele Künstler und Schriftsteller lassen sich in der *Blauen Stunde* geistig treiben. Mit diesen Farben verbindet man Besonnenheit, Konzentration und Genauigkeit. Allerdings wirken sie manchmal kalt und unpersönlich. Deshalb empfiehlt es sich, sie mit einer warmen Farbe zu kombinieren
- *Warme Farben* haben einen anregenden Effekt und stimulieren den Geist. Weil sie kraftvoll sind, ziehen sie die Aufmerksamkeit auf sich. Setzen Sie warme Farben sparsam ein und gleichen Sie sie mit neutralen Farben aus
- *Neutrale Farben* besitzen häufig eine Vermittlerrolle zwischen kühlen und warmen Farben. Sie eignen sich, um kräftige Farben abzumildern. Aus diesem Grund findet man sie oft als Hintergrund. Grau beispielsweise wirkt elegant. Eine Pastellfarbe wie Beige fügt kalten Farben etwas Wärme hinzu und lässt sie so weniger unpersönlich wirken

Warme und kühle Farben besitzen eine Eigenschaft, die Sie insbesondere bei Textinhalten auf einer Folie vermeiden müssen: Warme Farben nimmt unser Gehirn zuerst wahr, kühle Farben treten in den Hintergrund [8]. Das bedeutet: Unsere Blicke werden von Text in roter Schrift stärker angezogen als von Text in blauer Schrift, den wir schlimmstenfalls gar nicht wahrnehmen. Dieser Effekt ist vergleichbar mit hellen und dunklen Farben: Dunkle Farben haben mehr visuelles Gewicht als helle.

Das ist auch der Grund, warum Sie Farben sparsam und überlegt einsetzen sollten. Erinnern Sie sich noch an das Bild mit dem Vogelschwarm von Colin Ware aus dem Abschn. 8.2.1 – *Kontrast?* Wenn alles auf der Folie bunt ist, weiß unser Auge nicht mehr, worauf es seine Aufmerksamkeit richten soll.

Farbtheorie kann schnell komplex werden. Deshalb sprechen wir in den folgenden Abschnitten nur über das Farbrad und seine Anwendung. Ein Farbrad ist unheimlich praktisch,

Abb. 8.13 Die wichtigsten Farben und ihre Wirkung

wenn es darum geht, sich für eine geeignete Farbkombination zu entscheiden. Konkret: Welche Farben miteinander harmonieren. Oder welche Farbe zu welchem Hintergrund passt. Und das Beste: Das Farbrad können Sie auch innerhalb Ihrer **Firmen-CI** einsetzen.

8.3.2 Das erstaunliche Farbrad

Erinnern Sie sich noch an den Wasserfarben-Malkasten, den Sie in Ihrer Schulzeit benutzt haben? Im Kunstunterricht haben wir neue Farben entdeckt, indem wir die vorhandenen Farben des Malkastens miteinander vermischt haben: Beispielsweise ergaben Blau und Gelb die Farbe Grün. Das ist das Grundprinzip des **Farbrads.**

In jedem Farbkasten gibt es drei Farben, die sich aus den anderen nicht mischen lassen: Rot, Gelb und Blau. Deshalb heißen sie **Primärfarben.** Sie bilden die Grundlage für das Farbrad; in Abb. 8.14 habe ich die drei Primärfarben angeordnet.

Wenn Sie eine Primärfarbe zu jeweils gleichen Teilen mit der nebenstehenden Farbe mischen, erhalten Sie die **Sekundärfarben.** Gelb und Blau ergeben Grün, Gelb und Rot ergeben Orange. Und Blau und Rot ergeben Violett. Diese Sekundärfarben fügen wir zwischen den Primärfarben ein (s. Abb. 8.15).

Wahrscheinlich ahnen Sie bereits, wie wir die verbleibenden Lücken im Farbrad schließen: Indem wir die benachbarten Farben erneut zu jeweils gleichen Teilen mischen. Das ergibt die **Tertiärfarben** wie Dunkelgelb oder Blaugrün (Türkis). Sobald alle Lücken gefüllt sind, haben wir das vollständige Farbrad mit seinen zwölf Farben, wie es Abb. 8.16 zeigt.

Aber wir können noch ein wenig weiter experimentieren: Das Farbrad, das wir bisher betrachtet haben, enthält nur die reinen Farben – den sogenannten **Farbwert.** Im Malkasten gab es eine Tube Deckweiß, mit der wir die Farben heller und ihnen einen pastellfarbenen Ton verleihen konnten. Und durch Zugabe von Schwarz machten wir die Farbe dunkler. Durch das Hinzufügen von Schwarz entsteht eine **Schattierung;** durch das Hinzufügen von Weiß ein **Farbton.** Mit beiden erweitern wir unsere Möglichkeiten enorm.

In Abb. 8.17 sehen Sie für die drei Primärfarben beispielhaft die Farbtöne und Schattierungen in einem Abstand von jeweils 20 %. Das Zusammenspiel derselben Farbe mit einer beliebigen Anzahl an passenden Farbtönen und Schattierungen heißt monochrom – man spricht auch von einer **monochromen Farbbeziehung.** Mit nur ein oder zwei Farben und einer monochromen Farbpalette können Sie Ihre Folien lebendig und ansprechend gestalten.

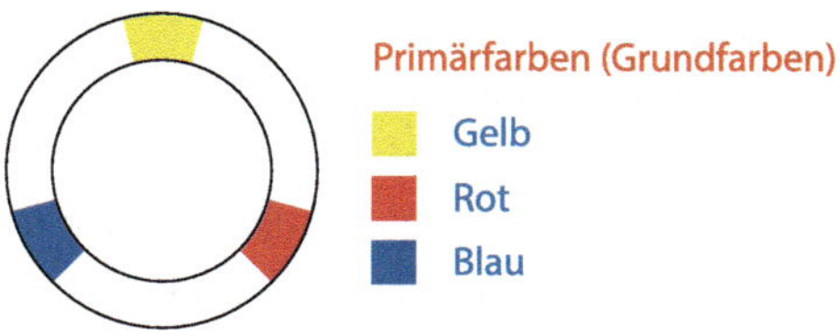

Abb. 8.14 Die drei Grundfarben, die wir gleichmäßig im Farbrad verteilen

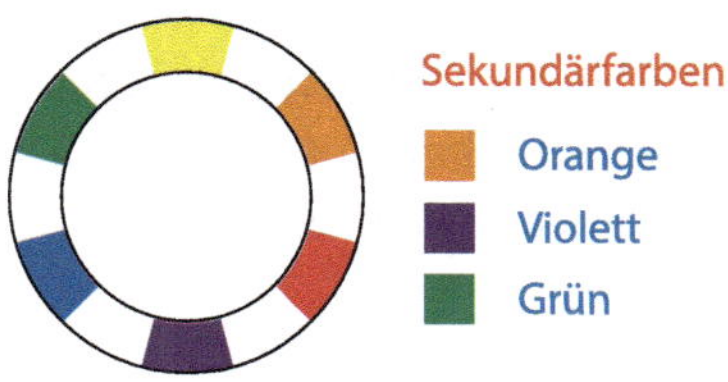

Abb. 8.15 Durch das Mischen der Primärfarben entstehen die Sekundärfarben

Abb. 8.16 Die Tertiärfarben komplettieren das Farbrad

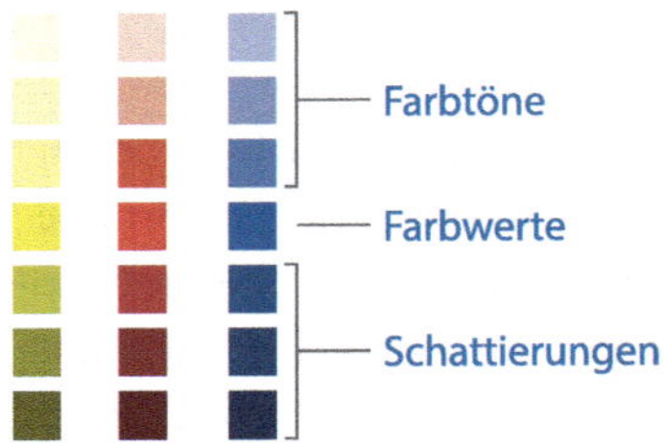

Abb. 8.17 Jeder reine Farbwert besitzt Geschwister mit unterschiedlichen Helligkeitsanteilen

Wow – das sind eine Menge Farben, aus denen ein Referent wählen kann. Aber benötige ich überhaupt so viele? Wie wir gleich sehen werden, sind in der Praxis die sechs Primär- und Sekundärfarben und ihre monochromen Geschwister für die meisten Vorträge völlig ausreichend. Nehmen Sie noch neutrale Farben wie Schwarz und Weiß hinzu, lassen sich eine Menge an Farbbeziehungen herstellen. Wie das geht, sehen Sie im folgenden Abschnitt – jetzt fängt der Spaß erst richtig an!

8.3.3 Farbbeziehungen

Eine Farbe steht niemals für sich alleine – bereits vor einem weißen Hintergrund nehmen wir sie anders wahr. Denn wie alle Grafikelementen gehen Farben eine Beziehung ein: Einige von ihnen sind aufregend, andere harmonieren gar nicht miteinander. Mithilfe des Farbrads können wir passende Farbbeziehungen finden und ihre Wirkung einschätzen. Die monochrome Farbbeziehung haben Sie bereits kennengelernt; nachfolgend sehen wir uns noch drei weitere an. Damit die Idee deutlich wird, verwenden wir dazu das komplette Farbrad aus Abb. 8.16.

Komplementäre Farben liegen auf dem Farbrad direkt gegenüber und erzeugen den größten Kontrast (s. Abb. 8.18). Jede Farbe lässt die andere heller und lebendiger erscheinen. Vorsicht: Aufgrund ihrer starken Wirkung erschweren Komplementärfarben die Lesbarkeit von Texten! Setzen Sie am besten eine davon als Haupt- und die andere als sparsame Akzentfarbe ein.

Drei Farben, die im Farbkreis den gleichen Abstand besitzen, ergeben eine **Triade** wie in Abb. 8.19. Triaden erzeugen großes visuelles Interesse beim Betrachter, weil die Ergebnisse manchmal ungewöhnlich sind. Sie eignen sich ausgezeichnet, statt Volltonfarben Schattierungen oder Farbtöne zu verwenden.

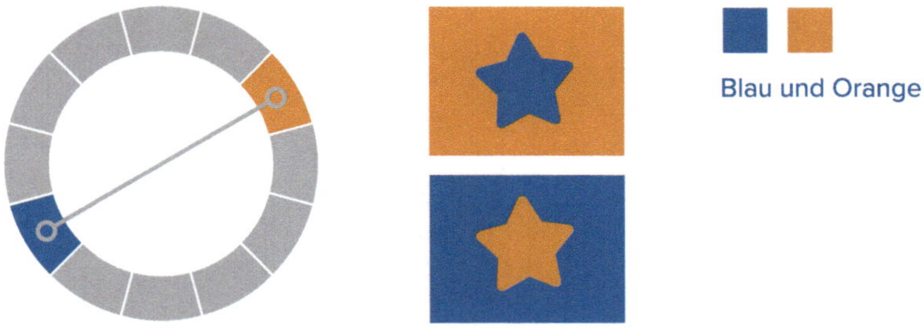

Abb. 8.18 Die komplementäre Farbbeziehung besitzt den stärksten Kontrast. Ihre Farben liegen auf dem Farbrad gegenüber

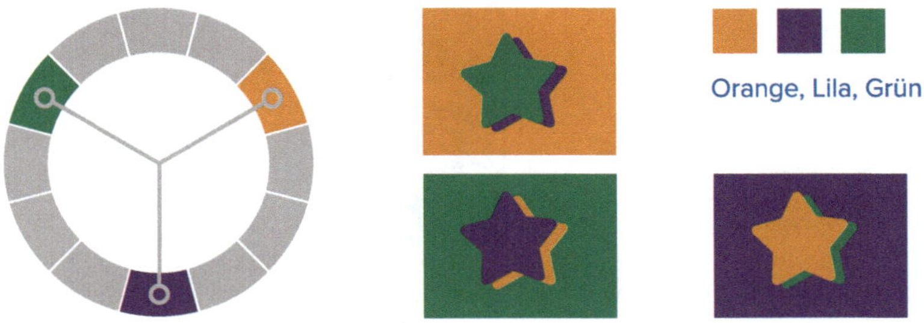

Abb. 8.19 Bei einer triadischen Beziehung besitzt jede Farbe denselben Abstand auf dem Farbrad

Verwenden Sie Farben, die auf dem Farbrad nebeneinander liegen, entsteht eine **analoge Farbbeziehung** (s. Abb. 8.20). Dabei ist es egal, welche Farben Sie wählen: Ihre Wirkung ist immer einheitlich und harmonisch. Ähnlich wie bei einer monochromen Farbbeziehung besitzen analoge Farben einen kühlen oder warmen Charakter – je nachdem, auf welcher Seite das Farbrads sie liegen.

Sehen wir uns ein Beispiel zum Umgang mit Farbbeziehungen und ihre Wirkung auf einen Betrachter an. Wie Sie an den Abbildungen in diesem Buch erkennen, besteht meine bevorzugte Farbpalette aus grauen und blauen Farben. Das hat einfache Gründe: Ich mag die Farben, sie können gut in Schwarzweiß gedruckt werden, und Teilnehmer mit Farbenblindheit, über die wir in Abschn. 8.3.5 – *Farbenblindheit* sprechen, können die Inhalte gut erkennen.

Ein Vorgesetzter bat mich, für ein Meeting die Ergebnisse einer statistischen Auswertung zu gestalten. Zum ersten Entwurf mit analogen Farben sagte er, dass sie zu schön und zu freundlich aussahen; die Teilnehmer erwarteten ein emotionsloseres Erscheinungsbild, weil sie das gewohnt waren. Deshalb entschied ich mich beim zweiten Entwurf, die Markenfarbe des Firmenlogos aufzugreifen. Hier war mir der Farbkontrast zu stark; außerdem erzeugte das rot-grüne Farbschema eine zu weihnachtliche Atmosphäre. Schließlich wählte ich ein dunkles Schwarz, um die gewünschte Neutralität zu erzeugen. In Abb. 8.21 erkennen Sie, dass alle drei Entwürfe prinzipiell gleich waren, aber jeder eine ganz andere Wirkung besaß.

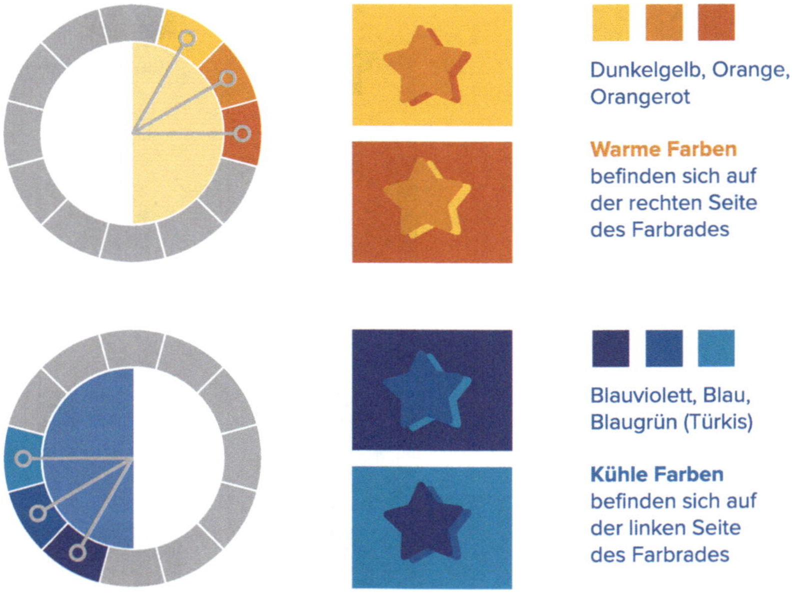

Abb. 8.20 Analoge Farbbeziehungen entstehen bei benachbarten Farben. Je nach gewähltem Schwerpunkt besitzt die Beziehung eine warme oder eine kühle Wirkung

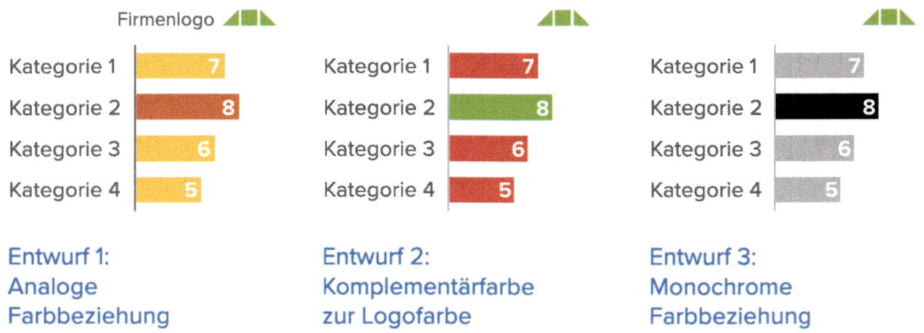

Abb. 8.21 Anwendung von Farbbeziehungen und ihre Wirkung

► **Praxistipp** Welche Farbbeziehung die richtige für Ihren Vortrag ist, entscheiden Sie selbst. Beachten Sie dabei zwei Punkte: Die Erwartungen Ihres Publikums und Ihr eigenes Bauchgefühl. Denn Sie müssen sich mit der Farbkombination ebenfalls wohlfühlen. Sind Sie sich unsicher, dann probieren Sie mehrere Möglichkeiten aus und fragen einen Kollegen.

Wenn Sie mit dem Farbrad experimentieren, werden Ihnen einige Ergebnisse ziemlich merkwürdig vorkommen. Genau das ist seine Stärke: Sie können diese seltsamen Farbkombinationen verwenden, ohne ein schlechtes Gewissen zu haben, denn sie passen wirklich gut zusammen.

8.3.4 Hintergrund

Besonders offensichtlich sind die Farbbeziehungen zwischen dem **Hintergrund** einer Folie und den darauf platzierten Objekten. Der häufigste Fehler ist, dass bei Texten der Kontrast zu schwach oder zu stark ist: In beiden Fällen kann das Publikum die Inhalte schwer lesen. Eine orangefarbene Schrift verschwindet nahezu vor einem gelben Hintergrund. Deshalb ist es wichtig, dass Sie sich auch über die Farbe des Hintergrunds Gedanken machen.

Im Printbereich beginnt der Grafiker die Gestaltung einer Seite immer mit einem leeren, weißen Papier. Zu diesem Zeitpunkt sieht er den Hintergrund als neutrale Fläche, auf der er die Elemente anordnet. Erst später entscheidet er, ob er die Hintergrundfarbe anpasst oder sogar grafische Elemente wie ein Foto einsetzt.

Diese Vorgehensweise ist auch für Folien empfehlenswert. Sofern Ihnen die Hintergrundfarbe nicht durch eine **CI-Vorlage** vorgegeben ist, beginnen Sie immer mit einer neutralen Farbe. Und wie bei einem wertvollen Baugrundstück sollten Sie den Hintergrund vorsichtig bebauen. Halten Sie ihn bewusst sauber, damit das Publikum sämtliche Inhalte einfach erkennen kann. Später können Sie darüber nachdenken, ob Sie ihn ändern.

Den besten Kontrast erzielen Sie immer durch einen weißen oder schwarzen Hintergrund. Weil diese Farben keine anderen Farbanteile besitzen, können sie auch nicht in eine unerwünschte Wechselwirkung mit anderen Farben treten. Ob Ihr Hintergrund hell oder dunkel sein sollte, hängt davon ab, wie formell die Veranstaltung und wie groß der Veranstaltungsort ist. Einige Empfehlungen zur Auswahl sehen Sie in Abb. 8.22.

Oft fragen mich meine Schulungsteilnehmer, ob sie anstelle einer Farbfläche auch Fotos oder Grafiken als Hintergrund verwenden dürfen. Das ist eine gute Frage, zumal manche Referenten Bilder als Hintergrund einsetzen, um die Folie optisch spannender zu gestalten. Also: Foto oder nicht Foto?

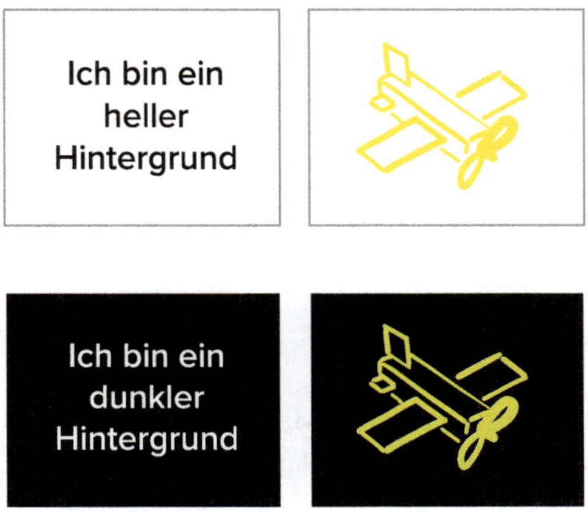

- Informelle Veranstaltungen
- Für kleine Veranstaltungsräume (Besprechungszimmer)
- Kann Farben verblassen lassen
- Bessere Sichtbarkeit von Grafikeffekten (Schatten etc.)
- Gut für Handouts

- Formelle Veranstaltungen
- Für große Veranstaltungsräume
- Schlecht für dunkle Grafiken
- Grafikeffekte verschwinden teilweise
- Bringt Objekte zum Leuchten
- Nicht geeignet für Handouts

Abb. 8.22 Empfehlungen zur Auswahl einer hellen oder dunklen Hintergrundfarbe

Profi-Fotografen stellen den Hintergrund unscharf, um so das Motiv besser hervorzuheben. Das gilt auch für den Folienhintergrund: Er rückt die Inhalte in den Mittelpunkt und darf *niemals* mit den Elementen auf der Folie konkurrieren. Egal, ob Farbfläche oder Bild. Deshalb gibt es beim Hintergrund eine eiserne Regel: *Je komplexer die Inhalte, desto einfacher der Hintergrund.*

Sie ahnen es sicher: Keine Regel ohne Ausnahme. Wenn das Bild einen Bezug zum Folieninhalt besitzt, *kann* es der Referent als Hintergrund verwenden. Allerdings erhöht das die mentale Belastung Ihres Publikums signifikant. Deshalb stellen Sie sicher, dass die eigentlichen Inhalte einfach zu verstehen sowie gut lesbar sind. Aber: Weil dasselbe Hintergrundbild selten für alle Folien geeignet ist, muss es der Referent innerhalb des Vortrags wechseln. Das ist vor allem sinnvoll, wenn Sie das Publikum auf einen neuen Gedanken hinweisen wollen oder wenn ein neuer thematischer Abschnitt beginnt.

Die Empfehlung auf die Frage meiner Teilnehmer lautet: Ein Hintergrundbild anstelle einer Farbfläche einzusetzen ist möglich, aber der Planungsaufwand ist hoch. Machen Sie das nur in Ausnahmefällen.

8.3.5 Farbenblindheit

Stellen Sie sich folgende Situation vor: Sie halten einen Vortrag vor einem gehörlosen Publikum und beherrschen keine Gebärdensprache. Zwar können die meisten Teilnehmer Ihre Ausführungen verstehen und die Folien lesen, aber ein gewisser Anteil an Kontext geht dennoch verloren. Mit diesem Vergleich beschrieb mir ein Teilnehmer seine Empfindungen, der farbenblind war.

Ungefähr 8 % aller Männer und ein halbes Prozent aller Frauen besitzen eine Rot-Grün-Sehschwäche, die häufigste Form der **Farbenblindheit.** Das bedeutet: Einer von zehn Menschen in Ihrem Publikum ist wahrscheinlich farbenblind. Darum: *Vermeiden Sie es, die Farben Rot und Grün zusammen zu verwenden!*

Diese beiden Farben finden Sie häufig in analytischen Tabellen oder Diagrammen: Rot für Verluste und Grün für Gewinne. Das ist in Ordnung, aber setzen Sie in diesen Fällen zusätzliche visuelle Marker, um die Zahlen und ihre Bedeutung deutlich zu kennzeichnen. Solche Marker sind beispielsweise

- Unterschiedlich helle Farben oder Graustufen
- Verschiedene Formen oder Muster
- Fettdruck oder Negativschrift
- Plus- oder Minuszeichen vor den Zahlen

In Abb. 8.23 sehen Sie einige Anwendungen für grafische Marker. Wichtig: Setzen Sie – wie bei Farben – die Marker gezielt an den jeweiligen Stellen ein! Andernfalls wird der Inhalt schwer lesbar.

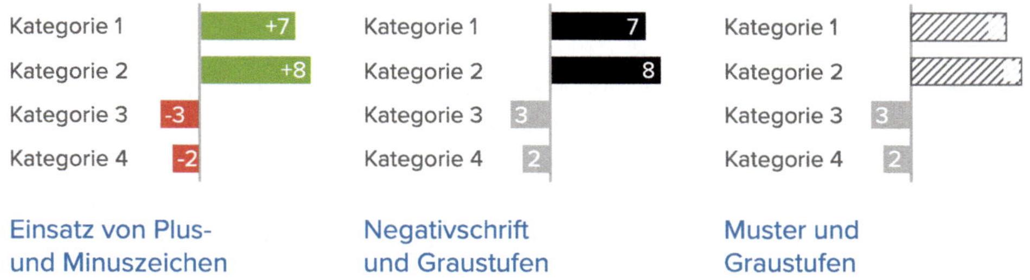

Abb. 8.23 Drei Beispiele für den Einsatz visueller Marker bei farbenblinden Zuhörern

Umsatztrends

	Q 1	Q 2	Q 3	Q 4	Total
Produkt 1	17%	10%	-3%	5%	29%
Produkt 2	22%	-7%	26%	-15%	26%
Produkt 3	16%	-5%	1%	7%	19%
Produkt 4	-18%	-7%	25%	3%	3%
Produkt 5	12%	6%	-14%	-9%	-5%

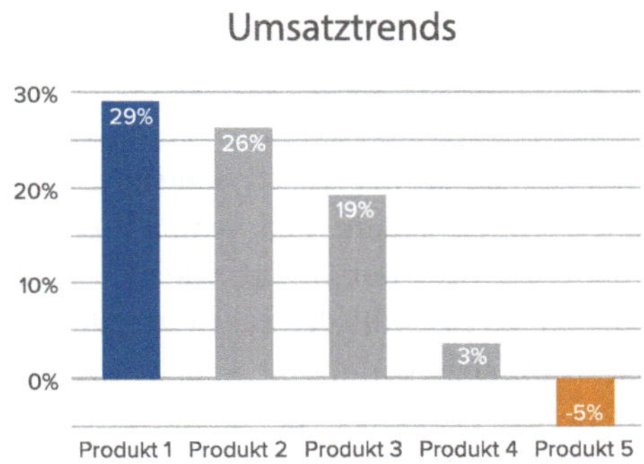

Abb. 8.24 Mit den Farben Orange und Blau können Sie in Tabellen oder Diagrammen ebenfalls positive und negative Werte kennzeichnen

Die Datenexpertin Cole Nussbaumer Knaflic empfiehlt, in Diagrammen oder Tabellen anstelle von Rot und Grün als Alternative die Farben Orange und Blau zu verwenden. Ihrer Erfahrung nach beeinflussen diese Farben die positive oder negative Aussage eines Wertes nicht und farbenblinde Teilnehmer haben damit keine Schwierigkeiten [9]. In der Praxis klappt das gut, wie Sie an den Beispielen in Abb. 8.24 sehen.

► **Praxistipp** Wie gut sind meine Folien für farbenblinde Teilnehmer? Wenn Sie das prüfen möchten, gibt es eine einfache Möglichkeit: Konvertieren Sie sie in Graustufen und drucken Sie sie schwarzweiß aus. Alle Folienelemente, die Sie beispielsweise vor dem Hintergrund nicht gut erkennen können, kann jemand, der farbenblind ist, möglicherweise auch nicht lesen. Achtung: Auf dem Monitor sieht das Ergebnis anders aus als auf dem Ausdruck! [10]

Nachdem wir nun die wichtigsten Gestaltungsprinzipien kennen, wenden wir sie in den nächsten Abschnitten konkret im Vortrag an, beispielsweise beim Einsatz von Schriften. Einige Fragen, die wir behandeln, sind: Wie helfen sie mir bei der Auswahl von Schriften, die zueinander passen? Wie setze ich sie ein, wenn ich Bilder oder Diagramme erstelle? Und wie arbeite ich mit ihnen, um einen guten Folienaufbau zu erzeugen?

8.4 Schrift und Text

Schriften und Texte sind seit Jahrhunderten ein fundamentaler Bestandteil unserer Kultur. Aus diesem Grund erkennen die meisten Menschen instinktiv, ob ein Text richtig gesetzt ist oder die verwendeten Schriften miteinander harmonieren.

Die meisten Referenten schenken – im Gegensatz zu den Inhalten – der Auswahl von Schrift und dem Setzen von Text in ihren Vorträgen wenig Aufmerksamkeit. Aber: Vergleichbar mit edlen Weinen und einem erstklassigen Essen können auch geschickt eingesetzte Schriften einen guten Vortrag noch besser machen [11].

8.4.1 Kleine Schriftenlehre

Wie Farben besitzen auch Schriften einen eigenen Charakter – manche sind freundlich oder formal, andere sind verspielt oder ernst. Aber was macht diesen Charakter aus? Immerhin ist er der Grund, wie eine Schrift auf uns wirkt. Die Antwort liegt in den unscheinbaren Details der Schriftgestaltung, die unseren Eindruck maßgeblich bestimmen. Deshalb sehen wir uns die **Schriftmerkmale** genauer an.

In Abb. 8.25 sehen Sie zwei Schriften. Der Unterschied, der sofort ins Auge springt, sind die **Serifen.** Das sind die kleinen Füßchen am Ende der Buchstaben. Sind sie vorhanden, handelt es sich um eine **Serifenschrift.** Fehlen sie, spricht man von einer **serifenlosen Schrift.** Serifenschriften wirken formell und seriös, serifenlose Schriften modern und einfach.

Serifen besitzen eine besondere Eigenschaft: Sie verbinden die einzelnen Buchstaben miteinander, und das Auge nimmt die Buchstabenfolge als Linie wahr. Das erleichtert das Lesen bei längeren Fließtexten wie in Romanen oder Zeitungen. Bei serifenlosen Schriften fällt diese Schriftlinie weg. Deshalb empfinden sie manche Menschen als anstrengender zu lesen. Serifenlose Schriften finden Sie oft in Überschriften oder Bildunterschriften, aber auch in längeren Texten.

Es gibt aber noch weitere Unterschiede: Hohe Schriften mit langen **Ober- und Unterlängen** wirken grazil und elegant. Kürzere Längen vermitteln einen bodenständigen und stabilen Eindruck. In Abb. 8.25 besitzen beide Wörter dieselbe Punkt-Schriftgröße, aber die Groß- und Kleinbuchstaben sind bei der serifenlosen Schrift etwas höher. Deshalb

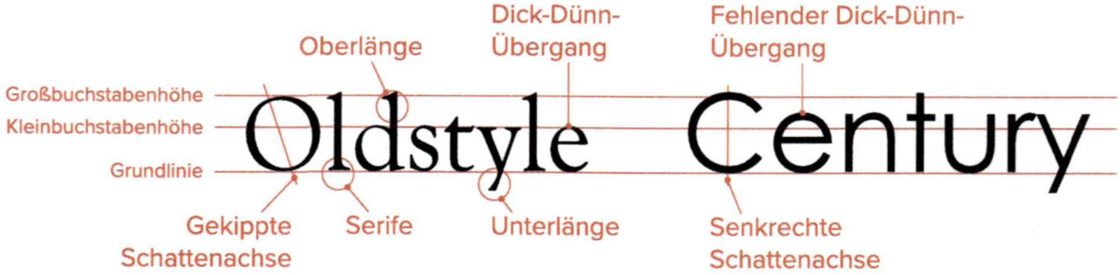

Abb. 8.25 Die wichtigsten Persönlichkeitsmerkmale von Serifenschriften (links) und serifenlosen Schriften (rechts)

scheint diese Schrift größer gesetzt [12]. Und die **Schattenachse** bestimmt, wie streng sich die Buchstaben an ihrer senkrechten Mittelachse ausrichten – ein leichtes Kippen erzeugt einen lebendigeren Eindruck. Die Schattenachse gibt es nur bei Schriften, die einen **Dick-Dünn-Übergang** zwischen den Buchstabenstrichen besitzen.

Schriften, die gleiche Merkmale besitzen, fasst man in **Schriftkategorien** wie Antiqua oder Grotesk zusammen. Eine Kategorie besteht wiederum aus mehreren **Schriftfamilien** wie Times New Roman, Arial oder Tahoma. Eine Übersicht sehen Sie in Abb. 8.26.

Schriftfamilien besitzen einen großen Vorteil: Unabhängig, ob die Buchstaben fett oder kursiv sind – jede Variante innerhalb einer Familie besitzt die gleichen grundlegenden Eigenschaften wie Höhe, Form oder Länge der Ober- und Unterlängen. Deshalb passen sie gut zusammen – ähnlich wie bei der monochromatischen Farbbeziehung [13]. Mit Schriftfamilien arbeiten Sie bereits: Das sind die Schriften, die Ihnen Ihre Computersoftware anbietet, wenn Sie Dokumente oder Folien erstellen.

Bei Texten auf Folien haben sich *Antiqua-* und *Grotesk*-Schriften bewährt. Einzige Ausnahme sind Grafiken und Diagramme, in denen Sie nur Grotesk-Schriften verwenden sollten. *Egyptienne*-Schriften können Sie ebenfalls einsetzen; allerdings verdunkeln sie das Erscheinungsbild aufgrund ihrer starken Strichstärke und der fehlenden Dick-Dünn-Übergänge. Für Handouts, Arbeitsblätter oder sonstige Unterlagen sind alle Schriften aus den ersten vier Kategorien geeignet.

Die beiden letzten Kategorien, Schreibschrift und Zierschrift, besitzen einen dekorativen Charakter. *Zierschriften* sind einfach zu erkennen, weil man bei ihnen eher an kleine Grafiken in Buchstabenform als an Schrift denkt. Und *Schreibschriften* sind alle Schriften, die Handschriften simulieren. Natürlich ist der Einsatz von Schriften aus diesen beiden Kategorien im Geschäftsumfeld stark eingeschränkt. Aber nicht unmöglich.

Bitte vergessen Sie beim Einsatz von Schriften nie: Was ein Referent beim Publikum erreichen muss, ist ein seriöser Eindruck, der ihn und seine Inhalte unterstützt. Das verbietet es ihm, Schriften gedankenlos und ohne einen triftigen Grund zu verwenden. Deshalb ist das Wissen um die Schriftmerkmale so wertvoll. Das wird deutlicher, wenn Sie den nächsten Abschnitt gelesen haben.

8.4.2 Schrift anwenden

Häufig überladen Referenten ihre Vortragsfolien mit zu viel Text oder Bildern. Schließlich ist jedes Detail wichtig und muss deshalb auf der Folie platziert werden. Das Problem: Zu viele Informationen erzeugen einen optischen Brei, den das Publikum nicht mehr erfassen kann. Oder falsch eingesetzte visuelle Elemente lenken die Aufmerksamkeit auf Inhalte, die nicht wichtig sind.

Dem Publikum darf eine Folie niemals wie eine Rätselaufgabe vorkommen; ihr Aufbau oder der Lesefluss müssen auf den ersten Blick erkennbar sein. Dabei spielen Kontraste eine große Rolle, insbesondere, wenn es um Schriften geht. Das Prinzip ist dasselbe, wie wir es bereits im Storytelling und beim Vortragsaufbau kennengelernt haben: Wenn sich

Abb. 8.26 Eine Übersicht der wichtigsten Schriftkategorien und Beispiele zugehöriger Schriftfamilien

ungleiche Elemente gegenüberstehen, erscheinen sie noch ungleicher, und das weckt unser Interesse. Aber: Was bei Geschichten gewollt ist, stört bei Schriften immens – insbesondere, wenn Sie mehrere Schriften miteinander kombinieren.

Auf den nachfolgenden Seiten sehen Sie einige Beispiele, die Sie beim Spiel mit **Schriftkontrasten** inspirieren sollen (s. Abb. 8.27, 8.28, 8.29, 8.30, 8.31 und 8.32).

Wie Sie an diesen Beispielen sehen, gibt es viele Möglichkeiten, mit Schrift zu spielen. Dabei läuft man jedoch Gefahr, dass das ganze Layout zu kindlich aussieht oder zu unruhig wirkt. Wie eine bunte Kleckserei aus dem Malkasten. Um das zu vermeiden, gelten zwei Grundsätze: *Weniger ist mehr.* Verwenden Sie eine Gestaltung, die zu Ihrem Publikum und zu Ihren Inhalten passt. Und: *Egal, was Sie tun – tun Sie es durchgehend!* Verwenden Sie für dieselben Textelemente wie Überschriften, Fließtext oder Bildunterschriften immer dieselbe Schrift in der gleichen Größe, Stärke oder Form.

Abb. 8.27 Unterschiedliche Schriftgrößen erzeugen visuelle Spannung

Abb. 8.28 Durch die Schriftstärke gliedern Sie den Text

Und wie viele unterschiedliche Schriften soll ich nun anwenden? Mit nur einer Schrift können Sie bereits effektvolle Schriftkontraste erzeugen. Wenn Sie mit zwei passenden Schriften arbeiten, verstärken Sie den Effekt noch. In Abb. 8.33 sehen Sie zwei Schriftpaare, die gut miteinander harmonieren.

Mehr als zwei Schriften sind meistens nicht notwendig; eine dritte Schrift ist möglicherweise für das **Vortrags-Handout** sinnvoll (s. Abschn. 10.1.4 – *Handout oder nicht Handout*). Aber: Immer, wenn Sie eine dritte Schrift einsetzen, sollten Sie dafür einen sehr guten Grund haben.

Manchmal dauert es etwas, bis man ein Gefühl dafür entwickelt, welche Schriften zusammenpassen und welche nicht. Ein guter Anfang ist die Kombination einer serifenlosen Schrift mit einer Serifenschrift. Wichtig: Hören Sie auf Ihr Bauchgefühl! Wenn Ihnen etwas merkwürdig vorkommt, dann verzichten Sie besser darauf.

Abb. 8.29 Die Struktur bestimmt den Schriftcharakter und den emotionalen Eindruck

8.4.3 Das Setzen von Text

Ein Blick in die Vortragspraxis zeigt: Die meisten Folien enthalten Text. Viel Text. Und der ist oft schlecht gesetzt, was das Lesen anstrengend macht. Bei manchen Meetings fällt das vielleicht nicht ins Gewicht; bei wichtigen Vorträgen vor Kunden oder Chefs sehr wohl. Dabei kann man mit einfachen Mitteln ein sauberes Textlayout erzeugen – angefangen von der richtigen Schriftgröße über die korrekte Verwendung von Aufzählungszeichen bis zur passenden Verbindung von Bildern und Worten. Aber zunächst sprechen wir darüber, wie viele Wörter eine Folie beinhalten sollte.

Wie viele Worte sollen auf eine Folie?

Stelle ich diese Frage an meine Schulungsteilnehmer, erhalte ich meistens die 3 × 3-Regel als Antwort: Maximal drei Wörter in drei Zeilen. Oder es sollen höchstens sieben Wörter auf der Folie sein. Diese Erfahrungswerte sind nicht falsch, aber die Wahrheit ist: *Es sind so viele Wörter, wie Sie zur Formulierung Ihrer Botschaft benötigen.* Nicht mehr, aber auch

Abb. 8.30 Falsch eingesetzte Formkontraste sind häufig verantwortlich für ein anstrengendes Lesen

nicht weniger. Dabei gelten dieselben Kriterien, die Sie bereits kennen: Klar, einfach und strukturiert. Schreiben Sie keine Romane. Kommen Sie auf den Punkt.

Viele Referenten wissen das. Aber warum bestehen viele Folien immer noch aus Textwüsten und verwirrendem Aufbau? Ein Grund sind die Vorlagen in den Softwareprogrammen.

Eine Vorlage zu verwenden, ist einfach und spart Zeit. Die Standardvorlage für Folien, die Sie auf der linken Seite in Abb. 8.34 sehen, besitzt mehrere Unterpunkte, Aufzählungszeichen und Schriftgrößen. Ihr Aufbau hat eine ganze Generation von Referenten verführt, viel Text auf die Folie zu packen und sie nach dem Vortrag als Handout zu missbrauchen. Und obwohl die Softwareanbieter mittlerweile ihre Vorlagen verbessert haben, hat sich dieser Aufbau bis heute gehalten.

Abb. 8.31 Mit dem Richtungskontrast setzen Sie Schrift als gestalterisches Element in Ihrem Text ein

Überlassen Sie die Entscheidung, wie viel Inhalt auf Ihre Folie und wie der Aufbau aussehen soll, nicht Ihrer Software.

Aufzählungen – ja oder nein?

Eine übersichtliche, knackig formulierte Aufzählung von Inhalten ist in vielen Fällen hilfreich. Häufig ist jedoch der gesamte Vortrag eine einzige große Aufzählung, beispielsweise bei vielen technischen Vorträgen. Man sagt, es ist nicht die Waffe, sondern der Mensch, der den Schaden anrichtet. Das gilt auch für Referenten: Tausende von Zuhörern sind bereits der tödlichen Langeweile aufgrund zu vieler *Bullet-Points* zum Opfer gefallen. Aus diesem Grund halten einige Redner Aufzählungen nicht mehr für zeitgemäß.

Abb. 8.32 Auch bei Schrift entfalten Farben ihre Wirkung

Abb. 8.33 Beispiele für passende Schriftpaare

Ich sehe das anders. Wenn Sie sich die Vorträge von Steve Jobs oder Bill Gates ansehen, erkennen Sie, dass beide sehr wohl ihre Inhalte aufzählen. Was bei ihnen fehlt, sind die eigentlichen *Aufzählungszeichen* wie Bullet Points, Gedankenstriche oder Zahlen. Außerdem sind im Geschäftsalltag viele Zuhörer an Aufzählungen gewöhnt. Das bedeutet: Aufzählungen an sich sind nichts Schlechtes. Es kommt nur darauf an, wie sie ein Referent im Vortrag einsetzt.

Der Autor **Jerry Weissman** ist überzeugt, dass Aufzählungen in Wirklichkeit nur eine Ansammlung von Überschriften sind. Das bedeutet: Jede Überschrift ist ein kurzer Text, und Ihre Aufgabe als Referent besteht darin, diesen Text mit Fleisch zu versehen. Das ist vergleichbar mit der Schlagzeile einer Zeitung – den zugehörigen Artikel liefern Sie mündlich mit Ihrer Expertise. Wie das aussieht, sehen Sie in Abb. 8.35.

▶ **Praxistipp** Bei Aufzählungen weist die Designerin Nancy Duarte auf vier Punkte hin: [14]

- Halten Sie die Formulierung knapp – wie bei einer Schlagzeile
- Bauen Sie alle Zeilen gleich auf. Jede Zeile verwendet dieselbe Zeitform und besitzt dieselbe Wortreihenfolge wie Nomen, Verb und Adjektiv

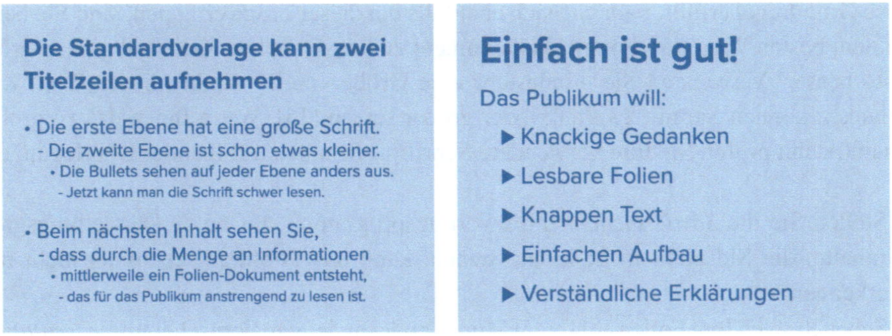

Abb. 8.34 Die „klassische" Standardvorlage für Folien, die Referenten häufig verwenden (links). Rechts ist eine Vorlage, die klar und sauber aufgebaut ist

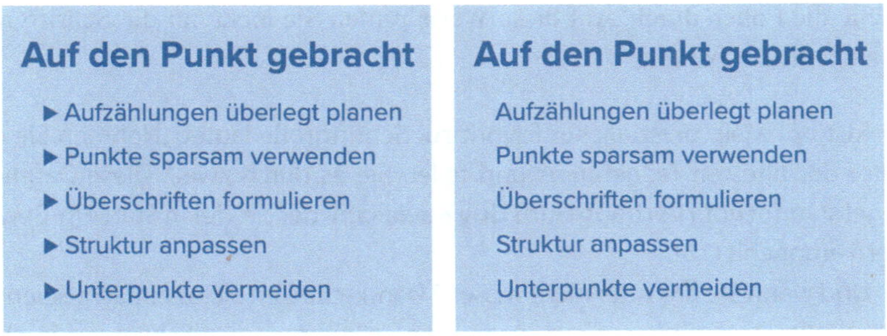

Abb. 8.35 Die Folie fasst den Inhalt dieses Abschnitts in fünf Schlagzeilen zusammen. Und manchmal können Sie auf Aufzählungszeichen vollständig verzichten

- Schreiben Sie das erste Wort jeder Zeile immer groß. Es sei denn, in Ihrer Firma gilt eine andere Regel
- Vermeiden Sie es, die Aufzählung durch weitere Unterebenen unnötig kompliziert zu machen

Und was ist mit Aufzählungszeichen wie Punkten oder Nummern? Wenn Sie nicht zu viele Inhalte oder Unterpunkte haben, sind sie nicht notwendig (s. Abb. 8.35). Aber viele Referenten fühlen sich mit ihnen wohler, weil das Publikum deutlich erkennt, dass es sich bei den Inhalten um eine Aufzählung handelt. Wenn Ihnen das auch so geht, dann verwenden Sie sie. Mit einer Ausnahme: Gedankenstriche anstelle von Punkten sind out.

Was immer Sie tun: Tun Sie es durchgängig und bleiben Sie dabei! Viele Zuhörer stört es, wenn einige Zeilen mit Großbuchstaben beginnen und andere nicht. Oder dass einige mit einem Punkt enden, der bei anderen fehlt. Denken Sie daran: Konsistenz ist alles und macht einen überlegten Eindruck auf das Publikum.

Welche Schriftgröße ist die richtige?

Wie bei der Wortanzahl gibt es hier keine festen Regeln, außer einer: *Der Text muss für jeden Zuschauer deutlich lesbar sein!*

Häufig fragen mich Schulungsteilnehmer, welche **Schriftgröße** die kleinste ist, die diese Grundregel erfüllt. Falls Sie sich ebenfalls bei dieser Frage ertappen, sind Sie bereits auf dem besten Weg, Ihre Folien als Dokument zu missbrauchen. Generell gilt: Je größer, desto besser! Verwenden Sie mindestens eine Größe von 24 Punkt für den Text; Kerngedanken können Sie mit 28 Punkt oder größer setzen [15]. Wenn Ihnen das zu groß erscheint, dann prüfen Sie Ihre verwendete Schriftgröße anhand folgender Überlegungen:

- Stellen Sie die *Sortieransicht* Ihres Vortragsprogramms auf 66 % Darstellungsgröße. Inhalte, die Sie nicht mehr lesen können, kann das Publikum ebenfalls nicht mehr erkennen
- Sehen Sie sich Ihre Folien auf Ihrem Monitor oder auf einem Fernseher im *Präsentationsmodus* an. Treten Sie ungefähr fünf Meter zurück. Alles, was Sie aus diesem Abstand erkennen können, kann das Publikum auch lesen
- Ideal: Prüfen Sie die Folien am Vortragsort. Stellen Sie sich in die *letzte Reihe* und klicken Sie die Folien durch. Auf diese Weise prüfen Sie nicht nur die Schriftgröße, sondern auch die Lesbarkeit

► **Praxistipp** Mein persönlicher Favorit zur Schriftgröße lautet: „Nehmen Sie das Alter des ältesten Teilnehmers und teilen Sie es durch zwei." Diese Daumenregel stammt vom Vortrags-Guru **Guy Kawasaki,** der sie vielen Start-Up-Bewerbern empfiehlt [16].

Und wenn Sie das Alter nicht wissen? Dann schätzen Sie es einfach! Seien Sie dabei eher großzügig – Sie müssen dem Teilnehmer Ihre Schätzung ja nicht verraten.

Textblöcke

Ähnlich wie Aufzählungen sind Textblöcke ein fester Bestandteil von Vorträgen – ein guter Grund, sich mit den beiden häufigsten Gestaltungsfehlern bei Textblöcken zu beschäftigen: Das sind ein unruhiger Flattersatz und sogenannte Witwen.

Über **Textausrichtung** haben wir bereits im Abschn. 8.2.3 – *Ausrichtung* gesprochen. Die meisten Texte sind auf Folien linksbündig ausgerichtet. Das bedeutet: Sie besitzen auf der linken Seite eine gerade optische Kante, während rechts diese Kante aufgrund der unterschiedlichen Zeilenlänge unregelmäßig verläuft – der sogenannte **Flattersatz.** Franst die rechte Kante zu sehr aus, kann das Lesen erschweren. Achten Sie darauf, dass die Kante des Flattersatzes keine zu großen Sprünge macht. Übrigens gilt das für alle Textausrichtungen außer dem Blocksatz.

Betrachten Sie das Beispiel in Abb. 8.36: Die linke Folie wirkt aufgrund des starken Flattersatzes unruhig. Dagegen vermittelt die rechte Folie wegen der geradlinigeren Kante einen beständigeren Eindruck. In diesem Beispiel sehen Sie auch die sogenannte **Witwe** – ein einzelnes Wort in der letzten Zeile. Vermeiden Sie Wörter, die allein in einer Zeile stehen.

Um den Flattersatz zu begradigen, können Sie entweder die Anzahl der Wörter in einer Zeile oder die sogenannte Laufweite ändern.

Die einfachere und schnellere Möglichkeit ist, die Wortanzahl in einer Zeile zu ändern. Das bedeutet, dass Sie beispielsweise die beiden letzten Wörter einer längeren Zeile in die darunter liegende, kürzere Zeile schieben und auf diese Weise beide Zeilenlängen anpassen. So vermeiden Sie auch Witwen.

Mit der **Laufweite** ändern Sie *alle* Abstände zwischen Buchstaben und Wörtern gleichmäßig. Wie Sie in Abb. 8.37 erkennen, sehen solche Zeilen mit einer großen Laufweite gesperrt aus; eine kleine Laufweite wirkt dagegen gequetscht. Deshalb sollten Sie es mit der Laufweitenänderung nicht übertreiben, damit die bearbeitete Zeile innerhalb des Textblocks nicht wie ein Fremdkörper aussieht.

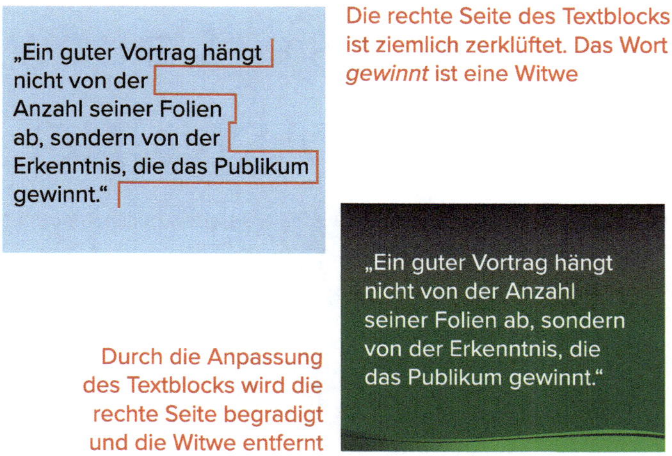

Abb. 8.36 Zerklüftete Flattersätze und einzelne, freistehende Worte (sogenannte Witwen) erschweren das Lesen

Manchmal kann ein einziges Wort oder ein Satzteil auf der Folie Ihre Botschaft besser vermitteln als ein ganzer Textblock. Und wie wir gleich sehen, ergibt das Spiel mit der Laufweite bei einzelnen Worten zusammen mit Bildern auf einer Folie fantastische Effekte.

Bilder und Worte

Zugegeben – mit diesem Thema befinden wir uns in den Tiefen der Satztechnik, die wir für die meisten Vorträge nicht benötigen. Warum sich also damit beschäftigen? Weil es Teilnehmer im Publikum gibt, deren ästhetisches Empfinden durch schlecht gesetzte Texte empfindlich gestört wird – ähnlich wie bei Grammatik- oder Rechtschreibfehlern. Deshalb: Wenn Sie große Worte allein oder mit einem Bild zeigen möchten, nehmen Sie sich die Zeit, das Wort zu setzen. Dafür nutzen Sie das Kerning – neben der Laufweite das zweite wichtige Werkzeug zum Anpassen von Schrift.

Sehen Sie sich das Wort *Warnung* auf der rechten Seite in Abb. 8.38 an: Was fällt Ihnen daran auf? Zwischen den Buchstaben W und A klafft eine hässliche Lücke. Im Handout fällt dieser unschöne Abstand den meisten Lesern nicht auf. Aber auf der großen Leinwand springt er dem Publikum förmlich ins Auge.

Das **Kerning** oder Unterschneiden berichtigt den Abstand zwischen *einzelnen* Buchstaben, sodass ein Wort gleichmäßiger erscheint. Häufig ist das bei Großbuchstaben wie A, R, T, V, W und Y notwendig. Falls Ihre Vortragssoftware kein automatisches Kerning besitzt, sollten Sie diese Lücken händisch korrigieren. Das Ergebnis sehen Sie im unteren Teil der Abb. 8.38.

Abb. 8.37 Die Wirkung von großer und kleiner Laufweite

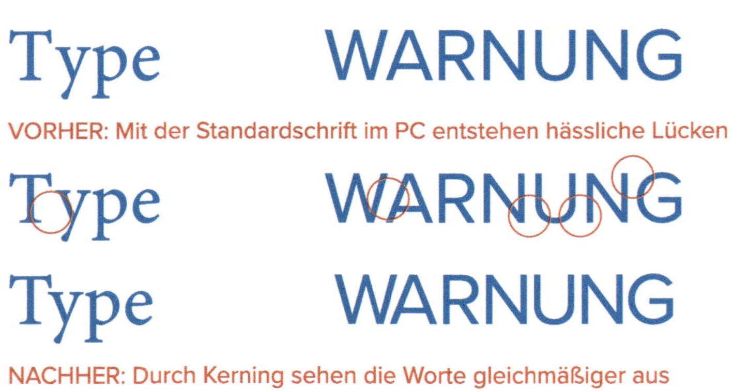

Abb. 8.38 Die Anwendung von Kerning

Kerning werden Sie selten anwenden. Aber wenn Sie Folien zeigen, die nicht mehr als ein Wort oder ein Zitat beinhalten, dann sollten Sie überlegen, ob Sie die hässlichen Lücken nicht verschwinden lassen. Denn wenn Sie einmal ein Auge dafür entwickelt haben, sehen Sie diese Lücken überall – versprochen! Und ja, es stimmt: Kerning ist etwas für die absoluten Puristen.

Öfters als mit dem Kerning haben Sie mit der Laufweite zu tun, über die wir im vorherigen Abschnitt bereits gesprochen haben. Als Korrekturmaßnahme innerhalb von Textblöcken wird sie eher selten eingesetzt. Bei einzelnen Worten jedoch kann das Spiel mit den Buchstabenabständen zu interessanten Effekten führen. Das klappt nicht nur allein mit Worten; auch in Verbindung mit Bildern ist die Wirkung immens. Einige Beispiele sehen Sie in Abb. 8.39.

Übung

Sehen Sie sich die Folien in Abb. 8.39 an. Was vermuten Sie: Bei welchen Anlässen wurden sie gezeigt und welche Stories oder Aussagen stecken dahinter? Wo würden Sie diese Folien verwenden? Nehmen Sie sich einen Augenblick Zeit, bevor Sie sich die Antworten ansehen.

- Folie A: Die Zielfolie für das Projektteam bei einem Verbesserungsprojekt. Das Ziel war es, einen Prozess zu vereinfachen, indem überflüssige Schritte gestrichen oder zusammengefasst wurden
- Folie B: Die Abteilungsleiterrunde wollte das Ergebnis des letzten Messeauftritts wissen. Der Standleiter sagte: „Die Nachfrage nach unserem neuen Produkt übertraf alle Erwartungen. Die Menge der Kundenanfragen war riesig."
- Folie C: Die Aussage steht direkt auf der Folie. Sie bedeutet: „Flugtaxis sind für unser Unternehmen ein neues und lohnendes Geschäftsfeld" und war direkt an den Vorstand gerichtet
- Folie D: Mit dieser Folie begann der Referent seinen Vortrag vor Mitarbeitern zum Thema „Was der digitale Wandel für uns bedeutet"
- Folie E: Derselbe Vortrag wie im Beispiel D. Die Botschaft dieser Folie lautet: „Für unsere Ideen und Möglichkeiten gibt es keine Grenzen."
- Folie F: Als Ergebnis eines Forschungsprojekts gelang es, das ursprüngliche Gewicht eines Bauteils um 30 % zu reduzieren. Das war die erste Folie, die der Einkaufs-Leiter eines Flugzeugherstellers während des Verkaufsgesprächs sah

Ihre Antworten unterscheiden sich wahrscheinlich von den beschriebenen Anlässen. Das ist nicht schlimm – die Übung soll Sie inspirieren, wie Sie Worte, Schrift und Bilder miteinander kombinieren können. Und vergessen Sie nicht: Auf den Folge-Folien erwartet Ihr Publikum genauere Angaben und Zahlen.

Abb. 8.39 Schrift allein kann bereits viel aussagen. In Kombination mit Bildern oder Grafiken entstehen starke Botschaften. (Foto © Boris Gebhardt. Mit freundlicher Genehmigung)

Wenn Sie jetzt denken, dass die Planung solcher Folien aufwendig ist, dann ist das richtig. Deshalb müssen Sie überlegen, ob Sie sich die Zeit nehmen, Worte als grafisches Element mittels Satztechnik zu veredeln. Aus diesem Grund findet man solche Folien in Geschäftsvorträgen selten. Aber: Elegant gesetzte Worte regen die Fantasie der Zuhörer an und verankern Ihre Botschaft tief in ihren Köpfen. Das ist eine einfache Möglichkeit, einen großartigen **S.T.A.R.-Moment** zu schaffen (s. Abschn. 5.3.6 – *Ein besonderer Augenblick*).

8.5 Bilder und Grafiken

Als in den neunziger Jahren Beamer und Computer in Meetings einzogen, glich das im Geschäftsalltag einer Revolution. Viele Vorträge, die bislang mithilfe von Tageslichtprojektoren gehalten wurden, konnte man jetzt auf der großen Leinwand zeigen. Leider änderte sich nur das Medium; der Vortragsstil – viel Text und viele Tabellen – blieb oftmals gleich. Das änderte sich erst, als im neuen Jahrtausend der Trend aufkam, mehr Bilder und weniger Text oder Tabellen zu zeigen. Das war vielen Referenten zu radikal – und heute gleichen die meisten Vorträge wieder ihren Vorfahren aus den neunziger Jahren.

Wie so oft liegt nach meinem Verständnis die Wahrheit irgendwo dazwischen.

Fakt ist, dass Bilder jeden Vortrag auflockern und das Verständnis unterstützen. Mit den richtigen Fotos können Sie Produkte vorteilhaft präsentieren oder eine Geschichte im Kopf auslösen. Ein gutes Beispiel für die Macht von Bildern sind die Werbekampagnen der karitativen Vereine, die Menschen in der sogenannten Dritten Welt unterstützen. Oder Grafiken verdeutlichen abstrakte technische Abläufe – denken Sie an die Aufbauanleitungen eines schwedischen Möbelhauses.

Für einen lebendigen und anschaulichen Vortrag gilt: *Show, don't tell!* Also: Wenn Sie etwas zeigen können, dann zeigen Sie es. Die richtigen Bilder und Grafiken runden Ihren Vortrag ab und lassen das Publikum lange an ihn denken. Aber: Gerade in Geschäftsvorträgen erwarten die Teilnehmer kein Bilderbuch, sondern eine ausgewogene Mischung zwischen Bildern und Text.

8.5.1 Arten und Verwendung

Unsere heutige Zeit ist geprägt von Bildern und anderen optischen Reizen. Im Internet oder in sozialen Medien sind Fotos mittlerweile das herrschende Ausdrucksmittel. Zudem werden Grafiken häufig im Printbereich als erklärende Übersicht oder visuelle Zusammenfassung umfangreicher Texte eingesetzt. Kurz: Wir sind an Bilder gewöhnt. Deshalb erwarten wir sie auch in Vorträgen.

Wenn Sie ein Produkt präsentieren oder eine Idee vorstellen wollen, dann erledigt ein **Foto** diese Aufgabe häufig besser als die beste Beschreibung. In Abb. 8.40 sehen Sie dafür einige Beispiele. Fotos setzen Sie also immer dann ein, wenn Sie

Abb. 8.40 Vier Beispiele, wie Fotos eine Botschaft passend und authentisch vermitteln. (Alle Fotos © Maximilian Lindner. Mit freundlicher Genehmigung)

- Etwas *verkaufen* wollen: Ein gut komponiertes und ausgeleuchtetes Foto setzt Ihr Produkt gezielt in Szene. Damit erhält der Betrachter ein deutliches Bild davon, was er kaufen soll und was er für sein Geld erhält
- Eine *Geschichte erzählen* wollen: Zeigen Sie, welche Dienstleistungen Sie anbieten oder wie Sie Ihre Produkte herstellen. Fotos machen auch die Menschen und ihre Werte, die hinter dem Produkt stehen, sichtbar
- Eine *Technik zeigen* wollen: Der Betrachter kann sofort erkennen, wie er das Produkt einstellt, anwendet oder pflegt. Oder aus welchen Teilen es zusammengesetzt ist
- Eine *Stimmung vermitteln* wollen: Zeigen Sie dem Betrachter, wie die Anwendung Ihres Produkts oder Ihrer Dienstleistung sein Leben einfacher und schöner macht

„Aber eine **Grafik** macht doch genau dasselbe", sagen an dieser Stelle meine Schulungsteilnehmer. Das stimmt. Aber es gibt zwei wesentliche Unterschiede: Erstens sind Grafiken unschlagbar darin, Ideen, Abläufe und Zusammenhänge zu visualisieren. Hier stoßen Fotos an ihre Grenzen. Und zweitens erreichen sie das Publikum auf eine Weise, wie es vor allem gekaufte Stockfotos nicht können. Weil viele Grafiken einen eigenen Charakter besitzen.

Der Wirkung einer Grafik wird von zwei Merkmalen bestimmt: Das erste Merkmal ist der Stil. Eine Grafik kann beispielsweise aus Linien oder Flächen bestehen (s. Abb. 8.41). Das zweite Merkmal sind die verwendeten Elemente innerhalb der Grafik wie Schriften oder Linien. In Abb. 8.42 sehen Sie, dass – ähnlich wie bei Schriften – jede Linie etwas anderes ausstrahlt: Gerade Linien wirken analytisch, gebogene Linien flexibel und Wellenlinien verspielt.

Beide Merkmale beeinflussen den visuellen Eindruck einer Darstellung drastisch. Deshalb muss der Referent sorgsam abwägen, ob sein gewählter Grafikstil den Sehgewohnheiten seines Publikums entspricht. Aus diesem Grund sollten Sie auch überlegen, ob Sie bei Fotos Filter oder sonstige Effekte einsetzen.

Müssen Sie immer Fotos oder Grafiken verwenden? Nein! Wenn Sie kein passendes Bild haben oder das Foto verpixelt und unscharf aussieht, dann verzichten Sie darauf. Halten Sie sich im Zweifelsfall an den Rat des TED-Kurators Chris Anderson:

> *Keine Bilder sind besser als schlechte Bilder.*
> *Chris Anderson* [17]

Und denken Sie daran: Manchmal lassen allein Ihre Worte die besten Bilder in den Köpfen des Publikums entstehen.

Bevor Sie die Wahl treffen, ob Sie ein Bild einsetzen und welches das passende ist, müssen Sie wissen, welche Botschaft es unterstützen soll. Die gute Nachricht: Diese Arbeit haben Sie mit Ihren **Skizzen** und dem **Storyboard** bereits erledigt! Jetzt stellt sich die Frage, woher Sie passende Bilder bekommen.

Abb. 8.41 In Geschäftsvorträgen werden hauptsächlich diese drei Stile eingesetzt. (3D-Illustration © DIEHL Aviation. Mit freundlicher Genehmigung)

Abb. 8.42 Einige Beispiele für Linientypen und Linienstrukturen

Abb. 8.43 Quellen für Bilder und Grafiken, abhängig von den entstehenden Kosten (rechter Pfeil)

8.5.2 Bildquellen

Um an geeignete Bilder und **Grafiken** zu kommen, gibt es mehrere Wege, die Sie in Abb. 8.43 sehen. Welchen Sie wählen, hängt von Ihrem Anspruch, Ihrer Vorbereitungszeit und Ihrem Budget ab.

In vielen Fällen wird es das Bild, das Sie für Ihre Zwecke benötigen, bereits geben. Falls es in Ihrem Unternehmen eine *Bild- und Grafikdatenbank* gibt, nutzen Sie deren Inhalte. Erstens können Sie sicher sein, dass die rechtlichen Voraussetzungen für deren Nutzung vorliegen und Sie keine Schwierigkeiten bekommen. Zweitens sind Stil und Inhalte aufeinander abgestimmt. Da diese Entscheidungen bereits getroffen wurden, können Sie sich vollständig auf Ihre Arbeit konzentrieren.

Falls Ihr Unternehmen keine Bilddatenbank besitzt, können Sie Grafiken und Bilder bei einem kommerziellen *Anbieter von Stockfotos* kaufen. Suchen Sie beispielsweise das Bild eines Lavendelfeldes in der Provence, ist es immer noch billiger, ein bestehendes Bild zu kaufen als selbst dorthin zu fliegen oder einen Fotografen zu beauftragen. Es gibt eine Vielzahl von Anbietern für kostengünstige und lizenzfreie Bilder [18].

Der einfachste Weg zu qualitativ hochwertigen Bildern ist, einen Profi zu beauftragen. Aber: *Berufsfotografen und Grafiker* sind teuer! Deshalb müssen Sie sicherstellen, dass der Gewinn aus Ihren Bildern die Ausgaben rechtfertigt. Dafür erhalten Sie im Gegenzug ein einmaliges und individuell auf Ihre Anforderungen zugeschnittenes Ergebnis.

▶ **Praxistipp** Die folgenden Hinweise erleichtern die Zusammenarbeit zwischen Profis und Ihnen als Auftraggeber. Sie gelten für Fotografen genauso wie für Grafiker.

1. Erzählen Sie dem Grafiker die Geschichte und die Botschaft, anstatt ihm zu sagen, was er zeichnen soll. So kann er unvoreingenommen eine Lösung vorschlagen

2. Je komplexer die Grafik ist, desto mehr Aufwand erfordert ihre Erstellung. Wenn Sie bereits eine klare Vorstellung haben, machen Sie eine Skizze; das spart Zeit und Geld
3. Vertrauen Sie auf die Sachkenntnis des Grafikers. Er ist ein Profi mit speziellem Wissen: Hören Sie ihm gut zu und berücksichtigen Sie seine Vorschläge
4. Geben Sie dem Grafiker klare Anweisungen und eine objektive Rückmeldung. Bevor Sie das tun, besprechen Sie seine Vorschläge mit Kollegen oder Vorgesetzten

Am preiswertesten ist es, wenn Sie Ihre *Fotos oder Grafiken selbst erstellen*. Sie ersparen sich das Briefing und das Beauftragen. Und der Do-It-Yourself-Ansatz gibt Ihnen einen zusätzlichen Spielraum, mit den Bildern optisch zu experimentieren. Die meisten Smartphones besitzen sehr gute Kameras, mit denen Sie hochwertige Fotos schießen können. Und beeindruckende Grafiken können Sie mit den meisten Vortragsprogrammen oder frei erhältlichen Apps erstellen. Nachteil: Eventuell müssen Sie sich in die Software erst einarbeiten. Auch die eigentliche Erstellung Ihrer Bilder kostet Zeit.

Bitte schätzen Sie Ihre Fähigkeiten realistisch ein! Wenn Sie kein semi-professioneller Hobby-Fotograf sind, verwenden Sie bei wichtigen Vorträgen vor Kunden oder auf Konferenzen ausnahmslos hochwertige Fotos. Laienhafte Fotos sind nicht nur peinlich für den Referenten; sie werfen auch ein schlechtes Licht auf das Unternehmen, das er vertritt.

Deshalb lassen sich mittlerweile viele Referenten von einer **Künstlichen Intelligenz (KI)** ihre Grafiken und Texte erstellen. Das geht – kostet aber ebenfalls Zeit. Denn die meisten Ergebnisse entsprechen nicht immer den Erwartungen oder die Botschaft ist nicht deutlich genug. Hier ist Erfahrung im sogenannten Prompting, also der Eingabe durch den Anwender, gefragt. Da die KI erst mit einem präzisen **Prompt** weiß, was sie tun soll, sind häufig mehrere Eingabeversuche notwendig.

Kosten und Zeit – das sind die beiden Gründe, weshalb sich Referenten häufig Bilder aus dem Internet angeln und sie unerlaubt in ihren Vorträgen verwenden. Oder sich von einer KI erstellen lassen. Seien Sie dabei vorsichtig: Sie können damit das Urheberrecht verletzen – und das kann teuer werden, wie Sie im folgenden Abschnitt erfahren.

8.5.3 Urheberrecht für Dummies

Im Frühjahr des Jahres 2000 bekam ich einen unangenehmen Brief. Damals war ich Teilhaber einer Firma, die Fitnessmusik-CDs für Studios und Vereine vertrieb. Und obwohl wir alle rechtlich erforderlichen Abgaben an Einrichtungen wie die GEMA bezahlten, wurde uns die illegale Nutzung eines Musikstücks vorgeworfen. Der Rechtsanwalt, der das Schreiben verfasst hatte, setzte für diesen einen(!) Song einen Streitwert von 250 000 € an. Da ich unmittelbar mit meinem Privatvermögen haftete, war das eine ganz schöne Überraschung.

Auch wenn es sich bei diesem Beispiel um ein Musikstück handelt – bei unerlaubt verwendeten Bildern (oder Texten) sprechen wir ebenfalls über Streitwerte, die sich schnell im fünf- oder sechsstelligen Bereich bewegen. Wenn die Forderungen berechtigt sind, kann man das den Fotografen und Künstlern nicht verübeln; immerhin leben sie von ihren Werken. Das bedeutet: Auch wenn es einfach und bequem ist – angeln Sie sich niemals, wirklich *niemals*, Bilder oder Grafiken aus dem Internet! Wenn man Ihnen auf die Schliche kommt, wird das teuer. In meinem Fall zahlte ich eine Strafe von 5000 € und die angefallenen Rechtsanwaltskosten. Die gesamte CD-Auflage musste ich vernichten.

Natürlich ersetzt dieser Abschnitt keine Rechtsberatung. Aber er soll Sie für das Thema sensibilisieren, sodass Sie nicht in eine ähnliche Situation geraten wie ich.

Generell unterscheidet man zwischen dem Urheberrecht und dem Nutzungs- oder Verwendungsrecht [19]. Das **Urheberrecht** – oder auch **Copyright** – schützt das geistige Eigentum. Jeder Mensch, der ein eigenständiges, kreatives Werk geschaffen hat, besitzt dafür automatisch die Urheberschaft – ganz gleich, ob es sich um einen Text, ein Foto oder eine Skulptur handelt. Das bedeutet: Alle Entwürfe, die Sie als Einzelperson erstellen, sind Ihr geistiges Eigentum; es sei denn, Sie geben die Rechte an Ihren Auftraggeber weiter. Sie können auch auf das Urheberrecht verzichten – dann kann die Allgemeinheit Ihre Werke frei verwenden.

Vorsicht: Das Urheberrecht unterscheidet sich in jedem Land! Beispielsweise erlischt es in Deutschland automatisch 70 Jahre nach dem Tod des Urhebers. Sie dürfen also die fünfte Symphonie von Beethoven frei verwenden. Aber: Das heißt nicht, dass Sie eine eingespielte Aufnahme der Fünften kostenfrei nutzen dürfen! Denn an dieser Aufnahme besitzen wiederum der Dirigent und die Musiker das Urheberrecht.

Das **Nutzungsrecht** regelt die Anwendung des Werkes. Meistens tritt es der Urheber an eine andere Person oder Einrichtung ab: Ein Autor verkauft sein Manuskript an einen Verlag, ein Fotograf seine Bilder an eine Agentur. Wie genau das Werk verwendet werden darf, legen beide beteiligten Parteien in einem Vertrag schriftlich fest. Das betrifft beispielsweise die Veröffentlichungsform (elektronisch, Papier) oder ob das Werk verändert werden darf.

Wenn Sie ein Bild bei einer Stockfoto-Agentur kaufen, spielen die Nutzungsrechte ebenfalls eine Rolle: Kommerzielle Bilder sind entweder lizenzpflichtig oder lizenzfrei – bitte nicht mit kostenfrei verwechseln! Lizenzpflichtig bedeutet, dass Sie exklusiv für eine bestimmte Verwendung bezahlen – wie für ein Bild, das Sie nur in Printmedien verwenden. Möchten Sie es zusätzlich in elektronischen Medien einsetzen, benötigen Sie es lizenzfrei. Aufgrund der unbegrenzten Verwendung sind lizenzfreie Bilder in der Regel teurer.

Freie Lizenzen wie die **Creative-Common-Lizenz** (CC-Lizenz) ermöglichen es Ihnen, den lizenzierten Inhalt freizugeben oder zu ändern. Suchen Sie nach CC0- oder CC-BY-Inhalten, für deren Verwendung manchmal auch ein Honorar fällig sein kann. Und es wird geregelt, ob und wie eine Quellenangabe erfolgen muss [20]. Übrigens: Auch, wenn es nicht immer vorgeschrieben ist, gehört es zum guten Ton, den Urheber namentlich zu nennen.

Und was ist mit Ergebnissen, die eine KI erzeugt hat, fragen Sie? Hier bewegen wir uns in einer rechtlichen Grauzone (Stand: Mitte 2025). Denn viele KI-Modelle wurden mit Daten aus dem Internet trainiert. Und für die ist der Urheberrechts-Nachweis schwierig, da man kaum nachvollziehen kann, auf welche Bild- oder Textquellen die KI tatsächlich zugegriffen hat. In anderen Worten: Wer der tatsächliche Urheber ist, bleibt oftmals unklar [21].

Was das für Sie bedeutet? Sehr viel, wie Sie an folgendem Beispiel sehen: Wenn Sie die KI bitten, Ihnen ein Bild zu erstellen, das ein Arbeitszimmer zeigt, klingt das zunächst unverfänglich. Sobald aber der Schreibtisch oder der Bürostuhl einem realen Produkt ähnlich sieht, kann der Hersteller auf sein **Markenrecht** pochen und Ihnen damit Schwierigkeiten machen. Meistens ist das bei hochpreisigen Designer-Möbeln der Fall [22].

Mittlerweile bessern die meisten KI-Anbieter mit Quellenangaben nach und stehen mit der GEMA oder der VG Wort im Austausch, die die Nutzungsrechte der Musiker und Autoren schützen. Meine Empfehlung: Seien Sie vorsichtig beim Einsatz von KI-Ergebnissen – für interne Vorträge können Sie sie nutzen, für externe rate ich aktuell ab. Bis die rechtliche Situation geklärt ist.

Generell gilt: Wenn Sie Bilder oder Grafiken verwenden möchten, die nicht von Ihnen stammen, gehen Sie davon aus, dass sie urheberrechtlich geschützt sind. Denn: *Sie sind dafür verantwortlich, sich um das Urheberrecht zu kümmern!* In der Regel bezahlen Sie für die Nutzung eine Gebühr und der Rechteinhaber bittet Sie, das Copyright anzugeben. Bei selbst geschossenen Fotos, auf denen Personen abgebildet sind, müssen Sie deren Erlaubnis einholen.

An diesen Beispielen merken Sie bereits, dass das Urheberrecht eine trickreiche Angelegenheit ist. Deshalb empfehle ich, entweder Bilder zu kaufen oder aus einer unternehmenseigenen Bild-Datenbank zu verwenden. Wenn Sie Fotos oder Grafiken selbst erstellen, ist das zwar aufwendig, aber rechtlich am sichersten. Das bedeutet allerdings auch, dass Sie die fünfte Symphonie selbst einspielen müssten...

8.5.4 Do It Yourself: Bilder selbst erzeugen

Bilder oder Grafiken selbst zu erzeugen ist nicht so schwer, wie das viele Referenten im ersten Augenblick befürchten. Warum? Die Antwort ist einfach: In der Vortragspraxis kommt es selten vor, dass Referenten Fotos selbst erstellen müssen. Meistens verwenden sie vorhandene Aufnahmen und bearbeiten sie. Was jedoch häufig vorkommt, ist die Erstellung von Grafiken.

Allerdings passieren beim Erstellen von Grafiken oder beim Bearbeiten von Fotos häufig vermeidbare Fehler: Bei Fotos werden die falschen visuellen Schwerpunkte gesetzt oder Grafiken sind einfach langweilig, weil sie das Publikum in ähnlicher Form bereits in vielen anderen Vorträgen gesehen hat. Gut, dass Sie mit ein paar einfach anzuwendenden Tricks Ihr Ergebnis deutlich interessanter gestalten können.

Und jetzt die schlechte Nachricht: Das klappt nur, wenn zwei Voraussetzungen erfüllt sind: Erstens müssen Sie Ihre Vortragssoftware kennen. Sie ersetzt zwar keine Grafik- und Bildbearbeitungssoftware, besitzt aber einige hilfreiche Eigenschaften [23]. Und damit meine ich nicht **SmartArt-** oder **ClipArt-Elemente.** Und zweitens: Sie müssen genau wissen, welche Botschaft das Bild vermitteln soll.

Transparenz bei Grafiken einsetzen

Wie wir in Abschn. 7.3.2 – *Kleine Skizzenschule* gesehen haben, können wir Objekte aus geometrischen Formen zusammensetzen, die wir anschließend so bearbeiten, dass sie unserem gewünschten Ergebnis entsprechen. Zusammen mit einer **transparenten Füllung** ergeben sich dabei interessante Effekte.

Der Eisberg in Abb. 8.44 besteht aus mehreren Flächen. Ihre Füllung entspricht einem analogen Farbschema mit unterschiedlicher Deckkraft. Dort, wo sich einzelne Flächen überlappen, verstärken sich ihre Füllungen oder schwächen sich gegenseitig ab. Beachten Sie bitte, dass alle Kanten der Eisbergflächen geradlinig sind – ich habe sie als durchgehende Linie gezogen und den Umriss am Schluss geschlossen. Wichtig: Eine Fläche, deren Umriss aus einzelnen, nicht geschlossenen Linien besteht, können Sie nicht füllen.

Durch Transparenz erreichen Sie auch, dass ein Gegenstand durchsichtig wird und ein Betrachter das – normalerweise verborgene – Innere des Objekts sehen kann. Ein Beispiel ist die Flugzeugturbine in Abb. 8.45. Möchten Sie einen solchen Effekt erzeugen, dann achten Sie bitte auf einen guten Kontrast zwischen den einzelnen Teilen der Grafik.

Umrisse bei Grafiken anpassen

Bleiben wir bei der Flugzeugturbine. Wie erzeugt man die gebogenen Kanten? Ihre Vortragssoftware ist in der Lage, aus einer Linie oder den Umrissen eines Objekts sogenannte **Pfade** (auch: Vektoren) zu machen. Das bedeutet: Einen Pfad können Sie beliebig manipulieren, ziehen oder krümmen – wie ein Gummiband. Dazu verschieben Sie die Ankerpunkte des Pfades. Jeder Pfad besitzt an seinen Enden einen *Ankerpunkt* mit sogenannten Griffen. Wenn Sie die *Griffe* bewegen, beeinflussen Sie die Krümmung des Pfades. Sie können auf einem Pfad beliebig viele Ankerpunkte setzen und wieder löschen.

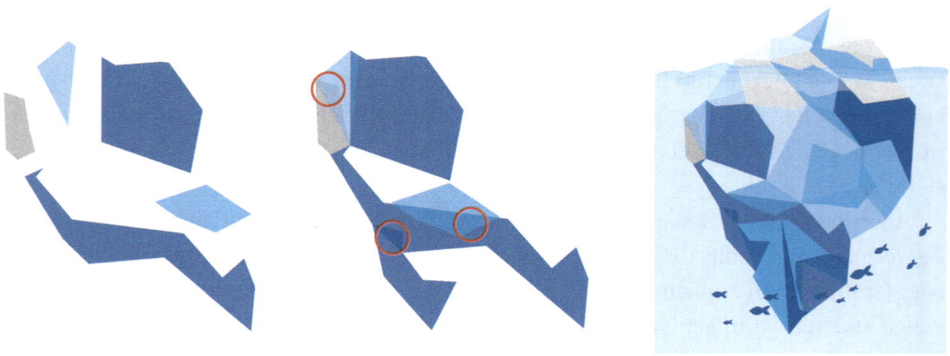

Schritt 1

Zeichnen Sie einzelne Flächen. Füllen Sie sie und löschen Sie die Umrisse. Machen Sie die Füllung transparent

Schritt 2

Positionieren sie die Flächen, indem Sie sie übereinander schieben. Es entstehen farbliche Überschneidungen

Schritt 3

Ergänzen Sie die Grafik mit weiteren Objekten wie Wellen, Fischen oder dem Meer als Hintergrund

Abb. 8.44 Mit unterschiedlich transparenten Flächen entsteht ein Eisberg

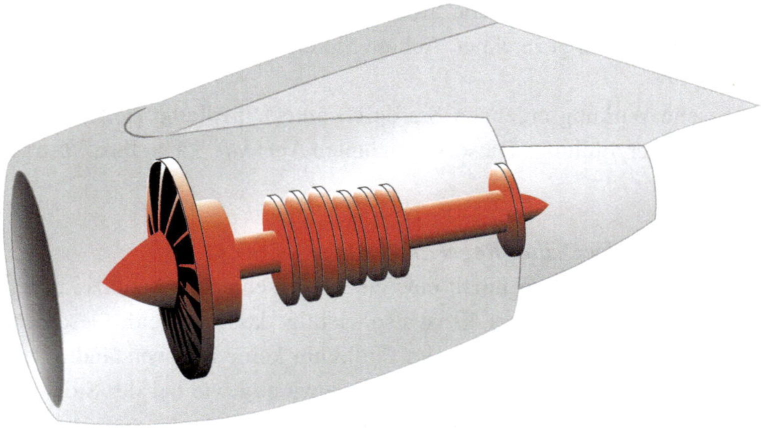

Abb. 8.45 Transparenz enthüllt das Innenleben der Turbine

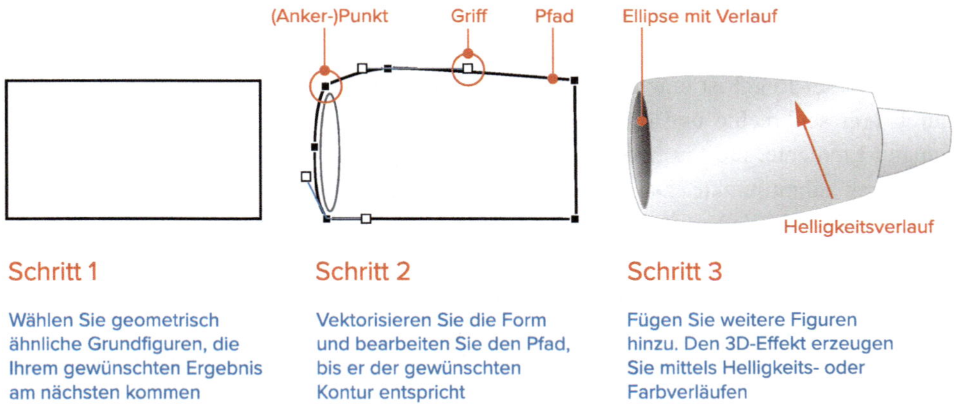

Abb. 8.46 Aus geometrischen Grundfiguren erzeugen Sie mithilfe der Ankerpunkte und der Griffe den gewünschten Konturverlauf

Beim Zeichnen des Turbinenumrisses gehen Sie ähnlich vor wie bei der Erstellung des Eisbergs: Sie erstellen einen Linienzug und bearbeiten anschließend den Umriss. Einfacher geht es, wenn Sie eine geometrische Grundfigur wählen, die in etwa dem Gehäuse entspricht. Anschließend wandeln Sie sie in Vektorenpfade um, fügen weitere Ankerpunkte hinzu und verformen die Figur, bis sie den gewünschten Umriss besitzt. Diese Vorgehensweise zeigt Abb. 8.46. Hier treffen Sie auch das **Aufbrechen-und-Zusammensetzen-Prinzip** aus dem Abschn. 7.1.1 wieder.

► **Praxistipp** Scannen Sie Ihre Skizze ein und importieren Sie sie in Ihr Präsentationsprogramm. Anschließend pausen Sie die wichtigen Inhalte digital ab – wie früher mit Pauspapier und Stift. Wenn Sie die importierte Vorlage im Hintergrund aufhellen, können Sie besser sehen, was Sie bereits gezeichnet haben.

Übrigens: Auf diese Weise können Sie auch aus einem Foto eine Grafik machen – so habe ich das Turbinenbild gezeichnet. Achten Sie darauf, unwichtige Details des Motivs wegzulassen.

Eine plastische Wirkung erzeugen Sie durch unterschiedliche Helligkeitsstufen oder Farben innerhalb der Füllung. Diese sogenannten *Verläufe* kann Ihre Vortragssoftware ebenfalls darstellen.

Bildkomposition und die Drittel-Regel anwenden

Jedes Bild erzählt durch seinen Inhalt eine eigene Geschichte. Gleichzeitig unterstützen Ihre Bilder die Story Ihres Vortrags. Es ist also wichtig, dass sich beide Geschichten ergänzen und nicht widersprechen, damit beim Publikum keine Missverständnisse entstehen. Deshalb ist ein klarer Aufbau bei Bildern ebenso wichtig wie bei der Story und bei den Folien. Das ist die Aufgabe der **Bildkomposition.**

Die einfachste Art, ästhetisch schöne und professionell aussehende Bilder zu komponieren, ist der Aufbau nach der **Drittel-Regel.** Bei ihr handelt es sich um ein einfaches Raster mit drei Spalten und drei Zeilen, das wir bereits in Abschn. 8.2.3 – *Ausrichtung* kennengelernt haben.

Die Drittel-Regel ist einfach (s. Abb. 8.47): Unterteilen Sie das Foto oder die Grafik durch drei senkrechte und drei waagrechte Hilfslinien in gleich große Bereiche. Diejenigen Elemente, die Sie hervorheben möchten, platzieren Sie in der Nähe der Linien oder ihrer Schnittpunkte. Damit verschieben Sie den Betrachtungsfokus des Bildes; das schafft mehr visuelle Spannung, als wenn Sie die Elemente in der Mitte positionieren.

Zusätzlich erzeugen Sie einen **Leerraum,** der das Bild nicht überladen wirken lässt. Oder den Sie als Platz für Text nutzen können. Mit der Drittel-Regel erzeugen Sie eine ausgewogene und harmonische Bildkomposition.

Wenn Sie eine neue Grafik zeichnen, legen Sie dieses **3 × 3-Raster** zugrunde. Wenn Sie ein Foto erstellen, können Sie bei den meisten Digitalkameras und Smartphones das

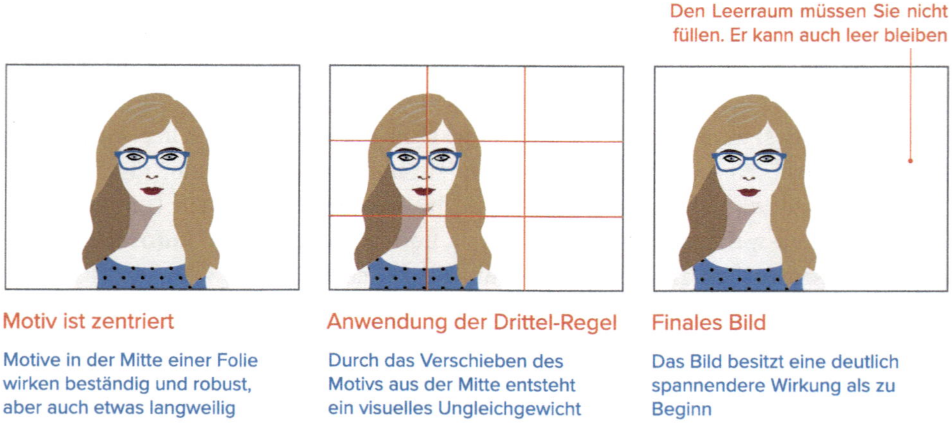

Abb. 8.47 Die Anwendung der Drittel-Regel

Abb. 8.48 Durch Beschneiden beeinflussen Sie die Komposition und passen so das Bild an Ihre Bedürfnisse an. (Alle Fotos © Boris Gebhardt. Mit freundlicher Genehmigung)

3 × 3-Raster auf dem Display einblenden. Schalten Sie es ein und richten Sie das Motiv danach aus; das erspart eine spätere Korrektur.

Wenn Sie mit vorhandenen Fotos oder Grafiken arbeiten, besitzen diese Bilder nicht immer die ideale Bildkomposition. In diesem Fall scheuen Sie sich nicht, die Bilder so umzukomponieren, dass sie der Drittel-Regel entsprechen. Schlüpfen Sie in die Rolle eines Regisseurs, der die Bildeinstellungen in einem Film oder Theaterstück festlegt und wählen Sie den passenden Ausschnitt. In Abb. 8.48 sehen Sie ein Beispiel, das ich mit der Zuschneiden-Funktion meiner Vortragssoftware erzeugt habe. Nutzen Sie diesen kreativen Freiraum und zeigen Sie dem Publikum nur diejenigen Inhalte, die es wirklich sehen muss.

Visuelle Spannung bei Bildern aufbauen

Manche Bilder wirken langweilig und wir vergessen sie schnell. Andere Bilder erregen unsere Aufmerksamkeit und bleiben in unserem Gedächtnis. Mit dem Leerraum und der Drittel-Regel haben wir zwei Werkzeuge kennengelernt, um Bilder interessant zu gestalten. Jetzt beschäftigen wir uns mit zwei weiteren: Dem angedeuteten Raum und der angedeuteten Tiefe.

Früher wurden die meisten Theaterstücke auf kleinen Bühnen inszeniert, weil einfach nicht mehr Platz vorhanden war. Die Zuschauer befanden sich vor, die Schauspieler auf der Bühne. Heute sind viele Stücke so konzipiert, dass sie das Publikum in die Aufführung einbeziehen. Dazu gehören beispielsweise Musicals. Geräusche, die Teil der Show sind, werden seitlich der Bühne erzeugt. Die Künstler gehen häufig ins Publikum oder kommen aus dem Zuschauerraum nach vorne. Der Effekt ist erstaunlich: Die Bühne wirkt größer, weil die Künstler und das gesamte Bühnenbild signalisieren, dass sie größer ist. Und das Publikum befindet sich mitten im Geschehen.

Diese Wirkung können wir auch bei Bildern oder Folien erzeugen. Indem wir einen Teil der Inhalte außerhalb des Betrachtungsradius ansiedeln, signalisieren wir dem Publikum, dass auch neben der Leinwand etwas geschieht.

Unser Gehirn ergänzt die fehlende Hälfte automatisch. Eine gute Trennlinie ist die Symmetrieachse

Das Flugzeug besitzt eine solche unbändige Kraft, dass es den Rahmen der Folie sprengt

Steuern Sie den Lesefluss mit Hilfe der Flügellinie: Ist es möglich, den Text *nicht* zu lesen?

Abb. 8.49 Zwei Beispiele, wie Sie den angedeuteten Raum einsetzen können

Wenn wir beispielsweise die Dame aus der Abb. 8.47 noch weiter aus der Mitte verschieben, sodass sie teilweise aus der Fläche verschwindet, arbeiten wir bereits mit **angedeutetem Raum.** Mit diesem Effekt können Sie beispielsweise eine besonders wichtige Botschaft visuell unterstützen. Außerdem nutzt der angedeutete Raum das **Geschlossenheitsprinzip** aus Abschn. 8.2.2 – *Wiederholung und Geschlossenheit*, weil unser Gehirn das unvollständige Bild ergänzt. Neben dem Theater wird dieser Trick auch gerne in der Werbung oder in Filmen angewendet.

In Abb. 8.49 sehen Sie, dass angedeuteter Raum nicht nur mit Menschen, sondern auch mit Objekten funktioniert. Auch bei einzelnen Buchstaben oder Symbolen können Sie ihn einsetzen.

Allerdings gibt es bei Geschäftsvorträgen drei Einschränkungen, die Sie beachten sollten (siehe Abb. 8.50).

Erstens: Die meisten **CI-Vorlagen** besitzen am oberen und unteren Folienrand Balken für das Firmenlogo, die Seitenzahl oder das Datum. In diesem Fall können Sie nur den linken oder rechten Rand nutzen. Sobald Gestaltungselemente wie die Titel- oder Fußzeile hinzukommen, schränkt das die Wirkung des angedeuteten Raums ein. Dennoch können Sie das Bild dort ebenfalls platzieren. Aber denken Sie daran, dass die Platzierung die Story beeinflusst! Oder wollten Sie wirklich etwas über eine Bruchlandung erzählen?

▶ **Praxistipp** Wenn Sie ein starkes Bildmotiv haben, können Sie es alternativ im vollen Format zeigen. Dann lenken keine störenden Elemente an den Rändern von ihm ab. Vollformat-Folien sollten Sie im Vortrag sparsam einsetzen.

Zweitens: Der Effekt des angedeuteten Raums verpufft sofort, wenn Sie das Objekt nicht direkt am Rand positionieren.

Drittens: Setzen Sie den angedeuteten Raum nicht bei Worten oder ganzen Sätzen ein. In einem solchen Fall kann es passieren, dass sich das Publikum nicht mehr ernst genommen fühlt. Das Ergänzen von Worten macht den Schülern in der Grundschule viel Spaß, aber keinen Managern.

Abb. 8.50 Die häufigsten Fehler, die Referenten bei der Anwendung von angedeutetem Raum machen

Das zweite Werkzeug ist das Spiel mit der Tiefe. Auf den meisten Folien platzieren wir unsere Elemente auf dem Hintergrund, der eine flache, ebene Fläche darstellt. Um **Tiefe anzudeuten,** können wir neben Kontrast und Farbe auch mit unterschiedlichen Ebenen arbeiten, die Objektgröße variieren oder Verläufe einsetzen.

Keine Angst – was sich kompliziert anhört, ist einfach anzuwenden: In Abb. 8.51 sehen Sie, dass ich in der linken Folie die Objekte in unterschiedlichen Größen dargestellt habe. Und die Titelfolie erzeugt Tiefe durch Ebenen und Schatten. Schatteneffekte kann Ihre Vortragssoftware ebenfalls erzeugen.

Aber Vorsicht: Den angedeuteten Raum und die angedeutete Tiefe sollten Sie in Ihrem Vortrag überlegt und gezielt einsetzen. Andernfalls nutzt sich der Effekt schnell ab. Die Drittel-Regel und den Leerraum sollten Sie dagegen immer nutzen.

Bis auf Diagramme, die wir im neunten Kapitel ausführlich behandeln, haben wir über alle visuellen Elemente gesprochen, mit denen Sie Ihre Folien gestalten können. Jetzt ist es Zeit, die Elemente so zusammenzusetzen, dass sie auf der Leinwand harmonisch aussehen. Erinnern Sie sich noch an den Vergleich mit Frankenstein am Anfang dieses Kapitels? Im folgenden Abschnitt kümmern wir uns darum, wie Sie es vermeiden, ein zusammengeflicktes Folienmonster zu erschaffen.

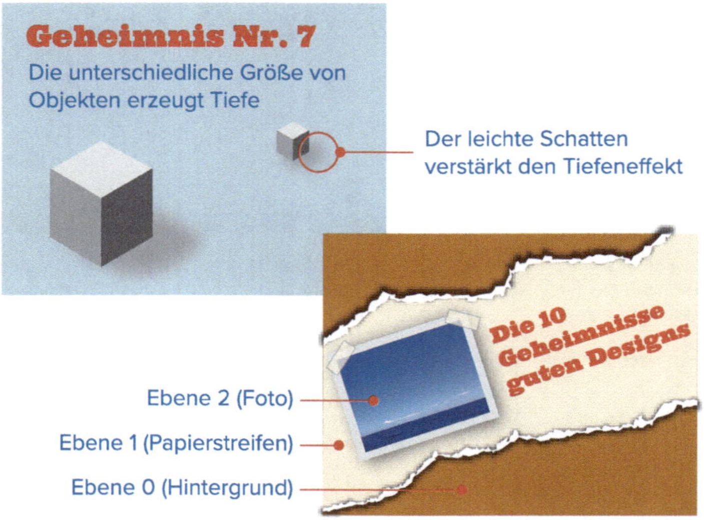

Abb. 8.51 Angedeutete Tiefe durch unterschiedliche Größen der Objekte und durch mehrere Ebenen. (Foto © Boris Gebhardt. Mit freundlicher Genehmigung)

8.6 Der Folienaufbau

Manche Bücher sind einfach zu lesen, während andere eine wahre Qual für den Leser darstellen. Dieses Empfinden beschreiben die Autoren **Joseph Williams** und **Joseph Bizup** in ihrem Ratgeber *Style: Toward Clarity and Grace* als „ein Gefühl hinter den Augen" [24]. Bei Folien geht es uns ähnlich: Einige gefallen uns, andere finden wir schrecklich, ohne dass wir den Grund dafür sagen können. Aber warum ist das so?

Ansprechende Folien sind nicht nur schön oder elegant. In ihnen findet sich ein Betrachter sofort zurecht, weil sie einfach aufgebaut und unkompliziert sind. Und weil man intuitiv ihre Botschaft erfasst, machen solche Folien Spaß. Wann haben Sie das letzte Mal über eine Folie mit viel Text und komplizierten Grafiken gegrübelt und sich gefragt, um was es eigentlich geht? Das ist kein schönes Gefühl – und dabei haben Sie sich nicht einmal mit den *Inhalten* beschäftigt!

Ob wir es wollen oder nicht: Unsere Folien berühren die Teilnehmer auch auf einer emotionalen Ebene. Menschen fällen sofort ein Urteil darüber, ob etwas vertrauensvoll, seriös oder ansprechend wirkt. Bei guten Folien kommen negative Gefühle im Publikum gar nicht erst auf. Und die Geheimnisse für ansprechendes Foliendesign kennen Sie bereits: Kontrast, Wiederholung, Ausrichtung und Nähe.

8.6.1 Die Masterfolie

Sofern Sie an keine **CI-Vorlage** gebunden sind, können wir uns mit diesen vier Prinzipien eine **Layout-Vorlage** für unsere Vortragsfolien erstellen – die sogenannte **Masterfolie.**

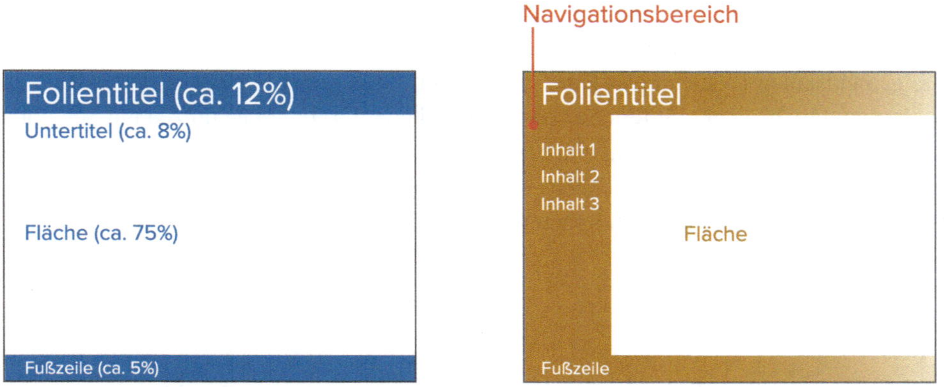

Abb. 8.52 Zwei einfache Folientemplates. Die Prozentzahlen in der linken Folie geben den ungefähren Anteil der einzelnen Elemente an der Gesamtfolie an

Sie stellt die Blaupause für alle anderen Folien dar. Solche Blaupausen heißen auch **Templates.** Zwei Beispiele für Masterfolientemplates finden Sie in Abb. 8.52. Einzige Ausnahmen sind Titel- und Endfolie, die meistens ein anderes Layout besitzen.

Die Masterfolie besitzt drei konsistente **Bestandteile:** Die Titelleiste, einen neutralen Hintergrund, auf dem wir unsere Inhalte mithilfe eines **Rasters** platzieren, und die Fußzeile. Letztere beinhaltet beispielsweise die Foliennummer, das Erstellungsdatum oder einen Hinweis zur Vertraulichkeit. Abhängig vom Template kommen entweder noch ein Untertitel oder – bei umfangreichen Vorträgen – ein seitlicher Bereich zur Navigation hinzu, damit das Publikum nicht die inhaltliche Orientierung verliert. Oft ist auf der Masterfolie zusätzlich das Firmenlogo vorhanden.

Weitere Elemente, die Sie mit dem Template festlegen, sind:

- Das *Format*. Heute ist das breite 16:9-Format Standard. Vereinzelt begegnet Ihnen noch das klassische 4:3-Format. Deshalb ist das breite Format immer die erste Wahl. Auch wenn es exotisch klingt: Ich habe bereits Vorträge gesehen, in denen die Folien im Hochformat gestaltet waren
- Die *Farbpalette*. Richten Sie die Palette an den Farben im Firmenlogo oder an branchenspezifischen Farben aus; bei technischen Inhalten sind das oft kühle Farben wie Blau oder Silber. Andernfalls stellen Sie eine Palette nach Ihrem persönlichen Geschmack zusammen. Nutzen Sie das Farbrad aus Abschn. 8.3.2. In Ihrer Vortragssoftware gibt es einen Bereich, in dem Sie die Palette festlegen können
- Die *Schriften*. Schreiben Sie die erlaubten Schriften als Blindtext auf eine Folie. Mittels *Platzhalter* können Sie sogar den Ort bestimmter Folienelemente auf der Masterfolie verankern. Das ist beispielsweise für den Folientitel oder Angaben in der Fußzeile wie Erstellungsdatum, Folien- oder Versionsnummer sinnvoll
- Weitere grafische *schmückende Elemente* wie Logos, Wellen oder Linien, die sich meistens im Hintergrund befinden. Ein Beispiel sehen Sie in Abb. 8.39, Folie B

Masterfolien besitzen zwei Vorteile: Weil die wichtigsten Layout-Entscheidungen bereits getroffen wurden, kann sich der Referent voll auf seine Inhalte konzentrieren. Und durch die gemeinsamen Elemente auf jeder Folie wirkt der gesamte Vortrag visuell in sich geschlossen. Das bedeutet: Sofern Sie kein vorgegebenes CI-Template nutzen müssen, lohnt sich die Arbeit in die Erstellung einer Masterfolie in jedem Fall. Und: Sie können sie für nahezu jeden Folieninhalt verwenden – egal, ob es sich um eine Daten-, Grafik- oder Textfolie handelt. Diese Folienarten lernen wir im nächsten Abschnitt kennen.

8.6.2 Folienarten

Ein ansprechendes Foliendesign überzeugt das Publikum, dass es Ihre Idee wert ist, sich weiter mit ihr zu beschäftigen. Aber viele Referenten zweifeln: „Ist dafür *ein* Template überhaupt ausreichend? Schließlich besitzt meine Idee unterschiedliche Facetten – da ist es nur logisch, dass auch die Folien unterschiedlich aussehen müssen."

Das ist richtig – die *fachlichen* Inhalte sind unterschiedlich. Das heißt allerdings nicht, dass sich deshalb das Layout jeder Folie unterscheiden muss. Denn letztendlich geht es immer um dieselben *formalen* Folienelemente: Bilder, Diagramme oder Text. Das bedeutet: Je nach Element gibt es unterschiedliche Folienarten, deren Grundlage *immer* die Masterfolie ist.

Die wichtigsten **Folienarten** sehen Sie in Abb. 8.53 und 8.54. Sämtliche Beispiele habe ich einer Präsentation entnommen, in der es um die Frage ging, welche Kriterien die Ideenfindung in Unternehmen fördern. Und kein teilnehmender Manager störte sich an irgendeiner Folie. Im Gegenteil: Viele sagten später, dass sie durch einige Folien überhaupt erst zum Nachdenken angeregt wurden. Das führte bereits während des Vortrags zu lebhaften Diskussionen. Manchmal muss ein Referent einfach mutig sein, um bei seinem Publikum etwas zu bewegen – auch beim Layout seiner Folien.

Im praktischen Einsatz werden Sie die Folienarten häufig kombinieren. Wenn Sie ein Zitat einsetzen, spricht nichts dagegen, wenn Sie auch den Urheber des Zitats als Foto zeigen. Oder wenn Sie eine Ablaufgrafik mit Textelementen ergänzen.

Manche Autoren zählen noch *Einlass-* und *Auslassfolien* zu den Folienarten hinzu [25]. Diese Folien zeigt ein Referent vor und nach dem eigentlichen Vortrag. Sie sind vergleichbar mit der Musik, die im Kino gespielt wird, während das Publikum die Plätze einnimmt und auf den Beginn des Films wartet. Einlassfolien sollen vor dem Vortrag bei den Teilnehmern eine bestimmte Stimmung erzeugen; Auslassfolien erhalten nach dem Vortrag die aufgebaute Stimmung beim Publikum.

Einlass- und Auslassfolien sieht man manchmal auf Kongressen oder auf Messen; sie zeigen beispielsweise ein animiertes Firmenlogo oder die Unternehmensmission wie *Wir bewegen die Welt* oder *Für einen grünen Planeten*. Im geschäftlichen Umfeld benötigen Sie diese beiden Folienarten selten. Beispielsweise ist eine Auslassfolie nicht notwendig,

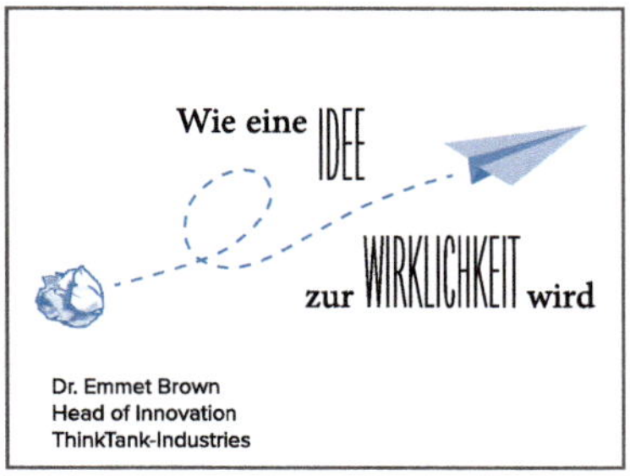

Titelfolie

Mit der Titelfolie beginnt der Vortrag. Sie enthält den Vortragstitel und den Namen des Referenten. Bei externen Vorträgen kommen der akademische Titel und das Unternehmen hinzu.
Die Titelfolie weckt die Aufmerksamkeit des Publikums

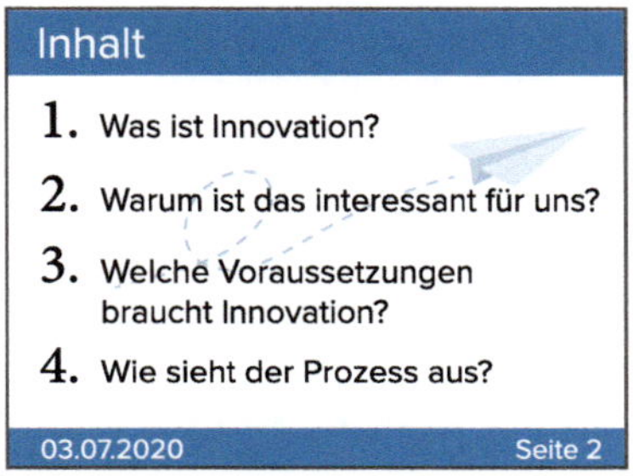

Agendafolie

Die Agendafolie zeigt dem Publikum, über welche Inhalte Sie sprechen werden.
Bei längeren Vorträgen könne Sie sie vor jedem neuen Abschnitt zeigen - so weiß das Publikum, an welcher Stelle im Vortrag es sich gerade befindet

„Ein-Wort"-Folie (Stichwort-Folie)

Sie zeigt ein Wort oder eine kurze Phrase in sehr großer Schrift. Achten Sie auf die Laufweite und das Kerning.
„Ein-Wort"-Folien weisen nicht nur auf eine besondere Aussage hin. Sie können Sie auch nutzen, um Spannung zu erzeugen

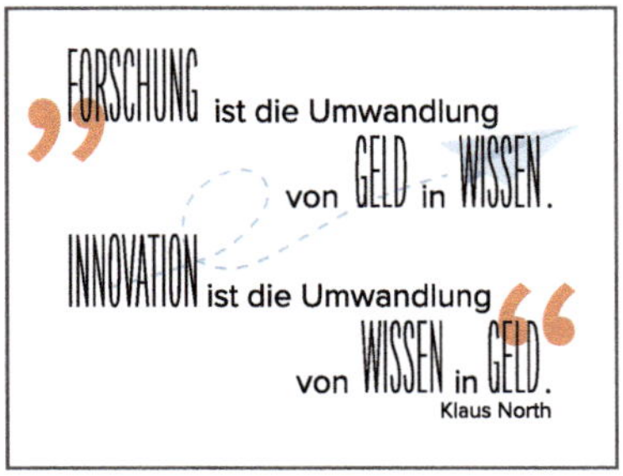

Zitat-Folie

Mit dieser Folie untermauern Sie Ihre Inhalte. Das Zitat sollte nicht mehr als 160 Zeichen umfassen. Es muss nicht immer Text sein - wenn Sie aus wissenschaftlichen Studien zitieren, können das auch Zahlen oder Diagramme sein.
Wichtig: Kennzeichnen Sie es deutlich als Zitat und geben Sie immer die Quelle an!

Abb. 8.53 Unterschiedliche Folienarten und ihre wichtigsten Merkmale am Beispiel eines Vortrags zur Innovationsfähigkeit von Unternehmen

weil die Teilnehmer bereits den nächsten Termin im Kopf haben. Lassen Sie sie weg – alternativ können Sie die Endfolie stehen lassen oder eine komplett weiße Folie zeigen.

Falls Sie im Vortrag bewusst ein optisches Highlight setzen wollen, können Sie wie in Abb. 8.55 ein Motiv im vollen Format zeigen – eine sogenannte *Vollformat-Folie*. Das be-

Grafik- / Bildfolie

Diese Folienart beinhaltet abstrakte Inhalte wie Konzepte, Ideen oder Abläufe. Sie kann auch konkrete Inhalte wie Fotos oder Grafiken zeigen.
Starke Bildmotive vermitteln dem Publikum Emotionen besonders intensiv. Unterstützen Sie das durch ein Vollformat bis an die Folienränder

Daten- /Diagrammfolie

Datenfolien stellen zeitliche Verläufe oder Vergleiche von Daten dar.
Wichtig: Konzentrieren Sie sich nur auf die notwendigsten Inhalte! Stellen Sie die wichtigsten Elemente deutlich heraus. Alle anderen spielen eine neutrale Rolle

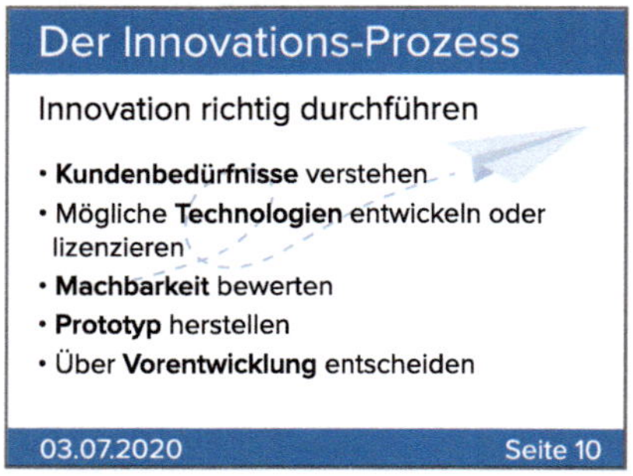

Aufzählungs-Folie

Mit dieser Folie gliedern Sie Ihre Gedanken inhaltlich. Zeigen Sie nicht alle Punkte auf einmal, sondern nur den, über den Sie gerade sprechen. Inhalte, die nicht zusammengehören, erhalten eigenen Folien.
Und bitte keine Aufzählungs-Striche am Anfang!

Endfolie

Geben Sie dem Publikum nach Vortragsende etwas Nützliches mit. Das ist die Aufgabe der Endfolie.
Normalerweise sind dies Ihre Kontaktdaten. Es kann aber auch ein Bild sein, das die geschaffene Vortragsstimmung verstärkt. Oder Ihre Handlungsaufforderung

Abb. 8.54 Weitere Folienarten und ihre Merkmale

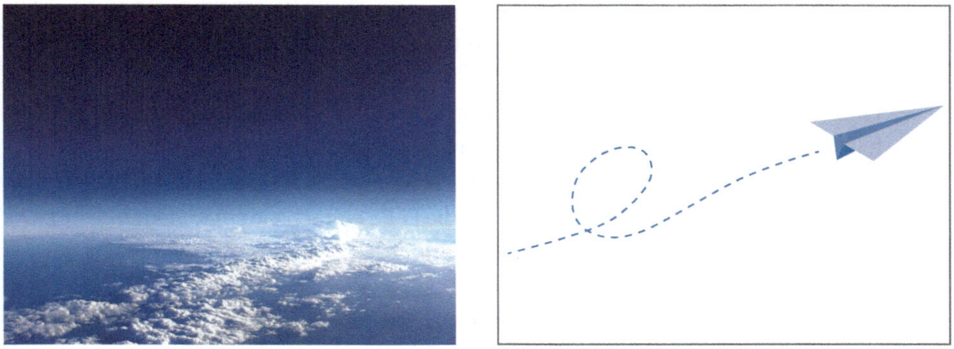

Abb. 8.55 Ein starkes Bildmotiv wirkt im Vollformat ohne ablenkende Elemente wie Titel- oder Fußzeilen noch kraftvoller. (Foto © Boris Gebhardt. Mit freundlicher Genehmigung)

deutet, dass das Visual sämtliche Elemente der Masterfolie verdeckt und das komplette Folienformat bis an die Ränder ausfüllt.

Vollformat-Folien stören den visuellen Vortragsfluss nicht. Ganz im Gegenteil: Die Änderung im Layout macht das Publikum wieder aufmerksam, weil das Vollformat besonders wichtige Inhalte innerhalb des Vortrags optisch hervorhebt. Diese Folienart besitzt eine starke Wirkung, deshalb sollten Sie sie gezielt einsetzen. Dazu können Sie nicht nur Fotos oder Grafiken, sondern auch Text einsetzen. Ein Beispiel ist die Zitat-Folie in Abb. 8.53; weitere Beispiele – die Kombination von Bild und Text – kennen Sie aus Abb. 8.39.

▶ **Praxistipp** Achten Sie darauf, dass bei einer Vollformat-Folie die Proportionen des Bildes oder des Fotos erhalten bleiben. Andernfalls besteht die Gefahr, dass Gesichter auf einmal eierförmig oder Menschen wie Bohnenstangen aussehen.

Leider hat das einen unschönen Effekt: Vor allem bei Bildern im Hochformat entstehen so links und rechts breite, störende Balken auf der Folie. Das vermeiden Sie, indem Sie bei einem abgedunkelten Raum einen schwarzen Folienhintergrund wählen. Schwarz lässt die Farben des Bildes leuchten und wird auf der Leinwand unsichtbar. Bei einem hellen Raum nutzen Sie einen weißen Hintergrund.

Wichtig: Verweisen Sie immer auf die Quelle, wenn Sie an einem textlichen oder grafischen Inhalt nicht das Urheberrecht besitzen! Das gilt insbesondere bei akademischen Vorträgen. Sie können den Urheber direkt auf der jeweiligen Folie angeben. Allerdings wirkt das bei längeren Quellenangaben oft störend. Deshalb können Sie als Alternative vor der Endfolie eine separate *Quellenfolie* einfügen, die alle notwendigen Angaben enthält.

Apropos Endfolie: Bitte vermeiden Sie Texte wie *Vielen Dank!* oder *Haben Sie noch Fragen?* Das wirkt unbeholfen und tapsig. Besser: Bedanken Sie sich mündlich. Falls

Inhalte unklar geblieben sind, stellen die Teilnehmer jetzt ihre Fragen – bei Live-Vorträgen persönlich, bei **Online-Vorträgen** per Chat.

> **Praxistipp** Bei der Frage, ob eine Folie zu kompliziert oder gut verständlich ist, hilft die **3-Sekunden-Regel:** Innerhalb dieser Zeitspanne sollte ein Betrachter den Inhalt verstanden haben. Dieser einfache Test lässt sich bei allen Folienarten vorzüglich anwenden – zeigen Sie die Folie einfach einem Kollegen.

8.6.3 Animation von Folieninhalten

Wenn wir eine Folie betrachten, fällt uns das größte oder farbenprächtigste Element als erstes auf. Aber: Was unseren Blick immer anzieht, sind bewegte Elemente – Menschen nehmen Bewegungen mit absoluter Priorität wahr. Das ist der Grund, warum Animationen so mächtig sind und Sie sie nur überlegt einsetzen sollten.

Es gibt Vortragsprofis, die von **Animationen** abraten. Ich sehe das nicht so – denn das Publikum liebt es, wenn etwas auf der Leinwand passiert. Und wenn sich der Einsatz eines Bewegungseffekts natürlich anfühlt und mit ihm die Botschaft einer Folie noch deutlicher wird, dann bin ich ein Fan von ihnen. Auch in Business-Vorträgen.

Ein Beispiel sind Aufzählungsfolien: Sobald Sie sämtliche Aufzählungspunkte auf einmal zeigen, werden die Teilnehmer alle Argumente lesen. Während Sie noch über den ersten Punkt sprechen, ist das Publikum bereits am Ende der Liste angelangt. Also langweilt es sich, wird unruhig und wartet, dass Sie endlich zu ihm aufschließen. Besser wäre es, nur den aktuellen Punkt einzublenden und bereits besprochene Inhalte visuell abzuschwächen.

Fakt ist: Unser Gehirn kann nur eine kleine Menge an Informationen auf einmal aufnehmen (s. Abschn. 2.4.3 – *Wie lange soll ein Vortrag dauern?*). Deshalb sollte sich jedes Element nur auf den Gedanken beziehen, den der Vortragende gerade erklärt. Auf diese Weise verarbeitet das Publikum die Inhalte in der Reihenfolge, in der sie auf der Folie erscheinen. So können Sie auch anspruchsvolle Zusammenhänge und Abläufe erklären, ohne das Publikum zu verlieren.

Betrachten Sie die Animation des Aufbaus eines Kohlekraftwerks in Abb. 8.56: Jeder neue Grafikanteil erscheint in dem Augenblick, in dem ihn der Referent erklärt. Die bestehenden Anteile verblassen und treten visuell in den Hintergrund. So konzentriert sich das Publikum auf den gerade wichtigen Inhalt. Am Ende erscheint die komplette Anlage vollständig und zeigt den gesamten Ablauf innerhalb des Kraftwerks.

Noch ein letzter Hinweis: Bitte verzichten Sie auf das Abspielen von Sounddateien, um beispielsweise das Erscheinen eines Elements mit einem akustischen Effekt zu unterstützen. Das ist absolut uncool.

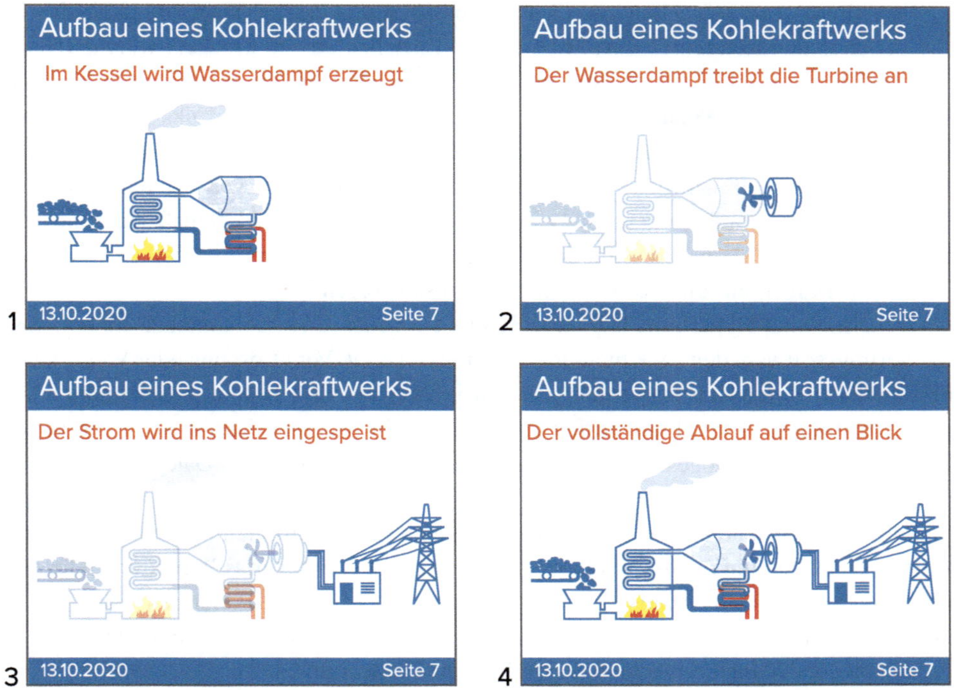

Abb. 8.56 Die Animation zeigt den Aufbau eines Kohlekraftwerks. Um den Blick der Zuhörer gezielt auf den neuen Inhalt zu lenken, verblasst der besprochene Grafikanteil

8.6.4 Videos, Hyperlinks und Co.

Genauso mächtig wie Animationen sind **Video-** und **Audiodateien.** Gerade Geräusche oder Musik lösen häufig unser Kopfkino aus und erzeugen Bilder vor unserem geistigen Auge. Beide Dateitypen können Sie über Hyperlinks in Ihren Vortrag einbinden. Das funktioniert wie die Links im Internet: Ein Klick öffnet beispielsweise eine neue Webseite oder startet ein Video.

Auf Folien klappt das auch: Weisen Sie einem beliebigen Folienelement wie einem Wort, einer Form oder einem Bild einen **Hyperlink** zu. Sobald Sie im Präsentations- oder Referentenmodus auf das Element klicken, öffnet sich das verlinkte Objekt. Dies kann eine Folie innerhalb Ihres Foliensatzes, eine Datei auf Ihrer Festplatte oder eine Webseite aus dem Internet sein.

▶ **Praxistipp** Achten Sie darauf, die passende Software auf Ihrem Computer für den Dateityp zu haben, da andernfalls eine Fehlermeldung erscheint. Fehlt beispielsweise ein PDF-Reader, öffnet sich eine verlinkte PDF-Datei nicht. Das gilt insbesondere für „exotische" Dateitypen, wie sie bei manchen Audio- oder Videodateien vorkommen.

Hyperlinks setze ich selten ein. Denn sie besitzen aus meiner Sicht einige Nachteile: Sie verleiten den Referenten dazu, sich um die Entscheidung zu drücken, welche Inhalte er streichen sollte. Schließlich kann man überzählige Inhalte auf eine separate Folie ins Backup packen, auf die man während des Vortrags mittels eines Hyperlinks springen kann, nicht wahr? So lösen Sie zwar das Problem übervoller Folien, aber nicht die Frage, welche Inhalte das Publikum wirklich wissen muss. Und wenn Sie öfters zwischen den verlinkten Folien wechseln, „weil Sie ja nur kurz noch etwas zeigen möchten", schafft das eine hektische Atmosphäre. Vom Stress für den Redner, dessen Gedanken zeitgleich ebenfalls wie eine Flipperkugel hin- und herspringen, ganz zu schweigen.

Weiterhin sind Hyperlinks launisch. Bereits ein neues Update kann dazu führen, dass die Vortragssoftware den Link nicht mehr korrekt erkennt. Vom Löschen oder Verschieben der Zieldatei durch den Anwender ganz zu schweigen. Das bedeutet: Sie müssen vor jedem Vortrag die Hyperlinks prüfen. Je nach Anzahl bedeutet das für Sie einen hohen Prüfaufwand – ganz abgesehen davon, dass Sie verloren gegangene Dateien suchen und wieder neu einbinden müssen.

Sollten Sie deshalb auf Video- oder Audiodateien verzichten? Nein, denn diese sind ein wertvolles Mittel, um das Tempo Ihres Vortrags zu variieren und das Publikum zu fesseln [26]. Zeigen Sie beispielsweise Entwicklungen wie das Ozonloch oder den Flügelschlag eines Kolibris – Inhalte, die mit bloßem Auge schwer nachvollziehbar sind. Oder spielen Sie ein passendes Interview ein, das Ihre Botschaft unterstützt.

Achten Sie auf die Qualität der Dateien. Der Ton sollte klar und deutlich sein, und Filme dürfen auf der Leinwand nicht verpixelt wirken. Die Clips sollten maximal 30 Sekunden lang sein, und bei einem 20-minütigen Vortrag sollten nicht mehr als zwei Einspieler gezeigt werden [27]. Halten Sie das Material kurz und knackig. Schließlich sind die Menschen gekommen, um zu hören, was *Sie* zu sagen haben – und nicht, um sich Filme anzusehen. Vor allem nicht, wenn sie den Eindruck haben, dass es sich dabei um einen belanglosen Werbefilm handelt.

▶ **Praxistipp** Setzen Sie Animationen oder Hyperlinks sparsam ein. Berücksichtigen Sie folgende Grundregel: *Machen Sie es dem Publikum und sich als Referent einfach.* Wenn Sie keinen sehr guten Grund haben, Animationen oder Videos einzusetzen, verzichten Sie darauf.

Es ist unnötig, jedes Element auf der Folie zu animieren oder mit einem Link zu versehen, weil wir sonst vor lauter Bewegung nicht mehr wissen, was wichtig ist. Und: Während des Vortrags denken Sie an ganz andere Dinge als an Hyperlinks. Da vergisst man in der Aufregung schon einmal, an welcher Stelle man klicken muss, damit das Video startet.

8.7 Zusammenfassung

Weil viele Referenten denken, dass das Publikum eher zu viel als zu wenig Informationen benötigt, stopfen sie ihre Folien mit Text und Grafiken voll. Diese Elemente ordnen sie auf jeder Folie intuitiv und unstrukturiert an. Und weil auf diese Weise das Layout eher zufällig entsteht, tun sich die Teilnehmer schwer, die wichtigen Inhalte und ihre Bedeutung auf einen Blick zu erfassen.

Gutes Foliendesign ist eine wichtige Voraussetzung, damit das Publikum die Botschaft einer Folie sofort versteht. Weil ein Referent bei den wichtigsten Folienelementen wie Hintergrund, Farbe, Text oder Bilder wenig Entscheidungsspielraum hat, ist eine überlegte Anordnung für das Verständnis umso entscheidender. Dies gilt vor allem, sobald keine firmeninternen CI-Richtlinien vorliegen, an denen sich der Redner orientieren kann.

Ein klares, sauberes Layout folgt vier Design-Prinzipien: Kontrast, Ausrichtung, Wiederholung und Nähe. Ihre Anwendung hilft dem Publikum, sich auf den Folien zurechtzufinden und die Bedeutung der einzelnen Elemente zu erfassen. Der zusätzliche Einsatz von Leerraum führt dazu, dass sich die Elemente im visuellen Gleichgewicht befinden und die Folie für einen Betrachter nicht überladen wirkt.

Bei komplexen Inhalten kann der Referent die Inhalte schrittweise erscheinen lassen; so sieht das Publikum nur das, worüber der Redner in diesem Augenblick spricht. Das macht es den Teilnehmern leichter, die Zusammenhänge zu verstehen und zu verarbeiten.

Wichtig ist, dass der Referent die Prinzipien konsistent über alle Folien einsetzt. Das erreicht er mit einer Masterfolie, die ein festgelegtes Folienlayout als Vorlage enthält. Auf diese Weise stellt er sicher, dass alle Elemente durchgängig an denselben Stellen platziert sind und die Teilnehmer sich nicht bei jeder Folie neu orientieren müssen. Einzige Ausnahme: Wenn der Referent einen sehr guten Grund wie eine besonders wichtige Botschaft hat, darf er diese Konsistenz auch bewusst brechen. Allerdings sollte er dies nicht allzu oft tun.

8.8 Checkliste

Gutes Foliendesign unterstützt das gegenseitige Verständnis zwischen dem Referenten und seinem Publikum maßgeblich. Die Punkte der Checkliste in Abb. 8.57 gelten nicht nur für Folien; fast alle können Sie auch bei Grafiken und Diagrammen anwenden.

Die Liste können Sie auch als schnellen Test nutzen, ob andere Menschen Ihre Folien verstehen: Geben Sie sie einem Kollegen und bitten Sie ihn, Ihre Folien hinsichtlich Folienelemente, Layout und Botschaft zu bewerten. Wenn er das Layout ansprechend findet und Ihre Botschaft erfasst, dann gilt das auch für Ihr Publikum.

Das Layout und die Botschaft spielen eine weitere große Rolle, wenn es um die Darstellung von Zahlen und Daten geht. Weil sie fast immer die Grundlage für Entscheidungen sind, besitzen Tabellen, Diagramme & Co. eine Sonderstellung unter den visuellen Elementen. Darüber sprechen wir im nächsten Kapitel.

Checkliste „Foliendesign“	ja	nein
Falls notwendig: **CI-Vorgabe** berücksichtigt?	○	○
Masterfolie angewendet?	○	○
Folienelemente		
Hintergrund nicht störend?	○	○
Text gut lesbar?	○	○
Passende Farben gewählt (Farbschema)?	○	○
Bilder/Grafiken besitzen eine hohe Qualität?	○	○
Layout		
Kontrast deutlich erkennbar?	○	○
Struktur im Aufbau vorhanden?	○	○
Leerraum ausreichend?	○	○
Botschaft		
Nur eine Botschaft auf jeder Folie?	○	○
Unterstützen Bilder und Animationen die Botschaft?	○	○

Abb. 8.57 Die Checkliste für ein gutes Foliendesign

Literatur

1. Nancy Duarte (2011): Slide:ology. Oder die Kunst, brillante Präsentationen zu entwickeln, 3. korrigierter Nachdruck. O'Reilly, S. 88.
2. Petra Nitschke (2014): Trainings planen und gestalten, 3.Auflage. Manager Seminare Verlags GmbH, S. 214.
3. Die nachfolgenden Abschnitte sind eine Zusammenfassung aus unterschiedlichen Quellen und persönlicher Erfahrung. Mehr Informationen zu Gestaltungsprinzipien und Layout finden Sie unter anderem hier: Raimar Heber (2016): Infografik – Gute Geschichten erzählen mit komplexen Daten. Rheinwerk, Abschn. 5.3; Pia Kleine Wieskamp (2019): Visual Storytelling im Business. Hanser, S. 105–108; Garr Reynolds (2010): Zen oder die Kunst des Präsentationsdesigns. Addison-Wesley, o.S.; Markus Wäger (2013): Grafik und Gestaltung – Das umfassende Handbuch, 4. korrigierter Nachdruck. Galileo Design, Kap. 1; Claudia Korthaus (2013): Grundkurs Grafik und Gestaltung, 2. aktualisierte Auflage. Galileo Press, Kap. 3; Norbert Hammer (2008): Mediendesign für Studium und Beruf. Springer, Abschn. 3.1.
4. Colin Ware (2020): Information Visualization – Perception for Design, 4th edition. Morgan Kaufmann, S. 160.
5. MM Maschinenmarkt (2020): Erneuerbare Energie in Deutschland. MM 19–2020, 126. Jahrgang. Vogel, S. 30.
6. Fritz Heider und Marianne Simmel (1944): An Experimental Study of Apparent Behavior. In: The American Journal of Psychology, vol. 57, no. 2, 1944, S. 243–259. Den Film finden Sie unter folgendem Link: https://www.youtube.com/watch?v=VTNmLt7QX8E (abgerufen am 26.11.2020 um 19.17 Uhr).

7. Mehr Informationen zur Bedeutung von Farben und zur Anwendung von Farben finden Sie unter anderem hier: Claudia Korthaus (2013): Grundkurs Grafik und Gestaltung, 2. aktualisierte Auflage. Galileo Press, Kap. 4; Nana Swiczinsky (2015): Grundkurs Digitale Illustration. Galileo Design, Kap. 6; Norbert Hammer (2008): Mediendesign für Studium und Beruf. Springer, Kap. 7; Markus Wäger (2013): Grafik und Gestaltung – Das umfassende Handbuch, 4. korrigierter Nachdruck. Galileo Design, Kap. 3; Monika Heimann und Michael Schütz (2017): Wie Design wirkt – Psychologische Prinzipien erfolgreicher Gestaltung. Rheinwerk, Kap. 5.
8. Robin Williams und John Tollett (2011): Design & Typografie – Die überraschend einfachen Gesetze guten Designs. Addison-Wesley, S. 268.
9. Cole Nussbaumer Knaflic (2017): Storytelling mit Daten. Vahlen, S. 102.
10. Alternativ können Sie sich unter www.colororacle.org ein kleines Programm (für Windows, MacOS oder Linux) herunterladen, das auf den ganzen Bildschirm einen Farbfilter anwendet, der die Sicht eines farbenblinden Menschen simuliert (abgerufen am 13.11.2020 um 17.43 Uhr).
11. Schriften und ihre Anwendung sind ein umfangreiches Anwendungsgebiet. Die beschriebenen Inhalte habe ich aus folgenden Quellen entnommen: Claudia Korthaus (2013): Grundkurs Grafik und Gestaltung, 2. aktualisierte Auflage. Galileo Press, Kap. 6; Claudia Korthaus (2013): Das Design-Buch für Nicht-Designer. Galileo Press, Kap. 2; Norbert Hammer (2008): Mediendesign für Studium und Beruf. Springer, Kap. 14; Raimar Heber (2016): Infografik – Gute Geschichten erzählen mit komplexen Daten. Rheinwerk, Abschn. 5.4 und 6.5.
12. Jim Williams und Gesine Hildebrandt (2013): Schrift wirkt – einfache Tipps für den täglichen Umgang mit Schrift. Verlag Hermann Schmidt, S. 26 f.
13. Cath Caldwell (2020): Grafik Design leicht gemacht – Die Grundlagen verstehen und sofort loslegen. Dorling Kindersley, S. 58.
14. Nancy Duarte (2011): Slide:ology oder die Kunst, brillante Präsentationen zu entwickeln, 3. korrigierter Nachdruck. O'Reilly, S. 151.
15. Chris Anderson (2017): TED Talks – Die Kunst der öffentlichen Rede, 2.Auflage. Fischer, S. 140 f.
16. Guy Kawasaki (2015): The Art of The Start 2.0 – The Time-Tested, Battle-Hardened Guide for Anyone Starting Anything. Penguin, S. 145.
17. Chris Anderson (2017): TED Talks – Die Kunst der öffentlichen Rede, 2.Auflage. Fischer, S. 134.
18. Einige Anbieter von Stockfotos sind: Shutterstock (https://www.shutterstock.com/de/), Getty Images (https://www.gettyimages.de) oder Adobe Stock (https://stock.adobe.com/de). Bei Anbietern von kostenfreien Stockfotos wie pixabay (https://pixabay.com/de/) oder Unsplash (https://unsplash.com) müssen Sie vorsichtig sein, da nicht sicher ist, ob der jeweilige Künstler auch der Urheber des Werkes ist oder andere Urheber- beziehungsweise Markenrechte etc. verletzt (alle abgerufen am 03.01.2021 zwischen 11.30 Uhr und 11.45 Uhr).
19. Genauere Informationen finden Sie hier: https://wirtschaftslexikon.gabler.de/definition/nutzungsrecht-42079 (abgerufen am 01.01.2021 um 09.21 Uhr).
20. Weitere Erläuterungen zu CC-Lizenzen finden Sie auf der Website der CC-Organisation: https://creativecommons.org/licenses/?lang=de (abgerufen am 01.01.2021 um 08.36 Uhr).
21. Jenny Habermehl (2024): KI für Kreative. Rheinwerk, S. 274.
22. Jenny Habermehl (2024): KI für Kreative. Rheinwerk, S. 276.
23. Eine tolles Einsteigerbuch, in dem Sie die grafischen Möglichkeiten Ihre Vortragssoftware kennenlernen, ist von Anosh Soltani (2018): Einzigartige Grafiken gestalten mit PowerPoint. O'Reilly, o.S. Der Autor konzentriert sich in seinem Buch zwar auf PowerPoint; allerdings sind viele Tipps auch auf Keynote (das Mac-Pendant zu PowerPoint) übertragbar.

24. Joseph Williams und Joseph Bizup (2016): Style – Lessons in Clarity and Grace, 12th edition. Longmann, o.S.
25. Nancy Duarte (2012): HBR Guide to Persuasive Presentations. Harvard Business Review Press, S. 117–121.
26. Gene Zelazny (2009): Das Präsentationsbuch, 3. Überarbeitete und erweiterte Auflage. Campus, S. 40 ff.
27. Chris Anderson (2017): TED Talks – Die Kunst der öffentlichen Rede, 2.Auflage. Fischer, S. 143.

Gute Diagramme 9

Die Wahrheit erkennen Sie immer an ihrer Schönheit und Einfachheit.

Richard Feynman [1]

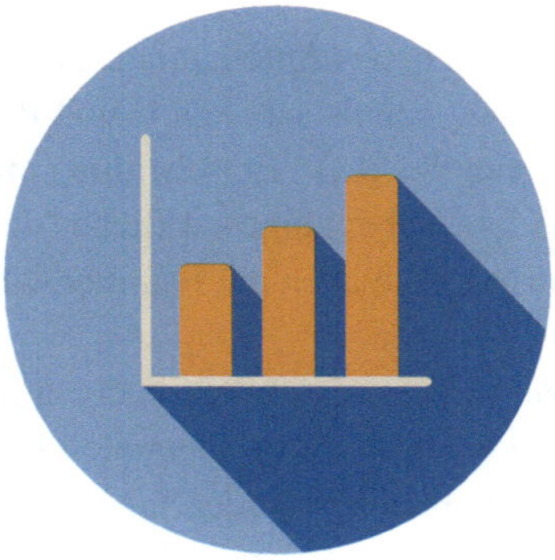

Unser heutiges Geschäftsleben ist von vielen Zahlen geprägt. Wir sammeln, bearbeiten und werten viele Daten aus, die häufig die Grundlage für Entscheidungen sind. Deshalb ist es für die meisten Manager ungewöhnlich, wenn ein Business-Vortrag keine Zahlen oder Diagramme enthält.

Mit den richtigen Daten können Sie Ihre Ideen gut untermauern. Aber dazu müssen Sie sicherstellen, dass Ihr Publikum diese ebenfalls versteht. Das Problem dabei: Weil sich ein Referent bereits vorab detailliert mit den Inhalten beschäftigt hat, geht er automatisch davon aus, dass die Zahlen für alle Teilnehmer ebenso verständlich sind wie für ihn selbst –

B. Gebhardt, *Tipps und Tricks für erfolgreiche Präsentationen*,
https://doi.org/10.1007/978-3-662-72376-0_9

der *Fluch des Wissens* hat wieder zugeschlagen. Deshalb gelten für den Umgang mit Daten vor allem zwei Prinzipien: Einfach und klar.

In diesem Kapitel kümmern wir uns darum, wie Sie Ihre Daten anschaulich und leicht verständlich visualisieren. Dabei behandeln wir folgende Inhalte:

- Welche Diagrammtypen gibt es und wann setze ich sie ein?
- Benötige ich immer ein Diagramm, wenn ich Daten zeigen möchte?
- Welche Fehler können bei der Verwendung von Diagrammen auftreten und wie vermeide ich sie?

Bevor ein Referent gute Datenfolien erstellen kann, muss er sich zunächst Gedanken über sein Datenmaterial machen. Konkret: *Welche* Daten sind für das Publikum relevant? Erst wenn ihm das klar ist, kann er entscheiden, wie er diese Zahlen am besten visualisiert. Deshalb beginnen wir mit drei grundlegenden Schritten, die uns helfen, die richtigen Daten für ein gutes Diagramm auszuwählen.

9.1 In drei Schritten zum guten Diagramm

Stellen Sie sich vor, Sie wollen ein neues Auto kaufen. Zu Hause vergleichen Sie die verschiedenen Modelle: Ausstattung, technische Details und Preise. Doch weil Ihre Familie ebenfalls eine Rolle spielt, können Sie diese Entscheidung nicht allein treffen – Ihr Traum ist zwar ein Sportwagen; aber der ist aber keine wirkliche Alternative, weil Sie drei Kinder haben. Ihre Überlegungen müssen also auch die Familienwünsche – den **Nutzen** für Ihre Zuhörer – einbeziehen.

Spinnen wir die Geschichte weiter: Als nächstes zeigen Sie Ihren Angehörigen all die Informationen, die Sie über Ihr Wunsch-Auto gesammelt haben – in einer langen Datentabelle. Wahrscheinlich wäre Ihre Familie mit der Tabelle im ersten Moment überfordert, weil sie sich zunächst einen ersten Überblick verschaffen muss: Was bedeuten die Zahlen überhaupt? Geht es um den Motor, den Innenraum oder den Benzinverbrauch? Wie hängt das alles zusammen? Und was geht mich das an?

Das erklären Sie Ihrer Familie schon, meinen Sie? Das klappt aber nur, wenn sich Ihr Partner und die Kinder überhaupt für Ihre Zahlen interessieren. Fast immer sind nicht die harten Fakten, sondern eher Details wie Farbe, Design oder die Automarke für die Entscheidung ausschlaggebend.

Genau das passiert auch in Vorträgen: Der Referent zeigt eine große Menge an gesammelten Daten. Die müssen die Zuhörer zunächst erfassen, bewerten und anschließend in ihren Köpfen verarbeiten. Parallel dazu erläutert der Redner bereits einige Zahlen. Und wenn Sie Glück haben, sind das Anmerkungen, die für Sie tatsächlich interessant sind. Die Krux: Unser Gehirn leistet dabei geistige Schwerstarbeit, weil es gleichzeitig mehrere Aufgaben erledigen muss – lesen, hören und begreifen. Und bevor die Zuhörer die Zahlen erfasst und verstanden haben, spricht der Referent meist schon über die nächste Folie.

Deshalb dürfen Sie Ihre komplette Datenbasis – Ihre *Rohdaten* – niemals vollständig und ohne visuelle Aufbereitung einem Publikum zeigen. Präsentieren Sie nur die Zahlen, die es wirklich sehen will und muss. Zeigen Sie eine übervolle Datenfolie auf der großen Leinwand, haben die Menschen im Gegensatz zu einem Buch nicht genügend Zeit, um sich darin zu vertiefen. Deshalb müssen Ihre Zahlen eine klare Botschaft vermitteln. Anders gesagt: *Bei jeder Datenfolie geht es nicht um die Daten selbst. Es geht um ihre Bedeutung*. Wenn Sie mit den richtigen Zahlen beweisen, dass Sie mit dem eingesparten Geld bei der Wahl Ihres neuen Autos den nächsten Familien-Urlaub finanzieren können, dann ist das für alle Beteiligten sicherlich ein guter Grund, Ihrem Vorschlag zuzustimmen.

Vielen Referenten ist der Unterschied zwischen reinen Daten und ihrer Bedeutung nicht bewusst. Erinnern Sie sich an einen Vortrag, bei dem der Redner minutenlang über ein Diagramm sprach und Sie am Schluss immer noch nicht wussten, was die Folie eigentlich aussagen sollte? Das Publikum darf niemals über den Sinn Ihrer Datenfolie rätseln.

Um das zu vermeiden, gibt es eine bewährte Vorgehensweise, um gute Diagramme zu erstellen:

1. *Aussage:* Sie müssen genau wissen, was Sie mit den Daten aussagen wollen. Im Normalfall ist das Ihre Kernaussage. Anschließend prüfen Sie, wie gut die Zahlen Ihre Botschaft unterstützen
2. *Darstellung:* Sobald Sie Ihre Aussage kennen und die passenden Zahlen haben, überlegen Sie sich, wie Sie die Daten am besten visualisieren
3. *Bedeutung:* Schlagen Sie mit der Geschichte hinter den Daten – Ihrem Kontext – die Brücke zu Ihren Teilnehmern, sodass ihr Interesse an den Zahlen geweckt ist und sie die Bedeutung verstehen

Diese drei Schritte – Aussage, Darstellung, Bedeutung – sind das Geheimnis einer guten Datenvisualisierung (s. Abb. 9.1), mit der Sie das Publikum auf der analytischen Ebene vom Nutzen Ihre **„Großen Idee"** überzeugen. In den folgenden Abschnitten gehen wir auf jeden Schritt genauer ein [2].

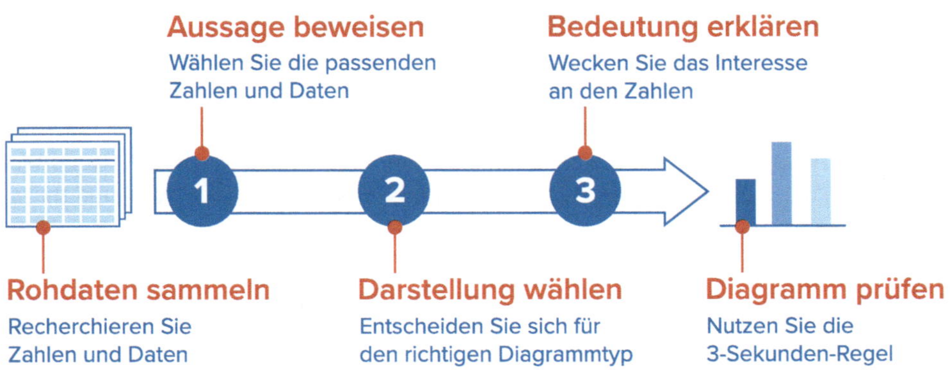

Abb. 9.1. Von den Rohdaten zum Diagramm – die drei Schritte zur Erstellung einer guten Datenfolie

Und wie können Sie überprüfen, wie gut Ihr Diagramm am Ende wirklich ist? Wenden Sie als ultimativen Test die **3-Sekunden-Regel** an: Zeigen Sie es einfach einem Kollegen! Innerhalb von drei Sekunden sollte er verstanden haben, was das Diagramm aussagt. Das ist auch ein vorzüglicher Test für gute Folien.

9.2 Was will ich sagen?

Es mag sich merkwürdig anhören, aber der erste Schritt bei der Erstellung einer Datenfolie hat mit Daten oder Zahlen nichts zu tun. Er beginnt mit einer einfachen Frage: Welche Aussage möchte ich mit meinen Daten untermauern – *um was geht es?* Meist handelt es sich um einen **Vergleich,** den Sie ziehen. Oder ein **Fazit,** das Sie mit den Daten belegen wollen.

Vielleicht kommt Ihnen diese Frage bekannt vor: Wir haben sie bereits angewendet, um die **Kernaussage** des Vortrags zu finden (s. Abschn. 4.2 – *Die Kernaussage*). Aber bei Zahlen und Daten ist es für den Referenten noch wichtiger, ein deutliches Bild von dem zu haben, was er dem Publikum mitteilen will. Denn: Eine klare Aussage hilft nicht nur, die richtige Darstellungsform zu wählen. Sie hilft auch bei der Entscheidung, welche Zusammenhänge zwischen den Daten die Zuhörer wirklich verstehen müssen.

Das klingt ziemlich einfach. Aber warum zeigen viele Referenten in ihren Vorträgen immer noch unübersichtliche Folien mit zu vielen Zahlen oder komplizierten Diagrammen?

Die Datenexpertin **Cole Nussbaumer Knaflic** erklärt das mit einem schönen Bild: Der Umgang mit dem Datenmaterial ist vergleichbar mit dem Öffnen von Austern. Möglicherweise müssen wir hundert Austern öffnen, um eine schöne Perle zu finden – das bedeutet, in Büchern zu recherchieren, viele Hypothesen aufzustellen oder Versuche durchzuführen. Sie nennt das die **erforschende Analyse** [3].

Häufig nehmen wir an, dass wir unser Publikum am Öffnen der Austern teilhaben lassen müssen. Denn nach all unseren Mühen ist es verlockend, den Zuhörern unseren Aufwand bei der Recherche und beim Nachdenken zu zeigen. Das bedeutet nicht, dass Sie darüber kein Wort verlieren dürfen – in wissenschaftlichen Vorträgen erwarten die Teilnehmer, dass ihnen der Redner darlegt, auf welchem Weg er zu seinen Erkenntnissen gelangt ist.

Aber: Das, was unser Publikum wirklich interessiert, ist die Perle, die wir gefunden haben. Und wenn wir unseren Fund mit den Zuhörern teilen, dann sollten wir einem **erklärenden Ansatz** folgen, der die Bedeutung unseres Ergebnisses herausstellt. Kurz: Welche Geschichte steckt hinter den Daten? Konzentrieren Sie sich auf die Perle, die Ihr Publikum kennen muss. *Zeigen Sie Daten nur dann, wenn sie dem Publikum eine neue Erkenntnis vermitteln.* Andernfalls lassen Sie sie weg.

Sehen wir uns an zwei Beispielen an, wie wichtig es ist, dass Sie Ihre Aussage und die Bedeutung für das Publikum kennen.

Das erste Beispiel zeigt eine Tabelle, die die Umsätze von fünf Produkten auflistet (s. Abb. 9.2). Je nachdem, welche Daten Sie hervorheben, treffen Sie eine andere Aussage. Auf diese Weise legen Sie fest, worauf sich Ihre Zuhörer konzentrieren sollen.

Umsatz

	Q 1	Q 2	Q 3	Q 4	Total
Produkt 1	17%	10%	-3%	5%	29%
Produkt 2	22%	-7%	26%	-15%	26%
Produkt 3	16%	-5%	1%	7%	19%
Produkt 4	-18%	-7%	25%	3%	3%
Produkt 5	12%	6%	-14%	-9%	-5%

Diese Tabelle hebt das erste Quartal hervor, um zu zeigen, dass es das erfolgreichste war

Umsatz

	Q 1	Q 2	Q 3	Q 4	Total
Produkt 1	17%	10%	-3%	5%	29%
Produkt 2	22%	-7%	26%	-15%	26%
Produkt 3	16%	-5%	1%	7%	19%
Produkt 4	-18%	-7%	25%	3%	3%
Produkt 5	12%	6%	-14%	-9%	-5%

Diese Tabelle betont, dass das Produkt 5 einen negativen Beitrag zum Umsatz liefert

Umsatz

	Q 1	Q 2	Q 3	Q 4	Total
Produkt 1	17%	10%	-3%	5%	29%
Produkt 2	22%	-7%	26%	-15%	26%
Produkt 3	16%	-5%	1%	7%	19%
Produkt 4	-18%	-7%	25%	3%	3%
Produkt 5	12%	6%	-14%	-9%	-5%

Hier sehen die Betrachter, zu welchem Zeitpunkt bei welchem Produkt der Umsatz gesunken ist

Umsatz

	Q 1	Q 2	Q 3	Q 4	Total
Produkt 1	17%	10%	-3%	5%	29%
Produkt 2	22%	-7%	26%	-15%	26%
Produkt 3	16%	-5%	1%	7%	19%
Produkt 4	-18%	-7%	25%	3%	3%
Produkt 5	12%	6%	-14%	-9%	-5%

Die hervorgehobene Spalte zeigt den Anteil jedes Produkts am Gesamtumsatz

Umsatz

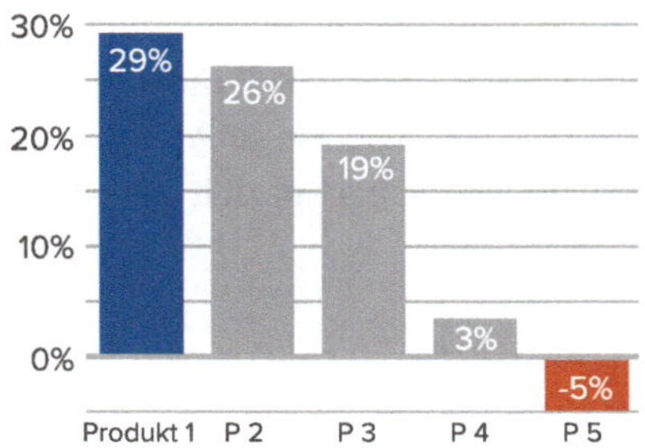

Produkt 1 besitzt am Gesamtumsatz den **größten Anteil** mit

29%

Je nachdem, welche Aussage Sie betonen möchten, ist eine andere Darstellung geeigneter. Die rechte Folie kommuniziert die Schlussfolgerung aus den Daten, wogegen die linke den Vergleich der Daten ermöglicht

Abb. 9.2 Eine Tabelle – unterschiedliche Aussagen. Welche wollen Sie dem Publikum vermitteln?

Abb. 9.3 Ohne klare Aussage interpretiert ein Publikum die gezeigten Daten nach seinen Interessen

Dieses Beispiel zeigt aber auch deutlich, was passiert, wenn der Referent seine Aussage nicht genau kennt: Es besteht die Gefahr, dass das Publikum seine eigenen Schlüsse aus den Daten zieht. Und das wird es auch tun – dumm nur, wenn diese sich nicht mit der Botschaft deckt, die der Referent vermitteln wollte. Gerade bei Datenfolien gilt: *Kommen Sie auf den Punkt!* Aber auf den richtigen. Wie schnell das Publikum eine andere Bedeutung aus einem Diagramm ableitet als vom Referenten beabsichtigt, zeigt das zweite Beispiel.

Nach einem Umsatzeinbruch im März führte der Vertriebsleiter in seinem Team mehrere Verkaufsschulungen durch. Da dies zu diesem Zeitpunkt die einzige Maßnahme im Unternehmen war, schrieb er den Grund für den folgenden Umsatzanstieg seinen Schulungen zu. Deshalb wollte er ein größeres Schulungsbudget einwerben. Dazu zeigte er die linke Folie in Abb. 9.3. Die anwesenden Manager sahen zwar, dass sich der Umsatz erholt hatte, aber keinen Anlass, das Budget zu erhöhen. Um das zu vermeiden, hätte der Referent deutlich auf den Zeitpunkt der Schulungen und ihre Bedeutung für den Umsatzanstieg hinweisen müssen.

Die beiden Beispiele verraten uns aber noch mehr. Betrachten Sie die Aussagen im ersten Beispiel: Sie beschreiben alle einen Vergleich der Daten. Dagegen geht es im zweiten Beispiel um Schlussfolgerungen (das Fazit), die die Teilnehmer aus den Daten ziehen sollten. Das bedeutet: *Jede Aussage enthält entweder einen Vergleich zwischen den Daten oder ein Fazit, das sich aus diesem Vergleich ergibt.* Diesen Unterschied müssen Sie immer beachten, sobald Sie mit einer Datenbasis arbeiten. Und wie Sie in Abb. 9.2 unten sehen, hilft er Ihnen sogar bei der Frage, wie Sie Ihre Botschaft gezielt visualisieren können.

ÜBUNG
Ein Referent zeigt in seinem Vortrag die Datenfolie, die Sie in Abb. 9.4 sehen. Welche Aussage steckt darin?

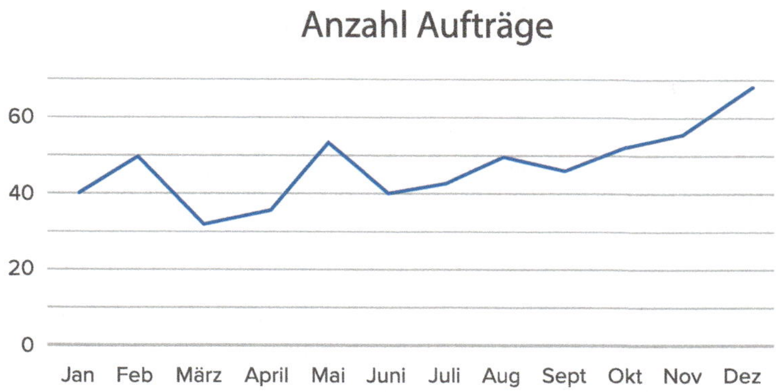

Abb. 9.4 Die Anzahl der eingegangenen Aufträge eines Unternehmens innerhalb eines Jahres

Das ist eine gemeine Frage. Denn in dem Diagramm stecken mehrere Aussagen wie

1. Die Anzahl der Aufträge hat insgesamt zugenommen (Fazit)
2. Die monatliche Anzahl der Aufträge schwankt (Vergleich)
3. Der Dezember war mit 69 Aufträgen der erfolgreichste Monat (Fazit)
4. In drei Monaten des Jahres ging die Anzahl der Aufträge zurück (Vergleich)
5. Im vierten Quartal hat die Anzahl der Aufträge stark zugenommen (Vergleich)

Machen Sie in Ihrem Diagramm und in Ihren Ausführungen deutlich, welche Aussage die Daten belegen sollen. Eine Möglichkeit ist, dass der Folientitel nicht aus Stichworten, sondern aus Ihrer Aussage besteht. Also beispielsweise *Im vierten Quartal gab es einen starken Auftragseingang* anstelle von *Anzahl Aufträge*.

► **PRAXISTIPP** Wenn Sie wissen, welche weiteren Aussagen sich in Ihrem Diagramm verstecken, können Sie bereits mögliche Fragen Ihres Publikums erkennen und sich darauf vorbereiten. Vielleicht möchte ein Teilnehmer den Grund wissen, warum im ersten Halbjahr die Anzahl der Aufträge so stark schwankt?

Natürlich ist es verführerisch, nur diejenigen Daten zu zeigen, die die eigene Aussage unterstützen. Und alle anderen zu ignorieren. Tun Sie das nicht. *Bleiben Sie bei der Wahrheit!* Ihr wichtigstes Kapital, das Sie als Referent besitzen, ist Ihre **Glaubwürdigkeit.** Und die schließt nicht nur Ihre Daten, sondern auch den Umgang mit ihnen ein. Gerade bei Daten und Zahlen wird das Publikum diese Einseitigkeit sofort durchschauen. Weil Manager täglich mit Zahlen arbeiten und es gewohnt sind, sie kritisch zu hinterfragen. Verschleiern Sie nichts und lassen Sie das Publikum sein eigenes Urteil bilden. Vertrauen Sie den Teilnehmern und zeigen Sie ihnen, dass Sie sich mit allen Standpunkten auseinandergesetzt haben. Indem Sie das gesamte Datenmaterial nutzen, betonen Sie die hohe Güte Ihrer gefundenen Perle.

9.3 Die richtige Darstellung: Nicht-Diagramme

Nachdem Sie jetzt wissen, welche Aussage Sie mit Ihren Daten untermauern wollen, müssen Sie sich im zweiten Schritt überlegen, wie Sie die Zahlen passend visualisieren, damit die Zuhörer dieselben Schlüsse aus ihnen ziehen wie Sie. Im beruflichen Umfeld denken viele Menschen zuerst an Diagramme oder Grafiken. Allerdings gibt es auch andere Möglichkeiten – ich nenne sie die „Nicht-Diagramme".

Nicht-Diagramme sind unschlagbar, wenn Sie eine Erkenntnis oder ein **Fazit** vermitteln möchten. Dann setzen Sie beispielsweise reine Textfolien oder einfache Grafiken ein. **Diagramme** wie Balken- oder Liniendiagramme zeigen ihre Stärke, sobald Sie zwischen Daten einen **Vergleich** ziehen möchten. Tabellen können Sie für beides verwenden. Ich zähle sie zu den Nicht-Diagrammen, da sie – im Gegensatz zu Diagrammen – für die Darstellung großer Datenmengen weniger geeignet sind. Über Grafiken haben wir bereits in Abschn. 8.5 – *Bilder und Grafiken* gesprochen; deshalb konzentrieren wir uns an dieser Stelle auf die anderen Darstellungsformen.

Doch welche Darstellungsform soll ich nun wählen – Textfolien, Diagramme oder Tabellen? Wie wir gleich sehen werden, ist die Antwort auf diese Frage nicht schwer, denn es sind immer dieselben Grundtypen, die für die meisten Anwendungen ausreichen. Spannend wird es danach: Dann muss der Referent entscheiden, ob seine Wahl die Aussage am besten unterstützt oder ob eine andere Darstellung seine Botschaft noch besser transportiert. Übrigens: Auch bei dieser Entscheidung leisten Ihnen **Skizzen** (s. Kap. 7 – *Die Macht der Bilder*) gute Dienste!

Noch eine Anmerkung: Sämtliche Beispiele stammen aus echten Vorträgen; ich habe lediglich die Zahlen verfremdet.

9.3.1 Textfolien

Wenn das Fazit, das Sie aus Ihren Daten ziehen, nur aus ein oder zwei Zahlen besteht: Wozu ein aufwendiges Diagramm verwenden? Eine **Textfolie** stellt die Bedeutung Ihrer Schlussfolgerung klarer als jede Grafik heraus. Zeigen Sie die Zahlen so prominent wie möglich und fügen Sie eine erläuternde Erklärung hinzu. Ein Beispiel haben Sie bereits in Abb. 9.2 (unten) kennengelernt. Ein weiteres Beispiel sehen Sie in Abb. 9.5: Es zeigt die Marktanteile eines Unternehmens in den Jahren 1990 und 2010.

Auf der linken Seite sehen Sie eine einfache Grafik, die für die beiden ermittelten Zahlen viel Text und Platz verwendet. Allerdings ist die eigentliche Darstellung für das Verständnis der Zahlen nicht entscheidend. Im Gegenteil: Durch die Platzierung der Werte außerhalb der Balken kann es sogar zu einer visuellen Verzerrung des Höhenunterschieds zwischen den Säulen kommen, weil der Betrachter nicht klar erkennt, dass 20 weniger als die Hälfte von 41 ist. Dabei genügt anstelle der Grafik ein einfacher Satz, um das Ergebnis zu beschreiben: „2010 lag unser Marktanteil bei 20 %, 1990 hingegen bei 41 %". In der Abbildung sehen Sie, wie die Datenfolie aussehen könnte.

Abb. 9.5 Die Marktanteile eines Unternehmens – links die ursprüngliche Grafik, rechts die Darstellung als Textfolie

Sie können auch einen anderen Aspekt betonen, beispielsweise den Verlust von 21 % in den Marktanteilen. Wenn Sie das tun, müssen Sie behutsam vorgehen: Sobald Sie bei der Darstellung mehrerer Zahlen die Aussage auf eine einzige Zahl reduzieren, achten Sie darauf, dass Ihr Publikum den Kontext nicht verliert. In diesem Beispiel ist für viele Manager vor allem die Höhe der Marktanteile interessant, damit sie die Veränderung verstehen und interpretieren.

Wenn Sie mehr als zwei Zahlen darstellen möchten, dann sind anstelle einer Textfolie Tabellen oder Diagramme die bessere Wahl. Allerdings geht unser Gehirn mit diesen Darstellungen unterschiedlich um. Sehen wir uns das genauer an.

9.3.2 Tabellen

Tabellen sind ein großartiges Mittel, um diejenigen Daten, die Sie beim Öffnen der Austern gefunden haben, zu dokumentieren und zu ordnen. Solange Sie diese Tabellen als Arbeitsgrundlage nutzen, um daraus eine Datenfolie zu erstellen, gibt es dagegen nichts einzuwenden. Allerdings wird es problematisch, sobald Sie Ihre Tabelle mit den Rohdaten ohne Aufbereitung in einem Vortrag zeigen: Häufig ist es für die Teilnehmer schwierig, das Wesentliche in den Zahlenkolonnen zu erkennen.

Das liegt nicht nur an der Anzahl der geöffneten Austern. Der Grund ist, dass wir Tabellen mit unserem **verbalen System** aufnehmen: Wir *lesen* sie wie ein Buch. Dafür sind Tabellen gut: Jeder Teilnehmer kann die Inhalte betrachten, die für ihn interessant sind. Müssen Sie Werte mit verschiedenen Maßeinheiten vermitteln, ist eine Tabelle besser geeignet als ein Diagramm. Und im Gegensatz zu den meisten Diagrammen beinhalten Tabellen präzise Werte. Oder als Texttabellen auch viel Text.

Aber: Das Verstehen von Tabellen ist für unser Gehirn Schwerstarbeit. Zuerst lesen wir die Tabellenüberschrift, damit wir wissen, um was es geht. Dann wandert unser Blick über die Daten, um uns einen ersten Eindruck von ihnen zu verschaffen. Anschließend betrachten wir die Spalten- und Zeilentitel, um den Tabellenaufbau zu verstehen. Unser Blick schweift zurück zu den Daten und erst jetzt beginnen wir, uns mit ihnen zu beschäftigen.

Dieser Ablauf erfordert viel Konzentration. Manchmal sehen Sie im Publikum Teilnehmer, die mit ihrem Zeigefinger eine Tabellenzeile in der Luft nachfahren. Oder sie verharren mit ihrem Finger an einer Stelle und vergleichen die Werte in den Spalten. Das führt zu einem großen Manko: In diesen Momenten ist das Publikum mental nicht beim Vortragenden.

Deshalb ist die optische Aufbereitung einer Tabelle ebenso wichtig wie ihre Inhalte. Leider legen viele Referenten mehr Wert auf die Zahlen als auf die Gestaltung; das Ergebnis sieht häufig aus wie in Abb. 9.6 links oben. Eine solche Darstellung macht es unseren Augen noch schwerer, die Tabelle zu lesen, weil sie die störenden Elemente erst herausfiltern müssen.

Wenn Sie eine Tabelle zeigen, ist es wichtig, dass die Daten im Mittelpunkt stehen und die Darstellung in den Hintergrund rückt. Gestalten Sie das Gitternetz oder die Spaltenüberschriften bewusst neutral, indem Sie keine fetten Linien oder Schatteneffekte einsetzen. Verwenden Sie stattdessen dünne Linien und neutrale Farben. Dadurch treten die Inhalte in den Vordergrund – wie Sie in Abb. 9.6 sehen, sind dadurch die Daten besser lesbar.

Bitte verzichten Sie auf Rahmen – sie lenken die Aufmerksamkeit ebenfalls unnötig ab. Falls Ihr Vorgesetzter auf einen Rahmen besteht, dann verwenden Sie anstelle von Schwarz beispielsweise eine Farbe aus dem Firmenlogo. Das gilt auch, wenn Ihr Publikum Rahmen

	Wert A	Wert B	Wert C
Gruppe 1	X.X€	YY%	ZZkm
Gruppe 2	X.X€	YY%	ZZkm
Gruppe 3	X.X€	YY%	ZZkm
Gruppe 4	X.X€	YY%	ZZkm
Gruppe 5	X.X€	YY%	ZZkm

Starkes Gitternetz: Die Daten rücken in den Hintergrund

	Wert A	Wert B	Wert C
Gruppe 1	X.X€	YY%	ZZkm
Gruppe 2	X.X€	YY%	ZZkm
Gruppe 3	X.X€	YY%	ZZkm
Gruppe 4	X.X€	YY%	ZZkm
Gruppe 5	X.X€	YY%	ZZkm

Schwaches Gitternetz: Die Daten erhalten mehr Aufmerksamkeit

	Wert A	Wert B	Wert C
Gruppe 1	X.X€	YY%	ZZkm
Gruppe 2	X.X€	YY%	ZZkm
Gruppe 3	X.X€	YY%	ZZkm
Gruppe 4	X.X€	YY%	ZZkm
Gruppe 5	X.X€	YY%	ZZkm

Minimales Gitternetz: Durch den Raum entstehen vertikale Kolonnen

	Wert A	Wert B	Wert C
Gruppe 1	X.X€	YY%	ZZkm
Gruppe 2	X.X€	YY%	ZZkm
Gruppe 3	X.X€	YY%	ZZkm
Gruppe 4	X.X€	YY%	ZZkm
Gruppe 5	X.X€	YY%	ZZkm

Kein schwarzer Rahmen! Oder ist die Tabelle eine Traueranzeige?

Abb. 9.6 Die Wirkung von Gitternetzlinien beeinflusst, wie anstrengend die Daten zu lesen sind

	Wert A	Wert B	Wert C
Gruppe 1	X.X€	YY%	ZZkm
Gruppe 2	X.X€	YY%	ZZkm
Gruppe 3	X.X€	YY%	ZZkm
Gruppe 4	X.X€	YY%	ZZkm
Gruppe 5	X.X€	YY%	ZZkm

Das ist eine Kolonne. Wenn Sie sie farblich hinterlegen, steuern Sie den Blick eines Betrachters

	Wert A	Wert B	Wert C
Gruppe 1	X.X€	YY%	ZZkm
Gruppe 2	X.X€	YY%	ZZkm
Gruppe 3	X.X€	YY%	ZZkm
Gruppe 4	X.X€	YY%	ZZkm
Gruppe 5	X.X€	YY%	ZZkm

Trennlinien zwischen den Werten führen das Auge und erleichtern die Lesbarkeit

Die farbliche Hinterlegung einer Zeile ist eine Alternative zu Trennlinien

Abb. 9.7 Farblich hinterlegte Kolonnen und Trennlinien erleichtern die Lesbarkeit bei großen Datenmengen

gewohnt ist, etwa in wissenschaftlichen Vorträgen – sie sind dort ebenfalls nicht erforderlich. Genauso wenig wie bei Grafiken, Bildern oder Diagrammen.

Wie wir bereits wissen, liest ein Betrachter die Tabelle zeilenweise. Weil aber meistens der Abstand zwischen den Spalten größer ist als zwischen den Zeilen, entstehen optisch sogenannte Kolonnen. Das sind vertikale Säulen, die untereinanderstehenden Text oder Zahlen enthalten (s. Abb. 9.7). Das bedeutet, dass Sie meistens auf vertikale Trennlinien verzichten können, sobald Sie Ihre Daten in den Spalten ausgerichtet haben. Und wenn Sie die Kolonnen farbig hinterlegen, steuern Sie gezielt die Aufmerksamkeit des Publikums auf bestimmte Inhalte.

Wie Sie in Abb. 9.7 sehen, funktioniert das auch bei Zeilen. Gerade bei großen Tabellen ist es wichtig, dass Sie den Blick eines Betrachters führen – ähnlich, wie das Serifen bei Schriften tun. Bei Tabellen setzen Sie entweder horizontale Trennlinien zwischen den Werten ein oder Sie hinterlegen die gesamte Tabellenzeile farbig. Das erhöht die Lesbarkeit deutlich. Weitere Beispiele für die Anwendung von horizontalen und vertikalen Kolonnen sehen Sie in Abb. 9.2.

► **PRAXISTIPP** Abschließend noch zwei persönliche Erfahrungen: Tabellen im Querformat sind angenehmer zu lesen als schlanke, hochstehende Tabellen mit wenigen Spalten. Und: Die Größe meiner gezeigten Tabellen liegt bei maximal fünf Zeilen und fünf Spalten. Mehr ist häufig nicht nötig und das Publikum kann diese Datenmenge schnell aufnehmen. Zusätzlich zwingt mich diese Beschränkung zu einer überlegten Auswahl, welche Daten ich wirklich zeigen muss. Falls diese Größe nicht ausreicht, dann sind möglicherweise ein Diagramm oder eine Grafik geeigneter, um meine Aussage zu unterstützen.

Manchmal macht eine zu einfache Darstellung einige Teilnehmer misstrauisch, weil sie dahinter geschönte Marketingdaten vermuten. Wenn sie nach den Rohdaten fragen, die Ihren Tabellen oder Diagrammen zugrunde liegen, dann achten Sie darauf, dass Sie ihnen Ihre Datenbasis liefern können – beispielsweise in einem Handout. Oder als Folie in Ihrem Vortrags-Backup. Aber zeigen Sie die Rohdaten *niemals* während des Vortrags.

Eine besondere Form von Tabellen sind die Heatmaps, die wir uns im nächsten Abschnitt genauer ansehen.

9.3.3 Heatmap

Den meisten meiner Schulungsteilnehmer zucken nur mit den Schultern, wenn ich sie frage, was eine Heatmap ist. Geht es Ihnen ähnlich? Die bekannteste Heatmap kennen Sie alle – es handelt sich um die Statusampel, die viele Referenten in Projekt-Reportings verwenden. Sie ist aufgebaut wie eine Verkehrsampel und besitzt ein rotes, gelbes und grünes Signal. Je nach Status bedeutet das rote Signal, dass der Projektstand kritisch ist. Grün heißt, dass alles planmäßig läuft und gelb ist ein Zustand irgendwo dazwischen.

Die **Heatmap** kombiniert den Aufbau einer Tabelle mit visuellen Hinweisen. Anstelle oder zusätzlich zu den Werten verwendet sie gefärbte Zellen, die die relative Größe der Zahlen anzeigen. Das erleichtert das Verständnis für den Betrachter erheblich. Beispielsweise ist die Statusampel eine einspaltige Tabelle mit drei Zeilen; weil die Farben für sich selbst sprechen, sind ein erklärender Zeilentitel oder textuelle Hinweise in den Ampelsignalen nicht mehr notwendig.

Sehen wir uns zwei weitere Beispiele an, wie Sie Heatmaps noch anwenden können.

Abb. 9.8 zeigt dieselben Daten in Form einer Tabelle und einer Heatmap. In der Tabelle versucht das Publikum zu verstehen, was die Zeilen und Spalten aussagen und wo die Zahlen höher oder niedriger sind. Gleichzeitig ordnen die Zuhörer gedanklich die einzelnen Kategorien der Tabelle nach ihrer Wichtigkeit.

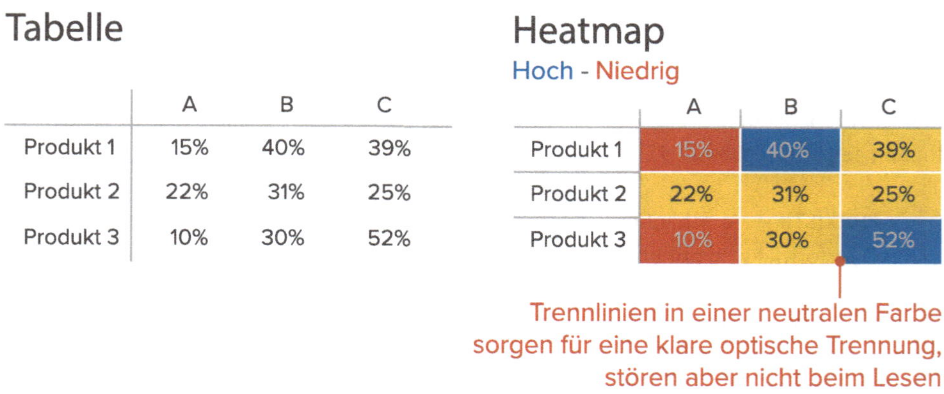

Abb. 9.8 Dieselben Daten, dargestellt als Tabelle und als Heatmap

Sobald wir bestimmte Zellen der Tabelle farblich kennzeichnen, machen wir es unserem Gehirn leichter. Die visuellen Hinweise helfen den Teilnehmern, die interessanten Punkte schneller zu finden. In dem Beispiel sind bei der Heatmap die größeren Zahlen blau und die niedrigeren Zahlen orange hinterlegt (erinnern Sie sich noch an den Abschn. 8.3.5 – *Farbenblindheit*?). So kann das Publikum die Spanne zwischen der höchsten und der niedrigsten Zahl schneller erfassen – im Gegensatz zur Tabelle, in der es diese Zahlen erst suchen und einordnen muss.

Wichtig: Im Gegensatz zur Statusampel sind die Farben in den meisten Heatmaps nicht selbsterklärend. Das bedeutet, dass Sie immer eine Legende hinzufügen sollten, damit das Publikum die Daten interpretieren kann. In diesem Fall macht das der Untertitel *Hoch – Niedrig*, wobei die Farbe der Wörter mit der Farbe in den Zellen übereinstimmt. Tipp: Starke Farben wie Rot und Grün besitzen in ihrem direkten Zusammenspiel einen hohen Kontrast, der die Augen beim Lesen schnell ermüden lässt. Das vermeiden Sie, indem Sie zwischen den Zellen Trennlinien in einer neutralen Farbe anwenden. Wie das wirkt, sehen Sie in Abb. 9.9.

Das zweite Beispiel handelt von einem Projekt, bei dem ein Unternehmen eine neue Computersoftware einführte. Dabei mussten die beteiligten Fachteams mehrere festgelegte Testfälle durchspielen, um mögliche Probleme zu entdecken. Um den Auftraggebern den jeweils aktuellen Stand der Tests zu zeigen, entschied sich der Projektleiter, diesen in Form einer Heatmap zu visualisieren.

Wie Sie in Abb. 9.9 sehen, sind die farblichen Angaben ausreichend, damit sich die Entscheider ein Bild über den Fortschritt machen konnten. Natürlich können Sie die Heatmap auch durch weitere Angaben ergänzen, beispielsweise durch die Namenskürzel der ein-

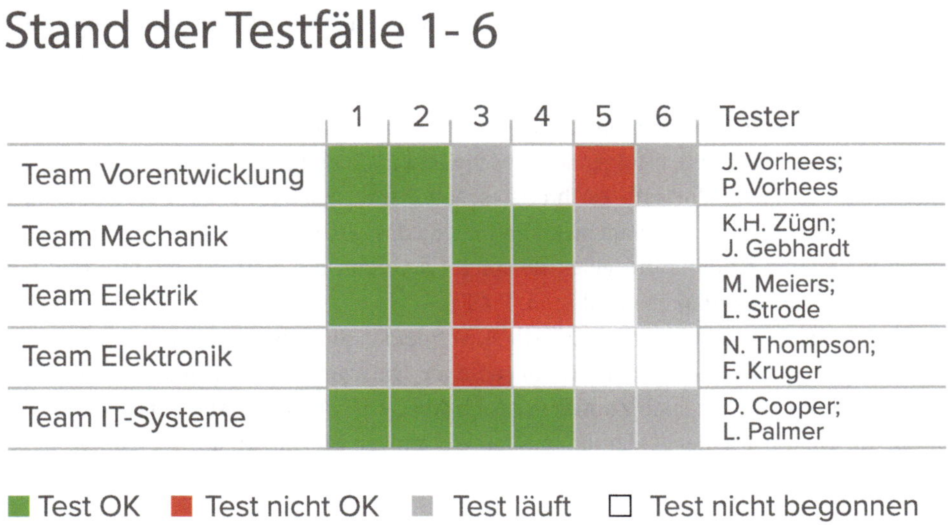

Abb. 9.9 Der Projektleiter wählte eine Heatmap, um den Status der einzelnen Testfälle für jedes Team als Übersicht zu zeigen

zelnen Tester oder durch Prozentangaben des Testfortschritts. Normalerweise ist das nicht notwendig, da Sie diese Angaben meist auf anderen Folien zeigen.

In meinen Augen besitzen Heatmaps einen einzigartigen Charme: Durch gleiche Farben entstehen Flächen, anhand derer das Publikum auf einen Blick wesentliche Inhalte erfassen und Verhältnisse abschätzen kann. Aber Vorsicht: Wir bewerten die Flächengrößen eher intuitiv. Das klappt gut, solange sich die einzelnen Größen deutlich voneinander unterscheiden. Ist das nicht der Fall, sollten Sie Heatmaps vermeiden.

9.4 Show me the numbers: Diagramme

Während wir Tabellen oder Heatmaps mit unserem langsamen verbalen System *lesen*, nehmen wir **Diagramme** mit unserem **visuellen System** wahr. Wir *sehen* die Inhalte und verarbeiten sie deshalb schneller. Das bedeutet: Ein gut gestaltetes Diagramm vermittelt seine Inhalte einfacher als eine gut gestaltete Tabelle. Aber: Woher weiß ich, welches Diagramm am besten meine Aussage unterstützt? Und wann ich anstelle einer Tabelle besser ein Diagramm einsetzen sollte?

Die Antwort auf die letzte Frage ist einfach: Ein Diagramm nutzen Sie immer dann, wenn Ihre Aussage einen **Vergleich** beinhaltet. Etwas konkreter: Entweder wollen wir innerhalb unserer Datenbasis einzelne Werte miteinander vergleichen. Oder uns interessiert, ob wir eine festgelegte Zielgröße erreicht haben. Erst danach stellt sich die Frage, welcher Diagrammtyp den Vergleich am besten visualisiert.

Der Unternehmens-Consultant **Gene Zelazny** unterscheidet fünf Arten von Vergleichen, die in Abb. 9.10 beschrieben sind [4]. Das Geniale dabei: Anhand bestimmter Schlüsselworte können Sie die **Vergleichsart** identifizieren, die in Ihrer Aussage steckt. Und sobald Sie wissen, um welchen Vergleich es sich handelt, wählen Sie das geeignete Diagramm. Welches Diagramm zu welchem Vergleich passt, sehen Sie ebenfalls in Abb. 9.10.

Richtig eingesetzt, reichen diese Diagrammtypen für die meisten Vorträge aus. Dennoch besprechen wir in den folgenden Abschnitten auch einige Sonderformen, die Ihnen manchmal begegnen. Und falls es Ihre Botschaft erfordert, können Sie Diagramme auch miteinander zu weiteren Varianten kombinieren; das gestapelte Balkendiagramm beim Strukturvergleich ist dafür ein gutes Beispiel. Es vereint das Balkendiagramm mit dem Aufbau des Kreisdiagramms (s. Abschn. 9.4.8).

Was sich einfach anhört, hat seine Tücken. Vermeiden Sie unbedingt einen verwirrenden oder verspielten Eindruck, indem Sie unpassende Diagramme miteinander kombinieren. Und nicht immer ist die erste Zuordnung nach Abb. 9.10 die beste Wahl. Das können nur Sie als Referent beurteilen. Oder um mit den Worten von Meister Yoda zu sprechen: *Weise entscheiden Du musst.*

Vergleich	Merkmale	Diagrammtyp
Struktur Beschreibt den Anteil, den einzelne Bestandteile an einer Gesamtmenge besitzen	**Schlüsselworte:** Anteil; Prozent(-satz); <X> Prozent entfielen auf… **Beispiel:** Produkt A besitzt mit 40% den größten Anteil am Gesamtumsatz	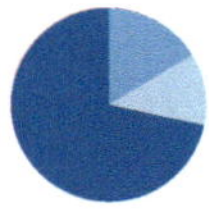
Rangfolge Bewertet einzelne Inhalte und bringt sie in eine Rangfolge	**Schlüsselworte:** Größer als…; kleiner als…; gleich; an <xxx> Stelle **Beispiel:** Bei der Anzahl verkaufter Produkte liegen wir im Vergleich mit unseren Mitbewerbern an zweiter Stelle	
Zeitreihe Beschreibt die zeitliche Veränderung eines Werts oder einer Komponente	**Schlüsselworte:** Wachsen; steigen; zunehmen; verändern; schwanken; sinken; fallen **Beispiel:** Im vierten Quartal ist die Anzahl der Aufträge gestiegen	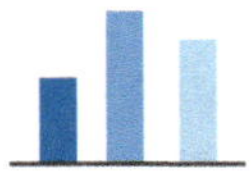 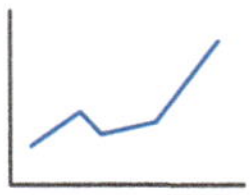
Häufigkeit Beschreibt, wie häufig ein bestimmter Inhalt in unterschiedlichen aufeinander folgenden Größenklassen auftritt	**Schlüsselworte:** Verteilung; Anteil; Bereich A bis D; Häufigkeit; Konzentration **Beispiel:** Im letzten Jahr lag die höchste Fluktuation bei Mitarbeitern zwischen 30 und 39 Jahren	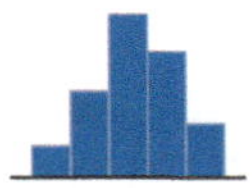 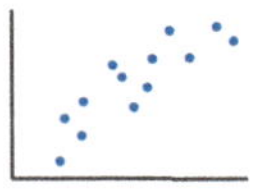
Korrelation Beschreibt das Verhalten der Beziehung zwischen zwei Werten	**Schlüsselworte:** Relativ (zu)…; parallel zu…; verändert sich (nicht) zu…; steigt nicht (mit)…; fällt (nicht) mit… **Beispiel:** Die Versicherungssummen steigen mit dem Einkommen der Kunden	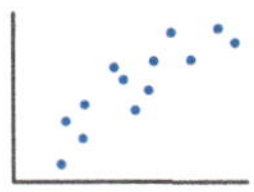

Abb. 9.10 Die häufigsten Vergleichsarten, ihre Merkmale und die zugehörigen Diagrammtypen

9.4.1 Kreis- oder Tortendiagramme

Tortendiagramme oder **Kreisdiagramme** sind im beruflichen Umfeld der Klassiker schlechthin. Sie zeigen die Zusammensetzung eines Ganzen und die relativen Größen der einzelnen Teile zueinander. Kurz: Tortendiagramme sind gut geeignet für **Strukturvergleiche**. Weil sie einfach aufgebaut und verständlich sind, sind sie so beliebt.

Wie wir von der Heatmap wissen, ist unser Gehirn nicht sehr gut darin, die Größenunterschiede der einzelnen Tortenstücke abzuschätzen. Bei kleinen Unterschieden oder sehr vielen Stücken ist das fast unmöglich. Sehen Sie sich Abb. 9.11 an: Es zeigt die thematischen Anteile in einem Lessons-Learned-Projektworkshop, auf den wir gleich genauer zu sprechen kommen. Können Sie in der linken Darstellung erkennen, welcher der beiden Anteile *Verständnis* oder *Software* größer ist – nachdem Sie sie mit Hilfe der Legende identifiziert haben? Beides macht diesen Diagrammtyp schwer lesbar. Deshalb sehen manche Redner Tortendiagramme kritisch oder raten von ihrem Einsatz sogar ab. Wissenschaftler verwenden an ihrer Stelle oft alternative Diagrammtypen.

Heißt das, dass wir auf Tortendiagramme in Vorträgen verzichten sollen? Nicht unbedingt. Aber wir müssen uns einige Gedanken machen, wenn wir sie einsetzen wollen. Denn ihr großer Vorteil ist, dass sie jeder kennt. Verwenden Sie sie, wenn Sie weniger als fünf Tortenstücke mit deutlichen Größenunterschieden haben.

► **PRAXISTIPP** Haben Sie mehr Stücke, fassen Sie die kleineren Anteile als fünftes Stück unter dem Namen Sonstige zusammen.

Alternativ weichen Sie auf Säulen- oder Balkendiagramme aus, mit denen Sie eine strukturelle Zusammensetzung ebenfalls darstellen können. Das ist immer dann sinnvoll, sobald Sie viele Anteile haben oder die Anteile in ihrer Größe zu ähnlich sind, sodass sie der Betrachter nicht deutlich unterscheiden kann. Weitere Hinweise zur Gestaltung eines Kreisdiagramms sehen Sie in Abb. 9.12.

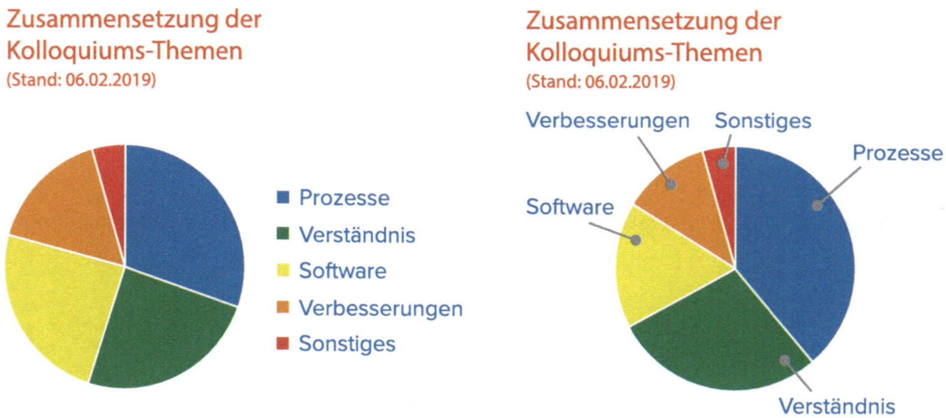

Abb. 9.11 Zwei Beispiele für ein schlecht (links) und ein gut lesbares Tortendiagramm (rechts)

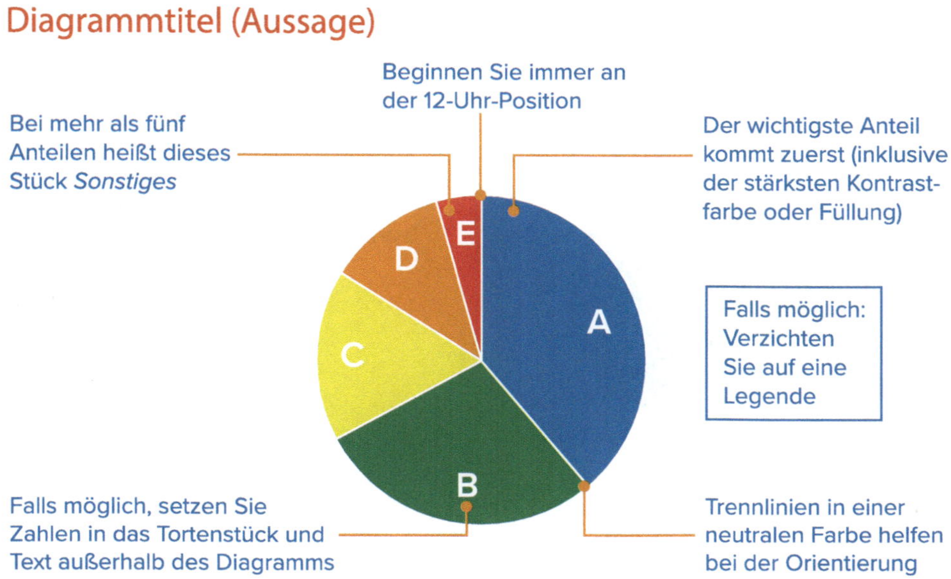

Abb. 9.12 Gestaltungstipps für Tortendiagramme

Wenn Sie die Struktur eines Ganzen zeigen möchten, sind Tortendiagramme intuitiver und deshalb besser geeignet als 100 %-Balken oder Säulen. Aber: Sobald Sie mehr als eine Gesamtheit darstellen, vergessen Sie diese Regel sofort wieder und verwenden ohne Zögern Säulen- oder Balkendiagramme. Warum diese Wahl besser ist, sehen Sie in Abb. 9.13.

In diesem Beispiel wollte ein Projektleiter seinen Auftraggebern zeigen, welche Themen sein Team in einem regelmäßig stattfindenden Lessons-Learned-Kolloquium diskutierte. Dazu wählte er die Darstellung als Tortendiagramm (s. Abb. 9.11). Allerdings interessierten sich die Auftraggeber nicht nur für die Anzahl der gelösten Themen, sondern auch für diejenigen, die noch ungelöst waren. Dazu war ein Tortendiagramm nicht mehr ausreichend. Diesen Vergleich stellte der Projektleiter durch zwei Kreisdiagramme dar: Das eine zeigte die offenen, das andere die geschlossenen Themen (Abb. 9.13 oben).

Diese Darstellung besitzt einige Nachteile: Die Beschriftung der Diagramme und ihrer Anteile erscheint doppelt. Natürlich könnte man eine Legende einsetzen, aber dann müsste das Auge ständig zwischen der Legende und den beiden Diagrammen hin- und herspringen. Leider geschieht das bereits ohne Legende: Sobald der Betrachter bestimmte Anteile vergleichen möchte, muss sein Blick zwischen den beiden Kreisen pendeln.

Mit den beiden 100-Prozentsäulen ist das einfacher. Die zweite Beschriftung entfällt und die Relationen zwischen den einzelnen Anteilen werden deutlicher – zusätzlich betont durch die Verbindungslinien (Abb. 9.13 unten).

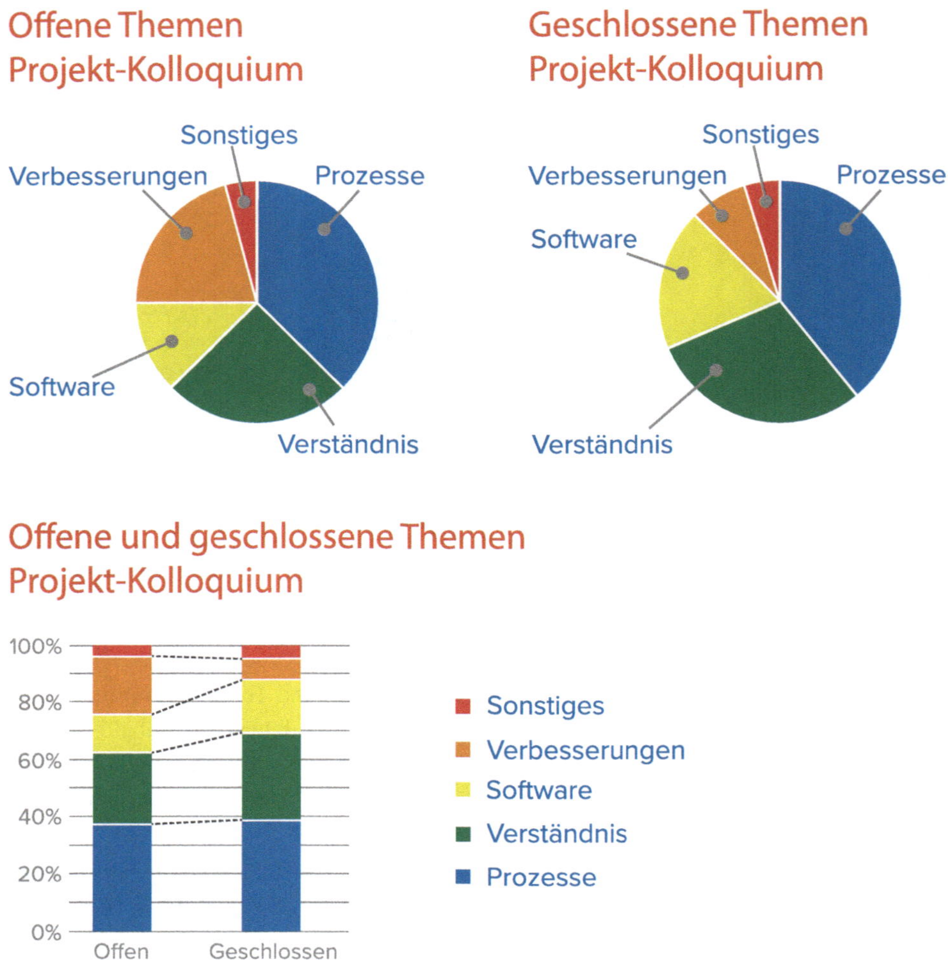

Abb. 9.13 Beim Vergleich von zwei Gesamtheiten sind Tortendiagramme ungeeignet. Säulen- oder Balkendiagramme sind hier die bessere Wahl

► **PRAXISTIPP** In einem solchen Fall hilft Ihnen eine schnelle Skizze, Ihre Daten gedanklich zu strukturieren. Wenn das skizzierte Kreisdiagramm zu unübersichtlich ist oder – wie im Lessons-Learned-Beispiel – die Aussage nur teilweise wiedergibt, ist das häufig ein Hinweis darauf, dass eine andere Darstellung geeigneter ist, um Ihre Botschaft zu unterstützen.

Und weil wir gerade bei Diagrammen sind, die einen besonders „süßen" Namen tragen, betrachten wir abschließend noch einen weiteren Diagrammtyp: Das **Donut-** oder **Ringdiagramm**.

Bei einem Tortendiagramm muss der Betrachter Winkel und Flächen vergleichen. Beim Donutdiagramm ist das noch schwieriger, weil er unterschiedliche Bogenlängen bewerten

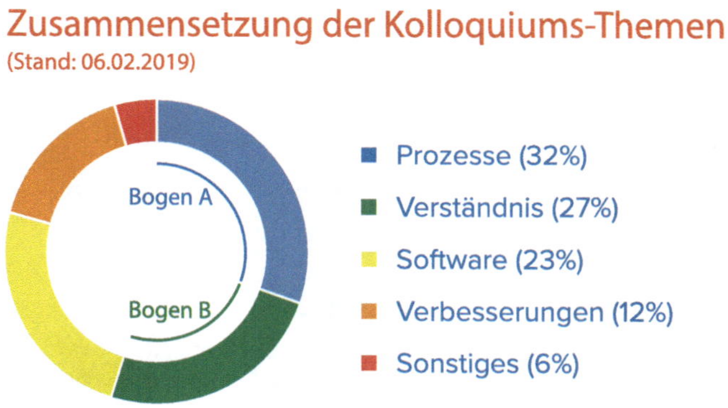

Abb. 9.14 Das Donut- oder Ringdiagramm – welcher Bogen ist länger?

muss (s. Abb. 9.14). Ganz ehrlich: Wie sehr vertrauen Sie Ihrer Fähigkeit, Bogenlängen einen quantitativen Wert zuzuordnen? Natürlich können Sie mit einer Legende arbeiten oder den einzelnen Bögen eine Bezeichnung mit einer Zahl zuweisen, aber *wirklich* einfacher macht das die Darstellung nicht. Verwenden Sie kein Donutdiagramm, wenn Sie eine wichtige Aussage haben.

9.4.2 Gestaltung von Balken- und Säulendiagrammen

Balkendiagramme sind das Schweizer Messer unter den Diagrammtypen. Mit ihnen können Sie nicht nur **Strukturvergleiche** wie in Abb. 9.13 visualisieren, sondern auch eine **Rangfolge** oder die Veränderung von Werten über eine **Zeitspanne** zeigen. Balkendiagramme besitzen entweder waagrechte Balken oder senkrechte Säulen.

Säulen und- **Balkendiagramme** sind den meisten Menschen vertraut. Aus diesem Grund ist es für Ihr Publikum einfach, sie zu verstehen. Statt die Aufmerksamkeit auf den Aufbau zu richten und zu überlegen, wie sie das Diagramm lesen müssen, können sich die Teilnehmer sofort auf die gezeigten Daten konzentrieren.

Der größte Vorteil dieses Diagrammtyps ist jedoch, dass die Teilnehmer Unterschiede in den Daten sehr leicht erkennen, da sie die Endpunkte der Balken miteinander vergleichen. Darin ist unser Auge sehr gut, sofern wir eine Referenzlinie haben, auf die es die Längen beziehen kann. *Deshalb müssen Balkendiagramme immer eine Grundlinie bei Null haben*. Andernfalls ist unser Vergleich ungenau oder verfälscht sogar unsere Aussage.

Stellen wir uns vor, wir sind einer der Manager, denen der Projektleiter den aktuellen Stand des Lessons-Learned-Kolloquiums zeigt, über das wir im vorherigen Abschnitt gesprochen haben. Beide Darstellungen in Abb. 9.15 zeigen die Anzahl der offenen und geschlossenen Themen aus dem Kolloquium als Säulendiagramme.

Was für einen Eindruck gewinnen wir? Nach dem linken Diagramm hat es den Anschein, dass viele Themen geschlossen und wenige offen sind. Das kommt daher, dass die Grundlinie nicht bei Null, sondern bei 40 beginnt. Die meisten Manager würden aufgrund dieses Eindrucks keinen Handlungsbedarf sehen. Dagegen zeigt das rechte Diagramm die

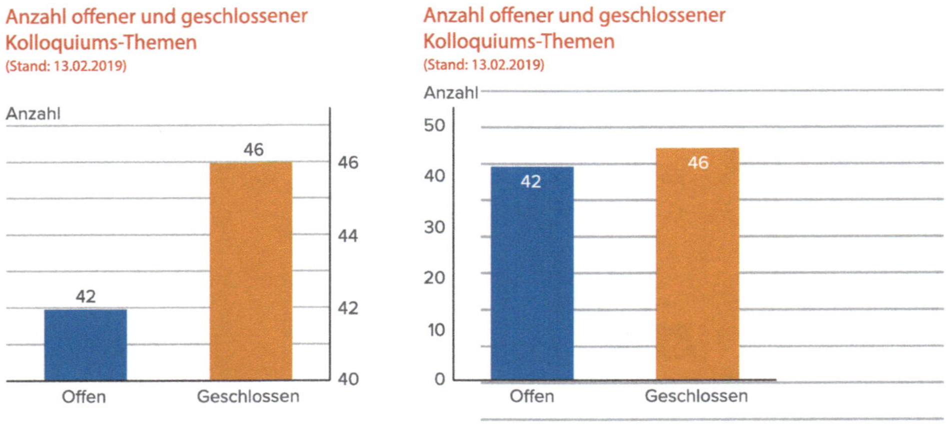

Abb. 9.15 Die Nulllinie ist die Referenz bei Balken- und Säulendiagrammen, damit sich die Aussage nicht verändert

tatsächliche Situation: Zwischen offenen und geschlossenen Themen herrscht ein ungefähres Gleichgewicht. Die Botschaft hier: Wir haben viele Inhalte geklärt, aber genauso viele sind dem Team noch unklar.

Sie werden bemerken, dass ich im rechten Diagramm einige Gestaltungselemente verändert habe. Im Gegensatz zur linken Darstellung ist die Y-Achse jetzt auf der linken Seite und näher an der Achsenbezeichnung. Dadurch weiß der Betrachter sofort, wie er die Daten interpretieren muss, bevor er die konkreten Werte sieht. Um die Daten in den Vordergrund zu stellen, habe ich die Zahlen in die Balken gesetzt und die Hintergrundlinien entfernt. Und wenn Sie dieses Diagramm in einem Vortrag verwenden, können Sie auf die Y-Achse ganz verzichten. Hier habe ich sie beibehalten, um zu verdeutlichen, dass die Grundlinie bei Null beginnt.

Weitere Gestaltungshinweise für Säulendiagramme sehen Sie in Abb. 9.16. Sie gelten auch für Balkendiagramme, die wir uns später noch genauer ansehen.

9.4.3 Säulendiagramme

Im Geschäftsumfeld ist es häufig interessant, wie sich bestimmte Werte innerhalb einer bestimmten Zeitspanne verändern. Dazu gehören Kennzahlen wie Budget, Stückzahlen oder Anzahl der Mitarbeiter. Es gibt zwei Diagrammtypen, um einen **Zeitreihenvergleich** darzustellen: Das **Säulen**- und das **Liniendiagramm.**

Die Wahl zwischen den beiden fällt leicht: Säulen setzen Sie immer dann ein, wenn Sie acht oder weniger Werte miteinander vergleichen möchten. Haben Sie die Absicht, eine 10-Jahres-Entwicklung mit Quartalswerten zu zeigen, greifen Sie besser zum Liniendiagramm. Ein zweites Entscheidungskriterium betrifft die Art der Daten, die Sie zeigen wollen: Säulen sind immer dann geeignet, wenn Sie sich wiederholende Aktivitäten dar-

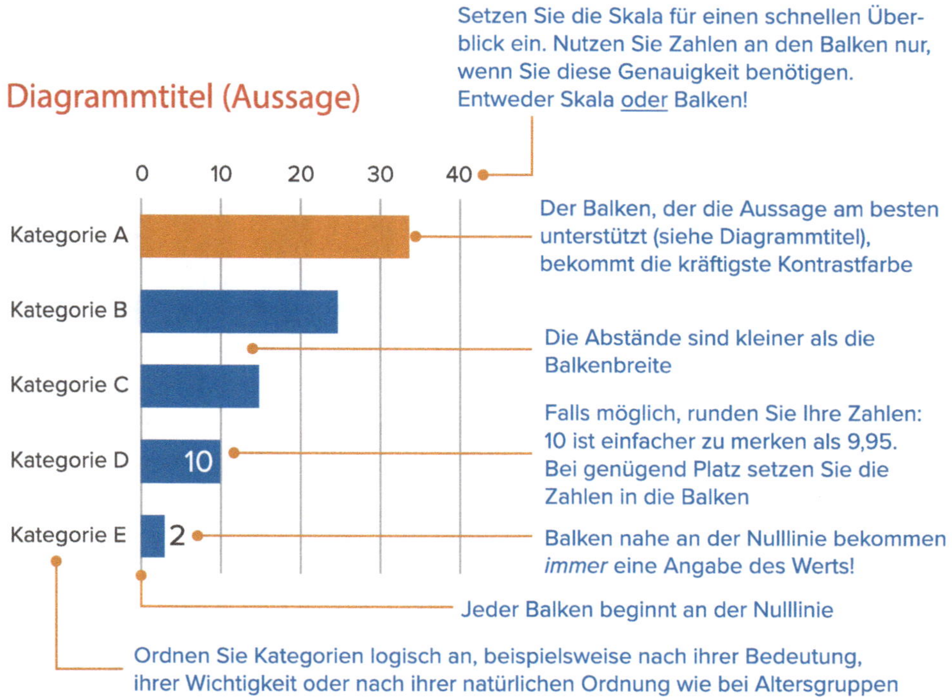

Abb. 9.16 Gestaltungstipps für Balken- und Säulendiagramme

stellen möchten, die innerhalb einer Zeitperiode abgeschlossen werden oder am Beginn einer neuen Periode erneut beginnen. Linien betonen die Weiterentwicklung und den Grad einer Veränderung über einzelne Perioden hinweg [5].

Wie Abb. 9.17 zeigt, können Säulendiagramme einen oder mehrere Werte, sogenannte *Datenreihen*, nebeneinander abbilden. Seien Sie dabei vorsichtig: Je mehr Datenreihen Sie zeigen, desto schwieriger wird es für den Betrachter, sie zu vergleichen. Beschränken Sie sich auf höchstens vier Reihen. Dabei ist es besonders wichtig, dass Sie durch die Wahl der Leerräume zusammengehörende Gruppen erzeugen und durch passende Farben das Verstehen der Daten unterstützen. Empfehlenswert ist ein monochromatisches Farbschema, das Sie mit grauen Farben ergänzen können. Vermeiden Sie den sogenannten *Zebrafarben-Effekt*: Zu viele unterschiedliche Farben sind für das Auge anstrengend zu lesen [6].

Säulendiagramme besitzen ein weiteres Manko: Für die Beschriftung der horizontalen Achse ist meistens nicht genügend Platz vorhanden. Das führt zu Abkürzungen oder gedrehten Bezeichnungen, wie Abb. 9.18 zeigt. Beides ist schwer lesbar. Deshalb müssen Sie die Angaben knapp, aber präzise halten – ein Spagat, der manchmal nicht leicht ist. Alternativ können Sie mit einer Legende arbeiten – je nach Umfang ist die ebenfalls schwer zu lesen. Hier haben Balkendiagramme klar die Nase vorn, weil sie neben der vertikalen Achse genügend Platz für die Beschriftung bieten.

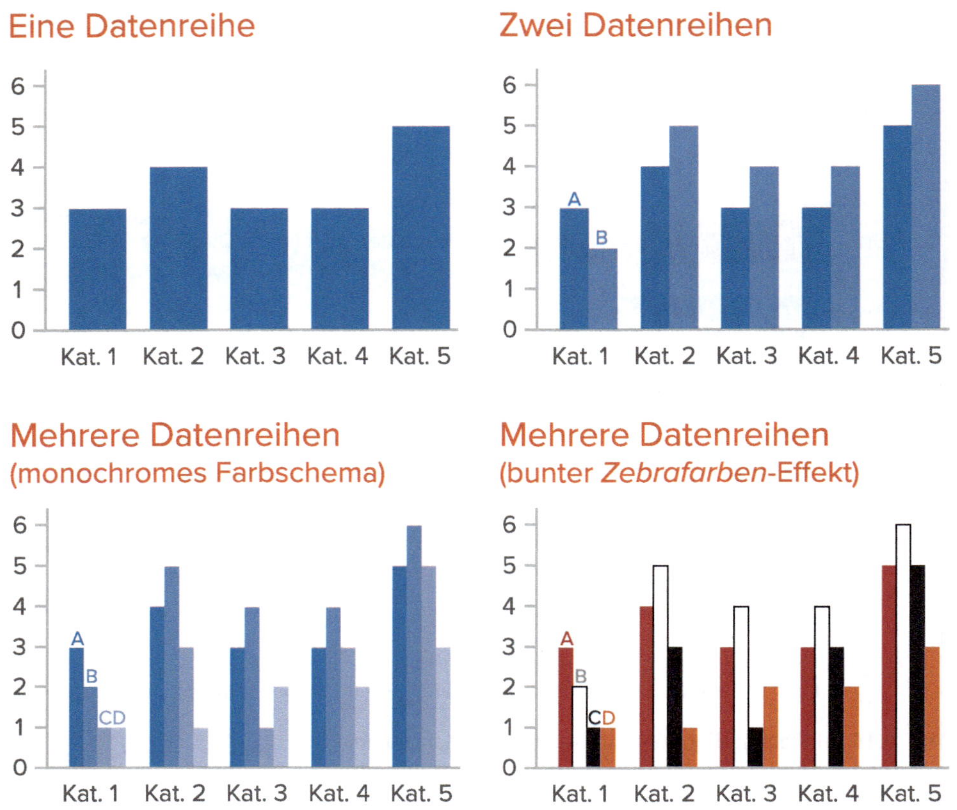

Abb. 9.17 Säulendiagramme können mehrere Datenreihen besitzen

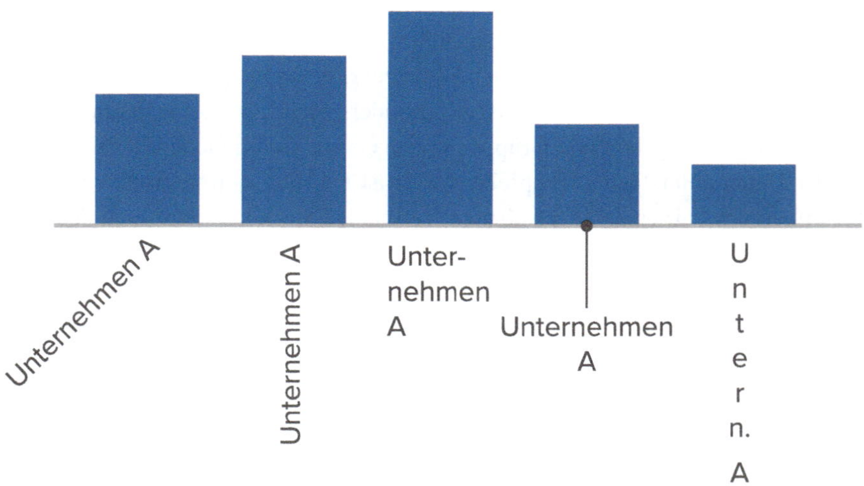

Abb. 9.18 Achten Sie auf die Lesbarkeit der Achsbeschriften bei Säulendiagrammen – vermeiden Sie die gezeigten schlechten Beispiele

9.4.4 Gestapelte Säulendiagramme

Gestapelte Säulendiagramme kommen in den meisten Vorträgen eher selten vor. In diesem Diagrammtyp sieht der Betrachter die Gesamtwerte verschiedener Kategorien und kann gleichzeitig die einzelnen Anteile zwischen den Kategorien vergleichen. Gestapelte Säulen sind vor allem in Forschung und Technik zuhause.

In Abb. 9.19 sehen Sie ein Beispiel: Das Diagramm zeigt die Gesamtanzahl an Fertigungsunterlagen, die ein Ingenieur-Dienstleister im Auftrag eines Unternehmens erstellt hatte. Die Auftraggeber interessierten sich besonders dafür, wie viele Unterlagen wöchentlich nach den Vorgaben ohne Fehler waren. Deshalb entschied sich der Referent für gestapelte Säulen: Durch die Auswertung der einzelnen Anteile sahen die Manager die Anzahl der fehlerhaften Unterlagen und konnten die zusätzlichen Kosten für Korrekturen ableiten.

Was bei diesem Beispiel sofort auffällt: Der Betrachter muss sich sehr konzentrieren, weil er viele visuelle Elemente verarbeiten muss. Darum gilt: Halten Sie diesen Diagrammtyp besonders einfach! Zeigen Sie nicht mehr als fünf gestapelte Säulen. Vermeiden Sie es, zu viele oder unruhige Farben für die einzelnen Säulenanteile einzusetzen. Verwen-

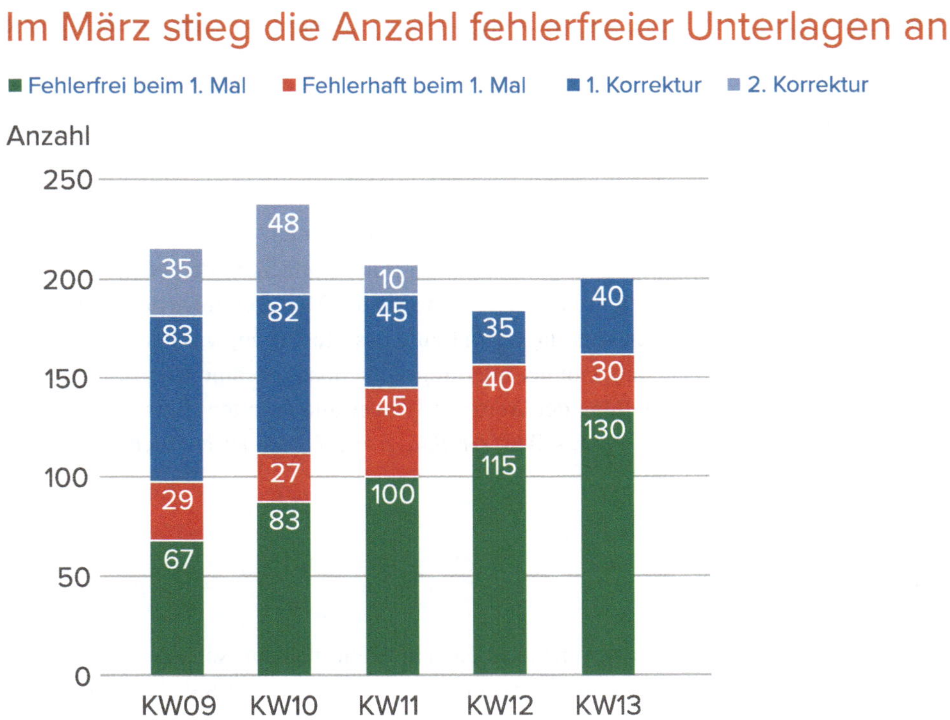

Abb. 9.19 Das gestapelte Säulendiagramm zeigt die Qualität der wöchentlich gelieferten Fertigungsunterlagen

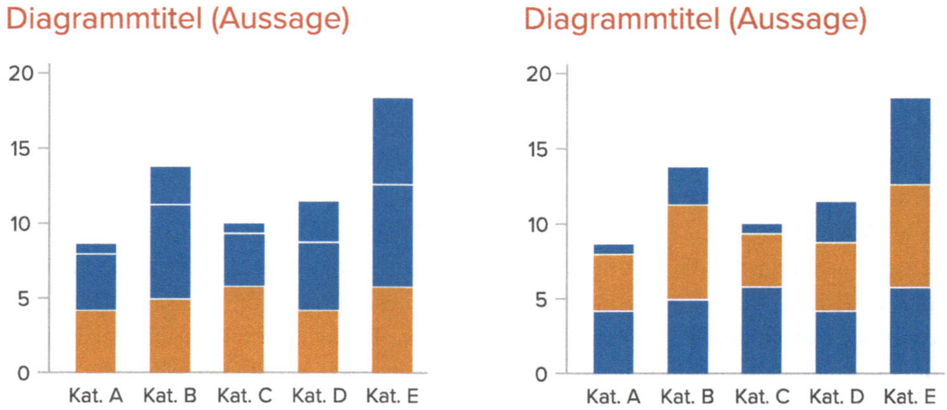

Abb. 9.20 Der Vergleich zwischen Daten in einem gestapelten Säulendiagramm. Links ist der Vergleich zwischen den orangefarbenen Anteilen einfacher, rechts ist er schwerer

den Sie für gleiche Anteilsinhalte die gleichen Farben, um die Zuordnung für das Publikum zu erleichtern. Und setzen Sie niemals mehrere Datenreihen als gestapelte Säulen nebeneinander.

Ein weiteres Problem dieses Diagrammtyps: Nur der unterste Anteil in jeder Säule besitzt einen eindeutigen Bezug zur Nulllinie. Bei den darüber liegenden Anteilen geht er verloren. Das macht es schwierig, diese Werte miteinander zu vergleichen. In Abb. 9.20 sehen Sie, wie schwer der Vergleich der Daten ist.

Sobald Sie die einzelnen Werte der Säulen wie bei den Fehlerquoten in Abb. 9.19 direkt im Diagramm angeben, erhöhen Sie damit die Lesbarkeit. Oder Sie verteilen die Anteile auf einen 100 %-Balken – wie bei den Kolloquiums-Themen in Abb. 9.13. In beiden Varianten können Sie den Wert für jeden Säulenteil entweder im Diagramm oder in einer Fußnote angeben. Mit diesen Angaben kann das Publikum die Daten einfacher interpretieren.

Mit der gezeigten Auswertung in Abb. 9.19 waren die Manager zufrieden – immerhin stieg der Anteil an fehlerfreien Unterlagen im Laufe des Monats an, was man der üblichen Lernkurve zuschrieb. Dass sich dahinter allerdings eine unangenehme Überraschung verbarg, enthüllte erst die Darstellung der Werte im Wasserfalldiagramm. Bevor wir uns diesen Diagrammtyp in Abschn. 9.4.6 – *Wasserfalldiagramme* genauer ansehen, besprechen wir zuerst die Histogramme.

9.4.5 Histogramme

Wenn Sie die Abstände zwischen den Säulen sehr klein machen, sodass sie schließlich ganz verschwinden, entsteht ein **Histogramm.** Histogramme setzen Sie ein, wenn Sie die **Häufigkeit** bestimmter Inhalte interessiert – wie oft ein bestimmtes Objekt in einer Reihe aufeinander folgender **Größenklassen**, den sogenannten Kategorien, auftritt. Da sich die Kategorien an ihren Grenzen berühren, gibt es auch keine Abstände zwischen den Säulen.

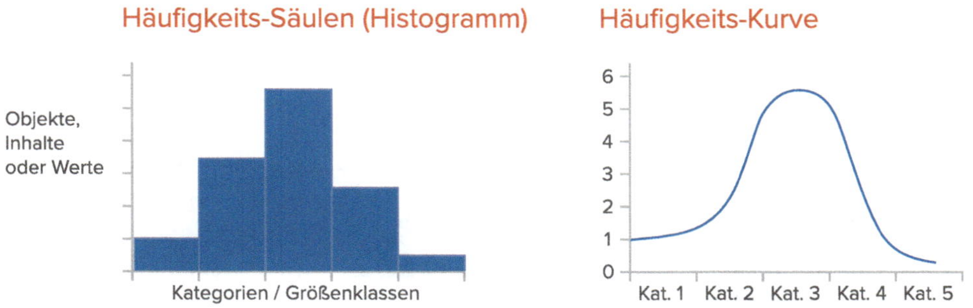

Abb. 9.21 Wenige Kategorien können Sie gut mit Häufigkeits-Säulen visualisieren. Bei vielen Kategorien ist eine Häufigkeits-Kurve die bessere Wahl

Säulen-Histogramme sind allerdings nicht die einzige Möglichkeit, um die Häufigkeit eines Wertes darzustellen. Wie Sie in Abb. 9.21 sehen, ist das auch mit Kurven möglich. Deshalb gilt als Daumenregel: Säulen setzen Sie ein, wenn Sie wenige Kategorien, meist zwischen fünf und sieben, vergleichen möchten. Haben Sie eine höhere Anzahl (bis höchstens zwanzig Klassen), ist ein **Kurven**- beziehungsweise **Liniendiagramm** die bessere Wahl.

Histogramme oder Kurvendiagramme kommen in zwei Fällen zum Einsatz: Einer davon ist die Statistik, deren bekanntester Verlauf die *Gaußsche Glockenkurve* ist. Dieses Einsatzgebiet kommt im Geschäftsumfeld eher selten vor, deshalb vertiefen wir es an dieser Stelle nicht weiter. Ziehen Sie in einem solchen Fall einen Statistik-Profi zu Rate.

Mit dem zweiten Fall haben Sie öfter zu tun: Hier suchen Sie in umfangreichen Datenmengen nach einem **Muster,** das Sie bei Entscheidungen unterstützt. Die Frage „Welche Altersgruppe unserer Kunden kauft welche Produkte?" ist dafür ein typisches Beispiel. Mit der Antwort können Sie unter anderem Werbekampagnen oder Produktentwicklungen gezielt planen.

In der Projektarbeit leisten Histogramme ebenfalls gute Dienste. Hier stellt sich oft die Frage nach speziellen Ressourcen, die in einem Projekt benötigt werden – wie Mitarbeiter, die ein besonderes Fachwissen besitzen. Das Problem: Diese Experten sind oft in anderen Projekten tätig, sodass sie für zusätzliche Aufgaben nicht verfügbar sind. Das ist die sogenannte *Kapazität*: Sie beschreibt, wann die benötigte Ressource in welchem Umfang vorhanden ist. Beides können Sie in einem **Ressourcendiagramm** darstellen (siehe Abb. 9.22): Es zeigt Ihnen die Zeiträume, in denen Sie benötigte Spezialisten für Ihr Projekt einplanen können. Das ist beispielsweise in den Wochen 16, 17 und 18 der Fall.

Bei der Einteilung der **Kategorien** müssen Sie sicherstellen, dass alle Größenklassen gleich breit sind. Andernfalls kommt es zu Verzerrungen in der Darstellung. Allerdings sind manchmal Ausnahmen sinnvoll – beispielsweise, wenn die Breite der Kategorien zu grob oder zu detailliert ist, um ein Muster preiszugeben. Das kann man am Einkommen von Privatpersonen zeigen: Am unteren und oberen Ende der Einkommensskala kommt man mit einer gleich großen Einteilung zu keiner sinnvollen Aussage. Bei einer Einteilung in 1.000 €-Kategorien hätte das Schaubild eine Breite von mehreren Metern. Bei 40.000 €-Schritten lägen viele Personen im unteren Bereich.

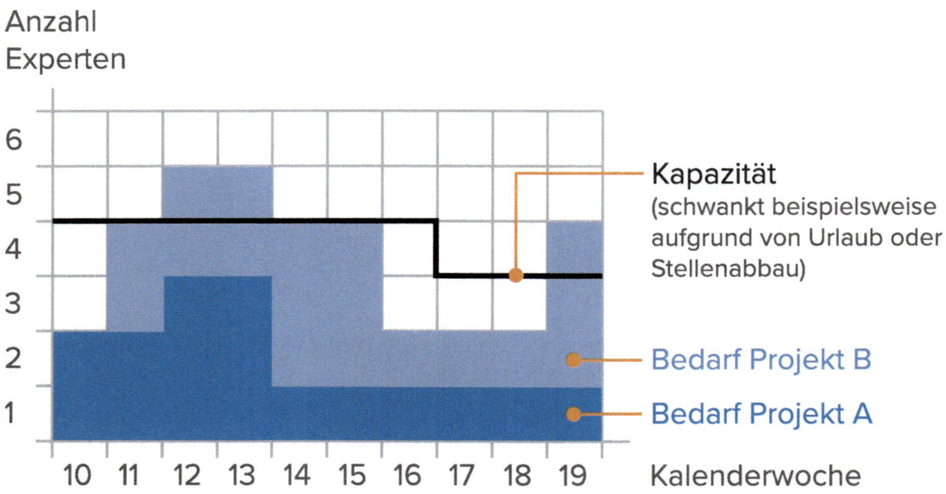

Abb. 9.22 Das Ressourcendiagramm zeigt die Verfügbarkeit und Auslastung der Experten in der jeweiligen Kalenderwoche

Hier ist es besser, im unteren Bereich schmalere und im oberen Bereich breitere Schritte zu wählen – idealerweise in zwei separaten Diagrammen.

Wie bei anderen Diagrammtypen können auch Histogramme und Kurvendiagramme mehrere Datenreihen darstellen, beispielsweise wenn man die Verteilung zwischen zwei Jahren vergleichen möchte. Bei Histogrammen können Sie dafür Säulendiagrammen verwenden (siehe Abb. 9.17 und 9.19). Liniendiagramme oder Flächendiagramme eignen sich ausgezeichnet, wenn Sie Kurven miteinander vergleichen wollen. Diese Diagrammtypen werden wir noch kennenlernen.

9.4.6 Wasserfalldiagramme

Wasserfalldiagramme sind eine Spielart der Säulendiagramme. Sie sind immer dann hilfreich, wenn Sie Ihren Zuhörern die Schritte erklären möchten, die zwischen einem Anfangswert und einem Endwert liegen. Kurz: Wie sich der Endwert aus einem Anfangswert entwickelt hat. Anfangs- und Endwerte markieren häufig den Beginn und den Abschluss einer Zeitspanne.

Die Anwendung wird am besten an einem Beispiel deutlich. Dazu betrachten wir erneut die Auswertung der technischen Unterlagen aus Abb. 9.19. Stellen Sie sich vor, Sie wollen den anwesenden Managern zeigen, wie sich im Monat März die Anzahl der gelieferten fehlerfreien Unterlagen entwickelt hat. Ein Wasserfalldiagramm, das diese Entwicklung zeigt, könnte wie in Abb. 9.23 aussehen.

Die grüne Säule zeigt, wie viele fehlerfreie Unterlagen der beauftragte Dienstleister insgesamt im Monat März lieferte. Wenn wir uns nach rechts bewegen, erkennen wir stufenweise die Anzahl an Unterlagen, die beim ersten Mal Fehler aufwiesen und Unterlagen,

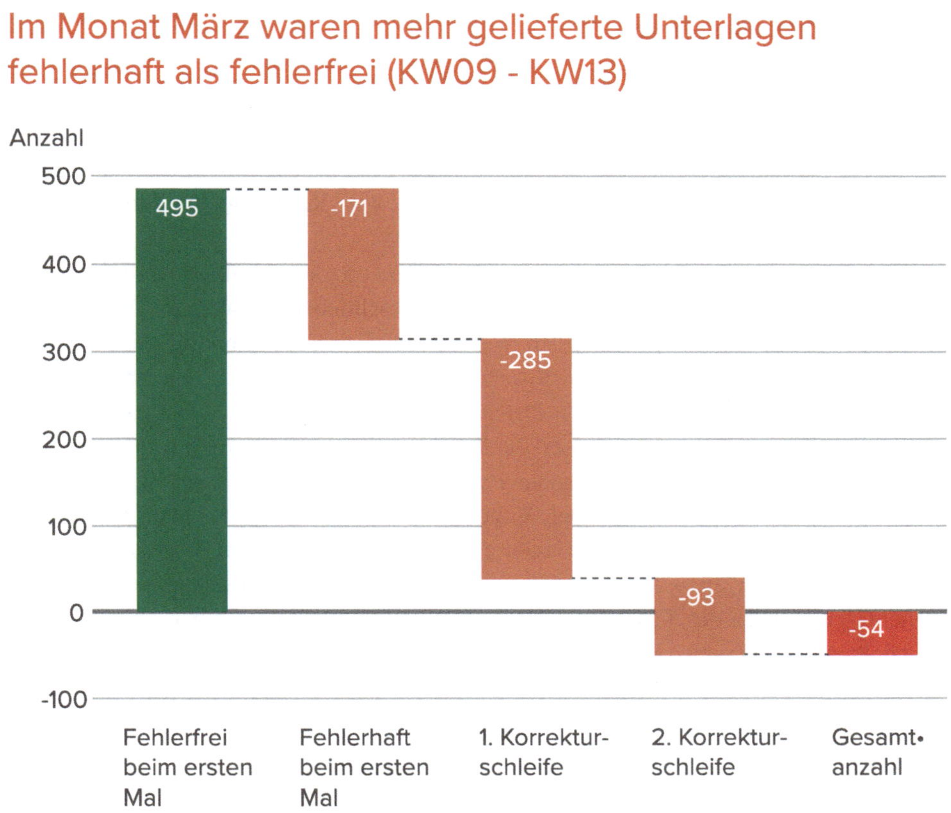

Abb. 9.23 Das Wasserfalldiagramm zeigt, dass im Monat März tatsächlich mehr Fertigungsunterlagen fehlerhaft als fehlerfrei waren

die bereits zum wiederholten Mal fehlerhaft waren. Die letzte rote Säule zeigt deutlich, dass im März mehr fehlerhafte als fehlerfreie Unterlagen geliefert wurden. Und die Manager waren unangenehm überrascht, weil das zusätzliche Korrekturkosten bedeutete – anhand des Säulendiagramms hatten sie einen anderen Eindruck gewonnen.

An diesem Beispiel erkennen Sie den großen Vorteil von Wasserfalldiagrammen: Ein Betrachter kann eindeutig nachvollziehen, wie der Anfangswert von einer Reihe positiver und/oder negativer Werte beeinflusst wurde. Und der Referent kann anhand der gezeigten Entwicklung gezielt erläutern, welche Ursachen oder Maßnahmen sich hinter jedem Werteblock verbergen. So versteht das Publikum besser, wie es zu dem Endwert kam und was auf dem Weg dahin passiert ist.

Dieser Diagrammtyp wird gerne bei der Betrachtung von finanziellen Kennzahlen wie der Budgetentwicklung oder der Gewinn-und-Verlust-Rechnung eingesetzt. Allerdings leistet er auch gute Dienste, wenn Sie die Entwicklung bei Verkaufs- oder Produktionszahlen erläutern möchten. Denken Sie über die Verwendung eines Wasserfalldiagramms nach, wenn eine Kennzahl durch andere Werte positiv oder negativ beeinflusst wird und Sie erklären möchten, warum das so ist.

9.4.7 Balkendiagramme

Wenn wir über **Balkendiagramme** sprechen, denken die meisten Menschen sofort an horizontale Balken. Ein Beispiel sehen Sie in Abb. 9.24: Das Diagramm zeigt die „Top-5" derjenigen Fehler, die im Beispiel mit den fehlerhaft gelieferten Fertigungsunterlagen am häufigsten auftraten. Das bedeutet: Immer, wenn Sie eine **Rangfolge** von Inhalten zeigen möchten, ist das Balkendiagramm die richtige Wahl.

Wenn Kategorien lange Bezeichnungen haben, sind horizontale Balkendiagramme besonders vorteilhaft, weil der Text von links nach rechts geschrieben und auch im Diagramm auf der linken Seite platziert wird. Das entspricht unserem Z-förmigen Lesefluss von links oben nach rechts unten (s. Abschn. 8.2.3 – *Ausrichtung*): Wir lesen zuerst den Text einer Kategorie und erfassen danach die zugehörigen Daten, bevor wir den Ablauf in der nächsten Zeile wiederholen. Das bedeutet, dass unser Publikum bereits die Bedeutung der Daten kennt, bevor es sie sieht. Deshalb sind Balkendiagramme für einen Betrachter sehr leicht zu lesen.

Obwohl Balkendiagramme einfach aufgebaut sind, gibt es einige Fallstricke, über die ein Referent stolpern kann. Einige Hinweise für den Diagrammaufbau haben Sie bereits in Abb. 9.16 kennengelernt. Aber zwei Fragen sorgen häufig für Unsicherheit: In welcher Reihenfolge soll ich die Kategorien anordnen? Und wie kann ich einen Datenvergleich innerhalb einer Kategorie einfach darstellen? Beginnen wir mit den Datenvergleichen.

Wie Säulendiagramme können auch horizontale Balkendiagramme mehrere Datenreihen darstellen. Das ist eine gute Wahl, wenn Sie Daten vergleichen möchten, die zur selben Kategorie gehören. Ein Beispiel ist der Vergleich von Verkaufszahlen verschiedener Produkte zwischen den Standorten eines Unternehmens. Vermeiden Sie schichtartige Darstellungen, wie Sie sie in Abb. 9.25 auf der rechten Seite sehen – es ist schwer für unsere Augen, die Balkenlängen auf beiden Seiten miteinander zu vergleichen. Es sei denn, Sie sind Demograf und sprechen über die Altersstruktur der Bevölkerung.

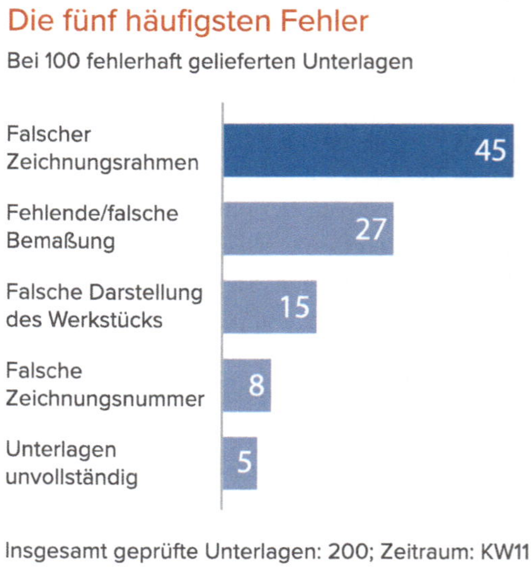

Abb. 9.24 Diese fünf Fehler traten bei den gelieferten Fertigungsunterlagen in Kalenderwoche 11 am häufigsten auf

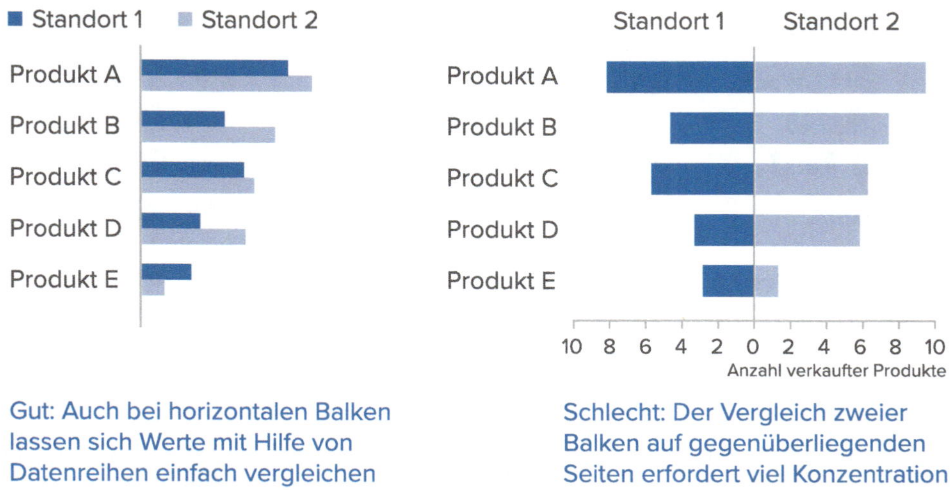

Abb. 9.25 Gute und schlechte Darstellung von Wertevergleichen für einen Betrachter

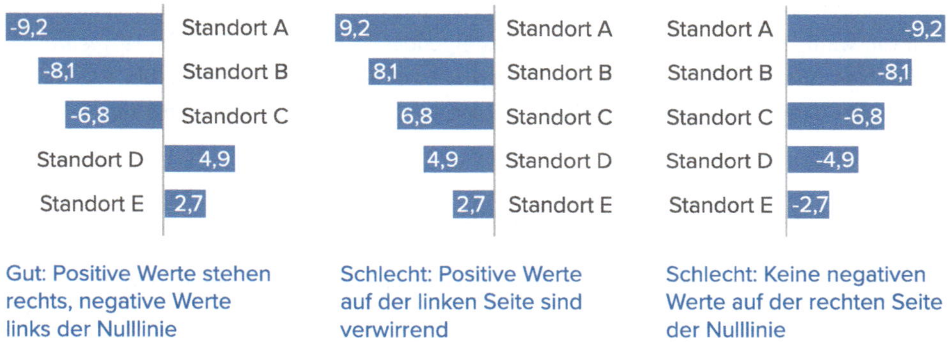

Abb. 9.26 Falsch ausgerichtete Balken verwirren unser Gehirn

Bei der Ausrichtung der Balken gilt eine simple Regel: *Negative Zahlen stehen immer links, positive immer rechts von der Nulllinie.* Wie Sie in Abb. 9.26 sehen, verwirren positive Werte auf der linken Seite unser Gehirn genauso wie negative Werte auf der rechten Seite.

Und wie ordne ich die **Kategorien** am besten an? Wenn die Kategorien eine natürliche Ordnung besitzen, dann nutzen Sie sie. Das ist beispielsweise bei Zeiträumen wie in Abb. 9.27 (linke Seite) oder Altersgruppen der Fall.

► **PRAXISTIPP** Vermeiden Sie in jedem Fall Überlappungen wie *0 – 10 Jahre, 10 – 20 Jahre* und so weiter: In welche Gruppe fällt ein 10-Jähriger? Gruppieren Sie die Bereiche eindeutig, indem Sie die Kategorien mit *0–9 Jahre* und *10 – 19 Jahre* bezeichnen.

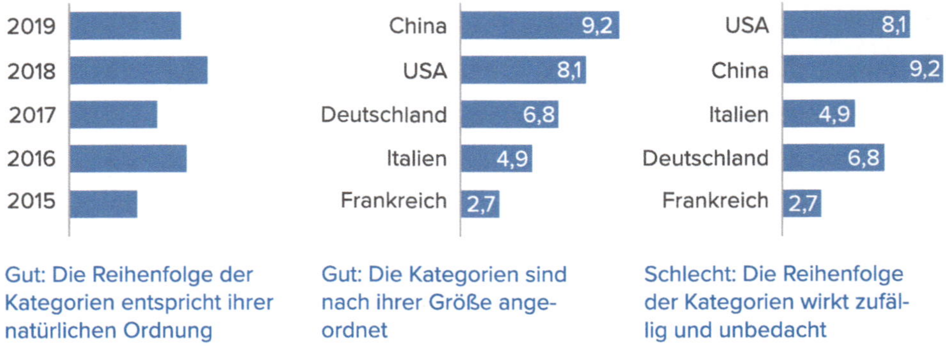

Abb. 9.27 Die richtige Anordnung von Kategorien

Falls die Daten keine natürliche Ordnung besitzen, können Sie sie nach Größe oder Wichtigkeit ordnen. Bei Standorten oder Ländern kann eine alphabetische Reihenfolge sinnvoll sein.

Aufgrund unseres Leseflusses sollten Sie die wichtigsten Daten nach oben stellen, die Sie zusätzlich optisch durch einen auffälligen Kontrast unterstützen können. Danach folgen die weniger bedeutsamen Daten in absteigender Reihenfolge. Es gilt: *Vermeiden Sie unbedingt, dass die Reihenfolge der Kategorien zufällig wirkt* – wie in Abb. 9.27 rechts. Geben Sie dem Publikum ein Denkmuster vor, an dem es sich orientieren kann.

9.4.8 Gestapelte Balkendiagramme

Wenn Sie zeigen möchten, aus welchen Teilen sich ein Balken zusammensetzt, können Sie horizontale Balken ebenfalls stapeln. Diese Darstellung wenden Sie an, wenn Sie Balken und ihre Teilmengen als absolute Werte angeben wollen – wie in Euro, Kilogramm oder Anzahl (s. Abb. 9.28). Eine Alternative können Säulen- oder Liniendiagramme sein.

Was seltener vorkommt, sind gestapelte 100 %-Balkendiagramme. Dabei geht im Gegensatz zu absoluten Werten die Rangfolge der Balken verloren; hier vergleichen Sie die relativen Anteilsgrößen, aus denen sich die Balken zusammensetzen. Abhängig von Ihrer Aussage leiten Sie später aus den Vergleichen eine Rangfolge ab, die Sie in einem separaten Diagramm darstellen. Weil es auf beiden Seiten eine gleichbleibende Grundlinie gibt, kann ein Betrachter die einzelnen Werteblöcke einfach miteinander vergleichen.

Dieser Diagrammtyp eignet sich beispielsweise, wenn Sie die Antworten eines Fragenbogens auf einer Skala von negativ zu positiv darstellen möchten. In Abb. 9.29 sehen Sie das Ergebnis einer Umfrage, deren Antworten nach der sogenannten **Likert-Skala** erfasst wurden. Diese Skala reicht von *starker Ablehnung* bis zu *starker Zustimmung* einer vorgegebenen Frage und wird häufig bei Umfragen eingesetzt [7].

Abschließend sehen Sie in Abb. 9.30 ein Beispiel für einen kreativen Einsatz dieses Diagrammtyps: Für Ihr Publikum können Sie die Meetingagenda optisch interessanter ge-

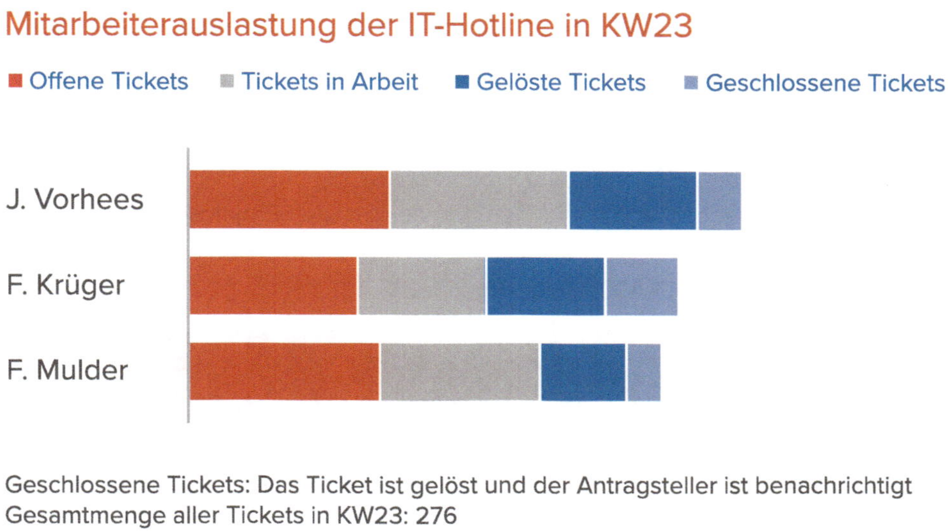

Abb. 9.28 Die Anzahl und der Status erfasster IT-Tickets einer Unternehmens-Hotline als gestapeltes Balkendiagramm

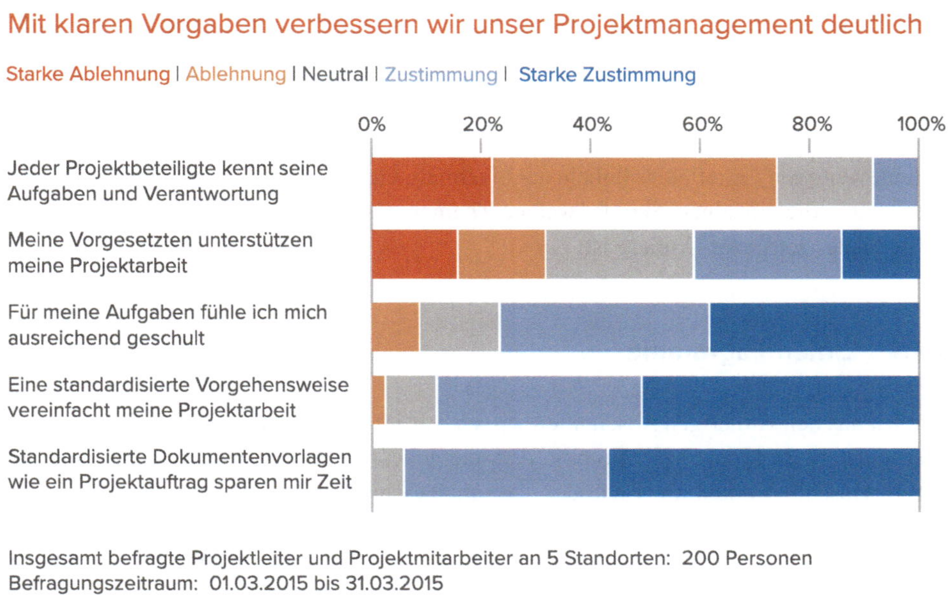

Abb. 9.29 Die Ergebnisse einer Umfrage zur Qualität des Projektmanagements in einem Unternehmen, dargestellt als gestapeltes 100 %-Balkendiagramm

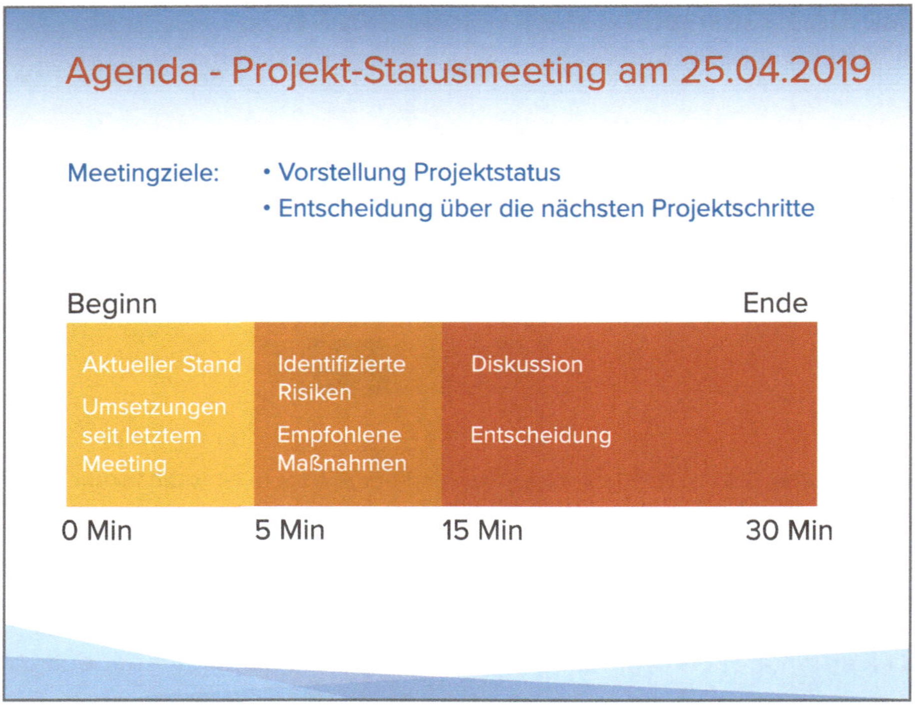

Abb. 9.30 Eine Meetingagenda als gestapeltes horizontales Balkendiagramm

stalten, wenn Sie anstelle der üblichen Aufzählung einen gestapelten Balken verwenden. Hier zeigen die einzelnen Anteile, welche Themen das Meeting beinhaltet und wie hoch ihr geplanter zeitlicher Umfang ist.

9.4.9 Liniendiagramme

Wie wir aus den vorherigen Abschnitten wissen, verlief der Start des externen Engineering-Dienstleisters im Monat März holprig, da viele gelieferte Fertigungsunterlagen fehlerhaft waren. Deshalb wollten am Ende der sechsmonatigen Auftragsspanne die Auftraggeber entscheiden, ob man den Dienstleister zukünftig nochmals beauftragen sollte. Anhand des Liniendiagramms in Abb. 9.31 erkannten sie, dass nach den ersten Wochen die Anzahl der fehlerhaften Unterlagen zurückging. Mit diesem Ergebnis waren die Manager zufrieden.

Linien oder- **Kurvendiagramme** sind im Geschäftsumfeld weit verbreitet, weil sie einfach zu zeichnen und zu verstehen sind: Der Betrachter erkennt sofort, ob der Werteverlauf über eine Zeitspanne ansteigt, fällt, schwankt oder konstant bleibt. Meist handelt es sich dabei um Tage, Monate, Quartale oder Jahre. Setzen Sie Liniendiagramme ein, wenn Sie Trends darstellen oder Zeitreihen vergleichen möchten. Aber Vorsicht: Für den Vergleich *einzelner* Datenpunkte sind Tabellen oder Punktediagramme besser geeignet.

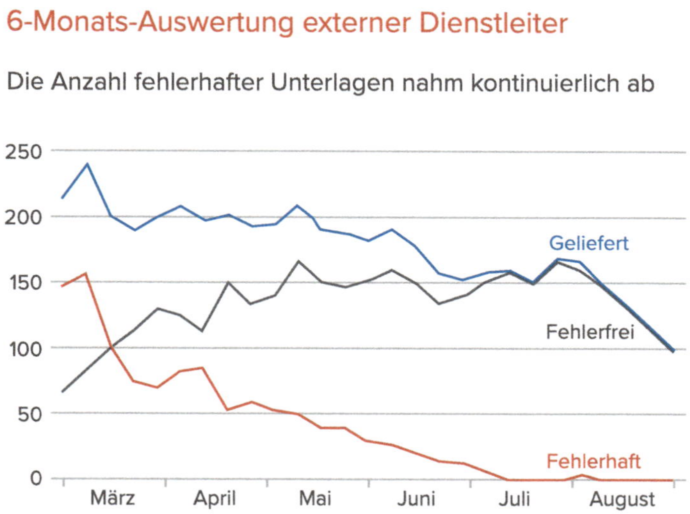

Abb. 9.31 Ein Liniendiagramm mit drei Datenreihen

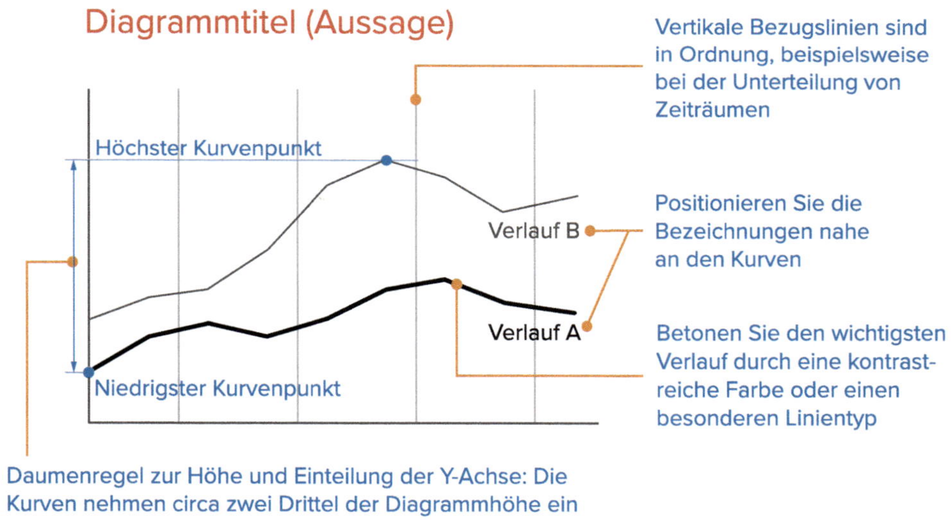

Abb. 9.32 Gestaltungstipps für Liniendiagramme. Sie gelten sowohl bei einem Verlauf als auch für mehrere Verläufe

Obwohl Liniendiagramme einfach aufgebaut sind, können Sie sie durch eine unbedachte Gestaltung unnötig kompliziert machen. Was Sie dabei beachten sollten, sehen Sie in Abb. 9.32: Ein neutrales Gitternetz im Hintergrund können Sie einsetzen. Wie ein Schiedsrichter sorgt es für Ordnung, darf aber niemals selbst zum Mittelpunkt der Inhalte werden. Schreiben Sie Bezeichnungen direkt an die einzelnen Kurven, damit sie das Publikum sofort dem richtigen Verlauf zuordnen kann. Das verhindert, dass der Blick eines Betrachters zwischen einer Legende und dem Diagramm hin- und herspringen muss. Und zusätzlich haben Sie ein Gestaltungselement weniger.

Wie Balken und Säulen können auch Liniendiagramme mehrere Datenreihen beinhalten. Das macht den direkten Vergleich für das Publikum einfacher. Allerdings gilt auch hier der Grundsatz: Halten Sie die Darstellung einfach! Je mehr Verläufe Sie in einem Diagramm darstellen, desto verwirrender ist der Eindruck und desto anstrengender ist es zu lesen.

▶ **PRAXISTIPP** Beschränken Sie sich bei Liniendiagrammen auf höchstens vier Kurven; andernfalls erzeugen Sie das berüchtigte **Spaghetti-Diagramm** (siehe Abb. 9.33) Wenn Sie mehr als vier Verläufe zeigen möchten, stellen Sie die Hauptkurve den anderen Kurven jeweils einzeln gegenüber. Sie haben dann zwar mehr Schaubilder, aber der Vergleich wird einfacher und übersichtlicher.

Manchmal möchte ein Referent den Zusammenhang zwischen Daten aus unterschiedlichen Bereichen in derselben Darstellung zeigen. Oder er möchte Platz sparen, indem er die Daten von zwei Diagrammen in einem zusammenfasst. In beiden Fällen ist dafür eine **zweite Y-Achse** auf der rechten Diagrammseite notwendig.

ÜBUNG
Betrachten Sie die beiden Diagramme in Abb. 9.34. Welchen Zusammenhang leiten Sie aus jeder einzelnen Grafik ab?

Im linken Diagramm der Abb. 9.34 wollte der Referent eine Folie einsparen und fasste zwei Grafiken zu einer zusammen. Aber: Erkennen Sie einen Zusammenhang zwischen der Gesamtanzahl gelieferter Unterlagen und der Bearbeitungsdauer eines einzelnen Dokuments? Ich nicht, weil die Anzahl der gelieferten Dokumente unmittelbar von der Anzahl der eingesetzten Mitarbeiter abhängt. Das ist in der rechten Darstellung anders: Mit steigender Anzahl an Lessons-Learned-Kolloquien sank die Anzahl gemachter Fehler in einem Projektteam. Das ist für einen Betrachter logisch und nachvollziehbar.

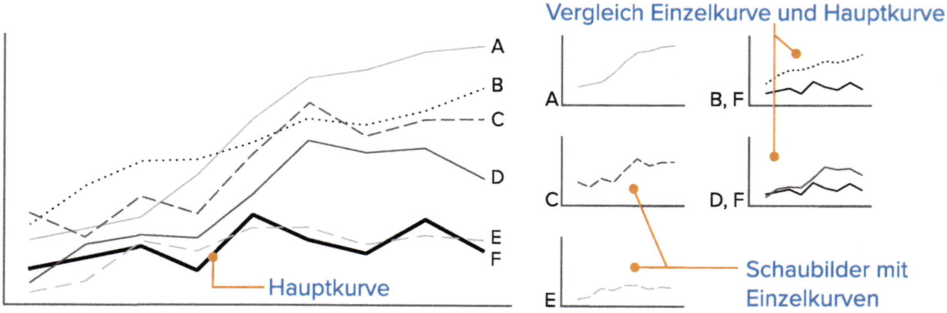

Abb. 9.33 Trotz unterschiedlicher Linientypen ist das Spaghetti-Diagramm schwer zu lesen. Zeigen Sie jeden Verlauf besser in einem einzelnen Schaubild

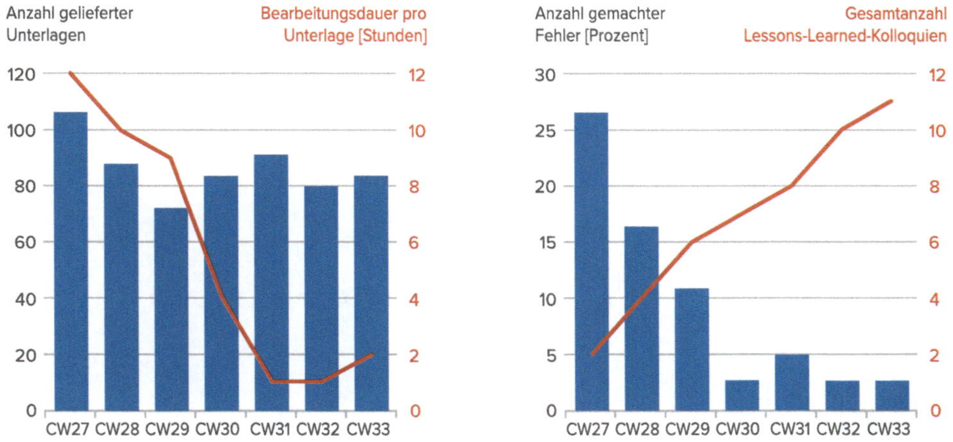

Abb. 9.34 Diagramme mit einer zweiten Y-Achse

Sie merken: Bei der Interpretation solcher Darstellungen benötigen Sie etwas Zeit, weil Sie die richtigen Daten der passenden Achse zuordnen müssen. Anschließend müssen Sie sich über den Zusammenhang der Daten klarwerden. In manchen Diagrammen ist er schwierig zu erkennen oder überhaupt nicht vorhanden – und Ihre Zuhörer empfinden das als unangenehmes Rätselraten.

Deshalb gilt: Meistens sind zwei getrennte Diagramme besser als eine zweite Skala. Und falls Sie dennoch mit einer zweiten Achse arbeiten wollen, dann zeigt Abb. 9.35, wie Sie beide auf einer Folie verständlich und elegant unterbringen können. Aber falls Sie es vermeiden können: Verzichten Sie auf eine zweite Y-Achse.

▶ **PRAXISTIPP** Weil mir in Trainings diese Frage immer wieder gestellt wird, gibt es abschließend noch zwei Regeln zur Darstellung von Zeitintervallen. Erstens: Die X-Achse ist immer die Zeitachse, weil wir das so gewohnt sind. Und zweitens: Ändern Sie niemals die Einheiten auf der Zeitachse!

Ich habe ein Diagramm gesehen, bei dem der Referent den Zeitraum zwischen 2000 und 2015 in Jahren angab und danach zu Monaten wechselte. Dabei behielt er die Abstände zwischen den Einheiten auf der X-Achse bei. Für einen Betrachter ist diese Darstellung unnatürlich. Was allerdings schlimmer wiegt: Ein solcher Wechsel verzerrt den Verlauf der Daten.

9.4.10 Flächendiagramme

Wenn Sie bei einem Liniendiagramm die Fläche zwischen dem höchsten Verlauf und der Nulllinie einfärben, erzeugen Sie ein einfaches **Flächendiagramm**. Gibt es weitere Verläufe, anhand derer wir die gesamte Fläche in einzelne Schichten zerlegen, wird es zum unterteilten Flächendiagramm.

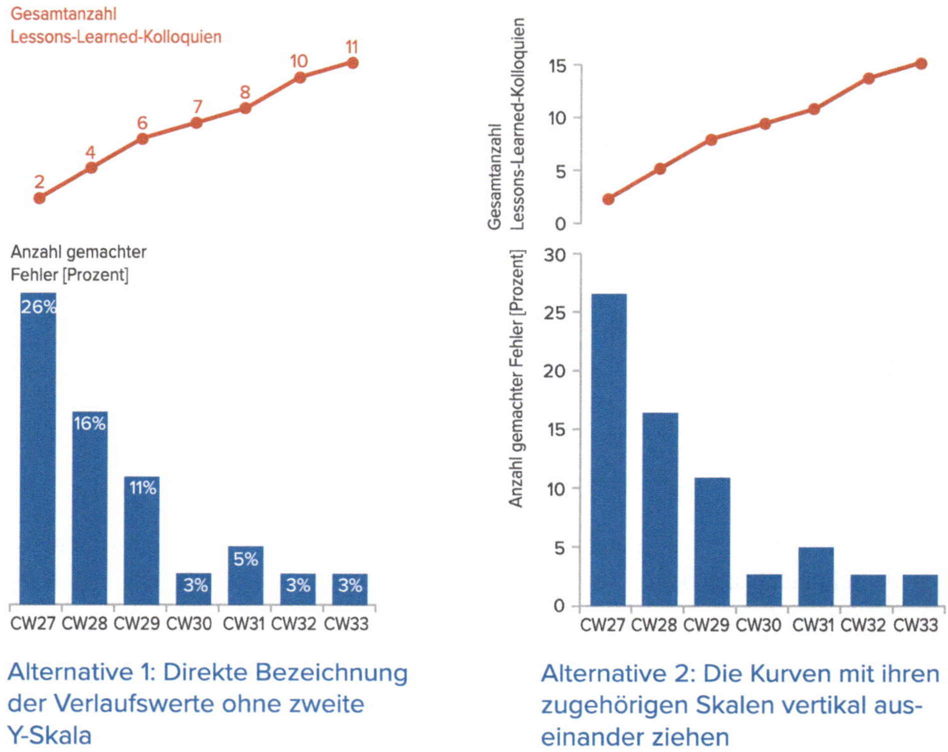

Abb. 9.35 Zwei Möglichkeiten, um Diagramme mit einer zweiten Y-Skala zu visualisieren

Ein unterteiltes Flächendiagramm besitzt eine einzigartige Eigenschaft: Es vermittelt ein gutes Bild von Mengen und zeigt, wie sich Inhalte und ihr Volumen über eine Zeitspanne ändern. In Abb. 9.36 sehen Sie, wie sich der Umfang geleisteter Stunden aller Beteiligten im Verlauf eines Projekts verändert hat. Aufgrund des schichtartigen Aussehens werden unterteilte Flächendiagramme auch liebevoll als *Lasagne* bezeichnet.

Bei der Darstellung gelten die schon bekannten Regeln: Beschränken Sie das Diagramm auf höchstens fünf Schichten. Falls Sie mehr Flächen haben, zeigen Sie die vier wichtigsten Inhalte und fassen Sie die restlichen unter *Sonstige* zusammen. Andernfalls werden bei zu vielen Flächen einige zu dünn dargestellt und es wird für den Betrachter schwierig, die zeitlichen Einflüsse oder Unterschiede zu erkennen.

► **PRAXISTIPP** Wenn Sie aus einem Liniendiagramm mit mehreren Kurven ein Flächendiagramm erzeugen möchten, achten Sie darauf, dass sich einzelne Flächen gegenseitig nicht überlappen. Das passiert immer dann, sobald sich Verläufe kreuzen. In diesem Fall werden vorhandene Daten für den Betrachter unsichtbar. Ein kritisches Publikum könnte vermuten, dass Sie ihm durch diese Darstellung Inhalte vorenthalten wollen.

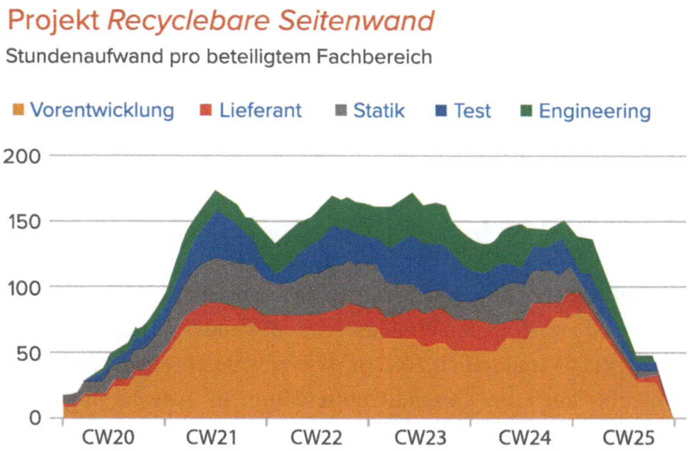

Abb. 9.36 Beispiel für ein unterteiltes Flächendiagramm – das Stundenvolumen der beteiligten Fachbereiche bei der Entwicklung einer recyclebaren Flugzeug-Seitenwand

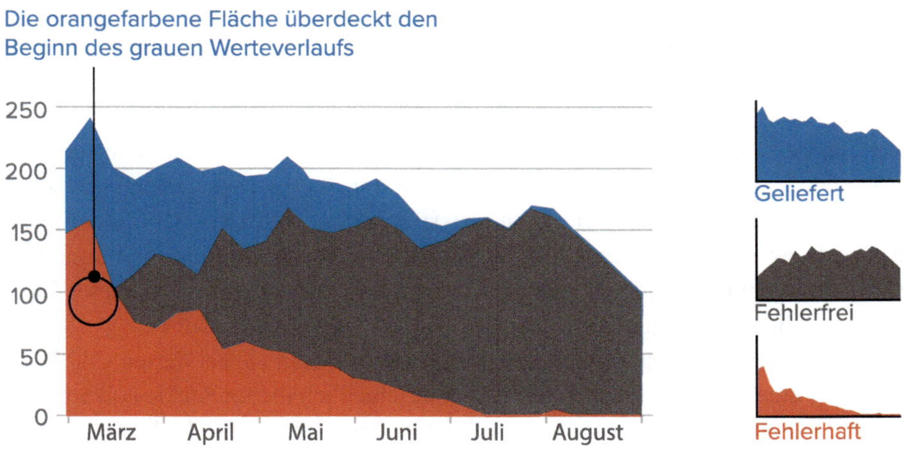

Abb. 9.37 Der Werteverlauf der fehlerfrei gelieferten Unterlagen ist nur im einfachen Flächendiagramm (rechte Seite) vollständig sichtbar

Betrachten Sie Abb. 9.37 Obwohl im Liniendiagramm sämtliche Daten für den Monat März vorhanden sind (s. Abb. 9.31), verdeckt die orangefarbene Fläche den Verlauf der fehlerfrei gelieferten Unterlagen. Und nein – eine transparente Fläche ist eine schlechte Idee.

In Abb. 9.37 erkennen Sie eine weitere Besonderheit des unterteilten Flächendiagramms: Ähnlich wie bei den gestapelten Säulen müssen Sie sich bewusst sein, dass die ungeraden Kanten die dargestellten Flächen optisch verzerren. Die einzige Ausnahme bildet die unterste Schicht, bei der für den Betrachter ein direkter Vergleich mit der geraden Nulllinie möglich ist.

Beide beschriebenen Fälle können Sie einfach entrümpeln: Zerlegen Sie die Grafik in einzelne Diagramme (wie in Abb. 9.37 auf der rechten Seite dargestellt). Natürlich können Sie auch einen anderen Diagrammtyp als eine Lasagne wählen.

Seine Stärke entfaltet das Flächendiagramm immer dann, wenn es darum geht, ein erstes *Gefühl* für die dargestellten Mengen und ihre zeitliche Veränderung beim Publikum zu erzeugen. Weil sich unsere Augen schwertun, aus einer Fläche einen konkreten Wert abzuleiten, ist dieser Diagrammtyp für eine quantitative Aussage nicht geeignet.

9.4.11 Punktediagramme

Punkte oder- **Streudiagramme** zeigen die Beziehung zwischen bestimmten Werten aus Ihrer Datenbasis. Weil sie oft in der Wissenschaft verwendet werden, besitzen sie den Ruf, kompliziert und schwer verständlich zu sein. Wie wir gleich sehen werden, haben sie diesen Ruf zu Unrecht; auch im Geschäftsumfeld gibt es Anwendungen für Punktediagramme, wenn auch nicht so häufig.

Nehmen wir an, Sie leiten eine Abteilung mit hundert Mitarbeitern und planen das Reisebudget. Dazu möchten Sie wissen, ob es einen Zusammenhang zwischen dem empfundenen Komfort und den Ticketkosten bei Bahnreisen gibt. Bei dieser Frage nehmen die meisten Menschen an, dass mit steigendem Ticketpreis auch das Komfortempfinden ansteigt. In anderen Worten: Je teurer das Ticket, desto bequemer die Reise. Um diese Frage zu beantworten, ist ein Punktediagramm hilfreich, das wie in Abb. 9.38 aussehen könnte.

Die Grafik widerlegt die Annahme: Im Bereich zwischen 60 % und 80 % fühlten sich viele Mitarbeiter nahezu gleich behaglich – unabhängig davon, ob sie die erste oder zweite Klasse gebucht hatten. Und falls Sie sich fragen, warum dieses Thema interessant ist: Weil die meisten Vorgesetzten von ihren Mitarbeitern erwarten, die Reisezeit produktiv zu nutzen. Ihre Denkweise: Je teurer das Ticket, desto angenehmer die Reise und desto besser das Arbeitsergebnis. Allerdings zeigt das Diagramm eindrucksvoll, dass dieser Zusammenhang nicht pauschal gültig ist.

Das bedeutet: Für einen **Korrelationsvergleich** zwischen vielen Werten sind Punktediagramme eine ausgezeichnete Wahl. Die unterschiedlich dichte Punktewolke macht es einfach, Anhäufungen oder Ausreißer zu erkennen. Aber dennoch bleibt die Frage: Warum sieht man sie in Geschäftsvorträgen so selten?

Die Antwort: Fast alle Punktediagramme bleiben im Verborgenen, weil sie den Referenten unterstützen, die Beziehung zwischen den Werten zu verstehen. Aus der Punktewolke leitet er eine Erkenntnis oder Aussage ab, die er letztendlich als geeignete Text- oder Grafikfolie für das Publikum aufbereitet. In unserem Beispiel heißt das: Es muss nicht immer die teurere erste Klasse gebucht werden, damit das Arbeiten im Zug produktiv ist. Deshalb finden weniger die Punktediagramme den Weg auf eine Business-Folie, sondern eher das Fazit, das aus ihnen gewonnen wird. Beispielsweise als Textfolie, die wir im Abschn. 9.3.1 kennengelernt haben.

Wenn Sie ein Punktediagramm in Ihrem Vortrag einsetzen wollen, achten Sie auf eine genügend große Punktemenge – andernfalls erwecken Sie den Eindruck, dass Sie Ihre Aussage nicht genügend überprüft haben. Beschriften Sie nicht jeden einzelnen Punkt, sondern nur die wichtigsten – ansonsten leidet die Übersichtlichkeit. Oder Sie arbeiten mit einer Legende wie in Abb. 9.38.

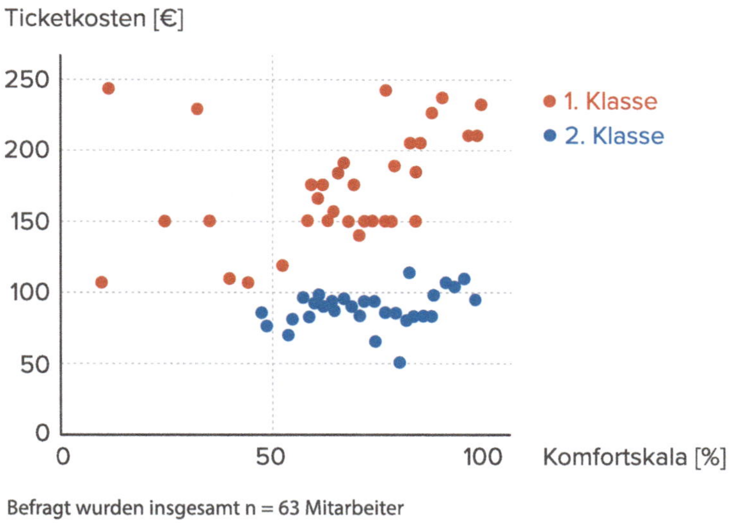

Abb. 9.38 Das Punktediagramm vergleicht die Kosten für Zugtickets mit dem Komfortempfinden der Reisenden

Bei Punktediagrammen ist es wichtig, dass Sie dem Publikum zuerst erklären, wie es das Diagramm lesen muss, bevor Sie über den Inhalt sprechen. Bei der Grafik in Abb. 9.39 muss es wissen, warum die Zahlen in Y-Richtung fehlen. Der Grund: Für einen Betrachter, der sich einen schnellen ersten Eindruck über die Altersstruktur der Abteilung verschaffen möchte, sind sie nicht notwendig.

Weil dieser Diagrammtyp scheinbar einfach verständlich ist, verleitet er manchmal zu falschen Erkenntnissen. Beispielsweise glaubte ein Wissenschaftler im Jahr 2012, eine Verbindung zwischen der Anzahl an Nobelpreispreisträgern und der Menge an verzehrter Schokolade in ihren Ländern entdeckt zu haben. Daraus schloss er, dass Schokolade schlau macht [8]. Das ist allein schon deshalb unsinnig, weil gar nicht klar ist, ob die Nobelpreisträger überhaupt Schokolade gegessen hatten. Der Forscher stellte einen Zusammenhang zwischen zwei Größen her, den es gar nicht gab – ein häufiger Fehler, der auch erfahrenen Referenten unterläuft [9].

So merkwürdig es sich anhört: Ich mag Punktediagramme, weil sie von allen Diagrammtypen einen eigenen Charakter besitzen. Denn hinter jedem Punkt steckt ein bestimmtes Objekt oder eine individuelle Person. Deshalb setzen Grafiker Punkte auch als Gestaltungselement in Infografiken wie in Abb. 9.39 ein – wahrlich ein Punktediagramm im eigentlichen Sinn! Und wenn Sie die Punkte durch Symbole ersetzen, ist es nur noch ein kleiner Schritt zu Bilddiagrammen, die wir uns im nächsten Abschnitt ansehen.

9.4.12 Bilddiagramme

In meinen Schulungen sind Bilddiagramme bei den Teilnehmern sehr beliebt, weil sie unsere Aufmerksamkeit wecken – ein Grund, warum sie auch in Medien gern verwendet

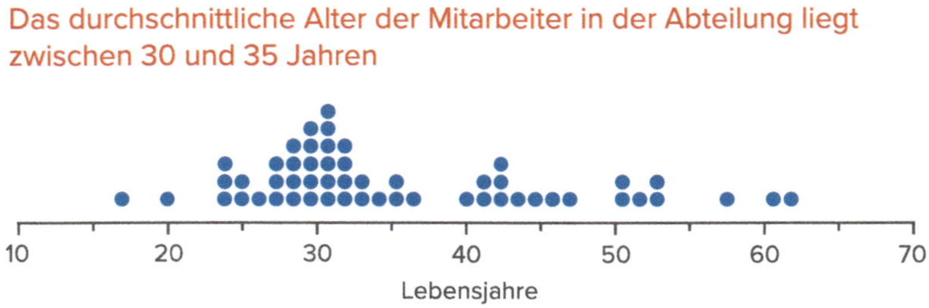

Abb. 9.39 Die Altersstruktur der Mitarbeiter in einer Abteilung, dargestellt als Punktegrafik

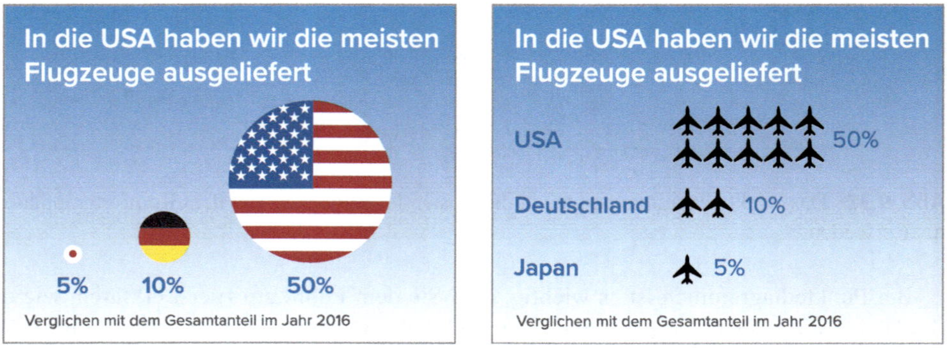

Abb. 9.40 Zwei Möglichkeiten, um Bilddiagramme darzustellen: Links mit Grafiken, rechts mit Icons

werden. Bei **Bilddiagrammen** handelt es sich nicht um einen Diagrammtyp im eigentlichen Sinn, da bei ihnen Grafiken oder Symbole die Darstellung der Datenpunkte ersetzen. Deshalb können Sie diese Diagramme bei allen Vergleichsarten einsetzen. Zwei Beispiele sehen Sie in Abb. 9.40.

Sobald Sie sich auf einen einzelnen Inhalt konzentrieren und ihn als Bild darstellen, erzeugen Sie ein **Piktogramm** oder **Icon.** Das können Sie als Symbol in einem Bilddiagramm verwenden – wie das in der rechten Folie mit den Flugzeugen der Fall ist.

Ich bin zwar ein Fan guter Business-Grafiken, aber Bilddiagramme sind ein zweischneidiges Schwert. Denn sie besitzen einige Nachteile: Die Erstellung der Folie dauert länger. Und sie können den Blick auf die tatsächlichen Daten verzerren: In Abb. 9.40 ist sofort sichtbar, dass die Fläche der USA-Blase mehr als zehnfach größer ist als die Fläche der Japan-Blase. Deshalb müssen Sie in Bilddiagrammen immer die zugehörigen Zahlenwerte angeben!

Aber Vorsicht: Die größte Gefahr liegt darin, dass Sie mit einer unbedachten Darstellung ungewollte Heiterkeit oder andere Reaktionen bei den Zuhörern erzeugen. Betrachten Sie Abb. 9.41: Finden Sie nicht auch, dass das Bild eines halben Flugzeugs oder eines gedrittelten Menschen eine merkwürdige Wirkung besitzt? Oder erinnert Sie eine andere Darstellung an das Duell zwischen David und Goliath?

Abb. 9.41 Die häufigsten Fehler bei der Verwendung von Symbolen in Bilddiagrammen – und wie man sie vermeidet

Gut gestaltete Schaubilder sind bereits für sich genommen eindrucksvoll genug. Es gibt keinen Grund, die Daten mit Bildern auszuschmücken.

Garr Reynolds [10]

Wenn Sie überlegen, Bilddiagramme zu verwenden, vergessen Sie bitte nicht: Ein Diagramm ist kein eigenständiges Kunstwerk, sondern soll seine Inhalte klar und deutlich an das Publikum vermitteln. Deshalb empfehle ich, trotz ihrer Wirkung Bilddiagramme in Geschäftsvorträgen sehr sparsam einzusetzen. Beide Bilddiagramme in Abb. 9.40 können Sie klarer und eleganter als Balkendiagramme darstellen, die denselben Zweck erfüllen. Deshalb stimme ich Garr Reynolds voll und ganz zu.

9.5 Die häufigsten Fehler

In den vorherigen Abschnitten haben wir die gängigsten Diagrammtypen und einige ihrer Verwandten kennengelernt. Und wir haben bereits über einige **Fehler** gesprochen, die regelmäßig in Diagrammen auftauchen – wie eine zweite Y-Achse oder eine unregelmäßige Skalierung. Aber vieles, was wir hören, lesen oder selbst sagen, setzen wir in der Praxis zu selten um. Deshalb möchte ich Sie einladen, die folgende Übung zu versuchen, um sich diese Fehler nochmals bewusst zu machen.

ÜBUNG

Sehen Sie sich die Diagramme in Abb. 9.42 an. Auf den ersten Blick sehen sie klar und einfach aus, aber sie verletzen einige Regeln, die für gute Schaubilder gelten. Erkennen Sie, welche das sind und wie man sie korrigieren kann?

Und? Waren Sie erfolgreich und haben einige Fehler entdeckt? Abb. 9.43 zeigt Ihnen die Lösung.

Zugegeben: Jeder einzelne Fehler ist für sich genommen unspektakulär. Und viele Vortragende sind der Meinung, dass sie ihnen eher selten unterlaufen. Dennoch sehe ich sie in vielen Diagrammen. Das Problem: Ihre Teilnehmer nehmen diese kleinen grafischen Feh-

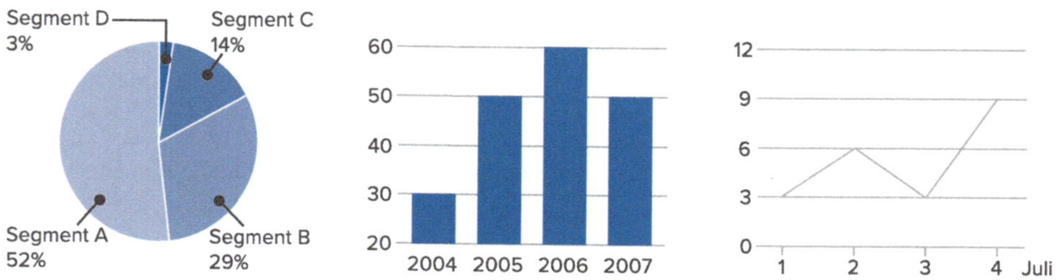

Abb. 9.42 Welche Fehler verstecken sich in den Diagrammen?

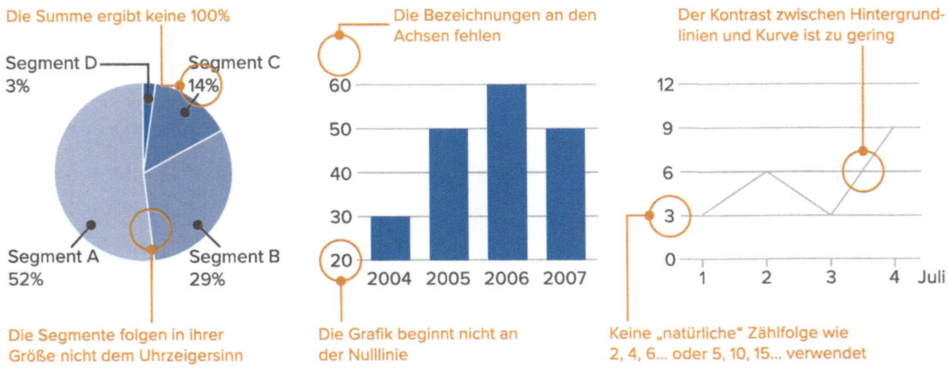

Abb. 9.43 Die häufigsten Flüchtigkeitsfehler in Diagrammen, die auch geübten Referenten passieren

ler unbewusst wahr. Die Folgen sind verheerend: Solche Fehler öffnen den Raum für Missverständnisse zwischen Ihrer Aussage und dem, was das Publikum versteht. Und von dort ist es nur noch ein kleiner Schritt, dass es die eigentlichen Daten infrage stellt.

Die Übung sollte Ihnen einige Fehler, die sich in grafischen Darstellungen schnell einschleichen, nochmals bewusst machen. Es gibt jedoch noch zwei andere Fehlerquellen, an die viele Redner nicht denken: 3D-Effekte und Diagrammachsen.

9.5.1 3D-Effekte

Viele Computerprogramme für Grafiken, Tabellen oder Folien besitzen Funktionen, um Gestaltungselemente dreidimensional darzustellen. Das Resultat sieht häufig spektakulär aus; deshalb nutzen sie vor allem unerfahrene Referenten, um ihre vermeintlich langweiligen Datenfolien optisch etwas aufzupeppen. Denn wenn diese Funktionen verfügbar sind, warum sollte man sie dann nicht verwenden, nicht wahr? Leider erkauft sich der Referent die Darstellung mit einer Verzerrung der Daten, wie Sie gleich sehen werden.

Betrachten Sie die **3D-Darstellung** des **Tortendiagramms** im oberen Teil der Abb. 9.44 Können Sie erkennen, welcher Zulieferer den größten Anteil besitzt? Wenn ich dieses Diagramm in meinen Schulungen zeige, stimmen fast alle Teilnehmer überein, dass der Anteil von Zulieferer B am größten ist. Aber die Wahrheit ist eine andere: In der zweidimensionalen Grafik wird deutlich, dass der größte Anteil Zulieferer A gehört.

Die räumliche Darstellung hat uns einen Streich gespielt: Durch die Neigung des Bildes denken wir, dass die oberen Stücke weiter weg und damit kleiner sind. Dagegen erscheint uns Zulieferer B näher und damit automatisch größer. Die Krux: Im wahren Leben hat sich diese Wahrnehmung für unser Gehirn bewährt. Das gilt aber nicht für Diagramme!

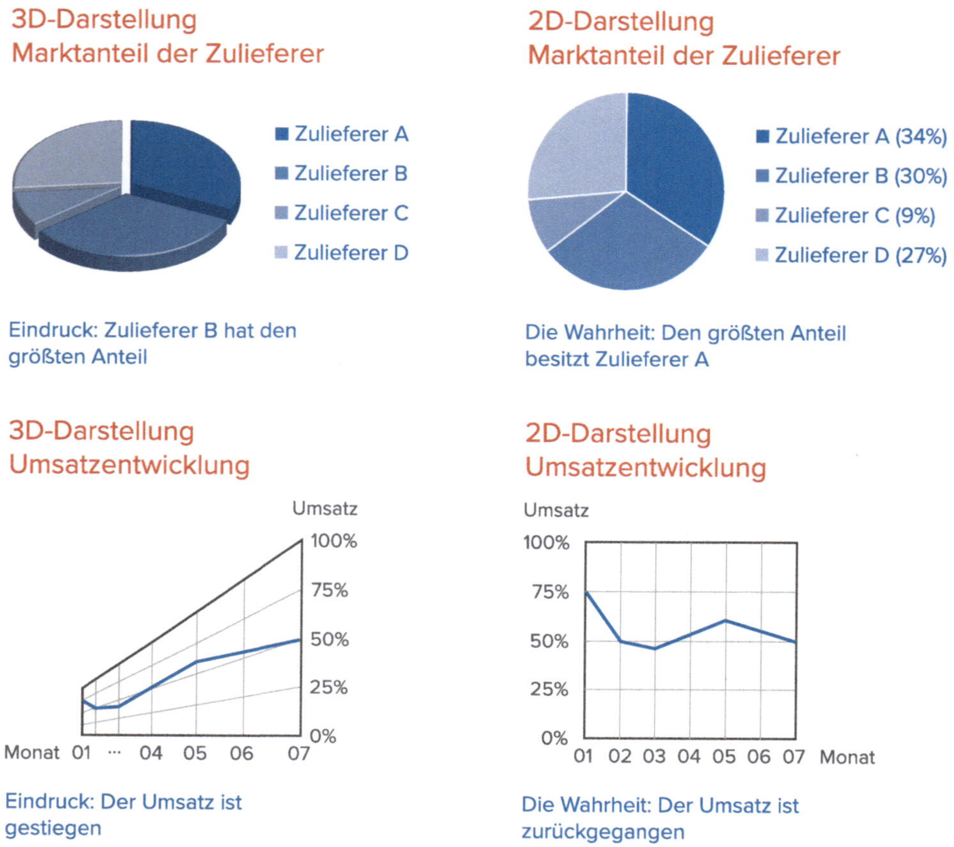

Abb. 9.44 Die perspektivische Darstellung verzerrt die Zahlen, sodass es schwierig wird, sie richtig zu interpretieren

► **PRAXISTIPP** Verwenden Sie kein 3D! Dieser Effekt verzerrt die Zahlen. Und das macht es sehr schwierig, sie zu bewerten oder zu vergleichen.

Und wie Sie im unteren Bereich der Abb. 9.44 sehen, tritt derselbe Effekt auch bei Liniendiagrammen auf und verleitet zu einem falschen Eindruck. Von unschönem Leerraum oder fehlendem Platz für Achsbezeichnungen ganz zu schweigen.

9.5.2 Das Spiel mit den Achsen

Bei **Liniendiagrammen** können unseriöse Referenten noch auf zwei andere Arten tricksen und die Wirkung der Grafik auf das Publikum beeinflussen. Beide haben mit den Diagrammachsen zu tun: Es handelt sich um die gezeigte Spanne der Achsbezeichnungen und um ihren Abstand zueinander. Beides beeinflusst die Optik des gezeigten Verlaufs dramatisch, ohne dabei die eigentlichen Daten zu ändern. In anderen Worten: Es kommt darauf an, wie man die Daten zeigt.

Das wird am besten an einem Beispiel deutlich. Kommen wir zurück auf den Verlauf aus Abb. 9.31, der die Anzahl aller fehlerhaft gelieferten Unterlagen eines Engineering-Dienstleisters zeigt. In dieser Grafik umfasst die Y-Achse eine Spanne von Null bis 250 Stück; der Betrachtungszeitraum liegt bei sechs Monaten. Um den Effekt deutlicher zu zeigen, betrachten wir nur die ersten drei Monate. Alle Grafiken in Abb. 9.45 stellen diesen Verlauf dar.

In den drei oberen Diagrammen habe ich mit dem Umfang auf der Y-Achse gespielt: Die linke Grafik zeigt den originalen Kurvenverlauf aus Abb. 9.31. In der mittleren Darstellung habe ich die ursprüngliche Skala von 250 auf 500 Stück erweitert. Die rechte Grafik zeigt den Ausschnitt zwischen 150 und 250 Stück. In den beiden unteren Diagrammen

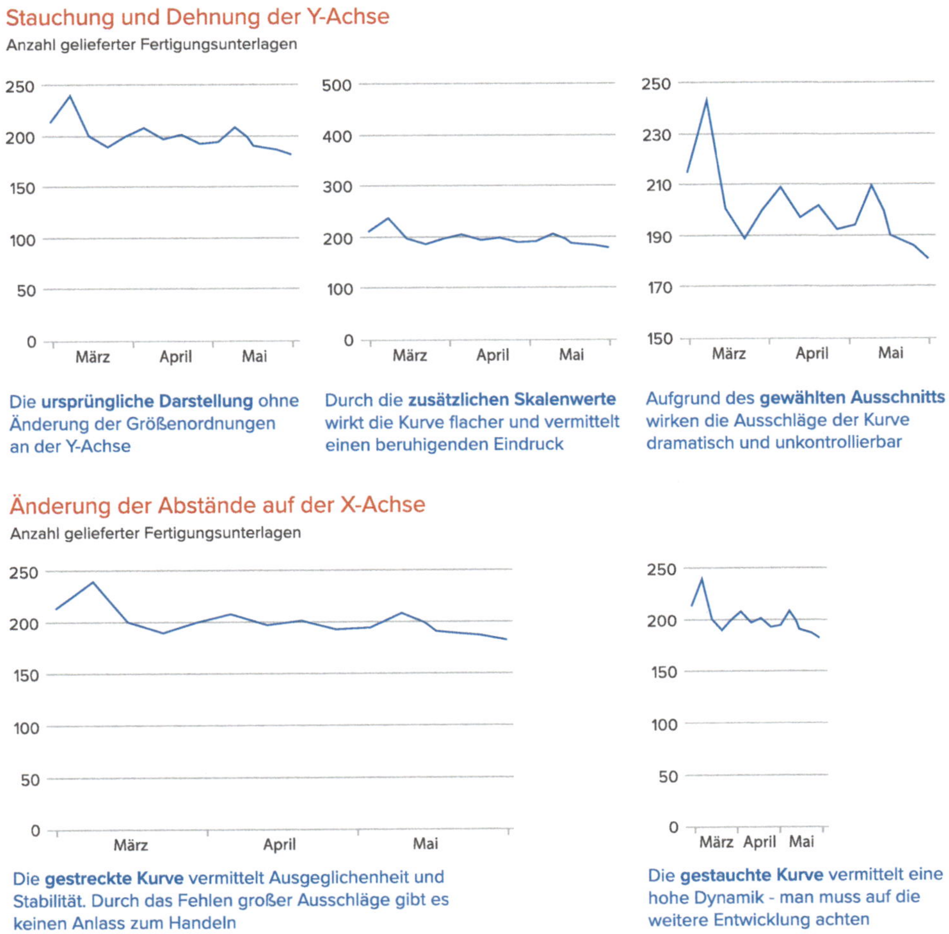

Abb. 9.45 Das Spiel mit den Diagrammachsen verleiht denselben Daten unterschiedliche Wirkung

habe ich die Abstände zwischen den Monaten geändert – wie bei einem Kaugummi ist der Verlauf gequetscht oder auseinandergezogen. Auf diese Weise wirken dieselben Daten entweder unspektakulär oder dramatisch.

Das passiert Ihnen nicht, sagen Sie? Das geht schneller, als man denkt: Diesen Effekt erzeugen Referenten unbemerkt, wenn sie ein Diagramm unbedingt auf einer bestimmten Folie zeigen wollen. Aus Platzgründen ziehen oder stauchen sie die Grafik, damit sie neben den anderen Folieninhalten noch auf die Folie passt.

▶ **PRAXISTIPP** Aus diesem Grund überlegen Sie sorgfältig, wie Sie Ihre Daten am besten zeigen. Tun Sie das nicht, könnte Ihnen das Publikum schlimmstenfalls Manipulation vorwerfen – das Todesurteil für Ihre **Glaubwürdigkeit**.

Zusätzlich beweist eine solche Darstellung auch die Faulheit des Referenten, der sich anscheinend über die seriöse Visualisierung seiner Daten keine Gedanken machen wollte.

9.6 Stellen Sie den Kontext her

In den vorherigen Abschnitten haben wir die wichtigsten Diagrammtypen und ihre Merkmale kennengelernt. Wir wissen, wann wir sie einsetzen und worauf wir achten müssen. Aber: Wenn wir uns daran halten – bedeutet das automatisch, dass wir eine gute Grafik erzeugen? Nun – was halten Sie von der Darstellung in Abb. 9.46: Ist das ein gutes Diagramm?

Nach unserem Wissen über Diagramme sieht die Grafik klar und strukturiert aus. Sie enthält alle wichtigen Bezeichnungen und einen guten Kontrast. Sogar die Aussage ist klar: Nach einigen Jahren des Wachstums erreichten die weltweiten Verkäufe ein Maximum und gingen anschließend zurück. Aber bedeutet das auch, dass es sich um ein gutes Diagramm handelt?

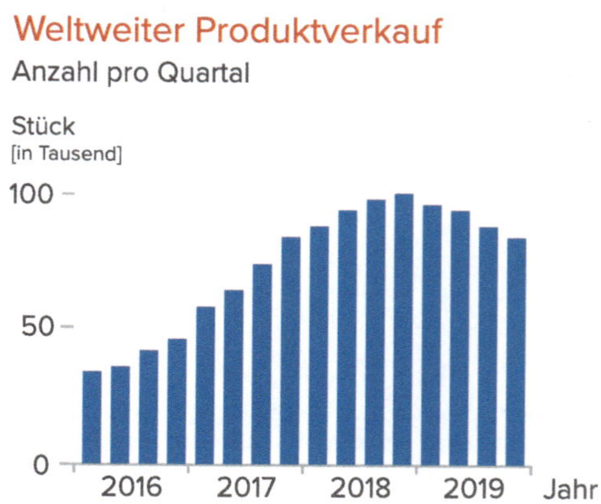

Abb. 9.46 Das Diagramm zeigt den Verlauf der weltweiten Produktverkäufe eines Unternehmens innerhalb von vier Jahren

Die ehrliche Antwort lautet: Wir wissen es nicht. Ohne **Kontext** handelt es sich um eine Grafik, die gut aussieht. Mehr nicht. Die Diskussion über Kontrast, Aufbau oder Bezeichnung ist rein akademischer Natur, solange wir keine Ahnung haben, für wen das Diagramm erstellt wurde oder ob es den richtigen Inhalt besitzt. Auch bei Diagrammen leisten Ihnen die **3 W-Fragen** (nach dem *Warum*, *Was* und *Wer* aus dem Abschn. 2.2 – *Die 3 W-Fragen*) gute Dienste! Nur wenn das Publikum den Kern der Aussage versteht *und* sich für die gezeigten Werte interessiert, ist es ein gutes Diagramm.

Der dritte Schritt bei der Vorgehensweise zur Erstellung von Diagrammen behandelt den Kontext der gezeigten Daten. Dazu nutzen wir zwei Hilfsmittel, die wir bereits kennen: Die Publikumsanalyse und das Storytelling.

9.6.1 Das richtige Diagramm

Viele Referenten zeigen Daten, die sie bereits in anderen Vorträgen verwendet oder aus anderen Quellen übernommen haben. Das Problem: Die Zuhörer merken sofort, ob ein Redner die Inhalte gezielt für den aktuellen Vortragsanlass ausgewählt oder nur übernommen hat (s. Abschn. 2.4 – *Planung und Aufwand*). Das gilt auch für Diagramme: Manchmal zeigt der Referent dem anwesenden Publikum die falschen Daten. Und manchmal verstehen die Zuhörer die Grafik einfach nicht.

Aber woher weiß ich, welche Daten ich *genau* auswählen muss? Schließlich ist meine Datenbasis so umfangreich...

Die Antwort liefert Ihnen die **Publikumsanalyse**, die Sie zu Beginn Ihrer Vortragsreise durchgeführt haben: Sie verrät Ihnen die Zusammensetzung Ihrer Teilnehmer und deren Interessen. Damit wissen Sie nicht nur, welche Daten Sie darstellen müssen, sondern auch, auf welche Weise Sie das am besten tun sollten. Sehen wir uns das am Beispiel der weltweiten Produktverkäufe an, dessen Verlauf Sie aus Abb. 9.46 bereits kennen.

Wenn Sie vor dem Vorstand präsentieren, könnte die Darstellung aus Abb. 9.46 für die Teilnehmer uninteressant sein: Die Manager kennen die globalen Quartals-Verläufe sehr gut; während Ihrer Ausführungen sind sie gelangweilt, checken ihre Mails oder haben schlimmstenfalls das Gefühl, dass sie mit dem Meeting ihre Zeit verschwenden. Vielleicht wäre es interessanter zu wissen, wie sich die Verkäufe auf die einzelnen Märkte aufteilen, um vorhandene Abwärtstrends durch geeignete Maßnahmen gezielt zu stoppen? In einem solchen Fall ist eine Übersicht der regionalen Verkaufszahlen wie in Abb. 9.47 ein gutes Diagramm.

Dieselbe Datenbasis. Völlig unterschiedliche Diagramme.

Um geeignete Maßnahmen zu überlegen und die Gründe für die abnehmenden Verkäufe in Amerika zu diskutieren, führen der technische Leiter und Sie ein Brainstorming durch. Dafür bietet das Vorstands-Diagramm eine gute inhaltliche Basis, ist allerdings für diesen Zweck zu detailliert. Jetzt sind nicht die regionalen Zahlen wichtig; es sollen allgemeine Ideen entwickelt werden, um die Abwärtstrends aufzuhalten. Das machen Sie

Abb. 9.47 Die Produktverkäufe in den einzelnen Regionen

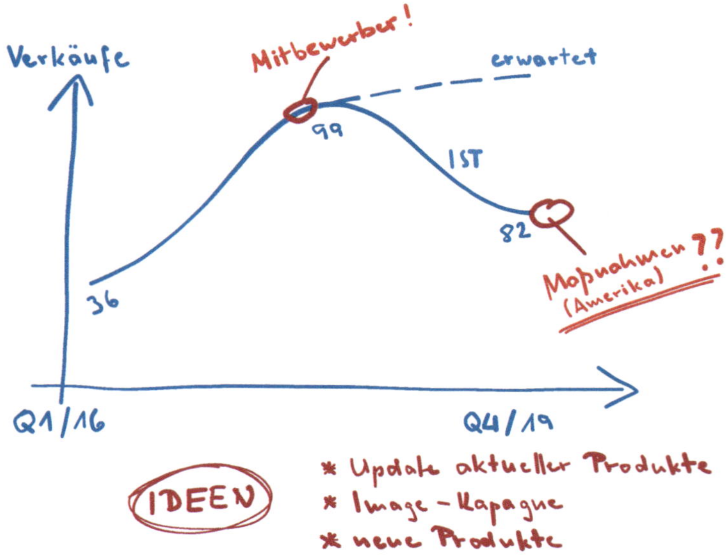

Abb. 9.48 Eine einfache Strichgrafik auf einer Flipchart als Ausgangsbasis für ein Brainstorming

beispielsweise auf einer **Flipchart** oder einem **Whiteboard** – das Diagramm könnte aus ein paar Strichen bestehen wie in Abb. 9.48 gezeigt.

Bevor er eine Entscheidung über das weitere Vorgehen trifft, möchte der Vorstand die entwickelten Ideen und Maßnahmen sehen. Das Strichdiagramm aus dem Brainstorming-Meeting wäre aus einem einfachen Grund dazu nicht geeignet: Wie können wir über zukünftige Entwicklungen sprechen, wenn die Skizze ausschließlich die *Vergangenheit* darstellt? Für diesen Anlass wäre ein Diagramm wie in Abb. 9.49 passend, da es mögliche zukünftige Szenarien zeigt.

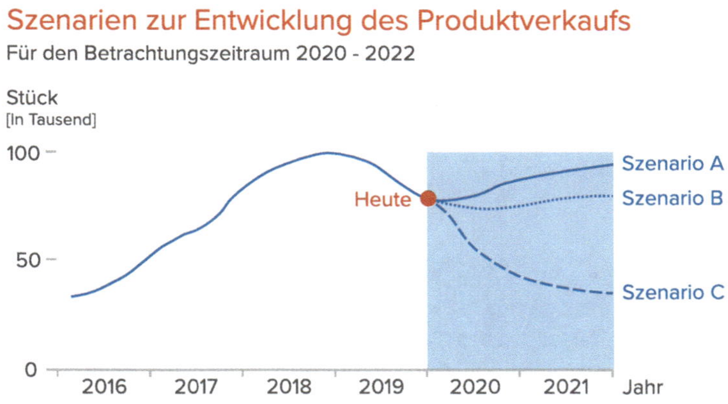

Abb. 9.49 Wie geht es weiter? Dieses Diagramm stellt drei mögliche Zukunftsszenarios dar

Und was ist mit dem anfänglichen Diagramm aus Abb. 9.46? Falls Sie mit einem neuen Manager sprechen, der die Produktverkäufe des Unternehmens der letzten Jahre nicht kennt – dann ist das die richtige Darstellung.

9.6.2 Die richtige Geschichte

Das beste Diagramm ist wirkungslos, wenn es das Publikum nicht versteht. Ein klarer Aufbau und der richtige Diagrammtyp sind wichtig, aber entscheidend ist, dass das Publikum den Zusammenhang zwischen Ihren Daten und Ihrem Vortragsthema erkennt. Dabei hilft uns das **Storytelling,** das sich auch ausgezeichnet bei Diagrammen einsetzen lässt. Erzählen Sie die Geschichte, die hinter den Daten steckt.

> Nicht die nackten Zahlen sind das Interessante. Sondern was sie uns über das Leben hinter diesen Zahlen sagen.
>
> *Hans Rosling* [11]

Zugegeben: Geschichten im Geschäftsalltag zu erzählen ist für die meisten Vortragenden schwer genug – aber wie soll das bei Zahlen und Diagrammen funktionieren? Das geht, und zwar sehr gut. Und das Beste: Sie können Hilfsmittel anwenden, die Sie bereits kennen. Erinnern Sie sich beispielsweise noch an Mini-Stories, Leerstellen oder Konflikte?

Bevor wir uns ein konkretes Beispiel ansehen, müssen wir darüber sprechen, dass Sie Geschichten auf zwei Arten erzählen können: Narrativ und visuell.

Narratives Storytelling ist das reine Erzählen von Geschichten. Wie am Lagerfeuer oder beim Vorlesen, bevor Ihre Kinder einschlafen. Der Punkt ist: Hier gibt es keine Hilfsmittel wie Folien oder Flipcharts, Sie sind als Erzähler quasi nackt. Dass Sie auf diese Weise auch Ihre Geschäftsinhalte vermitteln können, zeigt Ihnen Abb. 9.50 an drei Beispielen: Dem Roman **Moby Dick** von **Herman Melville,** dem **Planetwalker John Francis**

	Moby Dick	John Francis	Engineering-Dienstleister
Einführung (Problem)	Ein Mann heuert auf einem Walfänger an	John stellt fest, dass er im Umgang mit seiner Umwelt oberflächlich geworden ist	Der Dienstleister soll den hohen Arbeitsaufwand in einem Projekt vermindern
Konflikt	Der Kapitän seines Schiffes ist besessen davon, sich an einem Wal zu rächen	John schweigt jahrelang, um den Menschen besser zuzuhören. Seine Familie versteht das nicht	Viele gelieferte Inhalte sind fehlerhaft und müssen erneut bearbeitet werden
(Auf-)lösung	Das Schiff sinkt und der Mann ist der einzige Überlebende	Nach Jahren bricht er sein Schweigen, um von seinen Erfahrungen zu erzählen	Nach Lessons-Learned Workshops sinkt die Fehlerrate fast auf Null

Abb. 9.50 Der Aufbau bei fiktiven und beruflichen Geschichten ist identisch

(seine Story finden Sie im Abschn. 6.3 – *Die Heldenreise*) und der Geschichte des Engineering-Dienstleisters, der die Unterlagen fehlerhaft geliefert hat (s. Abb. 9.31). Es ist erstaunlich: In allen drei Fällen ist der Aufbau identisch.

Beim **visuellen Storytelling** unterstützt Sie bei Ihren Ausführungen zusätzlich ein Bild oder eine Grafik. Im *Ideal*fall erklärt sich das Diagramm von selbst; im *Normal*fall erläutert der Referent die Daten und stellt den Kontext her. Werbeplakate und Anzeigen in Printmedien sind gute Beispiele für visuelles Storytelling, die gemäß der **3-Sekunden-Regel** ihre Geschichte in kurzer Zeit erzählen (müssen).

ÜBUNG

Die nachfolgende Geschichte beschreibt die Entwicklung des Kupferpreises auf dem Weltmarkt zwischen den Jahren 2000 und 2006:

Bis zum Jahr 2003 war der Kupferpreis stabil und lag historisch niedrig bei 65 Cent pro Pfund. Aber in diesem Jahr trieb ein Erdrutsch in der größten afrikanischen Abbaumine den Preis auf 1 Dollar pro Pfund hoch. Im Folgejahr stieg er weiter auf 2 Dollar pro Pfund. Der Grund war ein Streik in einer Kupfermine in Chile. Aufgrund dieser Ereignisse und der weltweit steigenden Nachfrage kostet ein Pfund Kupfer gegenwärtig im Jahr 2006 4 Dollar.

Lassen Sie die Erzählung einen Augenblick auf sich wirken. Dann betrachten Sie das zugehörige Diagramm in Abb. 9.51: Auf welche Weise können Sie die Preisentwicklung einfacher verstehen und sich merken?

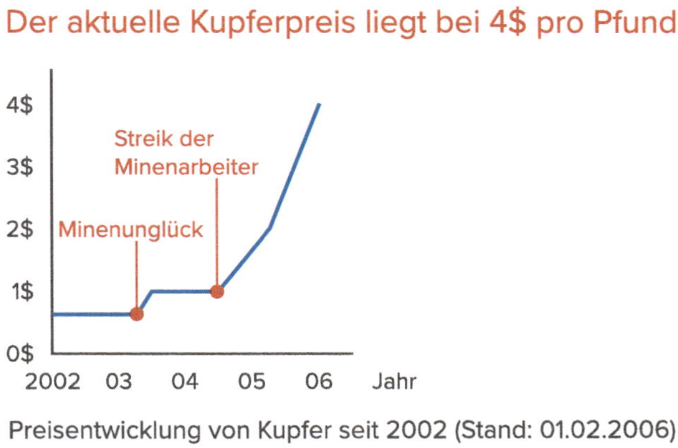

Abb. 9.51 Die (fiktive) Entwicklung des Kupferpreises auf dem Weltmarkt

Viele Menschen sagen, dass es ihnen mithilfe des Diagramms einfacher fällt, sich an die Preisentwicklung zu erinnern. Aber: Die meisten Teilnehmer merken sich die Inhalte am besten mit dem Diagramm *und* der zugehörigen Geschichte! Dabei muss die Grafik nicht einmal sämtliche Einzelheiten zeigen, weil unser Gehirn die fehlenden Details durch die Geschichte ergänzt. Oder wie der Psychologe Robyn Dawes sagt:

> Ohne Geschichte schaltet unsere kognitive Fähigkeit ab.
>
> *Robyn Dawes* [12]

Visuelles Storytelling fällt den meisten Referenten leichter als narratives Storytelling, weil sie ein Visual haben, an dem sie sich bei ihren Ausführungen orientieren können. Und ein Held ist ebenfalls nicht zwingend notwendig.

Aber wie gehen wir nun beim visuellen Storytelling konkret vor? Das sehen wir uns erneut an der Geschichte des Engineering-Dienstleisters an.

In Abb. 9.52 ist beschrieben, wie der Projektleiter dem Vorstand die hohe Anzahl an fehlerhaften Unterlagen und die umgesetzte Lösung erklärte. Die Ausführungen fanden im Rahmen eines Projektberichts vor den Auftraggebern statt; die Manager wollten den Sinn des beschriebenen Lessons-Learned-Workshops und seine Auswirkungen auf das Projekt wissen. Der Grund: Da an dem wöchentlichen Lessons-Learned-Meeting 15 Personen teilnahmen, kostete die Maßnahme knapp 2000 € pro Meeting. Anhand des Diagramms konnte der Projektleiter die Auftraggeber überzeugen, dass der drohende Terminverzug deutlich teurer gewesen wäre als die zehn durchgeführten Meetings.

Das Grundprinzip ist dasselbe, wie wir es bereits von **Aristoteles** und der **Dramentheorie** kennen: Unerwartete Ereignisse erzeugen Aufmerksamkeit und Spannung bei den

Folien-Darstellung

Gesprochener Text

1. Folie mit leerem Diagramm-Gitternetz

Einführung: Um die Projekttermine nicht zu gefährden, erhielt der Engineering-Dienstleister den Auftrag, aus den vorhandenen 3-D Modellen die Fertigungsunterlagen zu erstellen.
Er bekam eine Checkliste, mit der er die Unterlagen vor der Lieferung prüfen sollte

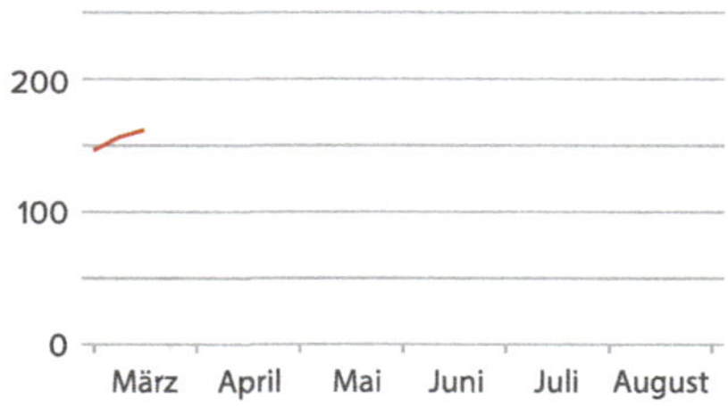

2. Folie mit Kurvenbeginn

Konflikt: In den beiden ersten Wochen war die Fehlerquote der gelieferten Unterlagen ungewöhnlich hoch. Unser Team korrigierte sie mit zusätzlichem Arbeitsaufwand, der im Projekt nicht eingeplant war.
Gespräche mit dem Dienstleister ergaben, dass seine Mitarbeiter die Prüfkriterien nicht verstanden hatten. Zusätzlich herrschte eine hohe Fluktuation. Neue Mitarbeiter wurden ungenügend eingearbeitet

3. Folie mit Kurvenbeginn und visuellem Marker

Lösung: Deshalb entschieden wir uns, ein wöchentliches Lessons-Learned-Meeting durchzuführen.
In dem Meeting wurden mit dem Dienstleister die fünf häufigsten Fehler und ihre Lösung besprochen. Der Projektleiter stellte die Meeting-Ergebnisse auf das Projektlaufwerk, damit jedes Teammitglied Zugriff darauf hatte

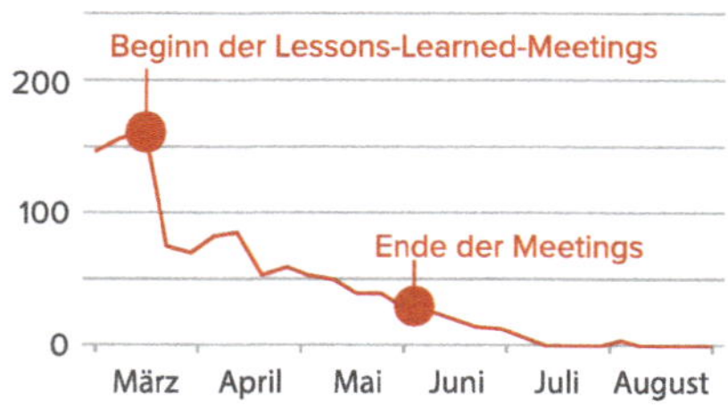

4. Folie mit dem vollständigen Kurvenverlauf

Durch die regelmäßigen Meetings nahm die Fehlerquote schnell ab. Unser Team konnte sich wieder auf seine Aufgaben konzentrieren. Die Terminsituation entspannte sich.
Ein weiterer Vorteil war, dass alle Beteiligten wussten, wie sie neu aufgetretene Fehler vermeiden konnten.
Ende Mai beendeten wir die Meetings. Danach klärten alle Mitarbeiter die Fehler direkt miteinander

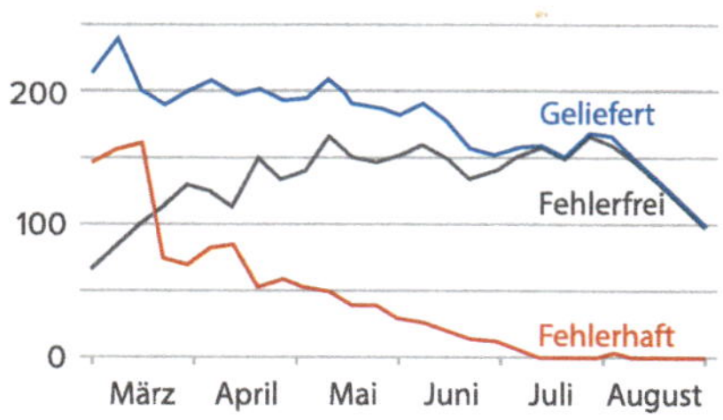

5. Folie mit dem Verlauf aller Kurven

Das Ergebnis dieser Maßnahmen sehen Sie hier: Der Engineering-Dienstleister konnte den anfänglichen Verzug aufholen und lieferte alle Unterlagen fristgerecht und in der vereinbarten Qualität

Anmerkung: Die beiden Meeting-Marker sind jetzt nicht mehr notwendig

Abb. 9.52 Storytelling mit Diagrammen: Auf der linken Seite sehen Sie die gezeigten Folien, auf der rechten Seite die Geschichte dazu, die der Referent erzählte

Zuhörern. Das erreichen Sie beispielsweise mit Mini-Stories, Leerstellen oder Sprachpausen. Ich beschreibe sie hier nochmals kurz:

- *Leerstellen* und *Sprachpausen* erzeugen Neugier. Das Publikum möchte wissen, wie es weitergeht. Und abhängig davon, wie Sie dieses Mittel einsetzen, überlegen sich die Teilnehmer selbst eine mögliche Lösung, bevor Sie die tatsächliche Lösung vorstellen
- *Mini-Stories* wie *Beispiele* oder *Vergleiche* schlagen eine Brücke zum vorhandenen Wissen des Publikums. Auf diese Weise erklärte der Politiker Franz Josef Strauß in einer Bundestagsrede mit der Hilfe von Güterzügen den anwesenden Kollegen die Höhe und die Auswirkungen der Staatsschulden [13]

Als er den Managern die Grafik mit den fehlerhaften Unterlagen zeigte, wandte der Referent eine weitere Methode an: **Aufbrechen und Zusammensetzen** – Sie kennen das Prinzip bereits aus dem Abschn. 7.1.1. Es bedeutet: Zeigen Sie bei komplizierten Zusammenhängen nicht sofort das vollständige Diagramm, sondern liefern Sie die Inhalte in kleinen Portionen, die die Teilnehmer leicht verdauen können. Anhand der fünf Folien in Abb. 9.52 konnte der Vorstand den Ausführungen bis zur kompletten Grafik problemlos folgen.

▶ **PRAXISTIPP** Und falls Sie gerne sehen, wie sich Inhalte auf einer Folie bewegen: Natürlich ist es völlig in Ordnung, anstelle der fünf einzelnen Folien die gesamte Grafik zu animieren. Allerdings habe ich die Erfahrung gemacht, dass – gerade bei komplizierten Diagrammen – der Erstellungsaufwand gegenüber dem Aufbrechen in einzelne Folien deutlich größer ist.

Über **Animationen** haben wir bereits in Abschn. 8.6.3 – *Animation von Folieninhalten* gesprochen.

Dass die Darstellung von Zahlen nicht unbedingt langweilig sein muss, zeigen die Vorträge der Daten-Visionäre David McCandless [14] und Hans Rosling [15], die ich Ihnen wärmstens ans Herz lege: Beide sind Meister darin, dem Publikum Daten und ihre Bedeutung zu erklären. Sehen Sie sich beide an: Es ist beeindruckend, mit welcher leichtfüßigen Eleganz sie komplexe Zahlenwerke präsentieren und gleichzeitig dem Publikum neue Erkenntnisse vermitteln.

9.7 Zusammenfassung

Immer wenn Menschen Zahlen oder abstrakte Daten aufnehmen und verarbeiten müssen, erfordert das viel Konzentration. Gute Diagramme helfen, diese Belastung zu verringern. Deshalb muss sich ein Referent Gedanken darüber machen, was sein Publikum *wirklich* wissen und verstehen muss. Dabei helfen ihm drei Schritte: Er muss die passenden Daten auswählen, sie mit dem passenden Diagramm visualisieren und dem Publikum erklären, was die Zahlen bedeuten.

Viele Referenten beginnen den Vortrag mit ihrer Daten-Recherche und erklären den Zuhörern, wie sie ihre Datenbasis ermittelt haben. Das Publikum jedoch interessiert sich nicht für diese Details, sondern ausschließlich für das Ergebnis, das sich aus den ermittelten Zahlen ergibt. Deshalb ist der erste Schritt bei der Datenvisualisierung, dass der Redner genau weiß, was er sagen will und welche Daten ihn dabei unterstützen. Das sind die Inhalte, die er visualisieren muss. Deshalb ist eine prägnante und klare Aussage die Grundlage, um ein gutes Diagramm zu erstellen.

Im zweiten Schritt geht es darum, die passende Darstellung für die ausgewählten Zahlen und Daten zu finden. Dabei gibt es zwei Grundtypen: Nicht-Diagramme wie reine Textfolien beinhalten überwiegend textuellen Inhalt. Sie sind eine gute Wahl, wenn der Referent über eine Schlussfolgerung oder ein Fazit spricht, das sich aus seinen Daten ergibt.

Der zweite Typ sind die klassischen Diagramme wie Torten-, Balken- oder Liniendiagramme. Sie werden immer dann eingesetzt, wenn der Redner einen Vergleich zwischen einzelnen Daten und Zahlen zeigen möchte. Dazu gehören nicht nur die Vergleiche zwischen den Daten selbst, sondern auch, ob beispielsweise ein bestimmter Zielwert erreicht wurde.

Das beste Diagramm ist wirkungslos, wenn die gezeigten Inhalte das Publikum nicht interessieren. Deshalb kommen im dritten Schritt die Publikumsanalyse und das Storytelling ins Spiel. Die Publikumsanalyse verrät dem Referenten, ob sich sein Diagramm mit den Interessen des Publikums deckt. Das Storytelling verpackt die abstrakten Zahlen in eine Geschichte, sodass sie für das Publikum anschaulicher und lebendiger werden. Auf diese Weise verstehen die Zuhörer, welche Bedeutung die dargestellten Daten haben und welchen Nutzen sie daraus ziehen können.

Oft gibt es nicht nur das *eine* richtige Diagramm, sondern der Referent kann seine Daten mit verschiedenen Diagrammtypen visualisieren. Um herauszufinden, welche Darstellung am besten seine Aussage vermittelt und für das Publikum am verständlichsten ist, ist die 3-Sekunden-Regel hilfreich: Zeigt er das Diagramm einem Kollegen, sollte dieser es innerhalb von drei Sekunden verstehen.

9.8 Checkliste

Eine gute Visualisierung von Zahlen und Daten folgt den vier Prinzipien Kontrast, Ausrichtung, Nähe und Wiederholung, die Sie bereits aus Kap. 8 – *Die Geheimnisse guter Folien* kennen. Achten Sie zusätzlich auf die Punkte in Abb. 9.53, wenn Sie Datenfolien und Diagramme erstellen.

Und denken Sie daran: Ihr Diagramm ist immer nur so gut wie die Daten, aus denen es entstanden ist!

Kommen wir wieder auf unsere Vorbereitungsreise zurück: Nachdem wir die Folien erstellt haben, geht es darum, sie zu einem stimmigen Vortrag zusammenzufügen. Dabei ist es wichtig, dass die Folien sowohl formal als auch inhaltlich gut zusammenpassen. Genau darum geht es im nächsten Kapitel.

Checkliste „Datenvisualisierung“	ja	nein
Kennen Sie Ihre **Aussage**?	○	○
Unterstützende Daten vorhanden?	○	○
Darstellung		
Geprüft: Aussage beinhaltet Fazit oder Vergleich?	○	○
(Einfachen) Diagrammtitel formuliert?	○	○
Passende visuelle Darstellung(en) skizziert?	○	○
Layout klar und verständlich?	○	○
3-Sekunden-Regel bestanden?	○	○
Kontext und Publikum		
Geprüft: Welche Story erzählen die Daten?	○	○
Story und Daten relevant für die Zuhörer?	○	○

Abb. 9.53 Diese Checkpunkte stellen eine gute und verständliche Datenvisualisierung sicher

Literatur

1. Zitat gefunden in: Garr Reynolds (2010): ZEN oder die Kunst des Präsentationsdesigns. Addison-Wesley, S. 144
2. Wie bei den anderen Abschnitten handelt es sich bei den Ausführungen zu Diagrammen um eine Mischung aus eigener Erfahrung und Wissen, das ich aus folgenden Büchern entnommen habe: Stephen Few (2012): Show Me the Numbers – Designing Tables and Graphs to Enlighten, 2nd edition. Analytics Press; Gene Zelazny (2015): Wie aus Zahlen Bilder werden, 7, überarbeitete Auflage. Springer Gabler; Garr Reynolds (2010): ZEN oder die Kunst des Präsentationsdesigns. Addison-Wesley, Kapitel 5; Cole Nussbaumer Knaflic (2017): Storytelling mit Daten. Vahlen; David McCandless (2016): So tickt die Welt – Große Zusammenhänge genial einfach. Frederking & Thaler; Nancy Duarte (2019): Data Story – Explain Data and Inspire Action through Story. Ideapress Publishing. David McCandless (2012): Information Is Beautiful. Harper Collins; Scott Berinato (2016): Good Charts. Harvard Business Review Press; Dona M. Wong (2013): Guide to Information Graphics. W.W.Norton & Company
3. Cole Nussbaumer Knaflic (2017): Storytelling mit Daten. Vahlen, S. 17
4. Gene Zelazny (2015): Wie aus Zahlen Bilder werden. Springer Gabler, S. 34–37
5. Gene Zelazny (2015): Wie aus Zahlen Bilder werden. Springer Gabler, S. 52
6. Dona M. Wong (2013): Guide to Information Graphics. W.W.Norton & Company, S. 66f
7. Definition der Likert-Skala unter https://wirtschaftslexikon.gabler.de/definition/likert-skalierung-40986/version-264358 (abgerufen am 03.03.2021 um 19.44 Uhr)
8. Franz H. Messerli (2012): Chocolate Consumption, Cognitive Function, and Nobel Laureates. In: New England Journal oft Medicine (367: 1562–1564); DOI: https://doi.org/10.1056/NEJMon1211064

9. Norbert Lossau (2016): So wird die Wurst zum Mörder. In: WELT am Sonntag Nr. 17 (24. April 2016), Hrsg.: Stefan Aust. WeltN24 GmbH, S. 20
10. Gar Reynolds (2010): ZEN oder die Kunst des Präsentationsdesigns. Addison-Wesley, S. 142
11. Hans Rosling (2018): Factfulness – Wie wir lernen, die Welt so zu sehen, wie sie wirklich ist, 2.Auflage. Ullstein, S. 32
12. Robyn M. Dawes (1999): A message from psychologists to economists – mere predictability doesn't matter like it should (without a good story appended to it). Journal of Economic Behavior & Organization, Volume 39, Issue 1. Elsevier, Pages 29–40
13. https://www.youtube.com/watch?v=E0F6dJcqgIM (abgerufen am 20.10.2020 um 17.34 Uhr)
14. https://www.ted.com/talks/david_mccandless_the_beauty_of_data_visualization/up-next#t-232220 (abgerufen am 22.10.2020 um 13.52 Uhr)
15. Geben Sie bei TED (www.ted.com) den Namen von Hans Rosling in das Suchfeld ein und Sie finden mehrere Vorträge von ihm. Jeder Vortrag ist außergewöhnlich, aber meine beiden Favoriten sind: https://www.ted.com/talks/hans_rosling_the_best_stats_you_ve_ever_seen/up-next#t-123734 und https://www.ted.com/talks/hans_rosling_let_my_dataset_change_your_mindset/up-next#t-248322 (beide abgerufen am 16.10.2020 um 16.14 Uhr)

Die Geburt Ihres Vortrags

10

Das Ganze ist mehr als die Summe seiner Teile.
Aristoteles [1]

Herzlichen Glückwunsch! Sie haben elegante Folien mit klaren Grafiken und verständlichen Diagrammen erstellt. „Jetzt ist mein Vortrag fertig“, denken viele Referenten. Sie nehmen ihren Foliensatz und treten vor ihr Publikum. Das ist doch in Ordnung, denn schließlich ist jede Folie nach den Grundregeln guten Designs aufgebaut. Was soll jetzt noch schiefgehen?

Vielleicht gar nichts. Aber manchmal ergeben sich unangenehme Überraschungen: Inhalte wiederholen sich. Der rote Faden ist doch nicht so deutlich wie gedacht. Der ganze Vortrag fühlt sich holprig und nicht harmonisch an. Klarheit und Eleganz sind auf einmal

B. Gebhardt, *Tipps und Tricks für erfolgreiche Präsentationen*,
https://doi.org/10.1007/978-3-662-72376-0_10

verschwunden. Der Grund: Frei nach Aristoteles ist auch ein Vortrag mehr als die Summe seiner Folien. Und das kann auch passieren, wenn sich der Referent an die Vortragsrichtlinien seines Unternehmens hält.

Die Kunst, etwas sorgfältig zu überarbeiten, ist im heutigen Businessumfeld verloren gegangen. Dabei lassen sich mit einfachen Regeln und Kriterien die gröbsten Fehler entdecken und vermeiden. Über die wichtigsten sprechen wir in diesem Kapitel:

- Was muss ich beachten, wenn ich meine Folien zu einem Vortrag verbinde?
- Ist es ausreichend, dem Publikum meine Folien als Handout zu geben?
- Müssen es immer Folien sein oder kann ich auch andere Medien einsetzen?
- Wie kann ich die Qualität meines Vortrags prüfen und verbessern?

Viele Referenten meinen, sie haben keine Zeit, um ihren Geschäftsvortrag den letzten Schliff zu verpassen. Das ist vergleichbar mit einer Mail, die man schreibt und dann einfach abschickt: Die peinlichen Fehler oder unvollständigen Sätze entdeckt man meistens dann, wenn sie bereits beim Empfänger angekommen sind. Oder während des Vortrags – dann allerdings ist es zu spät und der Schaden bereits angerichtet. Straucheln Sie nicht kurz vor der Ziellinie und verschenken Sie nicht den sicheren Sieg.

10.1 Alles zusammenbauen

Jeder Textblock oder jedes Schaubild auf Ihren Folien soll wie der Teil eines großen Ganzen wirken. Passen die Teile zusammen, entsteht eine inhaltliche Harmonie und visuelle Geschlossenheit – ein Betrachter nimmt jedes Element als Teil des gesamten Vortrags wahr. Andernfalls handelt es sich nur um ein Sammelsurium an Objekten und Elementen. In Abschn. 8.1.1 – *Wir denken wie Frankenstein* sprachen wir vom **Frankenstein-Effekt.**

Kein Referent möchte mit seinem Vortrag das Publikum absichtlich verwirren. Dass dies dennoch häufig passiert, hat einen einfachen Grund: Viele Vortragende packen sämtliche Inhalte, über die sie reden wollen, auf ihre Folien. Und das Publikum gewinnt den Eindruck eines überladenen, losen Stückwerks. Das Frankenstein-Monster grüßt erneut.

Diesen Eindruck können Sie einfach vermeiden, indem Sie alle drei **Bestandteile eines Vortrags** bewusst einsetzen. Moment mal: *Drei* Bestandteile? Das ist richtig. Denn jeder Vortrag setzt sich aus drei Teilen zusammen:

- Die *Folien,* die das Publikum sieht (und an die man als erstes denkt)
- Die *Notizen,* die der Referent verwendet
- Das *Handout,* das das Publikum erhält

Alle drei tragen auf ihre Weise zum gesamten Vortrag bei. Wenn Sie jeden Teil gemäß seiner Aufgabe einsetzen, werden Sie nicht mehr das Bedürfnis verspüren, Ihren Vortrag mit sämtlichen Inhalten vollzupacken. Stattdessen können Sie sie in Ihre Notizen oder in das Handout einbringen. Ihre Folien werden verständlicher und das Publikum erkennt den roten Vortrags-Faden umso deutlicher.

10.1.1 Fünf goldene Regeln für Vorträge

In Abschn. 8.2 – *Grundlagen für gute Gestaltung* haben wir die wichtigsten Prinzipien für gutes Foliendesign kennengelernt: Nähe, Wiederholung, Kontrast und Ausrichtung. Jetzt steigen wir eine Stufe höher und wenden sie auf den gesamten Vortrag an.

Dabei helfen Ihnen die folgenden fünf goldenen Regeln. Sie stellen sicher, dass Ihr Vortrag inhaltlich und visuell in sich geschlossen wirkt:

1. Verwenden Sie ein *konsistentes Raster* wie das 3 × 3- oder 5 × 4-Raster. Dadurch stellen Sie sicher, dass der Aufbau aller Folien harmonisch ist
2. Nutzen Sie gut eingesetzte *Kontraste,* damit das Publikum erkennt, welche Vortragsinhalte besonders wichtig sind
3. Lassen Sie die Gehirne Ihrer Zuhörer atmen. Sorgen Sie für regelmäßige mentale Pausen, indem Sie bewusst Folien mit Bildern und Grafiken einsetzen
4. *Einfach ist besser.* Wenn Sie sich für einen Folienübergang entschieden haben, dann bleiben Sie dabei. Seien Sie sparsam mit verspielten Animationen
5. Ihre *Folien sind nicht das Handout* des Vortrags. Andernfalls besteht die Gefahr, dass Sie sie mit zu viel Inhalt überladen

Die letzte Regel stellen wir für einen kurzen Moment zurück. Denn sie besitzt einen großen Einfluss auf die Frage, ob der Referent ein Handout an das Publikum austeilen und wie es aussehen soll. Darüber sprechen wir in Abschn. 10.1.4 – *Handout oder nicht Handout.*

Die Beispielfolien in den nachfolgenden Abb. 10.1 bis 10.4 habe ich aus einem Vortrag entnommen, der beschreibt, wie man die Ideenkultur in einem Unternehmen fördern kann. Oder bildhaft gesprochen: Wie man eine Idee zum Fliegen bringt. Dieses Beispiel zeigt, wie die Prinzipien die einzelnen Folien miteinander verbinden und ein harmonischer Eindruck entsteht.

Die Folien in Abb. 10.1 sind nach der **Drittel-Regel** aufgebaut, die Sie in Abschn. 8.5.4 – *Do It Yourself* kennengelernt haben. Dieses **Raster** mit drei Spalten und drei Zeilen vermittelt Stabilität, Sicherheit und Ruhe. Bereits nach den ersten Folien weiß der Betrachter, an welcher Stelle er Text oder grafische Elemente erwarten kann. Das erleichtert ihm die Orientierung innerhalb des gesamten Vortrags deutlich.

Folien-Hintergründe müssen nicht immer gleichfarbig sein. Beispielsweise signalisiert ein andersfarbiger Hintergrund bei Agenda- oder anderen Trennfolien dem Publikum, dass ein neuer inhaltlicher Abschnitt beginnt. Oder dass es sich um eine wichtige Aussage handelt.

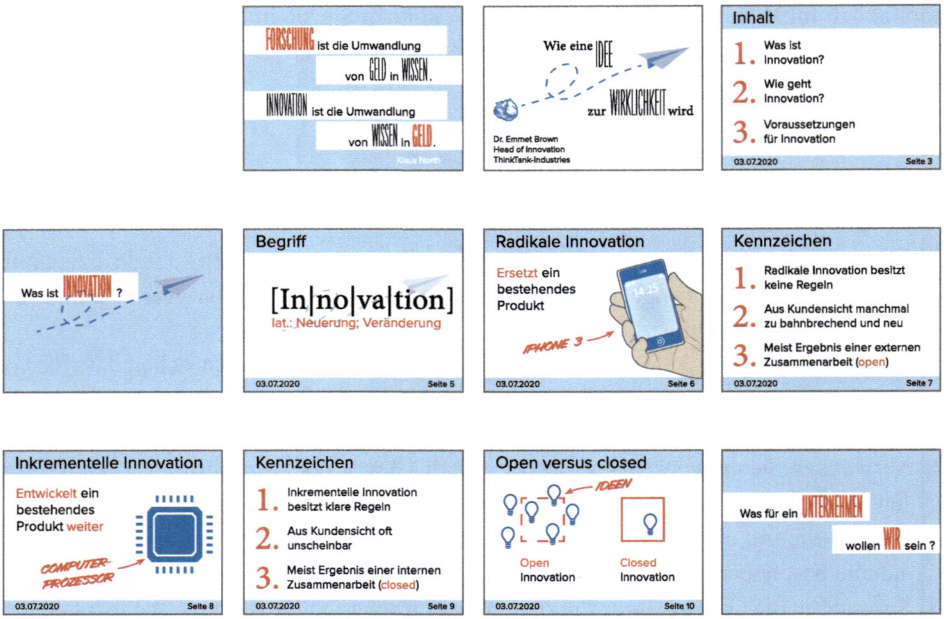

Abb. 10.1 Beispielfolien aus einem Vortrag zum Thema „Ideen- und Innovationsmanagement"

Bei **Folienübergängen** gelten dieselben Hinweise wie beim Einsatz von **Animationen** (s. Abschn. 8.6.3 – *Animation von Folieninhalten*): Halten Sie sie einfach und verzichten Sie auf verspielte Übergänge. Ändern Sie den Übergang nur dann, wenn es sinnvoll ist, weil Sie beispielsweise die nachfolgende Folie besonders betonen möchten. Oder einen besonderen Effekt beim Publikum erzielen wollen. Machen Sie das nicht durchgängig im gesamten Vortrag, sondern nur an ausgewählten Stellen.

Ein Beispiel sehen Sie in Abb. 10.2: Alle Folien im Vortrag besaßen denselben *Verblassen*-Übergang. Die einzige Ausnahme bildeten die vier Ablauffolien, die den Papierflieger zeigen: Für diese Folien setzte der Referent den Übergang *Schieben* ein. Dabei gleitet die nächste Folie von rechts auf die Leinwand, während die aktuelle Folie gleichzeitig nach links herausgeschoben wird. Dieser Effekt erinnert an einen Kameraschwenk und verdeutlicht den Ablauf von den skizzierten Ideen zum konkreten Produkt. Damit dieser Übergang die größte Wirkung entfaltet, sollten die Folien keine störenden Elemente wie Titel- oder Fußzeilen enthalten.

Um die Botschaft der ABER-Folie besonders hervorzuheben, entschied sich der Referent für eine Animation: Zuerst sah das Publikum den blauen Hintergrund mit dem auffälligen *Aber*-Schriftzug. Erst nach zwei Sekunden erschienen die grafischen Elemente und der erklärende Text, um die Spannung bei den Teilnehmern zu steigern.

Im Vortragsteil in Abb. 10.3 verwendete der Referent das Kontrast- und das Wiederholungsprinzip. Obwohl sich dieser Teil deutlich vom Rest der Folien unterscheidet, bleibt er durch einheitliche Farbgebung, Schriftwahl und Grafikstil klar mit dem gesamten Vor-

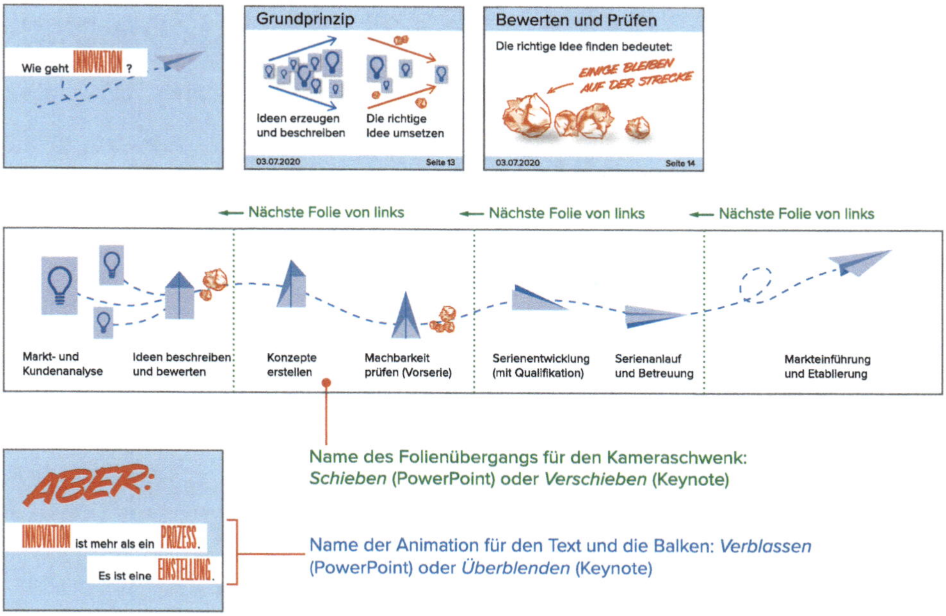

Abb. 10.2 Beispiel für eine Animation und den Einsatz von unterschiedlichen Folienübergängen

trag verbunden. Besonders gut zu erkennen: Vollformat-Folien und solche mit Kopf- und Fußzeilen ergänzen sich gegenseitig und schaffen ein stimmiges Gesamtbild.

Das Wiederholungsprinzip gilt nicht nur für die Anordnung von Folieninhalten, sondern auch für komplette Folien. Das sehen Sie in Abb. 10.4: Indem der Referent am Vortragsende die Zitatfolie, die er am Beginn gezeigt hat, erneut verwendet, führt er das Publikum an den Anfang zurück und schließt den inhaltlichen Kreis.

10.1.2 Wie viele Folien?

Ist es Ihnen jemals passiert, dass Sie nach Ihrem Vortrag gebeten wurden, das nächste Mal etwas länger zu sprechen? Wohl kaum. Die Terminpläne unserer Teilnehmer werden immer voller und die Aufmerksamkeitsspanne immer kürzer. Und das führt uns geradewegs zur Frage, wie viele Folien ein Vortrag haben soll.

Die gute Nachricht: Es gibt keine festen Regeln für die **Folienanzahl** – Sie benötigen so viele Folien, wie Sie brauchen, um Ihre „Große Idee" vorzustellen. Was sich einfach anhört, ist es leider nicht: Es gibt quälend langweilige Vorstellungen, die nur fünf Folien umfassen. Und solche, die mit 200 Folien fesseln. Deshalb ist die Frage nach der passenden Folienanzahl die falsche Frage, die sich ein Referent stellt. Aber es gibt eine Empfehlung, an der er sich orientieren kann.

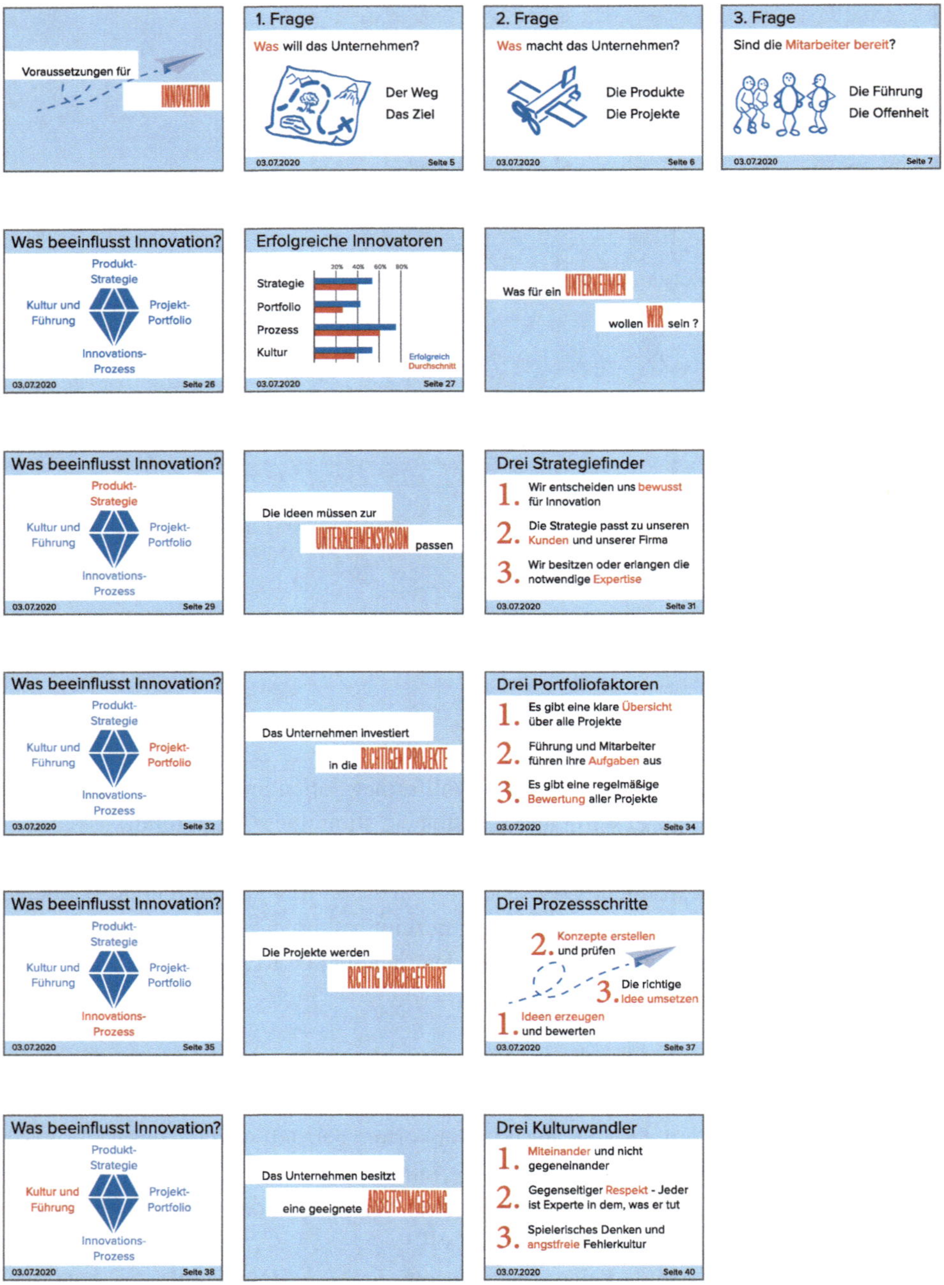

Abb. 10.3 Anwendung der beiden Gestaltungsprinzipien „Wiederholung" und „Kontrast"

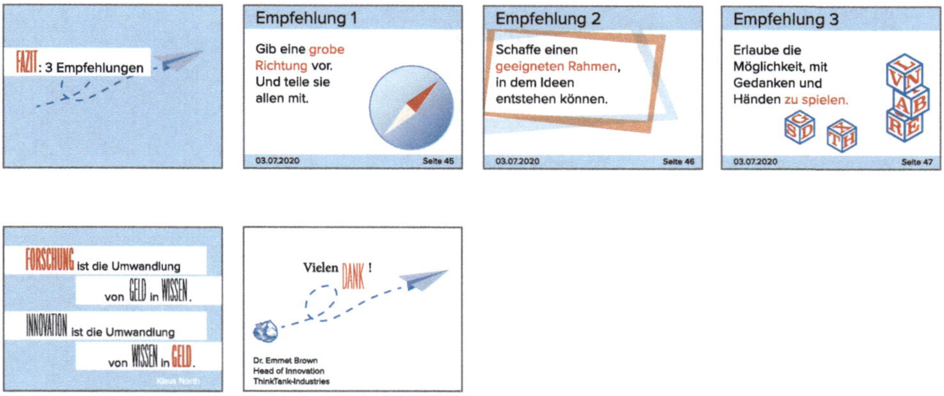

Abb. 10.4 Die letzten Folien fassen den Vortrag zusammen. Mit dem erneuten Zeigen der Zitatfolie kehrt der Referent an den Ausgangspunkt zurück

Als Investor muss **Guy Kawasaki** vielen Vorträgen zuhören, in denen Menschen ihr Unternehmen, ihre Ideen oder ihre Produkte anpreisen. Allerdings werden Inhalte wie *Fünf Vorteile, die Ersten am Markt zu sein* oder über ein *bevorstehendes Patent* auch mit 60 Folien nicht besser. Deshalb erfand er die **10/20/30-Regel:** Ihr Vortrag umfasst 10 Folien, dauert nicht länger als 20 min und besitzt keine Schrift, die kleiner als 30 Punkt ist [2]. Das bedeutet: Arbeiten Sie mit einer geringen Anzahl an Folien und großer Schrift. Und sprechen Sie ungefähr zwei Minuten über jede Folie.

Diese Regel zwingt Sie, ein strenger Lektor Ihrer eigenen Arbeit zu sein: Was muss das Publikum *wirklich* wissen? Und können Sie das *präzise auf den Punkt* bringen? Das sind die richtigen Fragen, die ein Referent beantworten muss. Natürlich werden Sie manchmal mehr als zwei Minuten benötigen, um beispielsweise über ein Diagramm zu sprechen. Aber über den gesamten Vortrag funktioniert die Daumenregel *Zwei Minuten pro Folie* im Business-Umfeld erstaunlich gut.

Ein häufiger Anlass für Meetings sind Projektberichte vor den Auftraggebern. Hier wollen die Manager kurz und ohne Umschweife über die aktuelle Situation informiert werden. Sehen Sie sich den Projekt-Statusreport in Abb. Abb. 10.5 an: Die eigentliche Statusfolie ist in vier Quadranten unterteilt – das sogenannte **4-Corner-Sheet.** Die ersten drei Quadranten werden in jeweils einer separaten Folie vertiefend erklärt. Das macht einschließlich der Titelfolie insgesamt fünf Folien und rechnerisch eine Vortragszeit von 16 min – acht Minuten für die vier Quadranten und je zwei Minuten die restlichen vier Folien. Die restliche Zeit war in dem 45-minütigen Meeting für Diskussionen reserviert.

Natürlich dürfen Sie in einem Vortrag auch mehr oder weniger Folien verwenden – aber wenn Sie 40 Folien zeigen und nur 20 min Redezeit haben, werden Sie ziemlich sicher ein Problem bekommen.

Allerdings ist bei der Vereinfachung *2 min pro Folie* doch etwas Vorsicht geboten: Wenn beispielsweise die Geschäftsleitung einen sechs- oder siebenstelligen Betrag für ein

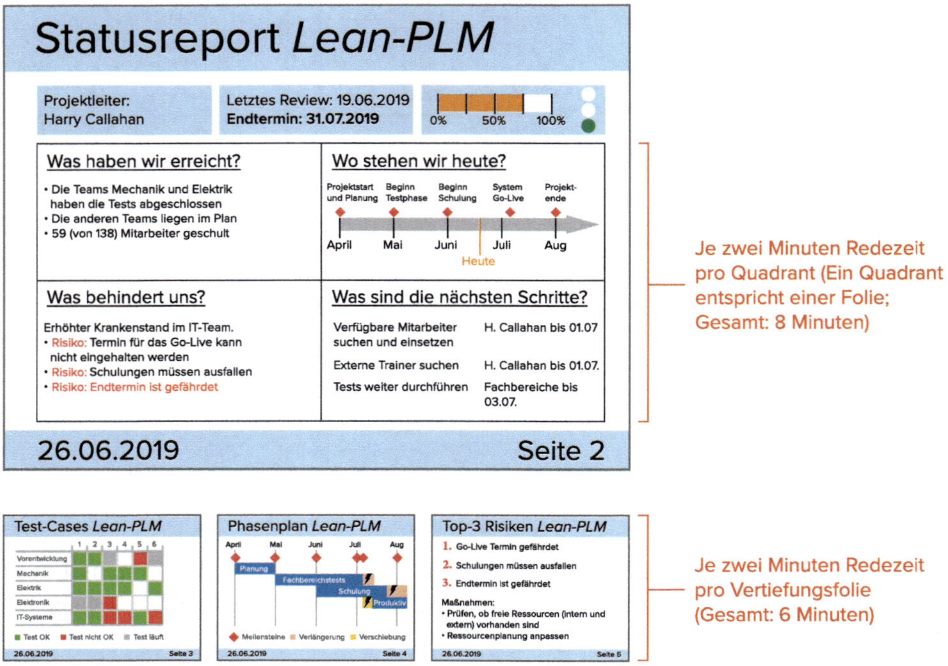

Abb. 10.5 Der Projekt-Statusreport umfasst einschließlich der Titelfolie (hier nicht gezeigt) insgesamt fünf Folien

Projekt genehmigen soll, dann erwarten die Manager etwas Geschriebenes, in das sie sich verbeißen oder als E-Mail weiterschicken können. Eine ausreichende Menge an Fakten und Daten ist ihnen genauso wichtig wie eine klare Botschaft. Die Lösung dieses Dilemmas ist ganz einfach: Packen Sie alle ergänzenden Inhalte in ein separates Handout, das Sie ihnen geben.

10.1.3 Spicken erlaubt: Vortragsnotizen

Ich erlebe es oft, dass Vortragende ihre Folien als Gedächtnisstütze benutzen. Woran man das erkennt? Sie lesen alles von der Leinwand oder dem Computerbildschirm ab, um keine wichtigen Inhalte zu vergessen. Das führt dazu, dass – Sie ahnen es bereits – die Folien überladen sind. Und das ist ärgerlich für das Publikum, weil es längst alles auf der Folie gelesen hat und warten muss, bis der Referent aufgeholt hat. Lesen ist schneller als Sprechen.

Die Lösung: Machen Sie sich **Notizen!** Das bringt einige Vorteile: Ihre Folien bleiben schlank, weil Sie nicht mehr sämtliche Inhalte darauf schreiben müssen, über die Sie reden wollen. Und Ihr Publikum erfährt nicht gleich alles. Aber der größte Vorteil ist, dass Sie sich erneut mit dem Thema beschäftigen, während Sie Ihre Notizen erstellen. Das ist wie

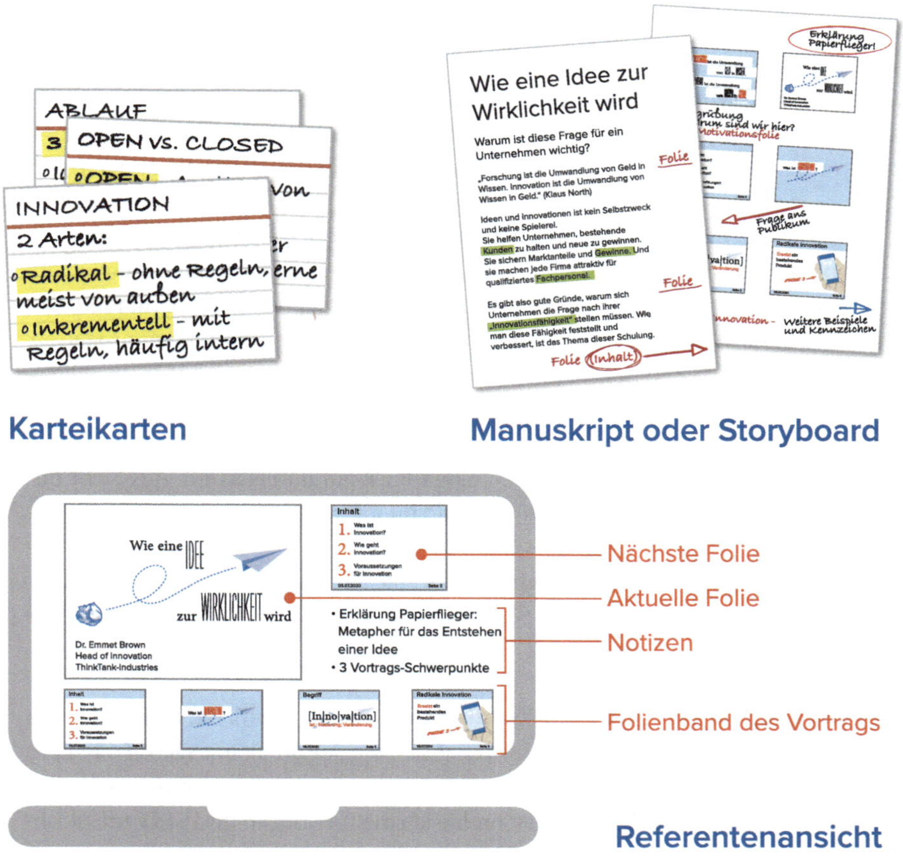

Abb. 10.6 Unterschiedliche Möglichkeiten für Vortragsnotizen

beim Spickzettel-Schreiben in der Schule. Und im Gegensatz dazu dürfen Sie Ihren Spickzettel während des Vortrags ganz offiziell benutzen!

Welche Form Ihr Vortrags-Spickzettel hat, hängt von Ihrer persönlichen Vorliebe ab (siehe Abb. 10.6).

Der Klassiker sind **Karteikarten,** die Sie in Ihren Händen halten. Auf ihnen notieren Sie sich die wichtigsten Stichworte oder die Überleitung zu den folgenden Inhalten. Wenn Sie nicht zu viele Folien haben, können Sie pro Folie eine Karteikarte einsetzen. Karteikarten sind unauffällig, und Sie können sich – im Gegensatz zu den anderen Hilfsmitteln – mit ihnen frei bewegen.

▶ **Praxistipp** Auch wenn es banal klingt: Nummerieren Sie Ihre Karten – sie könnten Ihnen in der Aufregung zu Boden fallen und durcheinandergeraten. Das gilt auch, wenn Sie ein Manuskript verwenden.

Ein anderer Weg sind Manuskripte oder Storyboards. Viele Referenten bereiten ihre Vorträge vor, indem sie die Inhalte zunächst als Fließtext schreiben und anschließend daraus ein **Vortragsskript** erstellen. Dieses Vorgehen ist in Ordnung, besitzt aber einen Nachteil: Ein Skript verleitet zum Vorlesen. Deshalb nutzen Referenten wie **Monica Lewinsky** ihr Skript wie eine überdimensionale Karteikarte: Sie heben im Text wichtige Stichworte mit einem Textmarker hervor oder notieren sie an den Seitenrändern [3].

> **Praxistipp** Es gibt einen einfachen Trick, mit dem Sie vermeiden können, Ihren Vortrag abzulesen: Stellen Sie einen Tisch seitlich von sich auf. Legen Sie auf ihm Ihre Notizen ab und stellen eine Flasche Wasser bereit. So verhindern Sie, dass Sie in die Versuchung geraten, ständig auf Ihre Unterlagen zu starren. Gleichzeitig wissen Sie, dass Sie ein Sicherheitsnetz haben, wenn es einmal brenzlig wird.
>
> Wenn Sie einen Hänger im Vortrag haben, gehen Sie zum Tisch, trinken einen Schluck Wasser und werfen einen Blick auf Ihre Notizen. Aus Sicht des Publikums wirkt dies völlig natürlich und unaufdringlich.

Ich selbst nutze gerne mein **Storyboard** als eine Art Vortrags-Drehbuch. Darauf notiere ich Stichworte, sehe die Folien oder Skizzen und erkenne, wie ich zur nächsten Folie überleiten kann.

> **Praxistipp** In Ihrer Vortragssoftware können Sie die Anzahl der Folien pro ausgedrucktem Blatt wählen. Für mich hat sich ein Ausdruck mit sechs Folien pro Blatt bewährt: Bei dieser Anzahl behalte ich den Überblick und muss nicht allzu oft blättern. Auf die Ausdrucke schreibe ich meine Notizen und verbinde die Inhalte mit Pfeilen. So behalte ich meinen geplanten Ablauf im Blick.

Die meisten Vortragsprogramme auf dem Computer besitzen eine sogenannte **Referentenansicht,** die in etwa dem Storyboard auf Papier entspricht. Neben der abgelaufenen Vortragszeit zeigt sie Ihnen die aktuelle Folie, die nachfolgenden Folien und Ihre Notizen. Letzteres natürlich nur, wenn Sie sie im Notizenbereich Ihrer Software eingetragen haben. Das Publikum dagegen sieht auf der Leinwand nur die Folie, über die Sie gerade sprechen. Eigentlich eine feine Sache.

Aber Vorsicht: Die Referentenansicht besitzt ihre Tücken! Weil sie viele Informationen auf einmal zeigt, ist es für die meisten Redner anfangs ungewohnt, mit ihr zu arbeiten. Man verliert den roten Faden und findet das erlösende Stichwort nicht, das einen wieder in die Spur bringt. Man verwechselt die aktuelle und die nachfolgende Folie. Oder der Referent starrt nur noch auf den Bildschirm. Kurz: Es entsteht eine Stresssituation, die sich auf das Publikum überträgt. Deshalb bevorzuge ich es, dass der Monitor nur die Folie anzeigt, die auch das Publikum gerade auf der Leinwand sieht. Und arbeite parallel dazu mit meinem Storyboard.

Jeder Referent hat seine persönlichen Vorlieben. Deshalb gilt: Erlaubt ist, was Ihnen hilft. Wählen Sie den Spickzettel, mit dem Sie sich am wohlsten fühlen. Sie dürfen auch etwas Eigenes erfinden: Der Referent **Clifford Stoll** reduziert seine Vorträge auf fünf Stichworte und schreibt sich eins davon auf jeden Finger. Das funktioniert für ihn perfekt – und wirkt auf das Publikum ein wenig schrullig und liebenswert [4].

10.1.4 Handout oder nicht Handout

Handouts sind ein spannendes Thema. Es gibt Anlässe, bei denen sie nicht notwendig sind – wie bei einer Keynote, die Sie auf einem Kongress halten. Aber im Business-Umfeld wollen die meisten Teilnehmer eine Unterlage, in die sie Notizen schreiben und die sie mitnehmen können. Weil wir das aus der Schule so gewohnt sind.

Generell gilt: Wenn Sie über komplizierte oder umfangreiche Inhalte sprechen, ist ein Handout für Ihr Publikum hilfreich [5]. In besonderen Fällen kann ein Anhang mit detaillierten Daten sinnvoll sein, damit das Publikum die Fakten selbst überprüfen kann.

Wenn es um Handouts geht, stehen in meinen Schulungen zwei Fragen im Mittelpunkt: Wann soll ich das Handout verteilen? Und muss ich überhaupt ein zusätzliches Handout erstellen? Es reicht doch aus, wenn ich die Folien ausdrucke... Nein, das reicht häufig nicht. Aber es gibt einen Silberstreif am Horizont: Mithilfe Ihrer Vortragssoftware können Sie ansprechende Unterlagen schnell und einfach anfertigen.

Braucht jeder Vortrag ein Handout?
Bei vielen Vorträgen nutzt der Redner seine gezeigten Folien gleichzeitig als Handout. Das ist praktisch: Immerhin muss man keine zusätzliche Zeit für die Erstellung aufbringen, nicht wahr? Ganz ehrlich: Wenn Sie einige Wochen später die ausgeteilten Folien durchgelesen haben – wie oft haben Sie über die Zusammenhänge der Inhalte gerätselt, die während des Vortrags so klar waren?

Folien sind Folien und Dokumente sind Dokumente. Punkt. Leider werden beide häufig miteinander vermischt – und was entsteht, sind **Foliomente,** wie sie der Designer **Garr Reynolds** nennt: Mit Inhalten überladene Folien, die das Publikum während des Vortrags optisch erschlagen und anschließend als Unterlagen mit wenig Aussagekraft ausgegeben werden [6]. Kurz: Foliomente sind weder schön noch wirkungsvoll.

Heißt das, dass Folien *niemals* ausgeteilt werden dürfen? Doch, es gibt zwei Ausnahmen: Die erste betrifft Arbeitsmeetings mit wenigen Teilnehmern, bei denen ein Beamer nicht notwendig ist. Hier dienen die Folien als Arbeitsgrundlage – beispielsweise, um als Team gemeinsam eine Kundenveranstaltung vorzubereiten. Oder um über die Messdaten eines Versuchs zu sprechen. Die Teilnehmer schreiben oder skizzieren ihre Ideen auf die ausgedruckten Folien. Die sammeln Sie am Ende ein und arbeiten die Inhalte weiter aus.

Die zweite Ausnahme betrifft die meisten **Status-Reports.** Wenn Sie ein **4-Corner-Sheet** wie in Abb. Abb. 10.5 oder eine ähnlich aufgebaute Folie verwenden, dann können Sie die Daten nicht weiter verdichten. Deshalb verschicke ich den Report nach dem Meeting als digitale Datei. Bevor ich den Foliensatz versende, ergänze ich ihn um eine weitere Folie, auf der ich die Beschlüsse des Meetings festhalte.

Viele Referenten stellen sich unter einem Handout aufwendig gestaltete und umfangreiche Broschüren vor. Das ist aus Zeit- und Umweltgründen weder sinnvoll noch erstrebenswert. Die Wahrheit ist: Unsere Teilnehmer wollen ein strukturiertes Handout, das *nicht mehr als ein oder zwei Seiten* besitzt. In den meisten Fällen ist das völlig ausreichend – wenn der Referent seine Vortragsinhalte präzise und verständlich zusammengefasst hat [7].

Wie erstelle ich ohne viel Aufwand ein ansprechendes Handout?
Leider ist es wahr: Die Erstellung von zusätzlichen Unterlagen kostet Zeit und Aufwand. Es ist jedoch relativ einfach, ein ansprechendes Handout zu erstellen. Dazu stehen Ihnen mehrere Wege offen:

- *Handzettel* oder *Notizenseiten*. Damit lassen sich eine oder mehrere Folien, mit und ohne Notizentext, auf einer Seite ausdrucken. Beide erfüllen ihren Zweck, sehen aber ohne Bearbeitung recht nüchtern aus
- Die *CI-Vorlage*. Verwenden Sie die Corporate-Identity-Vorlage Ihrer Firma. Der Vorteil: Sie müssen sich über den Aufbau und das Layout keine Gedanken machen (s. Abschn. 8.1.2 – *Die Firmen-CI*) und können sofort mit dem Erstellen loslegen
- Der *Export von Folieninhalten*. Sie exportieren den Foliensatz und die Notizen direkt in eine Textverarbeitung wie WORD und erstellen die Unterlagen. Der Nachteil: Sie müssen sich zusätzlich um die Gestaltung kümmern
- *Die Beauftragung eines Grafikers:* Sie beauftragen einen Profi, das Handout zu erstellen. Weil dies der teuerste Weg ist, ist er nur bei besonderen Anlässen wie einer Produkteinführung oder Aktionärsversammlung sinnvoll

Leider kann nicht jede Vortragssoftware die Inhalte Ihres Foliensatzes exportieren. Und den teuren Profi beauftragen Sie eher selten. Deshalb konzentrieren wir uns nachfolgend auf Handzettel sowie Notizenseiten, die Sie mithilfe Ihrer Software einfach erzeugen können. Und mit ein paar einfachen Tricks sehen die Ergebnisse durchaus überzeugend aus. Falls Ihnen die Begriffe nicht vertraut sind: Sie entstammen dem Vortrags-Platzhirsch PowerPoint. Andere Programme verwenden ähnliche Begriffe.

▶ **Praxistipp** Klingt banal, wird aber oft vergessen: Arbeiten Sie niemals mit der Originaldatei! Speichern Sie eine Kopie des Foliensatzes ab und bearbeiten Sie die Inhalte in dieser separaten Handout-Datei.

Egal, für welchen Weg Sie sich entscheiden – der Beginn ist immer gleich: Wählen Sie als erstes diejenigen Folien und Daten, die ins Handout sollen. Um den Umfang gering zu halten, gilt die Daumenregel *Eine Folie entspricht einer Seite im Handout.*

Wenn Sie sich für **Handzettel** entschieden haben, sind Sie nach der Folien-Auswahl fertig. Allerdings beinhaltet das Handout auch nur diejenigen Folien in der Form, wie Sie sie auf der Leinwand zeigen. Das bedeutet: Inhalte, die kompliziert sind oder auf der Folie fehlen, sind auch im Handout schwer verständlich oder nicht vorhanden. Das sieht dann so aus wie in den Abb. 10.1 bis 10.4. Und Sie sind bereits auf dem besten Weg, ein Folioment zu erstellen. Zwar können Sie im *Handzettelmaster,* den Sie im Reiter *Ansicht* finden, einige Layout-Elemente wie das Seitenformat oder das Datum anpassen, aber dadurch werden die Handzettel für das Publikum nicht verständlicher.

▶ **Praxistipp** Bei Handzetteln gibt es einen einfachen Trick, um Foliomente zu vermeiden und dennoch den Aufwand in Grenzen zu halten: Erstellen Sie Ihren Foliensatz wie gewöhnlich – mit sämtlichen Inhalten, die Sie als wichtig erachten. Das sind die Folien, die Sie ans Publikum *verteilen*. Anschließend streichen Sie diejenigen Inhalte, die Sie während des Vortrags dem Publikum erklären – das sind die Folien, die Sie den Teilnehmern *zeigen*.

Wenn ich ein Handout erstelle, sind mein persönlicher Favorit die **Notizenseiten.** In Abb. 10.7 sehen Sie auf der linken Seite, wie eine Notizenseite in der Standard-Einstellung von PowerPoint aussieht: Oben ist die Folie und darunter der Text, den Sie in den Notizenbereich Ihrer Software eingetragen haben. Die Erstellung dauert etwas länger als bei einem Handzettel, aber die Teilnehmer können die Inhalte später auch besser nachvollziehen. Auf der rechten Seite sehen Sie, welches Ergebnis die Vortragssoftware Keynote als Folienübersicht liefert. Übrigens: Den Text im Notizenbereich können Sie auch formatieren.

Wenn Sie etwas mit den Notizenseiten-Einstellungen experimentieren, können Sie Handouts erstellen, die fast so raffiniert sind wie eine Broschüre. So entstand das Layout,

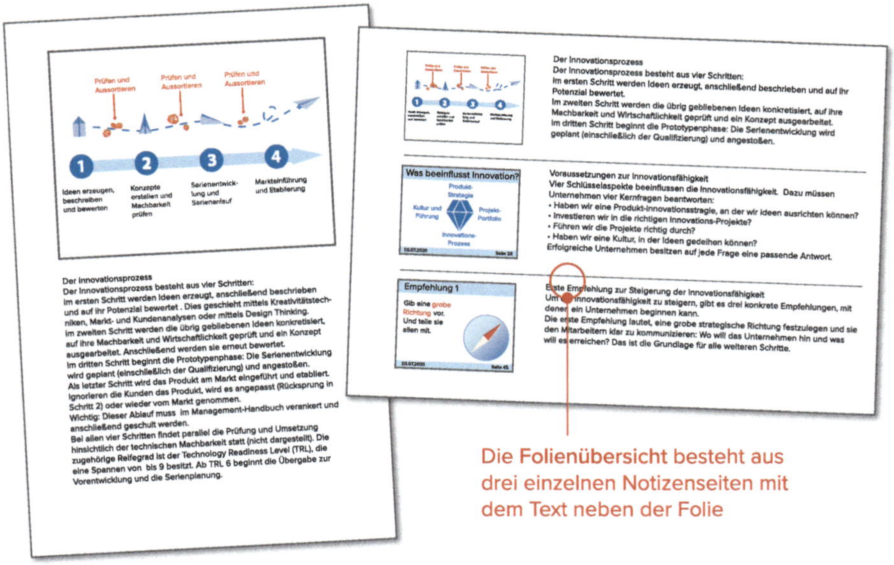

Abb. 10.7 Ein Handout, erstellt mit den Standard-Einstellungen – links als Notizenseite in PowerPoint, rechts als Folienübersicht in Keynote

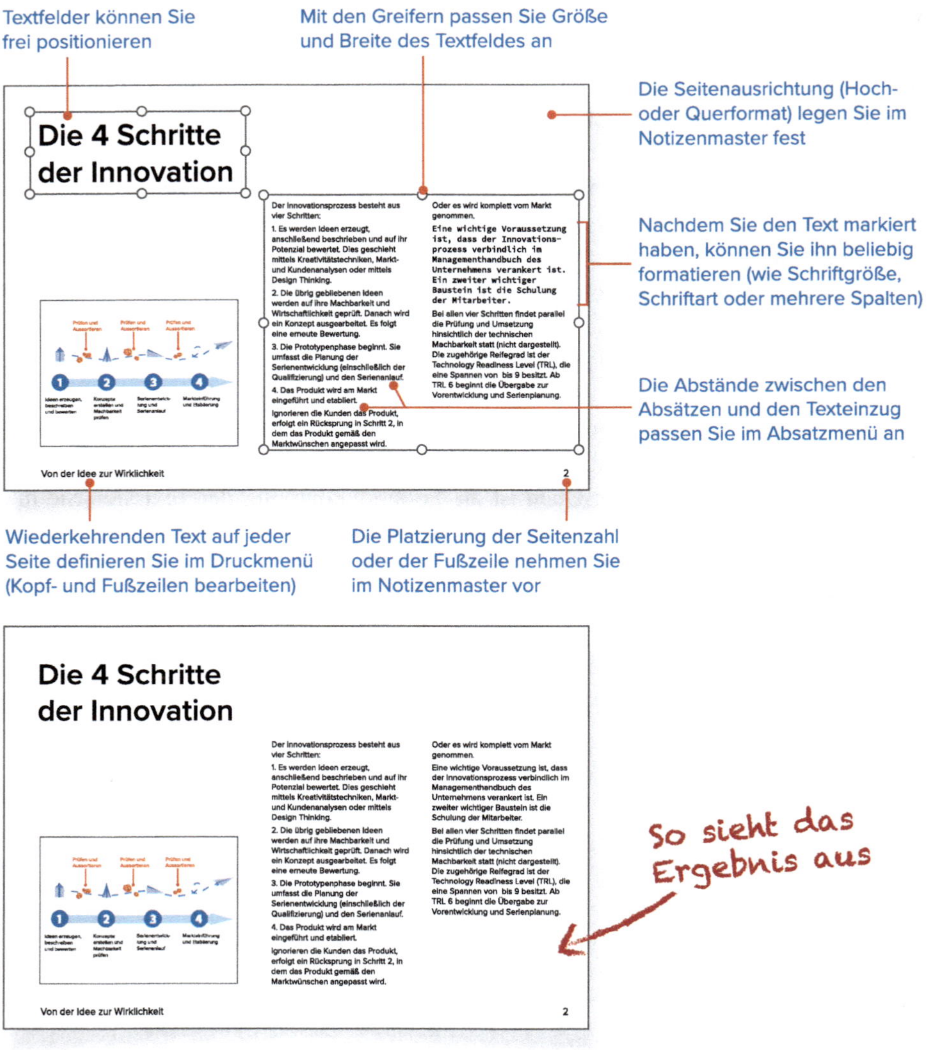

Abb. 10.8 Mit ein wenig Experimentieren lassen sich in PowerPoint ansprechende Layouts erzeugen

das Sie in Abb. 10.8 sehen. Nutzen Sie dazu dieselben Prinzipien, die Sie angewendet haben, um das Layout Ihrer Folien zu gestalten (s. Abschn. 8.2 – *Grundlagen für gute Gestaltung*): Wo platzieren Sie die Überschriften, die Folien und den Fließtext? Anschließend passen Sie die Einstellungen in den *Druckoption*en und im *Folien- und Notizenmaster* an. Die Mastervorlagen finden Sie ebenfalls im Ansichts-Reiter.

Wenn Sie das Layout noch mehr aufpeppen möchten, geht das ebenfalls: Soll der Text ein- oder zweispaltig sein? Oder soll die Abbildung der Folie seitlich neben dem Text stehen? Kein Problem – auch das kann PowerPoint. Passen Sie einfach die Größe der einzelnen

Elemente an und verschieben Sie sie an den gewünschten Platz. Sollen die getroffenen Änderungen für alle Folien gelten, müssen Sie diese im *Notizenmaster* durchführen.

Sobald Ihr Vortrag umfangreiche Daten- oder Texttabellen beinhaltet, sollten Sie darüber nachdenken, eine **CI-Vorlage** zu verwenden. Zugegeben: Dieser Weg beansprucht am meisten Zeit, da Sie nicht nur den Text schreiben, sondern auch Bilder und Tabellen einfügen müssen. Aber da das Layout bereits vorgegeben ist, sieht das Ergebnis professionell und elegant aus.

Wann teile ich das Handout aus?

Einfache Antwort: Dafür gibt es keine festen Regeln. Im Normalfall teilen Sie es entweder am Vortragsanfang oder nach dem Vortrag aus.

Manche Referenten befürchten, dass sich die Teilnehmer mehr mit dem Handout und weniger mit dem Vortrag beschäftigen, wenn sie die Unterlagen am Anfang austeilen. Diese Befürchtung ist unbegründet. Denn wenn sich die Teilnehmer nicht für Ihre Inhalte interessieren, lenken sie sich eher mit ihren Handys, Laptops oder Tablets ab.

Meistens ist das Gegenteil der Fall: Durch ein gut gestaltetes Handout zeigen Sie dem Publikum bereits zu Beginn, dass Sie es wertschätzen. Die Zuhörer können die Inhalte überfliegen, um sich einen Überblick zu verschaffen. Danach legen sie es zur Seite und fokussieren sich auf Sie. Und: Es gibt viele Zuhörer, die sich besonders wichtige Stellen anstreichen oder ihre spontanen Gedanken notieren möchten. Nochmals: Wenn sich das Publikum nicht für Ihre Ausführungen interessiert, liegt es nicht daran, dass Sie die Unterlagen zu früh ausgeteilt haben.

„Und was ist am Vortragsende?“, fragen Sie? Auch das ist möglich. Wenn Sie das tun, sagen Sie den Zuhörern zu Beginn, dass Sie Ihre Unterlagen erst am Schluss austeilen.

Das Problem dabei: Teilnehmer, die früher gehen, erhalten Ihre Unterlagen nicht. In diesem Fall legen Sie sie neben den Ausgang und bitten das Publikum, sich ein Handout zu nehmen, sobald sie den Raum verlassen. Aber souverän ist das nicht. Und fast schon eine Aufforderung, früher zu gehen. Schließlich stehen die wichtigsten Inhalte im Handout – warum also noch dem Vortragenden zuhören? Und ich habe es schon erlebt, dass sich manche Manager kritisiert fühlten und das Meeting vorzeitig verließen.

Allerdings gibt es auch hier eine Ausnahme: Bei Workshops oder Schulungen verschickt der Referent häufig im Nachgang ein Fotoprotokoll. Das ist völlig in Ordnung, aber auch in einem solchen Fall sollten Sie den Teilnehmern während der Veranstaltung Arbeitsblätter oder andere Unterlagen an die Hand geben.

10.2 Müssen es immer Folien sein?

Manchmal ist die Antwort klar: In einer Veranstaltung mit hundert Teilnehmern ist es sinnvoll, wenn Sie Ihre Folien mit einem Projektor auf eine Leinwand werfen. Und bei einem Meeting mit wenigen Teilnehmern können Sie eine Wandtafel, ein sogenanntes Whiteboard, oder ein Flipchart nutzen, richtig?

Ich kenne einen Konzernmanager, dessen Vorträge weltweit an mehreren Standorten mit mehreren tausend Zuhörern übertragen werden. Bei seinen Ausführungen verwendet er ein Flipchart, auf das er einfache Skizzen zeichnet oder wichtige Stichwörter notiert. Ja wirklich – ein Flipchart! Für ihn und sein Publikum funktioniert das ausgezeichnet. Und bei Apple war bekannt, dass Steve Jobs in Meetings Folienvorträge verabscheute. „Die Leute gingen ein Problem an, indem sie eine Präsentation erstellen", sagte er. „(…) Leute, die wissen, wovon sie reden, brauchen PowerPoint nicht." [8] Für ihn war es wichtiger, dass sich seine Mitarbeiter am runden Tisch besprachen und dabei das Whiteboard benutzten.

Die Wahrheit ist: Kein Vortrag gleicht dem anderen. Weil sich das Publikum ändert. Zuhörer wie Manager oder Kapitalgeber erwarten vielleicht ein gut durchdachtes Handout, während sich jüngere Kollegen von einem Video mehr angesprochen fühlen. Und deshalb müssen Sie sich überlegen, welche visuellen Hilfsmittel Sie für welchen Anlass einsetzen [9].

10.2.1 Alternativen zu Folien

Eine Übersicht der gebräuchlichsten Medien und Hinweise für ihre Verwendung finden Sie in den Abb. 10.9 bis 10.11. Aber wie die Beispiele mit dem Konzernmanager und Steve Jobs zeigen, dürfen Sie auch bewusst mit dem Einsatz der Werkzeuge spielen – manchmal ist es für das Publikum regelrecht befreiend, wenn ein Redner anstelle von Hightech-Werkzeugen mit Stift und Papier präsentiert.

Weil sich die Arbeit mit der **Flipchart** und dem **Whiteboard** kaum unterscheidet, habe ich die beiden Medien in Abb. 10.9 zusammengefasst. Die offensichtlichsten Unterschiede sind: Im Gegensatz zum flexiblen Flipchart ist das Whiteboard fest an einer Wand montiert. Und sobald die Tafel vollgeschrieben ist, muss sie der Vortragende abwischen. Sofern er von seinem Aufschrieb kein Foto macht, ist der Inhalt verloren. Bei der Flipchart beginnt er einfach ein neues Blatt.

► **Praxistipp** Gute Grafiken auf dem Flipchart gelingen einfach, wenn Sie die Konturen mit dünnen Bleistiftlinien auf dem Blatt vorzeichnen. Für die Teilnehmer sind die Linien unsichtbar, aber Sie können sie problemlos nachzeichnen.

Wenn Sie einen Klebezettel mit der Skizze Ihrer Grafik an die Seite des Flipchart-Blatts kleben, können Sie während des Zeichnens einen kurzen Blick darauf werfen. So vergessen Sie keine wichtigen Elemente oder Beschriftungen.

Arbeitsunterlagen, die Sie in einem Meeting austeilen, sind die einzige Ausnahme, bei der Sie Ihre Folien ausdrucken. Weil Ihre Teilnehmer mit diesen Ausdrucken arbeiten, können Sie in diesem Fall die Gestaltungsregeln vernachlässigen. Anschließend erstellen oder ergänzen Sie mit den Ergebnissen diejenigen Folien, die Sie im späteren Vortrag mit **Beamer** und Laptop zeigen (s. Abb. 10.10).

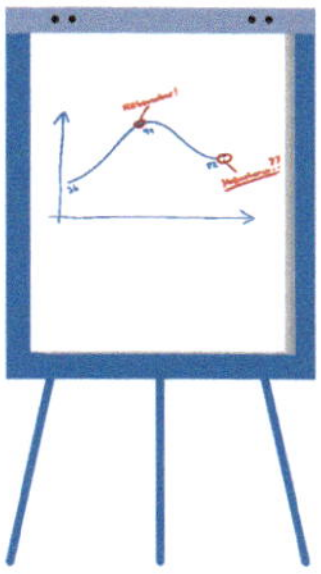

Flipchart / Whiteboard

Mit einer Flipchart oder einem Whiteboard entwicklen Sie live Ihre Gedanken: So nehmen die Zuhörer an der Entstehung Ihrer Idee teil. Das hat etwas Magisches - und das Publikum wird darauf mit Fragen oder Anmerkungen reagieren.

Beide Medien sind für kleine Gruppen bis 10 Teilnehmern geeignet

Vorteile:

- Beide Medien sind einfach zu handhaben und in vielen Meetingräumen vorhanden
- Sie können die Flipchart überall im Raum platzieren
- Aufgehangene Flipchart-Blätter sind für die Teilnehmer jederzeit sichtbar

Nachteile:

- Beim Schreiben und Zeichnen haben Sie keinen Blickkontakt
- Viele Referenten haben Vorbehalte, weil sie denken, sie könnten nicht schön schreiben oder zeichnen
- Das Whiteboard ist nicht beweglich; deshalb müssen Sie oft ein Fotoprotokoll erstellen

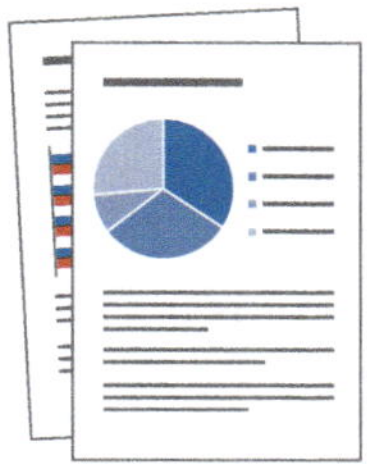

Arbeitsunterlagen

In einer sehr kleinen Gruppe bis fünf Teilnehmern sind Arbeitsunterlagen eine gute Möglichkeit, eine intime Arbeitsatmosphäre zu erzeugen. Auf diese Weise leistet jeder seinen direkten Beitrag zum Thema.

Bei größeren Gruppen teilen Sie ein Handout aus

Vorteile:

- Mit einer Arbeitsunterlage können Sie die Meetinginhalte gezielt steuern
- Alle Beteilgten haben eine Aufgabe und nehmen aktiv teil
- Die Teilnehmer haben etwas, auf das sie ihre Notizen schreiben können

Nachteile:

- Die Vorbereitung benötigt einen zusätzlichen Zeitaufwand
- Da Sie die Unterlage vorbereiten, sind kurzfristige Änderungen am Inhalt nicht möglich

Abb. 10.9 Verwendung von Flipcharts und Arbeitsunterlagen

Die Macht von **Requisiten** haben wir bereits in Abschn. 7.5 – *Inhalte zeigen* kennengelernt. Die richtigen Requisiten können als Beweis Ihre Botschaft stark unterstützen. Und sie helfen bei einer einprägsamen Inszenierung des Vortrags.

Poster und **Plakate** finden Sie häufig auf akademischen Veranstaltungen in Form von Poster-Sessions. Die Besucher nehmen an keinem Vortrag teil, sondern können sich anhand des Plakats über die Forschungen informieren. Auch auf Messen begegnen Ihnen Plakate häufig. Einige Tipps zu Plakaten finden Sie in Abb. 10.11.

Im Geschäftsumfeld kommen Plakate eher selten vor. Dabei besitzen sie eine erstaunliche Wirkung, die manchmal so stark ist, dass man vollständig auf Folien verzichten

Beamer und Laptop

Die Standardmedien für sehr große Gruppen sind Beamer und Laptop. Die Leinwand hinter dem Redner ist gewaltig und die darauf projizierten Inhalte erzeugen eine Dynamik, die andere Medien nicht erreichen.

Mittlerweile kommen anstelle von Beamern auch Großbildschirme zum Einsatz

Vorteile:
- Das Publikum ist diese Vortragsart gewohnt
- Beamer gehören zur Standardausrüstung in jedem Meetingraum
- Neben Folien können Sie Videos zeigen, Musik abspielen oder ins Internet gehen

Nachteile:
- Für wenig Teilnehmer wirkt der Einsatz eines Beamers unpersönlich
- Leinwand und Beamer haben einen festen Platz im Meetingraum
- Risiken: Die Technik versagt oder die Präsentation lässt sich nicht abspielen

Requisiten

Requisiten sind für alle Gruppengrößen geeignet.

Sie bleiben lange im Gedächtnis, weil sie *echt* sind - wie ein Prototyp oder ein seltenes Objekt.

Falls möglich, sollten sie die Teilnehmer ausprobieren können. Andernfalls führen Sie eine Live-Demonstration durch

Vorteile:
- Das Publikum sieht, dass sich Ihre Idee umsetzen lässt
- Die Teilnehmer können Requisiten *begreifen* und mit ihnen spielen
- Bei großen Requisiten wie einer Fertigungsmaschine halten Sie den Vortrag vor Ort

Nachteile:
- Manchmal ist ein hoher Vorbereitungsaufwand erforderlich
- Bei großen Gruppen können Sie das Requisit nur zeigen und selbst vorführen
- Wenn Sie das Requisit ins Publikum geben, ist es zeitweise abgelenkt

Abb. 10.10 Verwendung von Beamer und Requisiten

kann. Wie im Beispiel des Finanz-Max aus dem Abschn. 7.3 – *Die Macht der Skizze*. Wichtig: Hängen Sie Ihre Plakate auf, bevor die ersten Teilnehmer den Raum betreten. Ich selbst befestige sie gerne an der Rückseite einer **Pinnwand,** die ich im passenden Moment während des Vortrags umdrehe. Damit erzeuge ich einen ersten **Aha-Moment.**

► **Praxistipp** Stellen Sie sicher, dass die benötigten Medien im Vortragsraum vorhanden sind. Bei internen Meetings kontrollieren Sie den Raum im Voraus. Bei externen Anlässen fragen Sie beim Veranstalter nach. Das erspart Ihnen unangenehme Überraschungen. Falls das benötigte Medium nicht zur Verfügung steht, bringen Sie es selbst mit. Andernfalls müssen Sie nichts weiter vorbereiten und sparen so wertvolle Zeit.

Wenn Sie neben Folien alternative Medien gezielt und überlegt einsetzen, hilft das, das Interesse Ihres Publikums zu erhalten. Und solange Sie daran denken, dass Sie und nicht die Medien im Mittelpunkt Ihres Vortrags stehen, ist alles in Ordnung.

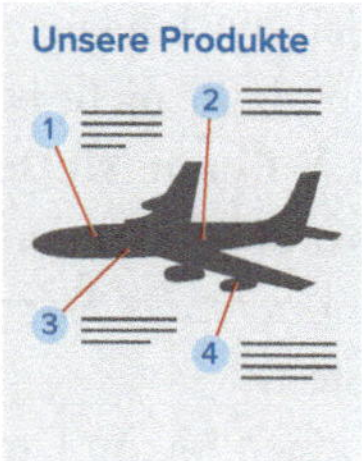

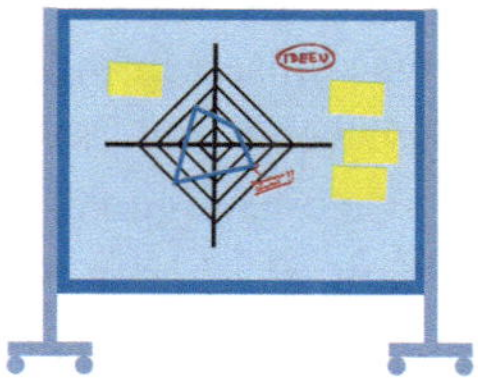

Plakat/Poster

Groß ausgeplottete Plakate sind für kleine Gruppen bis 10 Teilnehmer geeignet. Sie stellen eine angenehme Alternative zu Folien dar, weil sie ein analoges Medium sind.

Das Publikum sieht alle relevanten Inhalte auf einen Blick

Vorteile:

- Für den Referenten ist das Plakat gleichzeitig der rote Vortragsfaden
- Inhalte oder Ideen können spontan ergänzt werden
- Nach dem Vortrag können auch Nicht-Teilnehmer das Plakat ansehen

Nachteile:

- Plakate benötigen einen hohen Vorbereitungsaufwand
- Häufig besitzen Plakate zu viel Text und zu kleine Abbildungen
- Für den großformatigen Ausdruck ist ein Plotter notwendig

Metaplanwand/Pinnwand

Dieses Werkzeug ist für Gruppen von bis zu 20 Teilnehmern geeignet. Es ist ein Arbeitsmedium, mit dem Teilnehmer Inhalte gemeinsam entwickeln und darstellen.

Metaplanwände kommen vor allem beim Moderieren von Workshops oder Schulungen zum Einsatz

Vorteile:

- Alle Teilnehmer sind aktiv
- Die Wand kann im Raum bewegt werden
- Zusätzliche Medien wie Klebezettel oder Moderationskarten (in Kreis- oder Wolkenform) motivieren die Teilnehmer

Nachteile:

- Gruppenarbeit ist zeitintensiv
- Der Einsatz muss gut vorbereitet werden (Inhalt; Materialien)
- Die Ergebnisse müssen später als Fotoprotokoll verschickt werden

Abb. 10.11 Verwendung von Plakaten und Pinnwänden

10.2.2 Wie wähle ich das passende Medium aus?

Aber welches Medium ist nun das passende für meinen Vortrag? Die richtige Wahl hängt von drei Punkten ab:

- Mit welchem Hilfsmittel haben Sie bereits Erfahrung und fühlen sich mit seiner Anwendung wohl?
- Wie aktiv soll das Publikum an Ihrem Vortrag teilnehmen – möchten Sie den Teilnehmern das Ergebnis zeigen oder sollen sie von selbst darauf kommen?
- Welche Erwartungen und Gewohnheiten haben die Zuhörer?

Den letzten Punkt können wir schnell abhaken: Darüber müssen Sie sich nur Gedanken machen, wenn Sie etwas einsetzen möchten, das wir im vorherigen Abschnitt nicht behandelt haben. Beispielsweise gibt es Referenten wie den Architekten **William McDonough,** der ein Tablet wie eine digitale Tafel einsetzt: Er zeichnet das, worüber er spricht, live vor seinem Publikum (ihn haben Sie bereits in Abschn. 7.3 – *Die Macht der Skizze* kennengelernt). Aber nicht jeder Manager ist von so viel Technik begeistert.

Und je öfter Sie ein Hilfsmittel einsetzen, desto mehr Erfahrung gewinnen Sie im Umgang mit ihm. Das ist eine reine Übungssache. Damit ist der erste Punkt ebenfalls erledigt.

Spannend wird es beim zweiten Punkt. Wie aktiv möchten Sie das Publikum in den Vortrag einbinden? Das hängt von Ihrer Vortragszeit und vom Anlass des Meetings ab: Ein Statusreport ist kurz und soll nur informieren. Eine Schulung dauert länger und die Teilnehmer möchten etwas lernen, indem sie Aufgaben aktiv erledigen.

Nehmen wir als Beispiel den Ideenprozess aus dem Abschn. 10.1.1 – *Fünf goldene Regeln für Vorträge*. Was passiert mit dem Vortrag, wenn wir Folien, ein Flipchart, ein Plakat, Arbeitsunterlagen oder Requisiten einsetzen? In Abb. 10.12 habe ich diese Medien danach geordnet, wie aktiv sich die Zuhörer bei ihrem Einsatz beteiligen müssen – von passiv (Buchstabe A) bis aktiv (Buchstabe E). Sehen wir uns das genauer an.

Im Geschäftsumfeld sind **Folien** (A) das am häufigsten eingesetzte Medium. Sie sind einfach zu erstellen und die Zuhörer sind an sie gewohnt. Das ist auch ihre größte Schwäche: In vielen Meetings starren die Teilnehmer auf die Leinwand und lassen sich von den Inhalten passiv berieseln – wie beim Fernsehen. Der Referent muss schon etwas Besonderes wie einen mitreißenden Auftritt oder ein gutes Foliendesign bieten, um dieses Verhalten zu durchbrechen.

Bei **Plakaten** (B) ist das anders. Weil die Inhalte auf Papier ausgeplottet sind, erinnern sie das Publikum an Zeigen und Erklären – etwas, das jeder Mensch seit der Schulzeit kennt. Man kann sie anfassen, darauf Anmerkungen schreiben oder besonders wichtige Inhalte einkreisen. Wichtig: Das Publikum muss ein Plakat sofort verstehen – deshalb besitzt unser Beispiel-Plakat eine andere Darstellung des Ablaufs als in den Folien A. Die **3-Sekunden-Regel** gilt auch für Plakate!

Der große Nachteil eines Plakats ist, dass sich das Publikum auf ihm visuell zuerst zurechtfinden muss. Das ist bei einem **Flipchart** (C) anders: Der Referent entwickelt auf einem leeren Blatt seine Gedanken und lässt das Publikum bis zur fertigen Grafik daran teilhaben. In unserem Beispiel erklärt er jeden Ablaufschritt, nachdem er ihn auf die Flipchart gezeichnet hat. Das Publikum bekommt leicht verdauliche Informationshäppchen, die es gedanklich nachvollziehen und dazu Fragen stellen kann.

Requisiten (D) wecken unser Interesse und unseren Spieltrieb. Wenn Sie einen Gegenstand zeigen, wollen ihn die Teilnehmer auch ausprobieren. Oder zumindest in Aktion sehen. So kann beispielsweise der Vortragende den Ideenprozess erklären und bei jedem Schritt ein Blatt Papier falten, bis am Schluss ein Papierflieger entstanden ist. Und wenn er ihn anschließend über das Publikum schweben lässt, entlässt er bildlich seine Idee in die Welt.

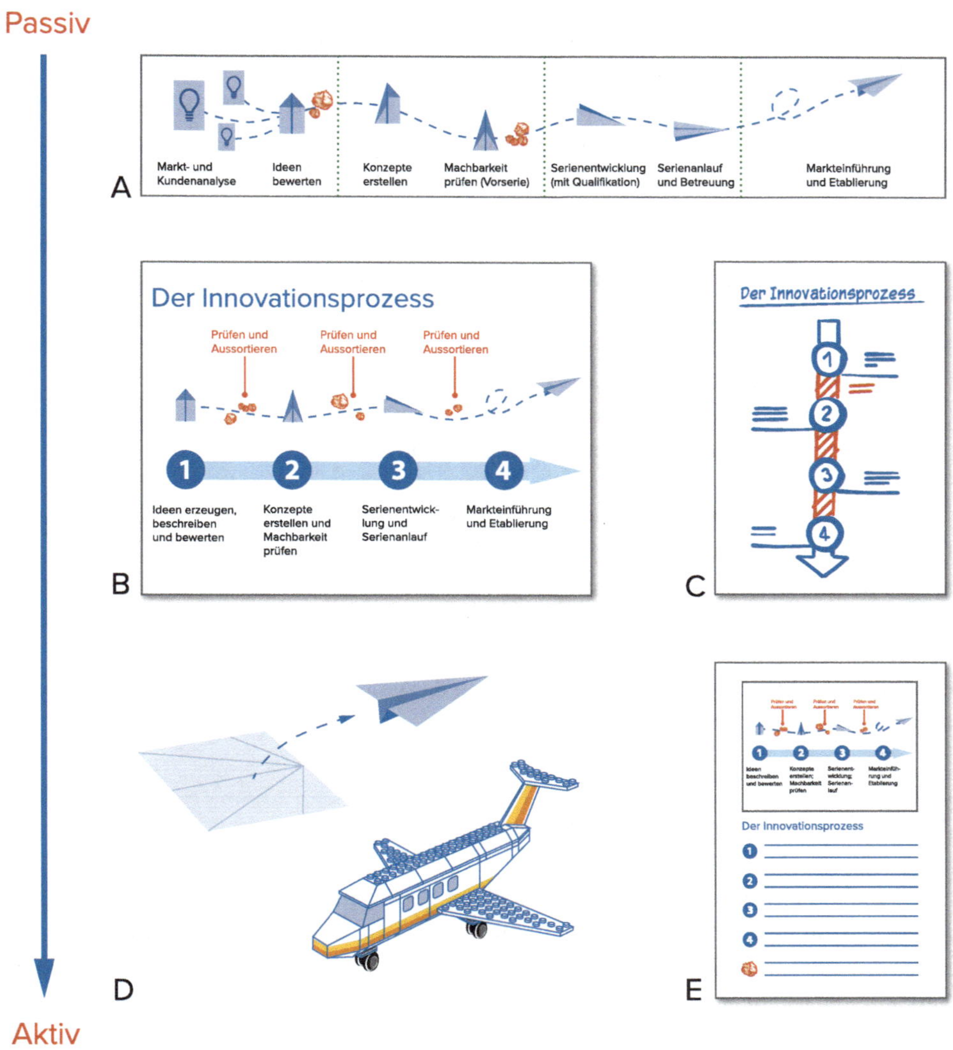

Abb. 10.12 Alternative Medien anstelle von Folien (A): Plakat (B), Flipchart (C), zwei Requisiten (D – ein Papierflieger und ein Flugzeug aus LEGO-Steinen) und Arbeitsunterlagen (E)

Alternativ könnten Sie zu jedem Schritt ein LEGO-Flugzeug zusammenbauen. Das klingt merkwürdig? In Form von **Serious Gaming** haben LEGO-Steine längst Einzug in viele Firmen gehalten, um die Ideenfindung anzuregen.

Requisiten verwenden Sie meistens zusammen mit anderen Medien, beispielsweise den Papierflieger kombiniert mit den passenden Folien. Und manchmal ist ein Requisit stark genug, um den ganzen Vortrag allein zu tragen – wie die Aktentasche, mit der Jerry Kaplan die Investoren von seiner Idee überzeugte (s. Abschn. 7.5.3 – *Wie setze ich Requi-*

siten ein?). Leider besitzen Requisiten auch einen Nachteil: Ihr Einsatz kostet Zeit und muss gut vorbereitet sein. Aber: Weil Requisiten mehr Sinne als nur Augen und Ohren ansprechen, erinnert sich das Publikum lange an Ihre Botschaft.

Am aktivsten binden Sie die Teilnehmer durch **Arbeitsunterlagen** (E) ein: Ermuntern Sie sie, sich Notizen zu machen oder Aufgaben zu lösen. In unserem Beispiel dachten die Teilnehmer darüber nach, wie sie Ideen erzeugen und verwirklichen konnten. Die einzelnen Schritte hielten sie in ihrer Arbeitsunterlage fest. Dabei unterstützte sie der Referent, bis sie schließlich den gesamten Ablauf selbst erarbeitet hatten. Da dieses Vorgehen viel Zeit in Anspruch nimmt, wenden Sie es vor allem in Arbeitsmeetings oder Schulungen an.

> **Praxistipp** Wenn Sie bereits ein Handout vorbereitet haben, können Sie daraus einfach eine Arbeitsunterlage erzeugen: Löschen Sie einfach den Notizentext in den Handzetteln! Das vollständige Handout mit Ihrem Text können Sie den Teilnehmern am Schluss der Veranstaltung als Bonus geben.

Abschließend bleibt noch eine Frage offen: Wann mache ich mir während der Vorbereitung Gedanken darüber, an welcher Stelle im Vortrag ich alternative Medien einsetzen sollte? Dafür gibt es zwei besonders geeignete Momente: Der erste ist beim Skizzieren des **Storyboards.** Mit etwas Erfahrung im Umgang mit Flipchart & Co. wissen Sie, welches Medium am besten zu Ihren skizzierten Inhalten passt. Der zweite Moment ist beim **Üben des Vortrags:** Dabei stellen Sie schnell fest, ob das gewählte Medium tatsächlich so funktioniert, wie Sie es sich vorgestellt haben.

10.3 Die Vortrags-Inszenierung

„Ich habe in meinem Berufsleben hunderte von Vorträgen gehört. Aber an einen erinnere ich mich deutlich: Der Referent warb für ein Projekt, für das er ein Budget wollte, um ein neues Produkt für uns zu entwickeln. Das erwies sich später als gute Idee, weil es zu einem Verkaufsschlager wurde. Ich werde nie vergessen, wie er das machte: Ich kam in den Meetingraum und hörte die leise Filmmusik aus **Fluch der Karibik.** In der Mitte stand eine kleine Schatztruhe mit Modeschmuck und goldenen Schokoladentalern. Und auf jedem Teilnehmerplatz lagen eine zusammengerollte Schatzkarte und weitere Taler. Nachdem sich meine erste Verblüffung gelegt hatte, fühlte ich, dass etwas Interessantes in der Luft lag. Ein Hauch von Abenteuer. Ich dachte, das hier könnte Spaß machen – etwas, das ich lange nicht mehr gefühlt hatte.“

Das war die Antwort eines Managers im Ruhestand auf meine Frage, welcher Vortrag ihn in seiner fünfzigjährigen Karriere am meisten beeindruckt hatte. Warum? „Weil in diesem Augenblick jeder Teilnehmer verstand, dass man manchmal etwas riskieren muss, wenn man am Ende den Schatz heben will.“

Inszenatorische Requisiten wie die Schatzkarte oder die Schatzkiste besitzen eine starke Wirkung auf das Publikum. Ihre Stärke liegt darin, dass sie ohne Worte eine Botschaft an die Teilnehmer senden: Die Schatztruhe steht für eine Belohnung. Die Karte weist den Weg dorthin. Die Musik zeichnet ein Bild von Abenteuer. Das gilt auch für andere, scheinbar banale Gegenstände, die bei Vorträgen zum Einsatz kommen: Ein Rednerpult strahlt Autorität aus. Und ein gutes Handout signalisiert Sorgfalt und Wertschätzung gegenüber dem Publikum.

In Abschn. 7.5.2 haben wir die**- Kopf** und **Bauchrequisiten** kennengelernt. Das ist beispielsweise ein Prototyp oder eine Software, die Ihr Publikum ausprobieren kann. Sie beweisen, dass Ihre „Große Idee" machbar ist und wie sie aussehen könnte. Im Gegensatz dazu offenbaren inszenatorische Requisiten den Teilnehmern, auf welche Reise sie der Referent mitnehmen möchte. Oder welchen Eindruck er vermitteln will. Das ist vergleichbar mit dem Bühnenbild in einem Theater. Nur in abgeschwächter Form.

Aber Vorsicht: Wenn Sie einen Gegenstand zeigen, müssen Sie ihn auch verwenden. Schauspieler sprechen von der **Schrotflinten-Regel:** Hängt im ersten Akt eine Schrotflinte über dem Kamin, sollte spätestens im dritten Akt damit geschossen werden [10]. Diese Regel gilt auch hier. Andernfalls bleiben bei den Teilnehmern Fragen offen, mit denen sie sich mehr beschäftigen als mit Ihrer eigentlichen Vortragsbotschaft. Gehen Sie nicht auf den Zweck der Schatzkarte ein, wird sich das Publikum fragen, warum Sie das nicht tun. Und warum sie überhaupt auf ihrem Platz liegt.

Setzen Sie inszenatorische Requisiten sparsam ein: Verwenden Sie zu viele, entsteht schnell der Eindruck eines unaufgeräumten Kinderzimmers – ein Vergleich, den Sie bei Business-Vorträgen unbedingt vermeiden müssen. Planen und proben Sie den Einsatz, damit er nicht gekünstelt wirkt. Und machen Sie sich klar, was Sie mit dem Requisit vermitteln wollen: Wenn ein Referent ständig hinter dem Rednerpult steht, können das die Teilnehmer als Unsicherheit, Distanziertheit oder schlicht Rückzug interpretieren.

Wenn Sie sich nicht sicher sind, dann hören Sie auf Ihr Bauchgefühl und verzichten lieber auf die Inszenierung. Aber wenn alles zusammenpasst, dann erinnern sich die Teilnehmer lange an Sie und Ihre Botschaft.

Ein besonders beeindruckendes Beispiel möchte ich Ihnen abschließend noch erzählen: Vor einiger Zeit nahm ich an einem Vortrag über Internetsicherheit teil. Der Referent kam mit ungepflegten Haaren, einem schwarzen Totenkopf-T-Shirt und löchrigen, dreckigen Jeans auf die Bühne. Er fragte die Zuhörer, ob sie sich so einen Hacker vorstellten. Nachdem ihm das Publikum zugestimmt hatte, zog er sich die Perücke vom Kopf und das T-Shirt aus. Darunter trug er einen eleganten Anzug. Mit einem Lächeln bemerkte er, dass der größte Schaden nicht mehr von Computer-Nerds in dunklen Kellerzimmern ausgeht – das Hacken von Daten hat sich längst zu einem lukrativen Geschäftsmodell entwickelt.

10.4 Der Qualitäts-Check: Wie gut ist mein Vortrag?

Herzlichen Glückwunsch – im ewigen Elfmeterschießen gegen Ihren inneren Vortrags-Dämon haben Sie wieder ein Tor erzielt: Sie haben klare Folien gestaltet, alternative Medien eingeplant und ein Handout erstellt. Kurz: Der Vortrag ist fertig. Und was passiert jetzt? In meinen Schulungen erhalte ich häufig dieselbe Antwort: „Jetzt muss ich ihn nur noch halten.“ Das machen viele Referenten – und Ihr Dämon geht am Ende doch noch als Sieger vom Platz.

Unsere heutige Zeit ist schnelllebig. Wir schreiben eine E-Mail – und versenden sie. Wir verfassen eine Message – und posten sie. Wir erstellen einen Vortrag – und halten ihn. Aber was wir wirklich tun: Wir verschicken, verfassen oder erstellen nur einen ersten Entwurf, von dem wir denken, dass er bereits perfekt ist. Das ist fatal: Später fällt uns auf, dass wir wichtige Inhalte in der Mail vergessen haben. Oder wir entdecken Rechtschreibfehler in unserem Blogbeitrag. Es gibt Menschen, die sich über solche Versäumnisse ausgesprochen ärgern. Und es ist peinlich gegenüber Kunden, Vorgesetzten oder Kollegen.

Der Schriftsteller Ernest Hemingway bringt das auf den Punkt:

> Der erste Entwurf ist immer Mist.
> *Ernest Hemingway* [11]

Was er meint: Wenn ein Referent lange und hart an seinem Vortrag gearbeitet hat, wird er gegenüber Fehlern oder Inhalten, die nicht richtig zusammenpassen, *betriebsblind*. Das ist nicht schlimm, solange ihm bewusst ist, dass sein Vortrag zum jetzigen Zeitpunkt ebenfalls nur ein erster Entwurf, ein erstes Arbeitsergebnis ist. Aber vergessen Sie nicht: Jeder Entwurf besitzt auch gute Inhalte! Die Kunst liegt darin, herauszufinden, was gut und was Mist ist.

Übung

Die Folien in Abb. 10.13 zeigen die Ergebnisse der Umfrage unter Projektleitern, die zum Piraten-Workshop geführt haben. Sie sind optisch ansprechend und scheinen auf den ersten Blick in Ordnung zu sein. Dennoch enthalten sie einige Fehler. Entdecken Sie, welche das sind? Die Lösung erfahren Sie in den nächsten Abschnitten.

Zur Erinnerung: Die Vorgesetzten eines Unternehmens wollten wissen, wie Projekte schneller und besser abgearbeitet werden konnten. Dazu führten sie eine Umfrage unter den Projektleitern durch. Das Ergebnis: Es wurden Bereiche identifiziert, die verbessert werden konnten. Das wollte man mit einer einheitlichen Methode erreichen, die das Vorgehen und die Werkzeuge für die Projektarbeit beinhaltete.

Damit Sie ein gutes Ergebnis vor Ihrem Publikum abliefern, ist es wichtig, dass Sie sich die Zeit nehmen und Ihren Vortragsentwurf gewissenhaft überprüfen. Dabei helfen Ihnen das Korrekturquartett, der Probelauf und wieder einmal **Aristoteles.** Und denken Sie auch an die **Verständnisprinzipien** KISS, Murder Your Darlings und die Macht der 3 aus dem Abschn. 5.3.1 – *Die drei Verständnisprinzipien*: Die gelten immer.

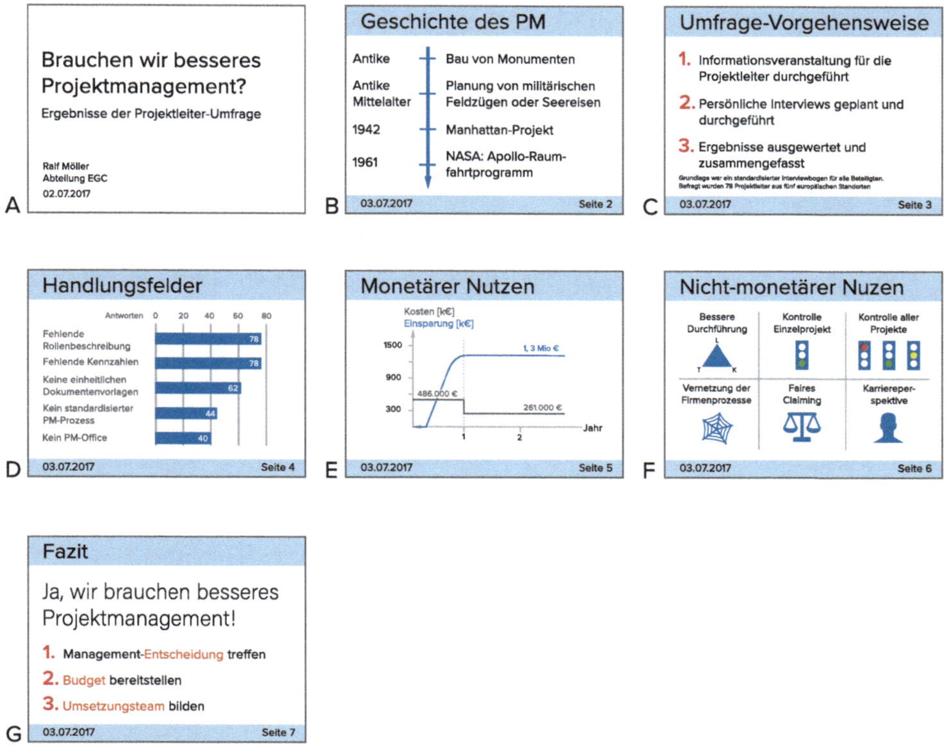

Abb. 10.13 Dieser Foliensatz kann an einigen Stellen verbessert werden, damit er auf die Zuhörer eleganter und klarer wirkt

10.4.1 Das Korrekturquartett

In vielen Vorträgen gibt es Fehler, bei denen es offensichtlich ist, dass ihn der Referent am Ende nicht richtig durchgelesen hat. Mithilfe des Korrekturquartetts können Sie diese Fehler entdecken und verbessern.

Beim **Korrekturquartett** handelt es sich um eine einfache Checkliste mit vier Punkten. Sie hilft Ihnen, vor allem formale Kriterien wie Rechtschreibfehler oder den inhaltlichen roten Faden in Ihrem Vortrag aus Sicht des Publikums systematisch zu prüfen. Die vier Punkte finden Sie in Abb. 10.14.

Meine Empfehlung: Konzentrieren Sie sich in jedem Korrekturdurchlauf nur auf einen Punkt, bis Sie am Ende der Liste angekommen sind. Zugegeben: Je nach Umfang des Vortrags kosten die vier Durchläufe Zeit. Aber: Gerade für unerfahrene Referenten ist dieses Vorgehen sinnvoll, um die einzelnen Checkpunkte zu verinnerlichen. Je öfter Sie das Korrekturquartett anwenden, desto weniger Durchläufe sind notwendig – weil Sie dabei Ihren Blick für vorhandene Fehler schärfen und diese immer schneller erkennen.

	Checkpunkt	Was prüfen Sie?
1	Gliederung des Vortrags (der rote Faden)	Unterstützt die Vortragsgliederung die Kernaussage? Passen alle Folientitel zur Vortragsgliederung? Achten Sie darauf, dass die Reihenfolge der Folientitel schlüssig ist. Tipp: Nutzen Sie dazu die Gliederungsfunktion Ihrer Vortragssoftware. Falls Sie mit Hyperlinks arbeiten: Unterstützen sie den Vortragsfluss oder stören sie ihn eher?
2	Inhaltliche Geschlossenheit der einzelnen Folien	Unterstützen alle Folieninhalte den Folientitel? Das beinhaltet nicht nur Texte, sondern auch Schaubilder: Sind alle Daten angegeben? Ist die Achsenbeschriftung korrekt?
3	Formale Aspekte	Visuelle „Sichtkontrolle“: Sind die Gestaltungsregeln berücksichtigt (insbesondere Raster; Leerraum; Farbpalette; Schriftarten)? Inhaltlich: Müssen Folien besonders gekennzeichnet werden (beispielsweise als Entwurf, Vertraulich oder Annahme)? Sind die Quellen angegeben? Besitzt jede Folie eine Seitennummer (Ausnahme: Titel- und Endfolie)? Technisch: Funktionieren die Hyperlinks und lassen sich eingebettete Dateien öffnen?
4	Rechtschreibung	Sind alle Worte richtig geschrieben? Bei diesem Punkt achten Sie nicht mehr auf die Inhalte, sondern nur noch auf Rechtschreibung und Satzzeichen

Abb. 10.14 Das Korrekturquartett – die wichtigsten Prüfpunkte des finalen Vortrags

Wenden wir das Korrekturquartett auf den Foliensatz der Projektleiter-Umfrage des Piraten-Workshops an (siehe Abb. 10.13). Die gefundenen Ergebnisse der einzelnen Prüfpunkte sehen Sie in Abb. 10.15: Ein paar Anpassungen sollte der Referent in seinem Foliensatz noch machen.

Mit dem Korrekturquartett haben Sie einen ersten Schritt getan, um die offenkundigsten formalen Fehler zu beseitigen. Jetzt verabschieden Sie sich von den Folien und wenden sich im nächsten Schritt dem Publikum zu: Stimmt Ihr Arbeitsergebnis mit den Erwartungen Ihrer Zuhörer überein, die Sie zu Beginn Ihrer Vortrags-Vorbereitung im **High-Concept** angenommen haben?

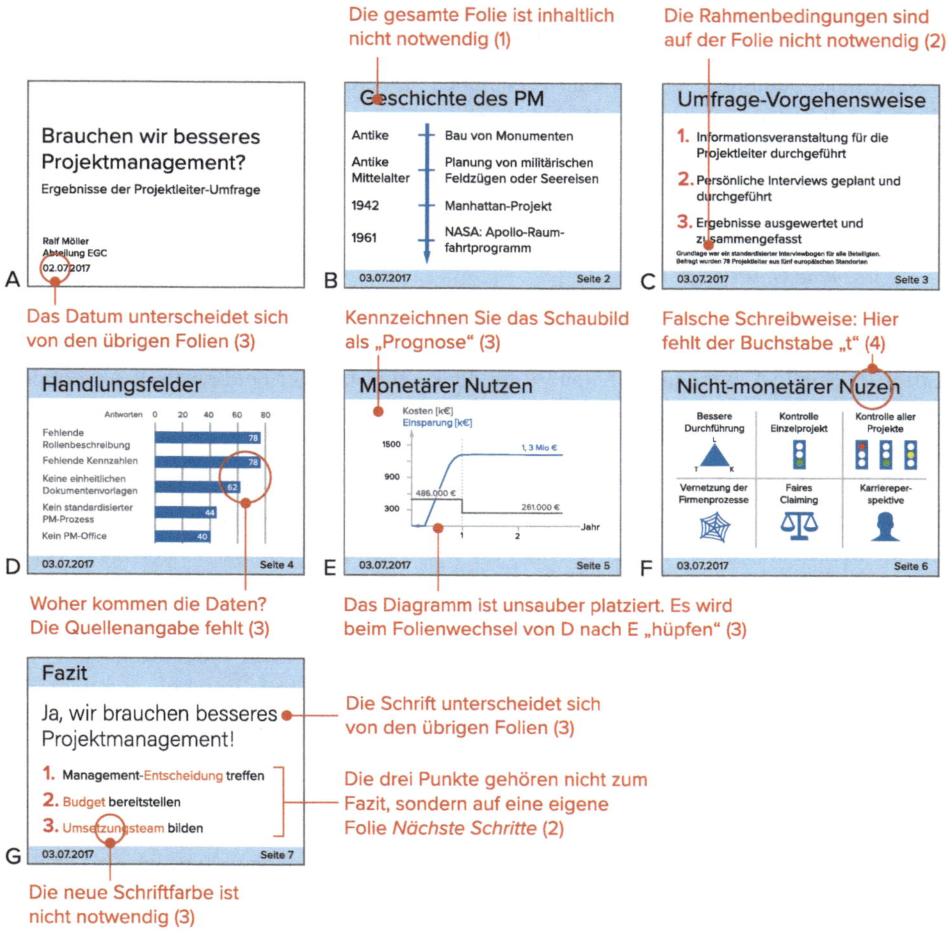

Abb. 10.15 Diese Fehler haben sich im Umfrage-Foliensatz eingeschlichen. Die Zahlen in den Klammern geben an, um welchen Prüfpunkt es sich handelt

10.4.2 Logos, Ethos und Pathos

Am Anfang unserer Vorbereitung stellten wir uns die Frage nach dem zukünftigen Publikum unseres Vortrags: Vor welchen Teilnehmern würden wir sprechen? Das half uns bei der Annahme, ob wir den Schwerpunkt des Vortrags eher auf die emotionale oder die analytische Seite legen sollten, um die „Große Idee“ den Zuhörern am besten zu vermitteln (s. Abschn. 3.4 – *Aristoteles und Ihre Glaubwürdigkeit*). In anderen Worten: Wie der Vortrag auf das Publikum *wirkt*. Dabei halfen uns die drei Grundprinzipien Logos, Ethos und Pathos, aus denen sich nach **Aristoteles** jede gute Rede zusammensetzt. Zur Erinnerung: **Logos** beschreibt die Logik der Inhalte, **Ethos** die Glaubwürdigkeit und **Pathos** den Appell an die Gefühle der Zuhörer.

Jetzt vergleichen wir das Arbeitsergebnis mit unserer damaligen Annahme und sehen, wie gut beide übereinstimmen. Weil wir tief in den Vortrag eingetaucht sind, kann es sein, dass sich der damalige Schwerpunkt verschoben hat, ohne dass wir das bemerkt haben. In diesem Fall ändert sich auch die Wirkung unseres Vortrags auf das Publikum und wir müssen überlegen, ob wir das wollen – oder nicht.

> Sie können nicht durch Logik allein überzeugen. Wer das sagt? Einige der logischsten Köpfe der Welt.
>
> *Carmine Gallo* [12]

Ein glaubhafter Vortrag besitzt Hirn *und* Herz – Logos und Pathos. Und falls genügend Ethos im Spiel ist, werden auch analytisch denkende Manager beide Anteile akzeptieren. Andernfalls fühlt sich das Publikum vom Redner schnell manipuliert. Und das will niemand.

Aber wie finden Sie die Wirkung Ihres Vortrags heraus? Ganz einfach: Sie ordnen jede Folie einem Bestandteil zu. Dort, wo sich die meisten Folien befinden, liegt Ihr Schwerpunkt. Und keine Angst: Es handelt sich dabei um keine Wissenschaft; hören Sie bei der Zuordnung einfach auf Ihr Bauchgefühl. Wie das am Beispiel unserer Projektleiter-Umfrage aussieht, sehen Sie in Abb. 10.16: Der Vortrag besitzt einen deutlichen analytischen Schwerpunkt. Und entspricht damit den Erwartungen der teilnehmenden Manager.

Spannend ist die Frage, was Sie mit dem Logos-Ethos-Pathos-Ergebnis anfangen: Mit dem Vortrag wollte ich die Manager zum Handeln bewegen. Dazu war aus meiner Sicht der emotionale Pathos-Anteil viel zu gering. Um ihn zu erhöhen, habe ich die beiden Datenfolien angepasst und eine zusätzliche Folie am Ende eingefügt (s. Abb. 10.17):

- In Folie C habe ich diejenigen Antworten farblich hervorgehoben, die sich am schnellsten ohne großen Aufwand umsetzen lassen – sogenannte *Quick Wins* als Köder für die Manager. Dass beide zu den am häufigsten genannten Antworten der Projektleiter gehören, macht den Köder noch schmackhafter
- In Folie D habe ich die Einsparungen grün und die Kosten rot markiert – die beiden typischen Signalfarben im Business-Alltag. Zusätzlich habe ich den Aufbau des Schaubilds vereinfacht

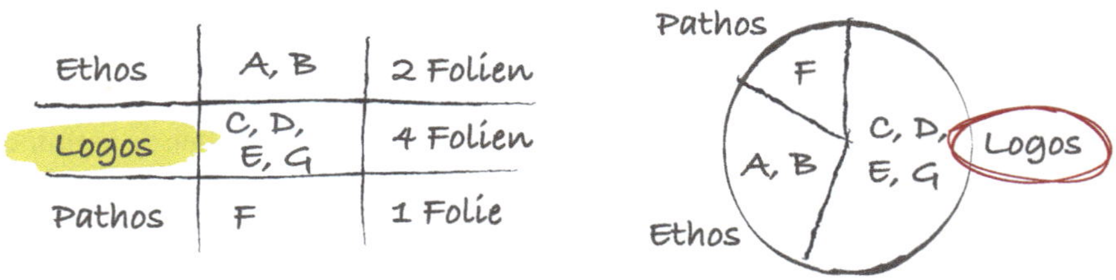

Abb. 10.16 Zwei Möglichkeiten für die Zuordnung der Vortragsfolien zu den einzelnen Rede-Bestandteilen – links als Tabelle, rechts als Kreisdiagramm. Die Buchstaben beziehen sich auf die Folien in Abb. 10.15

Abb. 10.17 Der finale Foliensatz der Projektleiter-Umfrage nach dem Korrekturquartett und der Logos-Ethos-Pathos-Prüfung

- Die Folie H zeigt eine Idee, wie die Projektarbeit im Unternehmen zukünftig aussehen könnte. Die Grafik sollte die Fantasie der Manager anregen und darstellen, was zu tun ist, wenn sie den Nutzen vollständig ausschöpfen wollen

Mit diesen drei Folien konnte ich die harten Fakten dem Publikum etwas zugänglicher machen, ohne den analytischen Schwerpunkt zu sehr zu verschieben.

Deshalb: Verzichten Sie nicht ganz auf Emotionen – sondern setzen Sie sie in Ihren Vorträgen gezielt ein. Machen Sie sich bewusst, dass viele scheinbar sachlich denkende Menschen in technischen oder wirtschaftlichen Berufen arbeiten, weil eine Leidenschaft dahintersteckt: Für das Fliegen, für das Forschen oder für das Rechnen.

Nachdem Sie das Korrekturquartett und Logos-Ethos-Pathos angewendet haben, kristallisiert sich Ihr finaler Vortrag immer weiter heraus. Deshalb ist jetzt der Augenblick für den endgültigen Härtetest gekommen: Den Probelauf. Er legt sämtliche inhaltliche und formale Schwächen, die Sie bislang übersehen haben, schonungslos offen.

10.4.3 Der Probelauf

Wenn wir ein Konzert besuchen, erwarten wir, dass die Musiker ihre Instrumente und ihre Stücke beherrschen. Ähnlich ist das bei einem Vortrag. Und dennoch denken viele Referenten, sie könnten problemlos frei von der Leber weg sprechen. Oft heißt es „Wie bitte – ich soll üben? Dafür habe ich keine Zeit." Die Folge: Der große Auftritt vor dem Publikum wird zur Übungszeit. Unfreiwillig. Und meistens nicht sehr erfolgreich. Aber was besonders unverzeihlich ist: Weil sich ein Referent nicht ordentlich vorbereitet hat, verschwendet er die Zeit seiner Zuhörer.

Die besten Redner wie Sir **Kenneth Robinson, Riccardo Sabatini** oder **Benjamin Zander** sind überzeugt von der positiven Wirkung des **Übens.** Sie proben ihre Reden sorgfältig und stundenlang. Erst dann sind sie in der Lage, ihre Vorträge auf der Bühne einfach und leicht aussehen zu lassen. Und das ohne Notizen.

Aber wie übe ich am besten? Ein befreundeter Schauspieler antwortete mir auf die Frage nach seiner Probentechnik: „Ich spreche laut und sage die Worte einfach so lange, bis sie sich anhören, als kämen sie von mir. Wenn ich später vor dem Regisseur und meinen Kollegen spreche, habe ich die wichtigsten Formulierungen in meinem Kopf und kann mich ganz auf meine Darbietung konzentrieren. Das klappt aber nur, wenn ich das vorher trainiert habe." Das bedeutet: Führen Sie immer einen **persönlichen Testlauf** durch, bevor Sie vor Menschen sprechen. Ohne Publikum. Nur Sie.

Am Anfang geht es beim Sprechen darum, ein Gefühl dafür zu bekommen, was passt und was nicht: Stellen im Vortrag, an denen Sie stocken, an denen Ihnen die richtigen Begriffe nicht einfallen oder an denen Sie überlegen müssen. Das sind meistens auch die Stellen, die für das Publikum problematisch sind. Hier entscheiden Sie, ob Sie die Inhalte bearbeiten oder ob diese für Ihren Vortrag wirklich notwendig sind. Dabei hilft Ihnen der **Ja-und?-Test:** Nehmen Sie die Sichtweise des Publikums ein und fragen Sie *Ja und?* Das bedeutet: Können Sie wirklich für jede Folie erklären, warum sie im Vortrag auftaucht und was für einen Nutzen das Publikum von ihr hat? Falls nein: Dann verzichten Sie darauf [13].

Nach einer Weile geht es beim Sprechen um Tempo und Timing. Wann setze ich welches Bild ein? Wie lange dauert die Arbeit mit der Flipchart? Üben Sie dabei mit einer Uhr, um ein Gefühl für die Vortragsdauer zu bekommen. Und am Schluss feilen Sie nur noch an den Übergängen, bis sie sich natürlich anhören und Sie sich damit wohlfühlen.

Persönliche Testläufe besitzen noch einen weiteren Vorteil: Wenn Sie später Ihren Vortrag halten, können Sie sich nicht hundertprozentig auf Ihren Text konzentrieren. Das Publikum ist unruhig, einige Teilnehmer runzeln die Stirn oder ein Handy klingelt. Deshalb geht es beim Proben weniger ums Auswendiglernen, sondern darum, Ihre Anspannung zu lösen. Mit jeder Probe verinnerlichen Sie den Ablauf Ihres Vortrags tiefer und Ihr Material wird Ihnen immer vertrauter. So kommen Sie nach Störungen einfacher in Ihre Spur zurück. Wenn Sie sicher und locker sind, ist das besser für alle Anwesenden.

> **Praxistipp** Häufig übe ich allein vor einem Spiegel. Auch das Filmen mit einem Smartphone hilft mir, mich so zu sehen, wie mich später auch das Publikum wahrnimmt – einschließlich meiner Gestik, Mimik und meiner Laufwege.
>
> Und wenn Sie während Ihrer Probe für eine zusätzliche Ablenkung wie ein lautes Radio im Hintergrund sorgen und Sie dabei Ihren roten Faden nicht verlieren, ist das die beste Vorbereitung überhaupt.

Üben Sie nicht nur die Inhalte, sondern auch den Einsatz Ihrer geplanten Medien. Und falls Sie – beispielsweise zu Hause – kein Flipchart zur Hand haben, zeichnen Sie während der Probe auf ein aufgehängtes Blatt Papier. Wenn ich eine Pinnwand einsetzen möchte, hänge ich eine Decke über eine Tür und pinne die Karten mit Nadeln an. Und wenn ich Folien zeige, nutze ich meinen Laptop ohne Beamer. So üben Sie nicht nur den Umgang mit den Medien, sondern wissen auch, wie viel Zeit Flipchart & Co. während des Vortrags benötigen.

Ein persönlicher Testlauf ist wichtig und wertvoll. Aber: Wenn Sie eine ehrliche und neutrale Rückmeldung haben möchten, halten Sie den Vortrag vor einem **Testpublikum.** Denken Sie dabei wieder an das Verhältnis zwischen Aufwand und Nutzen: Für ein Projektmeeting ist ein Testpublikum nicht notwendig, aber vielleicht für einen wichtigen Kundentermin.

> **Praxistipp** Schaffen Sie eine vertrauensvolle Atmosphäre, damit Ihnen das Testpublikum wirklich sagt, was es denkt. Teilen Sie einen Ausdruck Ihres Foliensatzes aus, damit sich die Teilnehmer Notizen machen können. Die beste Rückmeldung erhalten Sie, wenn Ihnen die Zuhörer sagen, an welcher Stelle Ihr Vortrag inhaltlich Sprünge macht oder wo ihnen das notwendige Wissen zum Verständnis fehlt. So erfahren Sie auch, ob Ihr Medieneinsatz verständlich ist oder wie Ihre Inszenierung ankam.

Leider kommt es so gut wie nie vor, dass ein Testpublikum sagt „Ich würde an dem Vortrag überhaupt nichts ändern." Machen Sie sich klar, dass Sie nach dem Testlauf Teile Ihres Vortrags, an denen Sie hart und lange gearbeitet haben, streichen oder wenigstens überarbeiten müssen. Weil Sie sie aus Ihrer Sichtweise erstellt haben. Arbeiten Sie die Hinweise ein und verbessern Sie Ihr Material, um die „Große Idee" für das Publikum noch verständlicher zu machen.

In der Praxis kommt es selten vor, dass Ihr Testpublikum dieselbe Struktur besitzt wie das Publikum, das Sie in Ihrem Vortrag erwarten. Deshalb gibt es eine einfache Alternative: Sprechen Sie vor Menschen, die mit Ihrer Arbeit nicht direkt vertraut sind. Wenn die Ihre Inhalte verstehen, gilt das auch für das Vortragspublikum.

Machen wir uns nichts vor: Proben kostet Zeit und Energie. **Nancy Duarte** sagt, dass ein ernsthafter Probelauf – unabhängig davon, ob Sie ihn vor dem Spiegel oder vor Zuhörern durchführen – ungefähr das Dreifache Ihrer Vortragszeit benötigt [14]. Referieren Sie eine Stunde, dann dauert der Testlauf drei Stunden. Bei zehn Minuten sind es 30 Minuten. Und dennoch sollten Sie auf das Üben nicht verzichten:

- Sie wissen, welche Stellen noch „unrund" laufen. Das gibt Ihnen die Gelegenheit, diese Stellen zu verbessern
- Sie wissen, was gut läuft und beim Publikum ankommt. Das macht Sie sicher und souverän
- Sie haben erlebt, wie Ihr Vortrag wirkt und was passiert. Das senkt das Lampenfieber

Wenn die besten Redner meinen, dass es unabdingbar ist, einen wichtigen Vortrag zu proben, dann ist vermutlich Ihre Zeit auch gut investiert. Und falls Sie wirklich keine Zeit zum Üben haben: Dann proben Sie wenigstens den Anfang und den Schluss Ihres Vortrags. Denn diese beiden Teile prägen die Erinnerung an Sie und Ihre Ausführungen in den Köpfen der Zuhörer am stärksten [15].

10.5 Zusammenfassung

Nachdem sie die Folien fertiggestellt haben, begehen viele Referenten einen entscheidenden Fehler: Sie halten den Vortrag. Dabei ist ihr Foliensatz zu diesem Zeitpunkt lediglich ein erster Entwurf, der sorgfältig überarbeitet werden muss, um die vorhandenen Ecken und Kanten für das Publikum abzuschleifen.

Im Fußball gilt: Einzelne Weltklassespieler formen noch keine herausragende Mannschaft. Ähnlich verhält es sich bei Vorträgen: Gute Einzelfolien ergeben keinen harmonischen Vortrag, wenn sie optisch nicht zusammenpassen oder inhaltlich keine Einheit bilden. Dies kann passieren, wenn das Publikum den roten Faden nicht erkennt: Weil der Referent zu viele Inhalte in die Folien gepackt hat, um sie gleichzeitig als Handout zu nutzen. Oder weil es viele Rechtschreibfehler entdeckt. Ein nachlässiger Eindruck schadet sowohl der „Großen Idee" als auch dem Referenten, da sich die Teilnehmer lange daran erinnern.

Besonders problematisch wird es, wenn der gesamte Foliensatz eine andere Wirkung auf die Zuhörer besitzt als diejenige, die der Referent am Anfang seiner Vorbereitung geplant hat. So kann sich im Laufe der Zeit der Schwerpunkt beispielsweise unbemerkt von der analytischen auf die emotionale Seite verschoben haben. Ist dies dem Referenten nicht bewusst und präsentiert er seine „Große Idee", wird ein rational denkendes Publikum den Vortrag häufig ablehnen, weil es etwas anderes erwartet hat.

Die beste Methode, solche Probleme zu erkennen und den Vortrag zu verbessern, sind Probeläufe. Sie decken nicht nur sämtliche Schwachstellen auf, sondern geben dem Referenten auch Sicherheit im Umgang mit seinen Inhalten und beim Einsatz seiner Medien. Zudem entwickelt er ein Gefühl für seine Redezeit.

Es gibt zwei Arten von Probeläufen: Allein oder vor einem Testpublikum. Den alleinigen Testlauf sollte ein Redner immer durchführen. Bei wichtigen Anlässen sollte er zusätzlich vor einem Testpublikum sprechen und es um seine ehrliche Meinung bitten. Mit diesen Erkenntnissen kann er seinen Vortrag gezielt verbessern und seine Gedanken noch klarer vermitteln.

10.6 Checkliste

Damit Ihr Vortrag einen harmonischen und geschlossenen Gesamteindruck beim Publikum hinterlässt, müssen Sie zum jetzigen Zeitpunkt noch einige Punkte prüfen. Dabei unterstützt Sie die Checkliste in Abb. 10.18: Sie stellt sicher, dass Sie auf der Zielgeraden nicht doch noch ins Straucheln kommen.

Haben Sie schon einmal die Redewendung „Wenn Kinder klein sind, gib ihnen Wurzeln; wenn sie groß sind, verleih' ihnen Flügel" gehört?

Das gilt auch für Sie und Ihren Vortrag: Sie beide sind bereit. Treten Sie ins Rampenlicht, stellen Sie Ihre „Große Idee" vor und verleihen Sie ihr Flügel. In diesem Zusammenhang sprechen Trainer oft von den 3 P's: *Passion, Praxis* und *Präsenz*. Leidenschaft und Übung besitzen Sie. Im nächsten Kapitel kümmern wir uns um Ihren Auftritt.

Checkliste „Gesamt-Vortrag"	ja	nein
Foliensatz: **Sichtkontrolle** durchgeführt?	○	○
Vortragsnotizen vorbereitet?	○	○
Falls notwendig: **Teilnehmer-Handout** erstellt?	○	○
Formale Fehler: **Korrekturquartett** angewendet?	○	○
Wirkung des Vortrags geprüft?	○	○
Probelauf		
Persönlichen Testlauf (alleine) durchgeführt?	○	○
Falls notwendig: Vor Testpublikum präsentiert?	○	○
Erkenntnisse/Feedback in den Vortrag eingearbeitet?	○	○
Vortragszeit eingehalten?	○	○

Abb. 10.18 Die Checkliste für die finale Abschluss-Kontrolle Ihres Vortrags

Literatur

1. Aristoteles: Metaphysik Bücher VII und VIII. Kommentiert von Wolfgang Detel und Julia Wildberger (2009). Suhrkamp Studienbibliothek, o.S.
2. https://guykawasaki.com/the-only-10-slides-you-need-in-your-pitch/ (abgerufen am 10.06.2021 um 11.04 Uhr).
3. Chris Anderson (2017): TED TALKS – Die Kunst der öffentlichen Rede, 2. Auflage. Fischer, S. 202. Den Vortrag von Monica Lewinski finden Sie hier: https://www.ted.com/talks/monica_lewinsky_the_price_of_shame/up-next#t-41919 (abgerufen am 11.06.2021 um 09.54 Uhr).
4. Den Vortrag von Clifford Stoll finden Sie hier: https://www.ted.com/talks/clifford_stoll_the_call_to_learn/up-next (abgerufen am 26.06.2021 um 10.27 Uhr). Ab der Minute 2:07 sehen Sie besonders deutlich, wie er seine Hand als Stichwortgeber nutzt.
5. Karl-Christoph Renz (2016): Das 1 × 1 der Präsentation, 2., überarbeitete und aktualisierte Auflage. Springer Gabler, S. 74 ff.
6. Garr Reynolds (2012): ZEN oder die Kunst der Präsentation, 2. Überarbeitet und aktualisierte Auflage. Addison-Wesley, S. 70 ff.
7. Michael Moesslang (2011): So würde Hitchcock präsentieren, 2. Auflage. Redline, S. 180 f.
8. Walter Isaacson (2011): Steve Jobs – Die autorisierte Biografie des Apple-Gründers. C. Bertelsmann, S. 396.
9. In diesen Abschnitt habe ich neben eigenen Erfahrungen das Wissen folgender Autoren zusammengefasst: Josef Seifert (2014): Visualisieren, Präsentieren, Moderieren, 34.Auflage. Gabal. Michael Rossié (2021): Rhetorik ist keine Kunst, sondern kein Problem. Vahlen, S. 236–251; Anita Hermann-Ruess (2013): Wirkungsvoll präsentieren – das Buch voller Ideen, 2. Auflage. BusinessVillage, S. 283–290.
10. Marie Lampert und Rolf Wespe (2013): Storytelling für Journalisten, 3. überarbeitete Auflage. UVK, S. 37.
11. Zitat gefunden in Nancy Duarte (2012): Resonate oder wie Sie mit packenden Storys und einer fesselnden Inszenierung Ihr Publikum verändern. Wiley-VCH, S. 182. Das Zitat ist auch als „Sturgeons Gesetz" bekannt.
12. Carmine Gallo (2017): Talk Like TED – die 9 Geheimnisse der besten Redner. Redline, S. 65.
13. Austin Kleon (2016): Show Your Work! 10 Wege, um auf sich aufmerksam zu machen. Mosaik, S. 67.
14. Nancy Duarte (2012): Resonate oder Wie Sie mit packenden Storys und einer fesselnden Inszenierung Ihr Publikum verändern. Wiley-VCH, S. 183.
15. Claudia Nöllke und Michael Schmettkamp (2013): Präsentieren, 2. aktualisierte Auflage. Haufe, S. 200.

Der Tag der Wahrheit

11

ICH: „(...) Warum unterhalten Sie sich während meiner Präsentation?" – CHEF: „Warum präsentieren Sie während MEINER Unterhaltung?!"
Stojan Rudan und Michael Kötting [1]

Willkommen zum Tag der Wahrheit! Heute muss der Referent liefern – vor Chefs, Kunden oder Kollegen. Er hat nur diesen einen Versuch. Plötzlich ist alles anders als in der Generalprobe. Und obwohl man die richtigen Inhalte ausgewählt, gute Folien erstellt und einen Testlauf durchgeführt hat, fürchten sich viele vor diesem Tag.

Meistens liegt das Problem nicht in einer schlechten Vorbereitung, sondern am direkten Kontakt mit dem echten Publikum. Und der macht viele Redner nervös: Was ist, wenn etwas passiert, mit dem ich nicht gerechnet habe und falsch reagiere? Kurz: *Was ist, wenn ich versage?* Und weil uns unser Ruf wichtig ist, machen wir uns Gedanken

B. Gebhardt, *Tipps und Tricks für erfolgreiche Präsentationen*,
https://doi.org/10.1007/978-3-662-72376-0_11

darüber, wie wir Fehler um jeden Preis vermeiden können. Aber weil wir nicht wissen, was auf uns zukommt, fühlen wir uns unsicher. Das macht nervös. Und der Teufelskreis beginnt von vorne.

Dieses Kapitel beleuchtet, wie ein Referent diesen Teufelskreis durchbrechen und seine Ängste überwinden kann. In diesem Zusammenhang treten vor allem drei Fragen auf:

- Wie bekomme ich mein Lampenfieber in den Griff?
- Wie baue ich eine gute Verbindung zum Publikum auf?
- Wie gehe ich mit Störungen aus dem Publikum um?

Die Antwort auf jede Frage hängt von der Erfahrung und der Persönlichkeit des jeweiligen Referenten ab. Deshalb finden Sie in diesem Kapitel viele Fallbeispiele und Hinweise, die Ihnen das Leben am Tag des Vortrags erleichtern können.

11.1 Die Angst vor Präsentations-Torpedos

Mit dem Tag der Wahrheit neigt sich Ihre Vortragsreise dem Ende zu. Aber jetzt führen Sie das anspruchsvollste Manöver durch. Sie fahren in den Hafen ein, legen Ihr Schiff an und lassen Ihre Passagiere von Bord. Und hoffentlich bleiben Schiff und Menschen – Ihre „Große Idee" und das Publikum – dabei unbeschadet. Auf der weiten, ruhigen See können die meisten Referenten gefahrlos ihr Vortragsschiff steuern. Das eigentliche Anlegen jedoch ist knifflig, wie Abb. 11.1 zeigt: Raum vorbereiten, Vortrag halten und das Publikum entlassen. Abschließend überlegen Sie, was gut lief und was Sie beim nächsten Vortrag besser machen können.

Sie merken schon: Diese drei Schritte haben es in sich. Was mache ich, wenn die Technik ausfällt? Wenn ich einen Blackout habe? Oder bei unfairen Zwischenrufen? Seien Sie beruhigt: Mit einer sorgfältigen Vorbereitung und dem Probelauf haben Sie bereits viele Störquellen ausgeschaltet. Aber: Am Vortragstag passiert immer etwas, das Sie nicht bedacht haben: Der wichtige Entscheider ist nicht anwesend. Oder die Vortragszeit wird gekürzt. *Stellen Sie sich darauf ein.*

Solche Gedanken sind für viele Referenten eher beunruhigend als spannend. Weil sie nicht wissen, wie sie in solchen Momenten reagieren sollen. Die Trainerin **Cornelia Topf,** die viele Manager coacht, vergleicht diese Ängste mit U-Boot-Torpedos, die einen Vortrag versenken können. „Es ist merkwürdig", sagt sie. „Die meisten Vortragenden bereiten sich auf **Störungen** vor, indem sie sich davor fürchten." [2].

Dabei lassen sich viele Störungen schon im Vorfeld vermeiden. Das sind Momente, über die ein Redner nach dem Vortrag sagt „Das hätte ich mir ja denken können." Eine Frage: Wenn er sich das denken kann – warum überlegt er sich nicht auch, welche das sind und wie er mit ihnen umgeht?

Ein Beispiel: In einem Vortrag verwendete ich das Sprachbild von begrenzenden Leitplanken. Ich zeigte eine Folie mit dem Foto einer Straße, die links und rechts von einem

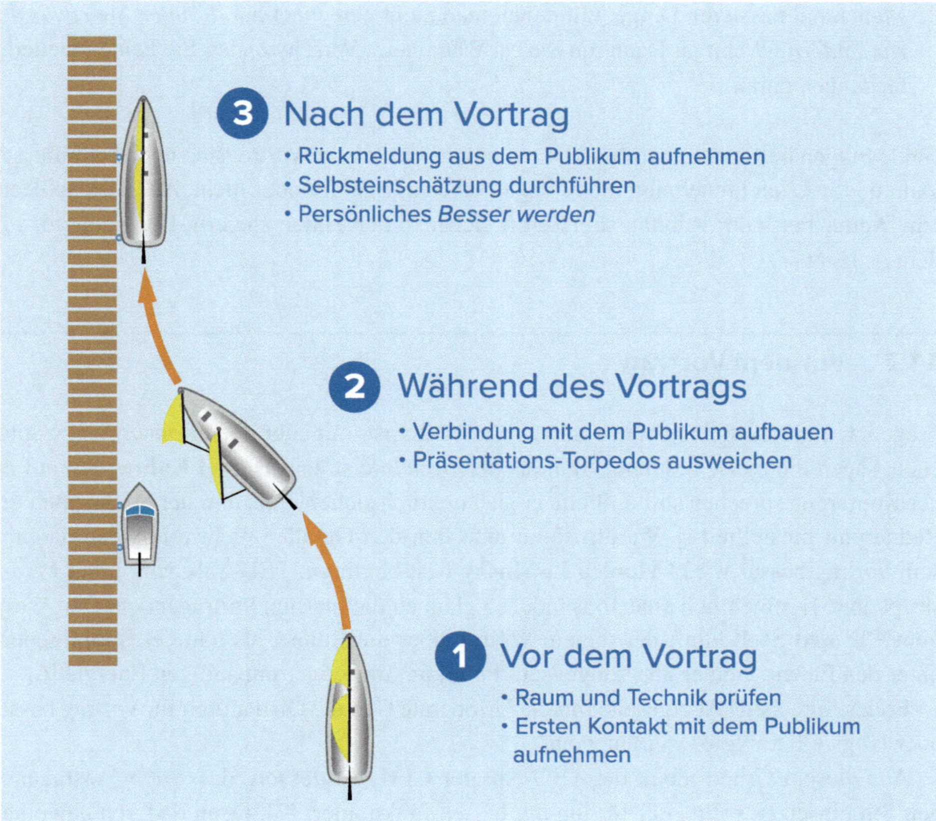

Abb. 11.1 Der Ablauf am Vortragstag ähnelt den drei Schritten beim Anlegen eines Schiffes

Drahtzaun begrenzt wurde. Ein Manager bemerkte daraufhin, dass er auf dem Bild keine Leitplanken erkennen könne. Diese Diskussion kostete ein Drittel der zehnminütigen Vortragszeit, sodass ich auf zwei inhaltliche Punkte nicht eingehen konnte. Manchmal bringen solche Momente einen unsicheren Referenten ins Stolpern.

Oder war das gar nicht meine Schuld, sondern die des fantasielosen Managers? Leider habe ich eine schlechte Nachricht für Sie: Das Publikum ist *niemals* schuld. Vielmehr torpediert sich der Vortragende oftmals selbst: Beispielsweise durch eine Folie, die nicht mit seinen Worten übereinstimmt. Eine Seminarteilnehmerin meinte einmal „Ich habe immer so ein Pech mit meinem Publikum." Das stimmt nicht. Wenn das Publikum schlecht ist, dann sind Sie schlecht [3].

Sprechen wir darüber, welche Störquellen am Vortragstag auftreten und wie Sie sie ausschalten können. Zwei persönliche Gedanken möchte ich Ihnen jetzt schon ans Herz legen:

1. *Womit fühlen Sie sich wohl?* Wenn Sie beispielsweise gerne mit einem Manuskript arbeiten, dann machen Sie das. Und nein: Die Flucht von der Bühne ist keine Option!

2. Manchmal passieren Dinge, mit denen man nicht gerechnet hat. *Können Sie etwas daran ändern?* Wenn ja: Dann tun Sie es. Wenn nein: Verschwenden Sie keinen weiteren Gedanken daran

Beide Fragen helfen mir, darüber klarzuwerden, was ich am Vortragstag noch beeinflussen kann und was ich hinnehmen muss – egal, ob es mir gefällt oder nicht. Auch bei schlechtem Wetter muss der Kapitän sein Schiff sicher in den Hafen steuern. Beginnen wir mit dem Anlegen.

11.2 Vor dem Vortrag

Frage ich meine Schulungsteilnehmer, ob es besser ist, mit oder ohne Rednerpult zu sprechen, sagen die meisten: Ohne! Aber als der Nobelpreisträger **Daniel Kahneman** auf einer Konferenz sprechen sollte, fühlte er sich deutlich sicherer, als ihm der Veranstalter ein Rednerpult hinstellte [4]. Warum sollte man ihm den Gefallen nicht tun, wenn dadurch sein Vortrag besser wird? **Monica Lewinsky** liest bei ihrem TED-Talk von ihrem Manuskript ab [5] – eigentlich eine Todsünde, so glauben die meisten Vortragenden. Der Astronom **Clifford Stoll** hüpft bei seinem Vortrag über die Bühne, als hätte er Sprungfedern unter den Füßen. Und er überzeugte sein Publikum mit seiner unbändigen Energie [6].

Freies Sprechen? Abgelesene Inhalte? Moderate Gestik? Ob dadurch Ihr Vortrag besser oder langweiliger wird, weiß niemand.

Aus diesem Grund meint der TED-Kurator **Chris Anderson,** dass jeder Vortragende den Stil einsetzen sollte, der für ihn am besten funktioniert [7]. Denn dadurch gewinnen alle: Der Redner, das Publikum und der Vortrag. Deshalb: *Machen Sie das, womit Sie sich wohlfühlen.* Oder wie es der Rhetorik-Trainer **Michael Rossié** wunderbar ausdrückt:

> Sie können auf der Bühne nichts falsch machen.
> *Michael Rossié* [8]

Was er meint: Wenn ein Redner nur noch an Gestik, vergessene Inhalte oder den Umgang mit schwierigen Teilnehmern denkt, geht es schief. Weil er nicht mehr bei der Sache ist. Wenn Sie beispielsweise gewohnt sind, ein Pult als Ablage für Ihre Notizen zu verwenden, dann behalten Sie das bei. Das bedeutet: Finden Sie Ihren persönlichen Vortragsstil und bleiben ihm treu – wie Daniel Kahneman.

Mit dem Qualitäts-Check und dem Testpublikum haben Sie bereits viele Torpedos entschärft. Und die letzten Unsicherheiten beseitigen Sie am Vortragstag selbst: Freunden Sie sich mit dem Vortragsraum an, prüfen Sie die Technik und stellen Sie die Tische in die richtige Position. Das gibt mir als Redner ein Gefühl von Sicherheit und Kontrolle. Gleichzeitig beseitige ich Fehlerquellen, die meinen Vortrag stören könnten.

Vor meinen Vorträgen führe ich nur wenige Aktivitäten durch. Diejenigen, auf die ich niemals verzichte, finden Sie in den folgenden Abschnitten.

11.2.1 Freunden Sie sich mit dem Vortragsraum an

Der **Vortragsraum** hat einen großen Einfluss darauf, wie Sie sich fühlen. Stellen Sie sich vor, Sie sprechen auf einer Konferenz vor mehreren hundert Teilnehmern. Der Raum ist groß, die Umgebung ist fremd. Sie bewegen sich in ungewohntem Terrain. Und das macht nervös. Egal, ob Sie in einem Hotel oder in einem firmeninternen Meetingraum reden. Deshalb gilt: *Machen Sie als erstes den Raum zu Ihrem Raum.*

Dafür gibt es eine einfache Methode: Legen Sie Ihre Ausrüstung ab und gehen Sie im Raum umher. Setzen Sie sich in den Zuschauerbereich. Berühren Sie Tische oder Wände. Wo ist die Leinwand? Wie sind die Stühle aufgestellt? Dieses körperliche *Begreifen* hilft mir, mich in einer ungewohnten Umgebung zurechtzufinden und mein Revier kennenzulernen.

Als nächstes prüfe ich, ob alle Hilfsmittel vorhanden sind. Falls nein: Organisieren Sie die fehlenden Medien. Und falls das nicht möglich ist: Dann schwenken Sie um auf Plan B. Das macht Sie nervös? Dafür gibt es keinen Grund. Denken Sie daran: *Was Sie ändern können, ändern Sie.* Ansonsten müssen Sie improvisieren. Und meistens klappt das besser, als Sie ahnen. Aber im Normalfall sind alle Medien vorhanden.

Danach arrangiere ich mein Bühnenbild. Warum das wichtig ist, zeigt Abb. 11.2: Ein asymmetrischer Aufbau erzeugt ein visuelles Ungleichgewicht, das vom Redner ablenken kann. Deshalb ist eine optische Ausgewogenheit wichtig. Ich kenne Redner, die aus diesem Grund eine zweite Flipchart an die gegenüberliegende Seite stellen. Auch wenn sie sie nicht benutzen. Das gilt auch für Werbebanner oder Blumengestecke, die manchmal gerne in der Mitte einer Bühne platziert werden: Die stellen Sie ebenfalls an die Seite. Die Mitte gehört Ihnen.

Leider dominieren in vielen Meetingräumen ein Flachbildschirm oder eine Leinwand die Mitte. Das können Sie nicht ändern, aber der Trick dabei ist: Gönnen Sie dem Beamer eine Pause!

► **Praxistipp** Wenn Sie im PowerPoint-Präsentationsmodus die Taste B drücken, wird die Leinwand schwarz.

Abb. 11.2 Bei einem symmetrischen Bühnenaufbau steht der Redner im Mittelpunkt (links). Ein asymmetrisches Bühnenbild drängt den Vortragenden an die Seite (rechts)

Jetzt gehört die Mitte Ihnen, und das Publikum kann sich voll auf Sie konzentrieren. Durch ein erneutes Drücken bringen Sie die Folie zurück auf die Leinwand. Alternativ geht das auch mit der Taste W und einer weißen Leinwand. Allerdings sieht das Publikum Ihren Schatten, sofern der Projektor vor Ihnen angebracht ist.

Als letztes ändere ich die **Anordnung** der Tische und der Stühle, sofern die nicht fest miteinander verbunden sind. Dabei verlasse ich mich auf mein Bauchgefühl: Beispielsweise mag ich bei meinen Vorträgen Platz; deshalb entferne ich alle Tische, die ich nicht benötige, aus dem Raum. Für meine Unterlagen, mein Getränk oder meinen Laptop stelle ich einen Referententisch seitlich an die Wand. Bringe ich Material zu einem Seminar mit, verstecke ich die Kisten und Taschen, die ich zum Transport verwendet habe. Ich brauche einen aufgeräumten Raum, um mich wohlzufühlen. Und auf das Publikum macht das einen guten Eindruck.

Wenn Sie Stühle und Tische neu arrangieren, denken Sie an Ihre Zuhörer: Die wollen Ihren Vortrag und Sie selbst gut sehen. Das können Sie einfach prüfen (s. Abb. 11.3 oben): Stellen Sie sich vor, dass die Stühle bereits mit Teilnehmern besetzt sind. Treten Sie vor

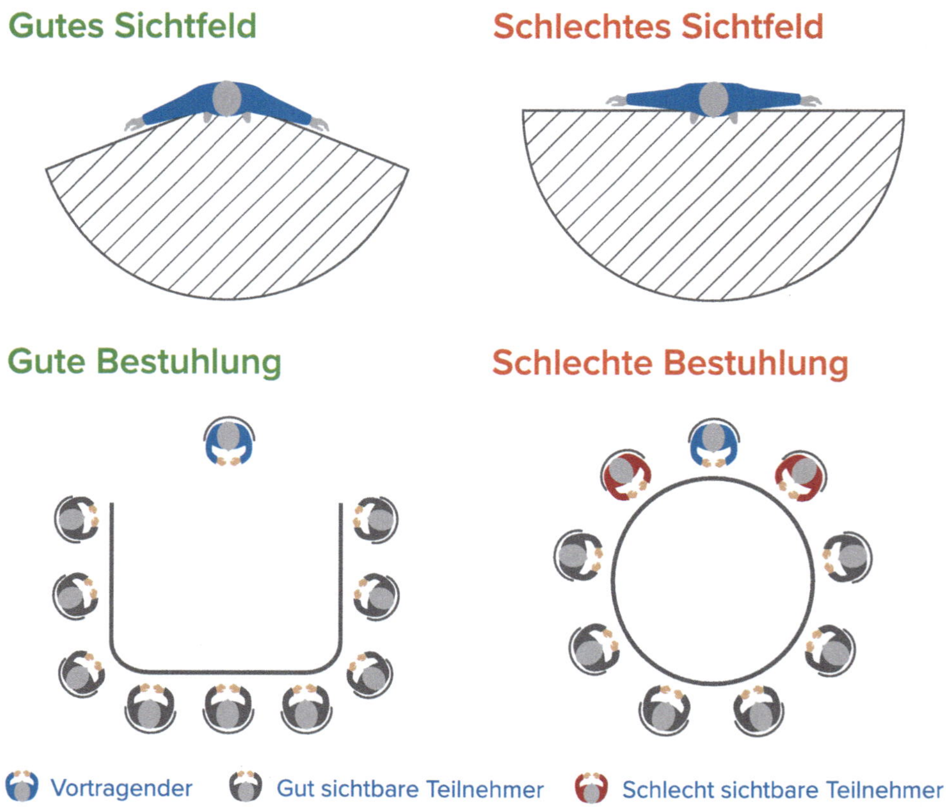

Abb. 11.3 Der Schnelltest für Ihr Sichtfeld. Sie können ihn auch zur Kontrolle der Bestuhlung einsetzen

Ihr imaginäres Publikum und breiten Sie Ihre Arme aus, als ob Sie jemanden zwanglos begrüßen wollten. Wenn sämtliche Zuschauer zwischen Ihren geöffneten Armen sitzen, ist alles in Ordnung. Müssen Sie die Arme so weit öffnen, dass Sie sich wie gekreuzigt fühlen, dann stehen Sie zu dicht an der ersten Reihe. Oder die Bestuhlung ist zu breit. Das kommt beispielsweise oft bei Stuhlreihen (wie im Kino) vor. In diesem Fall müssen Sie sie anpassen.

Deshalb sollten sich Zuschauer nicht auf der gleichen Höhe befinden wie der Vortragende. Wenn sie zu weit außen sitzen, ist es für sie anstrengend, mir zu folgen. Und umgekehrt übersehe ich diese Menschen am Rand meines Sichtfeldes häufig. Deshalb nutze ich in Seminaren keine geschlossene Bestuhlung wie einen Kreis oder ein Quadrat, die man in vielen Meetingräumen vorfindet (siehe Abb. 11.3 unten). Nicht umsonst war im Klassenzimmer der beste Platz unmittelbar vor dem Lehrerpult – da war man als Schüler am ungestörtesten.

Erinnern Sie sich noch an die alten Folien-Tageslichtprojektoren? Die fand ich in Vorlesungen immer schrecklich. Man hörte nur eine körperlose Stimme und erahnte im abgedunkelten Raum den Redner mehr als man ihn sah. Deshalb vermeiden Sie alle Barrieren zwischen sich und dem Publikum! Also stellen Sie keinen Tisch zwischen Ihnen und der ersten Zuschauerreihe. Ersetzen Sie ein massives Rednerpult durch einen filigraneren Notenständer. Am besten verzichten Sie ganz darauf, wenn das für Sie in Ordnung ist.

Wenn Sie den Raum kennengelernt und umgebaut haben, dann hören Sie erneut auf Ihr Bauchgefühl: Alles, was Sie anfangs gestört hat, sollte jetzt weg sein.

11.2.2 Prüfen Sie die Technik

Als Nächstes machen Sie sich mit der Technik vertraut. Wo sind die Anschlüsse für den Computer? Wie steuere ich die Leinwand oder die Verdunklung? Was sich selbstverständlich anhört, wird von vielen Referenten nur oberflächlich durchgeführt. Sie verlassen sich darauf, dass es schon schiefgehen wird. Und das tut es dann meistens auch: Ich habe schon erlebt, dass der Chef eines Unternehmens seinen Laptop nicht mit dem Projektor verbinden konnte, weil er die Anschlüsse nicht fand.

▶ **Praxistipp** Modern ausgestattete Meetingräume besitzen Geräte wie Telefonspinnen oder fernsehgroße Touchscreen-Monitore mit Videofunktion, die häufig auch als digitales Whiteboard genutzt werden können. Hier müssen Sie sich im Vorfeld unbedingt mit deren Handhabung vertraut machen.

Führen Sie in jedem Fall einen sorgfältigen **Technik-Check** durch. Dabei prüfe ich nicht nur die technischen Geräte wie Laptop oder Beamer, sondern auch, ob sämtliche Medien vorhanden und einsatzbereit sind. Der Klassiker: Die Flipchart-Stifte sind ausgetrocknet oder die benötigten Farben sind nicht vorhanden.

Erst nach meinem Check bin ich sicher, dass alles so läuft, wie ich mir das vorstelle. Meine persönliche Checkliste beinhaltet die folgenden Punkte:

- *Laptop, Beamer und Kabel:* Habe ich die richtigen Kabel mit den richtigen Anschlüssen? Viele Beamer besitzen einen HDMI-Anschluss, aber bei älteren Modellen benötigen Sie ein VGA-Kabel
- *WLAN-Zugang:* Wenn ich Inhalte aus dem Internet zeigen möchte, benötige ich einen WLAN-Zugang. Habe ich die notwendigen Zugangsdaten? Funktioniert die Verbindung?
- *Mikrofon:* Prüfen Sie die Sprachqualität und die Lautstärke. Falls Sie wählen können, entscheiden Sie sich für ein kabelloses Headset anstelle eines Handmikrofons. Das schränkt Ihre Gestik weniger ein
- *Fernbedienung:* Während meines Vortrags nutze ich gern den gesamten Raum. Deshalb: Empfängt der Laptop aus jeder Raumposition das Signal meiner Fernbedienung?
- *Lautsprecher:* In einem kleinen Raum nehme ich einen eigenen Bluetooth-Lautsprecher mit. Bei Konferenzen prüfe ich die Verbindung mit den Saallautsprechern
- *Flipchart, Whiteboard und Co.:* Sind Stifte in unterschiedlichen Farben vorhanden? Schreiben die Stifte? Achten Sie bei der Flipchart auf genügend unbeschriebenes Papier. Pinnwände sollten mit weißem oder braunem, leerem Papier bespannt sein
- *Sichtbarkeit:* Kann das Publikum sämtliche Medien gut sehen? Das gilt auch für Plakate und Requisiten

Trotz sorgfältiger Prüfung: Die Technik kann ausfallen. Komplett. Auch für länger. Damit sollten Sie immer rechnen. Deshalb empfehlen viele Trainer, Ersatztechnik mitzubringen. Das geht vom Zweit-Laptop bis hin zu einer Ersatz-Beamerlampe. Da kommt schon einiges an Material zusammen. Ganz ehrlich: Wenn Sie kein professioneller Redner sind, dann müssen Sie sich überlegen, was Sie als persönliche Notfallausrüstung *wirklich* benötigen. Für die meisten Geschäftsvorträge ist das gar nicht so viel:

- Ein *USB-Speicherstick* mit Ihrem Vortrag als Original-Datei und im PDF-Format. Als PDF verlieren Sie zwar Ihre Animationen, aber Sie können die Folien wenigstens auf jedem Gerät zeigen
- *Ersatzstifte* für die Flipchart und das Whiteboard. Und falls Sie eine Pinnwand einsetzen: Einen *Moderationskoffer* mit Nadeln, Karteikarten in unterschiedlichen Farben und Formen, Klebstoff, Klebeband und einer Schere
- Und ganz wichtig: Das *Handout.* Falls die Technik komplett versagt, können Sie mit seiner Hilfe den Vortrag immer noch nackt – also ohne jegliche Hilfsmittel – halten

Aber: Je wichtiger der Vortragsanlass, desto sorgfältiger sollten Sie Ihr Backup zusammenstellen. Beispielsweise dürfen Sie aus Sicherheitsgründen in vielen Firmen keine externen USB-Sticks verwenden. Deshalb habe ich schon mal ein großes iPad mit meinem Vortrag und den notwendigen Anschlusskabeln dabei, wenn ich vor einem Kunden präsentiere. Im schlimmsten Fall ersetzt das Gerät bei einer kleinen Gruppe die Leinwand. Denken Sie daran: Aufwand contra Nutzen. Auch beim Technik-Backup. Sonst werden Sie zum Packesel.

Und was mache ich, wenn etwas nicht vorhanden ist – obwohl ich es dem Veranstalter frühzeitig mitgeteilt habe? Oder wenn es einen technischen Totalausfall gibt, bei dem nicht mal die Ersatztechnik hilft? Und schon ist sie wieder da, die Nervosität – die Angst vor einer Situation, die ich nicht meistern kann. Sprechen wir über das Lampenfieber.

11.2.3 Begrüßen Sie Ihr Lampenfieber

Ich nahm an einem Meeting teil, in dem mehrere Mitarbeiter einem neuen Vorgesetzten ihre aktuellen Projekte vorstellen sollten. Einer blieb mir besonders im Gedächtnis: Er konnte keinen zusammenhängenden Satz sagen. Vor lauter Lampenfieber schien er in einer Art Schockstarre gefangen zu sein. Ein halbes Jahr später traf ich ihn wieder. Er leitete eine Schulung und sprach flüssig, ruhig und selbstbewusst. Von Nervosität keine Spur. Auf meine Frage, wie er das geschafft hat, antwortete er: „Ich habe meine Ängste durch Selbstwahrnehmung gezähmt. Damit meine ich nicht nur Entspannungsübungen oder bewusstes Atmen. In meinen Manuskripten markiere ich die wichtigsten Textstellen mit *Das ist wichtig*. Und auf die erste Manuskriptseite schreibe ich immer *Ich hab's im Griff*. In roten Großbuchstaben. Bei jeder Probe, bei jedem Vortrag ist das mein persönliches Mantra. Dabei mache ich mir bewusst, dass ich im Augenblick mein Bestes gebe. Das merken meine Zuhörer, und sie reagieren positiv darauf. Und wenn etwas Unerwartetes passiert, konzentriere ich mich auf meine Botschaft. Diese Erfahrungen haben mich als Person und als Redner stark gemacht."

Jeder Redner hat **Lampenfieber.** Wirklich jeder. Auch Profis und alte Hasen. Aber im Gegensatz zu den Anfängern gehen sie anders damit um [9]. Weil sie wissen, dass sie gegen Lampenfieber nichts ausrichten können, da es evolutionär in unserem Unterbewusstsein fest verdrahtet ist. Als Urmensch mussten wir schnell vor vielen unbekannten Gefahren fliehen – fressen oder gefressen werden war die Devise. Das ist der Zweck des Lampenfiebers: In einer unbekannten Situation pumpt es Adrenalin in unseren Blutkreislauf. Unser Körper ist wie elektrisiert und voller Energie. Das macht uns aufmerksamer, kurbelt unsere Muskulatur an und aktiviert unseren Fluchtinstinkt.

Heute müssen wir nicht mehr flüchten. Aber unser Notfallprogramm ist immer noch vorhanden. Und übernimmt in Momenten, die wir als unangenehm oder gefährlich empfinden, weiterhin die Kontrolle über uns. Das nutzen die Profis zu ihrem Vorteil, um ihre Vorträge spannend zu gestalten. Aber wie machen sie das?

Der wichtigste Schritt: Akzeptieren Sie Ihr Lampenfieber. Viele Redner stellen es sich als Person vor und begrüßen es wie einen alten Freund: „Schön, dass Du da bist! Ich wusste ja, dass Du kommen würdest. Bitte stell Dich an die Seite; von dort aus kannst Du zusehen." Was sich komisch anhört, funktioniert in der Praxis ausgezeichnet: Denn jetzt entscheiden *Sie,* wie Sie mit Ihrem Lampenfieber umgehen. Und nicht mehr umgekehrt.

Der nächste Schritt: Gute Vorbereitung und Üben verringert die Angst, dass etwas schiefgehen kann. Machen Sie sich bewusst: Sie sind bereit. Und Sie sind nicht von der Technik abhängig. Falls etwas schiefläuft, haben Sie mit einem Skript oder Ihrem Handout einen Plan B. Sogar die **Skizzen** Ihres **Storyboards** können Sie jetzt auf der Flipchart recyceln! Erinnern Sie sich an Ihren **Elevator-Pitch:** Da hatten Sie auch keine Folien.

Und der letzte Schritt: Nutzen Sie die **BRAVO-Formel** der Rhetorik-Trainerin **Ariane Willikonsky** [10]. Dabei steht jeder Buchstabe für eine einfache Aktivität, die Sie vor dem Vortrag ausführen:

- *B bedeutet Bewegung.* Bauen Sie das Adrenalin in Ihrem Körper ab, indem Sie sich bewegen. Gehen Sie spazieren, machen Sie Liegestütze oder steigen Sie Treppen
- *R steht für Ruhe.* Entspannen Sie sich innerlich. Viele Referenten führen eine einfache Atem- oder Akupressur-Übung wie in Abb. 11.4 durch
- *A ist der erste Buchstabe von Affirmation.* Das bedeutet: Rufen Sie sich in Erinnerung, dass Sie gut vorbereitet sind. Denken Sie daran: *Sie haben's im Griff!*
- *V heißt Visualisierung.* Stellen Sie sich vor, welche Torpedos auf Sie abgefeuert werden und wie Sie ihnen ausweichen. Schließen Sie die Augen und hören Sie den Applaus Ihrer Zuhörer nach Ihrem Vortragsende
- *O steht für Offensive:* Jetzt sind Sie bereit. Gehen Sie auf die Bühne und legen Sie einen starken Auftritt hin!

Sternatmung | **Daumenballen-Akupressur**

1. Atmen Sie durch die Nase ein (EIN)
2. Halten Sie den Atem an (AH)
3. Atmen Sie durch den Mund aus (AUS)
4. Zählen Sie bei jedem Schritt lautlos bis zur Zahl in der Klammer
5. Wiederholen Sie das Atmen mindestens fünf Mal

1. Drücken Sie die rechten Daumen auf den unteren Rand des linken Daumenballens
2. Stimulieren Sie durch sanftes Kreisen oder Drücken den Anti-Stress-Punkt
3. Massieren Sie höchstens eine halbe Minute

Abb. 11.4 Zwei einfache Entspannungstechniken

Die BRAVO-Formel hilft ausgezeichnet, um die Nervosität in den Griff zu bekommen. Der Grund: Für jede Aktivität muss Ihr Gehirn einen Teil der gespeicherten Energie in Ihrem Körper freigeben. Die wird verbraucht – und der Stresslevel sinkt. Probieren Sie es einfach aus!

> **Praxistipp** Jeder Mensch reagiert unterschiedlich auf Lampenfieber. Sie wissen am besten, wie sich Ihre Nervosität bemerkbar macht. Deshalb: Sorgen Sie für sich – und organisieren Sie im Vorfeld alles, was Sie brauchen. Bei einem trockenen Mund sorgen Sie für Wasser. Bei schweißnassen Händen hilft ein Stofftaschentuch. Und um einen Blackout am Vortragsanfang zu vermeiden, lernen Sie die ersten Sätze auswendig.

Sie sehen: Es gibt mehrere Wege, mit Lampenfieber umzugehen. Wenn keine passende Technik für Sie dabei ist, müssen Sie Ihren eigenen Weg finden. Daran kommen Sie leider nicht vorbei.

Das ist Ihnen alles zu esoterisch und zu abgehoben? Mit diesen Gedanken sind Sie nicht allein. Aber das Verrückte daran ist: Die meisten Referenten haben überhaupt keine Idee, wie sie mit ihrem Lampenfieber umgehen sollen! Und deshalb in klaren Worten: Wer diese Techniken nicht einmal ausprobiert, darf sich über Lampenfieber weder wundern noch beklagen.

An dieser Stelle bemerken meine Teilnehmer häufig, dass wir nur über eine Seite der Medaille gesprochen haben: Diejenige, die man als Referent selbst beeinflussen kann. Was aber ist mit dem unberechenbaren Publikum? *Was ist, wenn es mich nicht mag – als Mensch und als Referent?*

Ich verrate Ihnen meinen Lieblingstrick, um diese Angst zu dämpfen. Er ist so einfach wie wirksam: Sobald ich meine Vorbereitungen abgeschlossen habe, mische ich mich unter die Teilnehmer. Die sind entweder schon im Raum oder warten davor. Etwas Besseres, um den ersten Kontakt herzustellen, gibt es nicht. Aber Vorsicht: Ab diesem Zeitpunkt hat Ihr Vortrag bereits begonnen – auch wenn Sie noch nicht auf der Bühne stehen.

11.2.4 Mischen Sie sich unter das Publikum

„Wie bitte? Ich soll mich unter das Publikum mischen?" höre ich in meinen Schulungen häufig. „Und was soll ich da sagen?" Die einfache Antwort: Genau das, worüber Sie auf Konferenzen während der Pause sprechen. Oder wenn Sie sich mit Kollegen in der Kaffeeküche treffen. Plaudern Sie mit den Teilnehmern. Und nein: Das ist nichts völlig anderes.

Wenn Sie mit dem Publikum bereits vor Ihrem Vortrag in Kontakt treten, passieren mehrere Dinge: Die Teilnehmer verschaffen sich in diesem Augenblick einen **ersten Eindruck** von Ihnen. Und wenn Sie aktiv auf sie zugehen, ist der in vielen Fällen positiv. Menschen mögen Macher. Oder stehen Sie Ihrem Chef vor dem Meetingraum schweigend gegenüber und warten, dass es endlich losgeht? Bitte nicht. Das interpretiert das Publikum als Zeichen von Schwäche und Unsicherheit.

Führen Sie einen entspannten **Small-Talk.** In vielen Fällen kommt das Gespräch automatisch auf Ihren Vortrag. Und wenn Sie ganz genau hinhören, erfahren Sie auch, was die Teilnehmer besonders interessiert. Sind das beispielsweise Anmerkungen zu den Kosten, dann betonen Sie später den finanziellen Aspekt. Und stellen Sie fest, dass Sie dazu keine Folie vorbereitet haben, dann schneiden Sie das Thema mündlich an.

Aber Vorsicht: Unerfahrene Referenten machen häufig den Fehler, dass sie in den Small-Talks bereits sämtliche Kostenaspekte verraten. Verschießen Sie in diesem Moment nicht all Ihr Pulver! Dafür ist der Vortrag da. Sagen Sie einfach, dass Sie diesen Punkt berücksichtigt haben und geben Sie einen kleinen Einblick in Ihre Ausführungen. Wie ein Appetitanreger.

Und schließlich: Durch das Plaudern mit den Teilnehmern lässt Ihre eigene Nervosität nach. Sie bewegen sich zwischen ihnen und bauen Energie ab. Und stellen dabei fest, dass die Menschen an Ihrer „Großen Idee“ interessiert sind. Gibt es eine bessere Voraussetzung, sich auf den Vortrag einzustimmen?

Unterschätzen Sie die Bedeutung des Small-Talks vor dem Vortrag nicht! Das ist wie beim ersten Date: Das Publikum und Sie beschnuppern sich gegenseitig. Häufig stellen beide Seiten fest, dass das Gegenüber gar nicht so böse oder arrogant ist, wie man es befürchtet hat. Das beruhigt ungemein.

Diejenigen Zuhörer, mit denen Sie gesprochen haben, nenne ich *Vortrags-Buddies.* Ein Buddy ist ein Freund, der eine besondere Bedeutung hat. Welche das ist? Darüber sprechen wir im nächsten Abschnitt. Denn jetzt geht es auf die Bühne.

11.3 Während des Vortrags

Es ist so weit: Bühne und Publikum gehören Ihnen. Sie gehen nach vorne und beginnen Ihren Vortrag. Die Crux: Bereits in diesen Sekunden haben sich die Teilnehmer entschieden, ob Sie ihnen sympathisch sind. Ob sie Ihnen Zeit und Aufmerksamkeit schenken. Und das, ohne dass Sie ein einziges Wort gesagt haben!

In diesem Moment beruht der **erste Eindruck** des Publikums auf dem, was es sieht. Wie Sie sich bewegen. Wie Sie aussehen. Und auf dieser Grundlage entscheidet es sich, ob es Sie als Redner akzeptiert. Dieses Phänomen hat sogar einen eigenen Namen: Der **Halo-Effekt** [11]. Oder das *Vor*-Urteil, wie es der Erwachsenenpädagoge Rolf Meier nennt. „Der Bindestrich ist bedeutsam“, sagt er. „Weil die Silbe davor unsere Einstellung beeinflusst: Sympathisch oder nicht, kompetent oder nicht.“[12] Kein Wunder, dass die meisten Referenten in diesem Moment unsicher sind, was sie jetzt tun sollen.

Was die Sache kompliziert macht: Jeder Teilnehmer vergleicht Sie mit der Person, die er am besten kennt – sich selbst. In anderen Worten: Je mehr Gemeinsamkeiten das Publikum und Sie besitzen, desto mehr identifiziert es sich mit Ihnen (s. Abschn. 3.2 – *Die*

Macht der Zuhörer). Und desto stärker springt der Funke über. Leider gilt das auch umgekehrt: Sind die Unterschiede zu groß, wird Sie das Publikum ablehnen.

Untersuchungen haben ergeben: Wenn wir einen positiven Eindruck gewonnen haben, halten wir an ihm fest. Sogar, wenn sich der Referent einen Fauxpas erlaubt. Menschen suchen gerne nach Anzeichen, die ihr Vor-Urteil bestätigen. Alles andere blenden sie aus. Deshalb ist es so schwer, einen schlechten ersten Eindruck zu revidieren. Wir sehen uns eben gerne in unseren Ansichten bestätigt [13].

Darum gilt: *Stellen Sie sich gut dar.* Und das von Beginn an: Es heißt, dass es für den ersten Eindruck keine zweite Chance gibt. Das betrifft Ihre Gestik genauso wie Ihre Sprache oder Ihren Umgang mit dem Publikum. Beispielsweise, ob es sich von Ihnen respektiert fühlt. Oder wie Sie auf Störungen reagieren. Auch wenn wir es als Vortragende nicht gerne hören: Für das Publikum besitzen diese Dinge denselben Stellenwert wie die eigentlichen Vortragsinhalte, in die wir so viel Arbeit gesteckt haben. Beides entscheidet über den Erfolg unseres Vortrags.

11.3.1 Kleidung

Kleider machen Leute. Wenn Sie T-Shirt und Perücke nicht als Requisiten wie bei dem Hacker-Vortrag aus Abschn. 10.3 – *Die Vortrags-Inszenierung* bewusst einsetzen, dann achten Sie auf Ihr Äußeres. Denken Sie daran: Sie stehen im Rampenlicht. Das Publikum kann Sie ganz in Ruhe rauf und runter betrachten. Und das macht es auch.

Es gibt unzählige Tipps für das richtige Vortragsoutfit. Generell gilt: Tragen Sie das, womit Sie sich wohlfühlen. Aus meiner Sicht sind bei der Wahl der passenden **Kleidung** drei Punkte wichtig:

- *Orientieren Sie sich bei der Kleiderwahl am Anlass.* Bei formellen Kunden- oder Managervorträgen ist ein Anzug Pflicht; andernfalls kann es auch eine elegante Jeans und ein gebügeltes T-Shirt sein
- *Kleiden Sie sich immer etwas besser als das Publikum.* Es ist schwieriger, legere Kleidung aufzupeppen als umgekehrt: Bei einem Anzug können Sie beispielsweise das Jackett ablegen und die Ärmel hochkrempeln, um einen lockereren Eindruck zu erzeugen
- *Leeren Sie die Taschen.* Schlüsselbund, Brieftasche und Co. gehören während des Vortrags an einen sicheren Ort außerhalb der Kleidung. Ausgebeulte Taschen sehen nicht nur unschön aus, sondern können Sie auch behindern

Wenn Sie mit einem Mikrofon arbeiten, legen Sie bitte Ketten oder Schmuck ab – also alles, was an das Mikrofon schlagen und unangenehme Geräusche erzeugen könnte. Und denken Sie an Ihre Schuhe – auch die gehören zum Outfit! Spätestens wenn die Bühne etwas erhöht ist, sticht ungepflegtes Schuhwerk jedem Teilnehmer sofort ins Auge.

▶ **Praxistipp** Der beste Rat zur Kleiderwahl, den ich einmal gehört habe: Das Publikum sollte Sie nicht mit Begriffen wie *altmodisch, unpassend, schrill, ungepflegt, geschmacklos* oder *schlampig* in Verbindung bringen.

Ansonsten gilt: Zerbrechen Sie sich nicht zu sehr den Kopf über Ihr Outfit. Ihre Leidenschaft und Ihre Ideen sind wichtiger.

11.3.2 Augen und Lächeln

Vielen Menschen fällt es schwer, bei Gesprächen ihrem Gegenüber in die Augen zu blicken. Sie sehen an ihm vorbei, durch ihn hindurch oder auf den Boden. Das erweckt den Eindruck von Unsicherheit oder Ignoranz.

In jedem Vortrag ist es fatal, wenn das Publikum diesen Eindruck gewinnt. Daraus entstehen Unmut und Zweifel bei den Teilnehmern: Vielleicht kann ich meine Zeit doch besser nutzen, als mir den Vortrag anzuhören? Deshalb gilt: *Seien Sie in diesem Moment mit Ihren Gedanken vollständig präsent.* Jedes Publikum merkt sofort, wenn Sie nicht bei der Sache sind.

> Jetzt sind Sie hier. Später sind Sie anderswo. Ist das so kompliziert?
> *David Bader* [14]

Ein direkter **Blickkontakt** ist unverzichtbar. Den können Sie trainieren: Sehen Sie einfach bei jedem Gespräch im Alltag Ihrem Gegenüber in die Augen. Wenn Ihnen das unangenehm ist, dann fixieren Sie die Nasenwurzel. Machen Sie das anfangs nur ein paar Sekunden. Und steigern sich im Lauf der Zeit. Starren Sie ihn nicht an, sondern nehmen Sie ihn wahr. Wenn Sie Menschen *wirklich* ansehen, verbessert das Ihre gesamte Ausstrahlung als Referent dramatisch.

Und wie stellen Sie am besten den Blickkontakt mit dem Publikum her? Bei einem kleinen Teilnehmerkreis sehen Sie während des Vortrags jeden Anwesenden wenigstens einmal direkt an. Bei einem größeren Teilnehmerkreis suchen Sie Ihre *Buddies* im Publikum. Das sind diejenigen Zuhörer, mit denen Sie sich im **Small-Talk** vor dem Vortrag gut verstanden haben. Ihre Lieblings-Teilnehmer, von denen Sie wissen, dass sie Ihnen wohlgesonnen sind. Zu diesen Personen wandert Ihr Blick immer wieder zurück. Bei denen holen Sie sich Ihre Bestätigung.

Und wenn Sie keinen Small-Talk durchgeführt haben? Dann suchen Sie sich spontan ein paar Lieblings-Teilnehmer. Das sind die Zuhörer, die Sie anlächeln oder zustimmend mit ihrem Kopf nicken. Buddies stehen bei jedem Vortrag an der Seite des Redners. Und geben ihm ein gutes Gefühl.

Mit diesem einfachen Trick wirkt Ihr Auftritt souverän und Sie zeigen, dass Sie sich wohlfühlen. Nehmen Sie die Zuhörer wahr. Lächeln Sie. Wenn das aus dem Herzen kommt, lächeln Ihre Augen mit. Das erkennt Ihr Gegenüber sofort. So vermeiden Sie einen ängstlichen oder distanzierten Eindruck.

Man sieht es uns äußerlich an, wie es in uns aussieht – unsere **nonverbale Kommunikation** verrät uns. Ob wir das wollen oder nicht. Unser Blick und unser Lächeln, unsere gesamte **Mimik** zeigt der Umwelt, ob wir traurig, fröhlich oder abweisend sind. Es sei denn, Sie sind professioneller Pokerspieler. Aber selbst dann sollten Sie in Ihren Vorträgen kein Pokerface aufsetzen. Wenn Sie Ihre Überzeugung nicht zeigen, wirken Sie unglaubwürdig und suspekt. Und das möchte niemand.

11.3.3 Stimme und Sprache

Referenten, die durch die Kraft der Worte und ihrer Stimme einen Vortrag lebendig gestalten, finde ich beeindruckend. Auch Kunden und Manager schätzen eine klare und verständliche Ausdrucksweise. Genauso wie das Spiel mit der Betonung und der Sprechgeschwindigkeit – die sogenannte **paraverbale Kommunikation.** Leider kommen **Sprache** und **Stimme** häufig zu kurz. Dabei sind beide mächtige Instrumente, um unsere Botschaften zu untermauern. Aber wie wenden wir sie an?

Die gute Nachricht: Dazu brauchen Sie kein Stimmtraining oder Ähnliches. Das ist Profi-Schauspielern und Nachrichten-Moderatoren vorbehalten. Schließlich sprechen wir nicht über Hörbücher, sondern über Business-Vorträge! Aber mit ein paar einfachen Mitteln können Sie die akustische Seite Ihres Vortrags aufpeppen. Dazu gehören beispielsweise Sprechgeschwindigkeit, Betonung oder Pausen.

Sie vermuten es wahrscheinlich: Im Idealfall sprechen Sie während des Vortrags genauso wie im Alltag. Wenn bei Ihnen ein wenig Dialekt durchscheint, ist das charmant. Aber bitte nicht zu viel davon – das Publikum muss noch verstehen, was Sie meinen. Mit einer klaren Aussprache sind Sie immer auf der sicheren Seite. Das gilt vor allem bei Vorträgen, die Sie in einer fremden Sprache halten!

Übung
Ein kleines, aber feines Kurztraining für die klare Aussprache sind Sätze wie *Jetzt wetzt der Letzt' gehetzt entsetzt des Messers flitz'ge Spitz!* Oder *Erquickende Quelle quillt quirlend empor.* Oder: *Quickende Quinten quälen quengelnde Quäker* [15]. Andere Zungenbrecher wie Fischers Fritz & Co. klappen genauso gut.

Auch die unterschiedliche Wirkung von **Betonung** können Sie spielerisch üben.

Übung
Wiederholen Sie einen einfachen Satz wie „Die Sonne geht auf" oder „Er ist tot, Jim" (falls Sie Star-Trek-Fan sind) mehrmals laut. Ändern Sie dabei die Sprechgeschwindigkeit und die Betonung der einzelnen Wörter. Variieren Sie auch die Sprechpausen. Machen Sie das mindestens zwanzig Mal.

Übrigens: Beide Übungen sind ein prima Aufwärmtraining für Ihre Stimme, wenn Sie einen Vortrag morgens um acht Uhr halten müssen. Auch Spitzensportler gehen niemals kalt in einen Wettkampf!

Ein wahres Füllhorn an überraschenden Erkenntnissen zu den Themen „Sprechen" und „(Zu-)Hören" sind die Vorträge des Akustik-Trainers **Julian Treasure.** In seinem TED-Talk *So reden, dass andere einem zuhören wollen* erklärt er uns nicht nur, was wir dafür tun müssen; er zeigt uns auch einfache Übungen, um unsere Stimme aufzuwärmen [16].

Zurück zum Vortrag: Wenn wir nervös sind, neigen wir dazu, schneller zu sprechen als unter normalen Umständen. Wir verhaspeln uns. Sätze gehen unvollendet ins Leere. All das macht das Zuhören anstrengend.

Schnelles Sprechen ist ein Problem für unseren Kopf. Warum? Während wir reden, muss unser Gehirn bereits die nächsten Sätze *vor*-formulieren. Dazu benötigt es Zeit, die es sich durch den Einsatz von nutzlosen **Füllwörtern** wie *etwa, möglicherweise* oder *ungefähr* erkauft. Vom klassischen *Äh* ganz zu schweigen. Weil diese Wörter nichts zum eigentlichen Vortrag beitragen, können Sie sie weglassen. Leider ist das einfacher gesagt als getan.

▶ **Praxistipp** Uns selbst ist selten bewusst, wie oft wir Füllwörter beim Sprechen einsetzen. Deshalb hilft es, wenn Sie beim Proben Ihren Vortrag aufnehmen und anschließend anhören. Oder Sie bitten einen Test-Zuhörer, eine Strichliste zu führen. Sobald Sie Ihre persönlichen Füllwörter kennen, fallen sie Ihnen zukünftig von selbst auf. Von da an dauert es nicht mehr lange, bis Sie auf diese Worte ganz verzichten.

Und was ist mit der **Sprechgeschwindigkeit?** Hier gibt es eine einfache Daumenregel: Wenn Sie das Gefühl haben, zu langsam zu sprechen, ist das in den Ohren des Publikums ein angenehmes Sprechtempo. Zwingen Sie sich dazu – anfangs ist das ungewohnt, geht Ihnen aber mit der Zeit in Fleisch und Blut über. Und für Ihre Zuhörer ist es weniger anstrengend.

Übung

Suchen Sie sich einen beliebigen Text aus, der mindestens zehn Zeilen hat. Jetzt lesen Sie den Text laut – so schnell Sie können, ohne dabei undeutlich zu reden. Wiederholen Sie das und versuchen Sie, noch etwas schneller zu sein. Die Anstrengung, die Sie beim zu schnellen Sprechen fühlen, ist vergleichbar mit der Anstrengung, die das Publikum empfindet, wenn es einem schnellen Sprecher zuhört.

Ein weiteres Mittel, die Sprechgeschwindigkeit zu steuern, sind **Sprechpausen.** Das sind wahre Multi-Talente: Eine Pause vor oder nach besonders wichtigen Inhalten erhöht die Spannung. Während der Pause kann das Publikum den gerade gehörten Inhalt verarbeiten. Und der Vortragende kann sich seine nächsten Sätze zurechtlegen oder kurz etwas trinken. In Sprechpausen atmet unser Gehirn mental auf.

Wenn der Vortrag mit **Fremdwörtern** und **Fachbegriffen** gespickt ist, sind mentale Pausen besonders wichtig. Der *Human Resources Manager* war früher einmal der Personalchef. Der Hausmeister ist heute ein *Facility Manager* und immer noch für die Instandhaltung eines Gebäudes verantwortlich. Und wenn ein Meeting gecancelt wird, weil ein Key-Player fehlt, dann sind das für die meisten Menschen *bohemian villages* – Sie wissen schon: böhmische Dörfer.

Das Problem: Unser Gehirn-Bibliothekar, den wir im Abschn. 2.4.3 – *Wie lange soll ein Vortrag dauern?* kennengelernt haben und der die eingehende Datenmenge in unser Gehirn steuert, hat nur eine begrenzte Aufnahmekapazität. Je abstrakter die Sprache, desto anstrengender ist für ihn das Zuhören und Verstehen. Und irgendwann schaltet er ab. Die Lösung: Nutzen Sie eine **bildhafte Sprache** (s. Abschn. 7.4.1 – *Sprachbilder*). Das Wort *Gebäudemanager* anstelle von *Facility Manager* ist da schon ein erster Schritt.

Damit wir uns nicht missverstehen: Sobald Fachbegriffe notwendig sind oder es keine sinnvolle Wort-Alternative gibt, sollten Sie sie verwenden. Aber ein zu häufiger Gebrauch torpediert unsere Vortragsziele, weil das Publikum schlimmstenfalls nicht mehr versteht, was wir meinen. Wenn ich am nächsten Morgen aufwache und mich nicht mehr erinnern kann, was der Referent eigentlich gesagt hat, dann hätte ich mir die Zeit sparen können.

Den Einsatz von Sprache haben wir auch in anderen Kapiteln erörtert. In der folgenden Checkliste habe ich diese Punkte nochmals zusammengefasst:

- *Sprechen Sie in einfachen und kurzen Sätzen.* Das ist nicht nur angenehmer für Sie, sondern auch für das Publikum. Wenn wir nervös sind, neigen wir dazu, lange und verschachtelte Sätze zu bilden. Der Satz „Mit einer gezielten Planung erreichen wir die notwendigen Ergebnisse“ ist besser als „Das müssen wir entsprechend planen, damit wir gezielt reagieren können, um die gewünschten Resultate zu erzielen“
- *Vermeiden Sie den Nominalstil.* „Eine Verbesserung unserer Prozesse ist notwendig“ ist sperrig. Einfacher ist „Wir müssen unsere Prozesse verbessern.“ Verben sind starke Worte, weil sie eine Aktivität vermitteln. Früher hießen sie mal *Tuwörter* – weil sie ein *Machen* beschreiben. Wenn Sie diese Worte in Substantive umwandeln, verlieren sie viel an Kraft
- *Formulieren Sie aktiv.* Ein aktiver Stil ist einfacher zu verstehen und motiviert mehr, weil er konkret ist. Beispiel: „Ich würde meinen...“ Meinen Sie etwas oder meinen Sie es nicht? Sagen Sie einfach „Ich meine...“. Stephen King vergleicht den Einsatz passiver Sprache mit einem unsicheren Liebhaber – ein zutreffender Vergleich, wie ich finde [17]
- *Sprechen Sie in der Gegenwartsform.* Sie signalisiert dem Gehirn, dass gerade etwas geschieht, an dem wir aktiv teilnehmen. Das macht die Inhalte lebendiger. Dinge in der Vergangenheit sind abgeschlossen – wir nehmen sie zur Kenntnis und haken sie innerlich ab [18]. „Aktuell geht unser Umsatz zurück“ ist eindringlicher als „Im letzten Quartal hatten wir einen Umsatzrückgang“

Wenn Sie diese Punkte berücksichtigen, sind Sie für den nächsten Vortrag gut gerüstet – egal, ob es sich um einen Fachvortrag oder um eine Präsentation vor Managern handelt.

11.3.4 Körpersprache

Wenn Säuglinge ihre Mütter sehen, geben sie glucksende Laute von sich. Ihre Augen glänzen, sie lachen und strecken ihnen die Arme entgegen. Und weil sie Babys sind, machen sie sich um Gestik und Mimik keine Gedanken. Der ganze Körper drückt das aus, was sie fühlen. Ein paar Jahre später: In der Schule müssen dieselben Kinder stillsitzen und dürfen sich nicht bewegen. Genauso wie zuhause am Esstisch. Und noch ein paar Jahre später wissen sie als Erwachsene nicht, was sie während eines Vortrags mit ihrem Körper anfangen sollen. Unsere angeborene **paraverbale Kommunikation** verkümmert im Lauf der Zeit.

Sprache und Bewegung sind im Gehirn fest miteinander verdrahtet. Dazu gehört auch **Körpersprache** wie **Mimik** und **Gestik.** In einer Studie haben Wissenschaftler herausgefunden, dass während einer Choreografie das Broca-Areal im Gehirn von Tänzern aktiv ist – die Region, in der Sprache entsteht [19]. Ihre Folgerung: Bewegung unterstützt uns nicht nur, wenn wir etwas mit den richtigen Worten ausdrücken wollen. Sie hilft auch anderen Menschen, uns besser zu verstehen.

Zur Erinnerung: Das funktioniert allerdings nur, wenn die Körpersprache das gesprochene Wort unterstützt. Ist das nicht der Fall, sind die Zuhörer verwirrt, weil die Signale, die sie empfangen, nicht zusammenpassen und sich widersprechen. Die Folge: Wir werden vorsichtig und skeptisch. In Abschn. 3.1.2 – *Sprache ist mehr als Worte* haben wir bereits darüber gesprochen.

Leider passiert genau das, sobald ein Redner im Vortrag über etwas nachdenkt, das er im Alltag unbewusst macht: Das natürliche Sprechen mit seinem Körper. Manche Vortragende lernen bestimmte Gesten und Bewegungen wie Vokabeln. Und rufen sie bei Bedarf ab. Das wirkt künstlich und affektiert. Deshalb hält der Rhetorik-Trainer Michael Rossié wenig von antrainierter Körpersprache. Sein Rat: Sehen Sie den Vortrag nicht als Vortrag, sondern wie die Edelversion einer guten Unterhaltung [20]. Dann kommen die passende Mimik und Gestik ganz von allein.

Ich sehe das genauso. Allerdings habe ich die Erfahrung gemacht, dass sich viele Redner gar nicht bewusst sind, was ihr Körper während des Sprechens macht: Sie verschrecken das Publikum mit zu viel Gestik. Oder langweilen es, indem sie gar nichts tun. Aber: Mit ein paar einfachen Tipps können Sie sich der eigenen Körpersprache bewusst werden. Ein paar davon habe ich in Abb. 11.5 zusammengefasst – viel Spaß beim Ausprobieren! Allerdings gilt auch hier: Machen Sie nur das, womit Sie sich wohlfühlen.

Noch ein Wort zur **Bewegung:** Am Platz stehen bleiben oder über die Bühne gehen? Man sagt, dass die äußere die innere Haltung widerspiegelt. Ein sicherer Vortragender, der in sich ruht, besitzt einen stabilen Stand. Fühlt er sich dagegen unsicher, dann wird sich sein Körper verkrampfen. Oder er tänzelt nervös auf der Stelle herum. Bestenfalls wird er seine Inhalte mechanisch abspulen. Hier wirken ein paar bewusste Schritte auf der Bühne Wunder: Sie lockern beim Redner die vorhandene Anspannung auf. Im Geist und im Körper. Also: Klare Empfehlung für die Bewegung!

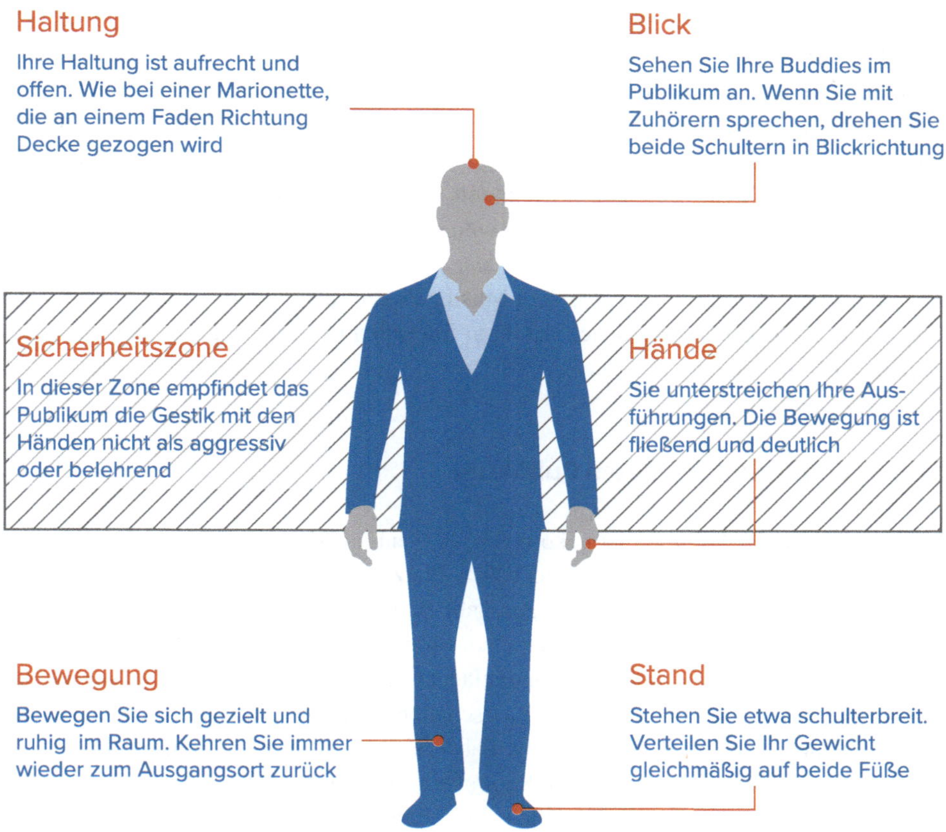

Abb. 11.5 Die wichtigsten Tipps zur Haltung und Körpersprache

Bleiben Sie nicht über einen längeren Zeitraum auf der Stelle stehen. Das wirkt statisch und schwerfällig. Aber: Jede Bewegung sollte einen Grund haben. Ein Beispiel: Bei einer Pro- und Contra-Argumentation kann der Referent bei positiven Argumenten zum rechten, bei negativen zum linken Bühnenrand gehen. In der Mitte verdeutlicht er seinen Standpunkt. Diese Positionen merkt sich das Publikum und verknüpft sie mit den Inhalten. Zielloses Herumtigern macht unkonzentriert, nervös und lenkt ab. Und vermeiden Sie den Bereich unmittelbar vor der Leinwand.

▶ **Praxistipp** Wenn sie nervös sind, neigen viele Vortragende zu hektischen Bewegungen. Denken Sie daran, Ihre Gesten kontrolliert auszuführen. Das vermittelt ein ruhiges, entspanntes Bild.

Bei einer Frage aus dem Publikum wenden Sie sich dem Teilnehmer zu oder gehen in seine Richtung. So zeigen Sie allen Anwesenden, dass Sie die Frage wahrgenommen haben.

Wenn Sie sich dabei wohlfühlen, stellen Sie sich vor die erste Reihe. Nähe schafft Verbindung [21]. Oder gehen Sie ins Publikum. Mitten rein. Ich mache das gerne, und zwar aus zwei Gründen: Wenn Sie beispielsweise in Schulungen den Teilnehmern eine Aufgabe gestellt haben, können Sie sehen, was sie tun und Ihre Hilfe anbieten. Und: Wenn ich im Publikum bin, müssen die Teilnehmer ihre Sitzposition ändern, um mich zu sehen. Diese kleine Aktivität reicht meistens, um die eingeschlafene Aufmerksamkeit wieder zu beleben. Das mache ich lieber als Partner-Übungen, die manche Referenten gern nach der Mittagspause durchführen. Kniebeugen waren mir schon immer suspekt.

Durch den direkten Kontakt bauen Sie eine starke Verbindung zum Publikum auf, um die wir uns gleich genauer kümmern werden. Das macht der Dirigent Benjamin Zander während seines Vortrags zur klassischen Musik: Er geht ins Publikum und berührt sogar einzelne Teilnehmer! Das würde ich bei Ihren Chefs nicht empfehlen, aber manchmal entfacht es eine unglaubliche Energie.

11.3.5 Verbindung mit dem Publikum

Der Augenblick der Wahrheit ist gekommen: In wenigen Momenten beginnt Ihr Vortrag. Die Teilnehmer sind eingetroffen und haben Platz genommen. Sie gehen nach vorne. Ruhig und zielstrebig. Nutzen Sie den Augenblick der Stille und nehmen Sie mit den Zuhörern Blickkontakt auf. Lassen Sie sie einen Moment im Ungewissen, was als Nächstes passiert. Dadurch entsteht eine positiv aufgeladene Atmosphäre. Die überträgt sich auf die Teilnehmer: Sie stellen ihre Gespräche ein, schalten die Laptops aus und wenden sich Ihnen zu. Manche lächeln Sie an, manche haben einen neutralen Gesichtsausdruck. Alle Augen sind auf Sie gerichtet. Jeder im Raum weiß: Jetzt geht es los.

An dieser Beschreibung wird deutlich: In diesem Moment geschieht etwas zwischen dem Vortragenden und dem Publikum. Die Zuhörer reagieren auf den Referenten. Und umgekehrt. Es entsteht ein unsichtbares Band. Und wie stark dieses Band ist, kann der Referent beeinflussen: Beispielsweise durch sein Aussehen, seine Stimme oder den Blickkontakt.

Aber Vorsicht: Wenn Sie jetzt nichts weiter tun und nur Ihre Inhalte abspulen, wird die Aufmerksamkeit Ihrer Teilnehmer schnell nachlassen. Manche beginnen, sich wieder mit ihren Laptops zu beschäftigen. Andere fangen an, aus Langeweile den Vortrag zu stören (darum kümmern wir uns im nächsten Abschnitt). Also: Ein guter erster Eindruck sorgt für eine starke Verbindung. Jetzt müssen Sie diese Verbindung pflegen. In Abb. 11.6 sehen Sie, auf welche Faktoren Sie dabei achten sollten. Einige davon kennen Sie bereits aus dem Abschn. 3.2 – *Die Macht der Zuhörer*.

Das bedeutet: Das Zusammenspiel zwischen Ihrem Auftreten als Redner, den richtigen Inhalten und guten Folien bestimmt, wie stark Ihr Band mit dem Publikum ist. *Je größer die Gemeinsamkeiten sind, desto tiefer ist die Verbindung.* Und ob die gegenseitig ist, erkennen Sie daran, dass Ihnen die Zuhörer zuhören, zunicken und aufmerksam sind.

Jetzt stellen Sie sich einen hektischen oder unsicheren Referenten vor. Wie wird das Publikum reagieren? Genau: Ebenfalls hektisch und nervös. Dann kann es passieren, dass

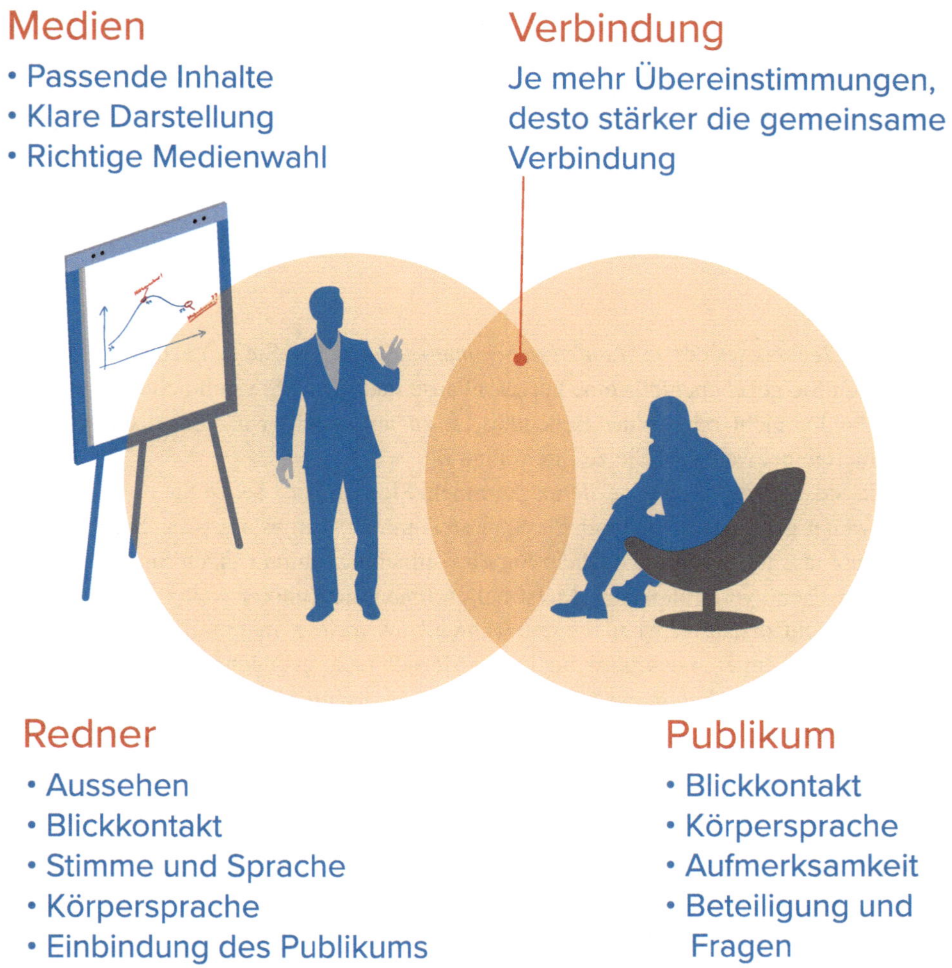

Abb. 11.6 Einige Faktoren, die das Zusammenspiel zwischen dem Publikum und dem Referenten beeinflussen

die Verbindung abreißt. Oder gar nicht erst entsteht. Das ist gefährlich: Denn in solchen Momenten kommt es zu Pannen und Störungen. Und wenn der Redner falsch reagiert, kippt die Stimmung zwischen ihm und dem Publikum. Aber wie vermeide ich das?

11.3.6 Umgang mit Störungen

Einem Referenten kann nichts Besseres passieren, als wenn das Publikum seine „Große Idee" kritisch hinterfragt. Denn das zeigt, dass es sich mit den Inhalten beschäftigt. Brenzlig wird es immer dann, wenn es unfair wird. Ich habe es selten erlebt, dass Zuhörer einen Referenten bewusst sabotieren. Und dennoch kommt es manchmal zu unschönen Momenten.

Übung
Stellen Sie sich bitte folgende Situationen vor: Die Technik versagt. Sie verlieren den roten Faden. Oder das Publikum ist gelangweilt und wird unruhig. Wie reagieren Sie?

In solchen Augenblicken stehen Ihnen mehrere Wege offen. Beispielsweise können Sie Folgendes tun:

- Um die *Technik* wieder *ans Laufen zu bekommen,* versuchen Sie den Fehler zu beheben. Machen Sie gegebenenfalls eine kurze(!) Pause und lassen Sie sich helfen. Finden Sie den Fehler nicht oder seine Behebung ist zu aufwendig wie der Austausch einer Beamerlampe, wechseln Sie zu Ihrem Plan B
- Wenn Sie den *roten Faden verlieren:* Sammeln Sie sich kurz, sehen Sie in Ihre Notizen und weiter geht's. Um wieder in die Spur zu kommen, hilft es oft, wenn Sie Ihren letzten Satz laut wiederholen. Lächeln Sie die Teilnehmer an und sagen Sie ehrlich, dass Sie den Faden verloren haben. Meist helfen Ihnen die Zuhörer weiter. Aber: Machen Sie das nicht zu häufig! Wenn Sie sich während des Vortrags mehr mit Ihren Notizen als mit dem Präsentieren beschäftigen, haben Sie sich nicht genügend vorbereitet
- Das *Interesse des Publikums* halten Sie durch die richtige Wahl der Inhalte aufrecht. Denken Sie an die Small-Talks! Oder machen Sie Ihren Vortrag lebendig, indem Sie Ihre Leidenschaft zeigen – mit Sprache, Gestik und Mimik. Falls es die Vortragszeit erlaubt: Binden Sie die Zuhörer aktiv durch kleine Aufgaben oder Fragen ein

Sie sehen: In solchen Momenten benötigen Sie nur etwas Erfahrung und Mut.

► **Praxistipp** Egal, was Sie tun: *Wenn Sie aus einer Panne kein Drama machen, macht es auch sonst niemand.* So banal es sich anhört: Behalten Sie einen kühlen Kopf und geraten Sie nicht in Panik. Das hilft keinem.

Aber was machen Sie in folgenden Fällen: Während Sie sprechen, unterhalten sich zwei Teilnehmer. Ihre Inhalte oder Ihre Kompetenz werden infrage gestellt. Oder ein Zuhörer greift Sie persönlich an. Diese Störungs-Torpedos besitzen deutlich mehr Sprengkraft!

Egal, ob Sie ein erfahrener Referent sind oder nicht – solche Momente passieren. Was den Profi vom Anfänger unterscheidet: Beide gehen mit ihnen unterschiedlich um. Meine persönliche Entschärfungs-Strategie: Ich habe mir einen einfachen **Entstörungs-Regelkreis** überlegt, an den ich mich halte. Sie sehen ihn in Abb. 11.7.

Viele Teilnehmer stutzen, wenn ich ihnen diese Grafik zeige. Weil sie so einfach aussieht. Dennoch ist der Regelkreis alles andere als trivial. Deshalb klebe ich ihn immer als kleine Zeichnung auf den Tisch neben mein Manuskript. Weil er mich an die wichtigste Regel überhaupt erinnert: *Ist es überhaupt eine Störung, um die ich mich kümmern muss?*

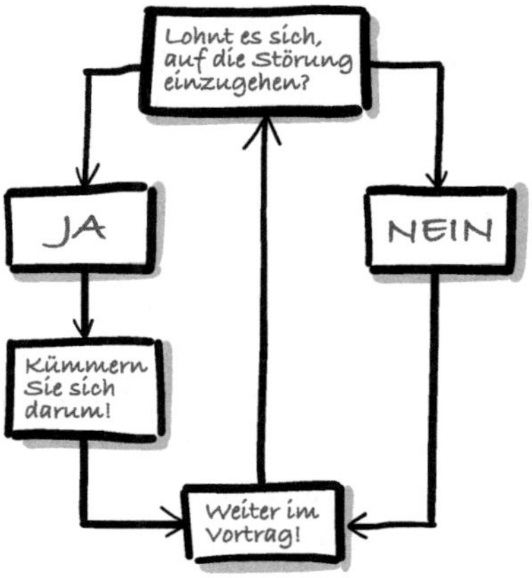

Abb. 11.7 Der Entstörungs-Regelkreis zum Umgang mit Störungen

Das lässt sich mit ein paar einfachen Tricks leicht umsetzen:

- Trick 1 – Machen Sie sich bewusst, dass Sie als Vortragender allein bestimmen, *was eine Störung ist*
- Trick 2 – *Lohnt es sich, auf die Störung einzugehen?* Oft ist es das Beste, die Störung beim ersten Mal zu ignorieren. Erst, wenn sie öfters vorkommt, müssen Sie darauf reagieren
- Trick 3 – *Beziehen Sie nicht jede Störung auf sich selbst!* Andernfalls bringt Sie das aus dem Konzept, weil sich Ihre Gedanken nicht mehr um das Publikum drehen, sondern nur noch um Sie selbst

Manchmal ist man als Referent einfach überempfindlich. Das können Sie leicht abstellen: Indem Sie keine Annahmen treffen (Trick 1)! Die Wirkung ist enorm: Der Redner fühlt sich befreit und sicher. Und das merkt auch das Publikum.

Ein Beispiel: Frau Dürr stellt dem Vorstand ein neues Produkt vor. In der ersten Reihe gähnt ein Manager deutlich. In ihren bisherigen Vorträgen hätte ihn Frau Dürr mit einem scharfen Blick bedacht und sich so als leicht reizbare Managerin gezeigt. Oder wäre nervös geworden, weil sie das als Zeichen für einen langweiligen Vortragsstil gedeutet hat. Jetzt schenkt sie dem Störer einen Vertrauensvorschuss: *Wahrscheinlich hatte er eine kurze Nacht.*

Mit dem ersten Trick haken Sie den Großteil aller auftretenden Störungen über den Nein-Zweig des Regelkreises ab. Sollte sich herausstellen, dass das Gähnen doch eine Provokation war, können Sie immer noch handeln. Das ist der Ja-Zweig – diejenigen Augenblicke, vor denen sich viele Redner fürchten.

An dieser Stelle gleich eine Warnung: *Reagieren Sie niemals spontan und unüberlegt!* Häufig machen Sie etwas, das Sie vor Ihrem Publikum als schwach, beleidigt oder inkompetent erscheinen lässt. Diesen Eindruck müssen Sie vor Kollegen, Chefs oder Kunden unbedingt vermeiden.

Besser ist es, sich zunächst einen Augenblick zu sammeln. Überlegen Sie sich kurz Ihren nächsten Schritt. Und beruhigen Sie sich innerlich – die meisten Störungen haben mit Ihnen als Person nichts zu tun (Trick 3). Erst dann handeln Sie. Aber am wichtigsten: Sie müssen den Grund für die Störung finden. Sehen wir uns das an einigen Beispielen an, die in Vorträgen immer wieder vorkommen.

Die Teilnehmer unterhalten sich

Diese Situation tritt häufig auf: Zwei Teilnehmer unterhalten sich. Und zwar deutlich hörbar für alle anderen Teilnehmer und den Vortragenden.

Das beste Vorgehen ist, diese Störung zunächst zu ignorieren (Trick 2). Jeder Teilnehmer hat das Recht, etwas zu seinem Nebenmann zu sagen! Vielleicht erklärt ein Zuhörer seinem Nachbarn etwas, was er nicht verstanden hat? Oder er hat eine spontane Idee zu den Inhalten? Dann werden beide das Gespräch von selbst beenden.

Wenn das allerdings nicht der Fall ist und Sie an der Körpersprache der anderen Zuhörer ablesen können, dass diese sich gestört fühlen, müssen Sie eingreifen. Wichtig: Schwingen Sie nicht die große Verbalkeule, sondern beginnen Sie mit einfachen Maßnahmen:

1. *Bewegen Sie sich langsam und gezielt auf beide Teilnehmer zu* und stellen Sie sich in ihre Nähe. Oft lässt Ihre körperliche Anwesenheit die Störer bereits verstummen
2. Unterhalten sie sich weiter, *sehen Sie sie direkt an*. Fahren Sie dabei mit Ihren Vortragsausführungen fort
3. Und falls das immer noch nicht ausreicht, *sprechen Sie sie direkt an*: „Kann ich Ihnen bei der Klärung einer Frage behilflich sein?“. Bitte vermeiden Sie den Oberlehrer: „Stellen Sie bitte Ihre Nebengespräche ein.“ Wie unsouverän!

Und was mache ich, wenn es sich bei den Teilnehmern um Vorgesetzte handelt? Ganz einfach: Dasselbe! Auch der Chef darf sich als Teilnehmer mit dem Nachbarn austauschen. Deshalb behandeln Sie ihn wie alle anderen Zuhörer, allerdings mit einer Ausnahme: Gestehen Sie ihm einen Chef-Bonus zu. Geben Sie ihm immer das Gefühl, dass er der Chef ist! Reagieren Sie besonders höflich, respektvoll und wertschätzend. Aber bestimmt.

Übrigens: Auch bei Teilnehmern, die sich dauerhaft mit ihren Smartphones oder Laptops beschäftigen, bewirken diese drei Maßnahmen Wunder!

Zwei Vorgesetzte streiten sich

Manchmal benutzen Teilnehmer Ihren Vortrag als Bühne, um einen schwelenden Streit auszutragen. Dabei werden der Vortrag und der Referent zur Nebensache. Diese Gefahr besteht, sobald mehrere Chefs im Publikum sitzen. In einem Meeting habe ich es erlebt, dass sich zwei Abteilungsleiter in die Haare gerieten. Der Grund war ein Kompetenzgerangel um das Projekt, das der Redner gerade vorstellte.

Die meisten Referenten sind in einem solchen Moment überfordert, weil sie mit einem solchen Streit nicht gerechnet haben. Entweder tun sie nichts oder sie weisen die Beteiligten spontan zurecht: „Bitte unterlassen Sie sofort diese Debatte!“ Manchmal hilft

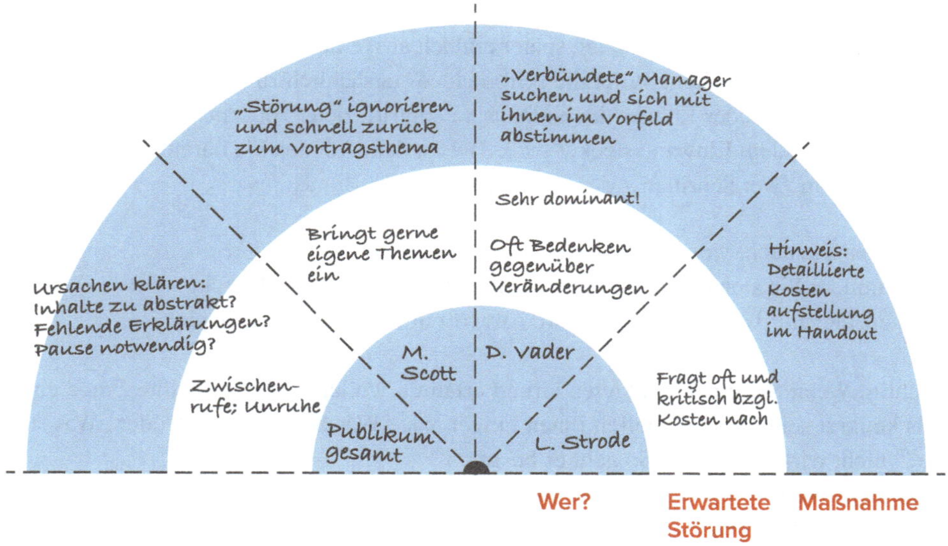

Abb. 11.8 Mit dem Torpedo-Radar erkennen und entschärfen Sie Präsentations-Torpedos, bevor sie abgefeuert werden

das, wirkt aber unsicher und schulmeisterlich. Die bessere Alternative ist Humor: „Wir alle würden Ihr angeregtes Gespräch gern weiterverfolgen. Doch können Sie das bitte nach dem Vortrag fortsetzen, damit wir weitermachen können? Danke!" Warten Sie die Reaktion der beiden Streithähne nicht ab. Machen Sie sofort mit Ihren Ausführungen weiter.

Den wenigsten Rednern fällt eine solche Antwort spontan ein. Und auch wenn Streitigkeiten während eines Vortrags selten vorkommen, bereiten Sie sich darauf anhand der Teilnehmerliste oder dem Torpedo-Radar (s. Abb. 11.8) vor. In vielen Unternehmen ist bekannt, welche Manager miteinander harmonieren. Und welche nicht. Denken Sie daran: *Als Referent ist es nicht Ihre Aufgabe, einen Streit zu schlichten.* Lassen Sie die Finger davon.

Im Beispiel versäumte der Referent leider diese Vorbereitung und brach seinen Vortrag ab. Diese Karte können Sie spielen. Aber nur als letzten Ausweg.

Ihre Inhalte oder Kompetenz werden infrage gestellt

„Das ist doch alles Blödsinn, was Sie da erzählen." Oder: „Sie haben doch von der Materie nicht die geringste Ahnung!" Starker Tobak, denn die Teilnehmer werfen dem Redner Inkompetenz vor. Der glaubt, dass er sich verteidigen, erklären oder rechtfertigen muss. Ein Fehler – jede Rechtfertigung wirkt schwach und scheint dem Störer Recht zu geben.

Hier müssen Sie genau hinhören, worum es dem Zwischenrufer geht (Trick 1). Manchmal hat sein Einwand gar nichts mit Ihnen oder Ihren Inhalten zu tun. Vielleicht hatte er vor Ihrem Vortrag ein unangenehmes Telefonat? Dann lässt er mit dieser Äußerung nur Dampf ab. In Abschn. 11.1 – *Die Angst vor Präsentations-Torpedos* erzählte ich von dem Chef, der eine Folie monierte, weil darauf anstelle von Leitplanken ein Drahtzaun zu sehen war. Manchmal sagt ein Vorgesetzter nur etwas, um seiner Rolle als Vorgesetzter gerecht zu werden. Die Folie habe ich später einfach ausgetauscht.

Anders ist es, wenn dem Störer die „Große Idee" tatsächlich zu radikal oder suspekt ist. Dann sind Inhalte oder Redner die einfachsten Angriffsziele. Hier müssen Sie herausfinden, was hinter dem Einwand steckt (Trick 3). Erst dann können Sie darauf reagieren. Das machen Sie in zwei Schritten – der dritte Schritt ist ein Bonus:

1. Fragen Sie nach, woran sich der Sprecher *konkret* stört
2. Kümmern Sie sich um den Grund, der hinter seinem Einwand steckt
3. Ganz elegant: Untermauern Sie Ihre Antwort mit einem Praxisbeispiel

Wichtig: Wenn Sie einen konkreten Grund erfahren wollen, dann muss Ihre Frage ebenfalls konkret sein. Deshalb helfen Ihnen Fragen wie „Was bedeutet das?" oder „Was stört Sie?" nicht wirklich weiter. So geht es besser:

Zwischenrufer: „Diese Kostenaufstellung können Sie doch nicht ernsthaft meinen."

Referent: „Welchen Kostenanteil meinen Sie genau?"

Zwischenrufer: „Die Anschaffungskosten halte ich für unrealistisch."

Referent: „Die Anschaffungskosten für die Maschine liegen bei 10.000 Euro. Haben Sie sich überlegt, was wir dadurch in den nächsten drei Jahren einsparen? Das erläutere ich im nächsten Punkt meiner Ausführungen genauer."

Diese Fragetechnik können Sie auch anwenden, wenn Ihre fachliche Kompetenz angezweifelt wird: „Sie sind ja noch grün hinter den Ohren." – „Und wieso genau denken Sie das?" Jetzt muss der Zwischenrufer Farbe bekennen. Meistens kann er das nicht und gerät ins Schleudern.

Persönliche Angriffe

Die Torpedos mit den heftigsten Einschlägen bei Vorträgen sind diejenigen, die auf den Redner persönlich abzielen. Das kommt zwar selten vor, aber die Auswirkungen sind so verheerend, dass sich viele Referenten während des Vortrags gedanklich nicht mehr davon erholen.

Meine blutige Nase holte ich mir in einem Meeting, das um 17.30 Uhr angesetzt war. Als erste Folie zeigte ich ein Bild des Extremsportlers **Felix Baumgartner,** wie er auf der Plattform seiner Stratos-Kapsel in dreißig Kilometern über der Erde kurz vor seinem Sprung in die Tiefe stand. Zusätzlich hatte ich auf die Folie ein Zitat von ihm geschrieben, dass dieses High-Tech-Projekt nach seiner Meinung zu 104 % aus Troubleshooting bestand. Als der anwesende Geschäftsführer das las, explodierte er: „Hat man Ihnen als Doktor keine Prozentrechnung beigebracht? Haben Sie den Titel im Lotto gewonnen? Und Ihnen soll ich ein sechsstelliges Budget anvertrauen, wo Sie nicht mal rechnen können?"

Die anwesenden Manager und ich waren perplex. Dabei war es nicht der Fehler des Geschäftsführers. Es war meiner. An diesem Tag war ein wichtiges Kundenaudit nicht gut gelaufen – der Grund, warum das Meeting so spät stattfand. Mit guter Vorbereitung hätte ich das in Erfahrung bringen und einen besseren Meeting-Zeitpunkt wählen können.

Aber wie reagiert man in einem solchen Augenblick? Die schlechteste Reaktion ist es, sich zu rechtfertigen oder beleidigt zu sein. Manche Referenten zahlen es dem Sprecher mit gleicher Münze heim – bei einem Geschäftsführer keine gute Idee. Oder sie brechen das Meeting ab und verlassen den Raum. All das wirkt schwach und hilflos. Deshalb gilt wieder: Reagieren Sie nicht sofort und sammeln Sie sich. Und überlegen den nächsten Schritt. Beispielsweise:

- Geben Sie allen Beteiligten die *Gelegenheit, sich zu beruhigen*. Etwa: „Ich sehe, dass im Augenblick die Gefühle hochkommen. Machen wir fünf Minuten Pause und kehren danach zu den Sachinhalten zurück."
- Sie können den Vortrag komplett abbrechen. Wenn Sie das tun, dann brechen Sie kontrolliert ab. *Fragen Sie das Publikum, ob es sinnvoll ist, die Präsentation fortzuführen.* Anschließend lassen Sie die Anwesenden entscheiden
- *Sprechen Sie das Problem direkt an:* „Ich habe den Eindruck, dass Sie überhaupt nicht einverstanden sind mit dem, was ich sage. Woran liegt das?" Jetzt erfahren Sie, ob es um den Inhalt oder um Sie als Person geht. Und können entsprechend reagieren

Ich entschied mich für die Pause. Was mich rettete: Ich hatte mit zwei Managern abgesprochen, dass sie mich unterstützen, sobald es um firmeninterne politische Themen ging. In der Pause schafften es meine zwei Verbündeten, dem Geschäftsführer den Nutzen meiner Idee für das Unternehmen zu erklären. Nachdem er sich gedanklich vom schlechten Audit verabschiedet hatte, bat er mich, mit meiner Präsentation fortzufahren.

▶ **Praxistipp** Schätzen Sie vor wichtigen Meetings das Störungspotenzial Ihrer besonders kritischen Teilnehmer ein. Das machen Sie mithilfe des Torpedo-Radars in Abb. 11.8 [22].

Die Anwendung ist einfach: In den inneren Kreis tragen Sie den Namen des Teilnehmers ein. Dann beschreiben Sie, wie er stören könnte. Und im äußeren Kreis notieren Sie, wie Sie am besten mit der Störung umgehen.

Dumme Fragen

Eine Störung haben wir noch nicht besprochen – die Unterbrechung durch Fragen. Der Grund ist einfach: Für mich sind Fragen keine Störung. Sondern ein Zeichen, dass sich die Teilnehmer für meine Inhalte interessieren. Also: Fragen sind gut.

Und was ist mit den *dummen* Fragen? Das sind Fragen, die bereits ein anderer Teilnehmer gestellt hat und die Sie schon beantwortet haben. Oder unqualifizierte Fragen, die mit dem Thema nichts zu tun haben. Beispielsweise fragte ein Manager, ob ich die Arbeitsschuhe des Bedieners eingerechnet hatte, als ich über den Kostenplan für den Kauf einer Pressmaschine im sechsstelligen Bereich sprach.

Vor solchen Fragen hat jeder Referent Angst. Weil er weiß, dass sie ihn auf die Palme bringen können. Und weil sein Körper den Zuschauern verraten kann, was er *wirklich* über die Frage denkt. Da reicht manchmal schon ein verzweifelter Blick, und alle wissen Bescheid. Aber wie gehen Sie damit um? Ganz einfach:

- *Behandeln Sie sie wie jede andere Frage auch.* Antworten Sie ruhig und respektvoll, unabhängig von der Hierarchiestufe des Fragers. Wichtig: Bewerten Sie die Frage innerlich nicht! Dann gibt es auch keine verräterische Mimik und Gestik
- *Ändern Sie die dumme Frage elegant in eine qualifizierte Frage.* Sagen Sie „Lassen Sie mich einen Schritt weitergehen und fragen..."
- *Spielen Sie die Frage an das Publikum zurück:* „Eine interessante Frage. Hat jemand bereits Erfahrung damit?"

Und wenn ein Teilnehmer dieselbe Frage ein drittes Mal stellt, dann bieten Sie ihm an, dass er sich nach dem Vortrag an Sie wenden kann.

Allerdings können zu viele Fragen den Ablauf des Vortrags unterbrechen oder den Zeitrahmen sprengen. Deshalb: Klären Sie am Vortragsbeginn, ob Sie die Fragen des Publikums während oder nach der Präsentation beantworten. Einzige Ausnahme: Das Publikum versteht etwas nicht. Wenn deshalb die Zuhörer dem Vortrag nicht mehr folgen können, sind Fragen auch zwischendurch erlaubt. Andernfalls lassen sie sich das von ihren Nachbarn erklären. Und zwar, während Sie sprechen. Aber mittlerweile wissen Sie ja, wie man mit dieser Situation souverän umgeht...

11.4 Nach dem Vortrag

Herzlichen Glückwunsch – Sie haben Ihren Vortrag gehalten! Das ist nicht selbstverständlich – denn für viele Menschen gehört dazu eine Menge Mut. Deshalb erlauben Sie sich nach dem Vortrag einen Moment zum Durchatmen.

Dass ein Vortrag genau nach Plan abläuft, ist selten. Dass Sie sich zweimal versprochen haben, hat das Publikum nicht bemerkt. Dass Sie ein Beispiel vergessen haben, ist niemandem aufgefallen. Im Gegenteil: Häufig gefallen den Zuhörern diejenigen Stellen am besten, von denen der Redner glaubt, dass sie schiefgegangen sind. Also: Seien Sie unmittelbar nach dem Vortrag nicht so streng mit sich selbst. Ihr Auftritt war besser, als Sie glauben. Aber woher wissen Sie, welche Fehler Sie zukünftig vermeiden müssen? Die Antwort: Bereiten Sie Ihren Vortrag nach.

11.4.1 Rückmeldung des Publikums

Die einfachste Art, wie Sie herausfinden, was den Zuschauern gefallen hat und was nicht: Fragen Sie sie! Und bitten Sie sie um ein ehrliches **Feedback.** Aber seien Sie gewarnt: Manchmal entsprechen die Antworten nicht den Erwartungen oder Wünschen des Redners. Hören Sie dennoch genau zu, denn diese Antworten liefern häufig die besten Erkenntnisse, wenn Sie sich verbessern wollen. Weil sie ehrlich und direkt sind. Auch wenn sie manchmal wehtun.

Meistens wird das Publikum nach Schulungen oder Konferenzen gebeten, einen **Fragebogen** auszufüllen. Das ist ein zweischneidiges Schwert. Die Frage *Wie fanden Sie den* *roten Faden?* ist höchst subjektiv. Mit der Antwort kann ein Redner wenig anfangen. Deshalb sind konkrete Fragen wie *Welche Inhalte haben aus Ihrer Sicht gefehlt?* besser. Aber da es nicht üblich ist, nach Geschäfts-Meetings Fragebögen zu verteilen, beschäftigen wir uns an dieser Stelle nicht weiter mit ihnen. Aber wie erfahren Sie dann, was das Publikum wirklich über Ihre Inhalte und über Sie als Redner denkt? Ganz einfach: Indem Sie ihm während des Vortrags und danach *zuhören*. Und genau *hinsehen*.

Deutliche Hinweise sind beispielsweise, ob und wie viele interessierte Fragen Ihre Zuhörer während des Vortrags gestellt haben. Oder an welchen Stellen sie sich offensichtlich gelangweilt haben. Bei welchen Inhalten sie besonders aufmerksam waren. Und wie intensiv die fachliche Diskussion war, die dabei entstand.

Es geht aber noch weiter: Nach dem Vortrag setzen die Teilnehmer die Gespräche vor dem Meetingraum oder auf dem Flur fort. Neben den Fragen, ob sie neue Erkenntnisse gewonnen haben oder wie sie das Fazit des Vortrags bewerten, sprechen die Menschen auch darüber, ob ihnen die Präsentation gefallen hat. Oder welchen Eindruck sie vom Redner hatten.

Alles, was ich gesehen und gehört habe, notiere ich in einer Tabelle, die Sie in Abb. 11.9 sehen. Sie besitzt einen einfachen Aufbau mit drei Spalten: *Gut, schlecht* und *ändern* – also genau diejenigen Punkte, anhand derer die Teilnehmer beurteilen, wie ihnen der Vortrag gefallen hat. Kleiner Spoiler zum nächsten Abschnitt: Diese Inhalte verbinde ich später mit den Erkenntnissen, die ich aus meiner Selbstreflexion als Referent gewinne.

Abb. 11.9 Eine einfache Tabelle, um die Rückmeldung des Publikums zu notieren. Am meisten störte das Publikum, dass der Referent seine Redezeit überzogen hatte

Jeder Vortrag, der im Gedächtnis der Menschen bleibt, zeigt Wirkung: In anderen Meetings genauso wie in der Kaffeeküche. Und das gilt nicht nur für Ihre „Große Idee", sondern auch für Sie als Redner. Deshalb: Hören Sie zu. Fragen Sie einige Teilnehmer, was sie gut fanden. Und was sie sich für das nächste Mal anders wünschen würden. Das Einhalten der Redezeit steht dabei fast immer ganz oben auf der Liste…

11.4.2 Selbsteinschätzung

Die Rückmeldung des Publikums ist von unschätzbarem Wert, da sie widerspiegelt, wie Ihre Präsentation und Sie als Redner wahrgenommen wurden. Allerdings kann das Publikum nur das bewerten, was es gesehen und gehört hat. Es gibt jedoch Aspekte, die die Teilnehmer nicht wissen können – im Gegensatz zu Ihnen. Wenn Sie während des Vortrags ins Stocken geraten sind, weil Sie sich während Ihrer Vorbereitung keine Gedanken über die inhaltlichen Übergänge zwischen den Folien gemacht haben, wissen Sie, dass Sie das beim nächsten Mal ändern sollten. Mit anderen Worten: Jetzt ist es an der Zeit, sich selbst zu hinterfragen.

Für meine **Selbstreflexion** verwende ich die **Reflexions-Tabelle,** die in Abb. 11.10 dargestellt ist. Die Idee, die hinter diesem Werkzeug steckt: Gehen Sie Ihren letzten Vortrag gedanklich durch. Und zwar vom ersten Einfall bis zur Präsentation. Die komplette Vorbereitung und Ihre Darbietung vor dem Publikum. Dabei helfen Ihnen die **Planungsschritte,** die Sie aus dem Abschn. 2.4.1 kennen. Bewerten Sie jeden Schritt anhand von drei Fragen:

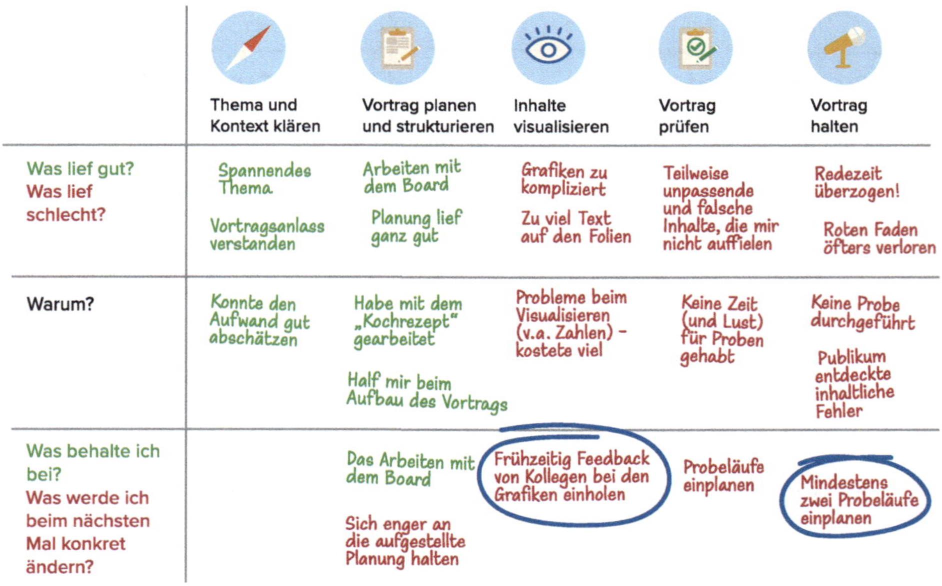

Abb. 11.10 Die Reflexions-Tabelle zur Selbsteinschätzung. Sie sehen, welche Erkenntnisse der Referent gewonnen hat und was er bis zum nächsten Vortrag verbessern möchte

1. Was lief gut? Was lief schlecht?
2. Was war der Grund dafür?
3. Was werde ich beibehalten oder beim nächsten Mal konkret ändern?

Die gute Nachricht: Einige Antworten kennen Sie bereits aus dem Publikums-Feedback! Jetzt ergänzen Sie diese Punkte mit Ihrer persönlichen Einschätzung entlang der gesamten Vorbereitung.

Sehen wir uns am Beispiel der ausgefüllten Tabelle in Abb. 11.10 an, welche Erkenntnisse sie uns liefert: Weil sich der Referent aus Zeitgründen den Probelauf sparte, fiel ihm nicht auf, dass seine Folien zu kompliziert waren. Die Folge: Das Publikum verstand sie nicht und fragte während des Vortrags häufig nach. Deshalb verlor er mehrmals den roten Faden und überzog seine Redezeit – etwas, was dem Publikum überhaupt nicht gefiel. Sein Fazit: Vor dem nächsten Vortrag wollte er frühzeitig Probeläufe einplanen und sich beim Foliendesign von einem erfahrenen Kollegen coachen lassen. Dagegen hatte er keine Probleme, sich in das Thema einzuarbeiten und den Vortrag mit dem Board zu strukturieren.

▶ **Praxistipp** Wichtig bei der Selbstreflexion sind zwei Punkte: Seien Sie ehrlich. Nur Sie allein sehen Ihre Selbsteinschätzung. Und: Überlegen Sie nicht zu lange – es geht um die wesentlichen Stolpersteine, nicht um die Details. Also alles, was Ihnen sofort einfällt.

Vergleichen Sie Ihre Antworten mit den Eintragungen unseres Referenten und der Rückmeldung des Publikums: An welcher Stelle haben Sie ähnliche Erfahrungen gemacht? Wo unterscheiden sie sich? Und warum? Notieren Sie sich das in Ihrer Tabelle: So wissen Sie, was Sie im nächsten Vortrag ändern sollten. Und was Sie beibehalten können, weil es gut beim Publikum ankam und Sie sich damit wohlgefühlt haben.

Erinnern Sie sich noch an die **Reise des Publikums** (s. Abschn. 3.6). Genauer: An denjenigen Reiseabschnitt, bei dem die Teilnehmer aufbrechen, um die unbekannte Welt zu durchqueren? Zur Erinnerung: Wenn sich das Publikum nach dem Ende Ihres Vortrags mit der „Großen Idee“, die Sie ihnen vorgestellt haben, beschäftigt, betritt es diese Welt. Dort probiert es die Idee aus und macht mit ihr die ersten Erfahrungen – gute wie schlechte. Denken Sie an das Beispiel mit der neuen Handy-App, die Sie auf Ihrem Mobiltelefon installieren.

In dem Augenblick, in dem Sie sich selbst reflektieren, betreten Sie diese Welt ebenfalls. Und tauchen tief in sie ein. Aber nicht als Teilnehmer, sondern als Redner. Und gewinnen dort auf Ihrem Weg wertvolle Einsichten, die Ihnen klarmachen, wo Sie als Referent stehen. Das ist manchmal frustrierend, aber vergessen Sie nicht: Jede Rückmeldung, egal ob vom Publikum oder von Ihnen selbst, ist pures Gold. Weil es Ihnen hilft, Ihre Stärken, aber auch Ihre Schwächen zu erkennen.

Was Sie mit diesen Erkenntnissen anfangen, liegt ganz bei Ihnen: Bleiben Sie untätig und wiederholen beim nächsten Vortrag dieselben Fehler? Oder arbeiten Sie aktiv an Ihrer Vortragskompetenz? Im ersten Fall ziehen Sie sich in Ihre Komfortzone zurück und es passiert nichts. Im zweiten Fall wachsen Sie als Redner und werden besser.

11.4.3 Besser werden

Viele Referenten suchen nach einem einfachen Weg, wie sie in kurzer Zeit ausgezeichnete Vorträge halten können. Die Wahrheit ist: Es gibt viele Wege. Aber: Es braucht Zeit, bis Sie den richtigen finden, der zu Ihnen passt. Und es braucht noch mehr Zeit, ihn zu gehen.

Die Rückmeldung des Publikums und die Selbstreflexion sind wertvoll, weil sie dem Redner neue Einsichten vermitteln. Wie er bei den Zuhörern ankommt oder welche Probleme er beim Präsentieren hat. Aber wie können Sie diese Erkenntnisse nutzen, um sich in der Praxis zu **verbessern?**

> Was wir heute denken, werden wir morgen sein.
> *Buddha* [23]

Am einfachsten ist es, eingefahrene Wege zu verlassen: Indem Sie Neues ausprobieren und das Ergebnis bewerten. Dabei sollen Sie Ihren Vortragsstil *nicht radikal auf einmal* verändern. Verbessern Sie Ihre Fähigkeiten *schrittweise.* Die folgenden Empfehlungen unterstützen Sie dabei.

Inspiration durch gute Beispiele

Mithilfe von Büchern, Blogs oder Internet-Videos können Sie sich viele Grundlagen selbst beibringen. Auch das Studium von Filmen und Theaterstücken kann Sie zu neuen Ideen inspirieren. Genauso wie der Besuch eines Museums oder Konzerts. Schilder, Plakate oder Schaufenster, die Sie bei einem Spaziergang in der Stadt sehen, helfen Ihnen, Ihr Auge für die Gestaltungsprinzipien zu schärfen.

Interessante Beispiele gibt es überall. Und je ungewöhnlicher Ihre Quellen sind, desto stärker trainieren Sie Ihre rechte, kreative Gehirnhälfte. Es gibt eine Reihe von ausgezeichneten Blogs und Quellen zum Thema Präsentieren und Visualisieren. Einige meiner persönlichen Favoriten sind [24]:

- www.guykawasaki.com: Guy Kawasaki spricht über Startups, besondere Menschen und Technik. Diese Seite ist ein Füllhorn an interessanten Denkanstößen
- www.visualisingdata.com: Hier finden Sie viele Beispiele zur Datenvisualisierung, einschließlich der monatlichen *Besten Visualisierung im Web* von Andy Kirk
- www.thefunctionalart.com: Albert Cairo gibt eine prägnante Einführung für die Gestaltung von Informationsgrafiken und Visualisierung
- www.presentationzen.com: Garr Reynolds spricht über Präsentationsdesign und Vortragskunst
- https://viz.wtf: Auch von schlechten Beispielen kann man viel lernen. Die Seite WTF Visualizations zeigt Inhalte, die mit *Visualisierungen, die keiner versteht* beschrieben sind
- www.ted.com: Die Plattform für spannende Redner und verblüffende Vorträge. Nicht umsonst lautet das TED-Motto *Ideas worth spreading*

Das ist nur eine kleine Auswahl meiner Quellen. Und ich bin ständig auf der Suche nach neuen, ungewöhnlichen Inhalten. Ich finde das spannend: Denn ich weiß nie, zu welchen Erkenntnissen mich mein Erkundungstrip führt.

Beherrschen Sie Ihre Werkzeuge

Wenn Sie etwas entdeckt haben, was Ihnen gefällt, ist die nächste Frage, wie Sie es umsetzen. Genauer: Das Ergebnis soll einen guten Eindruck auf die Zuhörer machen. Und auch Sie als Redner müssen damit zufrieden sein. Beides schaffen Sie nur, wenn Sie Ihre Werkzeuge auch beherrschen. Wenn Sie ein Konzert besuchen, erwarten Sie schließlich auch, dass die Musiker ihre Instrumente spielen können.

An einer Flipchart sollten Sie beispielsweise das Schreiben mit Flipchartstiften üben. Andernfalls ist Ihr Text häufig zu klein oder unleserlich. Wenn Sie etwas zeigen möchten, stellen Sie sicher, dass Sie mit dem Requisit umgehen können. Auch das LEGO-Flugzeug aus dem Abschn. 10.2.2 – *Wie wähle ich das richtige Medium aus?* besitzt seine Tücken, wenn ein Stein fehlt.

Am deutlichsten wird das an Ihrer Computer-Software. Stellen Sie sich vor, Sie halten eine Online-Präsentation, und die Teilnehmer können sich nicht einwählen. Oder sie sehen Ihre Folien nicht, weil Sie vergessen haben, Ihren Bildschirm zu teilen. Auch bei der Vortragssoftware gibt es Tücken: Beispielsweise, wenn das Video, das Sie zeigen möchten, nicht abgespielt wird.

Entscheiden Sie sich für ein Programm und lernen Sie es so gut wie möglich kennen. Beispielsweise mithilfe von Büchern. Oder besuchen Sie einen Kurs in der Volkshochschule. Aber: Das alltägliche Arbeiten mit dem Programm ist durch nichts zu ersetzen! Wenn Sie nicht herausfinden, wie etwas funktioniert, hilft oft eine Suche im Internet.

Um Ihre Inhalte zu visualisieren, benötigen Sie keine spezielle Software. Viele Bilder in diesem Buch habe ich mit PowerPoint erstellt. Andere Referenten nutzen Excel zur Darstellung ihrer Daten und exportieren sie anschließend als Diagramm. Der große Vorteil: Beide sind in der Geschäftswelt allgegenwärtig. Sollten Ihnen PowerPoint & Co. nicht ausreichen, gibt es eine Vielzahl an alternativen Programmen, die Sie verwenden können.

Generell gilt: Nutzen Sie die Software, mit der Sie sich wohlfühlen. Und die Ihnen das Ergebnis so liefert, wie Sie es sich vorgestellt haben. Wenn das grafische Erstellen der Inhalte für Sie ein angenehmes Erlebnis ist, wirkt sich das später auf den gesamten Vortrag aus. Und das merken die Zuhörer.

Änderung benötigt Zeit

Die Abläufe und Werkzeuge, die Sie in diesem Buch kennengelernt haben, benötigen Zeit. Es braucht Zeit, um das Thema und die Erwartungen des Publikums zu verstehen. Es braucht Zeit, sich das High-Concept zu überlegen und anzupassen. Es braucht Zeit, die Inhalte aus unterschiedlichen Blickwinkeln zu betrachten und darüber nachzudenken, wie man sie am besten vermittelt. Es braucht Zeit, all das in eine passende Geschichte einzubetten. Und es braucht Zeit, das Feedback des Testpublikums in den Vortrag einzuarbeiten.

Es ist ein offenes Geheimnis: *Wirklich* gute Vorträge zu erstellen und die eigene Vortragskompetenz zu stärken, ist zeitaufwendig. Dennoch gestehen wir uns das nicht zu und bleiben lieber bei dem, was wir kennen: Wir beginnen mit irgendeiner Frage oder einer Annahme. Anschließend sammeln, ordnen und bewerten wir die gefundenen Inhalte. Schließlich fügen wir sie in einen leeren Foliensatz ein – und fertig ist unsere Präsentation. Ich sehe häufig Geschäftsleute, die im Wartebereich eines Flughafens oder im Flugzeug auf diese Weise ihren Vortrag erstellen.

Dieser Weg ist verführerisch, weil er einfach und schnell ist; Zeit ist schließlich Geld, nicht wahr? Aber so vernachlässigen wir häufig den wichtigsten Schritt: Wir denken nicht darüber nach, ob das Publikum die Bedeutung unserer Inhalte auch versteht. Das ist deshalb gefährlich, weil der Vortrag das Einzige ist, was die Zuhörer in diesem Augenblick von unserer „Großen Idee" sehen. Wenn das Publikum die Bedeutung nicht vollständig versteht, wird es nicht handeln.

Deshalb braucht es besonders viel Zeit, all das auch gut zu machen. Dabei werden wir ständig von Versuch und Irrtum begleitet, bis wir das gewünschte Resultat erzielen. Und das passiert in dem Augenblick, wenn Sie diese Dinge verinnerlichen.

Verinnerlichen Sie es

Es heißt, Nachahmung ist die höchste Form des Kompliments. Wir lernen, indem wir kopieren – deshalb skizzieren Kunststudenten in vielen Museen die alten Meister. So können sie einen Blick in die Köpfe der großen Künstler werfen und ihre Gedanken nachvollziehen (s. Abschn. 7.1 – *Die Regeln der Kreativität*).

Aber irgendwann kommt der Punkt, an dem Sie den nächsten Schritt gehen müssen. Weil eine Kopie immer eine Kopie bleibt. In anderen Worten: Wenn es ums Lernen geht, ist Kopieren gut. Jetzt machen Sie das Gelernte zu einem Teil von Ihnen. Überlegen Sie, wie Sie das, was Ihnen gefällt, anpassen und in Ihre Vorträge einbauen können.

Der Basketballspieler Kobe Bryant sagte einmal, dass er seine besten Bewegungen von anderen Spielern abgeschaut hatte. Als er versuchte, ihre Moves zu imitieren, wurde ihm klar, dass er sie unmöglich alle so umsetzen konnte, wie er sie gesehen hatte. Weil sich sein Körper von denen der anderen Spieler unterschied. Deshalb passte er sie an – und entwickelte daraus seine einzigartige Spielweise.

Es macht Spaß, Neues zu entdecken und auszuprobieren. Aber im Vortrag anwenden? Hier zögern viele Referenten: *Was ist, wenn das meinem Publikum nicht gefällt? Was ist, wenn es nicht klappt?*

Das geht vielen Rednern so. Deshalb ist es wichtig, dass Sie sich bewusst machen, was Sie bereits können. Und was in Ihnen steckt. Lassen Sie sich nicht vorschreiben, wie Sie Ihren Vortrag vorbereiten, gestalten oder halten sollen. Selbst die CI-Vorgaben Ihrer Firma lassen Ihnen genügend Spielraum.

Viele Vortragende sind überrascht, dass ihr Publikum auf neue Wege positiv reagiert – solange Sie es nicht überfordern. Das erinnert mich an meinen Schulabschlussball, bei dem sich viele Mitschüler nicht trauten, die Ballkönigin anzusprechen – aus Angst, einen Korb zu bekommen. Und was geschah? Der unscheinbarste Junge der Klasse verbrachte den Abend mit ihr. Weil er nichts zu verlieren und sie einfach gefragt hatte. Trauen Sie sich – *Sie sind bereit.*

11.5 Zusammenfassung

Eine solide inhaltliche Basis ist für jeden Business-Vortrag unerlässlich. Allerdings hängt der Erfolg beim Publikum nicht nur von passenden Inhalten oder ansprechenden Folien ab. Denn die Zuhörer bewerten am Tag der Wahrheit das Gesamtpaket. Und das besteht aus dem Vortrag und dem Auftritt des Redners. Deshalb ist es entscheidend, dass der Referent seine Inhalte überzeugend präsentiert. Ein guter Auftritt kann einen mittelmäßigen Vortrag aufwerten; umgekehrt kann eine schlechte Vorstellung die beste Idee ruinieren.

Ein Problem, mit dem alle Referenten zu kämpfen haben, ist das Lampenfieber. Dabei handelt es sich um eine natürliche körperliche Reaktion, die immer dann auftritt, wenn Menschen vor einer unbekannten Situation stehen und nicht wissen, wie sie mit ihr umgehen sollen. Um Lampenfieber zu kontrollieren, gibt es einige Tricks: So kann sich der Referent klarmachen, dass er sich gut vorbereitet hat. Oder er führt persönliche Rituale am Vortragstag durch: Dazu gehören beispielsweise, sich mit dem Meetingraum anzufreunden, die vorhandene Technik zu prüfen oder sich gezielt mit Atemübungen zu fokussieren. Damit verringert ein Redner nicht nur seine Nervosität, sondern schließt gleichzeitig mögliche Störquellen aus.

Eine besonders wirksame Maßnahme ist es, wenn er sich vor dem Vortrag unter das Publikum mischt, mit den Teilnehmern plaudert und auf diese Weise eine erste Verbindung aufbaut. So verschaffen sich die Zuhörer bereits vor dem Vortrag einen ersten Eindruck, den der Redner beeinflussen kann. Im eigentlichen Vortrag verstärkt er dieses Band zwischen ihm und den Teilnehmern durch Gestik, Mimik oder seine Stimme.

Falls während des Vortrags Störungen auftreten, lautet die wichtigste Regel: Nicht spontan und impulsiv reagieren, sondern zuerst überlegen. Dabei helfen zwei Fragen: Ist es überhaupt eine Störung? Und falls ja, warum ist diese Störung aufgetreten? Eine gute Vorgehensweise ist es, als erstes den Grund herauszufinden und ihn dann gezielt zu beseitigen. In jedem Fall gilt: Der Referent muss respektvoll auf die Störung reagieren.

In jedem Vortrag gibt es Situationen, mit denen der Referent nicht gerechnet hat und auf die er reagieren muss – merkwürdige Einwände von Zuhörern, eine spontane Kürzung der Redezeit oder unerwartete Technikprobleme. Deshalb ist es wichtig, den Vortrag nachzubereiten: Was lief gut, was lief schlecht? Dazu können Sie das Publikum um eine Rückmeldung bitten oder Ihren Auftritt erneut vor Ihrem geistigen Auge ablaufen lassen. Häufig finden Sie dadurch heraus, was Sie beim nächsten Vortrag ändern und wie Sie dadurch besser werden können.

11.6 Checkliste

Am Tag der Wahrheit fühlt sich für den Referenten alles anders als in den Testläufen an. Deshalb ist die Checkliste in Abb. 11.11 nur als Vorschlag gedacht, mit dem Sie beliebig spielen können.

Checkliste „Am Vortragstag“	ja	nein
Vor dem Vortrag		
Mögliche Störungen identifiziert?	○	○
Mit dem Vortragsraum angefreundet?	○	○
Vorhandene Medien und Technik geprüft?	○	○
Small-Talk mit dem Publikum geplant?	○	○
Nach dem Vortrag		
Durchgeatmet?	○	○
Selbstbewertung durchgeführt?	○	○
Eventuell Rückmeldung vom Publikum eingeholt?	○	○
Wahl getroffen: An welchen **Schwachstellen** werde ich bin zum nächsten Vortrag arbeiten?	○	○

Abb. 11.11 Meine Rituale am Vortragstag. Erweitern Sie die Liste mit Ihren persönlichen Schritten

Um Ihnen den Vortragstag so einfach wie möglich zu machen, habe ich die wichtigsten Punkte aufgelistet, die ich vor und nach dem Vortrag erledige. Diese Liste zeigt Ihnen, welche Schritte ich durchführe – und die können Sie natürlich genauso übernehmen. Aber am besten ist es, wenn Sie die Liste zu Ihrer persönlichen Checkliste machen, indem Sie sie durch eigene Rituale, die Ihnen guttun, erweitern. Alles, was Ihnen am Vortragstag das Leben als Redner erleichtert, ist erlaubt!

Vielleicht fragen Sie sich, warum es keine Checkpunkte für das eigentliche Präsentieren gibt. Die Antwort ist einfach: Auch wenn er sich gut vorbereitet hat, weiß ein Redner nie genau, was ihn während des Vortrags erwartet – und muss dann flexibel reagieren. Deshalb gibt es keine Standard-Lösungen wie für den Umgang mit Störungen, die man wie eine Formel anwenden und anschließend „abhaken“ kann. Diese Flexibilität erlangen Sie nur durch Erfahrung und Ausprobieren.

Literatur

1. Stojan Rudan und Michael Kötting (2014): „Seien Sie gefälligst still, wenn ich Sie unterbreche!“ – Die bösesten Chefsprüche von badassboss.de. Piper, S. 132.
2. Cornelia Topf (2010): Präsentations-Torpedos entschärfen – So überleben Sie persönliche Angriffe, Pannen, dumme Zwischenfragen und andere Störfaktoren. Redline, S. 15.
3. Michael Rossié (2021): Rhetorik ist keine Kunst, sondern kein Problem. Vahlen, S. 329.
4. Chris Anderson (2017): TED Talks – Die Kunst der öffentlichen Rede, 2. Auflage. Fischer, S. 151 f.
5. https://www.ted.com/talks/monica_lewinsky_the_price_of_shame. (abgerufen am 02.09.2021 um 16.31 Uhr).

6. https://www.ted.com/talks/clifford_stoll_the_call_to_learn. (abgerufen am 02.09.2021 um 15.45 Uhr).
7. Chris Anderson (2017): TED Talks – Die Kunst der öffentlichen Rede, 2. Auflage. Fischer, S. 208.
8. Michael Rossié (2021): Rhetorik ist keine Kunst, sondern kein Problem. Vahlen, S. 13.
9. Rolf Meier (2012): Das Einzige, was stört, sind die Teilnehmer, 3., überarbeitete Neuauflage. Gabal, S. 148 f.
10. Informationen zur BRAVO-Formel finden Sie unter https://www.fon-institut.de/lampenfieber-im-griff-mit-der-bravo-formel/ (abgerufen am 15.08.2021 um 11.53 Uhr).
11. Daniel Kahneman (2012): Schnelles Denken, langsames Denken, 12. Auflage. Penguin, S. 108 ff.
12. Rolf Meier (2012): Das Einzige, was stört, sind die Teilnehmer, 3., überarbeitete Neuauflage. Gabal, S. 31.
13. Rolf Meier (2012): Das Einzige, was stört, sind die Teilnehmer, 3., überarbeitete Neuauflage. Gabal, S. 31.
14. Zitat gefunden in Garr Reynolds (2012): ZEN oder die Kunst der Präsentation, 2. Auflage. Addison-Wesley, S. 213.
15. Julius Hey (1997): Die Kunst des Sprechens. Schott, S. 50 und S. 57.
16. https://www.ted.com/talks/julian_treasure_how_to_speak_so_that_people_want_to_listen? (abgerufen am 12.05.2024 um 13:34 Uhr). Auch seine weiteren Vorträge sind sehr empfehlenswert: Geben Sie einfach im Suchfeld seinen Namen ein!
17. Stephen King (2011): Das Leben und das Schreiben, 4.Auflage. Heyne, S. 150.
18. Michael Moesslang (2011): So würde Hitchcock präsentieren, 2. Auflage Redline, S. 250.
19. Steve Brown und Lawrence Parsons (2008): The Neuroscience of Dance. In: Scientific American Magazine, July 2008. SpringerNature America, S. 78–83.
20. Michael Rossié (2021): Rhetorik ist keine Kunst, sondern kein Problem. Vahlen, S. 13.
21. Garr Reynolds (2012): ZEN oder die Kunst der Präsentation, 2. Auflage. Addison-Wesley, S. 272.
22. Cornelia Topf (2010): Präsentations-Torpedos entschärfen – So überleben Sie persönliche Angriffe, Pannen, dumme Zwischenfragen und andere Störfaktoren. Redline, S. 26 f.
23. Zitat gefunden in: Garr Reynolds (2012): ZEN oder die Kunst der Präsentation, 2. Auflage. Addison-Wesley, S. 283.
24. Sämtliche Links abgerufen am 16.09.2021 zwischen 19.45 Uhr und 19.58 Uhr.

Ausblick: Die Zukunft des Präsentierens 12

In ständiger Bewegung die Zukunft ist.
Meister Yoda [1]

Stellen Sie sich vor: Ein Spezialist für Flugzeugantriebe schult Mitarbeiter in einem Unternehmen. Er spricht über den Aufbau einer Turbine – doch über ihm schwebt kein Schaubild auf einer Leinwand, sondern ein virtuelles 3D-Modell, das die Teilnehmer drehen, vergrößern und sogar von innen betrachten können. Ein paar Räume weiter bereitet sich ein Manager auf seinen Vortrag vor, den er gleich vor Kunden halten wird. Vor ihm: Kein Coach aus Fleisch und Blut, sondern ein Laptop mit einem KI-Modell, das ihm ein detailliertes Feedback zu Dramaturgie, Körpersprache und Sprechweise gibt. Und in einem benachbarten Raum treffen sich Menschen aus Europa und Südamerika in einem Online-Meeting – sie sprechen verschiedene Sprachen, aber verstehen einander mühelos.

B. Gebhardt, *Tipps und Tricks für erfolgreiche Präsentationen*,
https://doi.org/10.1007/978-3-662-72376-0_12

Was noch vor wenigen Jahren wie Science-Fiction klang, ist heute bereits Realität – oder steht kurz davor. Denn unsere Art, wie wir miteinander sprechen und lernen, verändert sich grundlegend.

Wie in der Schifffahrt – vom Kanu über das Segelschiff zur Yacht mit Autopiloten – bringt jede Entwicklung nicht nur Fortschritt, sondern auch neue Anforderungen mit sich. Nicht nur für den Kapitän, sondern für die gesamte Crew. Ähnlich ist es beim Vortragen: Ein Redner muss lernen, die neuen Werkzeuge richtig zu nutzen. Und das Publikum muss sich an diese neue Art des Präsentierens gewöhnen.

Drei Technologien stehen dabei im Mittelpunkt:

- Online-Meetings
- Künstliche Intelligenz (KI)
- Augmented und Virtual Reality (AR und VR)

In diesem Kapitel geht es darum, wie diese digitalen Werkzeuge das Präsentieren der Zukunft beeinflussen – und welche neuen Wege sich mit ihnen eröffnen. Wir schauen uns an, was sie leisten können, wo ihre aktuellen Grenzen liegen – und was dies für einen Referenten bedeutet.

Beginnen wir mit einem Thema, das seit der Corona-Pandemie fest zu unserem Alltag gehört: Online-Meetings. Doch wie wirken Worte, Gestik und Inhalt über den Bildschirm, wenn der Blickkontakt fehlt und der Redner nur in einem kleinen Fenster sichtbar ist? Und was unterscheidet einen Online-Vortrag von einem Auftritt mit echtem Live-Publikum in einem Meeting-Raum?

12.1 Online-Präsentationen

Im Geschäftsalltag finden heute immer mehr Meetings online statt. Die Vorteile liegen auf der Hand: Menschen können weltweit und ohne viel Aufwand miteinander sprechen. Die Teilnehmer sparen Reisekosten und Reisezeit. Und die Umwelt wird weniger belastet. Es spricht also einiges für Online-Meetings; nicht zuletzt, weil mittlerweile auf vielen Computern einfache Chat-Programme vorinstalliert sind und kommerzielle Meeting-Software immer leistungsfähiger wird.

In diesem Abschnitt konzentrieren wir uns auf einen Aspekt von Online-Meetings: Die **Online-Präsentation.** Dabei denken viele Referenten, dass es keinen Unterschied zu einem normalen Vortrag gibt. Und weil man oft nur die Folien (und nicht das Publikum) sieht, fühlen sich die meisten damit sogar wohler.

Die gute Nachricht: Vieles, was Sie über Live-Vorträge wissen, gilt größtenteils auch für Online-Präsentationen. Einige Stichworte sehen Sie in Abb. 12.1: Halten Sie die Folien bewusst einfach. Achten Sie auf einen neutralen Hintergrund und stellen Sie sich gut dar –

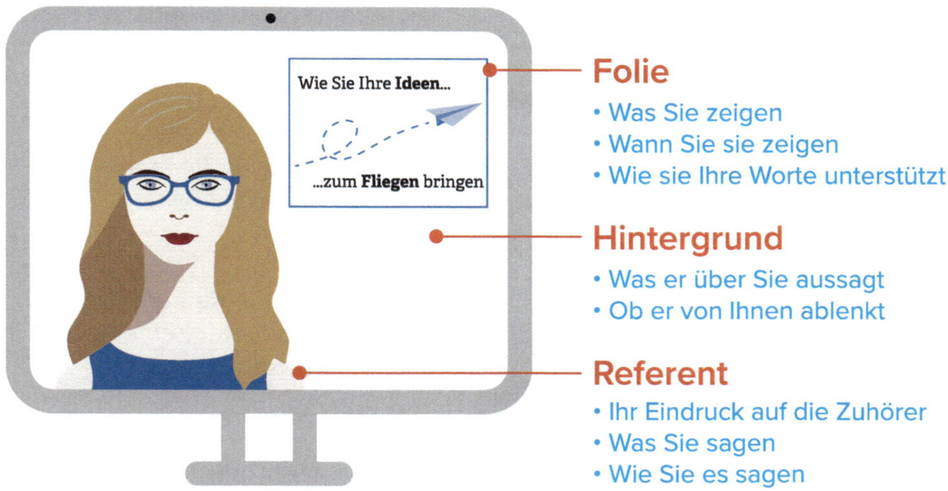

Abb. 12.1 Die drei Bestandteile einer Online-Präsentation und worauf Sie besonders achten sollten

denken Sie einfach an die Tagesschau. Wählen Sie sich etwas früher ein als Ihre Zuhörer. Halten Sie einen kleinen Small-Talk mit Teilnehmern, die bereits online sind. Beginnen und enden Sie pünktlich. Halten Sie ein Backup Ihres Vortrags parat, das Sie schnell per E-Mail an den Teilnehmerkreis verschicken können, wenn die Technik Probleme macht.

Die schlechte Nachricht: Selbst, wenn Sie ein erfahrener Referent sind, gibt es einige Fallstricke, über die man leicht stolpern kann: Sie müssen mehr Arbeit in Ihre Folien stecken, die Verbindung zum Publikum anders aufbauen und die Technik beherrschen. Sie müssen lernen, in die Kamera zu schauen – sobald Referenten mit einem Laptop und einem zweiten Monitor arbeiten, sehen viele nicht mehr in die Kamera, sondern auf den zweiten Bildschirm. Das erzeugt bei den Teilnehmern ein Gefühl, als sähe der Redner ständig an ihnen vorbei. Tipp: Platzieren Sie die Kamera auf Augenhöhe – so vermeiden Sie den Eindruck, auf die Zuhörer herabzuschauen.

Einen Vortrag über den Bildschirm zu betrachten, ist anstrengend. Und als Redner können Sie nie sicher sein, was Ihre Zuhörer gerade tun. Wenn die Teilnehmer keine Kamera besitzen oder sie ausgeschaltet haben, wissen Sie nicht, ob sie ihre E-Mails checken oder Ihren Ausführungen folgen (s. Abb. 12.2). Das unmittelbare Feedback Ihrer Teilnehmer, das Sie in einem Live-Vortrag haben, fehlt. Kein Lächeln, Nicken mit dem Kopf oder Stirnrunzeln. Und das ist für einen Redner ein seltsames Gefühl – als ob auf einmal ein wichtiger Wahrnehmungssinn fehlt.

Unterschätzen Sie die Fallstricke nicht! Deshalb gilt auch hier: *Online-Vorträge müssen Sie üben!* Um nicht zu stolpern, helfen Ihnen die folgenden Techniken. Keine Angst: Viele kennen Sie bereits aus den vorherigen Kapiteln – sehen Sie die Inhalte einfach als Wiederholung [2].

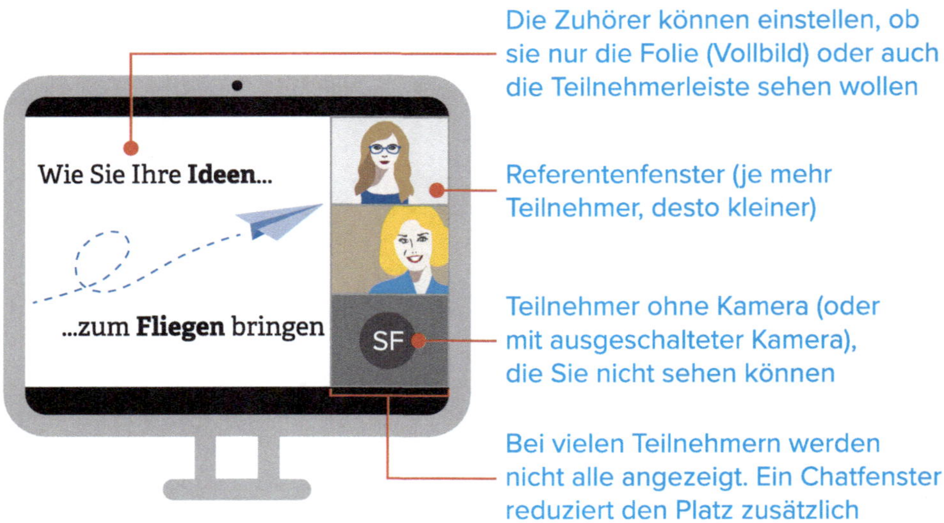

Abb. 12.2 Einige Einstellungsmöglichkeiten, die die Teilnehmer in der Meeting-Software haben

12.1.1 Konzentrieren Sie sich auf das Wesentliche

Stellen Sie sich vor, ich lade Sie zu einem Online-Vortrag ein, in dem ich Ihnen die nächsten Lottozahlen verrate. Trotz schlechter Internet-Verbindung, blechernem Ton oder vollgestopften Grafiken hätte ich Ihre volle Aufmerksamkeit. Deshalb gilt insbesondere bei diesen Vorträgen: Substanz ist wichtiger als Stil.

Weil bei einem Online-Vortrag Gestik und Mimik an Bedeutung verlieren, haben Sie nur eine Chance, das Interesse des Publikums zu erhalten: Die Teilnehmer möchten Informationen, und die müssen Sie ihnen auf den Punkt liefern. Andernfalls checken sie ihre E-Mails, surfen im Netz oder arbeiten an etwas anderem. Das vermeiden Sie, indem Sie in Ihrem Online-Vortrag den Nutzen für das Publikum noch deutlicher herausstellen als bei einer Live-Präsentation. Dabei sind Ihre mächtigsten Verbündeten präzise Botschaften und klare Folien.

12.1.2 Stellen Sie sich gut dar

In den meisten Online-Tools wird der Redner gleichzeitig mit seinen Folien in einem separaten Referentenfenster übertragen. Diese Fenster sind meistens klein; deshalb macht es wenig Sinn, die gesamte Bühne zu zeigen, weil der Redner selbst kaum mehr zu erkennen ist. Beschränken Sie den Kameraausschnitt auf Ihren Oberkörper und Ihren Kopf.

► **Praxistipp** Sorgen Sie für einen neutralen Hintergrund und achten Sie auf ein gutes Licht. Am besten kommt Ihr Gesicht bei Tageslicht zur Geltung, das etwas stärker von einer Seite einfällt. Andernfalls kann eine Schreibtischlampe Wunder bewirken. Vorsicht: Ein weißer Hintergrund lässt Ihr Gesicht blass erscheinen.

Machen Sie sich bewusst, dass die Teilnehmer im kleinen Referentenfenster Ihre Gestik und Mimik schwer erkennen können (s. Abb. 12.2). Damit fehlt ein wesentliches Hilfsmittel, das Ihre Ausführungen unterstützt. Deshalb kommt Ihrer Stimme ein besonderer Stellenwert zu. Wenn Sie bei Ihren Ausführungen stehen, klingt Ihre Stimme offener und kraftvoller. Und Sie können sich bei den Ausführungen bewegen. Achten Sie darauf, dass Sie im Aufnahmebereich der Kamera bleiben.

▶ **Praxistipp** Die meisten Menschen können über längere Zeit ein schlechtes Bild eher ertragen als einen schlechten Ton. Tragen Sie ein Headset. Ein No-Go sind Freisprechanlagen oder die eingebauten Laptop-Mikrofone: Ihre Audioqualität ist einfach zu schlecht. Und es können nervige Sprachechos oder Rückkopplungen auftreten.

Online-Meetings sind für viele Menschen ungewohnt – auch für Referenten. Hier hilft wieder die Strategie, die Sie bereits kennen: Führen Sie ein Gespräch und stellen Sie sich die Kamera als Ihren Ansprechpartner vor. Ich habe Kollegen, die kleben ein Bild ihres Gesprächspartners direkt neben das Kameraobjektiv.

12.1.3 Setzen Sie mehr Folien ein

Die meisten Teilnehmer blenden im Verlauf des Meetings das kleine Referentenfenster in ihrem Kopf aus und konzentrieren sich vor allem auf das, was Sie zeigen. Deshalb: Verwenden Sie mehr Folien als in einem normalen Vortrag. Das hält das Interesse des Publikums aufrecht. Zusätzlich können Sie auf diese Weise einen umfangreichen Inhalt auf einfache Informationshäppchen reduzieren, die die Zuhörer leicht verdauen können. Ein Beispiel sehen Sie in Abb. 12.3.

Achten Sie darauf, dass jede Folie nur eine Botschaft enthält. Verschwenden Sie keine Zeit mit langen Erklärungen von Konzepten – behandeln Sie die gezeigten Inhalte und wechseln Sie zur nächsten Folie. Wenn ich es in Zahlen ausdrücken soll: Streben Sie ungefähr eine bis drei Folien pro Minute an.

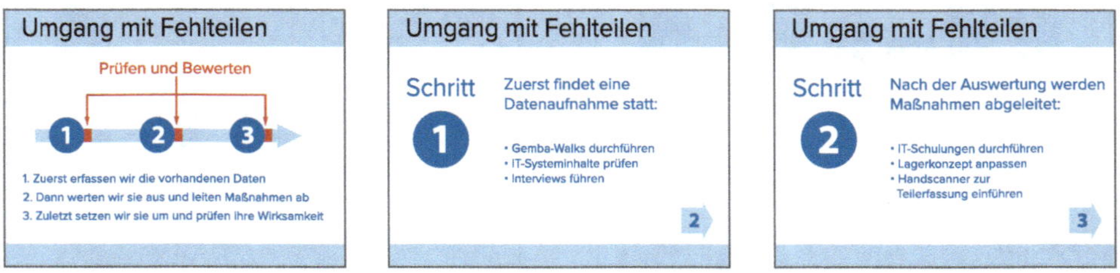

Abb. 12.3 Teilen Sie Folien mit vielen Inhalten (linkes Bild) in einzelne Folien auf

12.1.4 Erstellen Sie ein elegantes Design

Es gibt eine schöne Metapher, die den Folienaufbau von Online-Vorträgen treffend beschreibt: *Diamanten sind schön, Perlen sind elegant*. Das bedeutet: Insbesondere Folien, die online gezeigt werden, sollten einfach und ansprechend gestaltet sein – schlichte Eleganz statt strahlender Schönheit. In Abb. 12.4 habe ich zwei Beispiele gegenübergestellt.

► **Praxistipp** Nutzen Sie einen einfarbigen, neutralen Hintergrund. Zeigen Sie Symbole anstelle von Worten oder Bildern. Halten Sie Grafiken und Schriften einfach. Und versuchen Sie, bildschirmfüllende Fotos zu vermeiden, da ihr Aufbau für Teilnehmer mit einer schlechten Online-Verbindung oft zu lange dauert. Ist das nicht möglich, verringern Sie die Auflösung und stellen Sie sie verkleinert auf der Folie dar.

Vermeiden Sie alle überflüssigen visuellen Störungen: Es reicht, wenn Firmenlogo, Name des Referenten oder Vortragstitel auf der ersten und letzten Folie stehen. Sinnvoll

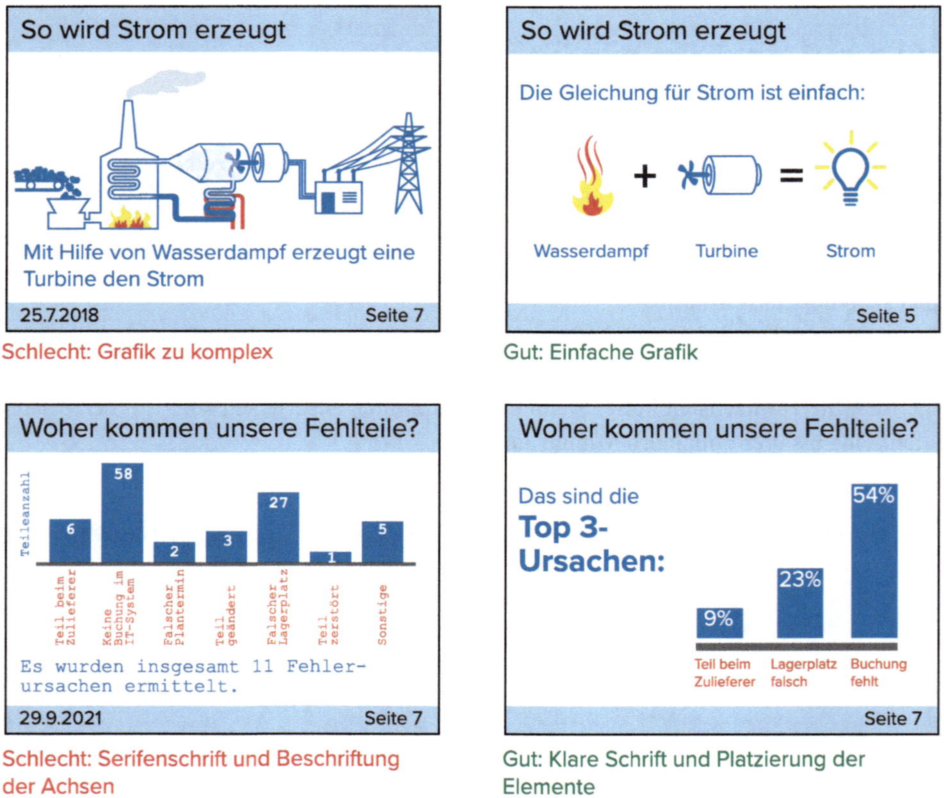

Abb. 12.4 Zwei Beispiele für schlecht und gut gestaltete Online-Präsentationsfolien

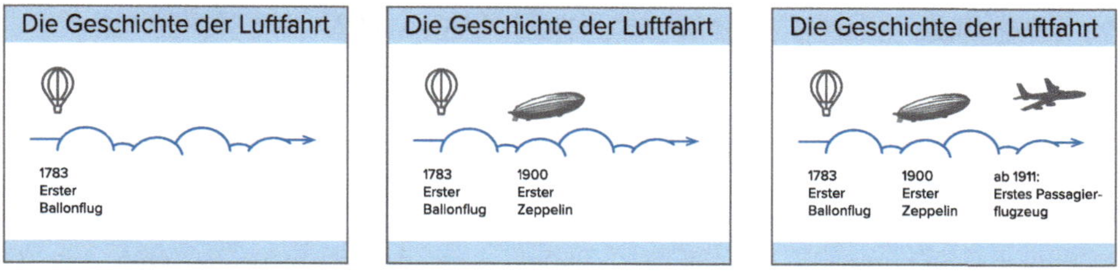

Abb. 12.5 Folien, die sich hintereinander aufbauen, erzeugen dieselbe Wirkung wie eine Animation

sind Seitenzahlen auf den Folien: Der Fragesteller kann konkret angeben, auf welche Folie sich seine Frage bezieht.

Besonders wichtig: Bei Online-Präsentationen sollte jede Folie selbsterklärend sein, ohne dabei die Ausführungen des Referenten zu ersetzen. Das bedeutet: Keine Stichworte, sondern einen ganzen Satz, der nicht mehr als zehn Wörter enthält. Falls ein Zuhörer kurz abgelenkt ist, ist es für ihn einfacher, mental erneut in den Vortrag einzusteigen, ohne eine Zwischenfrage zu stellen.

Zu einem eleganten Design von Online-Folien gehört auch eine klare und große Schrift. Je nach Teilnehmerzahl und Datenleitung rechnen manche Meeting-Programme die Auflösung herunter. Dabei verschwinden Details wie dünne Linien oder Schrift-Serifen in den Abbildungen.

Schlicht und einfach – das gilt auch für Animationen. Natürlich können Sie bei einer komplexen Grafik die Funktionen Ihrer Vortragssoftware nutzen. Das ist allerdings gefährlich, sobald Sie verspielte Effekte einsetzen: Bei einer langsamen Internetverbindung sehen diese Teilnehmer Sprünge beim Aufbau der Grafik. Im schlimmsten Fall blicken sie auf einen leeren Bildschirm, während der Referent weiterspricht – weil sich die neuen Inhalte noch gar nicht aufgebaut haben. Lassen Sie jedes Element einfach *erscheinen* oder *verschwinden*.

Um das zu vermeiden, verwenden Sie am einfachsten eine Serie von Folien. Sobald Sie sie hintereinander zeigen, baut sich die Serie zum fertigen Schaubild auf. Dieses **Daumenkino-Prinzip** sehen Sie in Abb. 12.5.

12.1.5 Binden Sie die Zuhörer ein

Bei einer Online-Präsentation darf das Publikum niemals das Gefühl haben, dass es nur zuhört. Das heißt: Ein guter Online-Vortrag ist interaktiv. Binden Sie Ihre Teilnehmer frühzeitig ein, indem Sie sie zu einer *einfachen* Aktivität auffordern. Das bringt sie dazu, sich zu konzentrieren und macht ihnen klar, dass sie nicht an einer langweiligen, passiven Präsentation teilnehmen.

▶ **Praxistipp** Auf diese Weise können Sie Ihr Publikum aktiv in Ihre Ausführungen einbinden:

- Stellen Sie Fragen oder fordern Sie die Zuhörer auf, Fragen zu stellen
- Zeigen Sie eine kurze Liste und bitten Sie die Teilnehmer, gedanklich den wichtigsten Punkt auszuwählen
- Setzen Sie bewusste Denkpausen, in denen die Zuhörer überlegen können
- Lassen Sie sie im Chatfenster oder mittels Emojis wie klatschende Hände oder lachende Gesichter Ihre Inhalte kommentieren
- Zeigen Sie eine Webseite, die für die Teilnehmer interessant ist, wenn sie sich mit Ihrem Thema tiefer beschäftigen wollen
- Binden Sie – nach vorheriger Absprache – einen Gast-Referenten ein

Um zu vermeiden, dass alle Teilnehmer durcheinander sprechen, bitte ich das Publikum am Anfang des Vortrags, eine Regel einzuhalten: Während ein Zuhörer seine Frage stellt oder eine Anmerkung hat, sind die Mikrofone der anderen stumm geschaltet. Nach meiner Erfahrung funktioniert das mit einer Gruppe von acht bis zehn Teilnehmern und etwas Disziplin ausgezeichnet. Bei mehr Teilnehmern bitte ich sie, ihre Fragen schriftlich und für alle sichtbar im Chatfenster zu stellen. Das gibt es in jeder Online-Meetingsoftware.

Apropos Regeln: Wie bei einem Live-Vortrag machen Sie sich das Leben einfacher, wenn Sie zu Beginn **Meeting-Regeln** aufstellen und sie den Teilnehmern auch erklären. So wissen Ihre Zuhörer, wie sie sich verhalten sollen: Wann sie ihre Fragen stellen oder ihre Anmerkungen machen können. Größtenteils sind die Regeln mit denen eines Live-Vortrags identisch; es gibt einige wenige, die der Technik geschuldet sind. Dazu gehört beispielsweise der Umgang mit der Kamera oder die Chat- und Mikrofon-Disziplin. In Abb. 12.6 sehen Sie beispielhaft meine Regelfolie für Online-Meetings, die ich je nach Meetinganlass anpasse.

Abb. 12.6 Meine wichtigsten Teilnehmer-Regeln bei Online-Meetings

Natürlich ist es etwas anspruchsvoller, die Zuhörer bei einer Online-Veranstaltung einzubinden als bei einem Live-Vortrag. Starten Sie damit langsam und führen Sie nicht alle Ideen bereits in Ihrer ersten Online-Präsentation durch.

12.2 Künstliche Intelligenz

Am 30. November 2022 startete ein Phänomen im Internet. An diesem Tag schaltete das Unternehmen OpenAI den Zugang zu einem neuronalen Netzwerk frei, mit dem sich die Anwender unterhalten konnten und das ihnen bei alltäglichen Aufgaben half. Bereits fünf Tage nach seiner Veröffentlichung hatte ChatGPT, so der Name der **Künstlichen Intelligenz (KI),** eine Million Nutzer; die 100-Millionen-Marke knackte sie nur zwei Monate später [3].

Seitdem traten ChatGPT und eine Vielzahl anderer KI-Anwendungen einen beispiellosen Siegeszug um die Welt an und sind heute aus dem digitalen Alltag vieler Menschen nicht mehr wegzudenken. Weil sie ihnen bei Aufgaben wie dem Erstellen von Bildern und Texten oder dem Zusammenfassen von Dokumenten helfen. Da ist der nächste Gedanke nicht mehr weit: Kann man die Künstliche Intelligenz auch für die Erstellung ganzer Vorträge einsetzen?

Die Vorstellung ist verlockend: Mit der passenden Anweisung erstellt die KI eine vollständige Präsentation – inklusive Inhalte, Aufbau und Gestaltung. Angesichts der stetig wachsenden Zahl an KI-Modellen in Bereichen wie Text-, Bild- und Videoerstellung scheint dies bereits Realität zu sein. Doch was ist dran an der schönen neuen KI-Welt? Gibt es tatsächlich den „Vortrag auf Knopfdruck"? Oder kann uns die KI dabei lediglich unterstützen – und falls ja, bei welchen Schritten? Und worauf muss ein Referent achten, wenn er sich von der KI helfen lässt? Um diese Fragen drehen sich die folgenden Abschnitte (Stand: Mitte 2025). Starten wir damit, wofür ich die KI überhaupt anwenden kann.

12.2.1 Was kann eine KI?

Aktuell scheinen wir uns im goldenen Zeitalter der Künstlichen Intelligenz zu befinden: Die Erwartungen sind hoch, und beinahe täglich erscheinen neue KI-Modelle. Das hat allerdings auch einen Nachteil – als Anwender verliert man leicht den Überblick. Hinzu kommt, dass viele Menschen KI vor allem mit Chatbots oder Bildgeneratoren in Verbindung bringen. Doch moderne Modelle können weitaus mehr, wie Sie in Abb. 12.7 sehen.

Zwar liegt der Schwerpunkt von aktuellen KI-Modellen tatsächlich auf dem Umgang mit Texten, Dokumenten und Sprache; aber auch bei Bildern, Videos oder Audioformaten werden die Anwendungen immer leistungsfähiger. Das wirkt auf den ersten Blick beeindruckend – und vielleicht haben Sie bereits Ideen, wie sich diese Fähigkeiten bei der Vor-

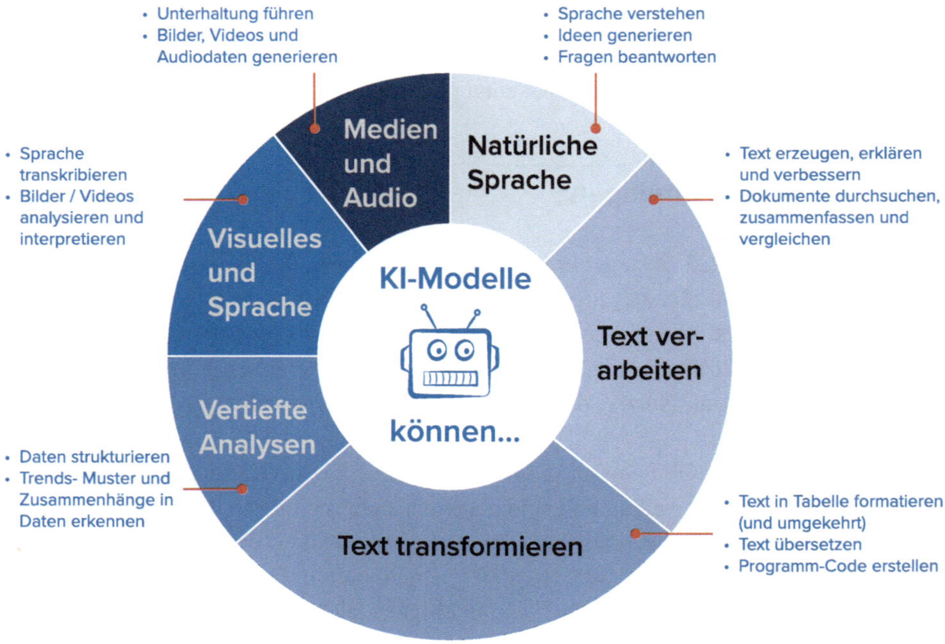

Abb. 12.7 Eine Übersicht über die wichtigsten Fähigkeiten generativer KI

bereitung eines Vortrags nutzen lassen. Genau diesem Gedanken gehen wir im Abschn. 12.2.4 – *KI-Unterstützung beim Vorbereiten und Präsentieren* detaillierter nach.

Allerdings gibt es dabei auch einen kleinen Wermutstropfen: Für jede Aufgabe muss das jeweils passende KI-Modell ausgewählt werden. Das liegt vor allem an zwei Gründen: Zum einen an den Daten, mit denen die Modelle trainiert wurden – denn Textdaten sind nun mal keine Bilddaten –, zum anderen an den unterschiedlichen Mechanismen, mit denen die KI zu ihren Ergebnissen gelangt. Kurz gesagt: Ein universelles KI-Modell, das sämtliche Fähigkeiten in sich vereint, existiert nicht. Noch nicht.

Ich gehe davon aus, dass Sie beruflich eine Sprach-KI wie ChatGPT oder den Copilot und eine Bild-KI wie Midjourney, Stable Diffusion oder Adobe Firefly nutzen. Daher konzentrieren wir uns auf diese beiden KI-Vertreter. Andere Anwendungen, die beispielsweise Musik oder Vortrags-Avatare erstellen, erwähne ich nur am Rande, da sie in den meisten Unternehmen für die Mitarbeiter nicht verfügbar sind. Aber Sie bekommen ein erstes Gefühl, was schon alles möglich ist...

12.2.2 Wie funktioniert KI?

Auch wenn es nicht so scheint – Künstliche Intelligenz beruht auf Erkenntnissen, die bereits mehr als 150 Jahre alt sind. Ada Lovelace entwickelte 1843 den ersten Algorithmus. Der Mathematiker Claude Shannon beschrieb 1948, wie ein Computer möglichst verlustfrei Informationen erfassen, speichern und übertragen konnte [4] – beides wesentliche Grundlagen für heutige KI-Modelle. Erst 1966 kombinierte der Informatiker **Josef Weizenbaum** einige dieser Erkenntnisse, als er sein Programm ELIZA der Öffentlichkeit vorstellte. Dabei wollte er keine KI erschaffen, sondern den Austausch zwischen Mensch und Maschine untersuchen [5].

ELIZA war das erste Computerprogramm, das ein Gespräch mit dem Rechner über Tastatur und Bildschirm ermöglichte. Sein Schöpfer hatte ELIZA so programmiert, dass es auf einfache Fragen und Aussagen des Benutzers antworten konnte. Es erkannte bestimmte Muster in der Sprache und erfasste Schlüsselworte aus einer Liste, die Weizenbaum erstellt hatte. Anschließend gab ELIZA den Inhalt an den Nutzer zurück, der wiederum mit einer neuen Eingabe reagierte [6]. Dabei übernahm das Programm die Rolle eines Psychotherapeuten und der Dialog mit einer Patientin entwickelte sich wie folgt:

Patientin: „Alle Menschen sind gleich."
ELIZA: „Wie meinen Sie das?"
Patientin: „Sie belästigen uns immer mit diesem oder jenem."
ELIZA: „Können Sie ein Beispiel nennen?"
Patientin: „Mein Freund sagte, ich solle hierherkommen."
ELIZA: „Ihr Freund bat Sie hierherzukommen."
Patientin: „Er sagt, ich sei die meiste Zeit depressiv."
ELIZA: „Es tut mir leid zu erfahren, dass Sie depressiv sind." (…)

Obwohl es sich um eine künstlich erzeugte Unterhaltung handelte, empfanden die meisten Menschen den Dialog mit ELIZA erstaunlich real; viele vergaßen nach kurzer Zeit, dass sie sich mit einem Computer unterhielten und gaben während des Gesprächs privateste Details über sich preis.

Heute ist der Dialog mit der KI sicherlich empathischer, aber technisch gesehen besaß ELIZA bereits sämtliche Bestandteile, die auch heutige KI-Modelle nutzen: Eine Menge an Daten (die Weizenbaum-Liste), einen Algorithmus (eine feste Abfolge von Schritten, die das Programm befolgte), und eine Schnittstelle, über die der Nutzer weitere Daten eingeben konnte (Tastatur) und ein Ergebnis zurückerhielt (Bildschirm).

Natürlich ist bei ChatGPT & Co. die verwendete Datenmenge deutlich umfangreicher als bei ELIZA – und der Algorithmus hat sich zu einem komplexen neuronalen Netz weiterentwickelt. Sehen wir uns den Aufbau eines solchen Netzes genauer an; dabei konzentrieren wir uns beispielhaft auf Sprachmodelle wie sie ChatGPT & Co. nutzen – die sogenannten LLMs (Large Language Models).

Die Grundidee ist, die menschliche Denkweise zu simulieren – so, wie sie im Gehirn abläuft. Ein Blick auf Abb. 12.8 zeigt: Das zugehörige Netzwerk ist prinzipiell einfach aufgebaut. Es besitzt eine *Eingangs-Ebene* (auch „Input Layer" genannt), die die Daten aufnimmt, und eine *Ausgangs-Ebene* („Output Layer"), die das Ergebnis ausgibt. Dazwischen liegen die sogenannten „Hidden Layer" – eine variable Anzahl an versteckten Ebenen, in denen die Analyse und Verarbeitung der Daten stattfindet. Mehr Hidden Layer kön-

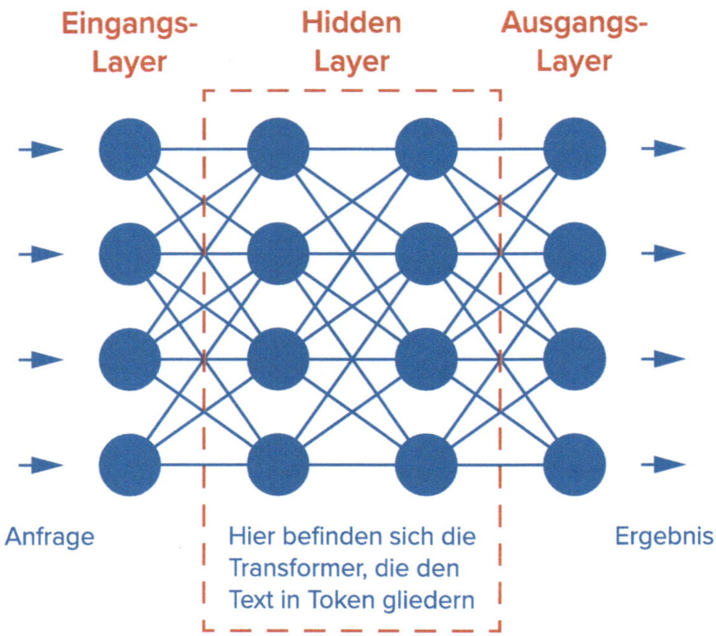

Abb. 12.8 Schematische Darstellung eines neuronalen Netzes

nen dazu beitragen, dass das KI-Modell komplexe Zusammenhänge besser erkennt; allerdings führen zusätzliche Ebenen nicht automatisch zu besseren Ergebnissen.

Machen wir es etwas konkreter und geben in ChatGPT folgendes Beispiel ein: „Sabine biss herzhaft in eine Bratwurst. Sie lächelte über das ganze Gesicht." [7] Wer lächelte – Sabine oder die Bratwurst? Was für uns einfach ist, ist für eine KI schon etwas schwieriger. ChatGPT kann die Frage richtig beantworten. Aber wie macht die KI das?

Hier spielen die sogenannten *Transformer*, sehr komplexe und clevere Algorithmen, eine große Rolle [8]. Sie befinden sich in den versteckten Ebenen und betrachten das Umfeld, in dem ein Begriff auftaucht. Dazu teilen sie den Text in einzelne *Token* auf. Das sind kleine Wort-Einheiten, die von den Modellen einfacher verarbeitet werden können; Sie können sich das ähnlich wie Silben vorstellen. Für jeden Token berechnen die Transformer einen Wert, der beschreibt, mit welcher Wahrscheinlichkeit ein bestimmtes Wort im Zusammenhang mit dem Text vorkommt. So kann die KI ein mehrdeutiges Wort wie „Bank" in den richtigen Kontext einordnen. Damit das klappt und ChatGPT ein Ergebnis *generieren* kann, muss die KI vorher anhand von riesigen Datenmengen Sprachmuster und inhaltliche Zusammenhänge gelernt haben – in anderen Worten: *Trainiert* worden sein. Dieses Prinzip beschreiben die drei Buchstaben GPT: Generative Pretrained Transformer.

ChatGPT „weiß" also aufgrund von Wahrscheinlichkeiten, dass Bratwürste nicht lächeln. Und schon gar keine Gesichter besitzen. Dasselbe Prinzip wendet die KI an, wenn sie folgenden Satz vervollständigen soll: „Das Auto bog nicht links ab, sondern…". Und weil der berechnete Wert für „rechts" deutlich höher ist als für „nach oben", schlägt sie dieses Wort vor. Aber:

Nur, weil etwas intelligent wirkt, bedeutet das nicht, dass es auch intelligent ist.
Jenny Habermehl [9]

Das Zuordnen von Wahrscheinlichkeiten klappt erstaunlich gut – allerdings nicht immer. Dann kommt es zu unsinnigen Aussagen oder Fehlern – die KI **halluziniert**. Denn letztendlich beruhen ihre Ergebnisse immer auf Prognosen, die auch falsch sein können. Zusätzlich ist die KI darauf angewiesen, dass sämtliche Daten, auf die sie zugreift, korrekt, verständlich und aktuell sind. Deshalb müssen Sie die KI-Ergebnisse immer kritisch bewerten (s. Abschn. 12.2.5 – *Die dunkle Seite der KI*). Oder wie der Autor Daniel Kehlmann in seiner Rede „Mein Algorithmus und Ich" treffend anmerkt: Die Einsicht und das Bewusstsein, die wir besitzen, besitzt eine KI nicht [10].

12.2.3 Gutes Prompting in a nutshell

Erinnern Sie sich daran, als Sie das erste Mal in einer Fremdsprache gesprochen haben? Man sucht nach den richtigen Worten und ist sich unsicher, ob der Gesprächspartner auch versteht, was man ausdrücken möchte. Beim Gespräch mit einem KI-Sprachmodell ist das ähnlich. Nur, dass die Fremdsprache aus klaren Anweisungen und präzisen Fragen besteht.

Wie wir wissen, kann die KI halluzinieren und deshalb unsinnige Antworten liefern. Eine weitere Fehlerquelle ist der Nutzer selbst – oder genauer: Die Qualität seiner Eingabeaufforderung (der sogenannte **Prompt**). Ein unpräziser Prompt erzeugt Antworten, die zusammenhanglos wirken, nicht die eigentliche Frage beantworten oder schlicht falsch sind. *Je präziser wir beschreiben, was wir von der KI wollen, desto besser wird ihre Antwort sein.* Aber wie gehen wir dabei vor?

Nachfolgend beschreibe ich zwei Techniken, die Ihnen helfen, das gewünschte Ergebnis von der KI zu erhalten: Den R-T-F-Aufbau und Prompt-Ketten. Prompts, die Sie mit diesen Techniken formulieren, versteht die KI ziemlich gut; dabei ist es egal, ob sie bei einem Vortrag unterstützen oder ein Dokument zusammenfassen soll. Und: Wie wir gleich sehen werden, ergänzen sich beide Techniken ausgezeichnet, wenn es um die Lösung eines komplexen Problems oder einer umfangreichen Aufgabe geht.

Der R-T-F-Aufbau

In Abschn. 4.2.2 – *Die Satzschablone* haben wir eine Vorlage kennengelernt, die uns bei der Formulierung der Kernaussage hilft. Eine ähnliche Schablone gibt es auch für Prompts: Der **R-T-F-Aufbau.** Dabei steht R für *Role* (Rolle), T für *Task* (Aufgabe) und F für *Format* (Format). Mit diesem Aufbau sagen Sie der KI, welche Rolle sie spielt, welche Aufgabe sie erledigen und wie das Ergebnis aussehen soll. Das gilt nicht nur für die Inhalte, sondern auch formal: Möchten Sie das Resultat beispielsweise als Tabelle oder als Word-Datei, können Sie das der KI ebenfalls mitteilen. Die R-T-F-Satzschablone sehen Sie in Abb. 12.9.

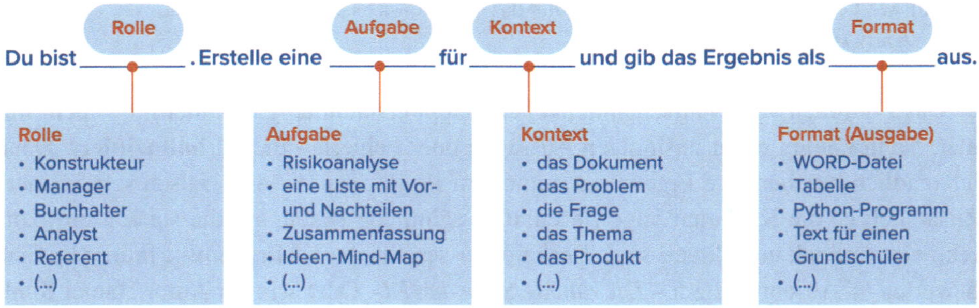

Abb. 12.9 Die Prompt-Satzschablone für den R-T-F-Aufbau

Eine zentrale Rolle im R-T-F-Schema spielt der Kontext. Damit die KI eine präzise und hilfreiche Antwort liefern kann, benötigt sie zusätzliche Informationen wie Beispiele oder Vorlagen, an denen sie sich orientieren kann. Solche Kontextangaben helfen der KI, Zusammenhänge besser zu erkennen und gezielter auf Ihre Anfrage zu reagieren. Ein sorgfältig gewählter Kontext ist entscheidend für die Qualität der Ergebnisse. Umgekehrt kann ein unklarer oder ungeeigneter Kontext die Ausgabe der KI deutlich beeinträchtigen.

Ein einfaches Beispiel macht das Prinzip sofort deutlich: Ich möchte, dass die KI einen von mir geschriebenen Text grammatikalisch prüft und verbessert. Der Prompt könnte mit R-T-F wie folgt lauten: *Du bist der Lektor eines Sachbuchs (Rolle). Bitte prüfe (Aufgabe) den folgenden Text auf grammatikalische Korrektheit. Nutze dabei die Regeln der neuen deutschen Rechtschreibung (Kontext). Markiere die gefundenen Fehler im Text in fetter Schrift und gib die korrekte Schreibweise dahinter in Klammern an (Format).*

► **Praxistipp** Mit den folgenden Hinweisen können Sie die Qualität Ihrer Ergebnisse verbessern:

- Formulieren Sie vollständige Sätze statt einzelner Stichworte. Beginnen Sie Ihre Eingabe idealerweise mit einem Verb – das hilft der KI, Ihre Absicht besser zu erkennen
- Achten Sie beim Kontext auf Relevanz und Umfang: Zu wenig Kontext führt zu oberflächlichen Antworten, zu viel kann die KI verwirren
- Nutzen Sie Englisch als Eingabesprache, besonders bei Bild-KIs. Die Ergebnisse sind oft präziser. Lassen Sie sich die Antwort anschließend in deutscher Sprache ausgeben
- Höflichkeit wirkt – auch bei KI. Wörter wie „Bitte" und „Danke" sowie kleine „Belohnungen" wie ein Lob („Mama wäre stolz") oder ein Trinkgeld (am besten in Dollar) beeinflussen die Qualität der KI-Antworten

Der letzte Punkt ist sogar wissenschaftlich nachgewiesen: LLMs reagieren auf emotionale Begriffe [11]. Der Grund ist wahrscheinlich, dass die Modelle unter anderem mit

Daten aus Anwender-Foren, Chats, Newsgroups oder Blogs trainiert wurden. Auch wenn eine KI keine Gefühle besitzt, kann sie ihre menschliche Natur nicht ganz verbergen!

Betrachten Sie das R-T-F-Schema als Orientierung und nicht als starres Korsett. Das bedeutet: Mit zunehmender Erfahrung im Prompting werden Sie den Aufbau variieren und um zusätzliche Angaben erweitern. So können Sie beispielsweise die KI-Rolle genauer beschreiben: *„Du bist ein Lektor mit 20 Jahren Erfahrung…“*. Oder das gewünschte Ergebnis spezifizieren: *„Fasse den Text in höchstens zehn Sätzen zusammen.“* Spielen Sie ein wenig mit dem Schema; solange Ihre Anweisung für die KI präzise und verständlich bleibt, ist alles in Ordnung.

Und für Prompt-Profis: Sie können beeinflussen, wie das KI-Modell das Ergebnis ausgeben soll. Dazu ergänzen Sie Ihre Anfrage mit Parametern wie der Temperatur: Sie steuert beispielsweise, wie kreativ das KI-Modell Ihren Prompt beantwortet. Bei einem Gedicht ist eine hohe, bei einem akademischen Text eher eine niedrigere Temperatur empfehlenswert. Allerdings müssen Sie ein wenig mit den Werten experimentieren, bis Sie für Ihren Anwendungsfall die richtige Einstellung finden. Möchten Sie darüber mehr erfahren, ist der Prompting-Guide eine gute Quelle [12].

Prompt-Ketten

Wenn Sie Ihre Prompts mit dem R-T-F-Schema aufbauen, haben Sie eine gute Grundlage geschaffen, um sich mit der KI auszutauschen. In einem nächsten Schritt können Sie die Ausgabe als Startpunkt für eine sogenannte **Prompt-Kette** verwenden.

Das Prinzip ist einfach: Die Antwort der KI auf Ihren Anfangs-Prompt nutzen Sie für Ihren nächsten Prompt – und so weiter. Sie bauen also eine Eingabe-Ausgabe-Kette auf, die von einem Gedanken, von einem Inhalt zum nächsten führt. Auf diese Weise können Sie ein komplexes Problem in einzelne Schritte zerlegen oder das Verständnis für ein abstraktes Thema langsam entwickeln [13]. Abb. 12.10 zeigt den Anfang einer solchen Kette für den Bereich *„Luftfahrt und Umwelt“*. Auf dieses Beispiel kommen wir im folgenden Abschnitt zurück; denn Prompt-Ketten helfen uns ganz vorzüglich, wenn es um das Erstellen eines Vortrags geht.

Die Arbeit mit Prompt-Ketten liegt in einer interessanten Eigenschaft der KI verborgen: Dem *Memory-Effekt*. KI-Modelle können sich – bis zu einer gewissen Menge an Tokens – die Inhalte eines Chatverlaufs merken. Das bedeutet: Sie müssen der KI nicht bei jedem Prompt ihre Rolle nochmals beschreiben; die kennt sie bereits aus Ihrer ersten Eingabe. Besser noch: Mit jedem weiteren Prompt erhält die KI weitere Informationen zum Kontext Ihrer Anfrage und wird Ihnen immer genauer antworten. Vorausgesetzt, Sie bleiben bei einem Thema und springen in den Inhalten nicht hin und her.

Mittlerweile besitzen viele KI-Modelle ein übergreifendes (kostenpflichtiges) Gedächtnis, das den Chatverlauf inhaltlich abspeichert. Sie können also Ihren Chat unterbrechen und am nächsten Tag fortführen. Zusätzlich merkt sich die KI bestimmte Eigenschaften – wie den Tonfall, den Sprachstil oder die Wortwahl des Nutzers. Dadurch erzeugt sie immer genauere Texte, die dem Stil des Anwenders entsprechen.

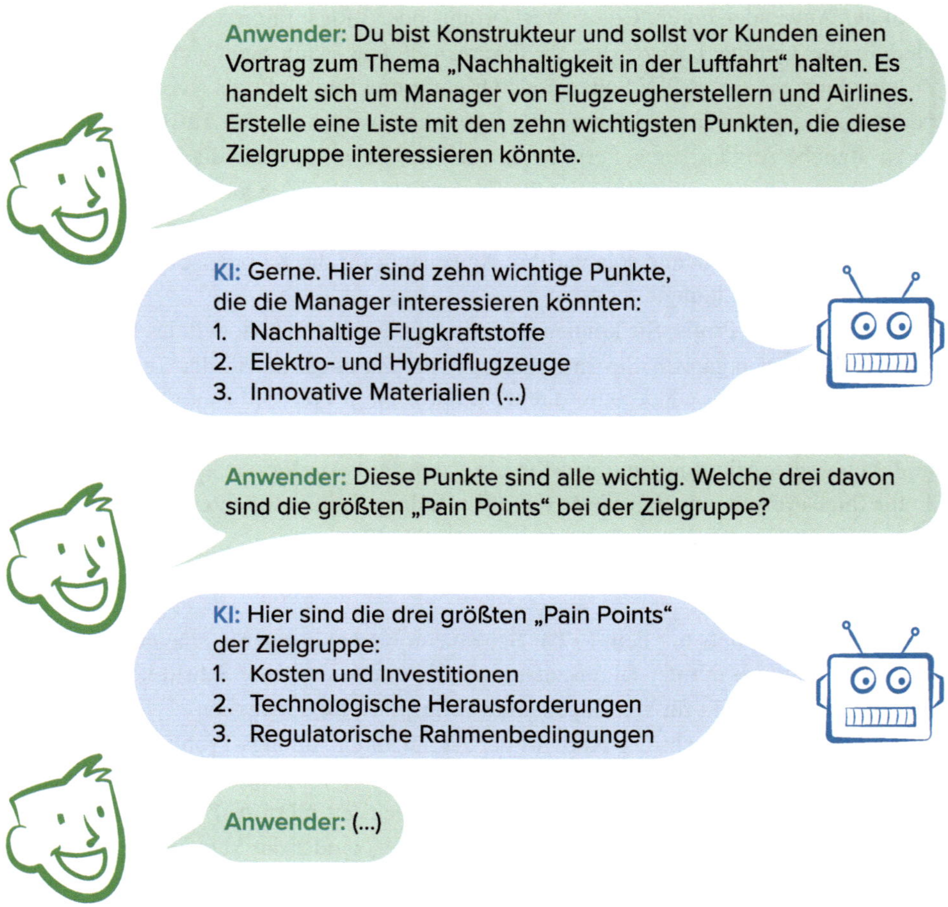

Abb. 12.10 Der grundsätzliche Ablauf einer Prompt-Kette. Starten Sie den ersten Prompt mit dem R-T-F-Aufbau. Die zusätzlichen Erläuterungen der KI zu den einzelnen Punkten sind in der Grafik nicht dargestellt

12.2.4 KI-Unterstützung beim Vorbereiten und Präsentieren

In Abschn. 2.4.1 haben wir ein **Kochrezept** kennengelernt, das uns in sieben Schritten von der Idee zum Vortrag führt. Allerdings führen die meisten Referenten während ihrer Vorbereitung mehrere Schritte gleichzeitig durch; beispielsweise ist es sinnvoll und zeitsparend, die bei der Recherche gefundenen Inhalte bereits den passenden Stellen in der Grobgliederung oder im **Board** zuzuordnen. Aus diesem Grund habe ich die Vorgehensweise auf fünf Schritte gestrafft: Thema klären, Inhalte strukturieren, Inhalte visualisieren, Vortrag prüfen und Vortrag halten.

Die spannende Frage lautet nun, ob und wie eine KI mit ihren Fähigkeiten (s. Abb. 12.7) den Referenten in den einzelnen Schritten unterstützen kann. Das kann sie – und zwar

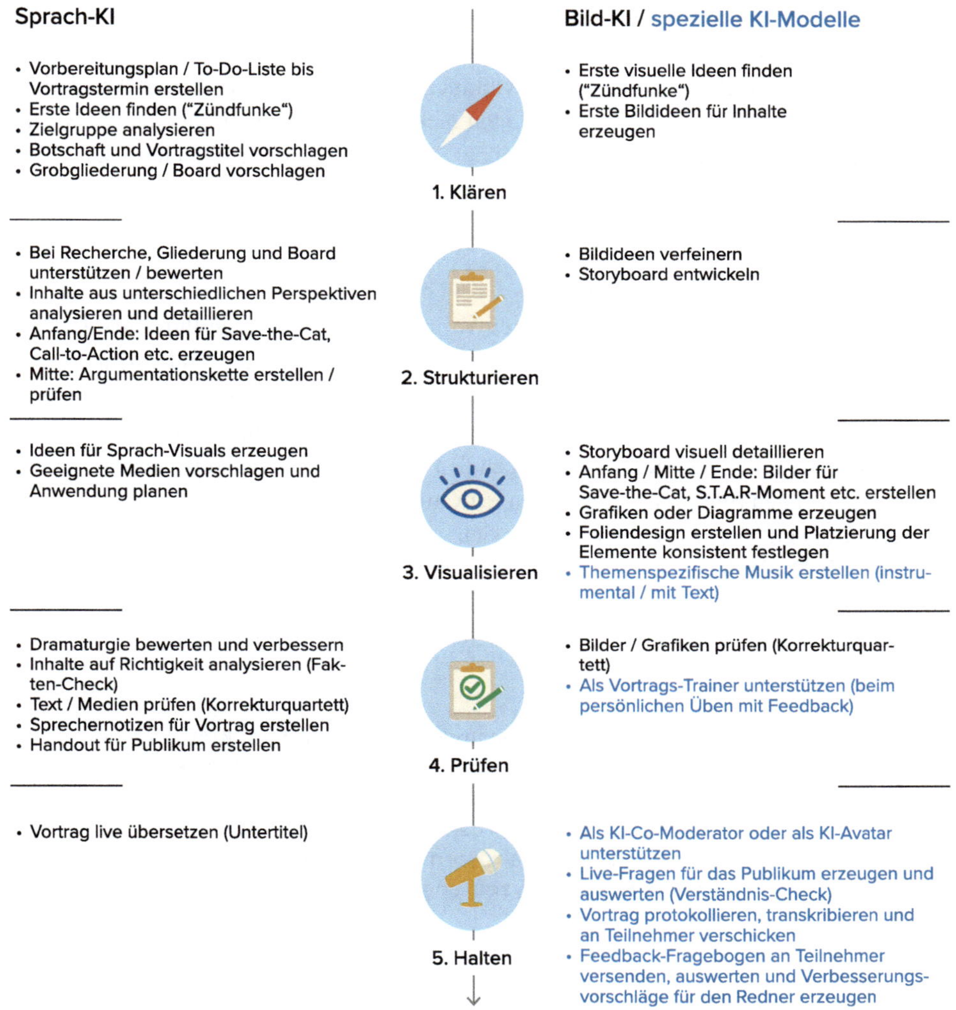

Abb. 12.11 Einige Anwendungsfälle, wie eine Sprach-KI und eine Bild-KI bei der Erstellung eines Vortrags unterstützen kann. Besondere KI-Anwendungsfälle sind in blauer Schrift dargestellt

ziemlich gut. Natürlich ist meine Aufzählung in Abb. 12.11 nicht vollständig, aber sie bietet eine stabile Grundlage, um nachfolgend einige **Anwendungsfälle** genauer zu betrachten. Dabei stellen wir uns vor, dass wir einen Vortrag aus dem Bereich „Umwelt und Luftfahrt" vorbereiten, den wir vor Kunden halten werden. Die Zielgruppe sind Manager von Flugzeugherstellern und Airlines; das Vortragsziel ist, sie über die neuesten Trends und Entwicklungen zu informieren.

Dazu habe ich einige Beispiel-Prompts formuliert, um Ihnen zu zeigen, wie Sie bei einzelnen Anwendungsfällen mit Hilfe der KI vorgehen können. Experimentieren Sie ein wenig mit den Prompts und lassen Sie sich überraschen, welche Ergebnisse die KI liefert –

und wie sie sich von den meinen unterscheiden. Das ist nicht verwunderlich: Das neuronale Netz berechnet die Antwort bei jeder Anfrage neu.

Anmerkung: Die KI-Modelle können viel mehr, als wir in den folgenden Abschnitten besprechen. Wenn Ihnen diese Informationen nicht ausreichen, dann möchte ich Sie auf die einschlägige Literatur verweisen; suchen Sie einfach bei Buchhändlern nach dem Stichwort „Künstliche Intelligenz". Hier möchte ich Ihnen lediglich einen ersten Eindruck vermitteln, wie Sie die KI konkret einsetzen können.

Schritt 1: Thema und Kontext klären

Im ersten Schritt planen Sie alles, was Ihren Vortrag betrifft: Sie legen Ihre Ziele fest, bestimmen die Zielgruppe und überlegen sich erste Inhalte, die für die Zuhörer interessant sein könnten. Weiterhin klären Sie Vorgaben wie die Redezeit, den Ort und den Termin, an dem Sie präsentieren sollen. In diesem Schritt geht es vor allem um organisatorische Aufgaben und erste inhaltliche Ideen – Sie legen den Kurs Ihrer Vortragsreise fest.

Um einen ersten Eindruck zu gewinnen, wie aufwendig die Vorbereitung für den „Luftfahrt und Umwelt"-Vortrag ist, können Sie sich von der KI einen ersten Vorbereitungsplan und eine To-Do-Liste erstellen lassen. Nutzen Sie dazu als Einstieg die Prompts in Abb. 12.12. Natürlich können Sie sich bei jeder Antwort weitere Details anzeigen lassen; aus Platzgründen habe ich diese Inhalte in den Abbildungen weggelassen.

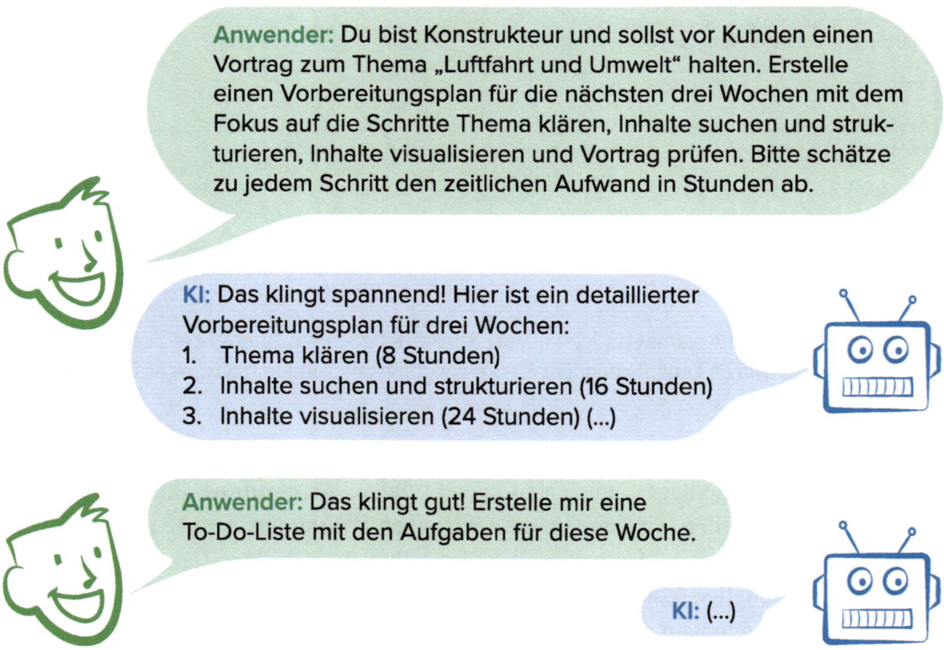

Abb. 12.12 Mit diesem Prompt erzeugen Sie einen Vorbereitungsplan mit Zeitangaben. Sie können sich diesen Plan sogar als Datei ausgeben lassen, die Sie in Ihren Kalender auf dem Rechner importieren können

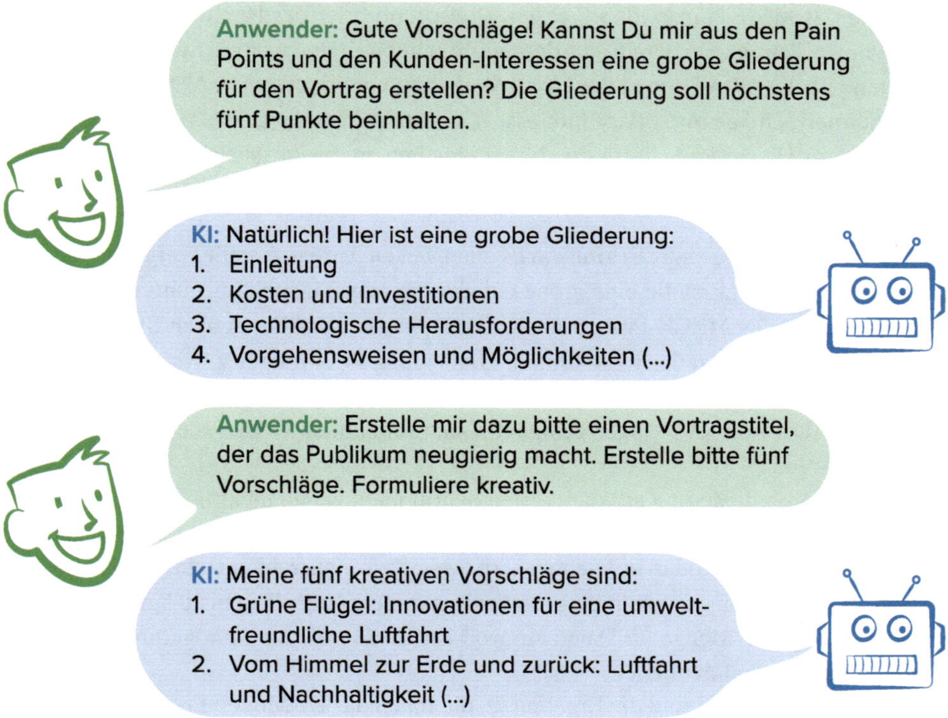

Abb. 12.13 Eine kleine Prompt-Kette, mit der Sie eine Grobgliederung und Vorschläge für Vortragstitel von der KI generieren lassen

Wenn Sie mit Hilfe der **3 W-Fragen** die Zielgruppe ermittelt haben, fragen Sie die KI einfach, mit welchen Problemen sich die Teilnehmer beschäftigen. Aus diesen Pain Points wählen Sie die drei wichtigsten aus und lassen sich erste inhaltliche Ideen liefen, wie wir das in Abb. 12.10 durchgeführt haben. Auf dieser Grundlage bitten Sie die KI, Ihnen eine erste Grobgliederung zu erstellen. Und schließlich können Sie sich Vorschläge für spannende Vortragstitel generieren lassen. Einige Ideen der KI sehen Sie in Abb. 12.13.

Schritt 2: Vortrag strukturieren

Im ersten Schritt haben wir den Vortrag grob gegliedert und das Board erstellt. Jetzt geht es darum, das Board mit den richtigen Inhalten zu füllen und zu detaillieren. Das betrifft nicht nur die passenden Zahlen, Daten und Fakten, sondern auch erste Storytelling-Elemente für einen starken Anfang (mit dem **Save-the-Cat-Moment**), einem logisch-strukturierten Mittelteil inklusive dem einprägsamen **S.T.A.R.-Moment** und einem motivierenden **Appell** am Vortragsende.

► **Praxistipp** Wenn Ihnen die Struktur Ihrer Gliederung nicht gefällt, können Sie die KI bitten, den Aufbau mithilfe von sogenannten Frameworks zu erstellen. Das sind Vorlagen, die Ihnen helfen, den Vortrag zu strukturieren. Einige davon, wie das MECE-Prinzip, den Problem-Dreisprung oder das Himmel-und-Hölle-Prinzip, kennen Sie bereits aus dem fünften Kapitel. Eine weitere nützliche Vorlage ist die AIDA-Formel, die oft im Marketing verwendet wird. AIDA steht für Aufmerksamkeit *(Attention)*, Interesse *(Interest)*, Verlangen *(Desire)* und Handeln *(Action)*. Diese vier Schritte durchläuft eine Person, bevor sie sich entscheidet, etwas zu tun – wie ein Produkt zu kaufen.

Soll die KI mithilfe eines **Frameworks** einen neuen Aufbau erstellen, ergänzen Sie einfach Ihren Prompt: „Erstelle eine grobe Gliederung zum Thema „Luftfahrt und Umwelt" und nutze dazu das MECE-Prinzip. Die Zielgruppe ist…". Aber denken Sie daran: Eine gute Struktur unterstützt das Publikum, die Bedeutung Ihrer Inhalte zu verstehen. Deshalb ist es wichtig, das passende Framework auszuwählen. In unserem Beispiel wäre beispielsweise die AIDA-Formel weniger geeignet: Denn schließlich wollen Sie informieren und nichts verkaufen.

Falls die Grobgliederung aus dem ersten Schritt nicht genug inhaltliche Details enthält, können Sie die KI um zusätzliche Informationen bitten. Das Ergebnis bietet oft eine gute Basis, um im Internet oder in Fachbüchern weiter zu recherchieren. Sie können die KI auch gezielt anweisen, zu einem bestimmten Punkt mehr Einzelheiten zu liefern. Und falls die vorgeschlagene Menge an Daten zu groß ist: Lassen Sie sich die gefundenen Dokumente einfach zusammenfassen.

Besonders spannend sind die Ergebnisse, die Ihnen das KI-Modell liefert, wenn Sie die analytische Ebene der Zahlen und Fakten verlassen und die emotionale Ebene betreten. In Abb. 12.14 sehen Sie zwei Antworten der KI auf meine Bitte, einen interessanten Vortragsanfang zu erstellen. Wie ich finde, kann man – nach der ersten nüchternen Antwort – mit dem zweiten Vorschlag als Inspiration gut weiterarbeiten.

Diese Vorschläge und Ideen können Sie in Ihrem Board notieren und skizzieren – und aus ihm langsam das **Storyboard** entwickeln. Natürlich können Sie die KI auch nutzen, um sich zu den Inhalten erste Bildideen generieren zu lassen. Das Verfeinern und Ausarbeiten dieser Visuals führen wir im nächsten Schritt durch.

Schritt 3: Inhalte visualisieren

Mit dem Board haben wir den Vortrag auf der Faktenebene strukturiert und es anschließend mit ersten sprachlichen und bildlichen Ideen, wie Skizzen oder Notizen, ergänzt. Jetzt geht es darum, passende (Sprach-)Bilder oder Grafiken zu erstellen und das entstandene Storyboard zu finalisieren. Zudem stellen wir uns die Frage, ob es immer Folien sein müssen: Möglicherweise lassen sich die Inhalte für die Zuhörer auch besser mit einem Flipchart oder einem Requisit vermitteln. Kurz gesagt: In diesem Schritt werden die Folien erstellt und die Präsentation konkret ausgearbeitet.

Um sich von der KI-Anwendung Vorschläge für die Visualisierung erstellen zu lassen, stehen Ihnen zwei Wege offen: Entweder bitten Sie sie, für jeden Gliederungspunkt zu beschreiben, wie die Folie aussehen könnte; eine Beispiel-Eingabe habe ich in Abb. 12.15 formuliert.

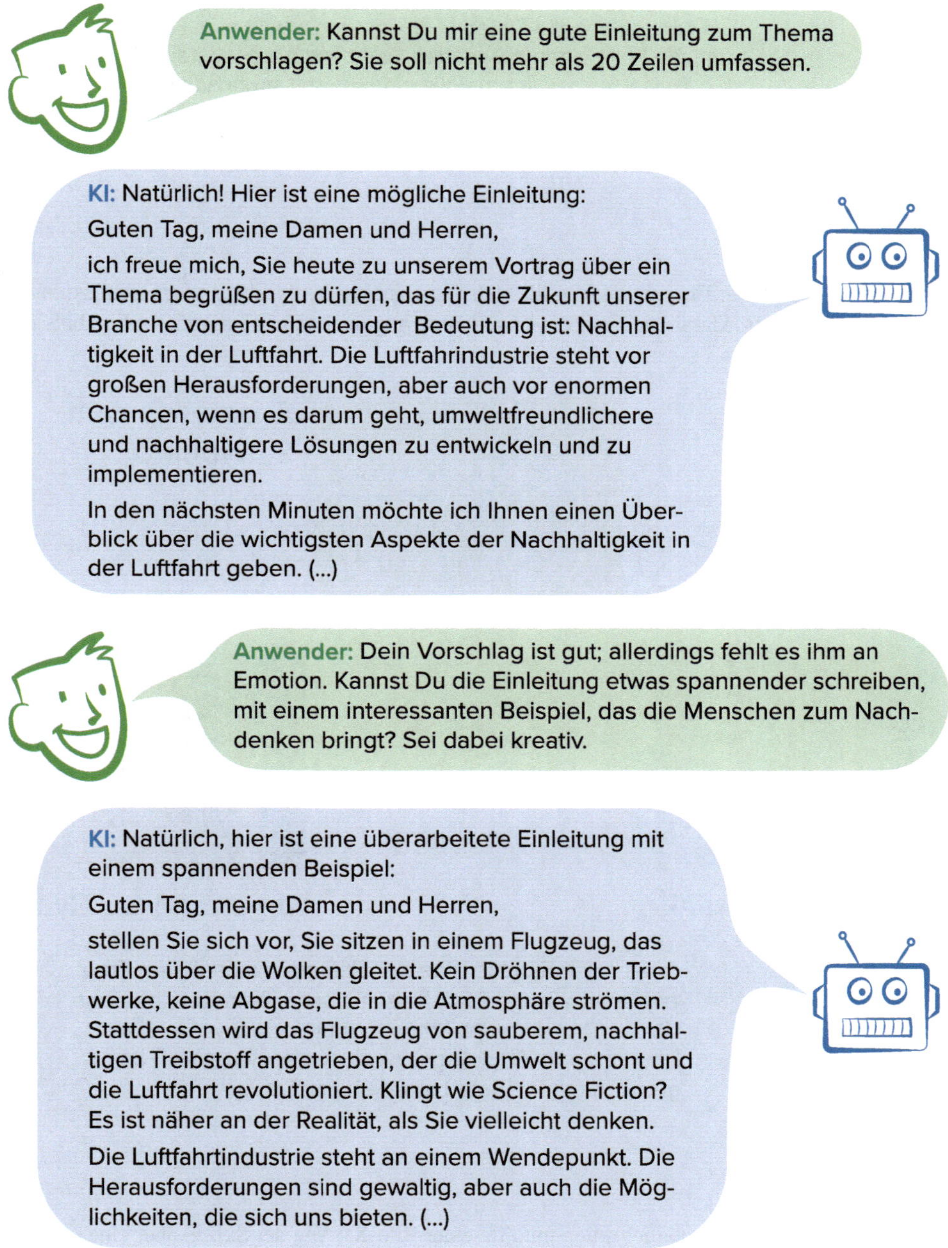

Abb. 12.14 Die Vorschläge der KI auf die Frage, wie ein Anfang zum Thema „Luftfahrt und Umwelt" lauten könnte

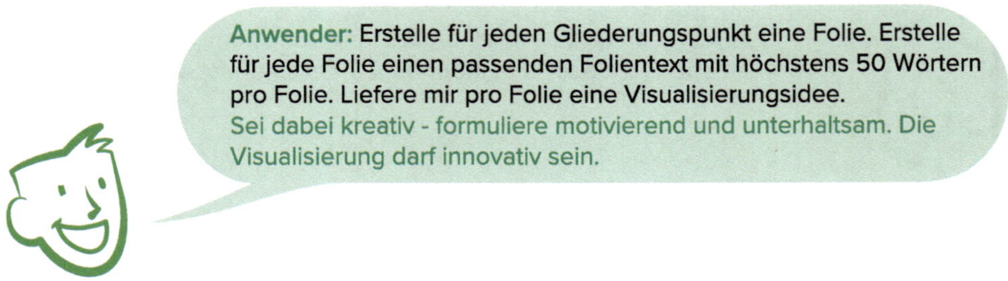

Abb. 12.15 Mit dieser Eingabe können Sie sich Visualisierungsvorschläge generieren lassen – in schwarzer Schrift für „klassische", mit der Erweiterung in grüner Schrift für kreative Ergebnisse

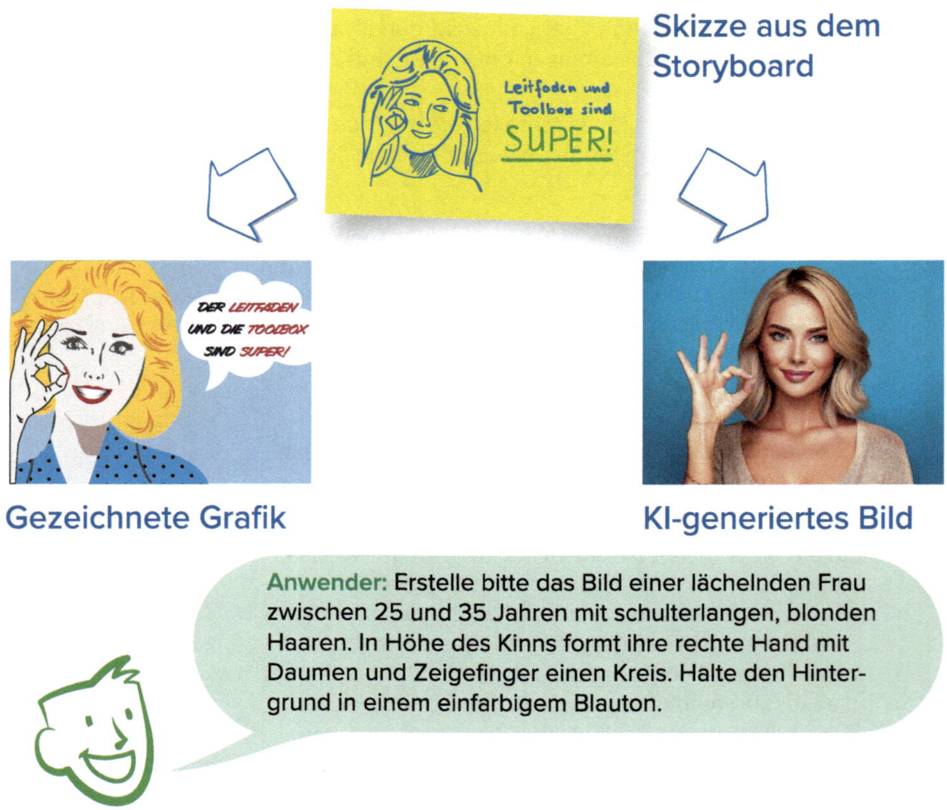

Abb. 12.16 Umsetzungsmöglichkeiten mithilfe einer Bild-KI: Von der Skizze über einen Comic-Stil bis hin zu einem Foto, das ich mit der Adobe-KI „Firefly" erzeugt habe

Oder Sie erstellen eine Eingabe aus den Ideen auf Ihrem Storyboard. In beiden Fällen nehmen Sie das ausgegebene Ergebnis der Sprach-KI und geben es in eine Bild-KI ein, die Ihnen daraus ein Bild erstellt. In Abb. 12.16 sehen Sie die Skizze und die händisch erstellte Comic-Folie der Frau mit dem OK-Zeichen aus Abschn. 7.6 – *Das Storyboard*; ganz rechts ist das Ergebnis der Bild-KI als Portrait mit dem zugehörigen Prompt.

Wie Sie am Beispiel der KI-generierten Frau sehen, müssen Sie die Ergebnisse oftmals nachbearbeiten – damit der Aufbau, das Design oder der Stil mit dem gesamten Foliensatz harmonieren. Beispielsweise passt die Comic-Sprechblase nicht zur Frau auf dem Foto, weswegen ich sie dort weggelassen habe. Alternativ könnten Sie auf dieser Folie mit einer Textbox arbeiten.

Das gilt auch, wenn Sie mit speziellen KI-Modellen arbeiten, die für die Erstellung von Folien und ganzen Vorträgen trainiert wurden: Oft müssen die Ergebnisse noch in die **CI-Vorlage** Ihrer Firma übertragen werden. Zudem ist es häufig erforderlich, die Textformatierung und die Anordnung der Folienelemente anzupassen. Eine KI-Anwendung, die auf Knopfdruck automatisch die perfekte Folie erstellt, die genau zu Ihren Bedürfnissen passt, gibt es (noch) nicht [14].

Eine Bild-KI ist ein wertvoller Ideenlieferant für Bilder, Grafiken oder Diagramme. Allerdings können Sie Ihre Inhalte noch auf andere Weise visualisieren: Durch Sprachbilder oder einen Wechsel Ihrer eingesetzten Medien.

Mit der Kraft der Sprache können Sie das **Kopfkino** Ihres Publikums anregen – etwa durch anschauliche Vergleiche oder fesselnde Geschichten. Hierbei steht Ihnen eine Sprach-KI mit passenden Ideen zur Seite. Darüber hinaus können Sie die KI auch fragen, an welchen Stellen ein Wechsel des Mediums – wie der Einsatz eines Flipcharts oder das Zeigen eines Requisits – besonders wirkungsvoll wäre. So schlug das KI-Modell in unserem Beispielvortrag vor, ein vollständig recyclebares Bauteil live zu präsentieren, um zu veranschaulichen, wie es den Gedanken „Luftfahrt und Umwelt" unterstützt.

An dieser Stelle verlassen wir kurz die Welt der Sprach- und Bild-KIs und blicken ein wenig über den Tellerrand: So könnten Sie sich über eine Musik-KI ein eigenes Lied für Ihren Vortrag komponieren lassen – rein instrumental oder mit Text. Das ist ein toller Beginn, mit dem Sie die Aufmerksamkeit des Publikums gewinnen: Wenn der Songtext etwas mit dem Vortragsthema zu tun hat, entlockt das den Teilnehmern meist ein Schmunzeln.

Schritt 4: Vortrag prüfen

Nachdem Sie den Foliensatz erstellt haben, müssen Sie ihn inhaltlich und formal prüfen. Dazu gehört nicht nur, ob die Folien inhaltlich zusammenpassen oder visuell miteinander harmonieren; auch beim Korrigieren von grammatikalischen Fehlern oder sprachlichen Ausdrücken im Folientext oder Ihrer Sprechernotizen leistet die KI gute Dienste. Wir kennen dieses Vorgehen als **Korrekturquartett** aus dem Abschn. 10.4.1. Und falls Sie noch keine Notizen haben, dann ist jetzt der richtige Zeitpunkt dafür: Beispielsweise mit der Eingabe „Bitte erstelle Sprechernotizen für die dritte Folie".

Sie können sowohl einzelne als auch alle Folien durch die KI bewerten lassen – je nachdem, wie Ihre Fragestellung lautet. Im letzten Fall laden Sie den gesamten Foliensatz hoch und lassen ihn auf Konsistenz, Verständnis oder Grammatik prüfen. Für unseren Beispielvortrag sehen Sie einen Ausschnitt der KI-Bewertung in Abb. 12.17. Das Ergebnis habe ich mir in Form einer Tabelle ausgeben lassen. Als nächsten Schritt könnten Sie beispielsweise die KI anweisen, für jeden Verbesserungsvorschlag ein Beispiel zu erstellen, an dem Sie sich bei der Gestaltung orientieren.

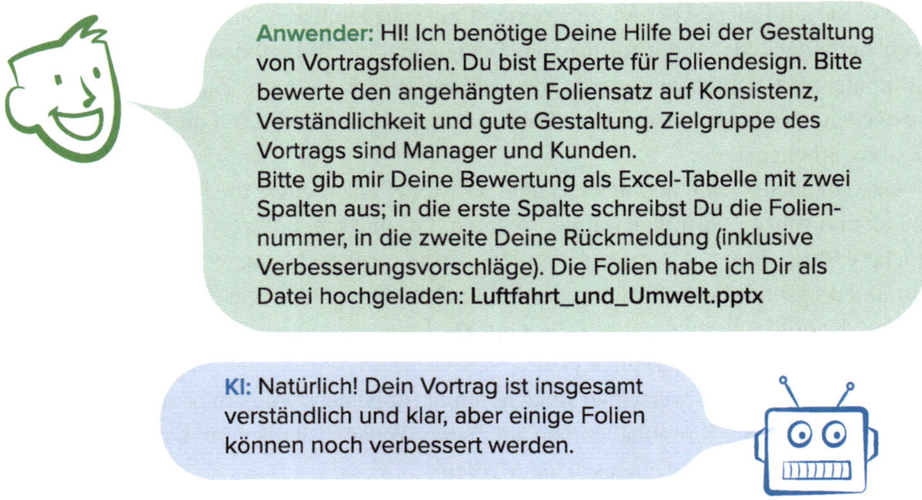

Nummer	Rückmeldung
Folie 1	**Konsistenz:** Die Folie ist konsistent mit dem Thema. **Verständlichkeit:** Der Titel ist klar, könnte aber präziser formuliert werden. **Gestaltung:** Die Gestaltung ist einfach, könnte jedoch durch visuelle Elemente wie Icons oder Bilder verbessert werden.
Folie 2	**Konsistenz:** Die Folie ist thematisch konsistent. **Verständlichkeit:** Die Darstellung der Prozessschritte ist klar. **Gestaltung:** Die Folie könnte durch Farbcodierung und visuelle Hierarchie verbessert werden.
Folie (...)	**Konsistenz:** (...)

Abb. 12.17 Die Bewertung meines Foliensatzes durch die KI. Unten sehen Sie einen Auszug aus der Excel-Tabelle mit den Verbesserungsvorschlägen

► **Praxistipp** Die KI-Modelle unterstützen Sie auch dabei, Ihre Dramaturgie zu verbessern. Fragen Sie sie einfach, wie spannend oder ansprechend sie den Vortrag finden und wie man ihn interessanter gestalten kann. Auch hier gilt: Je konkreter Sie Ihre Eingabe formulieren, desto besser sind die Antworten. Manchmal erhalten Sie erstaunliche Ideen…

Wenn Sie eine KI-Prüfung durchführen, dann achten Sie auf zwei Punkte: Laden Sie *niemals* vertrauliche Daten hoch. Und prüfen Sie, ob die KI-Vorschläge im Rahmen der CI-Vorgaben des Unternehmens erlaubt sind. Andernfalls müssen Sie sie anpassen.

Die Nagelprobe für Sie als Referent besteht darin, Ihre Inhalte vor einem **Testpublikum** zu präsentieren. Dabei ist es unerheblich, ob es sich um eine Gruppe von Menschen oder um Sie allein vor dem Spiegel handelt. In beiden Fällen üben Sie Ihren Vortrag, gewinnen Sicherheit und identifizieren diejenigen Stellen, an denen es noch unrund läuft. Zusätzlich erhalten Sie eine ehrliche Rückmeldung zu Ihrem Auftritt. Diese Rolle kann auch eine KI übernehmen – wenn auch nur begrenzt.

Mit dem Prompt „Du bist ein Vortragscoach. Bitte prüfe meinen Vortrag und gib mir eine Rückmeldung, was ich verbessern kann. Meine Zielgruppe sind Manager und Kunden aus der Luftfahrtindustrie. Mein Ziel ist es, die Zielgruppe zu informieren und neugierig zu machen" kann ein LLM wertvolles Feedback geben. Liegt der Vortrag als Text- oder Audiodatei vor, können Sie die KI sofort um eine Prüfung bitten. Und wenn Sie Ihre Eingabe erweitern, können Sie auch gezielt nach Rhetorik, Stimme oder Argumentationsaufbau fragen. Aber denken Sie daran, dass die KI nur das beurteilen kann, was sie liest oder hört.

Leider lassen sich Videodateien mit aufgezeichneten Vorträgen derzeit noch nicht direkt von Sprachmodellen auswerten – der Grund sind technische Grenzen bei der Dateigröße und Verarbeitung. Doch auch dafür zeichnet sich bereits eine Lösung ab: Speziell entwickelte KI-Modelle bewerten Ihren Vortrag in Echtzeit über die Kamera und das Mikrofon Ihres Computers. Sie erfassen dabei den gesamten Auftritt – inklusive Mimik, Gestik, Stimme und Ihrer Interaktion mit Medien. Der Ablauf ist einfach: Sie präsentieren vor Ihrem Computer, und die KI übernimmt die Rolle des Publikums. Im Anschluss erhalten Sie eine Auswertung in Form eines Dashboards – oft mit ersten Hinweisen, was und an welcher Stelle Sie etwas verbessern können.

Was sich gut anhört, hat leider einen Haken: Die Anbieter sprechen mit diesen Modellen vor allem Unternehmen an, um deren Lern- und Bildungsangebot für die Mitarbeiter zu unterstützen und Trainerkosten zu reduzieren. Dabei stehen spezielle Inhalte wie Verkaufs- oder Technik-Pitches im Mittelpunkt. Entsprechend hoch sind die monatlichen Kosten. Allerdings gehe ich davon aus, dass die Anbieter mittelfristig ihre KI-Anwendungen auch für private Endkunden zur Verfügung stellen.

Schritt 5: Vortrag halten

Der Tag der Wahrheit ist gekommen – heute stehen Sie vor Ihrem Publikum. Auch dabei kann Ihnen Künstliche Intelligenz das Vortragsleben erleichtern: Entweder unauffällig im Hintergrund oder aktiv an Ihrer Seite. Die Anwendungen, über die wir gleich sprechen, liegen außerhalb von Copilot & Co.; aber sie zeigen, wie KI einen Vortrag – unabhängig, ob live oder online – unterstützen kann: Vom letzten Feinschliff am Vortragsort bis zur Analyse nach dem Auftritt. Neugierig? Dann lassen Sie uns über den Tellerrand schauen, mit welchen digitalen Helfern Sie Ihren Vortrag veredeln können und ihn für das Publikum zu einem Erlebnis machen.

Vor dem Vortrag kann die KI bei der Kontrolle des Vortragsraums oder beim **Technik-Check** unterstützen. So kann sie daran erinnern, was bei den letzten Vorträgen schiefgegangen ist – vom schwachen WLAN-Signal über ausgetrocknete Flipchart-Stifte bis hin zu leeren Akkus im Computer oder im Mikrofon. In vielen Fällen kann man diese Probleme noch lösen, bevor der eigentliche Vortrag beginnt. Und falls der Redner nervös ist, kann die KI mit kleinen Übungen zur Entspannung helfen.

Während des Vortrags gibt die KI laufend Rückmeldung – etwa, indem sie beispielsweise die Reaktionen des Publikums beobachtet und auswertet: Wenn das Publikum an bestimmten Stellen im Vortrag besonders interessiert wirkt, könnte die KI vorschlagen, diese Inhalte ausführlicher zu behandeln. Alternativ kann sie auch Live-Umfragen oder

Q&A-Sessions (Questions & Answers) durchführen, bei denen die Teilnehmenden direkt antworten. Anhand der Antworten erstellt die KI eine Liste, ordnet die genannten Punkte nach Priorität und zeigt sie dem Redner an.

Während der Redner spricht, kann die KI seine Worte erfassen und sie fast in Echtzeit als Untertitel am unteren Folienrand darstellen. Das geht sogar in einer Fremdsprache und ist heute bereits Bestandteil in vielen Office-Programmen. Voraussetzung hierfür ist eine stabile WLAN-Verbindung. Oder die KI erzeugt einen virtuellen Co-Moderator, der sich mit Ihnen die Bühne teilt – ein sogenannter Avatar. Sie können sich das vorstellen wie bei den Sprechern der Tagesschau. Das ist besonders interessant für **Online-Präsentationen** oder Schulungsvideos.

Wenn die KI den Vortrag protokolliert, kann sie nach dem Vortragsende die Inhalte transkribieren und das erstellte Dokument automatisch an die Teilnehmer verschicken. Das ist ein guter Ersatz für ein aufwendiges Handout. Zusätzlich kann sie einen Fragebogen formulieren, der auf die Zielgruppe zugeschnitten ist. Anschließend wertet sie die zurückgeschickten Antworten der Teilnehmer aus und unterbreitet dem Redner Vorschläge, welche Inhalte das Publikum besonders interessant fand oder wie der Auftritt bei den Menschen ankam. Auf diese Weise unterstützt die KI den Referenten bei seiner Selbstreflexion.

Wenn Sie die vorgestellten KI-Helfer ausprobieren möchten: Auf der Plattform *There's an AI for that* finden Sie viele KI-Apps für diese und weitere Zwecke [15].

12.2.5 Die dunkle Seite der KI

Wie wir in den vorherigen Abschnitten gesehen haben, ist KI ein tolles Werkzeug. Leider besitzt jede Medaille zwei Seiten – und auch die Künstliche Intelligenz hat ihre dunklen Geheimnisse. Einige sehen Sie in Abb. 12.18: Um ihr Know-How und andere sensible Daten zu schützen, geben viele Unternehmen mittlerweile vor, welche KI-Werkzeuge im Berufsalltag erlaubt sind. Die Mitarbeiter selbst sind sich bei der Anwendung entweder unsicher oder verwenden die KI-Ergebnisse unkritisch weiter. Und in der Ausbildung kann KI sogar unser Lernen beeinträchtigen. Die schöne neue KI-Welt ist an einigen Stellen nur vermeintlich schön...

Für Unternehmen steht vor allem das Thema **Datenschutz und Datensicherheit** im Fokus – insbesondere die Frage wie die Anwender mit internen oder sensiblen Daten umgehen. Ein Teilnehmer in meinen Trainings bemerkte einmal: „Ich weiß eigentlich gar nicht genau, welche Daten ich eingeben darf und welche nicht – die Grenze ist fließend. Und bevor ich eine falsche Entscheidung treffe, lasse ich es lieber ganz sein."

Das ist verständlich: Denn oftmals gibt es Inhalte, die entweder aus rechtlichen oder vertraulichen Gründen in einem Prompt nicht gestellt werden dürfen. Von persönlichen Angaben ganz zu schweigen. Die Angst: Ein leichtfertiger Umgang kann großen Schaden nach sich ziehen – und sei es nur, dass der Ruf des Unternehmens leidet. Bevor man einen Fehler macht, macht man lieber gar nichts – trotz aller Maßnahmen der Firma, KI-Modelle als neues Werkzeug am Arbeitsplatz einzuführen.

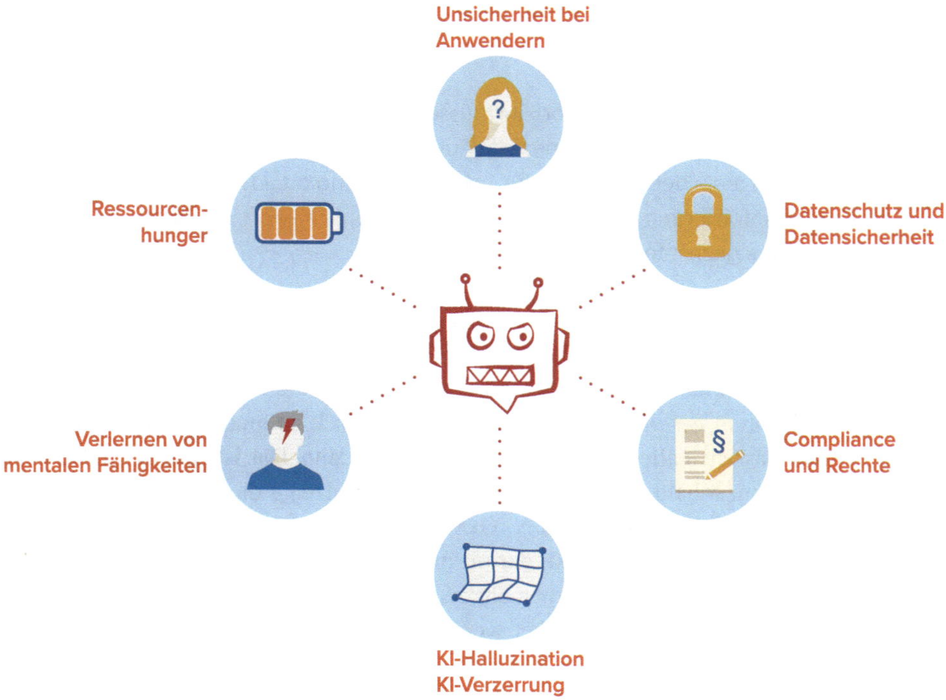

Abb. 12.18 Künstliche Intelligenz hat auch ihre Schattenseiten

Sobald jedoch die KI eine Antwort liefert, passiert häufig das Gegenteil: Die Menschen verwenden sie oftmals bedenkenlos weiter. Und das ist gefährlich. Über **Halluzinationen** sprachen wir bereits in Abschn. 12.2.2 – *Wie funktioniert KI?;* allerdings gibt es einen weiteren Fallstrick: Die **Compliance.** Das betrifft sämtliche Inhalte, die nicht dem Ethik- und Moral-Kodex des Unternehmens entsprechen. Ebenso rassistische oder erniedrigende Aussagen: So stufte beispielsweise im Jahr 2015 eine Bild-KI dunkelhäutige Menschen als Gorillas ein [16]. Der Grund ist der sogenannte **Bias:** Die KI verzerrt ihre Ergebnisse, weil die Trainingsdaten einseitig oder mit bestimmten Meinungen vorbelastet sind.

Besonders heikel wird es, wenn **Urheber- oder Markenrechte** verletzt werden, ohne dass es auffällt. So übernahm eine Sprach-KI nahezu wortwörtlich einen Artikel der New York Times über Covid-19 in Brasilien. Auch Bild-KIs sind nicht davor gefeit: Einige von ihnen erzeugte Superhelden ähnelten geschützten Figuren aus Marvel- und DC-Comics auf erschreckende Weise [17]. Hier war die „Inspiration" der KI eindeutig zu offensichtlich.

Viele der genannten Risiken lassen sich durch die Nutzung von Open-Source-KI-Modellen deutlich reduzieren. Da diese Modelle lokal betrieben werden können, bleiben die Daten – und damit auch das geistige Eigentum – vollständig innerhalb der Firma. Es besteht keine Gefahr, dass sensible Informationen über externe Dienstleister weiterverarbeitet oder für andere Zwecke genutzt werden. Das Unternehmen behält die volle Kontrolle über seine Inhalte. Auch Datenschutz- und Compliance-Vorgaben lassen sich so deutlich einfacher einhalten.

► **Praxistipp** Open-Source-KI-Modelle müssen nicht selbst trainiert werden. Viele stehen bereits vortrainiert für spezielle Aufgaben zur Verfügung und lassen sich direkt einsetzen – beispielsweise für Textverarbeitung oder Datenanalysen. Für spezielle Anforderungen ist eine Anpassung möglich – oft genügen jedoch schon einige gezielt formulierte Prompts.

Künstliche Intelligenz kann Fehler machen. Deshalb müssen wir ihre Ergebnisse bewerten – sowohl inhaltlich als auch auf ihren Wahrheitsgehalt. Leider stelle ich bei meinen Vortrags-Schulungen häufig fest, dass die Bereitschaft und die Fähigkeit meiner Teilnehmer, etwas mit ihrem *gesunden Menschenverstand* kritisch zu hinterfragen, immer mehr nachlässt. „Das lasse ich alles die KI machen“, höre ich dann. Das ist gefährlich: Denn Sie sind verantwortlich, sobald Sie die generierten Inhalte nutzen – die Anbieter übernehmen aktuell keine Haftung. Im Zweifelsfall hören Sie auf Ihr Bauchgefühl: Das liegt oft richtig.

Hinzu kommt ein weiterer Aspekt, der oft unterschätzt wird: Wer sich bei seinen Vorträgen zu sehr auf KI verlässt, riskiert mehr als nur inhaltliche Fehler. Natürlich kann sie bei der Vorbereitung unterstützen – aber wer ihr die ganze Arbeit überlässt, verliert nach und nach seine eigene Kompetenz als Redner. Von Ihrer Glaubwürdigkeit als Spezialist ganz zu schweigen. Man wird kein guter Koch, wenn man nur Essen bestellt – man muss selbst an den Herd und ein Gericht zubereiten. Lampenfieber, freies Sprechen und der persönliche Umgang mit dem Publikum lassen sich nur durch Übung verbessern – nicht durch einen virtuellen Avatar.

Besonders gefährlich: KI beeinflusst auch die Art, wie wir denken. Der Neurowissenschaftler **Manfred Spitzer** warnt, dass unser Gehirn verlernt, Inhalte zu analysieren und eigene Schlüsse zu ziehen [18]. Deshalb setzen manche Informatik-Professoren in den ersten Semestern klare Regeln für den KI-Einsatz: Die Studenten dürfen sie etwa als Lernhilfe verwenden, um sich komplexe Inhalte erklären zu lassen. Nicht erlaubt ist jedoch, dass die KI komplette Programme oder Code-Lösungen schreibt. Denn wer nicht selbst programmiert, entwickelt kein Verständnis für den Aufbau von Code – und kann später Fehler kaum erkennen oder beheben. Wenn Sie niemals selbst ein Auto repariert haben, werden Sie kein guter Kfz-Meister.

Abschließend gibt es noch eine dunkle Seite der KI, über die wir noch nicht gesprochen haben: Ihr unersättlicher Energiehunger. Das Training und der Betrieb großer Modelle erfordern leistungsstarke Rechenzentren, die nicht nur viel Strom verbrauchen, sondern auch dauerhaft gekühlt werden müssen. Laut OpenAI-Chef Sam Altman wurden im Dezember 2024 täglich rund eine Milliarde ChatGPT-Anfragen gestellt – jede davon verbrauchte im Schnitt etwa 32 Milliliter Trinkwasser. Das entspricht rund 322.000 Litern pro Tag [19]. Auch der CO_2-Ausstoß ist erheblich: Laut Schätzungen verschlang das Training von GPT ungefähr 1300 Megawattstunden Strom und erzeugte dabei 552 t CO_2 – das sind 550 Hin- und Rückflüge zwischen New York und San Francisco [20]. Auch bei den Ressourcen gilt: Die KI gibt es nicht umsonst.

Sollte man also gar keine KI mehr nutzen? Natürlich nicht – denn die heutigen Modelle an sich sind weder gut noch böse. Es gibt keinen Grund, sie zu vergöttern oder zu verteufeln. Die Autoren Thomas Niebisch und Jens Kawelke bringen es auf den Punkt: „Nutze die Künstliche Intelligenz, aber mit Verstand.“ [21]

12.3 Augmented und Virtual Reality

Begriffe wie Augmented Reality (AR), Virtual Reality (VR) und Mixed Reality (MR) klingen zunächst abstrakt und technisch. Doch viele Menschen kennen diese Anwendungen bereits, ohne es zu merken: Wenn Sie sich während Ihres Urlaubs auf Ihrem Tablet Informationen zu einem historischen Gebäude anzeigen lassen oder im Park mit Ihrem Smartphone Pokémon sammeln, geschieht dies mithilfe von AR. Und bei VR denken die meisten Menschen sofort an Computerspiele und VR-Brillen, die einen etwas außerirdisch aussehen lassen.

Ohne Zweifel: Es handelt sich um faszinierende Konzepte – das Holodeck des Raumschiff Enterprise scheint im wahrsten Wortsinn zum Greifen nah. Aber wie können wir AR oder VR in Vorträgen anwenden? Macht das überhaupt Sinn? Bevor wir diese Fragen klären, sehen wir uns AR & Co. genauer an [22].

12.3.1 Was ist AR, VR und der ganze Rest?

Obwohl AR und VR oft zusammen genannt werden, bieten sie für den Anwender unterschiedliche Erlebnisse. Kurz gesagt: AR ergänzt die reale Welt mit digitalen Inhalten, während VR eine vollständig neue, virtuelle Umgebung erschafft. Wenn Sie eine der Anwendungen nutzen möchten, ist es entscheidend, die Unterschiede zu kennen, damit Sie sie gezielt nach Ihren Vorstellungen verwenden können. Es ist auch möglich, VR und AR gleichzeitig einzusetzen – dann tragen einige Teilnehmer VR- oder AR-Brillen, wogegen andere die Szene mit ihren Smartphones oder Tablets betrachten.

Virtual Reality (VR) ermöglicht es, vollständig in eine künstlich geschaffene Welt einzutauchen – die sogenannte *Immersion,* wie sie in Abb. 12.19 grafisch angedeutet ist. Wer schon einmal mit einer VR-Brille ein Spiel gespielt hat, weiß, wie real sich diese Erfahrung anfühlen kann: Man befindet sich in einer virtuellen 360°-Welt – und kann sich darin frei bewegen, Gegenstände greifen oder verändern. Die Außenwelt wird dabei komplett ausgeblendet. Aufgrund des intensiven Erlebnisses besitzt VR seinen Ursprung in der Gaming-Industrie; mittlerweile wird sie auch in Schulungen wie bei Flugsimulatoren oder in der Tourismus-Branche eingesetzt: Man erkundet das Reiseziel virtuell, bevor man die Reise bucht.

Für ein intensives VR-Erlebnis benötigen die Teilnehmer eine VR-Brille (ein sogenanntes VR-Headset), die – im Gegensatz zur halbdurchlässigen AR-Brille – sämtliche Sinne (zumindest visuell und akustisch) von der Umgebung isoliert. Steuergeräte wie Motion-Controller oder VR-Handschuhe unterstützen die Anwender dabei, noch besser mit den virtuellen Inhalten umzugehen.

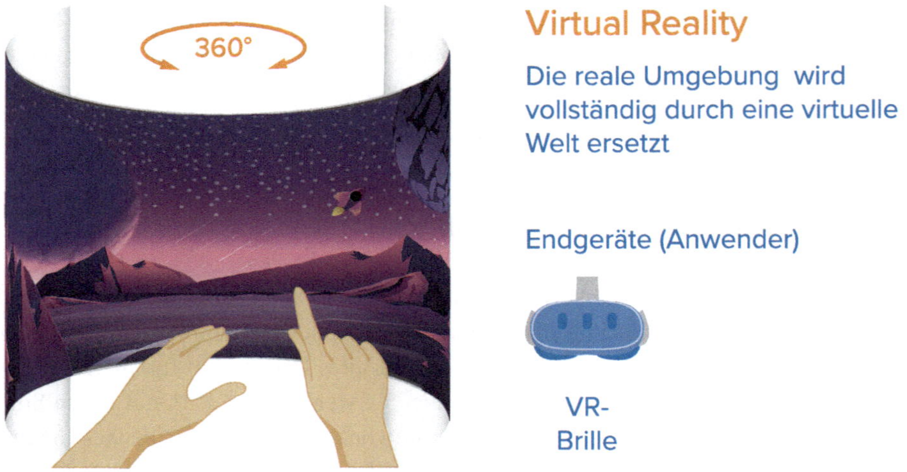

Abb. 12.19 Merkmale der Virtual-Reality-Technologie mit der immersiven 360°-Welt

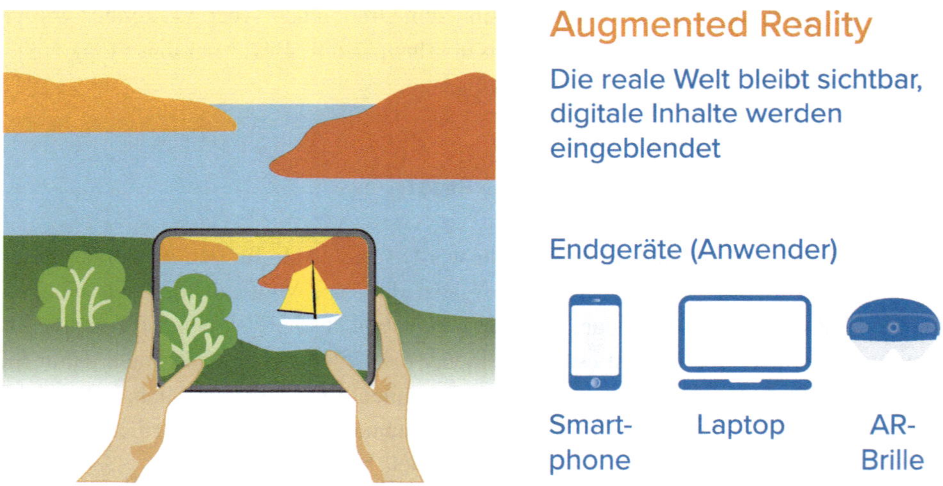

Abb. 12.20 Merkmale der Augmented-Reality-Technologie

Augmented Reality (AR) besitzt einen anderen Ansatz: Hier bleibt die reale Welt sichtbar, wird aber durch digitale Objekte ergänzt (s. Abb. 12.20). Man kann sie betrachten, drehen oder vergrößern – wie das Modell eines Weltraum-Satelliten, das sich auf dem heimischen Küchentisch von allen Seiten erkunden lässt. Und weil der Anwender weiterhin seine echte Umgebung wahrnimmt, ist die Immersion nicht so intensiv. Zusätzlich kann er die digitalen Elemente nur sehr eingeschränkt manipulieren.

Auch wenn es spezielle AR-Brillen gibt, begegnet uns AR im Alltag vor allem auf unseren Smartphones oder Tablets. Einen hohen Bekanntheitsgrad erlangte AR im Jahr 2016 durch das Spiel *Pokémon Go,* bei dem die Spieler virtuelle Wesen in der realen Umgebung von Parks oder Städten sammeln konnten. Mittlerweile findet man AR auch in der Industrie, wo sie Mitarbeiter beispielsweise in der Ausbildung oder Fertigung unterstützt. Oder im Handel für die virtuelle Anprobe von Bekleidung oder Brillen. Und weil das Publikum die benötigte Hardware bereits besitzt, eignet sich AR auch ausgezeichnet für Trainings und Vorträge, bei denen reale und digitale Inhalte kombiniert werden sollen.

Mixed Reality (MR) geht noch einen Schritt weiter: Sie verbindet die reale und die virtuelle Welt so miteinander, dass beide interaktiv verschmelzen. Im Unterschied zur Augmented Reality ist die Interaktion bei MR umfangreicher und besonders dynamisch: Der Anwender kann mit digitalen Objekten so umgehen, als wären sie physisch vorhanden. Diese reagieren in Echtzeit auf reale Bewegungen, Gesten oder andere Elemente in der Umgebung.

Deshalb zeigt MR ihre Stärken vor allem dann, wenn reale Abläufe mit Hilfe digitaler Objekte simuliert werden sollen: Beispielsweise kann ein Techniker eine virtuelle Flugzeugturbine demontieren, sie warten und anschließend wieder korrekt im Flugzeug einbauen. Die jeweiligen Bauteile der Turbine verhalten sich dabei wie in der Realität – etwa in Bezug auf ihre Größe oder Position.

Um MR-Erlebnisse zu ermöglichen, sind spezielle Geräte notwendig – meist sogenannte Mixed-Reality-Brillen. Diese erfassen die reale Umgebung mithilfe von Sensoren und Kameras und können digitale Inhalte präzise darin platzieren. Dadurch entsteht der Eindruck, dass virtuelle Elemente feste Bestandteile in der echten Welt sind, mit denen der Anwender interagieren kann. Und wenn ihm die Brille zu teuer oder das Tragen zu unangenehm ist? Mittlerweile besitzen moderne Tablets und Smartphones die notwendige Technik ebenfalls.

Deshalb wird sich aus meiner Sicht der industrielle Einsatz vor allem in Richtung Mixed Reality entwickeln: Zum einen, weil Nutzer in der realen Welt direkt mit virtuellen Objekten interagieren können. Zum anderen, weil es bei größeren Gruppen oft reicht, wenn höchstens zwei Personen eine Brille tragen – alle anderen können entweder mit ihren eigenen Geräten teilnehmen oder die Aktionen über einen Bildschirm im Meetingraum verfolgen.

So faszinierend virtuelle Anwendungen auch sind, kämpfen sie bis heute mit einem Imageproblem: Da ihre Ursprünge in der Gaming-Industrie liegen, werden sie im beruflichen Kontext häufig als Spielerei abgetan. Dabei schlummert in ihnen – neben den erwähnten Beispielen für ihre Anwendung – ein enormer Mehrwert, wenn es darum geht, abstrakte Inhalte anschaulich zu vermitteln und bei den Menschen Ideen auszulösen. Das sehen wir uns in den nächsten Abschnitten genauer an.

12.3.2 Immersion trifft Information: Präsentieren mit AR und VR

Ein befreundeter Speaker und Coach beginnt seine Einzelsitzungen oft mit einer Reise in eine virtuelle Bergwelt. Ausgestattet mit einer VR-Brille erlebt sein Coachee dort eine geführte Meditation – hoch oben auf einem Gipfel, umgeben von einem Panorama mit blauem Himmel und strahlender Sonne. Eine Medizin-Professorin wiederum nutzt Augmented Reality, um während ihrer Vorlesung virtuelle Zellen und DNA-Strukturen über ihrem Kopf erscheinen zu lassen. Die Studierenden betrachten die Modelle mit ihren Smartphones, drehen sie, erkunden sie – fast so, als hielten sie sie in den Händen.

So unterschiedlich beide Szenarien sind, die Erfahrungen beider Referenten sind ähnlich: „Ich merke, wie die Menschen wirklich *sehen,* worüber ich spreche – das verändert ihren Mindset. Sie öffnen sich leichter für neue Inhalte und ihre Gedanken beginnen zu fließen", sagt die Professorin.

Was das mit Präsentieren zu tun hat, fragen Sie? Eine ganze Menge.

Lassen Sie uns an dieser Stelle einen Schritt zurücktreten und uns bewusst machen, worum es bei einem Vortrag im Kern geht. Es geht darum, anderen Menschen Inhalte vorzustellen – zu *präsentieren:* Eine Idee. Ein Ergebnis. Oder ein Problem. Und es geht darum, die daraus gewonnenen Erkenntnisse aufzuzeigen: Was sind die Konsequenzen? Was müssen wir tun, um sie zu vermeiden? Müssen wir überhaupt etwas tun?

Ein Vortrag verfolgt immer ein Ziel: Er soll ein Problem verständlich machen, eine Lösung aufzeigen, informieren oder zum Nachdenken anregen. Die Menschen sollen nach dem Vortrag etwas wissen, was sie vorher noch nicht wussten. Doch wie gelingt es, dass das Publikum nicht nur zuhört, sondern wirklich *versteht* – und im besten Fall sogar angeregt wird, selbst weiterzudenken?

Das gelingt dann, wenn die Teilnehmer neben den Inhalten auch ihren Sinn erfassen. Hier scheitern viele Vorträge: Sie sind überfrachtet mit Zahlen und Fakten oder folgen einer unklaren Struktur. Für das Publikum wird es dadurch schwierig, Informationen einzuordnen, ihre Bedeutung zu erkennen und eigene Schlüsse zu ziehen.

Ein wirksames Mittel dagegen ist **Storytelling.** Der Vortragende macht beispielsweise durch **Mini-Stories** wie Beispiele oder Vergleiche seine Inhalte greifbar. Idealerweise knüpfen diese Erzählungen an Erfahrungen an, die das Publikum selbst gemacht hat – und genau das macht sie so wirkungsvoll. Denn was wir mit eigenen Erlebnissen verknüpfen, begreifen wir nicht nur leichter, wir setzen uns auch intensiver damit auseinander. Mit anderen Worten: In diesem Fall erzählt nicht der Referent die Geschichte, sondern unser Gehirn spinnt sie weiter.

Das ist die Stärke von AR und VR: Sie lösen den kreativen Gedankenfluss in den Köpfen der Teilnehmer aus, den wir in Abschn. 7.1.2 – *Die Geburt einer Idee* kennengelernt haben. Eine DNA-Struktur schwebt im Raum, ein Klimamodell lässt sich umrunden, ein technisches System kann zerlegt und seine Bauteile geprüft werden – als wäre es real vorhanden. Und weil unser Gehirn visuelle Informationen anders verarbeitet als gesprochene Worte, beginnt es automatisch, eigene Schlüsse zu ziehen: *Wie funktioniert etwas und warum?* Was bedeutet das? Welche Risiken lauern – und wie lassen sie sich vermeiden? Was passiert, wenn wir nichts ändern – kurz: *Was wäre, wenn …?* In diesem Moment der Erkenntnis beginnen die Teilnehmer, eigene Geschichten zu entwickeln.

Schon bei einer Einzelperson können solche Fragen zu überraschenden Einsichten führen. Besonders eindrucksvoll wird es, wenn mehrere Menschen gleichzeitig an und mit einem virtuellen Modell arbeiten. Aber warum ist das so?

Normalerweise betrachten Ingenieure ihre Entwürfe als 3D-Modell auf einem flachen Monitor. Im Gegensatz dazu zeigen AR und VR das virtuelle Objekt in „echtem" 3D, sodass es die Beteiligten aus unterschiedlichen Positionen im Raum betrachten und analysieren können – wie Abb. 12.21 zeigt. Sie müssen nicht – wie am Computermonitor – das Modell drehen und vergrößern, weil sie um das virtuelle Objekt herum- und sogar hineingehen können, um es von innen zu betrachten. Und da es in Originalgröße dargestellt werden kann, entdecken sie Schwachstellen schneller und einfacher, die am Bildschirm leicht übersehen worden wären.

Und jetzt entfaltet sich die ganze Magie der kollaborativen Arbeitsweise, gepaart mit der virtuellen Darstellung: Jeder entdeckt andere Details, die er hinterfragt und so neue Ideen einbringt – auf einmal wird aus einer einfachen Präsentation ein gemeinsames Nachdenken. Die Beteiligten greifen gegenseitig ihre Gedanken auf, führen sie weiter und entwickeln anhand kleiner Geschichten neue Szenarien. Wenn wir feststellen, dass in der Kabine eines Flugtaxis Schrauben überstehen, sieht das nicht nur unschön aus – wir sehen sofort vor unserem geistigen Auge, dass man sich daran verletzen kann. Und wie diese Verletzung aussieht.

Diese Arbeitsweise besitzt sogar einen eigenen Namen: Die **Szenariotechnik.** In der Industrie wird sie gezielt verwendet, um etwa Fehler oder Risiken in Bauteilen und Produkten zu identifizieren. In solchen Momenten sind AR und VR keine bloßen Werkzeuge mehr, sondern aktive Partner im Denkprozess. Wir sehen uns gleich ein Praxisbeispiel dazu an.

Abb. 12.21 Ein Konstruktions-Team analysiert gemeinsam anhand des virtuellen Modells den Entwicklungsstand eines Flugtaxis. Der Pilot saß dabei auf einem realen Stuhl. (Foto © Hololight. Mit freundlicher Genehmigung)

Bedeutet das, dass ein Redner zukünftig sein Publikum mit VR-Brillen ausstatten oder AR zur Verdeutlichung seiner Inhalte einsetzen muss? Natürlich nicht – es kommt auf Einsatzzweck, Aufwand und Anlass an. Die Brillen und die notwendige Software müssen vorhanden sein – je nach Modell sind sie teuer. Deshalb ist diese Technik (noch) nichts für große Gruppen. Und: Sie benötigen einen Mitarbeiter, der die AR/VR-Technik betreut. Aber wenn Sie zum Beispiel einem Kunden eine virtuelle Flugzeugkabine zeigen, die Ihre technischen Visionen erlebbar macht, entsteht ein nachhaltiger Eindruck.

12.3.3 Praxisbeispiel: Virtuell trifft Realität

An welche Bereiche denken Sie, wenn es darum geht, wo in der Industrie – abseits von Unterhaltung und Konsum – virtuelle Werkzeuge zum Einsatz kommen? Viele nennen Sales, Marketing, Fertigung oder Montage. An die eigentliche Entwicklung der Produkte denken die wenigsten. Dabei verbergen sich gerade hier zahlreiche wertvolle Rohdiamanten, mit denen sich Kosten senken und Zeit sparen lassen.

Immersives Arbeiten kann an dieser Stelle einen echten Unterschied machen – etwa bei der Abstimmung von Entwürfen, die noch gar nicht physisch existieren. Das war das Ziel eines kleinen firmeninternen Forschungsteams: Mithilfe von AR Fehler im Design frühzeitig aufzuspüren und zu verbessern. Wie erhellend das für die Teilnehmer sein kann, zeigt das folgende Praxisbeispiel, in dem es um die Zusammenarbeit mit einem Kunden bei der Entwicklung einer Passagierzelle für Flugtaxis geht.

Flugtaxis sind für die zukünftige städtische Mobilität in Metropolen ein wesentlicher Baustein. Grundsätzlich besteht ein Flugtaxi aus dem externen Antriebssystem wie Propeller und Motoren und dem Rumpf. Letzterer beinhaltet die Passagierkabine, das Gepäckfach sowie die Komponenten der Flugsteuerung.

Im Beispiel geht es um die Kabine. In ihr befinden sich sowohl der Pilot als auch die Passagiere. Deshalb forderte der Kunde, dass die Kabine leicht, kompakt und sicher sein musste – bei gleichzeitig maximalem Komfort auf engstem Raum. Dazu musste in einem Review-Termin der aktuelle Entwicklungsstand gezeigt und geprüft werden; Teilnehmer waren Konstrukteure des Kunden und des Lieferanten, die zusätzlich erste Einbau- und Ergonomie-Untersuchungen durchführen wollten.

Statt sich wie üblich durch das CAD-Modell am Bildschirm zu klicken, beschloss das AR-Team, den Konstrukteuren die Kabine als virtuelles Modell zu zeigen. Das zeigt Abb. 12.21: Ausgestattet mit AR- und VR-Brillen erlebten alle Beteiligten das erste Mal die Fluggastzelle in Originalgröße und konnten mit ihr aktiv interagieren. Dazu setzten sie sich beispielsweise auf reale Stühle, die exakt dort positioniert waren, wo sich im virtuellen Modell die Sitze der Passagiere und des Piloten befanden. So konnten sie die Kabine nicht nur betrachten, sondern aus der Perspektive der späteren Nutzer erleben – mit realem Raumgefühl und authentischem Sichtradius.

Diese immersive Erfahrung lieferte verblüffende Ergebnisse: Beispielsweise waren alle Teilnehmer überrascht, wie beengt sie das Raumgefühl empfanden, obwohl nach den geometrischen Abmessungen in der Zeichnung reichlich Platz vorhanden war. Das machte sich auch beim Ein- und Aussteigen bemerkbar: Man konnte nur gebückt und mit leicht verdrehtem Körper die Kabine betreten und wieder verlassen – und das auch nur, wenn der Pilotensitz nach vorne geschoben wurde. Dazu musste der Pilot vorher natürlich aussteigen. Da allerdings die Passagiere im normalen Betrieb die Türen sowieso nicht selbsttätig öffnen und schließen sollten, war das akzeptabel.

Ein weiteres Risiko entdeckten die Konstrukteure im Cockpit: Die beiden seitlichen A-Säulen am frontalen Cockpitfenster schränkten das Sichtfeld des Piloten empfindlich ein. So waren für ihn bei einigen Blickwinkeln andere Fluggeräte, die sich in einem bestimmten Abstand zum Flugtaxi befanden, nicht sichtbar – besonders kritisch beim Starten und Landen (s. Abb. 12.22). Positiv war dagegen das Ergebnis der Ergonomie-Untersuchung: Der Pilot konnte sämtliche Steuerelemente gut erreichen und bedienen.

Am Monitor wären diese Details kaum aufgefallen. Dagegen wurden sie im virtuellen Raum unmittelbar erfahrbar, weil jeder Konstrukteur das Design aus seiner eigenen Perspektive betrachtete. Was einem einzelnen Teilnehmer aufgefallen war, dachte anschließend das gesamte Team gemeinsam weiter. So konnte es das aktuelle Design besser bewerten und notwendige Änderungen festlegen. Aus einer einfachen technischen Abstimmung wurde ein konstruktiver Dialog, der das gegenseitige Vertrauen in die gemeinsame Zusammenarbeit deutlich verstärkte. So konnten Fehler, die erst spät in der Entwicklung aufgefallen wären, frühzeitig vermieden werden.

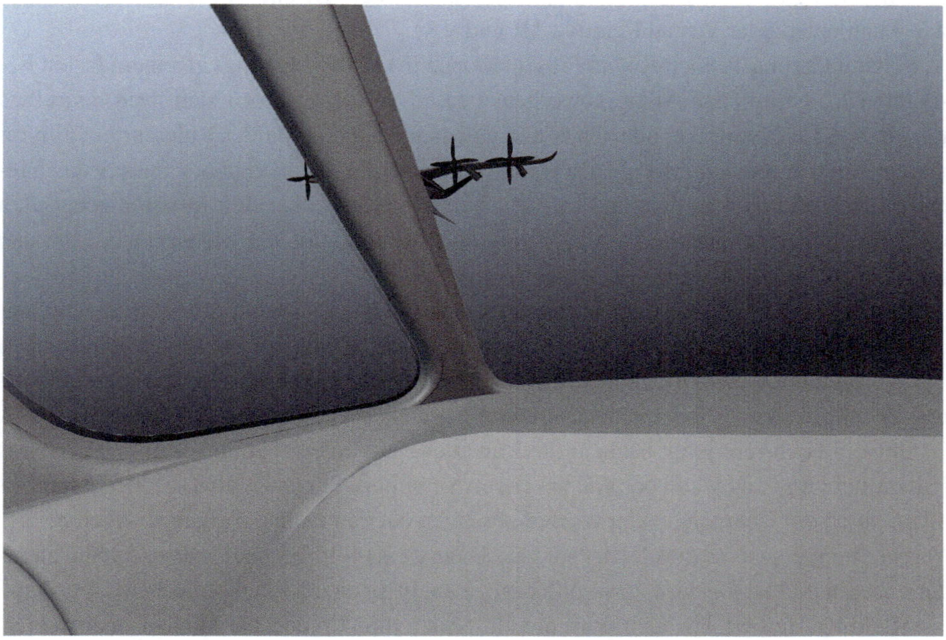

Abb. 12.22 Der Blick aus dem Cockpit zeigt, dass der Pilot unter bestimmten Umständen andere Fluggeräte nur eingeschränkt sehen kann. (Foto © Hololight. Mit freundlicher Genehmigung)

Obwohl das Meeting vor allem auf der Ebene der Konstrukteure stattfand, hatten auch die verantwortlichen Manager großen Nutzen davon. Durch die Arbeit mit dem virtuellen Prototyp gewannen die Konstrukteure ein tieferes Verständnis für das Produkt und seine Nutzung im realen Kontext. Ihre Erkenntnisse stellten für die Manager eine wertvolle Grundlage dar, mit der sie präzisere Entscheidungen treffen konnten. Und sogar noch mehr: Die Auswirkungen konnten sie direkt im virtuellen Modell sehen und erleben.

Insgesamt bewerteten die Projektbeteiligten die AR-Anwendung sehr positiv. Besonders hoben sie die interaktive Arbeitsweise mit dem virtuellen Modell und die damit verbundene Qualität der Ergebnisse hervor. Ein kleiner Wermutstropfen war jedoch, dass einige Anwender das Tragen der Brillen mit der Zeit als unangenehm empfanden, während andere von einem leichten Unwohlsein berichteten, ähnlich wie bei der Reisekrankheit. Diese Probleme lassen sich jedoch durch regelmäßige Pausen vermeiden, in denen die Brillen abgelegt werden. Interessant ist aus meiner Sicht, dass diese Aussagen darauf hinweisen, wie stark die Teilnehmer in ihre Arbeit vertieft waren – sie bemerkten kaum, wie schnell die Zeit verging.

12.4 Zusammenfassung

Nichts ist so beständig wie der Wandel – diese Erkenntnis aus dem antiken Griechenland gilt für alle Bereiche unseres Lebens und macht auch vor Präsentationen nicht halt. In diesem Bereich gibt es drei große Trends: Online-Vorträge, KI und virtuelle Anwendungen wie Augmented oder Virtual Reality (AR und VR).

Seit der Corona-Pandemie sind Präsentationen in Online-Meetings zu einem festen Bestandteil im beruflichen Alltag geworden. Online-Vorträge richten sich nach denselben Regeln wie Live-Vorträge, allerdings gibt es einen Nachteil: Da der Referent nicht in direktem Kontakt mit seinem Publikum steht, ist das Risiko deutlich höher, dass er das Interesse seiner Zuhörer verliert und es nicht bemerkt. Denn über den Monitor gehen ihm wichtige Anhaltspunkte wie Gestik, Mimik oder die Reaktion der Menschen auf ihn und seine Inhalte verloren.

Aus diesem Grund muss ein Referent in einem Online-Vortrag eine stärkere Verbindung zu seinen Teilnehmern herstellen als bei einem Live-Vortrag – beispielsweise, indem er sie ermuntert, sich aktiv zu beteiligen. So können sie ihre Anmerkungen in das Chatfenster schreiben oder ihm eine Rückmeldung mittels Emoji-Symbolen geben.

Obwohl noch sehr jung, hat sich die Künstliche Intelligenz bereits als unverzichtbares Hilfsmittel im privaten und beruflichen Bereich etabliert. Sie unterstützt die Menschen vor allem durch die Übernahme von wiederkehrenden oder einfachen Aufgaben. Auch bei der Vorbereitung eines Vortrags leistet sie gute Dienste: KI hilft beispielsweise, Inhalte zu recherchieren und zu gliedern, das Publikum zu analysieren oder den Foliensatz zu prüfen.

Allerdings besitzt KI auch eine dunkle Seite: Ihre Ergebnisse können auch fehlerbehaftet oder falsch sein. Die Ursachen dafür sind vielfältig: Ungenaue Trainingsdaten, Halluzinationen oder ein schlechter Anfrage-Prompt. Deshalb ist eine kritische Bewertung ihrer Antworten durch den Anwender unabdingbar. Und KI verbraucht eine hohe Menge an Ressourcen: Ihr Training und ihre Nutzung benötigen viel Strom und (Trink-)Wasser. Deshalb sollte man KI-Anwendungen überlegt einsetzen.

Das Ziel eines Vortrags ist, anderen Menschen Inhalte wie eine Idee oder ein Produkt vorzustellen. Mit anderen Worten: Zu zeigen und zu präsentieren. Das ist die Stärke von virtuellen Techniken: Sie machen die abstrakten Inhalte des Redners sichtbar. Auf diese Weise helfen sie den Teilnehmern, die Bedeutung – die Geschichte – dahinter zu verstehen. Damit sind AR und VR mächtige Werkzeuge, um das Storytelling zu unterstützen – beim Redner gleichermaßen wie beim Publikum.

Unser Gehirn verarbeitet visuelle Informationen anders als gesprochene Worte. Wenn das Publikum Objekte, die mittels AR im Raum schweben, auf einmal drehen oder in ihre Einzelteile zerlegen kann, löst das den kreativen Gedankenfluss aus. In diesem Moment stellen sich die Menschen Fragen wie: *Was kann ich damit machen? Wie funktioniert etwas? Was bedeutet das?* Aus den Antworten entstehen in ihren Köpfen weitere Geschichten.

Besonders eindrucksvoll ist das während einer Präsentation, bei der die Teilnehmer gemeinsam beispielsweise das virtuelle Modell eines Produkts betrachten: Indem sie ihre gegenseitigen Gedanken aufgreifen und anhand kleiner *Was-wäre-wenn*-Geschichten neue Szenarien diskutieren, kommen sie häufig zu Erkenntnissen, auf die man als Einzelperson wahrscheinlich nicht gekommen wäre.

12.5 Die Zukunft des Präsentierens – mein persönlicher Blick

In diesem Kapitel haben wir uns damit beschäftigt, wie Online-Meetings, Künstliche Intelligenz und virtuelle Anwendungen unsere Arbeit und unseren Alltag verändern – und welche Bedeutung diese Werkzeuge bereits heute haben: Online-Meetings sind längst etabliert. KI zählt inzwischen zu den zentralen Themen unseres Lebens. Virtuelle Anwendungen stehen in den Startlöchern, da sich auch außerhalb der Gaming-Branche zunehmend spannende Einsatzfelder eröffnen.

Aber ist wirklich alles Gold, was glänzt? Und erledigt sich unsere Arbeit dank KI & Co. bald von selbst? Nicht ganz. Deshalb möchte ich Ihnen einige Gedanken mitgeben, die mir bei meinen Überlegungen helfen, wenn ich eines der „Big-3"-Werkzeuge in Vorträgen oder Meetings einsetzen möchte.

- *Wählen Sie bewusst aus:* Ein Online-Meeting ist schnell organisiert. Doch wenn es darum geht, gemeinsam Ideen zu entwickeln, erziele ich im direkten, persönlichen Austausch mit den Menschen oft bessere Ergebnisse
- *Prüfen Sie den Mehrwert für sich:* Nur weil ein Werkzeug verfügbar ist – oder der Chef es erwartet – wird Ihre Präsentation nicht automatisch besser. Zu viele KI-generierte Inhalte wirken schnell künstlich und können Ihre Glaubwürdigkeit als Spezialist untergraben

- *Denken Sie an Ihr Publikum:* Macht das Werkzeug Ihre Inhalte *wirklich* klarer? So sind virtuelle Anwendungen etwas aufwendiger in der Vorbereitung, verbessern allerdings durch ihre 3D-Darstellung in Schulungen oder Review-Terminen das Verständnis bei den Teilnehmern deutlich
- *Lassen Sie sich nicht ausbremsen:* Wenn Sie bereits eine konkrete Bildidee im Kopf haben, kann ein KI-Bildgenerator eher hinderlich sein, weil er oft nicht das gewünschte Ergebnis liefert. In solchen Fällen kommen Sie schneller zum Ziel, wenn Sie das Bild selbst gestalten
- *Bleiben Sie bei dem, was Ihnen Spaß macht:* Die „Big-3" sind zweifelsfrei hilfreich. Das bedeutet allerdings nicht, dass Sie sie immer nutzen müssen. Wenn Sie gerne selbst recherchieren oder Grafiken erstellen, dann machen Sie das weiterhin

Natürlich wäre es schön, wenn es ein Tool gäbe, das aus jedem Menschen einen brillanten Redner macht. Vielleicht kommt das noch. Aber wie Meister Yoda zu Beginn des Kapitels andeutet: Der Blick in die Zukunft ist ungewiss. Die einzige Konstante sind Sie – Ihre Ideen, Ihre Erfahrung, Ihr Wissen.

Nutzen Sie neue Werkzeuge, aber lassen Sie sich nicht von ihnen führen. *Ihre* Kreativität ist der Funke, der bei anderen Menschen den Aha-Moment auslöst. Finden Sie Ihren eigenen Weg – und lassen Sie KI & Co. dabei zu Ihren inspirierenden Begleitern werden.

Literatur

1. Zitat aus dem Film „Das Imperium schlägt zurück" (1980; Verleih: 20th Century Fox).
2. Weitere Informationen finden Sie in diesen Büchern: Chirstine Clapp et al. (2020): Presenting Virtually – A Guide to Public Speaking in Online Contexts, E-Book (ISBN 978-0-578-71807-1). Patti Sanchez (2021): Presenting Virtually – Communicate and Connect with Online-Audiences, Duarte Press.
3. https://www.theguardian.com/technology/2023/feb/02/chatgpt-100-million-users-open-ai-fastest-growing-app (abgerufen am 19.03.2025 um 19.38 Uhr).
4. Claude Elwood Shannon (1948): A Mathematical Theory of Communication. In: Bell System Technical Journal. Short Hills N.J. 27, S. 379–423, 623–656.
5. Jörg Schieb und Peter N. Posch (2023): Der Digital Schock. Redline, S. 42.
6. Manfred Spitzer (2023): Künstliche Intelligenz. Dem Menschen überlegen – wie KI uns rettet und bedroht. Droemer, S. 18.
7. Christoph Drösser (2024): Was macht KI mit unserer Sprache? Duden, S. 31 f.
8. https://www.informatik-aktuell.de/betrieb/kuenstliche-intelligenz/wie-funktionieren-transformer-definition-und-praxis.html (abgerufen am 08.05.2024 um 07.03 Uhr).
9. Jenny Habermehl (2024): KI für Kreative, 2., Korrigierter Nachdruck. Rheinwerk, S. 13.
10. Daniel Kehlmann (2021): Mein Algorithmus und Ich – Stuttgarter Zukunftsrede, 2. Druckauflage. Klett-Cotta, o.S.
11. Sondos Mahmmoud Bsharat et al. (2024): Principled Instructions Are All You Need for Questioning LLaMA-1/2, GPT-3.5/4. arXiv: 2312.16171v2 (https://arxiv.org/abs/2312.16171, abgerufen am 24.04.2025 um 17.58 Uhr); Zekun Li et al. (2023): Guiding large language models

via directional stimulus prompting. arXiv: 2302.11520 (https://arxiv.org/abs/2302.11520, abgerufen am 22.04.2025 um 18.23 Uhr).
12. Einen ersten Einstieg für das Prompten mit Parametern (und noch mehr Informationen zum Thema „Prompting" finden Sie hier: https://www.promptingguide.ai/de/introduction/settings (abgerufen am 22.04.2025 um 10.15 Uhr)
13. Thomas Niebisch und Jens Kawelke (2024): Anforderungsmanagement in sieben Tagen – Requirements Engineering im Zeitalter der KI, 2. vollständig überarbeitete und erweiterte Auflage. Springer Gabler, S. 279 f.
14. Bei Bild-KIs wie Midjourney, Adobe Firefly, Night Café oder DALL E haben Sie bereits beim Prompten viele Möglichkeiten, um die Darstellung des KI-generierten Bildes zu beeinflussen. Meistens finden Sie dazu ein Manual auf der Internetseite des Anbieters. Für einen ersten Einstieg können Sie auch folgende Literatur nutzen: Jenny Habermehl (2024): KI für Kreative, 2., Korrigierter Nachdruck. Rheinwerk; Matthias Garten (2025): KI für Präsentationen. Gabal.
15. Die englischsprachige Plattform finden Sie unter www.theresanaiforthat.com. (abgerufen am 18.03.2025 um 11.48 Uhr).
16. Anna Voght (2025): Wie Rassismus in der KI entsteht – und wie eklatant die Folgen sind. Frankfurter Rundschau vom 23.04.2025: https://www.fr.de/wissen/ki-kuenstliche.intelligenz-rassismus-der-zr-93681928.html (abgerufen am 25.05.2025 um 19.47 Uhr).
17. Beide Beispiele finden Sie unter folgendem Link: https://spectrum.ieee.org/midjourney-copyright (abgerufen am 24.04.2025 um 10.23 Uhr).
18. Manfred Spitzer (2023): Künstliche Intelligenz – dem Menschen überlegen: Wie uns KI rettet und bedroht. Droemer, o.S.; Manfred Spitzer (2014): Digitale Demenz – wie wir uns und unsere Kinder um den Verstand bringen. Droemer, o.S.
19. Roland Quandt (2025): Open AI-Chef: Jede Anfrage bei ChatGPT verbraucht 32 Milliliter Wasser. In: WinFuture vom 11.06.2025 https://winfuture.de/news,151490.html (abgerufen am 18.08.2025 um 08.34 Uhr).
20. Chris Stokel-Walker (2023): The Generative AI Race Has A Dirty Secret. In: Wired vom 23.02.2023 https://www.wired.com/story/the-generative-ai-search-race-has-a-dirty-secret/ (abgerufen am 20.06.2025 um 16.20 Uhr).
21. Thomas Niebisch und Jens Kawelke (2024): Anforderungsmanagement in sieben Tagen – Requirements Engineering im Zeitalter der KI, 2. vollständig überarbeitete und erweiterte Auflage. Springer Gabler, S. 248.
22. Die Inhalte in diesem Abschnitt habe ich aus folgenden Quellen entnommen: André Grothus et al. (2021): Digitale Geschäftsmodell-Innovation mit Augmented Reality und Virtual Reality. Springer-Gabler. Ralf Dörner et al. (2019): Virtual und Augmented Reality (VR/AR), 2. Auflage. Springer Vieweg. Anett Mehler-Bichler und Lother Steiger (2022): Augmented Reality – Theorie und Praxis, 3. Auflage. De Gruyter. Jon Peddie (2023): Augmented Reality – Where We Will All Live. Springer

Stichwortverzeichnis

0-9, and Symbols
10/20/30-Regel, *siehe* Folienanzahl
1984-Werbespot, 117
3-Akte-Struktur, 95
3D-Darstellung in Diagrammen, 321
3-Sekunden-Regel, 272, 282, 328, 354
3W-Fragen, 12, 17, 25, 325
4-Corner-Sheet, 341, 345

A
Abrams, J.J., 200
Aha-Moment, 119, 153, 202, 352, *siehe auch* Werkzeug – S.T.A.R.-Moment
Alleinzeit, 62
Anderson, Chris, 372
Andocken, *siehe* Klettverschluss, mentaler
Anfang, 95, *siehe auch* Vortragsanfang
Animation
  von Folien, 121, 331, 338
  von Folieninhalten, 272
Appell an das Publikum, 425
AR (Augmented Reality), 152, 436
Arbeiten, analoges, 173, 180
Archetyp, 141
  der Bösewicht, 143
  der Gegenspieler, 117, 143
  der Held, 41, 142
  der Helfer, 143
  der Mentor, 41
Argumentation, 111
  GÜTE-Siegel, 115
  logische Gruppe, 111
  logische Kette, 113
  MECE-Regel, 114
Aristoteles, 47, 95, 136, 329, 358, 361
Aristoteles-Dreieck, *siehe* Publikumsanalyse
Audiodateie einfügen, 273
Aufbrechen-und-Zusammensetzen-Prinzip, 171, 175, 261, 331
Aufmerksamkeit, 23
Augmented Reality (AR), 152, 436

B
Balkendiagramm, *siehe* Diagramm
Bauchrequisit, *siehe* Visual
Baumgartner, Felix, 99, 394
Beck, Henning, 58
Beethoven, Ludwig van, 172
Benecke, Mark, 194
Bestandteile eines Vortrags, 336
Bewegung, *siehe* Körpersprache
Beziehung zwischen Gestaltungslementen, 219
Bild
  Foto, 253
  Grafik, 254, 256
Bilddiagramm, *siehe* Diagramm
Bildkomposition, 262
Bizup, Joseph, 266

B. Gebhardt, *Tipps und Tricks für erfolgreiche Präsentationen*,
https://doi.org/10.1007/978-3-662-72376-0

Blickkontakt, *siehe* Körpersprache
Board, 82, 207, 422
  Aufbau, 83
  Roter Faden des Vortrags, 82
Brainstorming, *siehe* Kreativitätstechnik
Brainwriting, *sehe* Kreativitätstechnik
Branson, Richard, 142, 150
BRAVO-Formel, 378
Brown, Brené, 136
Buchholz, Ester, 62

C
Call-to-Action, *siehe* Handlungsaufforderung
Call-to-Adventure, *siehe* Ruf zum Abenteuer
Campbell, Joseph, 139
Chesky, Brian, 141, 144
CI (Corporate Identity), 220, 230
CI-Vorlage, 225, 235, 264, 266, 429
Compliance (Unternehmen), 433
Copyright, *siehe* Recht
Corporate Identity (CI), 220, 230
Creative-Common-Lizenz (CC), *siehe* Recht

D
Daten
  erforschende Analyse, 282
  erklärender Ansatz, 282
  Fazit (aus den Daten), 282, 286
Denkschema, 93
Diagramm, 286, 292
  Balkendiagramm, 297, 306
  Bilddiagramm, 318
  Donutdiagramm, 296
  Flächendiagramm, 313
  Histogramm, 302
  Icon, 318
  Kurvendiagramm, 303, 310
  Liniendiagramm, 298, 303, 310, 322
  Piktogramm, 318
  Punktediagramm, 316
  Ressourcendiagramm, 303
  Säulendiagramm, 297, 298
  Spaghetti-Diagramm, 312
  Streudiagramm, 316
  Tortendiagramm, 294, 321
  Wasserfalldiagramm, 304
Donutdiagramm, *siehe* Diagramm
Dörner, Dietrich, 92
Dramaturgie, *siehe* Dramentheorie
Dramentheorie, 136, 329
Drittel-Regel, *siehe* Gestaltungswerkzeug
Duarte, Nancy, 98, 119, 366

E
Eindruck, erster, 379, 380
Elevator-Pitch, 84, 378
Ende, 95
Endicott, Jim, 17
Erzählkompetenz, *siehe* Storytelling
Executive Summary, 56

F
Fahrstuhltest, *siehe* Elevator Pitch
Farbbeziehung
  analoge, 233
  komplementäre, 232
  monochrome, 231
  triadische, 232
Farbe, 229
  Farbrad, 231
  Farbton, 231
  Farbwert, 231
  Primärfarben, 231
  Schattierung, 231
  Sekundärfarben, 231
  Tertiärfarben, 231
Farbenblindheit, 236
Fehler in Diagrammen, 320
Flächendiagramm, *siehe* Diagramm
Flipchart, *siehe* Medien
Flow, *siehe* Kreativitätstechnik
Fluch
  der Karibik, 356
  des Wissens, 107
Fluch des Wissens, *siehe* Vortragsblockade
Folie
  Daumenkinoprinzip, 413
Folienanzahl, 339
Folienart, 268
Folienaufbau, *siehe* Masterfolie
Folienhintergrund, 235, 337
Folienübergang, 338
Folioment, 345
Foto, *siehe* Bild

Francis, John, 139, 327
Frankenstein-Effekt, 218, 336
Freytag, Gustav, 136

G

Gegensatz, 96, 104, 116
Gehirnbibliothekar, 94
Geschichte, 134
Gestaltungsprinzip, 107, 189, 221
  Ausrichtung, 223
  Geschlossenheit, 222, 264
  Kontrast, 221
  Nähe, 227
  Wiederholung, 222
Gestaltungswerkzeug
  angedeutete Tiefe, 265
  angedeuteter Raum, 264
  Drittel-Regel, 262, 337
  Hilfslinien, 223
  Leerraum, 225, 262
  Pfad, 260
  Raster, 225, 262, 267, 337
  Transparenz, 260
Glaubwürdigkeit
  des Referenten, 47, 285, 324
  von Daten, 285
Glenn, Joshua, 136
Golden Circle, 156, 159, *siehe* Werkzeug
Grafik, *siehe* Bild
Grobkonzept, *siehe* High-Concept
Große Idee, 11, 111, 281
Größenklasse, *siehe* Kategorie
Gruppe, logische, *siehe* Argumentation
GÜTE-Siegel, *siehe* Argumentation

H

Halo-Effekt, *siehe* Eindruck, erster
Handlungsaufforderung, 122
Handout, 24, 242, 345
  CI-Vorlage, 349
  Handzettel, 346
  Notizenseiten, 347
Harry Potter, 140
Hauptbotschaft, *siehe* Kernaussage
Heath Chip und Dan, 72
Heatmap, *siehe* Nicht-Diagramme
Heider, Fritz, 228
Heldenreise, 139
Hemingway, Ernest, 145, 172
Herr der Ringe, 140
High-Concept, 25, 64, 159, 360
Himmel-und-Hölle-Prinzip, 96
Histogramm, *siehe* Diagramm
Hitchcock, Alfred, 207
Hoeneß, Uli, 18
Hyperlink, 273

I

Ich-Bezogenheit des Referenten, 41, 177
Icon, *siehe* Diagramm
Ideen visualisieren, *siehe* Visualisierungsdreisprung
Ideenfindung, *siehe* Vortragsblockade
Inszenierung eines Vortrags, 203

J

Ja-und?-Test, 364
Jobs, Steve, 150, 153, 202
Ju/'Hoansi, 134
Jung, Carl Gustav, 141

K

Kahneman, Daniel, 123, 176, 372
Kaplan, Jerry, 204
Karteikarte, *siehe* Vortragsnotizen
Kategorie, 303, 307
Kawasaki, Guy, 205, 248, 341
Kennedy, John F., 150
Kernaussage, 63, 80, 95, 108, 282
  Satzschablone, 66
  Vorgehensweise zur Erstellung, 64
Kette, logische, *siehe* Argumentation
KI (Künstliche Intelligenz), 99, 257, 415
  Anwendungsfälle, 423
  Bias, 433
  Datenschutz und Datensicherheit, 432
  Halluzination, 419, 433
KISS-Prinzip, 67
Kleidung, 381
Klettverschluss, mentaler, 64, 93
Kochrezept zur Vortragsplanung, 422, *siehe* Vortragsplanung
Kolumbus, Christoph, 10

Kommunikation
Eisberg-Modell, 39, 64
gemeinsame Verständnisbasis, 42
nonverbale, 38, 383
paraverbale, 38, 383, 386
Sender-Empfänger-Modell, 37
Störungen, 37
verbale, 37
Konflikt, 104, 137, *siehe auch* Kontrast
Kontext von Diagrammen, 325
Kontrast, 96, 116
Antagonist, 117
inhaltlicher, 96, 116
Inszenierung des Vortrags, 117
Kopfkino, 193, 199, 429
Kopfrequisit, *siehe* Visual
Körpersprache
Bewegung, 386
Blickkontakt, 382
Gestik, 38, 386
Mimik, 38, 383, 386
Korrekturquartett, 429, *siehe* Prüfen des Vortrags
Kreativität, 170
Kreativitätsprozess, 172
Kreativitätstechnik, 76, 208
Brainstorming, 76
Brainwriting, 76
Flow, 76
Mind-Map, 76
Kreisdiagramm, *siehe* Tortendiagramm
Künstliche Intelligenz (KI), 99, 257, 415
Anwendungsfälle, 423
Bias, 433
Datenschutz und Datensicherheit, 432
Halluzination, 419, 433
Kurvendiagramm, *siehe* Diagramm

L
Lähmung, analytische, *siehe* Vortragsblockade
Lampenfieber, 377
Layout, 220
Layoutvorlage für Folien, 266
Leerraum, *siehe* Gestaltungswerkzeug
Leerstelle, 103
Lerntyp, *siehe* Publikumsanalyse
Lesefluss, 225
Lewinsky, Monica, 344, 372
Likert-Skala, 308
Liniendiagramm, *siehe* Diagramm
Lizenz, freie, *siehe* Recht
Logos, Ethos, Pathos, 47, 95, 361

M
Manager, *siehe* Publikumsanalyse
Marías, Javier, 102
Markenrecht, *siehe* Recht
Masterfolie, 266
Bestandteile, 267
Farbpalette, 267
Format, 267
schmückende Elemente, 267
Schriften, 267
McDonough, William, 177, 354
MECE-Regel, *siehe* Argumentation
Medien
Arbeitsunterlagen, 350, 356
Beamer, 350
Flipchart, 326, 350, 354
Folien, 354
Pinnwand, 352
Plakat, 351, 354
Poster, 351
Requisiten (*siehe* Visual)
Whiteboard, 326, 350
Meetingregel, 414
Melville, Herman, 327
Mind-Map, *siehe* Kreativitätstechnik
Mini-Story, 150, 153, 438
Anekdote, 150
Beispiel, 150, 331
Metapher, 150
Sprachbilder, 150
Vergleich, 150, 331
Zitat, 150
Minto, Barbara, 114
Mittelteil, 95
Mixed Reality (MR), 437
Moby Dick, 327
MR (Mixed Reality), 437
Multitasking, 24
Musk, Elon, 127
Muss-Teilnehmer, *siehe* Publikumsanalyse
Muster, *siehe* Mustervorlage
Muster in Datenmengen, 303
Mustervorlage, 92, 222

N

Nachbereitung des Vortrags
- Besser werden, 400
- Feedback, 396
- (Publikums-)Fragebogen, 396
- Selbstreflexion, 398

Nicht-Diagramm, 286
- Heatmap, 290
- Tabelle, 287
- Textfolie, 286

Nussbaumer Knaflic, Cole, 282
Nutzen des Publikums, 41, 53, 280
Nutzungsrecht, *siehe* Rechte

O

Obama, Barack, 68
OKGo (Musikgruppe), 173
Oldfield, Mike, 142
Onlinepräsentation, 271, 408, 432
Osborn, Alex, 190

P

Perspektivenwechsel, *siehe* Vortragsthema
Pfad, *siehe* Gestaltungswerkzeug
Picasso, Pablo, 171
Piktogramm, *siehe* Diagramm
Piratenworkshop, 17
Pitch, 63
Planetwalker, 139, 327
Plot Wheel, 172
Pocket-Rhetorik, 85, 95, 204
Polanyis Paradox, *siehe* Vortragsblockade
Produktdemonstration, 205
Profilblatt für Teilnehmer, 49
Projekt Stratos, 99
Prompt, 257, 419
- Framework, 426
- Promptkette, 421
- R-T-F-Aufbau, 419

Prozess, kreativer, 28
Prüfen des Vortrags
- Korrekturquartett, 359

Publikum, 15
Publikumsanalyse, 111, 325
- Aristoteles-Dreieck, 47
- Lerntypen, 57
- Manager, 55
- Muss-Teilnehmer, 57
- Persona, 48
- Segmentierung, 44
- Zielgruppe, 45, 64

Punktediagramm, *siehe* Diagramm

Q

Qualifikation des Referenten, 42

R

Raster, *siehe* Gestaltungswerkzeug
Raum, angedeuteter, *siehe* Gestaltungswerkzeug
Raumschiff Enterprise, 128
Recht
- Copyright, 258
- Creative-Common-Lizenz (CC), 258
- freie Lizenzen, 258
- Markenrecht, 259, 433
- Nutzungsrecht, 258
- Urheberrecht, 258, 433

Referentenansicht, *siehe* Vortragsnotizen
Reise des Publikums, 54, 98, 140, 399
Requisite, inszenatorische, 203, *siehe auch* Visual
Reynolds, Garr, 345
Ringdiagramm, *siehe* Donutdiagramm
Robinson, Kenneth, 364
Rosling, Hans, 103
Rossié, Michael, 372
Roter Faden des Vortrags, *siehe* Board
Rowling, Joanne, 172
Rubinstein, Jon, 171
Rückstau, kognitiver, 24
Ruf zum Abenteuer, 104

S

S.T.A.R.-Moment, 153, 425, *siehe auch* Werkzeug
Sabatini, Riccardo, 119, 364
Satztechnik
- Flattersatz, 249
- Kerning, 250
- Laufweite, 249
- Textausrichtung, 249
- Witwe, 249

Säulendiagramm, *siehe* Diagramm
Save-the-Cat-Moment, 425
Schrift, 238
  Schriftfamilie, 239
  Schriftgröße, 248
  Schriftkategorie, 239
  Schriftkontrast, 241
  Schriftmerkmale, 238
  serifenlose, 238
  Serifenschrift, 238
Schrotflintenregel, 357
Scott, Ridley, 63
Segmentierung, *siehe* Publikumsanalyse
Semmelweis, Ignaz, 40
Serious Gaming, 355
Simmel, Marianne, 228
Simulation, mentale, 135, 193, 199
Skizze, 177, 254, 286, 378
  Gegenstände zeichnen, 181
  Konzepte zeichnen, 185
  Menschen zeichnen, 183
  Szenen zeichnen, 188
Smalltalk mit dem Publikum, 380, 382
Spaghetti-Diagramm, *siehe* Diagramm
Spannungsbogen, *siehe* Dramentheorie
Sparkline, 98
Spitzer, Manfred, 434
Sprache, 383
  Fachbegriffe, 385
  Fremdwörter, 385
  Füllwörter, 384
  Sprechgeschwindigkeit, 384
  Sprechpausen, 384 (*siehe* Visual)
Statusreport, 138, 345
Stimme, 38, 383
  Betonung, 383
Stoll, Clifford, 345, 372
Storyboard, 207, 254, 378, 426, *siehe auch* Werkzeug
Storytelling, 134, 327, 438
  22-Kaffee-Regel, 164
  Erzählkompetenz, 165
  Fundorte für Geschichten, 147
  Geschichtenvorratskammer, 147, 154
  narratives, 327
  persönliche Geschichten, 147
  Rahmenstory, 146, 149, 153
  Szenen, 146, 149, 159
  Trainingsplan, 162
  visuelles, 328
Streudiagramm, *siehe* Diagramm
SUCCES-Prinzip, 72, 147, 163
System
  verbales, 287
  visuelles, 292
Szenariotechnik, 439
Szene, 181

T

Tabelle, *siehe* Nicht-Diagramm
Tafel, *siehe* Board
Technikcheck, 431
Template, *siehe* Layoutvorlage für Folien
Testpublikum, 430
Textausrichtung, *siehe* Gestaltungsprinzip
Textfolie, *siehe* Nicht-Diagramm
Tiefe, angedeutete, *siehe* Gestaltungswerkzeug
Topf, Cornelia, 370
Tortendiagramm, *siehe* Diagramm
Transparenz, *siehe* Gestaltungswerkzeug
Treasure, Julian, 384

U

Üben des Vortrags, 356, 364
  persönlicher Testlauf, 364
  Testpublikum, 365
Überschreiten der Schwelle, 53, 122
Urbild, *siehe* Archetyp
Urheberrecht, *siehe* Recht
Urplot, *siehe* Heldenreise

V

Verbindung mit dem Publikum, 43, 101, 147, 156
Vergleich
  Häufigkeit, 302
  Korrelation, 316
  Rangfolge, 297, 306
  Struktur, 294, 297
  Vergleichsarten (Übersicht), 292
  von Daten, 282, 286

von Diagrammen, 292
Zeitreihe, 297, 298
Verknüpfung, assoziative, *siehe* Klettverschluss, mentaler
Verständnisprinzip, 107, 358
Dreier-Regel, 107
KISS, 107
Macht der Drei, 107
Murder Your Darlings, 108
Videodateie einfügen, 273
Virtual Reality (VR), 435
Visual, 175, 207
Bauchrequisit, 202, 357
inszenatorische Requisiten, 356
Kopfrequisit, 203, 357
Requisiten, 200, 351, 354
Sprachbild, 193, 385
Wortwelt, 194
Visualisierung
Begriff, 175
Visualisierungsdreisprung, 179
Vogler, Christopher, 104
von Cossart, Edgar, 135
Vonnegut, Kurt, 158
Vortrag
Vortragsbestandteile, 17
Vortragsblockaden, 28
Vortragsanfang, 99
Aufgaben, 99
Umfang, 99
Vortragsende, 123
Aufgaben, 124
Umfang, 124
Vortragsinhalt, 47, 64
Ideen erzeugen, 76
Ordnen und Gruppieren, 79
Prüfen und Bewerten, 81
Recherchieren und Sammeln, 78
Vortragsmitte
Aufgaben, 106
Umfang, 106
Vortragsnotizen, 342
Karteikarten, 343
Referentenansicht, 344
Vortragsskript, 344
Vortragsplanung, 20
Planungsschritte, 398
Vortragsplot, 149, 159
herausfordernder Plot, 160
kreativer Plot, 161
verbindender Plot, 161
Vortragsraum, 373
Anordnung von Tischen und Stühlen, 374
Technikcheck, 375
Vortragsskript, *siehe* Vortragsnotizen
Vortragsstörung, 370
Entstörungsregelkreis, 390
Vortragsthema, 13
Vortragstitel, 69
"Sag, worum es geht"-Test, 70
Vortragsziel, 14, 28
VR (Virtual Reality), 435

W

Walker, Rob, 136
Wallace, Edgar, 172
Wallas, Graham, 172
Ware, Colin, 221
Wasserfalldiagramm, *siehe* Diagramm
Watzlawick, Paul, 38
Weissman, Jerry, 247
Weizenbaum, Josef, 417
Werkzeug
1. Wendepunkt, 104
2. Wendepunkt, 121
Appell, 124, 425
Belohnung, 124
Board, 150, 155, 171, 422
ClipArts, 187, 259
Frage, 103
Gegensatz, 207
Golden Circle, 42, 156, 159
Kernaussage, 56
Kontrast (*siehe* Gegensatz)
Leiter des Erzählers, 152
Message-Map, 109, 111
Mini-Story, 150, 153, 331, 438
Osborn-Checkliste, 164, 187, 190
PIXAR-Schema, 154
Pocket-Rhetorik, 56
Pomodorotechnik, 174

Rätsel, 103
(Selbst-)Reflexions-Tabelle, 398
S.T.A.R.-Moment, 119, 153, 207, 252, 425
Save-the-Cat-Moment, 101, 105, 120, 150, 425
SmartArts, 187, 259
Storyboard, 207, 254, 344, 356, 426
Wendepunkt, 96
Whiteboard, *siehe* Medien
Whodunit-Geschichte, 106
Wiessner, Polly, 134
Williams, Joseph, 266
Willikonsky, Ariane, 378
Wissenslücke, *siehe* Leerstelle

Y

Y-Achse, zweite, 312

Z

Zander, Benjamin, 117, 119, 364
Zelazny, Gene, 292
Zielgruppe, *siehe* Publikumsanalyse

GPSR Compliance

The European Union's (EU) General Product Safety Regulation (GPSR) is a set of rules that requires consumer products to be safe and our obligations to ensure this.

If you have any concerns about our products, you can contact us on ProductSafety@springernature.com

In case Publisher is established outside the EU, the EU authorized representative is:

Springer Nature Customer Service Center GmbH
Europaplatz 3
69115 Heidelberg, Germany

Batch number: 10665174

Printed by Printforce, the Netherlands